Bibliothek des Instituts für Weltwirtschaft
an der Universität Kiel

Zentralbibliothek der Wirtschaftswissenschaften
in der Bundesrepublik Deutschland

Bibliographie zur deutschen Einigung

Wirtschaftliche und soziale Entwicklung in den
neuen Bundesländern

November 1989 bis Juni 1992

Bearbeitet von
Horst Thomsen und Frauke Siefkes

K · G · Saur
München · London · New York · Paris 1993

Bibliothek des Instituts für Weltwirtschaft
an der Universität Kiel

Zentralbibliothek der Wirtschaftswissenschaften
in der Bundesrepublik Deutschland

Bibliography on German Unification

Economic and Social Developments in
Eastern Germany

November 1989 to June 1992

Compiled by
Horst Thomsen and Frauke Siefkes

K · G · Saur
München · London · New York · Paris 1993

Redaktionsschluß: 22. 6. 1992

Die Bibliographie wurde erstellt mit dem Programm BIS/AIDA Vers. 4.0
- Datenbankabzug und Druckaufbereitung - der Firma Dabis, Hamburg,
nach Anpassung und Generierung von Heidrun Petrick,
Bibliothek des Instituts für Weltwirtschaft

Die Deutsche Bibliothek - CIP-Einheitsaufnahme

Thomsen, Horst:
Bibliography on German unification : economic and
social developments in eastern Germany; November
1989 to June 1992 / comp. by Horst Thomsen and Frauke
Siefkes. Bibliothek des Instituts für Weltwirtschaft an der
Universität Kiel, Zentralbibliothek der
Wirtschaftswissenschaften in der Bundesrepublik Deutschland.
- München ; London ; New York ; Paris : Saur, 1993
Parallelsacht.: Bibliographie zur deutschen Einigung
ISBN 3-598-11147-9
NE: Siefkes, Frauke:; HST

Gedruckt auf säurefreiem Papier
Printed on acid-free paper

Alle Rechte vorbehalten / All Rights Strictly Reserved
K. G. Saur Verlag, München 1993
A Reed Reference Publishing Company

Printed in the Federal Republic of Germany
Printed by Strauss Offsetdruck, Hirschberg 2
Bound by Buchbinderei Schaumann, Darmstadt

ISBN 3-598-11147-9

Preface

This bibliography on economic and social developments in eastern Germany documents two and a half years of recent German history.

The economic problems connected with German unification are a unique challenge to economists and politicians. This challenge has resulted in an enormous amount of publications about: developments in the former GDR since November 1989; the monetary, economic, and social union; the economic reforms and the economic and social developments in the new Laender; and the consequences of unification for the Federal Republic of Germany as a whole. The great interest in the German unification process is especially apparent in the ever-increasing number of publications on this topic.

The Library of the Institute of World Economics as the National Library of Economics in the Federal Republic of Germany collects the literature relevant to our topic and catalogs and indexes it for the Library's own ECONIS data base. This bibliography is a product of the ECONIS data base, which allows topicality and flexibility to a high degree. It comprises 3,387 titles: articles from journals and books, monographs, and periodicals. In order to allow quick access to such a large number of titles, they are grouped into 25 chapters. In the case of specific themes, the chapters are subdivided in order to facilitate literature searches. Five indices augment the retrieval possibilities. The author/author information and organisation indices list the names of authors and organisations as well as the publications pertaining to the authors and organisations.

I would like to thank the staff at the Library of the Institute of World Economics whose energetic and active cooperation made this bibliography possible.

All the titles in the bibliography are available at the Library of the Institute of World Economics and can be ordered through Inter-Library Loans or as a photocopy. The call numbers of our library are given above the titles on the right-hand side.

Kiel
June 22, 1992

Erwin Heidemann
Director of the Library
of the Institute of World Economics

Vorwort

Mit dieser Bibliographie zu den wirtschaftlichen und sozialen Aspekten der Vereinigung Deutschlands werden zweieinhalb Jahre jüngste deutsche Geschichte dokumentiert.

Die mit der deutschen Vereinigung verbundenen ökonomischen Fragestellungen haben die wirtschaftswissenschaftliche Forschung und die Politik vor eine einzigartige Herausforderung gestellt. Antworten und Stellungnahmen zur Entwicklung in der ehemaligen DDR seit November 1989, zur Währungs-, Wirtschafts- und Sozialunion, zur Wirtschaftsreform und zur wirtschaftlichen und sozialen Entwicklung in den neuen Bundesländern sowie zu den Folgen für die gesamte Bundesrepublik haben bis heute zu zahlreichen Veröffentlichungen geführt. Das große Interesse an dem deutschen Einigungsprozeß zeigt sich am deutlichsten in einem stark ansteigenden Wachstum der Publikationen.

Die Bibliothek des Instituts für Weltwirtschaft hat in ihrer Eigenschaft als Zentralbibliothek der Wirtschaftswissenschaften in der Bundesrepublik Deutschland die relevante Literatur gesammelt und für ihre Datenbank ECONIS erschlossen. Die vorliegende Bibliographie ist ein Produkt der ECONIS-Datenbank, die ein Höchstmaß an Aktualität und Flexibilität ermöglicht. 3387 Titel werden in der Bibliographie nachgewiesen. Es handelt sich dabei um Zeitschriftenaufsätze, Monographien und Aufsätze aus Sammelwerken sowie Periodika. Um einen schnellen Zugang zur jeweils gesuchten Literatur zu ermöglichen, ist die große Titelmenge in 25 Kapitel unterteilt. Die Kapitel sind immer dann weiter aufgegliedert, wenn spezifische Fragestellungen dieses sinnvoll und erforderlich erscheinen lassen und eine detaillierte Suche dadurch erleichtert wird. Fünf Register vervollständigen die Möglichkeiten der Literaturerschließung. Dabei ist besonders zu erwähnen, daß im Personen- wie auch im Körperschaften-Register nicht nur die Verfasser bzw. Herausgeber der Veröffentlichungen aufgeführt werden, sondern darüber hinaus auch dann Nachweise verzeichnet sind, wenn in den Veröffentlichungen über die Personen bzw. Körperschaften berichtet wird.

Ich danke den Mitarbeiterinnen und Mitarbeitern der Bibliothek des Instituts für Weltwirtschaft, die durch ihren tatkräftigen Einsatz und ihre Bereitschaft zur aktiven Zusammenarbeit dieses Gemeinschaftswerk erst möglich gemacht haben.

Alle in der Bibliographie aufgeführten Titel sind in der Bibliothek des Instituts für Weltwirtschaft vorhanden und für den Leihverkehr verfügbar bzw. können als Kopie bestellt werden. Die Signaturen unserer Bibliothek sind rechts oben bei den Titeln aufgeführt.

Kiel, den 22. 6. 1992

Erwin Heidemann

Direktor der Bibliothek
des Instituts für Weltwirtschaft

CONTENTS / INHALTSVERZEICHNIS

Index to the subject divisions		XIV
Index zu den Sachgruppen		XVI

A	German Unity Deutsche Einheit	1
A-1	The Beginning, Revolution in the GDR Vorgeschichte, Revolution in der DDR	1
A-2	Treaties on German Unification Verträge zur deutschen Einheit	2
A-3	Monetary and Economic Union Währungs- und Wirtschaftsunion	5
A-4	Monetary Reform in 1948 and Monetary Union in 1990 Compared Währungsreform 1948 und Währungsunion 1990 im Vergleich	14
A-5	Speeches, Documents, General Titles on German Unification Reden, Dokumente, Allgemeines zur deutschen Einheit	15
A-6	Economic Aspects of German Unification Ökonomische Aspekte der deutschen Einheit	18
A-7	Financing and Costs of German Unification Finanzierung und Kosten der deutschen Einheit	25
A-8	Economic Aid to the GDR Wirtschaftshilfen für die DDR	26
A-9	Effects of German Unification on West Germany Auswirkungen der deutschen Einheit auf Westdeutschland	28
B	International Consequences of German Unification Internationale Auswirkungen der deutschen Einheit	30
B-1	The European Community and German Unification Europäische Gemeinschaft und deutsche Einheit	32
B-2	Europe and German Unification Europa und die deutsche Einheit	39
B-3	Eastern Europe and German Unification Osteuropa und die deutsche Einheit	40
C	International Economic Cooperation Internationale wirtschaftliche Zusammenarbeit	41
C-1	Foreign Trade Außenhandel	42
C-2	Trade between East and West Germany Innerdeutscher Handel, innerdeutscher Warenverkehr	48
C-3	Foreign Direct Investment, Joint Ventures Direktinvestition, Joint Ventures	49
C-4	Balance of Payments, Exchange Rate, Foreign Exchange Zahlungsbilanz, Wechselkurs, Devisen	51
C-5	Foreign Aid Entwicklungshilfe	52

CONTENTS / INHALTSVERZEICHNIS

D	Economic Reform, Transformation Wirtschaftsreform, Transformation	52
D-1	Monetary Reform Währungsreform	63
D-2	Economic System, Centrally Planned Economy Wirtschaftsordnung, Planwirtschaft	64
D-3	Market Economy Marktwirtschaft	67
D-4	Property and Asset Problems Eigentum, Offene Vermögensfragen	69
D-5	Real Estate, Landholding, Land Tax Grundbesitz, Boden, Grundsteuer	71
D-6	Privatization, Treuhandanstalt, Reorganization, Deconcentration, Reprivatization Privatisierung, Treuhandanstalt, Sanierung, Entflechtung, Reprivatisierung	73
D-7	Acquisition, Management Buy-Out Unternehmenskauf, Management Buy-Out	83
D-8	Founding Businesses Unternehmensgründung	83
D-9	Cooperation and Fusions between East and West German Firms Deutsch-deutsche Unternehmenskooperationen und -zusammenschlüsse	84
E	Business and Economic Reforms, Transformation of Firms Unternehmen und Wirtschaftsreformen, Betriebliche Transformation	85
E-1	Management, Business Planning Management, Unternehmensplanung	87
E-2	Executives, Entrepreneurs, Managers Führungskräfte, Unternehmer, Manager	88
E-3	Personnel Management Personalwirtschaft	89
E-4	Marketing, Market Research, Trade Fairs Marketing, Marktforschung, Messen	90
E-5	Financing, Leasing Finanzierung, Leasing	91
E-6	German Mark Accounting, German Mark Opening Balance, Rendering of Account D-Markbilanzgesetz, DM-Eröffnungsbilanz, Rechnungslegung	92
E-7	Valuation of Firms Unternehmensbewertung	97
F	Labor and Employment Arbeit und Beschäftigung	98
F-1	Labor Market, Unemployment, Labor Market Policy Arbeitsmarkt, Arbeitslosigkeit, Arbeitsmarktpolitik	98
F-2	Female and Youth Employment, Part-Time Employment Frauen- und Jugenderwerbstätigkeit, Teilzeitarbeit	110
F-3	Wage Policy, Wage Subsidies, Collective Bargaining Lohnpolitik, Lohnsubvention, Tarifpolitik	113

CONTENTS / INHALTSVERZEICHNIS

F-4	Trade Unions, Employers' Associations, Labor Relations Gewerkschaften, Arbeitgeberverbände, Arbeitsbeziehungen	117
F-5	Codetermination Mitbestimmung	119
F-6	Labor Law Arbeitsrecht	120
F-7	Labor, Miscellaneous Arbeit allgemein	122
F-8	Vocational Training, Job Qualifications Berufsbildung, Qualifikation	123
G	Economic Policy, Business Promotion Wirtschaftspolitik, Wirtschaftsförderung	125
G-1	Monetary Policy, Central Banking Geldpolitik, Zentralbank	130
G-2	Competition Policy Wettbewerbspolitik	131
G-3	Fiscal Policy, Federal Budget, Subsidies Finanzpolitik, Bundeshaushalt, Subventionen	133
G-4	Fiscal Equalization Finanzausgleich	136
H	Tax Policy, Tax Reform Steuerpolitik, Steuerreform	137
H-1	Tax Law Steuerrecht	139
H-2	Turnover Tax Umsatzsteuer	141
H-3	Business Taxes, Miscellaneous Taxes Unternehmensbesteuerung, sonstige Steuern	141
I	Economic Law Wirtschaftsrecht	142
I-1	Investment Law Investitionsrecht	145
I-2	Insolvency Law Insolvenzrecht, Gesamtvollstreckung	146
I-3	Commercial and Company Law, Business Law Handels- und Gesellschaftsrecht, Unternehmensrecht	146
J	Economic Situation Wirtschaftliche Situation	147
J-1	Economic Development and Forecasting Wirtschaftliche Entwicklung, Wirtschaftsprognosen	147
J-2	Business Cycle, Assessment of the Economic Situation Konjunktur, Konjunkturtest	154

CONTENTS / INHALTSVERZEICHNIS

J-3	Investment, Saving Investition, Sparen	159
J-4	Consumption, Income, Private Household Verbrauch, Einkommen, Haushalt	163
J-5	Socio-Economic Panel, Social Indicators Sozio-ökonomisches Panel, Sozialindikatoren	167
J-6	Economic and Social Statistics, Input-Output Wirtschafts- und Sozialstatistik, Input-Output	168
J-7	National Accounting, National Product Volkswirtschaftliche Gesamtrechnung, Sozialprodukt	170
J-8	Price Statistics, Price Index Preisstatistik, Preisindex	172
K	Economic Structure, Structural Change, Structural Adjustment Wirtschaftsstruktur, Strukturwandel, strukturelle Anpassung	173
L	Small Business, Small and Medium-Sized Enterprises Mittelstand, Klein- und Mittelbetriebe	175
L-1	Free-Lancers, Professionals, Self-Employed Persons Freie Berufe, Selbständige	176
M	Cooperatives Genossenschaften	177
M-1	Agricultural Cooperatives Agrargenossenschaften	178
N	Agriculture, Food Production, Forestry, Fishery Landwirtschaft, Ernährungswirtschaft, Forstwirtschaft, Fischerei	179
N-1	Agriculture and the European Community Landwirtschaft und Europäische Gemeinschaft	188
O	Energy and Environment Energie und Umwelt	190
O-1	Environmental Protection Umweltschutz	191
O-2	Energy Sector, Water Supply Energiewirtschaft, Wasserversorgung	196
P	Industry and Skilled Trades Industrie und Handwerk	203
P-1	Industry, Mining Industrie, Bergbau	203
P-2	Industries, Miscellaneous Einzelne Industrien	206

CONTENTS / INHALTSVERZEICHNIS

P-3	Military Industry Conversion Rüstungskonversion	209
P-4	Construction, Housing, Rents Baugewerbe, Wohnungswirtschaft, Mieten	210
P-5	Craft Trades Handwerk	215
Q	Service Sector Dienstleistungen	216
Q-1	Trade Handel	216
Q-2	Banking Banken	218
Q-3	Insurance Versicherungen	220
Q-4	Tourism, Gastronomy Tourismus, Gastronomie	221
R	Infrastructure Infrastruktur	222
R-1	Transport Verkehr	223
R-2	Telecommunications Telekommunikation	228
S	Regional and Community Aspects Regionale und kommunale Aspekte	229
S-1	Economic Development of Specific Laender and Regions Wirtschaftliche Entwicklung einzelner Bundesländer und Regionen	229
S-2	State Reports of the New Eastern German Laender, Federalism Länderkunde der neuen Bundesländer, Föderalismus	232
S-3	Official Bulletins, Law Gazettes of the New Eastern German Laender Amtsblätter, Gesetz- und Verordnungsblätter der neuen Bundesländer	234
S-4	Regions, Regional Policy, Regional Statistics Regionen, Regionalpolitik, Regionalstatistik	235
S-5	Regional Planning, Urban Planning and Development, Berlin Region Raumordnung, Städtebau, Stadtentwicklung, Region Berlin	239
S-6	Community Finance, Community Fiscal Equalization, Municipal Investment, Laender Finance Kommunalfinanzen, Kommunaler Finanzausgleich, Kommunale Investitionen, Länderfinanzen	242
S-7	Capital City Issue Hauptstadtfrage	244
T	Administration, Law, Constitution Verwaltung, Recht, Verfassung	244

CONTENTS / INHALTSVERZEICHNIS

U	Elections, Political Parties Wahlen, Parteien	246
V	Population Bevölkerung	247
V-1	Migration, Foreigners Wanderung, Ausländer	249
W	Social Problems Soziales	250
W-1	Social Structure Sozialstruktur	251
W-2	Social Policy, Welfare State, Social Union, Social Security Sozialpolitik, Sozialstaat, Sozialunion, Soziale Sicherung	251
W-3	Social Security Pension Insurance, Social Insurance, Health Insurance Rentenversicherung, Sozialversicherung, Krankenversicherung	255
W-4	Family Policy, Women, Senior Citizens Familienpolitik, Frauen, ältere Menschen	259
W-5	Health Care Gesundheitswesen	261
Y	Science, Research, Education, Culture Wissenschaft, Forschung, Bildung und Kultur	263
Y-1	Economics, Social Research, Foreign Country Research, Research Institutes and Associations, Autobiographies Wirtschafts-, Sozial- und Auslandsforschung, Institute und Gesellschaften, Autobiographien	263
Y-2	Industrial Research, Research Policy, Innovation, Technology Transfer Industrieforschung, Forschungspolitik, Innovation, Technologietransfer	265
Y-3	University, University Graduates, University Catalogs Hochschule, Akademiker, Vorlesungsverzeichnisse	268
Y-4	Education, Culture Bildung, Kultur	271
Y-5	Mass Media Medien	272
Y-6	Libraries, Information and Documentation Services Bibliotheken, Information und Dokumentation	273
Z	Directories, Trade Directories, Reference Books Adreßbücher, Firmenverzeichnisse, Nachschlagewerke	275

CONTENTS / INHALTSVERZEICHNIS

Indices / Register

Multi-author and anonymous works - Sachtitelwerke	279
Authors and author information - Personen-Register	299
Organisations - Körperschaften-Register	321

Sources / Quellen

Series - Schriftenreihen	330
Indexed journals - Ausgewertete Zeitschriften	339

INDEX TO THE SUBJECT DIVISIONS

Acquisition D-7
Adjustment, structural K
Administration T
Agricultural cooperatives M-1
Agriculture N
Asset problems D-4

Balance of payments C-4
Banking Q-2
Business cooperation D-9
Business cycle J-2
Business law I-3
Business planning E-1
Business promotion G
Business taxes H-3

Capital city issue S-7
Central banking G-1
Centrally planned economy D-2
Codetermination F-5
Collective bargaining F-3
Commercial law I-3
Community finance S-6
Community fiscal equalization S-6
Company law I-3
Competition policy G-2
Constitution T
Construction P-4
Consumption J-4
Cooperatives M
Costs of unification A-7
Culture Y-4

Deconcentration D-6
Directories Z
Documentation services Y-6

Economic aid A-8
Economic development J-1
Economic forecasting J-1
Economic law I
Economic policy G
Economic reform D
Economic statistics J-6
Economic structure K
Economic system D-2
Economic union A-3
Economics Y-1
Education Y-4
Elections U
Employers' associations F-4
Employment F
Energy sector O-2
Entrepreneurs E-2
Environmental protection O-1
Exchange rate C-4
Executives E-2

Family policy W-4
Federal budget G-3
Federalism S-2
Female employment F-2
Financing E-5
Financing of unification A-7
Fiscal equalization G-4
Fiscal policy G-3
Fishery N
Food production N
Foreign aid C-5
Foreign country research Y-1
Foreign direct investment C-3
Foreign exchange C4
Foreign trade C-1
Foreigners V-1
Forestry N
Founding Businesses D-8
Free-lancers L-2
Fusions D-9

Gastronomy Q-4
German unity A
German Mark accounting E-6
German Mark opening balance E-6

Health care W-5
Health insurance W-3
Housing P-4

Income J-4
Industrial research Y-2
Industry P-1
Information services Y-6
Infrastructure R
Innovation Y-2
Input-output J-6
Insolvency law I-2
Insurance Q-3
Investment J-3
Investment law I-1

Job qualifications F-8
Job training coupons F-1
Joint ventures C-3

Labor F
Labor law F-6
Labor market F-1
Labor market policy F-1
Labor relations F-4
Laender finance S-6
Land tax D-5
Landholding D-5
Law T
Law gazettes S-3
Leasing E-5
Libraries Y-6

INDEX TO THE SUBJECT DIVISIONS

Management E-1
Management buy-out D-7
Managers E-2
Market economy D-3
Market research E-4
Marketing E-4
Mass media Y-5
Migration V-1
Military industry conversion P-3
Mining P-1
Monetary policy G-1
Monetary reform D-1
Monetary union A-3
Municipal investment S-6

National accounting J-7
National product J-7

Official bulletins S-3

Part-time employment F-2
Personnel management E-3
Political parties U
Population V
Price index J-8
Price statistics J-8
Private household J-4
Privatization D-6
Professionals L-2
Property problems D-4

Real estate D5
Reference books Z
Regional planning S-5
Regional policy S-4
Regional statistics S-4
Regions S-4
Rendering of account E-6
Rents P-4
Reorganization D-6
Reprivatization D-6
Research policy Y-2

Saving J-3
Science Y
Self-employed persons L-2
Senior citizens W-4
Service sector Q
Skilled Trades P-5
Small and medium-sized enterprises L-1

Small business L
Social indicators J-5
Social insurance W-3
Social policy W-2
Social problems W
Social research Y-1
Social security W-2
Social security pension insurance W-3
Social statistics J-6
Social structure W-1
Social union W-2
Socio-economic panel J-5
Structural adjustment K
Structural change K
Subsidies G-3

Tax law H-1
Tax policy H
Tax reform H
Technology transfer Y-2
Telecommunications R-2
Tourism Q-4
Trade Q-1
Trade directories Z
Trade fairs E-4
Trade unions F-4
Transformation D
Transport R-1
Treaties on unification A-2
Treuhandanstalt D-6
Turnover tax H-2

Unemployment F-1
University Y-3
University catalogs Y-3
University graduates Y-3
Urban development S-5
Urban planning S-5

Valuation of enterprises E-7
Vocational training F-8

Wage policy F-3
Wage subsidies F-3
Water supply O-2
Welfare state W-2
Women W-4

Youth employment F-2

INDEX ZU DEN SACHGRUPPEN

Adreßbücher Z
Ältere Menschen W-4
Agrargenossenschaften M-1
Agrarreform N
Akademiker Y-3
Amtsblätter S-3
Anpassung, strukturelle K
Arbeit F
Arbeitsbeziehungen F-4
Arbeitgeberverbände F-4
Arbeitslosigkeit F-1
Arbeitsmarkt F-1
Arbeitsmarktpolitik F-1
Arbeitsrecht F-6
Ausländer V-1
Auslandsforschung Y-1
Außenhandel C-1

Banken Q-2
Baugewerbe P-4
Bergbau P-1
Berufsbildung F-8
Beschäftigung F
Beschäftigungsgesellschaften F-1
Bevölkerung V
Bibliotheken Y-6
Bildung Y-4
Boden D-5
Bundeshaushalt G-3

D-Markbilanzgesetz E-6
Deutsche Einheit A
Devisen C-4
Dienstleistungen Q
Direktinvestition C-3
DM-Eröffnungsbilanz E-6
Dokumentation Y-6

Eigentum D-4
Einigungsvertrag A-2
Einkommen J-4
Energiewirtschaft O-2
Entflechtung D-6
Entwicklungshilfe C-5
Ernährungswirtschaft N

Familienpolitik W-4
Finanzausgleich G-4
Finanzierung E-5
Finanzierung der Einheit A-7
Finanzpolitik G-3
Firmenverzeichnisse Z
Fischerei N
Föderalismus S-2
Forschungspolitik Y-2
Forstwirtschaft N
Frauen W-4
Frauenerwerbstätigkeit F-2

Freie Berufe L-2
Führungskräfte E-2

Gastronomie Q-4
Geldpolitik G-1
Genossenschaften M
Gesamtvollstreckung I-2
Gesellschaftsrecht I-3
Gesetzblätter S-3
Gesundheitswesen W-5
Gewerkschaften F-4
Grundbesitz D-5
Grundsteuer D-5

Handel Q-1
Handelsrecht I-3
Handwerk P-5
Hauptstadtfrage S-7
Haushalt J-4
Hochschule Y-3

Industrie P-1
Industrieforschung Y-2
Information Y-6
Infrastruktur R
Innerdeutscher Handel C-2
Innerdeutscher Warenverkehr C-2
Innovation Y-2
Input-Output J-6
Insolvenzrecht I-2
Investition J-3
Investitionsrecht I-1

Joint Ventures C-3
Jugenderwerbstätigkeit F-2

Klein- und Mittelbetriebe L-1
Kommunale Investitionen S-6
Kommunaler Finanzausgleich S-6
Kommunalfinanzen S-6
Konjunktur J-2
Konjunkturtest J-2
Kosten der Einheit A-7
Krankenversicherung W-3
Kultur Y-4

Länderfinanzen S-6
Länderkunden S-2
Landwirtschaft N
Leasing E-5
Lohnpolitik F-3
Lohnsubvention F-3

Management E-1
Management Buy-Out D-7
Manager E-2
Marketing E-4
Marktforschung E-4

INDEX ZU DEN SACHGRUPPEN

Marktwirtschaft D-3
Medien Y-5
Messen E-4
Mieten P-4
Mitbestimmung F-5
Mittelständische Wirtschaft L

Nachschlagewerke Z
Offene Vermögensfragen D-4

Parteien U
Personalwirtschaft E-3
Planwirtschaft D-2
Preisindex J-8
Preisstatistik J-8
Privatisierung D-6

Qualifikation F-8
Qualifizierungsgutscheine F-1

Raumordnung S-5
Rechnungslegung E-6
Recht T
Regionalpolitik S-4
Regionalstatistik S-4
Regionen S-4
Rentenversicherung W-3
Reprivatisierung D-6
Rüstungskonversion P-3

Sanierung D-6
Selbständige L-2
Soziale Sicherung W-2
Soziales W
Sozialforschung Y-1
Sozialindikatoren J-5
Sozialpolitik W-2
Sozialprodukt J-7
Sozialstaat W-2
Sozialstatistik J-6
Sozialstruktur W-1
Sozialunion W-2
Sozialversicherung W-3
Sozio-ökonomisches Panel J-5
Sparen J-3
Staatsvertrag A-2
Stadtentwicklung S-5
Städtebau S-5
Steuerpolitik H
Steuerrecht H-1
Steuerreform H
Strukturelle Anpassung K
Strukturwandel K
Subventionen G-3

Tarifpolitik F-3
Technologietransfer Y-2
Teilzeitarbeit F-2
Telekommunikation R-2
Tourismus Q-4
Transformation D
Treuhandanstalt D-6

Umsatzsteuer H-2
Umweltschutz O-1
Unternehmensbesteuerung H-3
Unternehmensbewertung E-7
Unternehmensgründung D-8
Unternehmenskauf D-7
Unternehmenskooperationen D-9
Unternehmensplanung E-1
Unternehmensrecht I-3
Unternehmenszusammenschlüsse D-9
Unternehmer E-2

Verbrauch J-4
Verfassung T
Verkehr R-1
Verordnungsblätter S-3
Versicherungen Q-3
Verträge zur Einheit A-2
Verwaltung T
Volkswirtschaftliche Gesamtrechnung J-7
Vorlesungsverzeichnisse Y-3

Währungsreform D-1
Währungsunion A-3
Wahlen U
Wanderung V-1
Wasserversorgung O-2
Wechselkurs C-4
Wettbewerbspolitik G-2
Wirtschaftliche Entwicklung J-1
Wirtschaftsförderung G
Wirtschaftsforschung Y-1
Wirtschaftshilfen A-8
Wirtschaftsordnung D-2
Wirtschaftspolitik G
Wirtschaftsprognosen J-1
Wirtschaftsrecht I
Wirtschaftsreform D
Wirtschaftsstatistik J-6
Wirtschaftsstruktur K
Wirtschaftsunion A-3
Wissenschaft Y
Wohnungswirtschaft P-4

Zahlungsbilanz C-4
Zentralbank G-1

A German Unity - Deutsche Einheit

A-1 The Beginning, Revolution in the GDR - Vorgeschichte, Revolution in der DDR

1   B 247766
Chronik der Ereignisse in der DDR / [hrsg. von Ilse Spittmann ...]. - 4., erw. Aufl. - Köln : von Nottbeck, 1990. - 96 S. - ISBN: 3-8046-0333-5

2   A 188786
Eine deutsche Revolution : der Umbruch in der DDR, seine Ursachen und Folgen / Gert-Joachim Glaeßner (Hrsg.). - Frankfurt am Main [u.a.] : Lang, 1991. - 177 S. - (Berliner Schriften zur Politik und Gesellschaft im Sozialismus und Kommunismus ; 4). - Enth. 11 Beitr. - ISBN: 3-631-43562-2

3   C 169963
Deutschland auf dem Weg zur Einheit : Dokumente einer Revolution / [zsgest. von:] Karin Lau ... - Braunschweig : Westermann, 1990. - 143 S. : Ill., graph. Darst., Kt. - Forts. bildet: Einheit in Frieden und Freiheit. - ISBN: 3-07-509252-5

4   A 184274
Der Fischer-Weltalmanach Sonderband DDR / Autoren: Eleonore Baumann ... - Orig.-Ausg. - Frankfurt am Main : Fischer, 1990. - 384 Sp. : graph. Darst., Kt. - ISBN: 3-596-10385-1

5   B 253201
Janson, Carl-Heinz:
Totengräber der DDR : wie Günter Mittag den SED-Staat ruinierte / Carl-Heinz Janson. - Düsseldorf [u.a.] : ECON-Verl., 1991. - 286 S. - ISBN: 3-430-15043-4

6   A 187177
Maier, Gerhart:
Die Wende in der DDR / Gerhart Maier. - Bonn : Bundeszentrale für Politische Bildung, 1990. - 130 S. - (Kontrovers)

7   W 127 (1991,10)
Oldenburg, Fred:
Die Implosion des SED-Regimes : Ursachen und Entwicklungsprozesse / Fred Oldenburg. - Köln, 1991. - 50 S. - (Berichte des Bundesinstituts für Ostwissenschaftliche und Internationale Studien ; 1991,10). - Zsfassung in engl. Sprache

8   YY 9622 (19)
Pollack, Detlef:
Das Ende einer Organisationsgesellschaft : systemtheoretische Überlegungen zum gesellschaftlichen Umbruch in der DDR / Detlef Pollack. - IN: Zeitschrift für Soziologie. - 19 (1990),4, S. 292 - 307

9   XX 5944 (1991)
Reißig, Rolf:
Der Umbruch in der DDR und der Niedergang realsozialistischer Systeme / Rolf Reißig. - IN: BISS public. - 1991,1, S. 35 - 64

10   C 167870
Revolution und Reformen in der DDR : Auswahlbibliographie 1989 - 1990 / [Red.: Martin Schenkel ...]. - Bonn, 1990. - VI, 50 S. - (Bibliographien / Deutscher Bundestag, Verwaltung, Hauptabteilung Wissenschaftliche Dienste ; 68). - Spätere Ausg. u.d.T.: Von der Revolution in der DDR zur deutschen Einheit

11   A 186400
Schneider, Michael:
Die abgetriebene Revolution : von der Staatsfirma in die DM-Kolonie / Michael Schneider. - Berlin : Elefanten-Press, 1990. - 238 S. - (EP ; 371). - ISBN: 3-88520-371-5

12   XX 3434 (28)
Schwärzel, Renate:
Zum ökonomischen Vorfeld der Herbstereignisse 1989 in der DDR : zur wirtschaftlichen Entwicklung der 70er und 80er Jahre / von Renate Schwärzel. - IN: Deutsche Studien. - 28 (1990),Dezember = H. 112, S. 386 - 394

13   A 187357
Siebenhüner, Andreas:
Wegbereiter der Wende : die Rolle der Kirche in der DDR im Umbruchprozeß / Andreas Siebenhüner. - Köln : Dt. Inst.-Verl., 1991. - 52 S. - (Beiträge zur Gesellschafts- und Bildungspolitik ; 164 = 1991,3). - ISBN: 3-602-24914-X

14   B 255860
Tietzel, Manfred:

Die Logik der sanften Revolution : eine ökonomische Analyse / von Manfred Tietzel ; Marion Weber ; Otto F. Bode. - Tübingen : Mohr, 1991. - 60 S. - (Vorträge und Aufsätze / Walter-Eucken-Institut ; 133). - ISBN: 3-16-145799-4

15   XX 3434 (27)
Der Umbruch in der DDR : Ursachen, Anlässe, Perspektiven, Politik und Pluralität ; DDR auf dem Wege nach Deutschland ; Wirtschaftsreformen. - Ill. - Enth. 8 Beitr. - IN: Deutsche Studien. - 27 (1989/90),Dezember/Januar = 108, S. 313 - 386

16   C 166425
Veränderungen im Osten : neue Chancen für die Mitte Europas ; Strukturkonferenz der Bayerischen Staatsregierung, Fürth, 24. Januar 1990. - München, 1990. - 31 S. - (Reihe Dokumentation / Bayerisches Staatsministerium für Wirtschaft und Verkehr ; 90,2). - Druckschriftennr.: RB-Nr. 07/90/05

17   A 186005
Vom Runden Tisch zum Parlament / hrsg. und mit einem Einleitungsessay von Helmut Herles ... - Bonn : Bouvier, 1990. - 482 S. - (Bouvier-Forum ; 5). - ISBN: 3-416-02257-2

18   C 171495
Von der Revolution in der DDR zur deutschen Einheit : Auswahlbibliographie ; 1989 - 1990 / [Red.: Matthias Meitzel ...]. - Bonn, 1991. - VI, 111 S. - (Bibliographien / Deutscher Bundestag, Verwaltung, Hauptabteilung Wissenschaftliche Dienste ; 69). - Frühere Ausg. u.d.T.: Revolution und Reformen in der DDR

19   XX 4521 (14)
Wagner, Helmut H.:
East Germany's political re-organization / Helmut H. F. Wagner. - IN: Korea and world affairs. - 14 (1990),3, S. 454 - 475

A-2 Treaties on German Unification - Verträge zur deutschen Einheit

20   A 184929
Deutschland <Bundesrepublik>:
Staatsvertrag : Vertrag über die Schaffung einer Währungs-, Wirtschafts- und Sozialunion zwischen der Bundesrepublik Deutschland und der Deutschen Demokratischen Republik. - Regensburg : Walhalla u. Praetoria, 1990. - 104 S. - Einheitssacht.: Vertrag über die Schaffung einer Währungs-, Wirtschafts- und Sozialunion

21   YY 4560 (1990)
Deutschland <Bundesrepublik>:
Vertrag über die Schaffung einer Währungs-, Wirtschafts- und Sozialunion zwischen der Bundesrepublik Deutschland und der Deutschen Demokratischen Republik . - Einheitssacht.: Vertrag über die Schaffung einer Währungs-, Wirtschafts- und Sozialunion. - IN: Bulletin / Presse- und Informationsamt der Bundesregierung. - 1990,63, S. 517 - 544

22   A 184215
Deutschland <Bundesrepublik>:
Vertrag über die Schaffung einer Währungs-, Wirtschafts- und Sozialunion zwischen der Bundesrepublik Deutschland und der Deutschen Demokratischen Republik : Erklärungen und Dokumente. - Bonn : Presse- und Informationsamt der Bundesregierung, 1990. - 160 S. - Einheitssacht.: Vertrag über die Schaffung einer Währungs-, Wirtschafts- und Sozialunion

23   YY 3662 (11)
Deutschland <Bundesrepublik>:
Vertrag zwischen der Bundesrepublik Deutschland und der Deutschen Demokratischen Republik über die Herstellung der Einheit Deutschlands : Einigungsvertrag. - Einheitssacht.: Einigungsvertrag. - IN: Verhandlungen des Deutschen Bundestages : Drucksachen. - Wahlperiode 11 (1990),7760, 378 S.

24   YY 4560 (1990)
Deutschland <Bundesrepublik>:
Vertrag zwischen der Bundesrepublik Deutschland und der Deutschen Demokratischen Republik über die Herstellung der Einheit Deutschlands : Einigungsvertrag. - Einheitssacht.:

Einigungsvertrag. - IN: Bulletin /
Presse- und Informationsamt der Bundesregierung. - 1990,104, S. 877 - 1120

25   YY 13307 (1991)
Deutschland <Bundesrepublik> /
Bundesverfassungsgericht:
Entscheidungen des Bundesverfassungs-
gerichts zum Einigungsvertrag . - IN:
Betriebs-Berater : Beilage. - 1991,10,
20 S.

26   B 249667
Einigungsvertrag : Sonderdruck aus der
Sammlung Das deutsche Bundesrecht /
[Bundesrepublik Deutschland]. - 1. Aufl.
- Baden-Baden : Nomos-Verl.-Ges., 1990.
- 558 S. - ISBN: 3-7890-2197-0

27   A 190724
Der Einigungsvertrag : Teil I: Gesetz
und vollständiger Vertragstext ; Teil
II: Sämtliche Anlagen ; Teil III:
Ausführliche Gesetz- und Sachregister /
[Bundesrepublik Deutschland ...]. - 2.
Aufl. - Wiesbaden : MediConsult, 1991. -
673 S. - (Jur-pc Schriftenreihe ; 1)

28   B 249663
Erläuterungen zum Einigungsvertrag . -
1. Aufl. - Baden-Baden :
Nomos-Verl.-Ges., 1990. - 330 S. - ISBN:
3-7890-2198-9

29   YY 2334 (1990)
Gesetz zu dem Vertrag vom 31.
[einunddreißigsten] August 1990 zwischen
der Bundesrepublik Deutschland und der
Deutschen Demokratischen Republik über
die Herstellung der Einheit Deutschlands
- Einigungsvertragsgesetz - und der
Vereinbarung vom 18. September 1990 :
vom 23. September 1990. -
Einheitssacht.: Einigungsvertragsgesetz.
- IN: Bundesgesetzblatt : Teil 2. -
1990,35, S. 885 - 1245

30   YY 2334 (1991)
Gesetz zu dem Vertrag vom 12. Oktober
1990 zwischen der Bundesrepublik
Deutschland und der Union der
Sozialistischen Sowjetrepubliken über
die Bedingungen des befristeten
Aufenthalts und die Modalitäten des
planmäßigen Abzugs der sowjetischen
Truppen aus dem Gebiet der Bundesrepublik Deutschland : vom 21. Dezember
1990. - IN: Bundesgesetzblatt : Teil 2.
- 1991,1, S. 256 - 290

31   YY 2334 (1990)
Gesetz zu dem Vertrag vom 12. September
1990 über die abschließende Regelung in
bezug auf Deutschland : vom 11. Oktober
1990. - IN: Bundesgesetzblatt : Teil 2.
- 1990,38, S. 1317 - 1329

32
Gesetze gemäß Anlage II zum Vertrag über
die Schaffung einer Währungs-, Wirt-
schafts- und Sozialunion zwischen der
Deutschen Demokratischen Republik und
der Bundesrepublik Deutschland vom 18.
Mai 1990 : (von der DDR in Kraft zu
setzende Rechtsvorschriften der BRD). -
Berlin [u.a.] : Staatsverl. der Dt.
Demokratischen Republik [u.a.]. -
Nebent.: Gesetze zum Staatsvertrag
zwischen der DDR und der BRD. -
Erschienen: 1 (1990) bis 3 (1990)
- 1. Währungsunion. - 1. Aufl. - 1990. -
235 S.
SIGNATUR: A 187169
- 2. Wirtschaftsunion. - 1. Aufl. -
1990. - 511 S.
SIGNATUR: A 187170
- 3. Sozialunion. - 1. Aufl. - 1990. -
142 S.
SIGNATUR: A 187171

33   YY 6347 (35)
Gornig, Gilbert:
Der Zwei-plus-vier-Vertrag unter
besonderer Berücksichtigung
grenzbezogener Regelungen / von Gilbert
Gornig. - IN: Recht in Ost und West. -
35 (1991),4, S. 97 - 106

34   YY 7655 (40)
Rauschning, Dietrich:
Der deutsch-deutsche Staatsvertrag als
Schritt zur Einheit Deutschlands /
Dietrich Rauschning. - IN: Aus Politik
und Zeitgeschichte. - 40 (1990),33,
S. 3 - 16

35   YY 11431 (1990)
Schlecht, Otto:
Der deutsch-deutsche Staatsvertrag in
ordnungspolitischer Sicht / Otto
Schlecht. - IN: Orientierungen zur
Wirtschafts- und Gesellschaftspolitik. -
1990,2 = 44, S. 2 - 9

36   YY 13006 (1)
Schmidt-Bleibtreu, Bruno:
Der Vertrag über die Schaffung einer
Währungs-, Wirtschafts- und Sozialunion
zwischen der Bundesrepublik Deutschland

und der Deutschen Demokratischen Republik / Bruno Schmidt-Bleibtreu. - IN: Deutsch-deutsche Rechts-Zeitschrift. - 1 (1990),5, S. 138 - 142

37   YY 13307 (1990)
Scholz, Rupert:
Der Staatsvertrag zur Währungs-, Wirtschafts- und Sozialunion / Rupert Scholz. - (DDR-Rechtsentwicklungen ; 9). - IN: Betriebs-Berater : Beilage. - 1990,23, S. 1 - 9

38   A 184314
Der Staatsvertrag : Grundlage der deutschen Einheit ; [Vertrag über die Schaffung einer Währungs-, Wirtschafts- und Sozialunion zwischen der Bundesrepublik Deutschland und der Deutschen Demokratischen Republik]. - Berlin [u.a.] : Ministerium für Medienpolitik der DDR [u.a.], 1990. - 111 S. - (Reihe Berichte und Dokumentationen / Presse- und Informationsamt der Bundesregierung)

39   B 248828
Stache, Ulrich:
Der Staatsvertrag : auf dem Weg zur deutschen Einheit / dargest. und kommentiert von Ulrich Stache. - Wiesbaden : Forkel, 1990. - 166 S. - (Forkel Reihe : Recht und Steuern). - ISBN: 3-7719-6435-0

40   YY 4560 (1990)
Vereinbarung zwischen der Bundesrepublik Deutschland und der Deutschen Demokratischen Republik zur Durchführung und Auslegung des am 31. August 1990 in Berlin unterzeichneten Vertrages zwischen der Bundesrepublik Deutschland und der Deutschen Demokratischen Republik über die Herstellung der Einheit Deutschlands - Einigungsvertrag . - IN: Bulletin / Presse- und Informationsamt der Bundesregierung. - 1990,112, S. 1177 - 1184

41   A 190723
Die Vereinigung Deutschlands im Jahr 1990 : Verträge und Erklärungen / [Hrsg.: Presse- und Informationsamt der Bundesregierung]. - Bonn, 1991. - 288 S. : Ill. - (Reihe: Berichte und Dokumentationen / Presse- und Informationsamt der Bundesregierung)

42   A 188595
Verträge zur deutschen Einheit : Text mit Einführung / zsgest. und bearb. von Axel Hartmann. - Regensburg : Walhalla-u.-Praetoria-Verl., 1991. - XIV, 706 S. - ISBN: 3-8029-4401-1

43   A 192595
Die Verträge zur Einheit Deutschlands : Textausgabe mit Sachverzeichnis ; [Staatsvertrag, Einigungsvertrag mit Anlagen, Wahlvertrag, Zwei-plus-Vier-Vertrag, Deutsch-sowjetischer Partnerschaftsvertrag, Deutsch-polnischer Grenzvertrag, Deutsch-polnischer Nachbarschaftsvertrag, Deutsch-bulgarischer Partnerschaftsvertrag] / [Bundesrepublik Deutschland ...]. - Sonderausg., 2. Aufl., Stand: Nrn. 1 - 7: 15. Oktober 1990, Nrn. 8 - 11: 1.1.1992. - München : Dt. Taschenbuchverl., 1992. - XXII, 625 S. - (Beck-Texte im dtv). - ISBN: 3-423-05564-2 ; 3-406-36108-0

44   YY 4560 (1990)
Vertrag über die abschließende Regelung in bezug auf Deutschland : die Bundesrepublik Deutschland, die Deutsche Demokratische Republik, die Französische Republik, das Vereinigte Königreich Großbritannien und Nordirland, die Union der Sozialistischen Sowjetrepubliken und die Vereinigten Staaten von Amerika. - IN: Bulletin / Presse- und Informationsamt der Bundesregierung. - 1990,109, S. 1153 - 1156

45   A 185424
Vertrag über die abschließende Regelung in bezug auf Deutschland : die Verhandlungen über die äußeren Aspekte der Herstellung der deutschen Einheit / [Hrsg.: Presse- und Informationsamt der Bundesregierung]. - Bonn, 1990. - 95 S.

46   Y 59 (70)
Wohlgemuth, Michael:
Ordnungspolitische Anmerkungen zum "Einigungsvertrag" / Michael Wohlgemuth. - IN: Wirtschaftsdienst. - 70 (1990),10, S. 507 - 511

A-3 Monetary and Economic Union - Währungs- und Wirtschaftsunion

47 A 186818
Aktuelle Probleme der Währungs-, Wirtschafts- und Sozialunion mit der DDR : Beiträge eines Symposiums des Fachbereichs Wirtschaft der Hochschule Bremen am 15. Juni 1990 / Karl Marten Barfuß (Hrsg.). - Bremen, 1991. - 86 S. - (Schriftenreihe des Fachbereichs Wirtschaft der Hochschule Bremen ; 45). - ISBN: 3-922892-44-2

48 XX 5364 (1991)
Artus, Patrick:
L' unification économique et monétaire de la RFA et de la RDA : les taux d'intérêt en Allemagne et en France, le mark et le fonctionnement du SME / Patrick Artus. - Graph. Darst. - Zsfassung in engl. Sprache. - Zsf. u. d. T.: Economic and monetary union of Germany. - IN: Annales d'économie et de statistique. - 1991,avril/juin = No. 22, S. 59 - 90

49 C 168812
Aufgaben, Chancen, Risiken einer Wirtschafts- und Währungsunion DDR BRD / Institut für Angewandte Wirtschaftsforschung, Berlin. - Berlin, 1990. - 17 Bl. - (Information / Institut für Angewandte Wirtschaftsforschung, Berlin). - Enth. 3 Beitr.

50 XX 4915 (1990)
Bafoil, François:
L' introduction du deutsche mark en RDA : la dimension sociale / François Bafoil. - Zsfassung in engl. Sprache. - IN: Economie prospective internationale. - 1990,3 = No. 43, S. 49 - 62

51 XX 5361 (2)
Barendregt, Jaap:
A German monetary and economic unification in the Belgian-Dutch manner : a counterproposition / by Jaap Barendregt. - IN: Research bulletin / Tinbergen Institute. - 2 (1990),2, S. 165 - 169

52 XX 3852 (23)
Baumann, Michael G.:
Die wirtschaftliche Vereinigung Deutschlands : europäische und deutsche Aspekte / Michael Baumann. - IN: Deutschland-Archiv. - 23 (1990),6, S. 890 - 897

53 YY 6487 (35)
Becker, Walter:
Transformation oder Anschluß: die DDR im Umbruch / Walter Becker. - (Wissenschaftliche Konferenz der Hochschule für Ökonomie Berlin, am 14.2.1990 zum Thema: Aufgaben und Probleme der Transformation der administrativen Planwirtschaft in eine soziale Marktwirtschaft). - Zsfassung in engl. u. russ. Sprache. - IN: Wissenschaftliche Zeitschrift / Hochschule für Ökonomie. - 35 (1990),2, S. 23 - 26

54 YY 846 (43)
Becker, Wolf-Dieter:
Eine Grundsatzfrage der "Währungsunion" / Wolf-Dieter Becker. - IN: Zeitschrift für das gesamte Kreditwesen. - 43 (1990),9, S. 440 - 443

55 B 256681
Betz, Karl:
Die wirtschaftlichen Folgen des Helmut Kohl / Karl Betz ; Andreas Hauskrecht. - IN: Wirtschaftspolitische Konsequenzen der deutschen Vereinigung / Andreas Westphal ... (Hg.). - Frankfurt, 1991. - ISBN 3-593-34507-2. - S. 46 - 57. - (Reihe "Wirtschaftswissenschaft" ; 15)

56 C 166173
Biedenkopf, Kurt H.:
Deutsch-deutsche Währungsunion : Voraussetzung für die Erneuerung der DDR-Volkswirtschaft / Kurt H. Biedenkopf. - Bonn, 1990. - 28 S. - Über: Zur Unterstützung der Wirtschaftsreform in der DDR / Sachverständigenrat zur Begutachtung der Gesamtwirtschaftlichen Entwicklung. - [Wiesbaden], 1990

57 YY 6583 (72)
Bofinger, Peter:
The German monetary unification (Gmu) : converting Marks to D-Marks / Peter Bofinger. - Graph. Darst. - IN: Review / Federal Reserve Bank of St. Louis. - 72 (1990),4, S. 17 - 36

58 W 158 (32)
Brezinski, Horst:
Implementation and effects of the German monetary union / von Horst Brezinski. - Paderborn, 1991. - 24 Bl. : graph. Darst. - (Arbeitspapiere des Fachbereichs Wirtschaftswissenschaften / Universität - Gesamthochschule, Paderborn ; N.F.,32)

59 YY 8963 (1990)
Broclawski, Jean-Pierre:
Allemagne: année zéro / Jean-Pierre
Broclawski et Laurent Kenigswald. -
(Déséquilibres internationaux). -
Zsfassung in engl. u. span. Sprache. -
Zsf. u. d. T.: Germany year zero. - IN:
Economie et statistique. - 1990,mai =
No. 232, S. 25 - 32

60 Y 10872 (1990)
Bundesrepublik Deutschland: Wirtschafts-
und Währungsunion mit der DDR stützt
Konjunktur / von Günter Flemig ... -
Graph. Darst. - Zsfassung in engl.
Sprache. - IN: Die Weltwirtschaft. -
1990,1, S. 25 - 45

61 XX 5103 (1990)
Burda, Michael C.:
Les conséquences de l'union économique
et monétaire de l'Allemagne / Michael
C. Burda. - (A l'Est, en Europe). -
Zsfassung in engl. Sprache. - Zsf. u. d.
T.: The consequences of German economic
and monetary union. - IN: Observations
et diagnostics économiques : Revue de
l'OFCE. - 1990,novembre = No. 34,
S. 215 - 238

62 W 32 (449)
Burda, Michael C.:
The consequences of German economic and
monetary union / Michael C. Burda. -
London, 1990. - 34 S. : graph. Darst. -
(Discussion paper series / Centre for
Economic Policy Research ; 449)

63 YY 5825 (35)
Chrupek, Zbigniew:
Unia walutowa RFN-NRD : zasady, warunki
realizacji, skutki / Zbigniew Chrupek ;
Mirosław Wasilewski. - Parallelsacht.:
The Monetary Union of the FRG and GDR. -
IN: Handel zagraniczny. - 35 (1990),7/9,
S. 15 - 18

64 C 169232
Cloes, Roger:
Deutsch-deutsche Währungsunion :
gesamtdeutsche und europäische Auswirkungen / [von Roger Cloes]. - Bonn,
1990. - IV, 36 S. - (Materialien /
Deutscher Bundestag, Verwaltung,
Hauptabteilung Wissenschaftliche Dienste
; 111)

65 YY 613 (1990/91)
Colchester, Nicholas:
The spontaneous union : a survey of the
new Germany / [Nico Colchester]. - IN:
The economist. - 1990,30.6. - 6.7. =
Vol. 315 = Nr. 7661, 22 S.

66 X 461 (81)
Collier, Irwin L.:
The economic integration of post-wall
Germany / by Irwin L. Collier, Jr. and
Horst Siebert. - IN: The American
economic review. - 81 (1991),2,
S. 196 - 201

67 C 171430
Collier, Irwin L.:
The economic integration of post-wall
Germany / by Irwin L. Collier, jr. and
Horst Siebert. - Kiel : The Kiel Inst.
of World Economics, 1991. - 12 S. -
(Kieler Arbeitspapiere ; 462)

68 YY 12514 (5)
Collier, Irwin L.:
On the first year of German monetary,
economic and social union / Irwin L.
Collier, Jr. - IN: (Symposium on
economic transition in the Soviet Union
and Eastern Europe). // IN: The journal
of economic perspectives. - Nashville,
TN. - ISSN 0895-3309. - 5 (1991),4,
S. 179 - 186.

69 XX 4915 (1990)
Coudert, Virginie:
Les enjeux financiers de l'union
monétaire allemande / Virginie Coudert.
- Parallelsacht.: The financial
challenge of the German monetary union.
- Zsfassung in engl. Sprache. - IN:
Economie prospective internationale. -
1990,3 = No. 43, S. 29 - 47

70 C 168267
DDR Wirtschafts- und Währungsunion /
Deutsche Bank, Volkswirtschaftliche
Abteilung. [Red.-Leitung: Otto Storf]. -
Frankfurt, 1990. - 65 S. : graph. Darst.
+ Beil. - Beil. u.d.T.: Staatsvertrag

71 YY 1276 (43)
DDR-BRD-Perspektiven : Schwerpunktheft
/ [Koordination: Manfred H. Bobke- von
Camen ...]. - Enth. 12 Beitr. - IN:
WSI-Mitteilungen. - 43 (1990),5,
S. 253 - 364

72 B 250969
DeGrauwe, Paul:
The economic integration of West and

East Germany : 2 tales based on trade theory / by Paul De Grauwe. - Leuven, 1990. - 12 Bl. - (Discussion paper / Centrum voor Economische Studiën, Katholieke Universiteit Leuven, Departement Economie : International economics research paper ; 72). - Druckschriftennr.: D/1990/2020/33

73   B 259371
DeGrauwe, Paul:
German monetary unification / by Paul de Grauwe. - Leuven, 1991. - 10 Bl. - (Discussion paper / Centrum voor Economische Studiën, Katholieke Universiteit Leuven, Departement Economie : International economics research paper ; 84). - Druckschriftennr.: D/1991/2020/23

74   XX 4007 (36)
DeGrauwe, Paul:
German monetary unification / Paul de Grauwe. - (Papers and proceedings of the ... annual congress of the European Economic Association ; 6). - IN: European economic review. - 36 (1992),2/3, S. 445 - 453

75   YY 12178 (1990)
Deutsche Währungsunion : die Risiken sind beherrschbar / Frankfurter Institut. - IN: Argumente zur Wirtschaftspolitik. - 1990,Februar = Nr. 30, 6 S.

76   A 187360
Deutsche Wirtschaftseinheit : Ziel und Weg / Autorenkollektiv des Instituts für Internationale Politik und Wirtschaft. Unter Leitung von Jürgen Nitz. - Berlin : Verl. Die Wirtschaft, 1990. - 112 S. : graph. Darst. - (Beiträge zu Wirtschaftsfragen). - Enth. 7 Beitr. - ISBN: 3-349-00720-1

77   YY 12146 (1990)
Dietz, Raimund:
GDR: the West German safety net to the rescue / by Raimund Dietz. - IN: Mitgliederinformation / Wiener Institut für Internationale Wirtschaftsvergleiche. - 1990,8, S. 15 - 21

78   YY 846 (43)
Die D-Mark in Ost und West / Helmut Schlesinger ... - Enth. 5 Beitr. - IN: Zeitschrift für das gesamte Kreditwesen. - 43 (1990),24, S. 1204 - 1230

79   XX 5755 (4)
Donges, Juergen B.:
Reflexiones sobre una unión entre las dos economías alemanas / Juergen B. Donges. - IN: Política exterior. - 4 (1990),invierno = Núm. 14, S. 71 - 84

80   A 185509
Dubrowsky, Hans-Joachim:
Konvertierbarkeit - Währungsunion : Beiträge zu Wirtschaftsfragen / von Hans-Joachim Dubrowsky ; Klaus Kolloch ; Werner Thümmler. - Berlin : Verl. Die Wirtschaft, 1990. - 63 S. - Druckschriftennr.: Lizenz-Nr. 122(720/90). - ISBN: 3-349-00724-4

81   XX 4683 (39)
Dubrowsky, Hans-Joachim:
Probleme der deutsch-deutschen Wirtschafts- und Währungsunion / Hans-Joachim Dubrowsky. - IN: Zeitschrift für Wirtschaftspolitik. - 39 (1990),3, S. 303 - 309

82   W 481 (13)
Ehrlicher, Werner:
Ein Jahr nach der deutsch-deutschen Wirtschafts-, Währungs- und Finanzunion : Rückblick und Ausblick / von Werner Ehrlicher. - Freiburg i. Br., 1991. - 24 Bl. - (Diskussionsbeiträge / Institut für Finanzwissenschaft der Albert-Ludwigs-Universität Freiburg im Breisgau ; 13)

83   YY 731 (43)
Ein Jahr deutsche Währungs-, Wirtschafts- und Sozialunion . - Graph. Darst. - IN: Monatsberichte der Deutschen Bundesbank. - 43 (1991),7, S. 18 - 30

84   A 183180
Fels, Gerhard:
Sozialverträgliche Ausgestaltung der deutsch-deutschen Währungsunion : Gutachten / [verantw.: Gerhard Fels ; Hans-Peter Fröhlich ; Otto Vogel]. - Köln : Dt. Inst.-Verl., 1990. - 52 S. - (Beiträge zur Wirtschafts- und Sozialpolitik ; 179 = 1990,3). - ISBN: 3-602-24001-0

85   YY 846 (43)
Gischer, Horst:
Monetäre Implikationen / Horst Gischer. - IN: Zeitschrift für das gesamte Kreditwesen. - 43 (1990),13,

86 W 127 (1990,20)
Götz-Coenenberg, Roland:
Währungsintegration in Deutschland :
Alternativen und Konsequenzen / Roland
Götz-Coenenberg. - Köln, 1990. - 79 S. -
(Berichte des Bundesinstituts für
Ostwissenschaftliche und Internationale
Studien ; 1990,20). - Zsfassung in engl.
Sprache

87 A 189489
Gries, Thomas:
Szenarien zur wirtschaftlichen
Integration von Bundesrepublik und DDR
/ Thomas Gries. - Göttingen : Grieß,
1991. - 43 S. : graph. Darst. -
(Institut für Wirtschaftsstudien : Reihe
2 ; 1). - ISBN: 3-928449-00-1

88 C 167361
Gutachten zur Währungs-, Wirtschafts-
und Sozialunion der DDR mit der BRD /
Institut für Internationale Politik und
Wirtschaft. [Autoren: Peter Delitz ...].
- [Berlin], 1990. - 56 S.

89 YY 13006 (2)
Haferkamp, Dieter:
Die deutsche Währungsunion - bereits
Rechtsgeschichte? / Dieter Haferkamp. -
IN: Deutsch-deutsche Rechts-Zeitschrift.
- 2 (1991),6, S. 201 - 207

90 A 189760
Hankel, Wilhelm:
Die deutsch-deutsche Währungsunion, die
programmierte Katastrophe? : eine
Leporello-Arie der Denkfehler und
Unterlassungen / von Wilhelm Hankel. -
IN: Probleme der Einheit. - 2 (1991),
S. 31 - 42

91 B 256682
Hankel, Wilhelm:
Deutschlands Währungsspaltung und
-vereinigung : die deutsche Währungs-
union, eine endlose Kontroverse? / von
Wilhelm Hankel. - IN: Der Umbau / Uwe
Jens (Hrsg.). Mit Beitr. von Wilhelm
Krelle ... - Baden-Baden, 1991. - ISBN
3-7890-2469-4. - S. 98 - 106.

92 B 246897
Hankel, Wilhelm:
Eine Mark für Deutschland / von Wilhelm
Hankel. - Bonn : Bouvier, 1990. - XVII,
111 S. - (Bouvier-Forum ; 4). - ISBN:
3-416-02259-9

93 B 256681
Hankel, Wilhelm:
Eine Mark und ein Markt für Deutschland
: ordnungspolitische Aspekte der
deutschen Währungsunion / Wilhelm
Hankel. - IN: Wirtschaftspolitische
Konsequenzen der deutschen Vereinigung /
Andreas Westphal ... (Hg.). - Frankfurt,
1991. - ISBN 3-593-34507-2. -
S. 28 - 45. - (Reihe "Wirtschafts-
wissenschaft" ; 15)

94 B 251374
Hesse, Helmut:
Zweifache Währungsunion : Probleme und
Aussichten / von Helmut Hesse. - Kiel :
Inst. für Weltwirtschaft an der Univ.
Kiel, 1991. - 26 S. - (Kieler Vorträge ;
N.F.,118). - ISBN: 3-925357-99-8

95 A 185568
Hickel, Rudolf:
Folgen des D-Mark-Imports in die DDR :
sozial-ökonomische und ökologische
Anforderungen an die deutsche
Integration / Rudolf Hickel. - IN:
Gleichheit, Freiheit, Solidarität /
Hans-Otto Hemmer ... (Hrsg.). - Köln,
1990. - ISBN 3-7663-2228-1. -
S. 60 - 83.

96 XX 739 (41)
Hickel, Rudolf:
Die Währungsunion : sozial-ökonomisch
schädlicher Einstieg in die Sanierung
der DDR-Wirtschaft / Rudolf Hickel. -
IN: Gewerkschaftliche Monatshefte. - 41
(1990),3, S. 141 - 151

97 W 620 (26)
Horn, Gustav A.:
Domestic and international macroeconomic
effects of German economic and monetary
union / von G. A. Horn, W. Scheremet
und R. Zwiener. - Berlin, 1991. - 57 S.
: graph. Darst. - (Diskussionspapiere /
Deutsches Institut für Wirtschaftsforschung, Berlin ; 26)

98 C 169600
International monetary arrangements:
Eastern Europe : minutes of evidence,
Wednesday 16 May 1990 ; HM Treasury /
the Treasury and Civil Service
Committee. - London : HMSO, 1990. - 21
S. - Druckschriftennr.: House of
Commons, session 1989 - 90, 431-I. -
ISBN: 0-10-291690-X

99 C 170839
International monetary arrangements: Eastern Europe : together with the proceedings of the Committee and minutes of evidence. - London : HMSO, 1990. - XXVIII, 65 S. - (Report from the Treasury and Civil Service Committee ; 1989/90,7). - Druckschriftennr.: 431. - ISBN: 0-10-243190-6

100 YY 4777 (39)
Jess, Heinrich:
Ökonomische Effekte der deutschen Währungsunion : ein Vergleich quantitativer Analysen mit Hilfe ökonometrischer Simulationen / von Heinrich Jess und Markus Sailer. - Graph. Darst. - IN: Sozialer Fortschritt. - 39 (1990),11, S. 247 - 252

101 A 190411
Jochimsen, Reimut:
The impact of monetary union on the German economy / Reimut Jochimsen. - IN: The European monetary system and international financial markets / organized by the Friedrich-Ebert-Stiftung ... Ed. by Dieter Dettke. - Bonn, 1991. - S. 45 - 54.

102 XX 2680 (38)
Kelet-Európa, a német márka és az Európai Pénzügyi Unió / David Begg ... - Zsfassung in russ. u. engl. Sprache. - Zsf. u. d. T.: Eastern Europe, the German mark and the European Payments Union. - IN: Közgazdasági szemle. - 38 (1991),4, S. 345 - 382

103 A 184540
Kloten, Norbert:
Die deutsch-deutsche Wirtschafts- und Währungsunion : Vorgeschichte, Inhalte, Folgen / Norbert Kloten. - IN: (Wieder-)Vereinigungsprozeß in Deutschland / [hrsg. von der Landeszentrale für Politische Bildung Baden-Württemberg]. Mit Beitr. von Hans von Mangoldt ... Red.: Hans-Georg Wehling. - Stuttgart, 1990. - ISBN 3-17-011301-1. - S. 53 - 61.

104 B 252403
Kloten, Norbert:
Mit der D-Mark in die Marktwirtschaft : die DDR im Systemwandel / Norbert Kloten. - Stuttgart, 1990. - 24 S. - (Schriftenreihe / Schwäbische Gesellschaft ; 4)

105 W 358 (16)
König, Reiner:
Zur deutschen Währungsunion / von Reiner König. - Frankfurt am Main : Professur für Volkswirtschaftslehre, insbes. Geld und Währung, 1990. - 22 Bl. - (Geld und Währung working papers ; 16)

106 B 253660
Kregel, Jan A.:
Alternative economic analyses of German monetary and economic unification : monetarist and post Keynesian / J. A. Kregel. - IN: Economic problems of the 1990s / ed. by Paul Davidson ... - Aldershot, Hants, 1991. - ISBN 1-85278-459-8. - S. 122 - 133.

107 YY 534 (1990)
Kregel, Jan A.:
German monetary and economic unification : are financial markets asking the right questions? / Jan Kregel. - IN: Quarterly review / Banca Nazionale del Lavoro. - 1990,September = No. 174, S. 289 - 307

108 Y 59 (70)
Kromphardt, Jürgen:
Über eine Währungsunion zur Wirtschaftsunion / Jürgen Kromphardt. - IN: Wirtschaftsdienst. - 70 (1990),3, S. 128 - 133

109 XX 739 (41)
Kromphardt, Jürgen:
Vorteile und Risiken der Währungsunion / Jürgen Kromphardt ; Gesa Bruno. - IN: Gewerkschaftliche Monatshefte. - 41 (1990),5/6, S. 309 - 315

110 A 184216
Läufer, Nikolaus K.:
Vier Papiere zur deutschen Währungsunion / Nikolaus K. A. Läufer. - 1. Aufl. - Konstanz : Hartung-Gorre, 1990. - 28 S. - (Konstanzer Schriften aus Geld- und Außenwirtschaft ; 1). - ISBN: 3-89191-353-2

111 YY 846 (43)
Läufer, Nikolaus K.:
Die Währungsumstellung 1:1 kann auch deflationär wirken / Nikolaus K. Läufer. - IN: Zeitschrift für das

gesamte Kreditwesen. - 43 (1990),9, S. 443 - 448

112 YY 8448 (1990)
Läufer, Nikolaus K.:
Wirkt eine Währungsunion deflationär? / Nikolaus K. A. Läufer. - IN: Die Bank. - 1990,4, S. 206 - 210

113 XX 3835 (24)
Lang, Franz P.:
Realwirtschaftliche Anpassungszwänge der monetären Integration : zu den ökonomischen Wirkungen der deutsch-deutschen Vereinigung / von Franz Peter Lang und Renate Ohr. - Zsfassung in engl. u. franz. Sprache. - IN: Kredit und Kapital. - 24 (1991),1, S. 36 - 49

114 YY 2516 (42)
Leibfritz, Willi:
Anmerkungen zur Wirtschafts- und Währungsunion / W. Leibfritz ; H. Sherman. - IN: Wirtschaftskonjunktur. - 42 (1990),5, S. R1 - R4

115 YY 3893 (43)
Leibfritz, Willi:
Chancen und Risiken einer Wirtschafts- und Währungsunion zwischen der Bundesrepublik und der DDR / Willi Leibfritz u. Benedikt Thanner. - IN: Ifo-Schnelldienst. - 43 (1990),7, S. 7 - 12

116 XX 4915 (1990)
Luft, Christa:
L' économie de la RDA après l'union monétaire / Christa Luft. - Parallelsacht.: East German economy after the monetary union. - Zsfassung in engl. Sprache. - IN: Economie prospective internationale. - 1990,3 = No. 43, S. 3 - 11

117 A 189760
Luft, Christa:
Melancholische Betrachtungen über verpaßte Gelegenheiten samt einiger Lehren für die Zukunft / von Christa Luft. - IN: Probleme der Einheit. - 2 (1991), S. 15 - 30

118 A 190224
Maier, Harry:
Demokratische Revolution und deutsch-deutsche Wirtschafts- und Währungsgemeinschaft / Harry Maier. - IN: Die Deutschen und die Architektur des europäischen Hauses / hrsg. von Werner Weidenfeld. Mit Beitr. von Peter Bender ... - Köln, 1990. - ISBN 3-8046-8745-8. - S. 157 - 173.

119 A 183330
Die marktwirtschaftliche Integration der DDR : Startbedingungen und Konsequenzen ; Studie / ausgearbeitet von einem Autorenkollektiv unter Leitung von R. Kowalski. - [Berlin] : IPW, 1990. - 55 S.

120 YY 11425 (16)
Meinhardt, Uwe:
Hoppla - jetzt kommen wir! : Währungsunion, das große Versprechen / von Uwe Meinhardt. - IN: Sozialismus. - 16 (1990),3 = Nr. 121, S. 5 - 10

121 A 186238
Müller, Lothar:
Auswirkungen der Reformen auf Geldwertstabilität und Außenwert der DM / von Lothar Müller. - IN: Von der Planwirtschaft zur Marktwirtschaft / hrsg. von Karl Heinrich Oppenländer ... - München, 1990. - ISBN 3-88512-130-1. - S. 335 - 348. - (Ifo-Studien zur Ostforschung ; 4)

122 XX 2701 (16)
Necker, Tyll:
Voraussetzungen für eine deutsch-deutsche Wirtschaftsgemeinschaft und Währungsunion / Tyll Necker. - IN: List-Forum für Wirtschafts- und Finanzpolitik. - 16 (1990),3, S. 240 - 251

123 YY 3893 (43)
Nierhaus, Wolfgang:
DDR: Kaufkrafteffekte durch Währungsunion? / W. Nierhaus. - IN: Ifo-Schnelldienst. - 43 (1990),13, S. 24 - 26

124 YY 3893 (43)
Nierhaus, Wolfgang:
DDR: Währungsunion bringt Kaufkraftplus / W. Nierhaus. - IN: Ifo-Schnelldienst. - 43 (1990),25, S. 9 - 11

125 C 175290
Nissen, Hans-Peter:
Zur politischen Ökonomie der Währungsunion / von Hans-Peter Nissen. - Paderborn, 1990. - 16 Bl. : graph. Darst. - (Arbeitspapiere des Fachbereichs Wirtschaftswissenschaften /

Universität - Gesamthochschule, Paderborn)

126   A 188966
Nölling, Wilhelm:
Geld und die deutsche Vereinigung / von Wilhelm Nölling. - Hamburg, 1991. - 84 S. - (Hamburger Beiträge zur Wirtschafts- und Währungspolitik in Europa ; 8)

127   B 256682
Nölling, Wilhelm:
Die Währungsumstellung, ein Jahr danach / von Wilhelm Nölling. - IN: Der Umbau / Uwe Jens (Hrsg.). Mit Beitr. von Wilhelm Krelle ... - Baden-Baden, 1991. - ISBN 3-7890-2469-4. - S. 67 - 97.

128   C 168608
Ökonomische und soziale Probleme einer Währungsunion und Wirtschaftsgemeinschaft zwischen der BRD und DDR / Institut für Angewandte Wirtschaftsforschung. - Berlin, 1990. - 46 Bl. - (Information / Institut für Angewandte Wirtschaftsforschung). - Enth. 5 Beitr.

129   Y 599 (75)
Paridon, Cornelis W. van:
Van tweeën een: op weg naar één Duitse economie / C. W. A. M. Van Paridon. - IN: Economisch statistische berichten. - 75 (1990),30 mei = Nr. 3759, S. 495 - 498

130   XX 5103 (1990)
Passet, Olivier:
Allemagne: la nouvelle frontière / Olivier Passet. - Graph. Darst. - Zsfassung in engl. Sprache. - Zsf. u. d. T.: West Germany: the new border. - IN: Observations et diagnostics économiques : Revue de l'OFCE. - 1990,juillet = No. 32, S. 27 - 71

131   A 189311
Pieroth, Elmar:
Deutsche Wirtschafts-, Währungs- und Sozialunion : Herausforderungen und Chancen / Elmar Pieroth. Zur sozialen Marktwirtschaft gibt es keine Alternative / Rolf Lenz. Mitgliederversammlung 1991. - Stuttgart, 1991. - 28 S. : Ill. - (Schriftenreihe / Landesvereinigung Baden-Württembergischer Arbeitgeberverbände e. V. ; 10)

132   YY 10271 (36)
Pöhl, Karl O.:
El punto de vista del Banco Central de la República Federal de Alemania sobre las uniones monetarias alemana y europea / Karl-Otto Pöhl. - Einheitssacht.: Herr Pöhl presents the Bundesbank's view on German and European monetary union <span.>. - IN: Boletín / Centro de Estudios Monetarios Latinoamericanos. - 36 (1990),5, S. 233 - 239

133   Y 370 (57)
Pohl, Reinhard:
Alt-Schulden der DDR-Betriebe : Streichung unumgänglich / [bearb. von Reinhard Pohl]. - IN: Wochenbericht / Deutsches Institut für Wirtschaftsforschung. - 57 (1990),36, S. 503 - 509

134   Y 370 (57)
Pohl, Reinhard:
Gesamtwirtschaftliche Auswirkungen der deutschen Währungs-, Wirtschafts- und Sozialunion auf die Bundesrepublik Deutschland : Ergebnisse einer ökonometrischen Simulationsanalyse / [bearb. von Reinhard Pohl, Dieter Vesper und Rudolf Zwiener]. - IN: Wochenbericht / Deutsches Institut für Wirtschaftsforschung. - 57 (1990),20, S. 269 - 277

135   B 255708
Pohl, Rüdiger:
Monetäre Strategien in einem inhomogenen Währungsraum : die deutsch-deutsche Währungsunion / Rüdiger Pohl. - IN: Operations-Research / Günter Fandel ... (Hrsg.). - Berlin, 1991. - ISBN 3-540-53879-8 ; 0-387-53879-8. - S. 251 - 264.

136   XX 3755 (41)
Pohl, Rüdiger:
Realwirtschaftliche Voraussetzungen und monetäre Implikationen einer gesamtdeutschen Währungsunion / von Rüdiger Pohl und Andreas Thiemer. - Graph. Darst. - (DDR-Wirtschaft). - IN: RWI-Mitteilungen. - 41 (1990),1/2, S. 83 - 92

137   C 170542
Pohl, Rüdiger:
Ein Zehn-Punkte-Programm zur deutsch-deutschen Währungsunion : technische Schritte, ökonomische Voraussetzungen, Zwischenlösungen ; monetäre Analyse für das Frühjahr 1990 /

von Rüdiger Pohl. - Berlin : Inst. für
Empirische Wirtschaftsforschung, 1990. -
21 Bl.

138 B 258826
Rüden, Bodo von:
Die Rolle der D-Mark in der DDR : von
der Nebenwährung zur Währungsunion /
Bodo von Rüden. - 1. Aufl. - Baden-Baden
: Nomos-Verl.-Ges., 1991. - 179 S. :
graph. Darst. - (Schriften zur monetären
Ökonomie ; 31). - Zugl.: Speyer,
Hochsch. für Verwaltungswiss., Diss.,
1991. - ISBN: 3-7890-2531-3

139 YY 1262 (1990)
Sargent, Thomas J.:
The analytics of German monetary
unification / Thomas J. Sargent and
François R. Velde. - Graph. Darst. - IN:
Economic review / Federal Reserve Bank
of San Francisco. - 1990,4, S. 33 - 50

140 C 171498
Schinasi, Garry J.:
Monetary and financial issues in German
unification / Garry J. Schinasi, Leslie
Lipschitz, and Donogh McDonald. - IN:
German unification / ed. by Leslie
Lipschitz ... - Washington, DC, 1990. -
ISBN 1-55775-200-1. - S. 144 - 154. -
(Occasional paper / International
Monetary Fund ; 75)

141 YY 13006 (1)
Schlabrendorff, Fabian von:
Die Wirtschaftsunion der beiden
deutschen Staaten ab 1.7.1990 / Fabian
v. Schlabrendorff und Harald Michaelis
de Vasconcellos. - IN: Deutsch-deutsche
Rechts-Zeitschrift. - 1 (1990),5,
S. 142 - 147

142 B 255723
Schlesinger, Helmut:
Erste Erfahrungen mit der
deutsch-deutschen Währungsunion und die
weiteren Perspektiven / Helmut
Schlesinger. - IN: Bankwesen und
östliches Mitteleuropa / Hans Lexa ...
(Hrsg.). - Wien, 1990. - S. 7 - 15. -
(Schriftenreihe des Österreichischen
Forschungsinstitutes für Sparkassenwesen
: Sonderband ; 1990)

143 B 256489
Schlesinger, Helmut:
Die währungspolitischen Weichenstellungen in Deutschland und Europa /
von Helmut Schlesinger. - IN: Monetäre
Konfliktfelder der Weltwirtschaft /
hrsg. von Jürgen Siebke. - Berlin, 1991.
- ISBN 3-428-07220-0. - S. 17 - 32. -
(Schriften des Vereins für Socialpolitik, Gesellschaft für Wirtschafts-
und Sozialwissenschaften ; N.F.,210)

144 A 187361
Schlesinger, Helmut:
Weichenstellungen für die Geld- und
Währungspolitik : das Jahr 1990 /
Helmut Schlesinger. - IN:
Währungspolitik und Kapitalmarkt / mit
Beitr. von Helmut Schlesinger ... -
Frankfurt am Main, 1991. - S. 6 - 15. -
(Informationsschriften des Instituts für
Kapitalmarktforschung ; 9)

145 ArbS 0 7 (413)
Schmieding, Holger:
Währungsunion und Wettbewerbsfähigkeit
der DDR-Industrie / von Holger
Schmieding. - Kiel : Inst. für
Weltwirtschaft, 1990. - 18 S. - (Kieler
Arbeitspapiere ; 413)

146 ArbS 0 13 (190)
Schmitz, Claudia:
Gradualism versus big leap in
German-German monetary integration / by
Claudia Schmitz. - Kiel : Kiel Inst. of
World Economics, 1990. - 22 Bl. - (Kiel
advanced studies working papers ; 190)

147 XX 5942 (15)
Schrettl, Wolfram:
Economic and monetary integration of the
two Germanies / Wolfram Schrettl. -
Zsfassung in dt. Sprache. - IN: Economic
systems. - 15 (1991),1, S. 1 - 17

148 ArbS 0 3 (160)
Siebert, Horst:
The economic integration of Germany /
by Horst Siebert. - Kiel : Inst. für
Weltwirtschaft, 1990. - 30 S. : graph.
Darst. - (Kieler Diskussionsbeiträge ;
160). - ISBN: 3-925357-84-X

149 C 168984
Siebert, Horst:
The economic integration of Germany :
an update / by Horst Siebert. - Kiel :
Inst. für Weltwirtschaft, 1990. - 37 S.
: graph. Darst. - (Kieler Diskussionsbeiträge ; 160a). - ISBN: 3-925357-89-0

150 XX 4007 (35)
Siebert, Horst:
The integration of Germany : real economic adjustment / Horst Siebert. - (Papers and proceedings of the ... annual congress of the European Economic Association ; 5). - IN: European economic review. - 35 (1991),2/3, S. 591 - 602

151 Y 10872 (1990)
Siebert, Horst:
Lang- und kurzfristige Perspektiven der deutschen Integration / von Horst Siebert. - IN: Die Weltwirtschaft. - 1990,1, S. 49 - 55

152 YY 7792 (35)
Siebert, Horst:
Németország gazdasági integrációja / Horst Siebert. - Zsfassung in engl. u. russ. Sprache. - Zsf. u. d. T.: The economic integration of Germany. - IN: Külgazdaság. - 35 (1991),3, S. 4 - 28

153 W 260 (320)
Spahn, Paul B.:
Der Umstellungskurs der Ost-Mark und die Geldpolitik der Bundesbank / von P. Bernd Spahn. - Frankfurt [u.a.], 1990. - 15 S. - (Arbeitspapier / Sonderforschungsbereich 3, Mikroanalytische Grundlagen der Gesellschaftspolitik, J.-W.-Goethe-Universität Frankfurt und Universität Mannheim ; 320)

154 Y 59 (70)
Stadermann, Hans-Joachim:
Besitzstandssicherung versus marktgerechte Strukturen / Hans-Joachim Stadermann. - IN: Wirtschaftsdienst. - 70 (1990),5, S. 240 - 246

155 Y 59 (70)
Suntum, Ulrich van:
Kaufkrafteffekte der Wirtschafts- und Währungsunion / Ulrich van Suntum. - IN: Wirtschaftsdienst. - 70 (1990),8, S. 398 - 401

156 YY 731 (42)
Technische und organisatorische Aspekte der Währungsunion mit der Deutschen Demokratischen Republik . - IN: Monatsberichte der Deutschen Bundesbank. - 42 (1990),10, S. 25 - 32

157 B 249225
Thieme, H. J.:
Währungsunion in Deutschland : Bedingungen, Chancen und Risiken / H. Jörg Thieme. - IN: Zur Transformation von Wirtschaftssystemen / Forschungsstelle zum Vergleich Wirtschaftlicher Lenkungssysteme, Fachbereich Wirtschaftswissenschaften, Philipps-Universität, Marburg. [Autoren: Alfred Schüller ...]. - Marburg, 1990. - ISBN 3-923647-14-X. - S. 107 - 115. - (Arbeitsberichte zum Systemvergleich ; 15)

158 YY 731 (42)
Die Währungsunion mit der Deutschen Demokratischen Republik . - IN: Monatsberichte der Deutschen Bundesbank. - 42 (1990),7, S. 14 - 29

159 A 184540
Wagner, Adolf:
Auf dem Weg zur Wirtschaftsunion : Probleme für den Umbau der DDR-Wirtschaft / Adolf Wagner. - IN: (Wieder-)Vereinigungsprozeß in Deutschland / [hrsg. von der Landeszentrale für Politische Bildung Baden-Württemberg]. Mit Beitr. von Hans von Mangoldt ... Red.: Hans-Georg Wehling. - Stuttgart, 1990. - ISBN 3-17-011301-1. - S. 74 - 87.

160 XX 5320 (1990)
Walter, Norbert:
Pourquoi la réunification allemande va réussir / Norbert Walter. - IN: Politique industrielle. - 1990,été = No. 20, S. 43 - 50

161 A 190405
Wenn die D-Mark kommt ... : Warnruf der ökonomischen Vernunft / Arbeitsgruppe Kritischer Ökonomen und Politikwissenschaftler aus BRD und DDR (Hg.). - 2. Aufl. - Hamburg [u.a.] : Argument-Verl., 1990. - 79 S. - (Argument extra)

162 A 182665
Wiedervereinigung - Chancen ohne Ende? : Dokumentation von Antworten auf eine einmalige Herausforderung / eingeleitet und hrsg. von Wilhelm Nölling. Mit Beitr. von Marcus Bierich ... - Hamburg, 1990. - 76 S. - (Hamburger Beiträge zur Wirtschafts- und Währungspolitik in Europa ; 7)

163   B 255125
Willgerodt, Hans:
German economic integration in a
European perspective / Hans Willgerodt.
- Abridged version. - Span. Ausg.
u.d.T.: Willgerodt, Hans: La
integración económica alemana en una
perspectiva europea. - IN: Towards a
market economy in Central and Eastern
Europe / Herbert Giersch (ed.). -
Berlin, 1991. - ISBN 3-540-53922-0 ;
0-387-53922-0. - S. 155 - 168.

164   XX 5027 (1991)
Willgerodt, Hans:
La integración económica alemana en una
perspectiva europea / Hans Willgerodt.
- Engl. Ausg. u.d.T.: Willgerodt, Hans:
German economic integration in a
European perspective. - IN: Revista del
Instituto de Estudios Económicos. -
1991,2, S. 155 - 183

165   XX 4683 (39)
Willgerodt, Hans:
Probleme der deutsch-deutschen
Wirtschafts- und Währungsunion / Hans
Willgerodt. - IN: Zeitschrift für
Wirtschaftspolitik. - 39 (1990),3,
S. 311 - 323

166   B 247241
Willgerodt, Hans:
"Vorteile der wirtschaftlichen Einheit
Deutschlands" : Gutachten / Hans
Willgerodt. - Köln : Inst. für
Wirtschaftspolitik an d. Univ. zu Köln,
1990. - 98 S. - (Untersuchungen zur
Wirtschaftspolitik ; 84). - ISBN:
3-921471-72-9

167   B 255709
Willms, Manfred:
German monetary unification and European
monetary union : theoretical issues and
strategic policy problems / Manfred
Willms. - Kommentar S. 158 - 162. - IN:
European monetary integration / Paul J.
J. Welfens (ed.). - Berlin, 1991. - ISBN
3-540-53790-2 ; 0-387-53790-2. -
S. 133 - 157.

168   Y 59 (70)
Eine Wirtschafts- und Währungsunion mit
der DDR? / Ingrid Matthäus-Maier ... -
Enth. 5 Beitr. - IN: Wirtschaftsdienst.
- 70 (1990),2, S. 63 - 77

A-4 Monetary Reform in 1948 and Monetary
Union in 1990 Compared -
Währungsreform 1948 und
Währungsunion 1990 im Vergleich

169   XX 2796 (36)
Altvater, Elmar:
Ist das Wirtschaftswunder wiederholbar?
: ein Leistungsvergleich zwischen
Währungsreform 1948 und Währungsunion
1990 / von Elmar Altvater. - IN: Blätter
für deutsche und internationale Politik.
- 36 (1991),6, S. 695 - 707

170   B 257119
Altvater, Elmar:
"Soziale Marktwirtschaft" 1949 und 1989
: zum Primat von Ökonomie oder Politik
in der Vorgeschichte der neuen
Bundesrepublik / Elmar Altvater. - IN:
Die alte Bundesrepublik / Bernhard
Blanke ... (Hrsg.). Mit Beitr. von Elmar
Altvater ... - Opladen, 1991. - ISBN
3-531-12197-9. - S. 81 - 105. -
(Leviathan : Sonderheft ; 12)

171   XX 5692 (19)
Derix, Hans-Heribert:
Währungsreform West 1948 = Wirtschafts-
und Währungsunion Ost 1990? : zur
Utopie eines zweiten
"Wirtschaftswunders" / Hans-Heribert
Derix. - IN: Wissenschaftliche
Zeitschrift / Handelshochschule,
Leipzig. - 19 (1992),1, S. 1 - 12

172   XX 2701 (17)
Ehret, Martin:
Ist eine Wiederholung des "Wirtschafts-
wunders" möglich? : Perspektiven für
die Entwicklung in den neuen
Bundesländern / Martin Ehret ; Wolfgang
Patzig. - IN: List-Forum für
Wirtschafts- und Finanzpolitik. - 17
(1991),2, S. 109 - 131

173   YY 10313 (19)
Graf, Hans-Werner:
Transformationstheoretische Grenzen der
Vergleichbarkeit der Währungsreformen
von 1948 und 1990 / Hans-Werner Graf
und Michael Steinhöfel. - IN:
Mitteilungen des Instituts für
Angewandte Wirtschaftsforschung. - [19]
(1991),2, S. 1 - 12

174   YY 8335 (25)
Lang, Franz P.:
Can the German "economic miracle" be

repeated? / Franz Peter Lang. - IN: Intereconomics. - 25 (1990),5, S. 248 - 252

175   YY 8335 (25)
Lösch, Dieter:
The post-war transformation of West Germany's economy : a model for the GDR? / Dieter Lösch. - IN: Intereconomics. - 25 (1990),2, S. 88 - 96

176   B 247291
Lösch, Dieter:
Die Transformation der Verwaltungswirtschaft in Westdeutschland : ein Modell für die Reform der DDR-Wirtschaft / von Dieter Lösch. - IN: Fragen zur Reform der DDR-Wirtschaft / [Schriftl.: Herbert Wilkens]. - Berlin, 1990. - ISBN 3-428-06908-0. - S. 69 - 84. - (Beihefte der Konjunkturpolitik ; 37)

177   B 255380
Möller, Hans:
Ordnungspolitische Aspekte der westdeutschen Währungs- und Wirtschaftsreform von 1948 mit vergleichenden Hinweisen auf die Währungsstabilisierung von 1923 in der Weimarer Republik und auf die Einführung der DM in der DDR am 1. Juli 1990 / von Hans Möller. - IN: Anpassung durch Wandel / hrsg. von Hans-Jürgen Wagener. - Berlin, 1991. - ISBN 3-428-07150-6. - S. 201 - 237. - (Schriften des Vereins für Socialpolitik, Gesellschaft für Wirtschafts- und Sozialwissenschaften ; N.F.,206)

178   X 9144 (42)
Schmieding, Holger:
Deutschlands Weg zur Marktwirtschaft : die westdeutsche Währungsreform von 1948 und die gesamtdeutsche Währungsunion von 1990 im Vergleich / Holger Schmieding. - Zsfassung in engl. Sprache. - IN: Ordo. - 42 (1991), S. 189 - 211

179   C 171431
Schmieding, Holger:
Die ostdeutsche Wirtschaftskrise : Ursachen und Lösungsstrategien ; Anmerkungen im Lichte der westdeutschen Erfahrungen von 1948 und des polnischen Beispiels von 1990 / von Holger Schmieding. - Kiel : Inst. für Weltwirtschaft, 1991. - 39 S. - (Kieler Arbeitspapiere ; 461)

180   Y 10872 (1990)
Schmieding, Holger:
Der Übergang zur Marktwirtschaft : Gemeinsamkeiten und Unterschiede zwischen Westdeutschland 1948 und Mittel- und Osteuropa heute / von Holger Schmieding. - IN: Die Weltwirtschaft. - 1990,1, S. 149 - 160

181   Y 59 (71)
Spahn, Heinz-Peter:
Das erste und das zweite deutsche Wirtschaftswunder / Heinz-Peter Spahn. - IN: Wirtschaftsdienst. - 71 (1991),2, S. 73 - 79

182   B 260993
Tietmeyer, Hans:
Die innerdeutsche und die europäische Währungsunion vor dem Hintergrund der Währungsreformen 1948 / Hans Tietmeyer. - IN: Währungsreformen. - Frankfurt am Main, 1991. - S. 34 - 43. - (Bankhistorisches Archiv : Beiheft ; 21)

183   XX 4683 (38)
Watrin, Christian:
Wirtschaftssystemreformen in Deutschland : ein Vergleich zwischen 1948 und 1989 / Christian Watrin. - IN: Zeitschrift für Wirtschaftspolitik. - 38 (1989),3, S. 77 - 81

A-5 Speeches, Documents, General Titles on German Unification - Reden, Dokumente, Allgemeines zur deutschen Einheit

184   B 256308
Asmus, Ronald D.:
German unification and its ramifications / Ronald D. Asmus. - Santa Monica, CA, 1991. - XV, 89 S. - (Rand : R ; 4021). - ISBN: 0-8330-1146-4

185
Auf dem Weg zur deutschen Einheit : deutschlandpolitische Debatten im Deutschen Bundestag. - Bonn : Dt. Bundestag, Referat Öffentlichkeitsarbeit. - (Zur Sache ; ...)
- 1. Vom 28. November 1989 bis zum 8. März 1990. - 1990. - 856 S.. - (... ; 90,8)
SIGNATUR: A 185264

Auf dem Weg zur deutschen Einheit
- 2. Vom 30. März bis zum 10. Mai 1990. - 1990. - 304 S.. - (... ; 90,9)
SIGNATUR: A 186128
- 3. Vom 23. Mai bis zum 21. Juni 1990 mit Beratungen der Volkskammer der DDR zum Staatsvertrag über die Schaffung einer Währungs-, Wirtschafts- und Sozialunion und zur polnischen Westgrenze. - 1990. - 649 S.. - (... ; 90,12)
SIGNATUR: A 186129
- 4. Vom 8. bis zum 23. August 1990 mit Beratungen der Volkskammer der DDR zu dem Vertrag zur Vorbereitung und Durchführung der ersten gesamtdeutschen Wahl des Deutschen Bundestages. - 1990. - 377 S.. - (... ; 90,14)
SIGNATUR: A 186130
- 5. Vom 5. bis zum 20. September 1990 mit Beratungen der Volkskammer der DDR zu dem Vertrag über die Herstellung der Einheit Deutschlands. - 1990. - 599 S.. - (... ; 90,15)
SIGNATUR: A 186985

186   C 167822
Childs, David:
Germany on the road to unity / [David Childs]. - London, 1990. - 47 S. - (EIU special report ; 2036). - (The Economist Intelligence Unit briefing)

187   B 254382
Die DDR auf dem Weg zur deutschen Einheit : Probleme, Perspektiven, offene Fragen / Dreiundzwanzigste Tagung zum Stand der DDR-Forschung in der Bundesrepublik Deutschland, 5. bis 8. Juni 1990. [Hrsg. von Ilse Spittmann ...]. - Köln : Ed. Deutschland-Archiv, 1990. - 164 S. - Enth. 19 Beitr. - ISBN: 3-8046-8759-8

188   YY 4560 (1990)
Das deutsche Volk hat in freier Selbstbestimmung die Einheit und Freiheit Deutschlands vollendet : 3. Oktober 1990 ; Besinnung, Verantwortung, Dankbarkeit, Freude. - Enth. 8 Beitr. - IN: Bulletin / Presse- und Informationsamt der Bundesregierung. - 1990,118, S. 1225 - 1248

189   YY 8988
Deutschland <Bundesrepublik> / Bundesminister für Innerdeutsche Beziehungen:
Pressespiegel / Bundesministerium für Innerdeutsche Beziehungen. - Berlin : Gesamtdt. Inst. - Von 1969,19 bis 1991,1 erschienen. - Später u.d.T.: Gesamtdeutsches Institut <Bonn>: Pressespiegel
- 1991. 1

190   A 186740
Dokumentation zum 3. Oktober 1990 : Reden zur deutschen Einheit / Presse- und Informationsamt der Bundesregierung. - 1. Aufl. - Bonn, 1990. - 127 S. : Ill. - (Reihe: Berichte und Dokumentationen / Presse- und Informationsamt der Bundesregierung)

191   A 188068
Duitse eenheid : "het derde Duitse wonder" / J. A. A. van Doorn ... - Amsterdam : Uitg. NPA, 1990. - 143 S. - (Meningen over ...). - ISBN: 90-73590-01-9

192   C 176231
Einheit in Frieden und Freiheit : Dokumente der Wiedervereinigung Deutschlands / [zsgest. von:] Karin Lau ... - Braunschweig : Westermann, 1991. - 112 S. : Ill., graph. Darst., Kt. - Forts. von: Deutschland auf dem Weg zur Einheit. - ISBN: 3-07-509253-3

193   Pr 1584
Forum deutsche Einheit / Friedrich-Ebert-Stiftung. Aktuelle Kurzinformationen. - Bonn.
- 1991,1

194   C 170840
German unification : some immediate issues ; report, together with the proceedings of the Committee and minutes of evidence. - London : HMSO, 1990. - XXIV, 18, 19 S. - (Report from the Foreign Affairs Committee ; 1989/90,4). - Druckschriftennr.: 335. - ISBN: 0-10-233590-7

195   YY 8988
Gesamtdeutsches Institut <Bonn>:
Pressespiegel / Gesamtdeutsches Institut. - Berlin. - 1991,2 - 3 erschienen. - Erscheinen eingestellt. - Früher u.d.T.: Deutschland <Bundesrepublik> / Bundesminister für Innerdeutsche Beziehungen: Pressespiegel
- 1991. 2 - 3

196 A 185568
Gleichheit, Freiheit, Solidarität : für ein "Zusammenwachsen" in gemeinsamer Verantwortlichkeit / Hans-Otto Hemmer ... (Hrsg.). - Köln : Bund-Verl., 1990. - 308 S. - Enth. 18 Beitr. - ISBN: 3-7663-2228-1

197 B 258054
Handwörterbuch zur deutschen Einheit / Werner Weidenfeld ... (Hrsg.). - Frankfurt [u.a.] : Campus-Verl., 1992. - 800 S. - ISBN: 3-593-34583-8

198 A 192599
Hecht, Werner:
Der Abstieg in den Wohlstand : Harakiri der DDR? / Werner Hecht. - Wien : Picus-Verl., 1991. - 56 S. - (Wiener Vorlesungen im Rathaus ; 8). - ISBN: 3-85452-307-6

199 XX 5465 (11)
Hoppe, Hans-Hermann:
De-socialization in a United Germany? : an assessment of West and East German economic history and a radical proposal for reunification / Hans-Hermann Hoppe. - IN: Kyŏngje-yŏn'gu. - 11 (1990),2, S. 193 - 227

200 A 187522
Kohl, Helmut:
Deutschlands Einheit vollenden, die Einheit Europas gestalten, dem Frieden der Welt dienen : Regierungspolitik 1991 - 1994 ; Regierungserklärung von Bundeskanzler Dr. Helmut Kohl vor dem Deutschen Bundestag am 30. Januar 1991. - Bonn, 1991. - 141 S. - (Reihe Berichte und Dokumentationen / Presse- und Informationsamt der Bundesregierung)

201 YY 4560 (1989)
Kohl, Helmut:
Zehn-Punkte-Programm zur Überwindung der Teilung Deutschlands und Europas : Rede des Bundeskanzlers vor dem Deutschen Bundestag / Helmut Kohl. - IN: Bulletin / Presse- und Informationsamt der Bundesregierung. - 1989,134, S. 1141 - 1148

202 YY 8533 (34)
Koistinen, Pertti:
Ylhäältä lännestä alas itään : saksalainen yhteiskunta ja työmarkkinat murroksessa / Pertti Koistinen. - Zsfassung in engl. Sprache. - Zsf. u. d. T.: The transformation of Germany after reunification. - IN: Politiikka. - 34 (1992),1, S. 76 - 89

203 XX 3213 (32)
Lehmbruch, Gerhard:
Die deutsche Vereinigung : Strukturen und Strategien / Gerhard Lehmbruch. - IN: Politische Vierteljahresschrift. - 32 (1991),4, S. 585 - 604

204 XX 2796 (35)
Loth, Wilfried:
Welche Einheit soll es sein? : Beobachtungen zur Lage der Nation / von Wilfried Loth. - Ill. - IN: Blätter für deutsche und internationale Politik. - 35 (1990),3, S. 301 - 309

205 YY 6347 (34)
Mahnke, Hans H.:
Vertragsgemeinschaft, konföderative Strukturen und Föderation / von Hans Heinrich Mahnke. - IN: Recht in Ost und West. - 34 (1990),3, S. 133 - 140

206 YY 6330 (1990)
Maksimyčev, Igor' F.:
German unification / Igor Maximychev. - IN: International affairs. - 1990,10, S. 36 - 42

207 A 186685
Manifest zur deutschen Einheit : verabschiedet vom Vorstand des Deutschen Industrie- und Handelstages zum 3. Oktober 1990, dem Tag der deutschen Einheit. - Bonn, 1990. - 14 S. - (DIHT ; 292)

208 A 186023
Murmann, Klaus:
Reden zur deutschen Einheit / Klaus Murmann. - Köln : Bachem, 1990. - 63 S. - (Kleine Reihe / Walter-Raymond-Stiftung ; 49). - ISBN: 3-89172-202-8

209 XX 752 (41)
Probleme der deutschen Vereinigung / Gerhard Wettig ... - Enth. 9 Beitr. - IN: Aussenpolitik. - 41 (1990),4, S. 315 - 411

210 Y 1070 (51)
Reunification of Germany . - Enth. 5 Beitr. - IN: Zeitschrift für ausländisches öffentliches Recht und Völkerrecht. - 51 (1991),2, 601 S.

211 B 260876
Stern, Klaus:
Die Wiederherstellung der deutschen
Einheit : Retrospektive und Perspektive
/ Klaus Stern. - Opladen : Westdt.
Verl., 1992. - 30 S. - (Vorträge /
Rheinisch-Westfälische Akademie der
Wissenschaften : G ; 313) (Jahresfeier /
Rheinisch-Westfälische Akademie der
Wissenschaften ; 41). - ISBN:
3-531-07313-3

212 X 19901
Texte zur Deutschlandpolitik / hrsg.
vom Bundesministerium für Innerdeutsche
Beziehungen. - Bonn. - Erscheinungs-
beginn: Reihe 1,1. 1966/67 (1967)
- Reihe 3,8a. 1990 (1991)

213 A 188118
Umbruch im Osten / [Gesellschaft zum
Studium Strukturpolitischer Fragen e.
V.]. Ludolf von Wartenberg ... -
Stuttgart [u.a.] : Kohlhammer, 1991. -
154 S. - (Schriftenreihe der
Gesellschaft zum Studium Struktur-
politischer Fragen e. V.). - Enth. 6
Beitr. - ISBN: 3-17-011634-7

214 D 17385
Die Vereinigung Deutschlands im Jahr
1990 : eine Dokumentation / [Presse-
und Informationsamt der
Bundesregierung]. - Bonn, 1991. - 191 S.

215 XX 3354 (30)
Wahl, Rainer:
Die deutsche Einigung im Spiegel
historischer Parallelen / von Rainer
Wahl. - IN: Der Staat. - 30 (1991),2,
S. 181 - 208

216 D 17455
Wege zur inneren Einheit - was trennt
die Deutschen nach der Überwindung der
Mauer? : 94. Bergedorfer Gesprächskreis
am 11. und 12. Januar 1992 im Hotel
Bellevue, Dresden / [Redner: Hubertus
Müller-Groeling ...]. - Hamburg :
Körber-Stiftung, 1992. - 129 S. -
(Protokoll / Bergedorfer Gesprächskreis
zu Fragen der Freien Industriellen
Gesellschaft ; 94)

217 A 191036
Weizsäcker, Richard von:
Beide Teile müssen dem Vereinigten
Deutschland beitreten : Reden aus den
ersten zwölf Monaten nach der
Vereinigung Deutschlands / Richard von
Weizsäcker. - Bonn : Presse- und
Informationsamt der Bundesregierung,
1991. - 60 S. - Enth. 8 Beitr.

218 XX 3434 (28)
Die Wiedervereinigung . - Ill. - Enth. 8
Beitr. - IN: Deutsche Studien. - 28
(1990),Juni/September = 110,
S. 105 - 213

219 A 184540
(Wieder-)Vereinigungsprozeß in Deutsch-
land / [hrsg. von der Landeszentrale
für Politische Bildung
Baden-Württemberg]. Mit Beitr. von Hans
von Mangoldt ... Red.: Hans-Georg
Wehling. - Stuttgart [u.a.] :
Kohlhammer, 1990. - 164 S. -
(Kohlhammer-Taschenbücher ; 1092 :
Bürger im Staat). - Enth. 10 Beitr. -
ISBN: 3-17-011301-1

A-6 Economic Aspects of German
    Unification - Ökonomische Aspekte
    der deutschen Einheit

220 A 186829
Asche, Klaus:
Deutsche Einheit wirtschaftlich und
sozial verwirklichen : Folgerungen aus
dem Jahr 1990 ; Ansprache von Präses Dr.
Klaus Asche vor der Versammlung Eines
Ehrbaren Kaufmanns zu Hamburg e.V. am
31. Dezember 1990. - Hamburg, 1990. - 30
S. : Ill. - (Präsesreden / Handelskammer
Hamburg)

221 C 170617
Auf dem Wege zur wirtschaftlichen
Einheit Deutschlands . - Stuttgart :
Metzler-Poeschel, 1990. - XX, 432 S. :
graph. Darst. - (Jahresgutachten /
Sachverständigenrat zur Begutachtung der
Gesamtwirtschaftlichen Entwicklung ;
1990/91). - ISBN: 3-8246-0075-7

222 C 175622
Bibliographie zum wirtschaftlichen
Einigungsprozeß Deutschlands /
Forschungsinstitut für
Wirtschaftspolitik an der Universität
Mainz e. V. - 2. Aufl. mit erw.
Berichtszeitraum: November 1989 bis
September 1991. - Mainz, 1991. - 346 S.

223 A 186836
Bress, Ludwig:
Deutschland als einheitliches
Wirtschaftsgebiet / von Ludwig Bress. -
München : Riemer, 1990. - 32 S. -
(Ost-Kurier ; 32,2). - (Europa im
Wandel)

224 XX 4719 (16)
Bryson, Phillip J.:
The economics of German reunification :
a review of the literature / Phillip J.
Bryson. - Literaturverz. S. 140 - 149. -
IN: Journal of comparative economics. -
16 (1992),1, S. 118 - 149

225 YY 8963 (1991)
Chaney, Eric:
L' unification allemande, un an après /
Eric Chaney, Laurent Kenigswald et Luc
Véron. - Graph. Darst. - Zsfassung in
engl. u. span. Sprache. - Zsf. u. d. T.:
German unification. - IN: Economie et
statistique. - 1991,septembre/octobre =
No. 246/247, S. 11 - 28

226 B 259540
Die deutsch-deutsche Integration :
Ergebnisse, Aussichten und wirtschafts-
politische Herausforderungen ; Bericht
über den wissenschaftlichen Teil der 54.
Mitgliederversammlung der Arbeitsge-
meinschaft Deutscher Wirtschaftswissen-
schaftlicher Forschungsinstitute e. V.
in Bonn am 14. und 15. Mai 1991 /
[Schriftl.: Herbert Wilkens]. - Berlin :
Duncker & Humblot, 1992. - 201 S. :
graph. Darst. - (Beihefte der
Konjunkturpolitik ; 39). - Enth. 10
Beitr. - ISBN: 3-428-07315-0

227 A 191279
Deutsch-Deutsches Wirtschaftswissen-
schaftliches Kolloquium <1990,
Hannover>:
Deutsch-Deutsches Wirtschafts-
wissenschaftliches Kolloquium : 18./19.
Juni 1990 im Leibnizhaus Hannover ;
schriftliche Fassung der Vorträge /
Humboldt-Universität zu Berlin ... Red.:
Claus Steinle. - Hannover : Der Dekan
des Fachbereichs Wirtschaftswiss. der
Univ. Hannover, 1990. - (Vorträge im
Fachbereich Wirtschaftswissenschaften /
Universität Hannover ; 9). - Enth. 10
Beitr.

228 A 185769
Die deutsche Einheit : ein Gewinn für
uns alle / [Institut der Deutschen
Wirtschaft (IW), Köln]. - 2., überarb.
Aufl. - Köln : Ed. Agrippa, 1990. - 67
S. : graph. Darst. - Vollst. Ausg.
u.d.T.: Wirtschaftliche und soziale
Perspektiven der deutschen Einheit

229 YY 10853 (1991)
Deutsche Vereinigung : Folgen und
Aussichten für Ostdeutschland. - Graph.
Darst. - IN: (Stärkung des Wachstums und
Verbesserung der Konvergenz). // IN:
Europäische Wirtschaft. - Luxemburg. -
ISSN 0379-1033. - 1991,Dezember = Nr.
50, S. 177 - 193.

230 C 174569
Dietz, Raimund:
The impact of the unification on the
East German economy / Raimund Dietz. -
Wien, 1991. - 19 S. : graph. Darst. -
(Forschungsberichte / Wiener Institut
für Internationale Wirtschaftsvergleiche
; 172)

231 A 188788
Dohnanyi, Klaus von:
Das deutsche Wagnis : über die
wirtschaftlichen und sozialen Folgen der
Einheit / Klaus von Dohnanyi. - München
: Knaur, 1991. - 326 S. - (Knaur
Sachbuch). - ISBN: 3-426-04855-8

232 YY 5825 (35)
Dominiczak, Małgorzata:
Gospodarka RFN i NRD w przededniu
zjednoczenia i prognozy jego skutków /
Małgorzata Dominiczak. - Parallelsacht.:
The economies of the FRG and GDR on the
eve of the union and forecasts of its
results. - IN: Handel zagraniczny. - 35
(1990),7/9, S. 11 - 15

233 B 259837
Economic aspects of German unification
: national and international perspec-
tives / Paul J. J. Welfens (ed.). -
Berlin [u.a.] : Springer-Verl., 1992. -
XI, 402 S. : graph. Darst. - Enth. 12
Beitr. - ISBN: 3-540-55006-2 ;
0-387-55006-2

234 A 187168
Franke, Günter:
Ökonomische Perspektiven der Wieder-
vereinigung Deutschlands / Günter
Franke. - Konstanz : Univ.-Verl.
Konstanz, 1990. - 28 S. - (Konstanzer
Universitätsreden ; 180). - ISBN:
3-87940-389-9

235   W 514 (14)
Gehrig, Gerhard:
Economic consequences of German unification / by Gerhard Gehrig ; Dietmar Hubrich ; Steffen R. Möckel. - Frankfurt : Johann-Wolfgang-Goethe-Univ. Frankfurt, Fachbereich Wirtschaftswiss., 1991. - 29 Bl. : graph. Darst. - (Frankfurter volkswirtschaftliche Diskussionsbeiträge ; 14)

236   C 171498
German unification : economic issues / ed. by Leslie Lipschitz ... - Washington, DC, 1990. - XV, 171 S. : graph. Darst. - (Occasional paper / International Monetary Fund ; 75). - Enth. 11 Beitr. - ISBN: 1-55775-200-1

237
Gesamtdeutsche Eröffnungsbilanz : am 22. und 23. November 1990. - Berlin. - (Symposion der Forschungsstelle / Forschungsstelle für Gesamtdeutsche Wirtschaftliche und Soziale Fragen ; 16) (FS-Analysen ; ...). - Erschienen: Teil 1 (1990) bis Teil 2 (1990)
- 1. Karl C. Thalheim ... - 1990. - 109 S. - Enth. 7 Beitr.. - (... ; 1991,2)
SIGNATUR: C 172450
- 2. Rosemarie Schneider ... - 1990. - 108 S. - Enth. 4 Beitr.. - (... ; 1991,3)
SIGNATUR: C 172451

238   XX 6011 (1992)
Graf, Hans-Werner:
Ökonomische und soziale Konsequenzen der Einigung Deutschlands : eine Zwischenbilanz für die neuen Bundesländer / von Hans-Werner Graf und Ekkehard Sachse. - Graph. Darst. - IN: IPW-Berichte. - 1992,3/4, S. 3 - 18

239   W 48 (61)
Hagemann, Harald:
Growth, structural change and employment : the impact of unification on the German economy / Harald Hagemann and Stephan Seiter. - Stuttgart, 1991. - 22 S. : graph. Darst. - (Diskussionsbeiträge aus dem Institut für Volkswirtschaftslehre ; 61)

240   XX 4915 (1990)
Harasty, Hélène:
Les conséquences macroéconomiques de la réunification allemande / Hélène Harasty ; Jean Le Dem. - Graph. Darst. - Parallelsacht.: Macroeconomic consequences of the German union. - Zsfassung in engl. Sprache. - IN: Economie prospective internationale. - 1990,3 = No. 43, S. 91 - 119

241   XX 2701 (16)
Hartwig, Karl-Hans:
Zukunft der gesamtdeutschen Wirtschaft : Chancen und Risiken / Karl-Hans Hartwig. - (... Expertengespräch ... der List-Gesellschaft ; 5). - Diskussion S. 230 - 239. - IN: List-Forum für Wirtschafts- und Finanzpolitik. - 16 (1990),3, S. 209 - 220

242   B 258382
Heilemann, Ullrich:
Christmas in July? : the economics of German unification reconsidered / by Ullrich Heilemann. - Essen, 1991. - 41 S. : graph. Darst. - (RWI-Papiere ; 27)

243   XX 2492 (37)
Heilemann, Ullrich:
The economics of German unification : a first appraisal / by Ullrich Heilemann. - IN: Konjunkturpolitik. - 37 (1991),3, S. 127 - 155

244   YY 8335 (26)
Heilemann, Ullrich:
The economics of German unification reconsidered / Ullrich Heilemann. - IN: Intereconomics. - 26 (1991),6, S. 296 - 304

245   XX 2701 (16)
Helmstädter, Ernst:
Gesamtdeutsche Wirtschaft - wie kann das funktionieren? / Ernst Helmstädter. - (... Expertengespräch ... der List-Gesellschaft ; 5). - Diskussion S. 230 - 239. - IN: List-Forum für Wirtschafts- und Finanzpolitik. - 16 (1990),3, S. 199 - 208

246   A 186832
Hengsbach, Friedhelm:
Beteiligungsdefizite im nationalen Einigungsprozeß / Friedhelm Hengsbach. - IN: Symposium '90, Markt und Kultur / Forschungsinstitut für Gesellschaftspolitik und Beratende Sozialwissenschaft e. V., Göttingen. Hrsg. von Heinrich A. Henkel. Mit Beitr. von: Friedrich Fürstenberg ... - Regensburg, 1991. -

ISBN 3-924956-93-6. - S. 59 - 80. -
(Kölner Schriften zur Sozial- und
Wirtschaftspolitik ; 15)

247 Y 59 (70)
Herr, Hansjörg:
Makroökonomische Chancen und Risiken der
deutschen Einheit / Hansjörg Herr. -
IN: Wirtschaftsdienst. - 70 (1990),11,
S. 569 - 575

248 B 259837
Hoffmann, Lutz:
Integrating the East German states into
the German economy : opportunities,
burdens and options / Lutz Hoffmann. -
Graph. Darst. - Kommentar S. 72 - 77. -
IN: Economic aspects of German
unification / Paul J. J. Welfens (ed.).
- Berlin, 1992. - ISBN 3-540-55006-2 ;
0-387-55006-2. - S. 49 - 71.

249 X 386 (48)
Holzheu, Franz:
Ordnungspolitische Weichenstellungen im
Sog von Integrationsprozessen / von
Franz Holzheu. - Über: Auf dem Wege zur
wirtschaftlichen Einheit Deutschlands. -
Stuttgart : Metzler-Poeschel, 1990. -
IN: Finanzarchiv. - N.F.,48 (1990),3,
S. 363 - 396

250 W 32 (623)
Hughes Hallett, Andrew J.:
East Germany, West Germany, and their
mezzogiorno problem : an empirical
investigation / Andrew J. Hughes Hallett
and Yue Ma. - London, 1992. - 44 S. -
(Discussion paper series / Centre for
Economic Policy Research ; 623)

251
Integrationsprozesse in Deutschland :
am 21. und 22. November 1991. - Berlin.
- (Symposion der Forschungsstelle /
Forschungsstelle für Gesamtdeutsche
Wirtschaftliche und Soziale Fragen ; 17)
(FS-Analysen ; ...). - Erschienen: T. 1
(1992) bis T. 2 (1992)
- 1. Gernot Gutmann ... - 1992. - 67 S.
  - Enth. 4 Beitr.. - (... ; 1992,1)
  SIGNATUR: C 177664
- 2. Fred Klinger ... - 1992. - 92 S. :
  graph. Darst. - Enth. 3 Beitr.. - (...
  ; 1992,2)
  SIGNATUR: C 177665

252 A 187815
Janke, Arthur:
Wie hoch ist der Preis der deutschen
Einheit? : Vortrag anläßlich des
Wirtschaftsgesprächs Ostwestfalen-Lippe
am 7. Juni 1990 in Bielefeld / Arthur
Janke. - Bonn : Friedrich-Ebert-Stif-
tung, Abt. Gesellschaftspolitische
Information, 1990. - 28 S.

253 YY 6473 (1991)
Judanov, Jurij I.:
Sozdanie edinogo rynočnogo mechanizma v
Germanii / Ju. Judanov. - In kyrill.
Schr., russ. - IN: Mirovaja ėkonomika i
meždunarodnye otnošenija. - 1991,3,
S. 69 - 89

254 X 12572 (35)
Kantzenbach, Erhard:
Ökonomische Probleme der deutschen
Vereinigung : Anmerkungen zur jüngsten
Wirtschaftsgeschichte / von Erhard
Kantzenbach. - Zsfassung in engl.
Sprache. - IN: Hamburger Jahrbuch für
Wirtschafts- und Gesellschaftspolitik. -
35 (1990), S. 307 - 328

255 YY 11653 (10)
Kelleher, Catherine M.:
The new Germany : unification one year
on / Catherine McArdle Kelleher. - IN:
The Brookings review. - 10 (1992),1,
S. 18 - 25

256 YY 8996 (25)
Leibfritz, Willi:
Economic consequences of German
unification / by Willi Leibfritz. -
Graph. Darst. - IN: Business economics.
- 25 (1990),4, S. 5 - 9

257 YY 9828 (1992)
Maier, Harry:
Systems transformation East-West :
economic problems with the unification
of Germany / Harry Maier. - Graph.
Darst. - IN: Technological forecasting
and social change. - 1992,May = Vol. 41,
Nr. 3, S. 223 - 242

258 C 171498
Masson, Paul R.:
Domestic and international macroeconomic
consequences of German unification /
Paul R. Masson and Guy Meredith. -
Graph. Darst. - IN: German unification /
ed. by Leslie Lipschitz ... -
Washington, DC, 1990. - ISBN
1-55775-200-1. - S. 93 - 114. -
(Occasional paper / International
Monetary Fund ; 75)

259 C 171498
Mayer, Thomas:
The role of fiscal and structural policies in German unification : lessons from the past / Thomas Mayer. - IN: German unification / ed. by Leslie Lipschitz ... - Washington, DC, 1990. - ISBN 1-55775-200-1. - S. 165 - 171. - (Occasional paper / International Monetary Fund ; 75)

260 XX 598 (44)
Michałowski, Stanisław:
Warunki wyjściowe zjednoczenia gospodarki niemieckiej / Stanisław Michałowski. - IN: Sprawy międzynarodowe. - 44 (1991),5 = 448, S. 37 - 52

261 XX 2796 (37)
Miegel, Meinhard A.:
Der Preis der Gleichheit : wirtschaftliche und gesellschaftliche Perspektiven Deutschlands in den 90er Jahren / von Meinhard Miegel. - IN: Blätter für deutsche und internationale Politik. - 37 (1992),6, S. 675 - 686

262 B 259484
Müller-Groeling, Hubertus:
German unification and economic reform in East Germany : problems and prospects / Hubertus Müller-Groeling. - IN: Europe in transition / Lyndon B. Johnson School of Public Affairs. Ed. by J. J. Lee ... - Austin, TX, 1991. - ISBN 0-89940-425-1. - S. 115 - 135.

263 A 189144
Neumann, Manfred:
Der Aufbruch in Europa : ökonomische Herausforderungen und Chancen ; akademischer Festvortrag aus Anlaß des 247. Jahrestages der Gründung der Friedrich-Alexander-Universität Erlangen-Nürnberg am 5. November 1990 / Manfred Neumann. - Erlangen, 1990. - 20 S. - (Erlanger Universitätsreden ; 3,34)

264 W 32 (584)
Neumann, Manfred J.:
German unification : economic problems and consequences / Manfred J. M. Neumann. - London, 1991. - 34 S., 11 Tab., 5 Fig. - (Discussion paper series / Centre for Economic Policy Research ; 584)

265 B 259107
Noé, Claus:
Mark für Markt, Mark für Macht : die Republik hat sich übernommen / Claus Noé. - Bonn [u.a.] : Bouvier, 1991. - 146 S. - ISBN: 3-416-02365-X

266 W 481 (9)
Oberhauser, Alois:
Was ist uns die Einheit wert? : Gleichheit und Gerechtigkeit in Deutschland / Alois Oberhauser. - Freiburg i. Br., 1991. - 9 Bl. - (Diskussionsbeiträge / Institut für Finanzwissenschaft der Albert-Ludwigs-Universität Freiburg im Breisgau ; 9)

267 YY 10018 (17)
Porstmann, Reiner:
Economic problems of reunification in Germany / Reiner Porstmann. - IN: International journal of social economics. - 17 (1990),10, S. 42 - 47

268 A 190913
Priewe, Jan:
Der Preis der Einheit : Bilanz und Perspektiven der deutschen Vereinigung / Jan Priewe ; Rudolf Hickel. - Orig.-Ausg. - Frankfurt am Main : Fischer, 1991. - 283 S. : graph. Darst. - (Fischer-Sachbuch ; [11272]). - ISBN: 3-596-11272-9

269
Probleme der Einheit . - Marburg : Metropolis-Verl.
- 1. Der Arbeitsmarkt : Probleme, Analysen, Optionen / Autoren: Rainer Eichholz ... - 1991. - 106 S. : graph. Darst.
SIGNATUR: A 187647
- 2. Nur Blut, Schweiß und Tränen? / Autoren: Peter Grottian ... - 1991. - 105 S. - Enth. 6 Beitr.
SIGNATUR: A 189760
- 3. Monetäre Probleme / Autoren: Ulrich Busch ... - 1991. - 105 S. - Enth. 5 Beitr.
SIGNATUR: A 189759
- 4. Frauen am Arbeitsmarkt / Autorinnen: Marianne Assenmacher ... - 1991. - 92 S. : graph. Darst. - Enth. 6 Beitr.
SIGNATUR: A 190312

Probleme der Einheit
- 5. Institutionelle Reorganisation in den neuen Ländern, Selbstverwaltung zwischen Markt und Zentralstaat : die ökonomische und institutionelle Integration der neuen Länder - 1 / [Autoren: Holger Backhaus-Maul ...] - 1992. - 222 S. : graph. Darst. - Enth. 10 Beitr.
SIGNATUR: A 191031

270   YY 10619 (15)
Schneider, Hans K.:
Perspektiven für die deutsche Wirtschaft : zum Jahresgutachten 1990/91 des Sachverständigenrats zur Begutachtung der Gesamtwirtschaftlichen Entwicklung / Hans K. Schneider. - Graph. Darst. - Über: Auf dem Wege zur wirtschaftlichen Einheit Deutschlands. - Stuttgart : Metzler-Poeschel, 1990. - IN: Zeitschrift für Energiewirtschaft. - 15 (1991),1, S. 37 - 45

271   YY 10619 (14)
Schneider, Hans K.:
Perspektiven für die deutsche Wirtschaft unter den neuen Herausforderungen / Hans K. Schneider. - IN: Zeitschrift für Energiewirtschaft. - 14 (1990),2, S. 77 - 84

272   W 234 (149)
Schrettl, Wolfram:
Transition with insurance : German unification reconsidered / by Wolfram Schrettl. - München, 1991. - 22 Bl. - (Arbeiten aus dem Osteuropa-Institut München ; 149)

273   X 19464 (1990/91)
Schröder, Gerhard:
Die Vereinigung als unternehmerische Herausforderung / Gerhard Schröder. - IN: Rissener Jahrbuch. - 1990/91 (1990), S. 482 - 488

274   YY 11849 (55)
Schröder, Ulrich:
Financial consequences of German unification / Ulrich Schröder. - IN: Revue de la banque. - 55 (1991),5, S. 247 - 251

275   A 190908
Schui, Herbert:
Die ökonomische Vereinigung Deutschlands : Bilanz und Perspektiven / Herbert Schui. - Heilbronn : Distel-Verl., 1991.
- 127 S. - (Distel-Hefte : Beiträge zur politischen Bildung). - ISBN: 3-923208-30-8

276   W 278 (137)
Schumann, Jochen:
Economic problems of Germany's unification : vorläufige Fassung / by Jochen Schumann. - Münster : Westfälische Wilhelms-Univ. Münster, 1991. - 27 Bl. : graph. Darst. - (Volkswirtschaftliche Diskussionsbeiträge ; 137)

277   B 254382
Schwartau, Cord:
Handlungsmöglichkeiten der neunziger Jahre für die Wirtschaftsbeziehungen in Deutschland : Ansätze für ein einheitliches Wirtschaftssystem / Cord Schwartau. - IN: Die DDR auf dem Weg zur deutschen Einheit / Dreiundzwanzigste Tagung zum Stand der DDR-Forschung in der Bundesrepublik Deutschland, 5. bis 8. Juni 1990. [Hrsg. von Ilse Spittmann ...]. - Köln, 1990. - ISBN 3-8046-8759-8. - S. 82 - 88.

278   Y 31757 (4)
Sherman, Heidemarie C.:
The economics of German unification / by Heidemarie C. Sherman. - Graph. Darst. - IN: Tokyo Club papers. - 4. 1991 (c 1990),2, S. 39 - 72

279   W 235 (154)
Siebke, Jürgen:
Die deutsch-deutsche Vereinigung : historischer Prozeß und ausgewählte Probleme in ökonomischer Sicht / von Jürgen Siebke. - Heidelberg, 1990. - 22 S. - (Diskussionsschriften / Universität Heidelberg, Wirtschaftswissenschaftliche Fakultät ; 154)

280   XX 2796 (37)
Singer, Otto:
Die neuen Verteilungskonflikte : eine Herausforderung des Föderalismus / von Otto Singer. - IN: Blätter für deutsche und internationale Politik. - 37 (1992),6, S. 686 - 698

281   B 256912
Sinn, Gerlinde:
Kaltstart : volkswirtschaftliche Aspekte der deutschen Vereinigung / von Gerlinde Sinn und Hans-Werner Sinn. - Tübingen : Mohr, 1991. - XIII, 229 S. :

graph. Darst. - Literaturverz. S. 212 - 221. - ISBN: 3-16-145746-3 ; 3-16-145869-9

282   W 1 (3596)
Sinn, Hans-Werner:
Macroeconomic aspects of German unification / Hans-Werner Sinn. - Cambridge, MA, 1991. - 59 S. - (Working paper series / National Bureau of Economic Research, Inc. ; 3596)

283   B 259837
Sinn, Hans-Werner:
Macroeconomic aspects of German unification / Hans-Werner Sinn. - Graph. Darst. - Kommentar S. 134 - 142. - IN: Economic aspects of German unification / Paul J. J. Welfens (ed.). - Berlin, 1992. - ISBN 3-540-55006-2 ; 0-387-55006-2. - S. 79 - 133.

284   A 186832
Symposium '90, Markt und Kultur : Herausforderungen der deutschen Einigung / Forschungsinstitut für Gesellschaftspolitik und Beratende Sozialwissenschaft e. V., Göttingen. Hrsg. von Heinrich A. Henkel. Mit Beitr. von: Friedrich Fürstenberg ... - Regensburg : Transfer-Verl., 1991. - 141 S. - (Kölner Schriften zur Sozial- und Wirtschaftspolitik ; 15). - ISBN: 3-924956-93-6

285   C 172450
Thalheim, Karl C.:
Der Weg zur deutschen Einheit und die künftigen Aufgaben / Karl C. Thalheim. - IN: Gesamtdeutsche Eröffnungsbilanz. - 1 (1990), S. 7 - 28

286   B 251083
Two views of German unification / Hans Tietmeyer and Wilfried Guth. - Washington, DC, 1990. - 27 S. - (Occasional papers / Group of Thirty ; 31)

287   Y 32920 (42)
The unification of Germany . - IN: Economic bulletin for Europe. - 42. 1990 (1991), S. 89 - 108

288   YY 11431 (1990)
Vehrkamp, Robert:
Deutschland auf dem Weg zu wirtschaftlicher Einheit? / Robert Vehrkamp. - IN: Orientierungen zur Wirtschafts- und Gesellschaftspolitik. - 1990,4 = 46, S. 25 - 30

289   A 184936
Verband der Metallindustrie Baden-Württemberg:
Mitgliederversammlung 1990 / Verband der Metallindustrie Baden-Württemberg e. V. - Köln : Ed. Agrippa, [1990]. - 20 S. : Ill. - (Schriftenreihe des Verbands der Metallindustrie Baden-Württemberg ; 25). - Enth.: "Deutsche Einheit - Chancen für die Wirtschaft" / Hermann Schaufler. Der Metalltarifabschluß 1990 - Perspektiven für die Zukunft / Dieter Hundt

290   YY 11431 (1991)
Wenzel, Heinz-Dieter:
Die europäische und die deutsche Einigung : Analogien und Divergenzen / Heinz-Dieter Wenzel. - IN: Orientierungen zur Wirtschafts- und Gesellschaftspolitik. - 1991,1 = 47, S. 12 - 17

291   W 505 (42)
Wenzel, Heinz-Dieter:
Ökonomische Perspektiven der Vereinigung Deutschlands und der Integration Europas / von Heinz-Dieter Wenzel. - Bamberg : Univ. Bamberg, 1990. - 24 Bl. - (Volkswirtschaftliche Diskussionsbeiträge ; 42). - ISBN: 3-924165-41-6

292   YY 11431 (1990)
Westerhoff, Horst-Dieter:
Der Einigungsprozeß : wirklicher Nutzen, vermeintliche Lasten / Horst-Dieter Westerhoff. - IN: Orientierungen zur Wirtschafts- und Gesellschaftspolitik. - 1990,3 = 45, S. 14 - 18

293   A 188118
Westerhoff, Horst-Dieter:
Schritte zur deutschen Einheit / Horst-Dieter Westerhoff. - IN: Umbruch im Osten / [Gesellschaft zum Studium Strukturpolitischer Fragen e. V.]. Ludolf von Wartenberg ... - Stuttgart, 1991. - ISBN 3-17-011634-7. - S. 18 - 45.

294   C 175545
Die wirtschaftliche Integration in Deutschland : Perspektiven, Wege, Risiken. - Stuttgart : Metzler-Poeschel, 1991. - XXI, 409 S. : graph. Darst. -

(Jahresgutachten / Sachverständigenrat zur Begutachtung der Gesamtwirtschaftlichen Entwicklung ; 1991/92). - ISBN: 3-8246-0086-2

295 XX 3527 (1990)
Wirtschaftliche und soziale Aspekte der deutschen Vereinigung : Sonderheft. - Graph. Darst. - Zsfassung in engl. u. franz. Sprache. - Enth. 8 Beitr. - IN: Vierteljahresberichte / Friedrich-Ebert-Stiftung. - 1990,September = Nr. 121, S. 227 - 316

296 C 170257
Wirtschaftliche und soziale Perspektiven der deutschen Einheit : Gutachten des Instituts der Deutschen Wirtschaft (IW), Köln / Federführung: Wolfram Gruhler ... Unter Mitarb. von: Berthold Busch ... - Köln, 1990. - 271 Bl. - Teilausg. u.d.T.: Die deutsche Einheit

297 B 256681
Wirtschaftspolitische Konsequenzen der deutschen Vereinigung / Andreas Westphal ... (Hg.). - Frankfurt [u.a.] : Campus-Verl., 1991. - 336 S. : graph. Darst. - (Reihe "Wirtschaftswissenschaft" ; 15). - Enth. 16 Beitr. - ISBN: 3-593-34507-2

298 X 380 (1992)
Zameck-Glyscinski, Walburga von:
Gibt es eine Unification Dividend für Deutschland? = Is there a unification dividend for Germany? / von Walburga von Zameck. - Graph. Darst. - Zsfassung in engl. Sprache. - IN: Jahrbücher für Nationalökonomie und Statistik. - 1992,Mai = Bd. 209, H. 5/6, S. 479 - 500

299 XX 3373 (39)
Zeitel, Gerhard:
Wirtschaftspolitische Gestaltungsfragen auf dem Weg zur deutschen Einheit / Gerhard Zeitel. - IN: Mitteilungen / Gesellschaft der Freunde der Universität Mannheim e.V. - 39 (1990),2, S. 1 - 6

A-7 Financing and Costs of German Unification - Finanzierung und Kosten der deutschen Einheit

300 C 171814
Die Finanzierung der deutschen Einheit : gesamtwirtschaftliche Auswirkungen bei Erhöhung der indirekten Steuern und bei Ausweitung der Nettokreditaufnahme ; Ergebnisse einer Modellrechnung. - Bonn, 1991. - V, 20 S. - (Materialien / Deutscher Bundestag, Verwaltung, Hauptabteilung Wissenschaftliche Dienste ; 115)

301 Y 59 (71)
Finanzierung der ostdeutschen Länder / Georg H. Milbradt ; Hans-Jürgen Krupp ; Georg von Waldenfels. - Enth. 3 Beitr. - IN: Wirtschaftsdienst. - 71 (1991),2, S. 59 - 72

302 C 175404
Fuest, Winfried:
Finanzierung der deutschen Einheit / Winfried Fuest. - Köln : DIV, 1991. - 16 S. : graph. Darst. - (Thema Wirtschaft ; 8). - ISBN: 3-602-24207-2

303 Y 59 (71)
Geske, Otto-Erich:
Die Finanzierungen der ostdeutschen Länder nach dem Einigungsvertrag / Otto-Erich Geske. - IN: Wirtschaftsdienst. - 71 (1991),1, S. 33 - 39

304 XX 2720 (36)
Gillies, Peter:
Vom Teilen und Anpacken / Peter Gillies. - IN: Die politische Meinung. - 36 (1991),März = 256, S. 15 - 19

305 YY 4777 (39)
Heilemann, Ullrich:
Zu den Kosten der Einigung : gesamtwirtschaftliche Wirkungen des Fonds "Deutsche Einheit" und der Investitionshilfe / von Ullrich Heilemann. - Graph. Darst. - IN: Sozialer Fortschritt. - 39 (1990),9, S. 195 - 203

306 YY 1276 (44)
Höhnen, Wilfried:
Die Finanzierung der deutschen Einheit : eine Zwischenbilanz / von Wilfried Höhnen. - IN: WSI-Mitteilungen. - 44 (1991),5, S. 307 - 314

307 W 49 (39)
Hüther, Michael:
Taxes and transfers : financing German unification / by Michael Hüther and Hans-Georg Petersen. - Giessen : Justus-Liebig-Univ. Giessen, Fachbereich Wirtschaftswiss., 1991. - 18 Bl. - (Finanzwissenschaftliche Arbeitspapiere ; 39)

308 X 19464 (1990/91)
Kantzenbach, Erhard:
Was kostet die Einheit? : Probleme der deutschen Wirtschaftsintegration ; Kurzfassung / Erhard Kantzenbach. - IN: Rissener Jahrbuch. - 1990/91 (1990), S. 476 - 482

309 Y 59 (70)
Krause-Junk, Gerold:
Die Finanzierung der deutschen Einheit und Art. 115 I, 2 GG / Gerold Krause-Junk. - IN: Wirtschaftsdienst. - 70 (1990),12, S. 607 - 610

310 X 19464 (1990/91)
Möller, Uwe:
Was kostet die deutsche Einheit? / Uwe Möller. - IN: Rissener Jahrbuch. - 1990/91 (1990), S. 263 - 276

311 Y 59 (71)
Schmidt, Kurt:
Die Finanzierung des Einigungsprozesses in Deutschland / Kurt Schmidt. - IN: Wirtschaftsdienst. - 71 (1991),7, S. 343 - 349

312 YY 11431 (1991)
Schulz, Wilfried:
Anmerkungen zu Kosten und Nutzen der deutschen Einheit / Wilfried Schulz ; Sabine Gramer-Muck. - IN: Orientierungen zur Wirtschafts- und Gesellschaftspolitik. - 1991,1 = 47, S. 24 - 30

313 Y 370 (57)
Stille, Frank:
Subventionsabbau als Instrument zur "Finanzierung" des deutschen Integrationsprozesses? / [bearb. von Frank Stille und Dieter Teichmann]. - Graph. Darst. - IN: Wochenbericht / Deutsches Institut für Wirtschaftsforschung. - 57 (1990),51/52, S. 703 - 714

314 B 250279
Suhr, Heinz:
Was kostet uns die ehemalige DDR? / Heinz Suhr. - 1. Aufl. - Frankfurt am Main : Eichborn, 1990. - 96 S. : graph. Darst. - ISBN: 3-8218-1140-4

315 YY 1276 (43)
Tofaute, Hartmut:
Die Vereinigung Deutschlands und Probleme der Finanzierung / von Hartmut Tofaute. - IN: WSI-Mitteilungen. - 43 (1990),11, S. 713 - 723

316 Y 59 (70)
Wenzel, Heinz-Dieter:
Die ökonomische Rationalität von Art. 115 GG / Heinz-Dieter Wenzel. - IN: Wirtschaftsdienst. - 70 (1990),12, S. 610 - 616

317 W 459 (77)
Westerhoff, Horst-Dieter:
Soll die deutsche Einheit über Steuererhöhungen oder über erhöhte Staatsverschuldung finanziert werden? : eine Modellanalyse / Horst-Dieter Westerhoff. - Essen, 1990. - 21 S. - (Diskussionsbeiträge aus dem Fachbereich Wirtschaftswissenschaften, Universität - Gesamthochschule - Essen ; 77)

318 Y 59 (70)
Wie soll die Einheit finanziert werden? / Alois Oberhauser ... - Enth. 3 Beitr. - IN: Wirtschaftsdienst. - 70 (1990),3, S. 119 - 127

319 A 192863
Zur solidarischen Finanzierung der sozialen Einigung : Klausurtagung des Vorstandes am 9./10. Oktober 1991 / Hrsg.: Industriegewerkschaft Metall, Vorstand, Abteilung Wirtschaft. - Frankfurt, 1991. - 76 S. : graph. Darst. - (Schriftenreihe der IG Metall ; 128)

A-8 Economic Aid to the GDR - Wirtschaftshilfen für die DDR

320 YY 9046 (1626)
Action plan : coordinated assistance from the Group of 24 to Bulgaria, Czechoslovakia, the German Democratic Republic, Romania and Yugoslavia. - Luxemburg : Europe, 1990. - 5 S. - (Europe documents / Europe, Agence Internationale d'Information pour la Presse ; 1626)

321 YY 13307 (1990)
Berg, Detlef:
Informationen zur Vergabe von
ERP-Krediten zugunsten der DDR / Detlef
Berg. - IN: Betriebs-Berater : Beilage.
- 1990,13, S. 19 - 20

322 A 184997
Borell, Rolf:
Zur Finanzierung von DDR-Hilfen :
Einsparmöglichkeiten nutzen! / [Bearb.:
R. Borell ; V. Stern ; G. Werner]. -
Wiesbaden, 1990. - 106 S. -
(Karl-Bräuer-Institut des Bundes der
Steuerzahler ; 70)

323 A 184989
Brandt, Michael:
Förderhilfen DDR : Bundesländer, Bund,
EG / von Michael Brandt ; Bernd Herrmann
; Maria Sabathil. - Bonn :
Economica-Verl., 1990. - XII, 140 S. -
2. Aufl. u.d.T.: Brandt, Michael:
Förderhilfen für die neuen Bundesländer.
- ISBN: 3-926831-85-5

324 A 186735
Brandt, Michael:
Förderhilfen für die neuen Bundesländer
/ von Michael Brandt ; Bernd Herrmann ;
Maria Sabathil. - 2., neubearb. und erw.
Aufl., (Stand: 15. November 1990). -
Bonn : Economica-Verl., 1991. - XIV, 199
S. - 1. Aufl. u.d.T.: Brandt, Michael:
Förderhilfen DDR. - ISBN: 3-87081-060-2

325 YY 3662 (11)
Entwurf eines Gesetzes über die
Feststellung des Wirtschaftsplans des
ERP-Sondervermögens für das Jahr 1991 :
(ERP-Wirtschaftsplangesetz 1991) ;
Gesetzentwurf der Bundesregierung. - IN:
Verhandlungen des Deutschen Bundestages
: Drucksachen. - Wahlperiode 11
(1990),8002, 34 S.

326 YY 3662 (11)
Entwurf eines Gesetzes über die
Feststellung eines Dritten Nachtrags zum
Wirtschaftsplan des ERP-Sondervermögens
für das Jahr 1990 : (3. ERP-Nachtrags-
plangesetz 1990) ; Gesetzentwurf der
Bundesregierung. - IN: Verhandlungen des
Deutschen Bundestages : Drucksachen. -
Wahlperiode 11 (1990),8151, 9 S.

327 Y 59 (70)
Filc, Wolfgang:
Devisenhilfe statt einer sofortigen
Währungsunion / Wolfgang Filc. - IN:
Wirtschaftsdienst. - 70 (1990),3,
S. 133 - 138

328 XX 3755 (40)
Gebhardt, Heinz:
Finanzhilfen der Bundesrepublik für die
DDR : Umfang, Formen, Wirkungen / von
Heinz Gebhardt, Ullrich Heilemann und
Hans Dietrich von Loeffelholz. -
Zsfassung in engl. u. franz. Sprache. -
IN: RWI-Mitteilungen. - 40 (1989),4,
S. 323 - 348

329 XX 3755 (41)
Gebhardt, Heinz:
Finanzpolitischer Rahmen für Hilfen an
die DDR / von Heinz Gebhardt. - Graph.
Darst. - (DDR-Wirtschaft). - IN:
RWI-Mitteilungen. - 41 (1990),1/2,
S. 131 - 142

330 YY 9046 (1597)
Group of Twenty-Four:
Declaration of the Group of 24 :
February 1990. - Luxemburg : Europe,
1990. - 3 S. - (Europe documents /
Europe, Agence Internationale
d'Information pour la Presse ; 1597)

331 Y 59 (70)
Klodt, Henning:
Wirtschaftshilfen für die neuen Bundes-
länder / Henning Klodt. - Graph. Darst.
- IN: Wirtschaftsdienst. - 70 (1990),12,
S. 617 - 622

332 XX 4683 (39)
Knop, Hans:
Staatliche Hilfen und Kapitalimporte im
Angleichungsprozeß der DDR / Hans Knop.
- IN: Zeitschrift für Wirtschafts-
politik. - 39 (1990),3, S. 339 - 348

333 XX 3755 (41)
Loeffelholz, Hans D. von:
Öffentliche Hilfen für die DDR unter
Effizienzgesichtspunkten / von Hans
Dietrich von Loeffelholz. - Graph.
Darst. - (DDR-Wirtschaft). - IN:
RWI-Mitteilungen. - 41 (1990),1/2,
S. 143 - 150

334 YY 11431 (1990)
Oberender, Peter:
Wie kann der DDR geholfen werden? /
Peter Oberender. - IN: Orientierungen
zur Wirtschafts- und Gesellschafts-
politik. - 1990,2 = 44, S. 23 - 26

335 C 169100
Pohl, Rüdiger:
Verschuldung versus Steueranhebung : Überlegungen zur Finanzierung der DDR-Hilfe ; monetäre Analyse / von Rüdiger Pohl. - Berlin : Inst. für Empirische Wirtschaftsforschung, 1990. - 24 Bl.

336 XX 4683 (39)
Schüller, Alfred:
Staatliche Hilfen und Kapitalimporte im Angleichungsprozeß der DDR / Alfred Schüller. - IN: Zeitschrift für Wirtschaftspolitik. - 39 (1990),3, S. 349 - 364

337 YY 9597 (19)
Schwarz, Astrid:
Ein Marshallplan für die DDR? / Astrid Schwarz. - IN: IPW-Berichte. - 19 (1990),7, S. 20 - 25

338 A 186463
Wirtschaftliche Hilfen für die bisherige DDR / [Bundesministerium für Wirtschaft]. - Stand: 3. Oktober 1990. - Bonn : Referat Öffentlichkeitsarbeit des Bundesministeriums für Wirtschaft, 1990. - 122 S. - Frühere Aufl. u.d.T.: Wirtschaftliche Hilfen für die DDR

339 A 184998
Wirtschaftliche Hilfen für die DDR / [Bundesministerium für Wirtschaft]. - Stand: 1. August 1990. - Bonn : Referat Öffentlichkeitsarbeit des Bundesministeriums für Wirtschaft, 1990. - 96 S. - Spätere Aufl. u.d.T.: Wirtschaftliche Hilfen für die bisherige DDR

340 C 165925
Wirtschaftspolitische Herausforderung der Bundesrepublik Deutschland im Verhältnis zur DDR : Gutachten des Wissenschaftlichen Beirats beim Bundesministerium für Wirtschaft. - [Bonn], 1989. - 12, 3 S. - (Studien-Reihe / Der Bundesminister für Wirtschaft ; 67)

A-9 Effects of German Unification on West Germany - Auswirkungen der deutschen Einheit auf Westdeutschland

341 C 174679
Auswirkungen der Vollendung des EG-Binnenmarktes, der deutschen Vereinigung sowie der Öffnung der osteuropäischen Märkte auf Hamburg : Gemeinschaftsgutachten / Ifo Institut für wirtschaftsforschung, München ... G. Nerb ... - München, 1991. - 235 S. : graph. Darst.

342 C 169131
Auswirkungen der Wiedervereinigung und des europäischen Integrationsprozesses auf Nordrhein-Westfalen / Paul Klemmer (Hrsg.). - Bochum, 1990. - 75, X Bl. : graph. Darst. - (Ruhr-Forschungsinstitut für Innovations- und Strukturpolitik e. V. ; 1990,3)

343 YY 3893 (44)
Auswirkungen des EG-Binnenmarktes, der deutschen Vereinigung sowie der Entwicklungen in Osteuropa auf süddeutsche Mittelzentren / [G. Nerb ...] ... - IN: Ifo-Schnelldienst. - 44 (1991),29, S. 19 - 31

344 B 248391
Biedenkopf, Kurt H.:
Auswirkungen des Umbruchs in der DDR auf die Bundesrepublik / Kurt H. Biedenkopf. - Düsseldorf, 1990. - 30 S. - (Perspektiven / Westdeutsche Genossenschafts-Zentralbank)

345 B 257575
Döhrn, Roland:
Altindustrielle Regionen mit zentraler Lage : das Beispiel Ruhrgebiet / von Roland Döhrn und Rüdiger Hamm. - IN: Die Auswirkungen des Binnenmarktes auf die Entwicklung der Regionen in der Europäischen Gemeinschaft / Fritz Franzmeyer (Hrsg.). - Berlin, 1991. - ISBN 3-428-07253-7. - S. 85 - 118. - (Sonderheft / Deutsches Institut für Wirtschaftsforschung ; 146)

346 B 254717
Döhrn, Roland:
Das Ruhrgebiet im europäischen Binnenmarkt : einige Überlegungen aus struktureller Sicht / von Roland Döhrn. Wirkungen des EG-Binnenmarktes und der

deutschen Einigung auf altindustrielle
Regionen : das Beispiel Ruhrgebiet / von
Roland Döhrn und Rüdiger Hamm. - Essen,
1991. - 49 S. - (RWI-Papiere ; 23). -
Enth. 2 Beitr.

347 XX 3755 (41)
Gierse, Matthias:
Kurzfristige Arbeitsmarktwirkungen des
Zustroms von Aus- und Übersiedlern /
von Matthias Gierse. - Graph. Darst. -
(DDR-Wirtschaft). - IN: RWI-Mit-
teilungen. - 41 (1990),1/2, S. 153 - 167

348 YY 3893 (45)
Hahn, Werner:
Bevölkerungszustrom, EG-Binnenmarkt und
Ostöffnung prägen die langfristige
Verkehrsentwicklung : ausgewählte
Ergebnisse der Verkehrsprognose Bayern
2005 des ifo-Instituts / Werner Hahn ;
Ralf Ratzenberger. - Graph. Darst. - IN:
Ifo-Schnelldienst. - 45 (1992),9,
S. 8 - 21

349 XX 3755 (41)
Hamm, Rüdiger:
Folgen der DDR-Öffnung für die
nordrhein-westfälische Wirtschaft / von
Rüdiger Hamm. - (DDR-Wirtschaft). - IN:
RWI-Mitteilungen. - 41 (1990),1/2,
S. 183 - 193

350 B 253466
Hamm, Rüdiger:
Folgen der deutschen Vereinigung für die
nordrhein-westfälische Wirtschaft / von
Rüdiger Hamm und Ulrich Heilemann. -
Essen, 1991. - 20 S. - (RWI-Papiere ;
21)

351 XX 3755 (42)
Hamm, Rüdiger:
Regionale Wirkungen der deutschen
Vereinigung und des EG-Binnenmarktes :
Versuch einer Quantifizierung mit Hilfe
einfacher ökonometrischer Disaggrega-
tionsmodelle / von Rüdiger Hamm. -
Graph. Darst. - Zsfassung in engl. u.
franz. Sprache. - IN: RWI-Mitteilungen.
- 42 (1991),2, S. 119 - 136

352 C 175039
Hamm, Rüdiger:
Simulation von regionalen Binnenmarkt-
und Vereinigungseffekten mit Hilfe eines
einfachen Top-Down-Modells für
Westdeutschland / von Rüdiger Hamm und
Helmut Wienert. - Bochum, 1991. - IV, 63
Bl. : graph. Darst. -
(Ruhr-Forschungsinstitut für
Innovations- und Strukturpolitik e. V. ;
1991,2)

353 C 169131
Hamm, Rüdiger:
Die Wirtschafts- und Währungsunion mit
der DDR : Produktionswirkungen auf
Nordrhein-Westfalen / von Rüdiger Hamm.
- IN: Auswirkungen der Wiedervereinigung
und des europäischen Integrations-
prozesses auf Nordrhein-Westfalen / Paul
Klemmer (Hrsg.). - Bochum, 1990. -
Bl. 47 - 75. - (Ruhr-Forschungsinstitut
für Innovations- und Strukturpolitik e.
V. ; 1990,3)

354 C 171980
In der Mitte Europas : eine Agenda für
die Regionalpolitik. - Hannover, 1990. -
74 S. : graph. Darst. -
(IHK-Schriftenreihe / Industrie- und
Handelskammer Hannover-Hildesheim ; 25)

355 B 254719
Klemmer, Paul:
Strukturprobleme der neuen Bundesländer
und ökonomische Auswirkungen der Wiedervereinigung auf Nordrhein-Westfalen /
von Paul Klemmer. - Essen, 1991. - 17 S.
- (RWI-Papiere ; 24)

356 C 175140
Koll, Robert:
Entwicklungsperspektiven der bayerischen
Wirtschaft : Wege zur Sicherung und
Stärkung der Wirtschaftskraft Bayerns ;
Untersuchung im Auftrag des Bayerischen
Staatsministeriums für Wirtschaft und
Verkehr / Robert Koll ; Eberhard von
Pilgrim. - München : Ifo-Inst. für
Wirtschaftsforschung, 1991. - 44 S.

357 A 191538
Koll, Robert:
Entwicklungsperspektiven der bayerischen
Wirtschaft : Wege zur Sicherung und
Stärkung der Wirtschaftskraft Bayerns /
Robert Koll ; Eberhard von Pilgrim. -
München, 1991. - XII, 415 S. : graph.
Darst. - (Ifo-Studien zur Regional- und
Stadtökonomie ; 1). - Literaturverz. S.
395 - 415

358 X 19464 (1990/91)
Krupp, Hans-Jürgen:
Europäischer Binnenmarkt und deutsche
Einheit : neue Herausforderungen an

Hamburg und Norddeutschland / Hans-Jürgen Krupp. - Graph. Darst. - IN: Rissener Jahrbuch. - 1990/91 (1990), S. 293 - 300

359 C 175141
Lang, August R.:
Wirtschaftliche Zukunft Bayerns : Bericht des Bayerischen Staatsministers für Wirtschaft und Verkehr August R. Lang an den Bayerischen Ministerrat am 8. Oktober 1991 ; Sicherung und Stärkung der wirtschaftlichen Stellung Bayerns im geeinten Deutschland und in Europa ; Herausforderung und Aufgabe für die Bayerische Landespolitik in den neunziger Jahren. - München, 1991. - 44 S. - (Reihe Dokumentation / Bayerisches Staatsministerium für Wirtschaft und Verkehr ; 91,6)

360 C 166801
Modernisierung der DDR-Wirtschaft : Chancen für Niedersachsen / [für den Inhalt verantw.: Abt. Volks- und Betriebswirtschaft, Nord-LB]. - Hannover, 1990. - 22 S. : graph. Darst.

361 YY 3893 (44)
Reuter, Jochen:
Hamburg im geopolitisch neuen Europa / J. Reuter. - Graph. Darst. - IN: Ifo-Schnelldienst. - 44 (1991),29, S. 3 - 9

362 XX 3755 (41)
Taureg, Ullrich:
Der kurzfristige Nachfrageimpuls des Zustroms von Aus- und Übersiedlern / von Ullrich Taureg und Thomas Weiß. - (DDR-Wirtschaft). - IN: RWI-Mitteilungen. - 41 (1990),1/2, S. 169 - 181

363 YY 731 (43)
Die westdeutsche Wirtschaft unter dem Einfluß der ökonomischen Vereinigung Deutschlands . - Graph. Darst. - IN: Monatsberichte der Deutschen Bundesbank. - 43 (1991),10, S. 15 - 21

364 A 192283
Die Wirtschaft Niedersachsens - Bestandsaufnahme und Entwicklungschancen / Robert Koll ... - München, 1992. - XIV, 299 S. : graph. Darst. - (Ifo-Studien zur Regional- und Stadtökonomie ; 4). - Literaturverz. S. 289 - 299

365 C 175934
Wirtschafts- und Verkehrspolitik in Schleswig-Holstein nach Einführung der Wirtschafts- und Währungsunion mit der DDR und Öffnung der Grenzen nach Osteuropa / [Hrsg.: Der Minister für Wirtschaft, Technik und Verkehr des Landes Schleswig-Holstein]. - Kiel, 1990. - 35 Bl. - (Bericht / Der Minister für Wirtschaft, Technik und Verkehr des Landes Schleswig-Holstein)

B International Consequences of German Unification - Internationale Auswirkungen der deutschen Einheit

366 B 259837
Aho, C. M.:
Global economic rivalry : new perspectives on Germany (the EC), Japan and the United States / Michael Aho. - Kommentar S. 380 - 382. - IN: Economic aspects of German unification / Paul J. J. Welfens (ed.). - Berlin, 1992. - ISBN 3-540-55006-2 ; 0-387-55006-2. - S. 353 - 379.

367 XX 2058 (43)
Bergeijk, Peter A. van:
Détente, market-oriented reform and German unification : potential consequences for the world trade system / Peter A. G. van Bergeijk and Harry Oldersma. - Zsfassung in dt. u. franz. Sprache. - IN: Kyklos. - 43 (1990),4, S. 599 - 609

368 YY 9165 (63)
Breuss, Fritz:
Sonderentwicklung in Deutschland überlagert internationale Konjunkturabkühlung / Fritz Breuss. - Graph. Darst. - Zsfassung in engl. Sprache. - IN: Monatsberichte / Österreichisches Institut für Wirtschaftsforschung. - 63 (1990),6, S. 351 - 359

369 B 246332
Consequences of German economic unification . - The Hague, 1990. - 13 S. - (Werkdocument / Centraal Planbureau ; 34a). - Niederländ. Ausg. u.d.T.: Gevolgen van de Duitse economische eenwording. - ISBN: 90-346-2213-4

370 YY 9452 (1990)
Cotis, Jean-Philippe:

Les conséquences économiques de
l'unification allemande : quelques
scénarios exploratoires / Jean-Philippe
Cotis ; Sabine Schimel. - Graph. Darst.
- Zsfassung in dt. u. engl. u. span.
Sprache. - Zsf. u. d. T.: Die
wirtschaftlichen Folgen der deutschen
Vereinigung. - IN: Economie & prévision.
- 1990,5 = Nr. 96, S. 1 - 19

371 YY 9165 (63)
**Deutsche Währungsunion verbessert
Wachstumsaussichten** : Prognose für 1990
und 1991. - Graph. Darst. - Zsfassung in
engl. Sprache. - IN: Monatsberichte /
Österreichisches Institut für
Wirtschaftsforschung. - 63 (1990),4,
S. 171 - 178

372 C 168755
Deutscher Einigungsprozess :
Bewertungen und Reaktionen im Ausland ;
Ergebnisse einer Umfrage unter den
deutschen Auslandshandelskammern /
Deutscher Industrie- und Handelstag ...
- Bonn, 1990. - 21 S.

373 C 170093
Filc, Wolfgang:
Wirtschaftliche Vereinigung Deutschlands
im internationalen Zusammenhang :
Devisenmarktanalyse für das 2.
Vierteljahr 1990 / Verf.: Wolfgang Filc.
- Berlin : Inst. für Empirische
Wirtschaftsforschung, 1990. - 21 Bl. :
graph. Darst.

374 W 410 (9023)
Fuhrmann, Wilfried A.:
Deutsch-deutsche Währungsunion :
Auswirkungen auf die österreichische
Währungspolitik / von Wilfried Fuhrmann.
- Linz-Auhof, 1990. - 17 Bl. -
(Arbeitspapier / Johannes-Kep-
ler-Universität, Linz, Sozial- und
Wirtschaftswissenschaftliche Fakultät,
Institut für Volkswirtschaftslehre ;
9023)

375 B 245012
**Gevolgen van de Duitse economische
eenwording** . - 's-Gravenhage, 1990. - 13
S. - (Werkdocument / Centraal Planbureau
; 34). - Engl. Ausg. u.d.T.:
Consequences of German economic
unification. - ISBN: 90-346-2192-8

376 YY 13307 (1990)
Heintschel von Heinegg, Wolff:

Die Vereinigung der beiden deutschen
Staaten und das Schicksal der von ihnen
abgeschlossenen völkerrechtlichen
Verträge / Wolff Heintschel v. Heinegg.
- (DDR-Rechtsentwicklungen ; 9). - IN:
Betriebs-Berater : Beilage. - 1990,23,
S. 9 - 17

377 Y 370 (58)
Horn, Gustav A.:
Vereinigung wirkt positiv auf
Weltwirtschaft : Ergebnisse einer
ökonometrischen Simulationsstudie /
[bearb. von Gustav Horn und Rudolf
Zwiener]. - Graph. Darst. - IN: Wochen-
bericht / Deutsches Institut für
Wirtschaftsforschung. - 58 (1991),32,
S. 447 - 456

378 YY 9165 (64)
**Impulse aus deutscher Wiedervereinigung
mildern Konjunkturrückgang** : Prognose
für 1991. - Graph. Darst. - Zsfassung in
engl. Sprache. - IN: Monatsberichte /
Österreichisches Institut für
Wirtschaftsforschung. - 64 (1991),1,
S. 3 - 9

379 XX 3008 (1991)
Kestens, Paul:
L' économie belge entre le Golfe et la
frontière Oder-Neisse / P. Kestens ; E.
Hespel. - Graph. Darst. - IN: Cahiers
économiques de Bruxelles. - 1991,1 = No.
129, S. 51 - 72

380 XX 5020 (5)
Kim, Cae-one:
A proposal for inter-Korean economic
integration and reunification : with
special reference to the German case /
Kim Cae-One. - IN: Journal of East Asian
affairs. - 5 (1991),2, S. 350 - 372

381 XX 3213 (32)
Kohler-Koch, Beate:
Deutsche Einigung im Spannungsfeld
internationaler Umbrüche / Beate
Kohler-Koch. - IN: Politische
Vierteljahresschrift. - 32 (1991),4,
S. 605 - 620

382 YY 9165 (63)
Kramer, Helmut:
Deutsch-deutsche Währungs- und
Wirtschaftsunion : Bestandsaufnahme und
mögliche Auswirkungen auf Österreich /
Helmut Kramer ; Jan Stankovsky. -
Zsfassung in engl. Sprache. - IN:

Monatsberichte / Österreichisches Institut für Wirtschaftsforschung. - 63 (1990),3, S. 115 - 125

383 YY 2811 (44)
Lehment, Harmen:
Wunder dauern länger : die Integration der neuen Bundesländer erhöht zwar die Importe, macht aber Kapital im In- und Ausland knapper und teurer ; Weltwirtschaft: Auswirkungen der deutschen Vereinigung / von Harmen Lehment. - Ill., graph. Darst. - IN: Wirtschaftswoche. - 44 (1990),51, S. 131 - 136

384 W 139 (81)
MacKibbin, Warwick J.:
Some global macroeconomic implications of German unification / Warwick J. McKibbin. - Washington, DC : Brookings Inst., 1990. - 22 S. - (Brookings discussion papers in international economics ; 81)

385 W 128 (90,85)
Masson, Paul R.:
Economic implications of German unification for the Federal Republic and the rest of the world / prepared by Paul R. Masson and Guy Meredith. - [Washington, DC], 1990. - III, 39 S. : graph. Darst. - (IMF working paper ; 90,85)

386 XX 5287 (7)
Mead, Walter R.:
The once and future Reich / Walter Russell Mead. - IN: World policy journal. - 7 (1990),4, S. 593 - 638

387 A 186828
Murmann, Klaus:
Weltwirtschaftliche Perspektiven des vereinigten Deutschlands / Vortrag von Klaus Murmann. - Berlin : Dt. Weltwirtschaftliche Ges., 1990. - 11 S.

388 A 190268
Pohl, Manfred:
Reaktionen in verschiedenen Ländern Asiens auf die Entwicklungen in Deutschland und in Osteuropa : das Beispiel Korea / Manfred Pohl. - IN: Das vereinte Deutschland in der Weltwirtschaft / Benno Engels (Hrsg.). - Hamburg, 1991. - ISBN 3-926953-09-8. - S. 321 - 329. - (Schriften des Deutschen Übersee-Instituts Hamburg ; 10)

389 XX 5817 (1)
Swidler, Steven M.:
The wall and international financial markets / Steve Swidler. - IN: Global finance journal. - 1 (1990),4, S. 313 - 323

390 YY 8335 (26)
Welfens, Paul J.:
International effects of German unification / Paul J. J. Welfens. - IN: Intereconomics. - 26 (1991),1, S. 10 - 18

391 A 190411
Welfens, Paul J.:
International implications of German monetary unification : background paper / Paul J. J. Welfens. - IN: The European monetary system and international financial markets / organized by the Friedrich-Ebert-Stiftung ... Ed. by Dieter Dettke. - Bonn, 1991. - S. 63 - 92.

392 YY 8996 (25)
Wieners, Klaus:
International perspective : reunification in Germany - its economic and financial implications / by Klaus Wieners. - IN: Business economics. - 25 (1990),3, S. 53 - 56

B-1 The European Community and German Unification - Europäische Gemeinschaft und deutsche Einheit

393 B 258181
Artus, Patrick:
Deutsche Wiedervereinigung, Europäisches Währungssystem und der Übergang zur Europäischen Wirtschafts- und Währungsunion / Patrick Artus ; Christian de Boissieu. - IN: Die Europäische Gemeinschaft in einem neuen Europa / Christian Deubner (Hrsg.). - Baden-Baden, 1991. - ISBN 3-7890-2523-2. - S. 175 - 191. - (Aktuelle Materialien zur internationalen Politik ; 29)

394 C 169530
Die Auswirkungen der Vereinigung Deutschlands auf die Europäische Gemeinschaft / Europäisches Parlament, Generaldirektion Wissenschaft. - Luxemburg : Amt für Amtliche Veröff. der Europ. Gemeinschaften, 1990. - 175 S. +

Addendum. - (Sammlung Wissenschaft und Dokumentation : Arbeitsdokument ; 1). - Addendum u.d.T.: Die Konsequenzen der Vereinigung Deutschlands für die Landwirtschafts- und Fischereipolitik der EG. - Druckschriftennr.: AX-59-90-128-DE-C. - ISBN: 92-823-0213-X

395   YY 11742 (1992)
Biedenkopf, Kurt H.:
Die Europäische Gemeinschaft und die neuen Länder : Vortrag von Ministerpräsident Prof. Dr. Kurt Biedenkopf am 02. April 1992 in der Vertretung der EG-Kommission in der Bundesrepublik Deutschland. - IN: EG-Nachrichten : Berichte und Informationen. Dokumentation. - 1992,4, 25 S.

396   A 186227
Busch, Berthold:
Der EG-Haushalt / Berthold Busch. - Köln : Dt. Inst.-Verl., 1990. - 52 S. - (Beiträge zur Wirtschafts- und Sozialpolitik ; 185 = 1990,9). - ISBN: 3-602-24007-X

397   A 188121
Busch, Klaus:
Umbruch in Europa : die ökonomischen, ökologischen und sozialen Perspektiven des einheitlichen Binnenmarktes / Klaus Busch. - Köln : Bund-Verl., 1991. - 327 S. - (HBS-Forschung ; 4). - Literaturverz. S. 313 - 327. - ISBN: 3-7663-2254-0

398   XX 598 (44)
Chrupek, Zbigniew:
Włączanie gospodarki byłej NDR do systemu integracyjnego EWG / Zbigniew Chrupek. - IN: Sprawy międzynarodowe. - 44 (1991),9 = 451, S. 61 - 76

399   B 256681
Collignon, Stefan:
Asymmetrie und Reversibilität im EWS : bedroht die deutsche Einheit die Ankerfunktion der DM? / Stefan Collignon. - Graph. Darst. - IN: Wirtschaftspolitische Konsequenzen der deutschen Vereinigung / Andreas Westphal ... (Hg.). - Frankfurt, 1991. - ISBN 3-593-34507-2. - S. 115 - 141. - (Reihe "Wirtschaftswissenschaft" ; 15)

400   XX 5961 (2)
Collignon, Stefan:
The implications of German monetary integration on European monetary union / Stephan Collignon. - IN: De pecunia. - 2 (1990),1, S. 109 - 115

401   A 189905
Czysz, Armin:
EG-Förderfibel neue Bundesländer : EG-Strukturhilfen: Antragsverfahren und Informationsquellen für Kommunen und Unternehmen / Armin Czysz ; Karin Retzlaff ; Onno Simons. - Köln : Dt. Wirtschaftsdienst, 1991. - VIII, 147 S. - ISBN: 3-87156-141 X

402   YY 11742 (1991)
Delors, Jacques:
Europa und die Vereinigung Deutschlands : Vortrag von Präsident Delors vor der Wilhelm von Humboldt Universität, Berlin, den 6. Juni 1991. - IN: EG-Nachrichten : Berichte und Informationen. Dokumentation. - 1991,5, 10 S.

403   B 256597
Deutsch-deutsche Wirtschafts-, Währungs- und Sozialunion im Rahmen der Europäischen Gemeinschaften : Referate und Diskussionsberichte der Tagung des Arbeitskreises Europäische Integration e. V. (13. - 15. Sept. 1990 in Dresden) / hrsg. von Wulfdiether Zippel. Mit Beitr. von Jürgen Becher ... - 1. Aufl. - Baden-Baden : Nomos-Verl.-Ges., 1991. - 167 S. - (Schriftenreihe des Arbeitskreises Europäische Integration e. V. ; 30). - Enth. 10 Beitr. - ISBN: 3-7890-2348-5

404   Q 4556
Deutsche Einigung und EG-Integration : Beiträge und Berichte zur Arbeitstagung deutsch-deutscher Juristen vom 6. & 7. Juni 1990 am Zentrum für Europäische Rechtspolitik an der Universität Bremen (ZERP) / Norbert Reich ... (Hrsg.). - Bremen, 1990. - IX, 164, 15 S. - (ZERP-DP ; 90,6). - Kopie. - Enth. 20 Beitr.

405   YY 3662
Deutschland <Bundesrepublik> / Bundesregierung:
... Bericht der Bundesregierung über die Integration der Bundesrepublik Deutschland in die Europäischen Gemeinschaften : (Berichtszeitraum ...). - Erscheinungsbeginn: 45. 1989. -

Früher u.d.T.: Deutschland
<Bundesrepublik> / Bundesregierung:
Bericht der Bundesregierung über die
Integration in den Europäischen
Gemeinschaften. - IN: Verhandlungen des
Deutschen Bundestages. Drucksachen. -
Bonn.
- 47. 1. Juli bis 31. Dezember 1990. //
  Wahlperiode 12 (1991),217
- 48. 1. Januar bis 30. Juni 1991. //
  Wahlperiode 12 (1991),1201

406   XX 3755 (41)
Döhrn, Roland:
Konsequenzen einer deutschen Vereinigung
für die Europäische Gemeinschaft / von
Roland Döhrn. - (DDR-Wirtschaft). - IN:
RWI-Mitteilungen. - 41 (1990),1/2,
S. 195 - 204

407   A 188793
Die doppelte Integration : Europa und
das größere Deutschland / [Werner
Weidenfeld ...]. - Gütersloh :
Bertelsmann-Stiftung, 1991. - 108 S. -
(Strategien und Optionen für die Zukunft
Europas : Arbeitspapiere ; 6). - Enth. 5
Beitr. - ISBN: 3-89204-042-7

408   YY 11742 (1990)
Der Dubliner Sondergipfel war ein Erfolg
. - IN: EG-Nachrichten : Berichte und
Informationen. Dokumentation. - 1990,4,
29 S.

409   YY 9046 (1595)
Economic implications of German economic
and monetary unification (GEMU) : (a
first tentative evaluation) / [European
Commission]. - Luxembourg [u.a.] :
Europe, 1990. - 4 S. - (Europe documents
/ Europe, Agence Internationale
d'Information pour la Presse ; 1595)

410   A 185206
Einstellung auf den EG-Binnenmarkt :
Anforderungen an Leistungsangebot,
Marktarbeit und Marktpräsenz der
DDR-Unternehmen / Deutsches Institut für
Marktforschung. [Autorenkoll.: Cornelia
Gittler ...]. - Berlin, 1990. - Getr.
Zählung. - (Studie / Deutsches Institut
für Marktforschung). - Druckschriften-
nr.: DIM 90-050-08810

411   YY 8656 (33)
Entschließung zu den Auswirkungen der
Vereinigung Deutschlands auf die
Europäische Gemeinschaft / das
Europäische Parlament. - Druckschriften-
nr.: Dok. A3-183/90. - IN: Amtsblatt der
Europäischen Gemeinschaften : C,
Mitteilungen und Bekanntmachungen. - 33
(1990),231, S. 154 - 163

412   B 258181
Die Europäische Gemeinschaft in einem
neuen Europa : Herausforderungen und
Strategien / Christian Deubner (Hrsg.).
- 1. Aufl. - Baden-Baden : Nomos-
Verl.-Ges., 1991. - 253 S. - (Aktuelle
Materialien zur internationalen Politik
; 29). - Enth. 13 Beitr. - ISBN:
3-7890-2523-2

413   YY 8717 (1990)
Die Europäische Gemeinschaft und die
deutsche Vereinigung . - Enth. 4 Beitr.
- Druckschriftennr.: CB-NF-90-004-DE-C.
- ISBN: 92-826-1923-0. - IN: Bulletin
der Europäischen Gemeinschaften :
Beilage. - 1990,4, 210 S.

414   YY 11939 (90,492)
Europäische Gemeinschaften / Fachgruppe
Außenbeziehungen, Außenhandels- und
Entwicklungspolitik:
Informationsbericht der Fachgruppe
Außenbeziehungen, Außenhandels- und
Entwicklungspolitik über die mittel- und
osteuropäischen Staaten . - Luxemburg :
Amt für Amtl. Veröff. d. Europ.
Gemeinschaften, 1990. - (Stellungnahmen
und Berichte / Wirtschafts- und
Sozialausschuß, Europäische
Gemeinschaften ; 90,492)
- D. Deutsche Demokratische Republik. -
  1990. - 19 S. + Korr.

415   YY 6638 (33)
Europäische Gemeinschaften / Rat:
Richtlinie des Rates vom 17. September
1990 über die vorläufigen Maßnahmen, die
nach der deutschen Einigung vor Erlaß
der vom Rat in Zusammenarbeit mit dem
Europäischen Parlament zu treffenden
Übergangsmaßnahmen anwendbar sind . -
Druckschriftennr.: 90/476/EWG. - IN:
Amtsblatt der Europäischen
Gemeinschaften : L, Rechtsvorschriften.
- 33 (1990),266, S. 1 - 19

416   A 190411
The European monetary system and
international financial markets :
contributions to an International
Conference "the European Monetary System
and International Financial Markets" ;

November 19 - 20, 1990 in Washington, DC / organized by the Friedrich-Ebert-Stiftung ... Ed. by Dieter Dettke. - Bonn, 1991. - X, 141 S. - Enth. 15 Beitr.

417   A 188793
Franzmeyer, Fritz W.:
EG-Aspekte der deutschen Einheit / Fritz Franzmeyer ; Dieter Schumacher. - Graph. Darst. - IN: Die doppelte Integration / [Werner Weidenfeld ...]. - Gütersloh, 1991. - ISBN 3-89204-042-7. - S. 41 - 64. - (Strategien und Optionen für die Zukunft Europas : Arbeitspapiere ; 6)

418   B 258181
Franzmeyer, Fritz W.:
Ostdeutschland in der Europäischen Gemeinschaft : Problemfall oder Integrationsimpuls? / Fritz Franzmeyer ; Dieter Schumacher. - gekürzte Fassung. - IN: Die Europäische Gemeinschaft in einem neuen Europa / Christian Deubner (Hrsg.). - Baden-Baden, 1991. - ISBN 3-7890-2523-2. - S. 57 - 69. - (Aktuelle Materialien zur internationalen Politik ; 29)

419   W 358 (15)
Gebauer, Wolfgang:
German monetary union : on implicit theories and European consequences / Wolfgang Gebauer. - Frankfurt am Main : Johann-Wolfgang-Goethe-Univ., Inst. für Geld u. Währung, 1990. - 22 Bl. : graph. Darst. - (Geld und Währung working papers ; 15)

420   XX 5961 (2)
Gebauer, Wolfgang:
German monetary union and EMU / Wolfgang Gebauer. - IN: De pecunia. - 2 (1990),2/3, S. 549 - 552

421   A 187519
Geiger, Helmut:
Perspektiven der wirtschaftlichen Einheit Deutschlands im Rahmen der europäischen Integration : eine Veröffentlichung der Freiherr-vom-Stein-Gesellschaft e. V. / Helmut Geiger. - Münster : Freiherr-VomStein-Gesellschaft, 1990. - 17 S.

422   YY 8656 (33)
Die Gemeinschaft und die deutsche Einheit - Vorschläge für Rechtsakte : KOM(90) 400 endg. / (von der Kommission vorgelegt am 22. August 1990). - IN: Amtsblatt der Europäischen Gemeinschaften : C, Mitteilungen und Bekanntmachungen. - 33 (1990),248, 15 S.

423   YY 11742 (1990)
Die Gemeinschaft und die deutsche Einigung : Auswirkungen des Staatsvertrags ; (Mitteilung der Kommission). - IN: EG-Nachrichten : Berichte und Informationen. Dokumentation. - 1990,8, 16 S.

424   YY 9999 (90,400 endg.)
Die Gemeinschaft und die deutsche Einigung . - Luxemburg : Amt für Amtliche Veröff. der Europäischen Gemeinschaften, 1990. - (Kommission der Europäischen Gemeinschaften ; 90,400 endg.)
- 1. Allgemeine Begründung. Begründung nach Sektoren. - 1990. - V, 124 S.
- 2. Vorschläge für Rechtsakte. - 1990. - 193 S.
- 3. Finanzielle Auswirkungen. - 1990. - 7 S.

425   YY 9999 (90,495 endg.)
Die Gemeinschaft und die deutsche Einigung : geänderter Vorschlag. - Luxemburg : Amt für Amtliche Veröff. der Europ. Gemeinschaften, 1990. - (Kommission der Europäischen Gemeinschaften ; 90,495 endg.)
- 2. Vorschläge für Rechtsakte ; (von der Kommission gemäß Artikel 149 Absatz 3 des EWG-Vertrages vorgelegt). - 1990. - [89] S.

426   A 188794
Grabitz, Eberhard:
Das geeinte Deutschland in der Europäischen Gemeinschaft / Eberhard Grabitz. - IN: Bildungsarbeit im Spannungsfeld von Wirtschaft und Gesellschaft / Manfred Bunte ... (Hrsg.). - Düsseldorf, 1991. - S. 67 - 88.

427   B 256681
Herr, Hansjörg:
Probleme der monetären Integration Europas : die Europäische Währungsunion und die deutsche Vereinigung / Hansjörg Herr ; Andreas Westphal. - IN: Wirtschaftspolitische Konsequenzen der deutschen Vereinigung / Andreas Westphal ... (Hg.). - Frankfurt, 1991. - ISBN

3-593-34507-2. - S. 75 - 114. - (Reihe "Wirtschaftswissenschaft" ; 15)

428   A 190224
Holeschovsky, Christine:
Deutsche Einheit und europäische Integration : EG-Kompatibilität sichern / Christine Holeschovsky. - IN: Die Deutschen und die Architektur des europäischen Hauses / hrsg. von Werner Weidenfeld. Mit Beitr. von Peter Bender ... - Köln, 1990. - ISBN 3-8046-8745-8. - S. 175 - 184.

429   B 256597
Hrbek, Rudolf:
Die Rolle der neuen und alten Bundesländer im EG-Integrationsprozeß / Rudolf Hrbek. - IN: Deutsch-deutsche Wirtschafts-, Währungs- und Sozialunion im Rahmen der Europäischen Gemeinschaften / hrsg. von Wulfdiether Zippel. Mit Beitr. von Jürgen Becher ... - Baden-Baden, 1991. - ISBN 3-7890-2348-5. - S. 141 - 160. - (Schriftenreihe des Arbeitskreises Europäische Integration e. V. ; 30)

430   A 184540
Hrbek, Rudolf:
Die Vereinigung Deutschlands und die Integration in die Europäische Gemeinschaft : Probleme und Lösungsvorschläge / Rudolf Hrbek. - IN: (Wieder-)Vereinigungsprozeß in Deutschland / [hrsg. von der Landeszentrale für Politische Bildung Baden-Württemberg]. Mit Beitr. von Hans von Mangoldt ... Red.: Hans-Georg Wehling. - Stuttgart, 1990. - ISBN 3-17-011301-1. - S. 131 - 146.

431   YY 13009 (1)
Huelshoff, Michael G.:
Germany, German unification, and 1992 : what can we expect? / Michael G. Huelshoff. - IN: Current politics and economics of Europe. - 1 (1991),1, S. 21 - 30

432   YY 10853 (1990)
Integration der ostdeutschen Wirtschaft in die Gemeinschaft . - (Die Europäische Gemeinschaft in den 90er Jahren). - IN: Europäische Wirtschaft. - 1990,Dezember = Nr. 46, S. 195 - 208

433   XX 3381 (30)
Jürgensen, Harald:
Die Bundesrepublik Deutschland zwischen Wiedervereinigung und Binnenmarkt 1993 / Harald Jürgensen. - IN: Volkswirtschaftliche Korrespondenz der Adolf-Weber-Stiftung. - 30 (1991),10, [4] S.

434   A 188793
Klose, Jürgen:
Die wirtschaftliche Integration der DDR in die EG : Bedingungen für den Übergang / Jürgen Klose. - IN: Die doppelte Integration / [Werner Weidenfeld ...]. - Gütersloh, 1991. - ISBN 3-89204-042-7. - S. 65 - 71. - (Strategien und Optionen für die Zukunft Europas : Arbeitspapiere ; 6)

435   YY 9046 (1607)
Kohl, Helmut:
The Community and a united Germany / declaration by Helmut Kohl, Brussels, 23 March 1990. - Luxembourg [u.a.] : Europe, 1990. - 3 S. - (Europe documents / Europe, Agence Internationale d'Information pour la Presse ; 1607)

436   XX 3852 (23)
Kulke-Fiedler, Christine:
Die Integration des Wirtschaftsgebietes der ehemaligen DDR in den EG-Binnenmarkt : Chancen und Risiken / Christine Kulke-Fiedler. - IN: Deutschland-Archiv. - 23 (1990),12, S. 1873 - 1879

437   Y 59 (71)
Kuschel, Hans-Dieter:
Die Einbeziehung der ehemaligen DDR in die Europäische Gemeinschaft / Hans-Dieter Kuschel. - IN: Wirtschaftsdienst. - 71 (1991),2, S. 80 - 87

438   YY 7655 (40)
Langguth, Gerd:
Die deutsche Frage und die Europäische Gemeinschaft / Gerd Langguth. - IN: Aus Politik und Zeitgeschichte. - 40 (1990),29, S. 13 - 23

439   YY 13306 (1990)
Meier, Gert:
"Innerdeutsches Protokoll" und europäischer Binnenmarkt / Gert Meier. - (DDR-Rechtsentwicklungen ; 3). - IN: Recht der internationalen Wirtschaft : Beilage. - 1990,4, 12 S.

440   W 32 (520)
Mélitz, Jacques:
German reunification and exchange rate policy in the EMS / Jacques Mélitz. -

London, 1991. - 14 S. - (Discussion paper series / Centre for Economic Policy Research ; 520)

441 B 259837
Menard, Claude:
German unification as an incentive for institutional and organizational changes within the EC : a French view / Claude Menard. - Kommentar S. 350 - 352. - IN: Economic aspects of German unification / Paul J. J. Welfens (ed.). - Berlin, 1992. - ISBN 3-540-55006-2 ; 0-387-55006-2. - S. 333 - 349.

442 A 189759
Mondelaers, Rudolf:
Ostdeutschlands EG-Beitritt : ein gesamteuropäisches Theorie-Modell? / von Rudolf Mondelaers. - IN: Probleme der Einheit. - 3 (1991), S. 80 - 105

443 XX 598 (43)
Oręziak, Leokadia:
Niemiecka unia walutowa a integracja w EWG / Leokadia Oręziak. - Parallelsacht.: German Monetary Union and the EEC integration. - IN: Sprawy międzynarodowe. - 43 (1990),7/8 = 439, S. 49 - 62

444 B 253795
Die Osterweiterung der EG : die Einbeziehung der ehemaligen DDR in die Gemeinschaft / Beate Kohler-Koch (Hrsg.). - 1. Aufl. - Baden-Baden : Nomos-Verl.-Ges., 1991. - Enth. 6 Beitr. - ISBN: 3-7890-2195-4

445 X 461 (81)
Owen, Robert F.:
The challenges of German unification for EC policymaking and performance / by Robert F. Owen. - IN: The American economic review. - 81 (1991),2, S. 171 - 175

446 B 256681
Parguez, Alain:
Deutsche Vereinigung : Kapitalmangel als Hindernis für die europäische Integration? / Alain Parguez. - IN: Wirtschaftspolitische Konsequenzen der deutschen Vereinigung / Andreas Westphal ... (Hg.). - Frankfurt, 1991. - ISBN 3-593-34507-2. - S. 156 - 167. - (Reihe "Wirtschaftswissenschaft" ; 15)

447 B 257173
Parker, Martin:
The EC, East Germany and the socialist countries / Klaus Schneider. - IN: Europe in transition and the Korean peninsula / Institute of East and West Studies, Yonsei University. Ed. by Dalchoong Kim ... - [Sŏul], 1991. - S. 49 - 56. - (East and West studies series ; 18)

448 A 187526
Puślecki, Zdzisław W.:
Proces ekonomicznego jednoczenia się Niemiec na tle integracji krajów Wspólnoty Europejskiej / Zdzisław W. Puślecki. - Wyd. 1. - Poznań, 1990. - 162 S. - (Studium niemcoznawcze Instytutu Zachodniego ; 60). - Parallelsacht.: Der Prozeß der ökonomischen Vereinigung Deutschlands im Hinblick auf die Integration der EG-Länder. - Zsfassung in dt. Sprache. - ISBN: 83-85003-52-5

449 W 93 (224)
Ranki, Sinimaaria:
Kurzfristige Wirkungen der deutschen Währungsunion auf die DEM und das EWS / Sinimaaria Ranki. - Helsingfors, 1991. - 44 S. : graph. Darst. - (Meddelanden från Svenska Handelshögskolan ; 224). - ISBN: 951-555-353-9

450 YY 9046 (1641/1642)
Resolution on the implications of German unification on the European Community / [European Parliament]. Rapporteur: Alan Donelly. - Luxembourg [u.a.] : Europe, 1990. - 9 S. - (Europe documents / Europe, Agence Internationale d'Information pour la Presse ; 1641/1642)

451 W 123 (91,1)
Schäfer, Wolf:
Deutsche Vereinigung, D-Mark und europäische Währungsunion / von Wolf Schäfer. - Hamburg, [1991]. - 12 Bl. - (Diskussionsbeiträge aus dem Institut für Theoretische Volkswirtschaftslehre ; 91,1)

452 B 260094
Scharrer, Hans-Eckart:
Implications of the Eastern European developments to EC' 92 and Asian NIEs / Hans-Eckart Scharrer. - IN: The single European market and its implications for

Korea as an NIE / ed. by Soogil Young
... - Seoul, Korea, 1991. - S. 61 - 85.

453   YY 13307 (1990)
Scherer, Joachim:
EG und DDR : auf dem Weg zur
Integration / Joachim Scherer. -
(DDR-Rechtsentwicklungen ; 5). - IN:
Betriebs-Berater : Beilage. - 1990,16,
S. 11 - 13

454   XX 5936 (1991)
Schmidt, Gudrun:
L' unification allemande et la
Communauté Européenne / Gudrun Schmidt.
- IN: Revue du marché unique européen. -
1991,1, S. 91 - 118

455   B 256597
Seidel, Martin:
Die Anwendung des Rechts der
Europäischen Gemeinschaft auf dem Gebiet
der Deutschen Demokratischen Republik /
Martin Seidel. - IN: Deutsch-deutsche
Wirtschafts-, Währungs- und Sozialunion
im Rahmen der Europäischen Gemein-
schaften / hrsg. von Wulfdiether Zippel.
Mit Beitr. von Jürgen Becher ... -
Baden-Baden, 1991. - ISBN 3-7890-2348-5.
- S. 11 - 26. - (Schriftenreihe des
Arbeitskreises Europäische Integration
e. V. ; 30)

456   XX 5949 (2)
Spence, David:
Enlargement without accession : the
European Community response to the issue
of German unification / David Spence. -
IN: (Der Aufbau der neuen Bundesländer).
// IN: Staatswissenschaften und
Staatspraxis. - Baden-Baden. - ISSN
0938-2100. - 2 (1991),3, S. 336 - 377.

457   YY 11939 (90,1378)
Stellungnahme zur Mitteilung der
Kommission über "Die Gemeinschaft und
die deutsche Einigung" (Dok. KOM(90) 400
endg.) . - Luxemburg : Amt für Amtliche
Veröff. d. Europ. Gemeinschaften, 1990.
- 39 S. - (Stellungnahmen und Berichte /
Wirtschafts- und Sozialausschuß,
Europäische Gemeinschaften ; 90,1378). -
Druckschriftennr.: EY-CO-90-183-DE-C. -
Über: Die Gemeinschaft und die deutsche
Einigung. - Luxemburg : Amt für Amtliche
Veröff. der Europäischen Gemeinschaften,
1990. - ISBN: 92-77-68347-3

458   A 191278
Tietmeyer, Hans:
Das vereinte Deutschland und die
europäische Währungsunion / Hans
Tietmeyer. - Köln, 1991. - 36 S. -
(Gesellschaftspolitische Schriftenreihe
des AGV Metall Köln ; 49). - ISBN:
3-88575-058-9

459   XX 3478 (27)
Timmermans, C. W.:
German unification and Community law /
C. W. A. Timmermans. - IN: Common market
law review. - 27 (1990),3, S. 437 - 449

460   XX 3478 (27)
Tomuschat, Christian:
A united Germany within the European
Community / Christian Tomuschat. - IN:
Common market law review. - 27 (1990),3,
S. 415 - 436

461   A 189764
**Das vereinte Deutschland in einem freien
Europa** / Bundesverband der Deutschen
Industrie ... (Hrsg.). - Köln : Dt.
Inst. Verl., 1991. - 134 S. - ISBN:
3-602-14305-8

462   B 256681
Vissol, Thierry:
Die deutsche Vereinigung : ein
Akzelerator für die Europäische
Währungsunion / Thierry Vissol. - IN:
Wirtschaftspolitische Konsequenzen der
deutschen Vereinigung / Andreas Westphal
... (Hg.). - Frankfurt, 1991. - ISBN
3-593-34507-2. - S. 142 - 155. - (Reihe
"Wirtschaftswissenschaft" ; 15)

463   B 256597
Vock, Willi:
Die Umsetzung des EG-Rechts auf dem
Gebiet der DDR : aus der Sicht der DDR
/ Willi Vock. - IN: Deutsch-deutsche
Wirtschafts-, Währungs- und Sozialunion
im Rahmen der Europäischen Gemein-
schaften / hrsg. von Wulfdiether Zippel.
Mit Beitr. von Jürgen Becher ... -
Baden-Baden, 1991. - ISBN 3-7890-2348-5.
- S. 27 - 35. - (Schriftenreihe des
Arbeitskreises Europäische Integration
e. V. ; 30)

464   YY 8700 (23)
Werner, Heinz:
Die deutsche Einigung, die europäische
Integration und die Vollendung des
Europäischen Binnenmarktes / Heinz

Werner. - (Thema: Gesamtdeutscher Arbeitsmarkt). - Zsfassung in engl. u. franz. Sprache. - IN: Mitteilungen aus der Arbeitsmarkt- und Berufsforschung. - 23 (1990),4, S. 504 - 510

465　　　　　　　　　YY 7655 (40)
Werner, Horst:
Ökonomische Probleme der deutschen Einheit und europäischen Einigung / Horst Werner. - IN: Aus Politik und Zeitgeschichte. - 40 (1990),28, S. 16 - 27

466　　　　　　　　　X 9144 (42)
Willgerodt, Hans:
German economic integration in a European perspective / Hans Willgerodt. - Zsfassung in dt. Sprache. - IN: Ordo. - 42 (1991), S. 171 - 187

467　　　　　　　　　A 187179
Willkommen in der Gemeinschaft : deutsche Einheit und Europäische Gemeinschaft / Vertretung der EG-Kommission in der Bundesrepublik Deutschland. [Konzeption und verantw.: Axel R. Bunz]. - Bonn, 1990. - 63 S. : zahlr. Ill. u. graph. Darst.

B-2 Europe and German Unification - Europa und die deutsche Einheit

468　　　　　　　　　A 190224
Die Deutschen und die Architektur des europäischen Hauses : Materialien zu den Perspektiven Deutschlands / hrsg. von Werner Weidenfeld. Mit Beitr. von Peter Bender ... - Köln : Verl. Wiss. und Politik, 1990. - 223 S. - Enth. 10 Beitr. - Literaturverz. S. 209 - 217. - ISBN: 3-8046-8745-8

469　　　　　　　　　B 254860
Germany and Europe in transition / SIPRI. Ed. by Adam Daniel Rotfeld ... - Oxford [u.a.] : Oxford Univ. Press, 1991. - X, 237 S. - (SIPRI monograph). - ISBN: 0-19-829146-9

470　　　　　　　　　XX 5103 (1992)
Harasty, Hélène:
Réunification allemande et croissance européenne : un espoir déçu? / Hélène Harasty ; Jean Le Dem. - Graph. Darst. - Zsfassung in engl. Sprache. - Zsf. u. d. T.: German reunification and European growth. - IN: Observations et diagnostics économiques : Revue de l'OFCE. - 1992,janvier = No. 39, S. 195 - 217

471　　　　　　　　　YY 9597 (19)
Schmidt, Max:
Die deutsche Einheit und die Sicherheit Europas : Zerfall der Nachkriegsordnung und sicherheitspolitische Strukturen in Europa ; Platz und Rolle des vereinten Deutschland in veränderter Kräftebalance ; Grundinteressen der Deutschen in Ost und West / Max Schmidt ; Wolfgang Schwarz. - IN: IPW-Berichte. - 19 (1990),6, S. 1 - 7

472　　　　　　　　　XX 2443 (42)
Schroeder, Ronald:
Der deutsche Einigungsprozeß : Folgewirkungen für Deutschland und Europa / Ronald Schroeder. - IN: Politische Studien. - 42 (1991),November/Dezember = 320, S. 625 - 634

473　　　　　　　　　XX 2443 (42)
Schwarzmeier, Manfred:
Die Wiedervereinigung Deutschlands im Problemkreis europäischer Sicherheitspolitik / Manfred Schwarzmeier. - IN: Politische Studien. - 42 (1991),November/Dezember = 320, S. 635 - 647

474　　　　　　　　　C 177258
Siebert, Horst:
Die neue wirtschaftliche Landschaft in Europa : Spekulationen über die Zukunft / von Horst Siebert. - Kiel : Inst. für Weltwirtschaft, 1992. - 23 S. - (Kieler Diskussionsbeiträge ; 184). - ISBN: 3-89456-024-X

475　　　　　　　　　B 258824
Veränderungen in Europa, Vereinigung Deutschlands, Perspektiven der 90-er Jahre / Institut für Internationale Politik und Wirtschaft. Red. Dieter Müller ... - Belgrad, 1991. - 143 S. - Enth. 19 Beitr. - ISBN: 86-7067-012-7

476　　　　　　　　　XX 3022 (45)
Wagner, Wolfgang:
Die Dynamik der deutschen Wiedervereinigung : Suche nach einer Verträglichkeit für Europa / von Wolfgang Wagner. - IN: Europa-Archiv. - 45 (1990),3, S. 79 - 88

477 C 168534
Wie geht es weiter mit den Deutschen in Europa? / 90. Bergedorfer Gesprächskreis am 29. April 1990 ..., Dresden. - Hamburg : Körber-Stiftung, 1990. - 117 S. - (Protokoll / Bergedorfer Gesprächskreis zu Fragen der Freien Industriellen Gesellschaft ; 90)

B-3 Eastern Europe and German Unification - Osteuropa und die deutsche Einheit

478 XX 3755 (41)
Brüstle, Alena:
Die Einbindung der DDR in den Rat für Gegenseitige Wirtschaftshilfe / von Alena Brüstle, Roland Döhrn und Antoine-Richard Milton. - Graph. Darst. - (DDR-Wirtschaft). - IN: RWI-Mitteilungen. - 41 (1990),1/2, S. 53 - 65

479 B 259837
Budziński, Andrzej:
External aspects of German unification : the Polish view / Andrzej Budziński. - Kommentar S. 310 - 316. - IN: Economic aspects of German unification / Paul J. J. Welfens (ed.). - Berlin, 1992. - ISBN 3-540-55006-2 ; 0-387-55006-2. - S. 299 - 309.

480 W 354 (12)
Die Folgen der Vereinigung Deutschlands für die Wirtschaftszusammenarbeit Polens mit dem Ausland / Józef Misala ... - Warsaw, 1990. - 11 S. - (Discussion papers / Foreign Trade Research Institute ; 12)

481 B 259837
Grinberg, Ruslan S.:
Economic reform in the USSR and prospects for trade and economic relations with unified Germany / Ruslan S. Grinberg. - Kommentar S. 330 - 332. - IN: Economic aspects of German unification / Paul J. J. Welfens (ed.). - Berlin, 1992. - ISBN 3-540-55006-2 ; 0-387-55006-2. - S. 317 - 329.

482 B 256681
Hölscher, Jens:
Integration und Entwicklung : die Lehren der deutschen Vereinigung für Osteuropa / Jens Hölscher ; Anke Jacobsen ; Horst Tomann. - IN: Wirtschaftspolitische Konsequenzen der deutschen Vereinigung / Andreas Westphal ... (Hg.). - Frankfurt, 1991. - ISBN 3-593-34507-2. - S. 168 - 191. - (Reihe "Wirtschaftswissenschaft" ; 15)

483 A 186238
Huber, Gerhard:
Ökonomische Zusammenarbeit mit der UdSSR unter den Bedingungen der Wirtschafts- und Währungsunion beider deutscher Staaten / von Gerhard Huber. - IN: Von der Planwirtschaft zur Marktwirtschaft / hrsg. von Karl Heinrich Oppenländer ... - München, 1990. - ISBN 3-88512-130-1. - S. 209 - 228. - (Ifo-Studien zur Ostforschung ; 4)

484 YY 7792
Inotai, András:
A német újraegyesítés gazdasági hatása Közép- és Kelet-Európára / Inotai András. - Zsfassung in engl. u. russ. Sprache. - Zsf. u. d. T.: Economic impact of German reunification on Central and Eastern Europe. - IN: Külgazdaság. - Budapest.
- 1. // 35 (1991),12, S. 37 - 53
- 2. // 36 (1992),1, S. 42 - 57

485 C 172450
Leptin, Gert:
Mögliche Auswirkungen des Transformationsprozesses auf Osteuropa / Gert Leptin. - IN: Gesamtdeutsche Eröffnungsbilanz. - 1 (1990), S. 51 - 59

486 A 192363
Misala, Józef:
Auswirkungen der deutschen Einheit auf die polnische Wirtschaft / Józef Misala. - Graph. Darst. - Kommentar S. 272 - 279. - IN: Polens Integration in die Weltwirtschaft / [Universität Duisburg, Gesamthochschule]. Hrsg. von Günter Heiduk ... - Hamburg, 1992. - ISBN 3-89161-811-5. - S. 233 - 271. - (Duisburger volkswirtschaftliche Schriften ; 11)

487 C 176603
Misala, Józef:
Einige Anmerkungen zu den Auswirkungen der deutschen Vereinigung auf die polnische Wirtschaft / Józef Misala. - Kiel : Kiel Inst. of World Economics, 1992. - 35 S. - (Kieler Arbeitspapiere ; 502)

488 W 23 (47)
Misala, Józef:
Ekonomiczne skutki zjednoczenia Niemiec
dla gospodarki polskiej / Józef Misala.
- Warszawa : Szkoła Główna Handlowa,
1991. - 32 S. - (Working papers / World
Economy Research Institute ; 47)

489 C 175830
A német egység néhány gazdasági
vonatkozása és világgazdasági hatásai /
MTA Világgazdasági Kutató Intézet. -
Budapest, 1991. - 8 S. - (Kihívások ; 1)

490 W 207 (20)
Perczyński, Maciej:
East Europeans and the German problem /
Maciej Perczyński. - Warsaw, 1990. - 8
S. - (PISM occasional papers ; 20)

491 XX 3022 (45)
Vogel, Heinrich:
Die Vereinigung Deutschlands und die
Wirtschaftsinteressen der Sowjetunion /
von Heinrich Vogel. - IN: Europa-Archiv.
- 45 (1990),13/14, S. 408 - 414

492 B 259837
Welfens, Paul J.:
EC integration and economic reforms in
CMEA countries : a united Germany as a
bridge between East and West? / Paul J.
J. Welfens. - Kommentar S. 44 - 48. -
IN: Economic aspects of German
unification / Paul J. J. Welfens (ed.).
- Berlin, 1992. - ISBN 3-540-55006-2 ;
0-387-55006-2. - S. 9 - 43.

493 C 171375
Wybrane problemy związane ze
zjednoczeniem Niemiec / [oprac. red.
Maria Zakrzewska]. - Warszawa, 1990. -
31 S. - (Studia i materiały / Instytut
Koniunktur i Cen Handlu Zagranicznego ;
15). - Enth. 2 Beitr.

C International Economic Cooperation -
 Internationale wirtschaftliche
 Zusammenarbeit

494 A 188015
Büscher, Reinhard:
Japan und Deutschland : die späten
Sieger? / Reinhard Büscher ; Jochen
Homann. - Zürich [u.a.] : Ed. Interfrom
[u.a.], 1990. - 164 S. - (Texte + Thesen
; 229). - ISBN: 3-7201-5229-4

495 B 257120
Dicke, Hugo:
Das wirtschaftliche Gewicht der
Bundesrepublik Deutschland : ein
Aktivum der transatlantischen
Sicherheitspartnerschaft? / Hugo Dicke.
- Bonn [u.a.] : Bouvier, 1991. - S. 221
- 258. - Aus: Amerikaner in Deutschland.
- 1991, S. 221 - 258

496 A 192040
Fels, Gerhard:
Aktuelle Trends der Standortqualität /
Gerhard Fels. - IN: Standort D / Gerhard
Fels (Hrsg.). - Köln, 1992. - ISBN
3-602-34858-X. - S. 7 - 15. -
(div-Sachbuchreihe ; 54)

497 YY 9597 (19)
Kowalski, Reinhold:
Wie wettbewerbsfähig ist die Wirtschaft
der DDR? / Reinhold Kowalski. - IN:
IPW-Berichte. - 19 (1990),7, S. 7 - 10

498 YY 13232 (1991)
Lüdemann, Ernst:
Deutschlands Stellung in der
Weltwirtschaft / von Ernst Lüdemann. -
IN: IPW-Berichte. - 1991,1, S. 9 - 16

499 C 177047
Qualität des Wirtschaftsstandortes
Deutschland und Ansatzpunkte zur
Verbesserung . - Bonn :
Bundesministerium für Wirtschaft,
Referat Öffentlichkeitsarbeit, [1992]. -
28 S. - (BMWi-Dokumentation ; 317)

500 C 175286
Rode, Reinhard:
Deutschland: Weltwirtschaftsmacht oder
überforderter Euro-Hegemon? / Reinhard
Rode. - Frankfurt/Main, 1991. - III, 28
S. - (HSFK-Report ; 1991,1). - ISBN:
3-926197-86-2

501 B 252100
Siebert, Horst:
Die Wettbewerbsfähigkeit der deutschen
Wirtschaft : Trends und Perspektiven /
von Horst Siebert. - IN: Made in Germany
/ Symposium Oeconomicum Muenster. Volker
Kahrmann ... (Hrsg.). - Stuttgart, 1991.
- ISBN 3-17-011425-5. - S. 17 - 27.

502 A 192040
Standort D : nach der Vereinigung - vor
dem Binnenmarkt / Gerhard Fels (Hrsg.).
- Köln : Dt. Inst.-Verl., 1992. - 92 S.

- (div-Sachbuchreihe ; 54). - Enth. 4 Beitr. - ISBN: 3-602-34858-X

503   A 190268
Das vereinte Deutschland in der Weltwirtschaft : Beiträge zu einer Deutsch-Deutschen Außenwirtschaftstagung des Deutschen Übersee-Instituts / Benno Engels (Hrsg.). - Hamburg, 1991. - XI, 336 S. - (Schriften des Deutschen Übersee-Instituts Hamburg ; 10). - Beitr. teilw. dt., teilw. engl. - Enth. 32 Beitr. - ISBN: 3-926953-09-8

C-1 Foreign Trade - Außenhandel

504   YY 2028
Außenhandel ... : vorläufiges Gesamtergebnis. - Ab 1991 (1992) entfällt der Zusatz. - IN: Wirtschaft und Statistik / Hrsg.: Statistisches Bundesamt. - Stuttgart.
- 1990. // 1991,2, S. 94 - 102
- 1991. // 1992,2, S. 96 - 107

505   C 175645
Der Außenhandel der neuen deutschen Bundesländer mit Mittel- und Osteuropa : Chancen und Risiken / [Autoren: K. Werner ...]. - Berlin, 1991. - 108, XXI S. : graph. Darst. - (Forschungsreihe / Institut für Angewandte Wirtschaftsforschung, Berlin ; 91,13)

506   YY 2028
Außenhandel im ... Vierteljahr ... . - 2. Vierteljahr u.d.T.: Außenhandel im ... Vierteljahr ... und im ersten Halbjahr. - IN: Wirtschaft und Statistik / Hrsg.: Statistisches Bundesamt. - Stuttgart.
- 1991,1. // 1991,7, S. 447 - 452
- 1991,2. // 1991,9, S. 616 - 622
- 1991,3. // 1991,12, S. 810 - 816
- 1991,4. // 1992,3, S. 184 - 190

507   YY 2028
Außenhandel ... nach Ursprungs- und Bestimmungsländern . - IN: Wirtschaft und Statistik / Hrsg.: Statistisches Bundesamt. - Stuttgart.
- 1990. // 1991,3, S. 176 - 183
- 1991. // 1992,3, S. 176 - 183

508   YY 2028
Außenhandel ... nach Waren . - IN: Wirtschaft und Statistik / Hrsg.: Statistisches Bundesamt. - Stuttgart.
- 1990. // 1991,4, S. 264 - 272
- 1991. // 1992,5, S. 285 - 292

509   C 171982
Außenwirtschaftliche Sonderregelungen für das Gebiet der ehemaligen DDR : Erläuterungen, Verordnungen, Bekanntmachungen / Bundesstelle für Außenhandelsinformation, Außenstelle Berlin. - Berlin, 1991. - 32 S. - (MW / Spezialthema)

510   B 256597
Becher, Jürgen:
Absehbare Entwicklungen der künftigen deutsch-sowjetischen Wirtschaftsbeziehungen / Jürgen Becher. - IN: Deutsch-deutsche Wirtschafts-, Währungs- und Sozialunion im Rahmen der Europäischen Gemeinschaften / hrsg. von Wulfdiether Zippel. Mit Beitr. von Jürgen Becher ... - Baden-Baden, 1991. - ISBN 3-7890-2348-5. - S. 79 - 88. - (Schriftenreihe des Arbeitskreises Europäische Integration e. V. ; 30)

511   A 190268
Becher, Jürgen:
Die Wirtschaftsbeziehungen Deutschland, Sowjetunion / Jürgen Becher. - IN: Das vereinte Deutschland in der Weltwirtschaft / Benno Engels (Hrsg.). - Hamburg, 1991. - ISBN 3-926953-09-8. - S. 107 - 118. - (Schriften des Deutschen Übersee-Instituts Hamburg ; 10)

512   C 168394
Borodan, Nora:
Entwicklung, Stand und Perspektiven des Außenhandels der DDR mit der UDSSR / Bearb.: Nora Borodan ; Sighelm Thede. - Berlin : Inst. für Angewandte Wirtschaftsforschung, Abt. Makroökonomische Analyse u. Gesamtrechnung, 1990. - 76 S. - (Forschungsreihe / Institut für Angewandte Wirtschaftsforschung, Berlin ; 90,5). - Nebent.: Aussenhandel DDR/UdSSR

513   Y 27770
Der deutsche Osthandel ... / hrsg. vom Bundesministerium für Wirtschaft, Referat Öffentlichkeitsarbeit. - Bonn. - (Studien-Reihe / Der Bundesminister für Wirtschaft ; ...). - Erscheinungsbeginn: 1981. - ISSN: 0170-0049
- 1990. (1991). - (... ; 81)

514 YY 835
Deutschland <Bundesrepublik> /
Statistisches Bundesamt:
Fachserie / Statistisches Bundesamt. 7,
Außenhandel. Reihe 1, Zusammenfassende
Übersichten für den Außenhandel. -
Stuttgart : Metzler-Poeschel. -
Erscheinungsbeginn: 1977
- 1990. (1990/91)
- 1991. (1991/92)

515 A 190027
Döhrn, Roland:
Exportnation Deutschland : die
außenwirtschaftlichen Verflechtungen
Deutschlands / Roland Döhrn. - IN:
Außenwirtschaftspolitik / mit Beitr. von
Margot Körber-Weik ... Red.: Hans-Georg
Wehling. - Stuttgart, 1991. - ISBN
3-17-011527-8. - S. 39 - 52.

516 XX 3444 (31)
Dyba, Karel:
Die Wirtschaftsbeziehungen der ČSFR zu
Deutschland und zur EG / Karel Dyba. -
IN: Südosteuropa-Mitteilungen. - 31
(1991),2, S. 85 - 88

517 B 256538
Dyba, Karel:
Die Wirtschaftsbeziehungen der ČSFR zu
Deutschland und zur EG / Karel Dyba. -
IN: Das vereinte Deutschland als Partner
Ostmittel- und Südosteuropas / hrsg. von
Walter Althammer. - München, 1991. -
ISBN 3-925450-27-0. - S. 79 - 83. -
(Südosteuropa aktuell ; 12)

518 A 190268
Engels, Benno:
Außenwirtschaftliche Konsequenzen der
Öffnung der ehemaligen DDR : aus der
Sicht westdeutscher Wirtschafts-
forschungsinstitute / Benno Engels. -
Graph. Darst. - IN: Das vereinte
Deutschland in der Weltwirtschaft /
Benno Engels (Hrsg.). - Hamburg, 1991. -
ISBN 3-926953-09-8. - S. 83 - 100. -
(Schriften des Deutschen
Übersee-Instituts Hamburg ; 10)

519 YY 12577 (4)
Engels, Benno:
Außenwirtschaftliche Konsequenzen der
Öffnung der ehemaligen DDR aus der Sicht
westdeutscher Wirtschaftsforschungs-
institute / Benno Engels. - IN:
Nord-Süd aktuell. - 4 (1990),4,
S. 586 - 594

520 C 172324
Europäische Exportkonferenz <10, 1990,
Köln>:
Europäische Exportkonferenz 1990 : DDR,
Frankreich ; [RKW und Impulse
veranstalten die Europäische
Exportkonferenz in Zusammenarbeit mit
ECON-Consult und dem Deutschen
Sparkassen- und Giroverband] / [Red. des
Gesamtberichtes: Norbert Fiebig ...]. -
Als Ms. vervielfältigt. - Köln, 1990. -
111 S. : Ill. - Bis 9. 1989
zeitschriftenartige Reihe u.d.T.:
Exportkonferenz: Exportkonferenz ...

521 YY 6487 (35)
Faude, Eugen:
Beiträge zur Außenwirtschaftsreform in
der DDR / Eugen Faude ; Günther Otto ;
Dieter Schulmeister. - (Wissen-
schaftliche Konferenz der Hochschule für
Ökonomie Berlin, am 14.2.1990 zum Thema:
Aufgaben und Probleme der Transformation
der administrativen Planwirtschaft in
eine soziale Marktwirtschaft). -
Zsfassung in engl. u. russ. Sprache. -
IN: Wissenschaftliche Zeitschrift /
Hochschule für Ökonomie. - 35 (1990),2,
S. 80 - 86

522 B 256597
Gilsdorf, Peter:
Gemeinschaftsrechtliche Probleme im
Zusammenhang mit der Ablösung der
außenwirtschaftlichen Verpflichtungen
der DDR / Peter Gilsdorf. - IN:
Deutsch-deutsche Wirtschafts-, Währungs-
und Sozialunion im Rahmen der Euro-
päischen Gemeinschaften / hrsg. von
Wulfdiether Zippel. Mit Beitr. von
Jürgen Becher ... - Baden-Baden, 1991. -
ISBN 3-7890-2348-5. - S. 103 - 115. -
(Schriftenreihe des Arbeitskreises
Europäische Integration e. V. ; 30)

523 A 184594
Glöckner, Hans-Heinrich:
Einbindung der DDR-Wirtschaft in die
internationale Arbeitsteilung /
Hans-Heinrich Glöckner. - Graph. Darst.
- IN: Marktwirtschaft in der DDR / von
Peter Hofmann ... - Berlin, 1990. - ISBN
3-448-02205-5. - S. 152 - 169.

524 XX 2321 (38)
Grote, Gerhard:
Das Außenhandelsmonopol als eine
historisch begrenzte Form der
staatlichen Regulierung des Außenhandels

/ Gerhard Grote ; Dieter Schulmeister.
- IN: Wirtschaftswissenschaft. - 38
(1990),8, S. 1109 - 1119

525 Y 370 (58)
Hagemann, Ernst:
Deutschlands Handel mit China : Dynamik
nur bei den Importen / [bearb. von Ernst
Hagemann]. - IN: Wochenbericht /
Deutsches Institut für Wirtschaftsforschung. - 58 (1991),13, S. 160 - 169

526 X 402 (61)
Haussmann, Helmut:
Die wirtschaftlichen Beziehungen des
vereinigten Deutschland mit Mittel- und
Osteuropa : Veränderung der Rahmenbedingungen / von Helmut Haussmann. -
Zsfassung in engl. Sprache. - IN:
Zeitschrift für Betriebswirtschaft. - 61
(1991),4, S. 427 - 440

527 XX 5823 (1990)
Herberg, Helga:
Deutsch-tschechoslowakische
Wirtschaftsbeziehungen : Probleme und
Möglichkeiten / Helga Herberg. - IN:
Osteuropa: Wirtschaftskommentare. -
1990,Oktober, S. 21 - 26

528 B 256682
Hoffmann, Lutz:
Außenwirtschaftliche Herausforderungen
beim Übergang zur Marktwirtschaft und
die Veränderungen der gewachsenen
außenwirtschaftlichen Beziehungen / von
Lutz Hoffmann. - IN: Der Umbau / Uwe
Jens (Hrsg.). Mit Beitr. von Wilhelm
Krelle ... - Baden-Baden, 1991. - ISBN
3-7890-2469-4. - S. 131 - 147.

529 C 172287
Hospodářský partner - sjednocené německo
: (výsledky třetí etapy prací na
výzkumném úkolu "Důsledky sjednocení
Německa pro čs. ekonomiku") / Ústřední
Ústav Národohospodářského Výzkumu.
Zprac.: E. Pullmannová. - Praha, 1991. -
43 S. - (Studijně rozborové a informační
materiály / Ústřední Ústav
Národohospodářského Výzkumu). - Druckschriftennr.: Č.j.: 1355/90

530 XX 2321 (38)
Klose, Jürgen:
Bildung des EG-Binnenmarkts und seine
Auswirkungen auf die Wirtschaftsbeziehungen mit dritten Staaten /
Jürgen Klose. - Zsfassung in russ. u.
engl. Sprache. - IN: Wirtschaftswissenschaft. - 38 (1990),5, S. 641 - 656

531 XX 4915 (1990)
Kousnetzoff, Nina:
Echanges extérieurs et potentiel
industriel de l'Allemagne orientale /
Nina Kousnetzoff ; Ivan Samson. - Graph.
Darst. - Parallelsacht.: East German
foreign trade and industrial resources.
- Zsfassung in engl. Sprache. - IN:
Economie prospective internationale. -
1990,3 = No. 43, S. 63 - 89

532 C 171997
Kupich, Andrzej:
Wymiana handlowa i kooperacja krajów
Europy Środkowo-Wschodniej z Niemiecką
Republiką Demokratyczną, NRD, i
Republiką Federalną Niemiec, RFN : stan
obecny i przewidywania po
urzeczywistnieniu unii walutowej i
gospodarczej dwóch państw niemieckich /
Andrzej Kupich. - Warszawa : Polski
Inst. Spraw Międzynarodowych, 1990. - 12
S. - (Studia i materiały / Polski
Instytut Spraw Międzynarodowych)

533 Y 370 (58)
Lahmann, Herbert:
Exporte steigen wieder : zur
Entwicklung des Außenhandels der
Bundesrepublik Deutschland im dritten
Quartal 1991 / [bearb. von Herbert
Lahmann]. - Graph. Darst. - IN: Wochenbericht / Deutsches Institut für
Wirtschaftsforschung. - 58 (1991),46,
S. 652 - 657

534 Y 370 (58)
Lahmann, Herbert:
Zügig steigende Importe : zur
Entwicklung des Außenhandels der
Bundesrepublik Deutschland im ersten
Halbjahr 1991 / [bearb. von Herbert
Lahmann]. - IN: Wochenbericht /
Deutsches Institut für Wirtschaftsforschung. - 58 (1991),33, S. 474 - 479

535 B 252697
Lassig, Rainer:
Die Außenhandelsschiedsgerichtsbarkeit
im Rat für gegenseitige Wirtschaftshilfe
: ihre Rolle als Integrationsinstrument im Comecon und als Alternative zu
nichtsozialistischen Formen schiedsrichterlicher Streitentscheidung im
Ost-West-Handel am Beispiel des Rechts
der DDR und der UdSSR / Rainer Lassig. -

1. Aufl. - Baden-Baden : Nomos-Verl.-Ges., 1991. - 210 S. - (Planungsstudien ; 22). - Literaturverz. S. 201 - 210. - Zugl.: Freiburg (Breisgau), Univ., Diss., 1990. - ISBN: 3-7890-2176-8

536   B 257295
Lorenz, Detlef:
Konsequenzen für den deutschen Außenhandel aus der Integration West- und Ostdeutschlands / von Detlef Lorenz. - Graph. Darst. - IN: Wirtschaftspolitische Probleme der Integration der ehemaligen DDR in die Bundesrepublik / von Hartwig Bartling ... Hrsg. von Helmut Gröner ... - Berlin, 1991. - ISBN 3-428-07275-8. - S. 245 - 269. - (Schriften des Vereins für Socialpolitik, Gesellschaft für Wirtschafts- und Sozialwissenschaften ; N.F.,212)

537   C 174162
Luft, Christa:
Economic relations between the German Democratic Republic and the CMEA countries / by Christa Luft. - IN: Reforms in foreign economic relations of Eastern Europe and the Soviet Union / United Nations Economic Commission for Europe. Ed. by Michael Kaser ... - New York, 1991. - ISBN 92-1-116502-4. - S. 135 - 138. - (Economic studies ; 2)

538   Y 370 (57)
Machowski, Heinrich A.:
Außenwirtschaftliche Verflechtung zwischen der DDR und der UdSSR / [bearb. von Heinrich Machowski]. - IN: Wochenbericht / Deutsches Institut für Wirtschaftsforschung. - 57 (1990),21, S. 285 - 293

539   YY 13232 (1991)
Maier, Lutz:
Ostwirtschaftsbeziehungen und marktwirtschaftliche Transformation in Ostdeutschland / von Lutz Maier. - IN: IPW-Berichte. - 1991,7/8, S. 28 - 34

540   YY 13232 (1991)
Maier, Lutz:
Wirtschaftspartner Osteuropa : aktuelle und perspektivische Probleme / von Lutz Maier. - IN: IPW-Berichte. - 1991,2/3, S. 25 - 31

541   A 190916
Misala, Józef:
Die Möglichkeiten einer Aufrechterhaltung der Handels- und Kooperationsbeziehungen zwischen polnischen Unternehmen und Firmen der ehemaligen DDR / Józef Misala ; Roland Pac ; Lidia Kalinowska. - Warschau : Friedrich-Ebert-Stiftung, 1991. - 112 S. - (Wirtschafts- und Sozialpolitik ; 13). - Poln. Ausg. u.d.T.: Misala, Józef: Możliwości kontynuowania powiązań handlowych i kooperacyjnych pomiędzy przedsiębiorstwami polskimi i firmami z obszaru byłej NRD

542   A 190072
Misala, Józef:
Możliwości kontynuowania powiązań handlowych i kooperacyjnych pomiędzy przedsiębiorstwami polskimi i firmami z obszaru byłej NRD / Józef Misala ; Roland Pac ; Lidia Kalinowska. - Warszawa : Fundacja im. Friedricha Eberta w Polsce, 1991. - 102 S. - (Polityka ekonomiczna i społeczna ; 13)

543   B 255202
Müller, Karl:
Erfahrungsbericht über die Einführung einer am marktwirtschaftlichen Informationsbedarf orientierten Außenhandelsstatistik in der DDR / Karl Müller. - IN: Statistik im Übergang zur Marktwirtschaft / Hrsg.: Statistisches Bundesamt, Wiesbaden. - Stuttgart, 1991. - ISBN 3-8246-0076-5. - S. 262 - 272. - (Schriftenreihe Forum der Bundesstatistik ; 18)

544   YY 3893 (44)
Neumann, Frauke:
Kräftige Einbußen der ostdeutschen Exportwirtschaft / F. Neumann. - IN: Ifo-Schnelldienst. - 44 (1991),18, S. 17 - 20

545   C 170682
Neuorientierung des Außenhandels der CSFR und Entwicklung der deutsch-tschechoslowakischen Außenhandelsbeziehungen. Außenwirtschaftsstrategie der Republik Ungarn und Entwicklung der deutsch-ungarischen Außenhandelsbeziehungen. - Berlin, 1990. - 68,8 S. - (Forschungsreihe / Institut für Angewandte Wirtschaftsforschung, Berlin ; 90,17). - Nebent.:

Außenhandelsstrategie und -ergebnisse in der CSFR und in Ungarn. - Enth. 2 Beitr.

546 C 172450
Nötzold, Günter:
Neuordnung der außenwirtschaftlichen Beziehungen in der ehemaligen DDR / Günter Nötzold. - IN: Gesamtdeutsche Eröffnungsbilanz. - 1 (1990), S. 79 - 85

547 XX 598 (44)
Nowak, Edward K.:
Zjednoczenie Niemiec a stosunki polsko-niemieckie / Edward K. Nowak. - IN: Sprawy międzynarodowe. - 44 (1991),1 = 444, S. 19 - 34

548 A 189032
Pac, Roland:
Polish-German economic cooperation : past, present, future / Roland Pac ; Jan Anusz. - Warsaw : Friedrich-Ebert-Foundation, 1991. - 50 S. - (Economic and social policy series ; 2)

549 C 172486
Pac, Roland:
Republika Federalna Niemiec we Wspólnocie Europejskiej : implikacje dla stosunków gospodarczych z Polską w świetle zjednoczenia Niemiec i tworzenia rynku wewnętrznego we Wspólnocie / Roland Pac ; Ewa Synowiec. - Warszawa, 1990. - 74 S. - (Studia i materiały / Instytut Koniunktur i Cen Handlu Zagranicznego ; 21)

550 C 170295
Perspektiven des Exports in die RGW-Länder : Ergebnisse einer Befragung von DDR-Betrieben im August 1990. - Berlin, 1990. - 36 S. : graph. Darst. - (Forschungsreihe / Institut für Angewandte Wirtschaftsforschung, Berlin ; 90,13). - Druckschriftennr.: Rest.-Nr. 900113

551 B 257544
Pohl, Manfred:
A farewell to isolationism? : North Korea's new strategies / Manfred Pohl. - IN: Growth determinants in East and Southeast Asian economies / ed. by Simon Koppers ... - Berlin, 1991. - ISBN 3-428-07265-0. - S. 171 - 186. - (Schriften zu internationalen Wirtschaftsfragen ; 12)

552 A 190858
Polska a gospodarka zjednoczonych Niemiec : podstawowe oceny i wnioski wynikające z pierwszego etapu badań IGN ; raport 1 / [oprac. zespół w składzie: Zbigniew Chrupek ...]. - Warszawa, 1990. - 104 S. - (Biuletyn informacyjny / Instytut Gospodarki Narodowej, Dział Dokumentacji i Wydawnictw ; 122). - Raport II u.d.T.: Polska, Niemcy, EWG

553 A 190854
Polska, Niemcy, EWG : raport 2 ; z badań nad skutkami zjednoczenia Niemiec / [oprac. Zbigniew Chrupek ...]. - Warszawa, 1990. - 71 S. - (Biuletyn informacyjny / Instytut Gospodarki Narodowej, Dział Dokumentacji i Wydawnictw ; 144). - Raport 1 u.d.T.: Polska a gospodarka zjednoczonych Niemiec

554 C 174400
Rode, Reinhard:
Germany and East-West economic relations / Reinhard Rode. - Frankfurt/Main, 1991. - II, 22 S. - (PRIF reports ; 18). - ISBN: 3-926197-88-9

555 A 186238
Schenk, Karl-Ernst:
Außenwirtschaftliche Herausforderungen beim Übergang zur Marktwirtschaft / von Karl-Ernst Schenk. - Graph. Darst. - IN: Von der Planwirtschaft zur Marktwirtschaft / hrsg. von Karl Heinrich Oppenländer ... - München, 1990. - ISBN 3-88512-130-1. - S. 283 - 302. - (Ifo-Studien zur Ostforschung ; 4)

556 B 256597
Schönrath, Walter:
Rechtliche Probleme im Zusammenhang mit der Ablösung der außenwirtschaftlichen Verpflichtungen der DDR gegenüber den RGW-Staaten sowie gegenüber den sonstigen Drittstaaten / Walter Schönrath. - IN: Deutsch-deutsche Wirtschafts-, Währungs- und Sozialunion im Rahmen der Europäischen Gemeinschaften / hrsg. von Wulfdiether Zippel. Mit Beitr. von Jürgen Becher ... - Baden-Baden, 1991. - ISBN 3-7890-2348-5. - S. 95 - 102. - (Schriftenreihe des Arbeitskreises Europäische Integration e. V. ; 30)

557 C 178024
Schreiber, Elfi:

Marktposition der deutschen Wirtschaft in der asiatisch-pazifischen Region im Zeitablauf und im Vergleich zu wichtigen Konkurrenzländern : Kurzstudie im Auftrag des Bundesministers für Wirtschaft / [Autoren: E. Schreiber ; D. Schumacher]. - Berlin, 1992. - 48 S. - (Forschungsreihe / Institut für Angewandte Wirtschaftsforschung, Berlin ; 92,3). - Druckschriftennr.: Bestell-Nr.: 920103

558 Y 370 (57)
Schumacher, Dieter:
EG-Handel der DDR / [bearb. von Dieter Schumacher]. - Graph. Darst. - IN: Wochenbericht / Deutsches Institut für Wirtschaftsforschung. - 57 (1990),9, S. 103 - 113

559 B 247291
Schumacher, Dieter:
Zugang der DDR zum Gemeinsamen Markt / von Dieter Schumacher und Uta Möbius. - Graph. Darst. - IN: Fragen zur Reform der DDR-Wirtschaft / [Schriftl.: Herbert Wilkens]. - Berlin, 1990. - ISBN 3-428-06908-0. - S. 125 - 161. - (Beihefte der Konjunkturpolitik ; 37)

560 C 170612
Stand, Entwicklung und Perspektiven des Außenhandels DDR-EG / E. Schreiber ; H. Hendzlik ; K. Schmolinsky. - Berlin, 1990. - 46 S. : graph. Darst. - (Forschungsreihe / Institut für Angewandte Wirtschaftsforschung, Berlin ; 90,10). - Nebent.: Zum Außenhandel der DDR mit der Europäischen Gemeinschaft. - Enth. 2 Beitr. - Druckschriftennr.: Best.-Nr. 900110

561 Y 10872 (1990)
Stehn, Jürgen:
Spezialisierungsmuster und Wettbewerbsfähigkeit : eine Bestandsaufnahme des DDR-Außenhandels / von Jürgen Stehn und Holger Schmieding. - IN: Die Weltwirtschaft. - 1990,1, S. 60 - 77

562 XX 5823 (1990)
Veränderte Interessen im Außenhandel zwischen UdSSR, DDR und BRD / Gisela Bär ... - IN: Osteuropa: Wirtschaftskommentare. - 1990,Juni, S. 5 - 11

563 Y 59 (72)
Werner, Klaus:
Der Außenhandel der neuen deutschen Bundesländer mit Osteuropa / Klaus Werner. - IN: Wirtschaftsdienst. - 72 (1992),4, S. 206 - 214

564 C 176932
Werner, Klaus:
Entwicklung und Perspektiven des Osteuropahandels der neuen deutschen Bundesländer / Klaus Werner. - IN: Der Außenhandel Mittel- und Osteuropas beim Übergang zur Marktwirtschaft / [Institut für Angewandte Wirtschaftsforschung e. V.]. - Berlin, 1992. - S. 9 - 22.

565 B 259540
Werner, Klaus:
Die Handelsbeziehungen der ostdeutschen Länder mit dem ehemaligen RGW-Raum, Lage und Perspektiven 1991 / von Klaus Werner. - IN: Die deutsch-deutsche Integration / [Schriftl.: Herbert Wilkens]. - Berlin, 1992. - ISBN 3-428-07315-0. - S. 149 - 164. - (Beihefte der Konjunkturpolitik ; 39)

566 C 177473
Winkler, Adalbert:
Monetäre Probleme im Osthandel : Devisenmarktanalyse für das erste Vierteljahr 1992 / Verf.: Adalbert Winkler. - Hagen : Inst. für Empirische Wirtschaftsforschung, 1992. - 19 Bl. : graph. Darst.

567 C 171504
Zum Außenhandel Ostdeutschlands mit der Europäischen Gemeinschaft, Vergleiche zum Außenhandel Westdeutschlands / [E. Schreiber ...]. - Berlin, 1990. - 48 S. : graph. Darst. - (Forschungsreihe / Institut für Wirtschaftsforschung, Berlin ; 90,19). - Nebent.: Zum Außenhandel Ost- und Westdeutschlands mit der EG

568 Y 370
Zur Entwicklung des Außenhandels der Bundesrepublik Deutschland im ... Quartal ... . - IN: Wochenbericht / Deutsches Institut für Wirtschaftsforschung. - Berlin.
- 1990,1. // 57 (1990),25, S. 335 - 339
- 1990,2. // 57 (1990),40, S. 570 - 574
- 1990,3. // 57 (1990),50, S. 696 - 701
- 1990,4. // 58 (1991),11, S. 116 - 121

C-2 Trade between East and West Germany - Innerdeutscher Handel, innerdeutscher Warenverkehr

569   C 167453
Änderung der Bekanntmachungen für den innerdeutschen Warenverkehr auf Grund des systematischen Güterverzeichnisses für Produktionsstatistiken 1989 . - Köln : Bundesanzeiger-Verl.-GmbH, 1990. - 48 S. - (Bundesanzeiger ; 42,9a)

570   B 256240
Altmann, Franz-Lothar:
The framework for inner-German trade and travel / Franz-Lothar Altmann. - IN: Divided nations and East-West relations on the threshold of the 1990s / Institute of East and West Studies, Yonsei University. Ed. by Dalchoong Kim ... - [Sŏul], 1990. - S. 203 - 215. - (East and West studies series ; 13)

571   YY 13307 (1990)
Bollmann, Gerhard:
Rechtsgrundlagen des innerdeutschen Wirtschaftsverkehrs / Gerhard Bollmann. - (DDR-Rechtsentwicklungen ; 7). - IN: Betriebs-Berater : Beilage. - 1990,20, S. 10 - 16

572   C 169230
Bongartz, Helmut:
DDR - Innerdeutscher Warenverkehr im EG-Konvoi : innderdeutsche Grenze öffnen ohne EG-Binnengrenzen zu blockieren / Helmut Bongartz. - Bonn : Dt. Industrie- und Handelstag, 1990. - 18 Bl. : graph. Darst.

573   Y 18796
Deutschland <Bundesrepublik> / Statistisches Bundesamt:
Fachserie / Statistisches Bundesamt. 6, Handel, Gastgewerbe, Reiseverkehr. Reihe 6, Warenverkehr mit der Deutschen Demokratischen Republik und Berlin (Ost). - Stuttgart : Metzler-Poeschel. - Ab 1990 (1991) sachliche Benennung d. Unterreihe: Innerdeutscher Warenverkehr
- 1991. (1992)

574   YY 3597
Deutschland <Bundesrepublik> / Statistisches Bundesamt:
Fachserie / Statistisches Bundesamt. 6, Handel, Gastgewerbe, Reiseverkehr. Reihe 6, Innerdeutscher Warenverkehr. - Stuttgart : Metzler-Poeschel. - Bis 1990,Juni sachliche Benennung der 2. Unterreihe: Warenverkehr mit der Deutschen Demokratischen Republik und Berlin (Ost)
- 1990. (1990/91)
- 1991. (1991/92)

575   A 192177
Kim, Yong-koo:
Die Wirtschaftsbeziehungen zwischen Nord- und Südkorea als Ordnungsproblem : die ehemaligen innerdeutschen Wirtschaftsbeziehunge ein Vorbild? / von Yong Koo Kim. - 1991. - X, 265 S. - Literaturverz. S. 232 - 265. - Marburg, Univ., Diss. 1991

576   Y 370 (57)
Lambrecht, Horst:
Beschäftigungsaspekte des innerdeutschen Handels in der Bundesrepublik Deutschland / [bearb. von Horst Lambrecht und Hans Wessels]. - IN: Wochenbericht / Deutsches Institut für Wirtschaftsforschung. - 57 (1990),31, S. 435 - 439

577   Y 370 (57)
Lambrecht, Horst:
Innerdeutscher Handel im Übergang / [bearb. von Horst Lambrecht]. - IN: Wochenbericht / Deutsches Institut für Wirtschaftsforschung. - 57 (1990),25, S. 327 - 334

578   XX 785 (42)
Lisiecki, Jerzy:
Financial and material transfers between East and West Germany / by Jerzy Lisiecki. - IN: Soviet studies. - 42 (1990),3, S. 513 - 534

579   A 185773
Maier, Harry:
Vom innerdeutschen Handel zur deutsch-deutschen Wirtschafts- und Währungsunion / Harry Maier ; Siegrid Maier. - Köln : Verl. Wiss. und Politik, 1990. - 131 S. : graph. Darst. - ISBN: 3-8046-8738-5

580   YY 3620 (66)
Das Recht der Außenwirtschaft und des innerdeutschen Handels : am 10. und 11. Mai 1990 fand in Gelsenkirchen der 2. Deutsche Zollrechtstag statt. - Enth. 6 Beitr. - IN: Zeitschrift für Zölle + Verbrauchsteuern. - 66 (1990),7, S. 194 - 232

581 C 169225
Regelungen des innerdeutschen Waren- und Dienstleistungsverkehrs : ab Juli 1990. - Köln : Bundesanzeiger-Verl.-GmbH, 1990. - 32 S. - (Bundesanzeiger ; 42,117a)

582 C 169226
Regelungen des innerdeutschen Wirtschaftsverkehrs / Zsstellung amtlicher Texte mit Einf. und Anm. versehen von Hans Hirt ... - Stand: 1. August 1990. - Köln : Bundesanzeiger-Verl.-GmbH, 1990. - 69 S. - (Bundesanzeiger ; 42,159a)

583 YY 2028 (1991)
Reim, Uwe:
Innerdeutscher Warenverkehr / Uwe Reim. - Graph. Darst. - IN: Wirtschaft und Statistik. - 1991,10, S. 678 - 683

584 A 182518
Seidel, Martin:
Innerdeutscher Handel und europäischer Binnenmarkt / Martin Seidel. - Saarbrücken, 1989. - 17 S. - (Vorträge, Reden und Berichte aus dem Europa-Institut ; 184)

585 ArbS 0 7 (404)
Stehn, Jürgen:
Wirtschaftshilfen an die DDR : die handelspolitische Alternative / von Jürgen Stehn. - Kiel : Inst. für Weltwirtschaft, Forschungsabt. I, 1989. - 24 S. - (Kieler Arbeitspapiere ; 404)

586 Y 59 (70)
Stehn, Jürgen:
Wirtschaftshilfen an die DDR : Vorrang für die Handelspolitik! / Jürgen Stehn. - IN: Wirtschaftsdienst. - 70 (1990),2, S. 85 - 89

587 YY 13006 (1)
Vogel-Claussen, Wolfgang:
Das Recht des innerdeutschen Wirtschaftsverkehrs im Vorfeld der deutsch-deutschen Wirtschafts- und Währungsunion / Wolfgang Vogel-Claussen. - IN: Deutsch-deutsche Rechts-Zeitschrift. - 1 (1990),2/3, S. 33 - 38

C-3 Foreign Direct Investment, Joint Ventures - Direktinvestition, Joint Ventures

588 B 257917
Burda, Michael C.:
Capital flows and the reconstruction of Eastern Europe : the case of the GDR after the Staatsvertrag / Michael C. Burda. - Graph. Darst. - IN: Capital flows in the world economy / ed. by Horst Siebert. - Tübingen, 1991. - ISBN 3-16-145866-4 ; 3-16-145867-2. - S. 289 - 307. - (Symposium / Institut für Weltwirtschaft an der Universität Kiel ; 1990)

589 C 169132
Filc, Wolfgang:
Den innerdeutschen Realtransfer gestalten : Devisenmarktanalyse für das 2. Halbjahr 1989 / Verf.: Wolfgang Filc. - Berlin : Inst. für Empirische Wirtschaftsforschung, 1990. - 26 Bl. : graph. Darst.

590 C 169722
Investieren in der DDR : rechtliche und wirtschaftliche Rahmenbedingungen / Hrsg. Hartmut Hahn. Autoren: Udo Diel ... - Bonn : Stollfuß, 1990. - 252 S. : graph. Darst. - (Stollfuß Leitfaden). - ISBN: 3-08-313001-5

591 A 186354
Joint-ventures : Checkliste, gesetzliche Bestimmungen, Mustervertrag mit Erläuterungen / Karl-Marx-Universität, Leipzig, Zentrum für Internationale Wirtschaftsbeziehungen "Georg Mayer". - Leipzig, 1990. - Getr. Zählung.

592 XX 2321 (38)
Kloß, Gottfried:
Internationale Kooperation und die Wirtschaft der DDR / Gottfried Kloß. - IN: Wirtschaftswissenschaft. - 38 (1990),6, S. 817 - 830

593 XX 3165 (31)
Knerer, Harald:
Das Joint-venture-Recht der DDR im Vergleich mit dem Investitionsrecht der UdSSR / Harald Knerer. - Zsfassung in engl. Sprache. - IN: Jahrbuch für Ostrecht. - 31 (1990),1, S. 95 - 102

594 B 255723
Koch, Hans-Dieter:
West-Ost: Industriekooperationen und Industriebeteiligungen / Hans-Dieter Koch. - Graph. Darst. - IN: Bankwesen und östliches Mitteleuropa / Hans Lexa ... (Hrsg.). - Wien, 1990. - S. 35 - 45. - (Schriftenreihe des Österreichischen Forschungsinstitutes für Sparkassenwesen : Sonderband ; 1990)

595 B 247291
Lambrecht, Horst:
Beziehungen zur DDR : wirtschaftliche Kooperation, Direktinvestitionen, Unterstützung der DDR-Wirtschaft / von Horst Lambrecht. - IN: Fragen zur Reform der DDR-Wirtschaft / [Schriftl.: Herbert Wilkens]. - Berlin, 1990. - ISBN 3-428-06908-0. - S. 111 - 124. - (Beihefte der Konjunkturpolitik ; 37)

596 XX 4915 (1990)
Lipp, Ernst-Moritz:
Des capitaux pour l'Allemagne orientale : une expérience économique sans précédent / Ernst-Moritz Lipp. - Parallelsacht.: Capital inflows in East Germany. - Zsfassung in engl. Sprache. - IN: Economie prospective internationale. - 1990,3 = No. 43, S. 13 - 27

597 YY 13307 (1990)
Luttosch, Gabriele:
Die Verordnung über Gemeinschaftsunternehmen in der DDR aus der Sicht ausländischer Investoren / von Gabriele Luttosch und Joachim Glatter. - IN: Betriebs-Berater : Beilage. - 1990,13, S. 8 - 15

598 YY 13307 (1990)
Maskow, Dietrich:
Die Gründung von Gemeinschaftsunternehmen in der DDR / Dietrich Maskow. - (DDR-Rechtsentwicklungen ; 1). - IN: Betriebs-Berater : Beilage. - 1990,7, 8 S.

599 A 182771
Meschkat, Maro:
Joint-venture in der DDR / von Maro Meschkat. - 1. Aufl. - Kiel : WIRA-Fachverl., 1990. - 84 S. - (DDR-Ratgeber ; 1)

600 W 395 (71)
Morawetz, Richard:
Recent foreign direct investment in Eastern Europe : towards a possible role for the tripartite declaration of principles concerning multinational enterprises and social policy / by Richard Morawetz. - Geneva, 1991. - IV, 70 S. : graph. Darst. - (Working paper / International Labour Office, Multinational Enterprises Programme ; 71). - ISBN: 92-2-107950-3

601 YY 3893 (44)
Neumann, Frauke:
Bestandsaufnahme und Perspektiven der Direktinvestitionen in Ostdeutschland / F. Neumann. - IN: Ifo-Schnelldienst. - 44 (1991),3, S. 7 - 11

602 C 167794
Ost-West-Kooperation : Bestandsaufnahme und Ergebnisse einer Umfrage / Horst Lambrecht ... (Projektleitung). - Berlin : Duncker & Humblot, 1990. - 148 S. - (Beiträge zur Strukturforschung ; 112). - ISBN: 3-428-06831-9

603 XX 4683 (40)
Preuße, Heinz G.:
Der Beitrag des ausländischen Risikokapitals zur wirtschaftlichen Transformation in den neuen Bundesländern / Heinz Gert Preuße. - IN: Zeitschrift für Wirtschaftspolitik. - 40 (1991),3, S.219 - 237

604 YY 1039 (43)
Roggemann, Herwig:
Rechtsgrundlagen für Auslandsinvestitionen in der DDR : ein vergleichender Überblick / Herwig Roggemann. - IN: Neue Juristische Wochenschrift. - 43 (1990),11, S. 671 - 675

605 YY 7518 (1990)
Shannon, Harry A.:
West German perspectives on investments in Eastern Europe / Harry A. Shannon, III. - IN: Intertax. - 1990,11, S. 534 - 547

606 C 168153
Stache, Ulrich:
In der DDR investieren und kooperieren / Ulrich Stache. - Wiesbaden : Gabler, 1990. - 164 S. - (Gabler's Magazin : Sonderheft ; 1990,1)

607 YY 3893 (43)
Thanner, Benedikt:
Direktinvestitionen in der DDR und

Osteuropa : Stand und
Entwicklungsaussichten / Benedikt
Thanner. - IN: Ifo-Schnelldienst. - 43
(1990),4, S. 7 - 11

C-4 Balance of Payments, Exchange Rate, Foreign Exchange - Zahlungsbilanz, Wechselkurs, Devisen

608   B 257249
Außenhandels- und Zahlungsbilanzstatistik / hrsg. von Heinz Grohmann.
Mit Beitr. von K. Müller ... - Göttingen
: Vandenhoeck & Ruprecht, 1991. - 100 S.
: graph. Darst. - (Sonderhefte zum
Allgemeinen statistischen Archiv ; 27).
- Enth. 5 Beitr. - ISBN: 3-525-11199-1

609   YY 731 (42)
Die Bilanz des Zahlungsverkehrs der
Bundesrepublik Deutschland mit der
Deutschen Demokratischen Republik . -
Graph. Darst. - IN: Monatsberichte der
Deutschen Bundesbank. - 42 (1990),1,
S. 13 - 21

610   W 32 (485)
Burda, Michael C.:
Exchange rate dynamics and currency
unification : the Ostmark-DM rate /
Michael Burda and Stefan Gerlach. -
London, 1991. - 18, [2] S. : graph.
Darst. - (Discussion paper series /
Centre for Economic Policy Research ;
485)

611   YY 8913
Deutsche Bundesbank <Frankfurt, Main>:
Statistische Beihefte zu den
Monatsberichten der Deutschen Bundesbank
. Reihe 3, Zahlungsbilanzstatistik. -
Frankfurt/Main. - Erscheinungsbeginn:
1968. - Beil.: Die Kapitalverflechtung
der Unternehmen mit dem Ausland nach
Ländern und Wirtschaftszweigen. - ISSN:
0418-8322
- 1991
- 1992

612   C 176744
Filc, Wolfgang:
Der Umschwung in der deutschen
Leistungsbilanz : Devisenmarktanalyse
für das erste Vierteljahr 1991 / von
Wolfgang Filc. - Hagen : Inst. für
Empirische Wirtschaftsforschung, 1991. -
19 Bl. : graph. Darst.

613   W 48 (55)
Ohr, Renate:
Zur Bewertung der D-Mark nach der
deutsch-deutschen Vereinigung / von
Renate Ohr. - Stuttgart, 1990. - 17 Bl.
: graph. Darst. - (Diskussionsbeiträge
aus dem Institut für
Volkswirtschaftslehre ; 55)

614   XX 3852 (24)
Volze, Armin:
Die Devisengeschäfte der DDR : Genex
und Intershop / Armin Volze. - IN:
Deutschland-Archiv. - 24 (1991),11,
S. 1145 - 1159

615   YY 3620 (67)
Wewel, Uwe:
Prüfgruppe Transferrubel / Uwe Wewel. -
IN: Zeitschrift für Zölle +
Verbrauchsteuern. - 67 (1991),9,
S. 274 - 278

616   W 32 (527)
Wyplosz, Charles A.:
A note on the real exchange rate effect
of German unification / Charles
Wyplosz. - London, 1991. - 20 S. :
graph. Darst. - (Discussion paper series
/ Centre for Economic Policy Research ;
527)

617   X 389 (127)
Wyplosz, Charles A.:
On the real exchange rate effect of
German unification / by Charles
Wyplosz. - Graph. Darst. - Zsfassung in
dt. u. franz. u. span. Sprache. - Zsf.
u. d. T.: Zu den Auswirkungen der
deutschen Vereinigung auf den realen
Wechselkurs. - IN: Weltwirtschaftliches
Archiv. - 127 (1991),1, S. 1 - 17

618   B 258002
Zon, Hans van:
East European debt : a comparative
perspective / Hans van Zon. - IN: The
economics of restructuring and
intervention / ed. by Jonathan Michie. -
Aldershot, Hants, 1991. - ISBN
1-85278-346-X. - S. 56 - 67.

C-5 Foreign Aid - Entwicklungshilfe

619 YY 9597 (19)
Babing, Alfred:
Überlegungen für eine neu zu bestimmende Entwicklungspolitik der DDR / Alfred Babing. - IN: IPW-Berichte. - 19 (1990),5, S. 30 - 34

620 A 190268
Bindemann, Walther:
Ost-West-Kooperation und Entwicklungsländer / Walther Bindemann. - IN: Das vereinte Deutschland in der Weltwirtschaft / Benno Engels (Hrsg.). - Hamburg, 1991. - ISBN 3-926953-09-8. - S. 73 - 81. - (Schriften des Deutschen Übersee-Instituts Hamburg ; 10)

621 A 190268
Claus, Burghard:
Die Entwicklungspolitik der DDR : ein Rückblick / Burghard Claus ; Hans-Helmut Taake. - IN: Das vereinte Deutschland in der Weltwirtschaft / Benno Engels (Hrsg.). - Hamburg, 1991. - ISBN 3-926953-09-8. - S. 145 - 158. - (Schriften des Deutschen Übersee-Instituts Hamburg ; 10)

622 A 190268
Göschel, Hans:
Was kann die DDR in die entwicklungspolitische Diskussion in Deutschland einbringen? / Hans Göschel. - IN: Das vereinte Deutschland in der Weltwirtschaft / Benno Engels (Hrsg.). - Hamburg, 1991. - ISBN 3-926953-09-8. - S. 167 - 186. - (Schriften des Deutschen Übersee-Instituts Hamburg ; 10)

623 A 190268
Gruhle, G.:
Das vereinte Deutschland und die Entwicklungsländer : zu den Chancen und Perspektiven wirtschaftlicher Zusammenarbeit / G. Gruhle ; G. Hübner. - IN: Das vereinte Deutschland in der Weltwirtschaft / Benno Engels (Hrsg.). - Hamburg, 1991. - ISBN 3-926953-09-8. - S. 137 - 143. - (Schriften des Deutschen Übersee-Instituts Hamburg ; 10)

624 A 190272
Prüfung der Möglichkeiten eines Fachkräfteprogramms Vietnam / Hermann W. Schönmeier (Hrsg.). - Saarbrücken [u.a.] : Breitenbach, 1991. - XIII, 466 S. : graph. Darst. - (Sozialwissenschaftliche Studien zu internationalen Problemen ; 166). - ISBN: 3-88156-523-X

625 C 172204
Radke, Detlef:
Ansatzpunkte für die Entwicklungszusammenarbeit zwischen der Bundesrepublik Deutschland und Vietnam / von Detlef Radke ; Peter Wolff. - Berlin : Dt. Inst. für Entwicklungspolitik, 1990. - 44 S.

626 XX 2492 (36)
Schultz, Siegfried:
Characteristics of East Germany's Third World policy : aid and trade / by Siegfried Schultz. - IN: Konjunkturpolitik. - 36 (1990),5, S. 309 - 328

627 B 256684
Schulz, Brigitte H.:
The unified German state : consequences for trade and aid relations with the Third World / Brigitte H. Schulz. - Zsfassung in dt. Sprache. - IN: New dimensions in East-West business relations / ed. by Schenk ... With contribution of Bácskai ... - Stuttgart, 1991. - ISBN 3-437-50345-6 ; 1-56081-330-X. - S. 135 - 151.

628 A 190268
Weiter, Matthias:
Was bleibt von den DDR-Projekten? : die Suche nach den Fakten / Matthias Weiter. - IN: Das vereinte Deutschland in der Weltwirtschaft / Benno Engels (Hrsg.). - Hamburg, 1991. - ISBN 3-926953-09-8. - S. 159 - 165. - (Schriften des Deutschen Übersee-Instituts Hamburg ; 10)

D Economic Reform, Transformation - Wirtschaftsreform, Transformation

629 Y 59 (70)
Apolte, Thomas:
Die Transformation des Wirtschafts- und Gesellschaftssystems der DDR / Thomas Apolte. - IN: Wirtschaftsdienst. - 70 (1990),4, S. 188 - 193

630 C 167174
Ausgewählte Probleme der Systemtransformation in der DDR-Wirtschaft . - Berlin, 1990. - 25 Bl. - (FS aktuell ; [1]). - Enth. 6 Beitr.

631 W 498 (91,303)
Biebler, Edith:
Über den Niedergang zum Aufschwung? :
Szenario-Analysen: Ostdeutschlands
Übergang zur Marktwirtschaft / Edith
Biebler, Peter Fleissner und Udo Ludwig.
- Berlin, 1991. - 38 S. : graph. Darst.
- (FIB papers / Wissenschaftszentrum für
Sozialforschung ; 91,303). - Zsfassung
in engl. Sprache

632 A 182950
Biedenkopf, Kurt H.:
Offene Grenze, offener Markt :
Voraussetzungen für die Erneuerung der
DDR-Volkswirtschaft / Kurt H.
Biedenkopf. - Wiesbaden : Gabler, 1990.
- 98 S. - Enth. 2 Beitr. - ISBN:
3-409-16000-0

633 W 425 (54)
Blum, Reinhard:
Theorie und Praxis des Übergangs zur
marktwirtschaftlichen Ordnung in den
ehemals sozialistischen Ländern / von
Reinhard Blum. - Augsburg : Inst. für
Volkswirtschaftslehre, Univ. Augsburg,
1991. - 41 Bl. - (Volkswirtschaftliche
Diskussionsreihe ; 54)

634 YY 9597 (19)
Bönisch, Alfred:
Ordnungspolitische Probleme des
Übergangs von der Planwirtschaft zur
sozialen Marktwirtschaft / Alfred
Bönisch. - IN: IPW-Berichte. - 19
(1990),5, S. 34 - 38

635 W 278 (146)
Borchert, Manfred:
Die Mühen beim Umsteigen / von Manfred
Borchert. - 2. Aufl. - Münster :
Westfälische Wilhelms-Univ. Münster,
1991. - 60 Bl. : zahlr. graph. Darst. -
(Volkswirtschaftliche Diskussions-
beiträge ; 146)

636 B 254226
Brainard, Lawrence J.:
Strategies for economic transformation
in Central and Eastern Europe : role of
financial market reform / Lawrence J.
Brainard. - IN: Transformation of
planned economies / [Centre for
Co-operation with European Economies in
Transition]. Ed. by Hans Blommestein ...
- Paris, 1991. - ISBN 92-64-13491-3. -
S. 95 - 108.

637 B 257173
Brezinski, Horst:
Problems of the transformation of the
East German economic system / Horst
Brezinski. - IN: Europe in transition
and the Korean peninsula / Institute of
East and West Studies, Yonsei
University. Ed. by Dalchoong Kim ... -
[Sŏul], 1991. - S. 73 - 94. - (East and
West studies series ; 18)

638 B 257534
Brunner, Georg:
Verfassungsrechtliche Rahmenbedingungen
der wirtschaftlichen Transformation /
Georg Brunner. - IN: Transformations-
prozesse in sozialistischen
Wirtschaftssystemen / Karl-Hans Hartwig
... (Hrsg.). - Berlin, 1991. - ISBN
3-540-54482-8 ; 0-387-54482-8. -
S. 201 - 225. - (Studies in contemporary
economics)

639 A 191967
Buck, Hannsjörg F.:
Transformation der Wirtschaftsordnung
der ehemaligen DDR : wirtschaftliche
Erneuerung in den neuen Bundesländern ;
Literaturführer / bearb. von Hannsjörg
F. Buck und Hans Georg Bauer. - Als Ms.
vervielfältigt, 3. aktualisierte und
erw. Aufl. - Bonn : Gesamtdt. Inst.,
Bundesanst. für Gesamtdt. Aufgaben,
1991. - 271 S. - (Dokumentationen /
Gesamtdeutsches Institut)

640 A 191966
Buck, Hannsjörg F.:
Von der staatlichen Kommandowirtschaft
der DDR zur sozialen Marktwirtschaft des
vereinten Deutschland : sozialistische
Hypotheken, Transformationsprobleme,
Aufschwungchancen / [Hannsjörg F. Buck].
- Düsseldorf : Studienkreis
Hochsch./Wirtschaft Nordrhein-Westfalen,
1991. - 86 S. - (Schriftenreihe
Hochschule, Wirtschaft ; 8)

641 A 189759
Busch, Ulrich:
Konsequenzen der Umgestaltung der
Eigentums- und Geldordnung für die
soziale Differenzierung in den neuen
Bundesländern / von Ulrich Busch. - IN:
Probleme der Einheit. - 3 (1991),
S. 11 - 30

642 A 188593
Busch, Ulrich:

Theoretische Probleme der Transformation planwirtschaftlicher in marktwirtschaftliche Systeme / Ulrich Busch ; Hans Schmidt. - Zsfassung in engl. Sprache. - IN: Systemwandel und Reform in östlichen Wirtschaften / Jürgen Backhaus (Hrsg.). - Marburg, 1991. - ISBN 3-926570-30-X. - S. 169 - 181.

643 B 251831
Cezanne, Wolfgang:
Soziale Marktwirtschaft - Chancen und Risiken für eine Wirtschaftsreform in der DDR / W. Cezanne. - Graph. Darst. - IN: Management-Know-how-Transfer / Bernd Poppenheger ... (Bd.-Hrsg.). - Köln, 1990. - ISBN 3-88585-909-2. - S. 1 - 7.

644 X 12572 (36)
Cichy, E. U.:
Reformpolitische Aspekte des deutschen Einigungsprozesses / von E. Ulrich Cichy. - Zsfassung in engl. Sprache. - IN: Hamburger Jahrbuch für Wirtschafts- und Gesellschaftspolitik. - 36 (1991), S. 21 - 34

645 B 248020
Cichy, E. U.:
Wirtschaftsreform und Ausweichwirtschaft im Sozialismus : zur Rolle der Ausweichwirtschaft im Reformprozeß sozialistischer Planwirtschaften ; dargestellt am Beispiel der DDR, Polens und Ungarns / E. Ulrich Cichy. - Hamburg : Verl. Weltarchiv, 1990. - 256 S. - (Veröffentlichungen des HWWA-Institut für Wirtschaftsforschung, Hamburg). - Literaturverz. S. 232 - 256. - Zugl.: Duisburg, Univ., Diss., 1989. - ISBN: 3-87895-391-7

646 B 247291
Cornelsen, Doris:
Reformdiskussionen und Reformansätze in der DDR / von Doris Cornelsen. - IN: Fragen zur Reform der DDR-Wirtschaft / [Schriftl.: Herbert Wilkens]. - Berlin, 1990. - ISBN 3-428-06908-0. - S. 23 - 29. - (Beihefte der Konjunkturpolitik ; 37)

647 ArbS O 18
DDR-Wirtschaftsreform und Währungsunion : eine Dokumentation von Zeitungsaufsätzen aus dem Institut für Weltwirtschaft ; November 1989 bis April 1990 / Institut für Weltwirtschaft, Wirtschaftsarchiv. Zsgest. von Karl Heinz Frank. - Kiel, 1990. - 59 S. : Ill. - 2. Aufl. u.d.T.: Wirtschaftsreform und Währungsunion in den neuen Bundesländern. - ISBN: 3-925357-85-8

648 XX 2701 (17)
Dichmann, Werner:
Eigentums- und Arbeitsverhältnisse im Transformationsprozeß zur Marktwirtschaft : ordnungspolitische Aspekte am Beispiel der neuen Bundesländer / Werner Dichmann. - IN: List-Forum für Wirtschafts- und Finanzpolitik. - 17 (1991),4, S. 301 - 318

649 B 251056
Ehrlicher, Werner:
Zur Reliberalisierung eines sozialistischen Wirtschaftssystems / von Werner Ehrlicher. - IN: Finanzwissenschaft im Dienste der Wirtschaftspolitik / hrsg. von Franz Xaver Bea ... - Tübingen, 1990. - ISBN 3-16-145648-3. - S. 457 - 475.

650 XX 2321 (38)
Ettl, Wilfried:
Grundgedanken einer Wirtschaftsreform in der DDR : Thesen zur Diskussion / Wilfried Ettl ; Jürgen Jünger ; Dieter Walter. - IN: Wirtschaftswissenschaft. - 38 (1990),2, S. 164 - 183

651 B 257452
Fels, Gerhard:
The economic transformation of East Germany : some preliminary lessons / Gerhard Fels and Claus Schnabel. - Washington, DC, 1991. - 46 S. - (Occasional papers / Group of Thirty ; 36)

652
Finanzierungsprobleme des Sozialismus in den Farben der DDR : Gratwanderung zwischen Beharrung und Reform ; am 23. u. 24. November 1989. - Berlin. - (Symposion der Forschungsstelle / Forschungsstelle für Gesamtdeutsche Wirtschaftliche und Soziale Fragen ; 15) (FS-Analysen ; ...). - Erschienen: Bd. 1 (1990) bis Bd. 2 (1990)
- 1. Gernot Gutmann ... - 1990. - 155 S. - Kopie. - Enth. 7 Beitr.. - (... ; 1990,2)
SIGNATUR: C 167177
- 2. Kurt Erdmann ... - 1990. - 62 S. - Kopie. - (... ; 1990,3)
SIGNATUR: C 167178

653 Y 370 (57)
Flassbeck, Heiner:
Reform der Wirtschaftsordnung in der DDR und die Aufgaben der Bundesrepublik : Stellungnahme einer deutsch-deutschen Arbeitsgruppe / [bearb. von Heiner Flassbeck, Lutz Hoffmann u. Reinhard Pohl]. - IN: Wochenbericht / Deutsches Institut für Wirtschaftsforschung. - 57 (1990),6, S. 65 - 71

654 B 259057
Fleissner, Peter:
Ostdeutsche Wirtschaft im Umbruch : Computersimulation mit einem systemdynamischen Modell / Peter Fleissner ; Udo Ludwig. - Braunschweig [u.a.] : Vieweg, 1992. - X, 218 S. : graph. Darst. - (Vieweg aktuell). - ISBN: 3-528-05192-2

655 B 247291
Fragen zur Reform der DDR-Wirtschaft : Tagungsband zur Sondertagung der Arbeitsgemeinschaft Deutscher Wirtschaftswissenschaftlicher Forschungsinstitute e. V. in Bonn am 12. Februar 1990 / [Schriftl.: Herbert Wilkens]. - Berlin : Duncker & Humblot, 1990. - 175 S. : graph. Darst. - (Beihefte der Konjunkturpolitik ; 37). - Enth. 8 Beitr. - ISBN: 3-428-06908-0

656 A 190955
Giersch, Herbert:
Europas Wirtschaft 1991 : ordnungspolitische Aufgaben in Ost und West / von Herbert Giersch. - Bad Homburg : Frankfurter Inst. für Wirtschaftspolitische Forschung, 1991. - 63 S. - ISBN: 3-89015-030-6

657 B 250540
Gutmann, Gernot:
Das Ende der Planwirtschaft in der DDR / von Gernot Gutmann. - Tübingen : Mohr, 1990. - 39 S. - (Vorträge und Aufsätze / Walter-Eucken-Institut ; 130). - ISBN: 3-16-145706-4

658 B 253028
Gutmann, Gernot:
Ende der Planwirtschaft in der DDR? / Gernot Gutmann. - IN: Die Reformen in Polen und die revolutionären Erneuerungen in der DDR / hrsg. von Siegfried Mampel ... - Berlin, 1991. - ISBN 3-428-07071-2. - S. 53 - 66. - (Schriftenreihe der Gesellschaft für Deutschlandforschung : Jahrbuch ; 1990 = Bd. 31 [d. Gesamtw.])

659 YY 7655 (40)
Gutmann, Gernot:
Produktivität und Wirtschaftsordnung : die Wirtschaft der DDR im Wandel / Gernot Gutmann. - IN: Aus Politik und Zeitgeschichte. - 40 (1990),33, S. 17 - 26

660 C 166802
Gutmann, Gernot:
Skizzen zu Reformen des Wirtschaftssystems in der DDR : Konsequenzen für die Deutschlandpolitik / Gernot Gutmann ; Werner Klein. - Königswinter : Jakob-Kaiser-Stiftung, 1990. - 79 S. - (Entwicklung in Deutschland: Manuskripte zur Umgestaltung in der DDR)

661 XX 3434 (28)
Gutmann, Gernot:
Das Transformationsgebot / von Gernot Gutmann. - (Aufgaben und Probleme einer Wirtschaftsreform in der DDR ; 1). - IN: Deutsche Studien. - 28 (1990),März = 109, S. 13 - 23

662 B 254382
Haffner, Friedrich:
Die Veränderungen des Wirtschaftssystems in der DDR : objektive ökonomische Schwierigkeiten des Transformationsprozesses / Friedrich Haffner. - IN: Die DDR auf dem Weg zur deutschen Einheit / Dreiundzwanzigste Tagung zum Stand der DDR-Forschung in der Bundesrepublik Deutschland, 5. bis 8. Juni 1990. [Hrsg. von Ilse Spittmann ...]. - Köln, 1990. - ISBN 3-8046-8759-8. - S. 59 - 70.

663 C 166745
Haffner, Friedrich:
Wirtschaftliche Probleme, Neuansätze und Perspektiven der Reformen in der DDR : Konsequenzen für die Deutschlandpolitik / Friedrich Haffner. - Königswinter : Jakob-Kaiser-Stiftung, 1990. - 67 S. - (Entwicklung in Deutschland: Manuskripte zur Umgestaltung in der DDR)

664 YY 11431 (1989)
Hamel, Hannelore:
"Perestrojka" und "neues ökonomisches System" : Reformmodelle für die DDR? / Hannelore Hamel ; Helmut Leipold. - IN: Orientierungen zur Wirtschafts- und Gesellschaftspolitik. - 1989,4 = 42, S. 23 - 30

665 B 259837
Hartwig, Karl-Hans:
Transforming a socialist economy : currency unification, banking reform and capital markets / Karl-Hans Hartwig. - Kommentar S. 155 - 160. - IN: Economic aspects of German unification / Paul J. J. Welfens (ed.). - Berlin, 1992. - ISBN 3-540-55006-2 ; 0-387-55006-2. - S. 143 - 154.

666 YY 9828 (1992)
Haustein, Heinz-Dieter:
Strategic challenges in a time of East German system transformation / Heinz-Dieter Haustein. - Graph. Darst. - IN: Technological forecasting and social change. - 1992,May = Vol. 41, Nr. 3, S. 243 - 248

667 YY 13232 (1991)
Heininger, Horst:
Bilanz und Probleme der marktwirtschaftlichen Transformation in Ostdeutschland / von Horst Heininger. - IN: IPW-Berichte. - 1991,7/8, S. 7 - 17

668 YY 13232 (1991)
Heininger, Horst:
Ordnungspolitische Defizite bei der marktwirtschaftlichen Umgestaltung der ostdeutschen Länder / von Horst Heininger. - IN: IPW-Berichte. - 1991,2/3, S. 39 - 45

669 YY 5658 (37)
Heinrichs, Wolfgang:
Wirtschaftsreformen in der DDR / Wolfgang Heinrichs. - IN: Wirtschaftspolitische Blätter. - 37 (1990),5, S. 464 - 475

670 B 256539
Herder-Dorneich, Philipp:
Theorie der Wende : die Wende in den sozialistischen Ländern als ordnungstheoretisches Problem / von Philipp Herder-Dorneich. - IN: Sozialpolitik im vereinten Deutschland. - 1 (1991), S. 9 - 41

671 XX 2796 (37)
Hickel, Rudolf:
Ökonomischer Umbau und gesellschaftliche Gestaltung Ostdeutschlands : Bestandsaufnahme, Handlungsbedarf, Perspektiven / von Rudolf Hickel. - IN: Blätter für deutsche und internationale Politik. - 37 (1992),4, S. 444 - 452

672 XX 739 (42)
Hickel, Rudolf:
Transformationsstrategie für den sozial-ökonomischen Aufbau Ostdeutschlands / Rudolf Hickel. - IN: Gewerkschaftliche Monatshefte. - 42 (1991),9, S. 579 - 586

673 XX 2796 (35)
Hickel, Rudolf:
"Wirtschaftswunder" durch Ausverkauf oder sozial-ökologische Wirtschaftsdemokratie? : Denkanstöße zum DDR-Umbau / von Rudolf Hickel. - IN: Blätter für deutsche und internationale Politik. - 35 (1990),3, S. 331 - 341

674 YY 6487 (35)
Hochschule für Ökonomie <Berlin, Ost>:
Wissenschaftliche Konferenz der Hochschule für Ökonomie Berlin, am 14.2.1990 zum Thema: Aufgaben und Probleme der Transformation der administrativen Planwirtschaft in eine soziale Marktwirtschaft . - Zsfassung in engl. u. russ. Sprache. - IN: Wissenschaftliche Zeitschrift / Hochschule für Ökonomie. - 35 (1990),2, 97 S.

675 YY 9597 (19)
Höhme, Hans-Joachim:
Gedanken eines Kapitalismusforschers zur Wirtschaftsreform in der DDR / Hans-Joachim Höhme. - IN: IPW-Berichte. - 19 (1990),1, S. 29 - 33

676 W 557 (90,03)
Hübl, Lothar:
Problems of economic reform in the German Democratic Republic / Lothar Hüble. - Perth, Western Australia, 1990. - 30 S. - (Working paper series / School of Economics and Finance, Curtin University of Technology ; 90,03). - ISBN: 1-86342-114-9

677 XX 2796 (35)
Hübner, Kurt:
"Von der BRD lernen, heißt siegen lernen" : Anmerkungen zur marktwirtschaftlichen Transformation der DDR / von Kurt Hübner. - IN: Blätter für deutsche und internationale Politik. - 35 (1990),3, S. 318 - 330

678 XX 4031 (29)
Jünger, Jürgen:
Economic reform in the GDR / Jürgen Jünger, Werner Maiwald, and Siegfried

Stötzer. - Einheitssacht.: Die
Wirtschaftsreform in der DDR <engl.>. -
Aus d. Dt. übers. - IN: Eastern European
economics. - 29 (1990),1, S. 30 - 40

679 YY 7794 (39)
Jünger, Jürgen:
Wandlungsprozesse und Wirtschaftsreform
/ Jürgen Jünger ; Werner Maiwald ;
Siegfried Stötzer. - IN:
Wissenschaftliche Zeitschrift /
Karl-Marx-Universität Leipzig. - 39
(1990),3, S. 309 - 316

680 B 256682
Kantzenbach, Erhard:
Wirtschaftspolitische Probleme der
Systemtransformation in Ostdeutschland
und der deutschen Vereinigung / von
Erhard Kantzenbach. - IN: Der Umbau /
Uwe Jens (Hrsg.). Mit Beitr. von Wilhelm
Krelle ... - Baden-Baden, 1991. - ISBN
3-7890-2469-4. - S. 35 - 47.

681 B 259108
Klein, Dieter:
Doppelte Modernisierung im Osten :
Illusion oder Option der Geschichte? /
Dieter Klein. - IN: Umbruch zur Moderne?
/ Michael Brie ... (Hrsg.). Mit
Beiträgen von Harald Bluhm ... -
Hamburg, 1991. - ISBN 3-87975-555-8. -
S. 9 - 34.

682 B 248834
Klein, Ingo:
Eine Wirtschaftsreform für die
Freisetzung neuer sozialer Energien /
Ingo Klein. - IN: Wirtschaftsreform der
DDR. - Berlin, 1990. - ISBN
3-87584-307-X. - S. 29 - 33.

683 B 248636
Klein, Werner:
"Glasnost" und "Perestroika",
Anpassungszwänge für die DDR / Werner
Klein. - IN: Wirtschaftssysteme im
Umbruch / hrsg. von Dieter Cassel. Mit
Beitr. von Phillip J. Bryson ... -
München, 1990. - ISBN 3-8006-1453-7. -
S. 239 - 251.

684 A 192045
Köhler, Claus:
Probleme des Übergangs von der
Planwirtschaft zur Marktwirtschaft /
Claus Köhler. - IN: Zur Verleihung der
Ehrendoktorwürde an Herrn Professor Dr.
Claus Köhler / Red.: Armin Rohde. -
Hannover, [1992]. - S. 21 - 31. -
(Vorträge im Fachbereich Wirtschafts-
wissenschaften / Universität Hannover ;
11)

685 B 252698
Koslowski, Peter:
Nachruf auf den Marxismus-Leninismus :
über die Logik des Übergangs vom
entwickelten Sozialismus zum ethischen
und demokratischen Kapitalismus / von
Peter Koslowski. - Tübingen : Mohr,
1991. - 86 S. - (Vorträge und Aufsätze /
Walter-Eucken-Institut ; 131). - ISBN:
3-16-145747-1

686 X 12572 (36)
Krakowski, Michael:
Der Faktor Zeit beim Übergang von der
Plan- zur Marktwirtschaft / von Michael
Krakowski. - Zsfassung in engl. Sprache.
- IN: Hamburger Jahrbuch für
Wirtschafts- und Gesellschaftspolitik. -
36 (1991), S. 9 - 19

687 XX 2720 (35)
Krause-Brewer, Fides:
Von Ludwig Erhard lernen : schwieriger
Umbau der DDR-Wirtschaft / Fides
Krause-Brewer. - IN: Die politische
Meinung. - 35 (1990),Januar/Februar =
248, S. 39 - 44

688 B 256682
Krelle, Wilhelm:
Probleme des Übergangs von einer
Planwirtschaft zu einer Marktwirtschaft
/ von Wilhelm Krelle. - Graph. Darst. -
IN: Der Umbau / Uwe Jens (Hrsg.). Mit
Beitr. von Wilhelm Krelle ... -
Baden-Baden, 1991. - ISBN 3-7890-2469-4.
- S. 15 - 34.

689 Y 59 (70)
Lösch, Dieter:
Marktwirtschaft für die DDR? : Chancen
und Probleme der Systemtransformation /
Dieter Lösch. - IN: Wirtschaftsdienst. -
70 (1990),1, S. 22 - 29

690 C 166408
Lösch, Dieter:
Soziale Marktwirtschaft - jetzt : ein
Konzept für die Systemtransformation in
der DDR / Dieter Lösch ; Peter Plötz. -
Hamburg, [1990]. - 46 S. - (HWWA-Report
; 82)

691 A 185425
Lotze, Hans-Joachim:
Wirtschaft in Not : ein Experte nimmt
Stellung / Hans-Joachim Lotze. - 1.
Aufl. - Leipzig [u.a.] : Urania-Verl.,
1990. - 861 S. : Ill. - Druckschriften-
nr.: Best.-Nr. 654 417 7. - ISBN:
3-332-00375-5

692 C 170723
Ludwig, Natalija:
Auswahlbibliographie zum Thema: "Über-
gang der mittel- und osteuropäischen
Länder zur Marktwirtschaft" :
Auswertungszeitraum: Mai 1989 - Oktober
1990 / Bearb.: Natalija Ludwig ; Sylvia
Porwollik. - [Berlin], 1990. - 64 Bl.

693 XX 4031 (29)
Luft, Christa:
Economic reform in the GDR : concerns
and focal points / Christa Luft. -
Einheitssacht.: Wirtschaftsreform in der
DDR <engl.>. - Aus d. Dt. übers. - IN:
Eastern European economics. - 29
(1990),1, S. 41 - 54

694 YY 13006 (1)
Luttosch, Gabriele:
DDR-Reformgesetzgebung vom 9.11.1989 bis
18.3.1990 / Gabriele Luttosch und
Fabian v. Schlabrendorff. - IN:
Deutsch-deutsche Rechts-Zeitschrift. - 1
(1990),2/3, S. 60 - 68

695 YY 6347 (36)
Mampel, Siegfried:
Rechtliche Grundlagen der Transformation
einer Zentralverwaltungswirtschaft in
eine soziale Marktwirtschaft am Beispiel
des östlichen Teil Deutschlands / von
Siegfried Mampel. - IN: Recht in Ost und
West
- [1]. // 36 (1992),1, S. 4 - 14
- [2]. // 36 (1992),2, S. 56 - 63

696 YY 7655 (42)
Marz, Lutz:
Dispositionskosten des
Transformationsprozesses : werden
mentale Orientierungsnöte zum
wirtschaftlichen Problem? / Lutz Marz. -
IN: Aus Politik und Zeitgeschichte. -
[42] (1992),24, S. 3 - 14

697 C 171498
Mayer, Thomas:
German Democratic Republic : background
and plans for reform / Thomas Mayer and
Günther Thumann. - IN: German
unification / ed. by Leslie Lipschitz
... - Washington, DC, 1990. - ISBN
1-55775-200-1. - S. 49 - 70. -
(Occasional paper / International
Monetary Fund ; 75)

698 B 258052
Mittel- und Osteuropa im marktwirt-
schaftlichen Umbruch . - Köln [u.a.] :
Heymann, 1991. - IX, 82 S. -
(FIW-Schriftenreihe ; 142) (Referate des
... FIW-Symposions ; 24). - ISBN:
3-452-22213-6

699 B 258463
Molitor, Bernhard:
Der Übergang von einer zentralistischen
Planwirtschaft zur sozialen Markt-
wirtschaft : Erfahrungen mit der
Integration der neuen Länder / von
Bernhard Molitor. - Tübingen : Mohr,
1991. - 33 S. - (Vorträge und Aufsätze /
Walter-Eucken-Institut ; 136). - ISBN:
3-16-145881-8

700 YY 11431 (1990)
Molitor, Bruno:
Die Transformation einer Zentralver-
waltungswirtschaft / Bruno Molitor. -
IN: Orientierungen zur Wirtschafts- und
Gesellschaftspolitik. - 1990,1 = 43,
S. 12 - 21

701 A 188593
Mondelaers, Rudolf:
Zur Methodologie der Transitionsperiode
: Thesen / Rudolf Mondelaers. -
Zsfassung in engl. Sprache. - Kommentar
S. 319 - 329. - IN: Systemwandel und
Reform in östlichen Wirtschaften /
Jürgen Backhaus (Hrsg.). - Marburg,
1991. - ISBN 3-926570-30-X. -
S. 309 - 318.

702 XX 3852 (24)
Müller, Klaus O.:
Joseph Alois Schumpeters ökonomische
Lehre und die gegenwärtige System-
transformation / Klaus O. W. Müller. -
IN: Deutschland-Archiv. - 24 (1991),5,
S. 495 - 502

703 B 259863
Newbery, David M.:
Sequencing the transition / David M.
Newbery. - Kommentar S. 200 - 210. - IN:
The transformation of socialist
economies / ed. by Horst Siebert. -

Tübingen, 1992. - ISBN 3-16-145926-1 ; 3-16-145927-X. - S. 161 - 199. - (Symposium / Institut für Weltwirtschaft an der Universität Kiel ; 1991)

704   XX 4521 (15)
Nicolai, Wolfgang:
German unification as a special case of transition from centrally planned economy to market economy / Wolfgang Nicolai. - IN: Korea and world affairs. - 15 (1991),4, S. 722 - 739

705   XX 4683 (41)
Nunnenkamp, Peter:
Die wirtschaftspolitischen Herausforderungen der Umwandlung der ostdeutschen Wirtschaft / Peter Nunnenkamp. - IN: Zeitschrift für Wirtschaftspolitik. - 41 (1992),1, S. 51 - 70

706   C 171573
Nunnenkamp, Peter:
Zur Konsistenz und Glaubwürdigkeit von Wirtschaftsreformen : einige Erfahrungen und Lehren für die Systemtransformation in Mittel- und Osteuropa / von Peter Nunnenkamp und Holger Schmieding. - Kiel : Inst. für Weltwirtschaft, 1991. - 22 S. - (Kieler Diskussionsbeiträge ; 166). - ISBN: 3-89456-001-0

707   A 188275
Ordnungspolitik beim Übergang der DDR-Wirtschaft zur Marktwirtschaft : wissenschaftliche Tagung, Berlin, 11. September 1990 / Institut für Wirtschaftswissenschaften. [Hrsg.: Norbert Peche]. - Berlin, 1990. - 245 S. - (Wirtschaftsreport : Special ; 2). - Enth. 16 Beitr. - ISBN: 3-86081-202-5

708   A 188593
Panther, Stephan:
Die ehemalige DDR, Osteuropa und die "neue Wachstumstheorie" / Stephan Panther. - Zsfassung in engl. Sprache. - Kommentar S. 59 - 64. - IN: Systemwandel und Reform in östlichen Wirtschaften / Jürgen Backhaus (Hrsg.). - Marburg, 1991. - ISBN 3-926570-30-X. - S. 41 - 58.

709   B 255380
Peche, Norbert:
Probleme der marktwirtschaftlichen Transformation in der DDR / von Norbert Peche. - IN: Anpassung durch Wandel / hrsg. von Hans-Jürgen Wagener. - Berlin, 1991. - ISBN 3-428-07150-6. - S. 239 - 254. - (Schriften des Vereins für Socialpolitik, Gesellschaft für Wirtschafts- und Sozialwissenschaften ; N.F.,206)

710   XX 5751 (1)
Peche, Norbert:
Teufelskreis einer falschen Logik : Überlegungen zu den Grundlagen unserer Wirtschaftsreform / Norbert Peche. - IN: Initial. - 1 (1990),1, S. 59 - 63

711   YY 13031 (2)
Proces rynkowej reformy gospodarczej w Polsce i we wschodnich krajach Republiki Federalnej Niemiec ze szczególnym uwzględnieniem prywatyzacji : materiały wspólnego polsko-niemieckiego sympozjum, zorganizowanego w Warszawie 11 i 12 kwietnia 1991 r. przez Instytut Gospodarki Narodowej we współpracy z Instytutem Gospodarki Niemieckiej w Kolonii = Der marktwirtschaftliche Reformprozess in Polen und den östlichen Ländern der Bundesrepublik Deutschland unter besonderer Berücksichtigung der Privatisierung. - Text poln. u. dt. - Enth. 18 Beitr. - IN: Gospodarka narodowa. - 2 (1991),7/8 = 19/20, S. 1 - 52, 53 - 107

712   Y 370 (57)
Quantitative Aspekte einer Reform von Wirtschaft und Finanzen in der DDR / [bearb. von der Arbeitsgruppe DDR im DIW]. - IN: Wochenbericht / Deutsches Institut für Wirtschaftsforschung. - 57 (1990),17, S. 221 - 245

713   B 253028
Die Reformen in Polen und die revolutionären Erneuerungen in der DDR / hrsg. von Siegfried Mampel ... - Berlin : Duncker & Humblot, 1991. - 114 S. - (Schriftenreihe der Gesellschaft für Deutschlandforschung : Jahrbuch ; 1990 = Bd. 31 [d. Gesamtw.]). - Enth. 9 Beitr. - ISBN: 3-428-07071-2

714   A 186236
Rosenbohm, Elimar:
Überlegungen zu einer modernen Wirtschafts- und Währungsordnung in der DDR / Elimar Rosenbohm. - Lütjenburg : Gauke, 1990. - 64 S. - ISBN: 3-87998-431-X

715 XX 2321 (38)
Rudolph, Harry:
Aktuelle Probleme des Systemwechsels und der Ordnungspolitik im deutsch-deutschen Einigungsprozeß / Harry Rudolph. - IN: Wirtschaftswissenschaft. - 38 (1990),9, S. 1231 - 1241

716 A 185698
Schatz, Klaus-Werner:
Welche Wirtschaftsreformen braucht die DDR? / Klaus-Werner Schatz. - [Kiel], [1990]. - 20 S. - (Schriften der HEA)

717 B 244751
Schmieding, Holger:
Wirtschaftsreform in der DDR : Blindflug ohne Knappheitspreise / von Holger Schmieding. - IN: Die Moral des Marktes / Hans D. Barbier. - Frankfurt, 1990. - ISBN 3-409-19135-6. - S. 251 - 261.

718 B 260508
Schneider, Hans K.:
Tempo und Schrittfolge des Transformationsprozesses / von Hans K. Schneider. - Kommentare S. 23 - 35. - IN: Von der Plan- zur Marktwirtschaft / hrsg. von Bernhard Gahlen ... - Tübingen, 1992. - ISBN 3-16-145908-3. - S. 3 - 21. - (Schriftenreihe des Wirtschaftswissenschaftlichen Seminars Ottobeuren ; 21)

719 B 248834
Schwartau, Cord:
Perestrojka in der DDR / Cord Schwartau. - IN: Wirtschaftsreform der DDR. - Berlin, 1990. - ISBN 3-87584-307-X. - S. 43 - 51.

720 Y 10872 (1989)
Siebert, Horst:
Elemente einer Wirtschaftsreform in der DDR / von Horst Siebert. - IN: Die Weltwirtschaft. - 1989,2, S. 41 - 49

721 XX 5323 (6)
Siebert, Horst:
German unification : the economics of transition / Horst Siebert. - Graph. Darst. - Kommentare S. 328 - 333. - IN: Economic policy. - 6 (1991),2 = 13, S. 287 - 340

722 C 172077
Siebert, Horst:
German unification : the economics of transition / by Horst Siebert. - Kiel : Kiel Inst. of World Economics, 1991. - 73 S. : graph. Darst. - (Kieler Arbeitspapiere ; 468)

723 C 172875
Siebert, Horst:
German unification : the economics of transition / by Horst Siebert. - Rev. and enl. - Kiel : Kiel Inst. of World Economics, 1991. - 106 S. : graph. Darst. - (Kieler Arbeitspapiere ; 468a). - Literaturverz. S. 99 - 106

724 B 256182
Siebert, Horst:
The new economic landscape in Europe / Horst Siebert. - Oxford, UK [u.a.] : Blackwell, 1991. - X, 115 S. - ISBN: 0-631-18217-9

725 C 176733
Siebert, Horst:
Real adjustment in the transformation process : risk factors in East Germany / by Horst Siebert. - Kiel : Kiel Inst. of World Economics, 1992. - 31 S. - (Kieler Arbeitspapiere ; 507)

726 C 175981
Siebert, Horst:
Die reale Anpassung bei der Transformation einer Planwirtschaft / von Horst Siebert. - Kiel : Inst. für Weltwirtschaft, 1992. - 21 S. : graph. Darst. - (Kieler Arbeitspapiere ; 500)

727 C 171806
Siebert, Horst:
The transformation of a socialist economy : lessons of German unification / by Horst Siebert ; Holger Schmieding ; Peter Nunnenkamp. - Kiel : Kiel Inst. of World Economics, 1991. - 47 S. - (Kieler Arbeitspapiere ; 469)

728 B 260987
Siebert, Horst:
The transformation of a socialist economy : lessons of German unification / Horst Siebert, Holger Schmieding, and Peter Nunnenkamp. - Kommentar S. 97 - 108. - IN: Central and Eastern Europe: roads to growth / International Monetary Fund ... Moderator: Georg Winckler. - Washington, 1992. - ISBN 1-55775-199-4. - S. 62 - 96.

729 A 183253
Stabilisierung der Volkswirtschaft und nächste Schritte der Wirtschaftsreform : Beiträge zur Wirtschaftsreform ; Arbeitsberatung der Regierung der Deutschen Demokratischen Republik mit den Generaldirektoren der zentralgeleiteten Kombinate und Außenhandelsbetriebe sowie den Vorsitzenden der Bezirkswirtschaftsräte und den Bezirksbaudirektoren am 9.12.1989. - Berlin : Verl. d. Wirtschaft, 1989. - 92 S. - Enth. 20 Beitr. - ISBN: 3-349-00702-3

730 A 191379
Die Stunde der Ökonomen - Prioritäten nach der Wahl in der DDR und die Zukunft der europäischen Wirtschaftsbeziehungen : Symposium / Referate u. Diskussionsbeitr. u. a. von: Jürgen Becher ... Hrsg. von Günter Nötzold. - Essen : MA Akad.-Verl., 1990. - 168 S. - (Veröffentlichungen der Hanns-Martin-Schleyer-Stiftung ; 31). - ISBN: 3-89275-902-2

731 A 188593
Systemwandel und Reform in östlichen Wirtschaften / Jürgen Backhaus (Hrsg.). - Marburg : Metropolis-Verl., 1991. - 366 S. : graph. Darst. - Beitr. teilw. dt., teilw. engl. - Enth. 15 Beitr. - ISBN: 3-926570-30-X

732 B 257915
Thöne, Karin:
Transformation der ostdeutschen Wirtschaft : eine wirtschaftspolitische Herausforderung / Karin Thöne. - IN: Moderne Industriegesellschaft / Michael v. Hauff (Hrsg.). - Ludwigsburg, 1991. - ISBN 3-928238-10-8. - S. 159 - 171.

733 B 260508
Tomann, Horst:
Die Transformation sozialistischer Volkswirtschaften : besondere Erfahrungen mit dem deutschen Wirtschaftsraum / von Horst Tomann. - Kommentar S. 327 - 331. - IN: Von der Plan- zur Marktwirtschaft / hrsg. von Bernhard Gahlen ... - Tübingen, 1992. - ISBN 3-16-145908-3. - S. 309 - 326. - (Schriftenreihe des Wirtschaftswissenschaftlichen Seminars Ottobeuren ; 21)

734 B 259863
The transformation of socialist economies / ed. by Horst Siebert. - Tübingen : Mohr, 1992. - IX, 440 S. : graph. Darst. - (Symposium / Institut für Weltwirtschaft an der Universität Kiel ; 1991). - Enth. 13 Beitr. - ISBN: 3-16-145926-1 ; 3-16-145927-X

735 B 257534
Transformationsprozesse in sozialistischen Wirtschaftssystemen : Ursachen, Konzepte, Instrumente / Karl-Hans Hartwig ... (Hrsg.). - Berlin [u.a.] : Springer-Verl., 1991. - VI, 474 S. : graph. Darst. - (Studies in contemporary economics). - Enth. 16 Beitr. - ISBN: 3-540-54482-8 ; 0-387-54482-8

736 B 256682
Der Umbau : von der Kommandowirtschaft zur Öko-sozialen Marktwirtschaft / Uwe Jens (Hrsg.). Mit Beitr. von Wilhelm Krelle ... - 1. Aufl. - Baden-Baden : Nomos-Verl.-Ges., 1991. - 259 S. : graph. Darst. - Enth. 14 Beitr. - ISBN: 3-7890-2469-4

737 B 259108
Umbruch zur Moderne? : kritische Beiträge / Michael Brie ... (Hrsg.). Mit Beiträgen von Harald Bluhm ... - Hamburg : VSA-Verl., 1991. - 236 S. - Enth. 10 Beitr. - ISBN: 3-87975-555-8

738 C 175570
Umbrüche im Osten Europas : eine Zusammenstellung von Literatur- und Forschungsnachweisen ab 1986 aus den Datenbanken SOLIS und FORIS / Informationszentrum Sozialwissenschaften. - Bonn, 1991. - 156 Bl.

739 XX 4047 (20)
Unger, Helfried:
Les premières étapes de la réforme économique en RDA / Helfried Unger. - Zsfassung in engl. Sprache. - Zsf. u. d. T.: The first stages of the GDR's economic reform. - IN: Revue d'études comparatives est-ouest. - 20 (1989),4, S. 137 - 146

740 XX 569 (45)
Urban, Bohumil:
Transformation der Wirtschaft der postkommunistischen Länder / Bohumil Urban. - IN: Die Unternehmung. - 45 (1991),5, S. 298 - 306

741   A 192594
Vom Zentralplan zur sozialen
Marktwirtschaft : Erfahrungen der
Deutschen beim Systemwechsel / mit
Beitr. von Hero Brahms ... Red.: Horst
Friedrich Wünsche. - Stuttgart [u.a.] :
Fischer, 1992. - 124 S. -
(Ludwig-Erhard-Stiftung Bonn ; 30). -
Enth. 6 Beitr. - ISBN: 3-437-50347-2

742   B 260508
Von der Plan- zur Marktwirtschaft :
eine Zwischenbilanz / hrsg. von Bernhard
Gahlen ... - Tübingen : Mohr, 1992. -
VIII, 331 S. : graph. Darst. -
(Schriftenreihe des Wirtschaftswissen-
schaftlichen Seminars Ottobeuren ; 21).
- Enth. 13 Beitr. - ISBN: 3-16-145908-3

743   A 183696
Was heißt radikale Reform? : 2
Beiträge. - Berlin : Verl. d.
Wirtschaft, 1990. - 95 S. - Enth.:
Konzept einer radikalen
Wirtschaftsreform 1990 / von Norbert
Peche. Gedanken zur Veränderung des
Wirtschaftsmechanismus in der DDR / von
Siegfried Tannhäuser. - ISBN:
3-349-00703-1

744   B 247291
Watrin, Christian:
Ordnungspolitische Defizite der
DDR-Wirtschaft und Möglichkeiten zu
deren Überwindung durch
marktwirtschaftliche Reformen / von
Christian Watrin. - IN: Fragen zur
Reform der DDR-Wirtschaft / [Schriftl.:
Herbert Wilkens]. - Berlin, 1990. - ISBN
3-428-06908-0. - S. 9 - 22. - (Beihefte
der Konjunkturpolitik ; 37)

745   B 247554
Watrin, Christian:
Der schwierige Weg von der
sozialistischen Planwirtschaft zur
marktwirtschaftlichen Ordnung / von
Christian Watrin. - IN: Theorie der
Wirtschaftspolitik / hrsg. von J.-M.
Graf von der Schulenburg ... - Tübingen,
1990. - ISBN 3-16-145570-3. -
S. 26 - 46.

746   A 191377
Watrin, Christian:
Der Weg zur Freiheit : Friedrich A. von
Hayek-Vorlesung 1990 / von Christian
Watrin. - Freiburg im Breisgau : Haufe,
1991. - 39 S. - ISBN: 3-448-02213-6

747   YY 11431 (1990)
Watrin, Christian:
Wirtschaftspolitik zur Entwicklung der
Märkte in Osteuropa und in der DDR /
Christian Watrin. - IN: Orientierungen
zur Wirtschafts- und Gesellschafts-
politik. - 1990,2 = 44, S. 17 - 22

748   A 188795
Wegner, Manfred:
Systemtransformation und Beschäftigungs-
aussichten in den neuen Bundesländern /
Manfred Wegner. - Graph. Darst. - IN:
Perspektiven für den Arbeitsmarkt in den
neuen Bundesländern / hrsg. von Kurt
Vogler-Ludwig. - München, 1991. - ISBN
3-88512-141-7. - S. 35 - 48. - (Ifo-Stu-
dien zur Arbeitsmarktforschung ; 7)

749   W 517 (91.8)
Wiesenthal, Helmut:
Absturz in die Moderne : der
Sonderstatus der DDR in den
Transformationsprozessen Osteuropas /
Helmut Wiesenthal. - Bremen, 1991. - 28
Bl. - (ZeS-Arbeitspapier ; 91,8)

750   B 248834
Wilde, Gert:
Zum theoretischen Konzept der Wirt-
schaftsreform in der DDR / Gert Wilde.
- IN: Wirtschaftsreform der DDR. -
Berlin, 1990. - ISBN 3-87584-307-X. -
S. 58 - 65.

751   XX 4683 (39)
Willgerodt, Hans:
Wirtschaftsordnung für ein anderes
Deutschland : Wege aus der Krise der
DDR / Hans Willgerodt. - (Soziale
Marktwirtschaft in der DDR). - IN:
Zeitschrift für Wirtschaftspolitik. - 39
(1990),1, S. 103 - 169

752   C 171415
**Wirtschaftspolitische Reformen in der
DDR** : Dokumentation / Friedrich-Naumann-Stiftung. [Red.: Andrea Stumpf]. -
1. Aufl. - Sankt Augustin :
COMDOK-Verl.-Abt., 1990. - 119 S. :
graph. Darst.

753   B 248834
Wirtschaftsreform der DDR :
internationale Wirtschaftskonferenz des
Neuen Forums, Berlin-Buch, 25./26.
November 1989 ; Protokolle und Beiträge.
- Berlin : Nicolai, 1990. - 126 S. -
Enth. 20 Beitr. - ISBN: 3-87584-307-X

754   C 170610
Wirtschaftsreform und Währungsunion in den neuen Bundesländern : eine Dokumentation von Zeitungsaufsätzen aus dem Institut für Weltwirtschaft ; November 1989 bis November 1990 / Institut für Weltwirtschaft, Wirtschaftsarchiv. Zsgest. von Karl Heinz Frank. - 2., erw. Aufl. - Kiel, 1990. - V, 86 S. : Ill. - 1. Aufl. u.d.T.: DDR-Wirtschaftsreform und Währungsunion. - ISBN: 3-925357-94-7

755   YY 12178 (1989)
Wirtschaftsreformen in der DDR : der Weg vom Plan zum Markt / Frankfurter Institut. - Graph. Darst. - IN: Argumente zur Wirtschaftspolitik. - 1989,Dezember = Nr. 28, 6 S.

756   XX 2321 (38)
Wohanka, Stephan:
Von der Systemreform zum Systemwandel : Überlegungen zur Gestaltung einer modernen Volkswirtschaft / Stephan Wohanka. - IN: Wirtschaftswissenschaft. - 38 (1990),11, S. 1473 - 1489

757   XX 2321 (38)
Zum Konzept einer Wirtschaftsreform in der DDR / Autorenkollektiv: Eugen Faude ... - Zsfassung in engl. u. russ. Sprache. - IN: Wirtschaftswissenschaft. - 38 (1990),3, S. 321 - 341

758   B 249225
Zur Transformation von Wirtschaftssystemen : von der sozialistischen Planwirtschaft zur sozialen Marktwirtschaft ; Hannelore Hamel zum 60. Geburtstag / Forschungsstelle zum Vergleich Wirtschaftlicher Lenkungssysteme, Fachbereich Wirtschaftswissenschaften, Philipps-Universität, Marburg. [Autoren: Alfred Schüller ...]. - Marburg, 1990. - III, 170 S. : graph. Darst. - (Arbeitsberichte zum Systemvergleich ; 15). - Beitr. teilw. dt., teilw. engl. - Enth. 9 Beitr. - ISBN: 3-923647-14-X

759   B 252911
Zur Transformation von Wirtschaftssystemen : von der sozialistischen Planwirtschaft zur sozialen Marktwirtschaft ; Hannelore Hamel zum 60. Geburtstag / Forschungsstelle zum Vergleich Wirtschaftlicher Lenkungssysteme, Fachbereich Wirtschaftswis-senschaften, Philipps-Universität, Marburg. [Autoren: Alfred Schüller ...]. - 2., überarb. und erw. Aufl. - Marburg, 1991. - III, 186 S. : graph. Darst. - (Arbeitsberichte zum Systemvergleich ; 15). - Beitr. teilw. dt., teilw. engl. - Enth. 10 Beitr. - ISBN: 3-923647-14-X

760   YY 3662 (11)
Zur Unterstützung der Wirtschaftsreform in der DDR : Voraussetzungen und Möglichkeiten ; Sondergutachten des Sachverständigenrates zur Begutachtung der Gesamtwirtschaftlichen Entwicklung ; Unterrichtung durch die Bundesregierung. - IN: Verhandlungen des Deutschen Bundestages : Drucksachen. - Wahlperiode 11 (1990),6301, 31 S.

761   C 165777
Zur Unterstützung der Wirtschaftsreform in der DDR : Voraussetzungen und Möglichkeiten ; Sondergutachten vom 20. Januar 1990 / Sachverständigenrat zur Begutachtung der Gesamtwirtschaftlichen Entwicklung. - [Wiesbaden], 1990. - 61 S.

D-1 Monetary Reform - Währungsreform

762   XX 2701 (16)
Dubrowsky, Hans-Joachim:
Schritte und Tempi der monetären Umstellung der DDR-Wirtschaft auf eine Marktwirtschaft / Hans-Joachim Dubrowsky. - (... Expertengespräch ... der List-Gesellschaft ; 5). - Diskussion S. 230 - 239. - IN: List-Forum für Wirtschafts- und Finanzpolitik. - 16 (1990),3, S. 221 - 229

763   A 186835
Fachtagung Geld- und Währungsprobleme beim Übergang zur Marktwirtschaft <1990, Karl-Marx-Stadt>:
Ergebnisprotokoll der Fachtagung Geld- und Währungsprobleme beim Übergang zur Marktwirtschaft : am 18. und 19. April 1990 in Karl-Marx-Stadt / wissenschaftliche Leitung: Klaus Müller. - Karl-Marx-Stadt, 1990. - II, 111 S. - (Wissenschaftliche Tagungen der Technischen Universität Karl-Marx-Stadt ; 1990,8). - Enth. 12 Beitr.

764   YY 846 (42)
Köllner, Lutz:

Währungsreform in der DDR / Lutz Köllner. - IN: Zeitschrift für das gesamte Kreditwesen. - 42 (1989),24, S. 1154 - 1158

765   Y 59 (69)
Lang, Franz P.:
Die währungspolitischen Perspektiven der DDR / Franz Peter Lang ; Renate Ohr. - IN: Wirtschaftsdienst. - 69 (1989),12, S. 610 - 614

766   A 184594
Lotze, Hans-Joachim:
Radikale Neugestaltung von Währungsordnung, Bankensystem und Kreditwesen / Hans-Joachim Lotze. - IN: Marktwirtschaft in der DDR / von Peter Hofmann ... - Berlin, 1990. - ISBN 3-448-02205-5. - S. 57 - 76.

767   Y 59 (70)
Müller, Klaus:
Geld- und währungspolitische Aspekte der Wirtschaftsreform / Klaus Müller. - IN: Wirtschaftsdienst. - 70 (1990),2, S. 78 - 84

768   B 247291
Pohl, Reinhard:
Schritte zur Konvertibilität der Mark der DDR / von Reinhard Pohl. - Überarbeitung. - IN: Fragen zur Reform der DDR-Wirtschaft / [Schriftl.: Herbert Wilkens]. - Berlin, 1990. - ISBN 3-428-06908-0. - S. 51 - 67. - (Beihefte der Konjunkturpolitik ; 37)

769   XX 4683 (39)
Schmieding, Holger:
Konvertibilität und Wirtschaftsreform / Holger Schmieding. - (Soziale Marktwirtschaft in der DDR). - IN: Zeitschrift für Wirtschaftspolitik. - 39 (1990),1, S. 41 - 55

770   B 248834
Schmieding, Holger:
Reisedevisen, Wechselkurs und Wirtschaftsreform / Holger Schmieding. - IN: Wirtschaftsreform der DDR. - Berlin, 1990. - ISBN 3-87584-307-X. - S. 71 - 77.

771   XX 3852 (23)
Schmieding, Holger:
Währungsreform, Anpassungsinflation oder Privatisierung von Staatsvermögen? : drei Optionen zur Sanierung der DDR-Mark im Vergleich / Holger Schmieding ; Wojciech Kostrzewa. - IN: Deutschland-Archiv. - 23 (1990),2, S. 212 - 219

772   B 247291
Siebert, Horst:
Die Wahlmöglichkeiten einer deutsch-deutschen Geld- und Währungspolitik / von Horst Siebert. - IN: Fragen zur Reform der DDR-Wirtschaft / [Schriftl.: Herbert Wilkens]. - Berlin, 1990. - ISBN 3-428-06908-0. - S. 31 - 49. - (Beihefte der Konjunkturpolitik ; 37)

773   ArbS 0 3 (159)
Siebert, Horst:
Die Wahlmöglichkeiten einer deutsch-deutschen Geld- und Währungspolitik / von Horst Siebert. - Kiel : Inst. für Weltwirtschaft, 1990. - 23 S. : graph. Darst. - (Kieler Diskussionsbeiträge ; 159). - ISBN: 3-925357-83-1

774   Y 59 (69)
Smeets, Heinz-Dieter:
Währungspolitische Probleme der DDR / Heinz-Dieter Smeets. - IN: Wirtschaftsdienst. - 69 (1989),12, S. 605 - 609

D-2 Economic System, Centrally Planned Economy - Wirtschaftsordnung, Planwirtschaft

775   XX 2437 (38)
Brücker, Herbert:
Vom Sozialismus zum Paternalismus / Herbert Brücker. - IN: Die neue Gesellschaft, Frankfurter Hefte. - 38 (1991),12, S. 1105 - 1112

776   YY 11431 (1990)
Derix, Hans-Heribert:
Marktwirtschaft mit Sozialismus-Komponente? : Lehrmeinungen von DDR-Ökonomen / Hans-Heribert Derix. - IN: Orientierungen zur Wirtschafts- und Gesellschaftspolitik. - 1990,1 = 43, S. 22 - 29

777   B 256682
Diederich, Nils:
Die Ursachen für den Zusammenbruch der zentralgelenkten Planwirtschaft in der ehemaligen DDR / von Nils Diederich. - IN: Der Umbau / Uwe Jens (Hrsg.). Mit

Beitr. von Wilhelm Krelle ... - Baden-Baden, 1991. - ISBN 3-7890-2469-4. - S. 48 - 63.

778   A 185511
Ebel, Horst:
Abrechnung : das Scheitern der ökonomischen Theorie und Politik des "realen Sozialismus" / Horst Ebel. - 1. Aufl. - Berlin : Verl. Die Wirtschaft, 1990. - 291 S. - Druckschriftennr.: Best.-Nr. 676 667 7. - ISBN: 3-349-00852-6

779   XX 4683 (39)
Gutmann, Gernot:
Planversagen in der Wirtschaft der DDR : Bemerkungen aus ordnungstheoretischer Sicht / Gernot Gutmann. - (Soziale Marktwirtschaft in der DDR). - IN: Zeitschrift für Wirtschaftspolitik. - 39 (1990),1, S. 93 - 102

780   A 183428
Haase, Herwig E.:
Das Wirtschaftssystem der DDR : eine Einführung / Herwig E. Haase. - 2., überarb. Aufl. - Berlin : Spitz, 1990. - 432 S. - (Staatliche Planungen ; 5). - ISBN: 3-87061-342-4

781   YY 11431 (1990)
Habermann, Gerd:
Schlußbilanz der Zentralplanung / Gerd Habermann. - IN: Orientierungen zur Wirtschafts- und Gesellschaftspolitik. - 1990,1 = 43, S. 5 - 10

782   XX 2321 (38)
Henschel, Gerda:
Zur kritischen Analyse der Entwicklung des Planungssystems in der DDR / Gerda Henschel. - Zsfassung in russ. u. engl. Sprache. - IN: Wirtschaftswissenschaft. - 38 (1990),5, S. 670 - 683

783   A 182946
Laitenberger, Volkhard:
Gegenübergestellt: soziale Marktwirtschaft und sozialistische Errungenschaften / Volkhard Laitenberger ; Friederike Enders. - Melle : Knoth, 1990. - 62 S. : graph. Darst. - ISBN: 3-88368-191-1

784   B 259106
Leciejewski, Klaus:
Die sozialistische Ordnung der Wirtschaft : Erfahrungen und Konsequenzen / Klaus Leciejewski. - IN: Staat und Gesellschaft nach dem Scheitern des sozialistischen Experiments / mit Beitr. von Hans Günther Zempelin ... - Köln, 1991. - ISBN 3-89172-220-6. - S. 120 - 135. - (Veröffentlichungen der Walter-Raymond-Stiftung ; 31)

785   Y 59 (69)
Peters, Hans-Rudolf:
Marktorientierte Planwirtschaft oder soziale Marktwirtschaft in der DDR? / Hans-Rudolf Peters. - IN: Wirtschaftsdienst. - 69 (1989),12, S. 596 - 599

786   A 188593
Reich, Utz-Peter:
Wirtschaftssystem und Überbau : Gedanken zur Produktionstheorie nach dem Zusammenbruch der Planwirtschaft / Utz-Peter Reich. - Zsfassung in engl. Sprache. - Kommentar S. 304 - 308. - IN: Systemwandel und Reform in östlichen Wirtschaften / Jürgen Backhaus (Hrsg.). - Marburg, 1991. - ISBN 3-926570-30-X. - S. 291 - 303.

787   YY 11431 (1990)
Rudolph, Harry:
Ordnungspolitische Aufgaben im deutschen Einigungsprozeß / Harry Rudolph. - IN: Orientierungen zur Wirtschafts- und Gesellschaftspolitik. - 1990,2 = 44, S. 10 - 16

788   YY 11431 (1991)
Rudolph, Harry:
Perspektiven, die nicht wahr werden dürfen / Harry Rudolph. - IN: Orientierungen zur Wirtschafts- und Gesellschaftspolitik. - 1991,1 = 47, S. 18 - 23

789   B 257295
Schlecht, Otto:
Die deutsche Einheit als Herausforderung an die Ordnungspolitik / von Otto Schlecht. - IN: Wirtschaftspolitische Probleme der Integration der ehemaligen DDR in die Bundesrepublik / von Hartwig Bartling ... Hrsg. von Helmut Gröner ... - Berlin, 1991. - ISBN 3-428-07275-8. - S. 9 - 24. - (Schriften des Vereins für Socialpolitik, Gesellschaft für Wirtschafts- und Sozialwissenschaften ; N.F.,212)

790 XX 4683 (40)
Schlecht, Otto:
Ordnungspolitik vor neuen Aufgaben im
vereinten Deutschland und in Europa /
Otto Schlecht. - IN: Zeitschrift für
Wirtschaftspolitik. - 40 (1991),1,
S. 5 - 20

791 B 257295
Schüller, Alfred:
Konkurrierende Menschenbilder und
Staatsverständnisse im innerdeutschen
Angleichungsprozeß / von Alfred
Schüller. - IN: Wirtschaftspolitische
Probleme der Integration der ehemaligen
DDR in die Bundesrepublik / von Hartwig
Bartling ... Hrsg. von Helmut Gröner ...
- Berlin, 1991. - ISBN 3-428-07275-8. -
S. 25 - 60. - (Schriften des Vereins für
Socialpolitik, Gesellschaft für
Wirtschafts- und Sozialwissenschaften ;
N.F.,212)

792 C 177664
Schüller, Alfred:
Ordnungspolitische Grundpositionen im
deutschen Integrationsprozess / Alfred
Schüller. - IN: Integrationsprozesse in
Deutschland. - 1 (1992), S. 27 - 48

793 XX 2321 (38)
Schulz, Wilfried:
Sozialistische Wirtschaft versus Markt-
wirtschaft : zum Versagen
sozialistischer Planwirtschaften und zur
Konzeption ordo-liberaler
Marktwirtschaften / Wilfried Schulz. -
IN: Wirtschaftswissenschaft. - 38
(1990),7, S. 998 - 1015

794 Y 59 (71)
Söllner, Fritz:
Ordnungspolitik und Wiedervereinigung /
Fritz Söllner. - IN: Wirtschaftsdienst.
- 71 (1991),10, S. 533 - 540

795 Y 59 (71)
Streit, Manfred E.:
Ordnungspolitische Defizite der
deutschen Vereinigung / Manfred E.
Streit. - IN: Wirtschaftsdienst. - 71
(1991),4, S. 172 - 180

796 Y 59 (69)
Streit, Manfred E.:
Ordnungspolitische Überlegungen zur
Systemkrise in der DDR / Manfred E.
Streit. - IN: Wirtschaftsdienst. - 69
(1989),12, S. 600 - 604

797 XX 4683 (39)
Thalheim, Karl C.:
Der ordnungspolitische Weg der DDR :
Entwicklung und Perspektiven / Karl C.
Thalheim. - (Soziale Marktwirtschaft in
der DDR). - IN: Zeitschrift für
Wirtschaftspolitik. - 39 (1990),1,
S. 77 - 91

798 B 259803
Vitalisierung der ostdeutschen
Wirtschaft : öffentlicher Sektor und
private Wirtschaft / mit Beitr. von Pe-
ter Frerk ... [Hrsg. von Hans Besters].
- 1. Aufl. - Baden-Baden :
Nomos-Verl.-Ges., 1992. - 215 S. :
graph. Darst. - (Gespräche der
List-Gesellschaft e. V. ; N.F.,14). -
Enth. 10 Beitr. - ISBN: 3-7890-2584-4

799 C 175244
Weber, Mathias:
Stabilitätsprobleme ökonomischer Systeme
am Beispiel der sozialistischen
Zentralverwaltungswirtschaft / von
Mathias Weber. - 1991. - 130, 11 Bl. -
Berlin, Humboldt-Univ., Diss., 1991

800 A 184983
Wehner, Burkhard:
Der lange Abschied vom Sozialismus :
Grundriß einer neuen Wirtschafts- und
Sozialordnung / Burkhard Wehner. -
Frankfurt am Main : Hain, 1990. - 243 S.
- ISBN: 3-445-08563-3

801 XX 2701 (17)
Wienert, Helmut:
Markt und Plan : zum ordnungs-
theoretischen Hintergrund der
Strukturprobleme der Wirtschaft in der
ehemaligen DDR / Helmut Wienert. - IN:
List-Forum für Wirtschafts- und Finanz-
politik. - 17 (1991),1, S. 9 - 21

802 A 188118
Willgerodt, Hans:
Demokratischer Sozialismus zwischen
Freiheit und Kollektivismus / Hans
Willgerodt. - IN: Umbruch im Osten /
[Gesellschaft zum Studium
Strukturpolitischer Fragen e. V.].
Ludolf von Wartenberg ... - Stuttgart,
1991. - ISBN 3-17-011634-7. -
S. 89 - 113.

803 C 172822
Wirtschaft . - IN: Informationen zur
politischen Bildung

Wirtschaft
- 4. Wirtschaftsordnungen im Vergleich.
- Neudr. 1990. - Ill., graph. Darst.
// [1979] = 180, 36 S.

804 B 254769
Die Wirtschaftsordnungspolitik vor aktuellen Herausforderungen : Reden zum Wechsel im Vorsitz der Ludwig-Erhard-Stiftung am Freitag, dem 12. April 1991. - Bonn, 1991. - 41 S. - Enth. 2 Beitr.

D-3 Market Economy - Marktwirtschaft

805 YY 11431 (1992)
Becher, Jürgen:
Der Staat in der Marktwirtschaft : Klarstellungen aus Sicht der neuen Bundesländer / Jürgen Becher. - IN: Orientierungen zur Wirtschafts- und Gesellschaftspolitik. - 1992,März = 51, S. 60 - 64

806 A 185355
Cramer, Werner:
Marktwirtschaft ohne Wenn und Aber / Werner Cramer. - Berlin : Verl. Die Wirtschaft, 1990. - 95 S. : graph. Darst. - (Beiträge zur Wirtschaftsfragen). - Literaturverz. S. 92 - 95. - Druckschriftennr.: Best.-Nr. 676 526 0. - ISBN: 3-349-00707-4

807 A 187803
Das deutsche Modell : freiheitlicher Rechtsstaat und soziale Marktwirtschaft / F. U. Fack ... - München : Langen Müller Herbig, 1991. - 241 S. - Enth. 35 Beitr. - ISBN: 3-7844-7271-0

808 A 186831
Freier, Udo:
Chancen der Marktwirtschaft : wie die soziale Marktwirtschaft funktioniert / Udo Freier. - 1. Aufl. - München : MP Management-Presse-Verl., 1990. - 159 S.: Ill., graph. Darst. - (Management-Wissen-Bibliothek). - ISBN: 3-926544-01-5

809 A 186832
Fürstenberg, Friedrich:
Die Einführung der Marktwirtschaft : ein sozialkulturelles Entwicklungsprojekt / Friedrich Fürstenberg. - IN: Symposium '90, Markt und Kultur / Forschungsinstitut für Gesellschaftspolitik und Beratende Sozialwissenschaft e. V., Göttingen. Hrsg. von Heinrich A. Henkel. Mit Beitr. von: Friedrich Fürstenberg ... - Regensburg, 1991. - ISBN 3-924956-93-6. - S. 9 - 24. - (Kölner Schriften zur Sozial- und Wirtschaftspolitik ; 15)

810 A 192067
Gemeinwohl und Eigennutz : wirtschaftliches Handeln in Verantwortung für die Zukunft ; eine Denkschrift der Evangelischen Kirche in Deutschland. - 3., um die Kundgebung der Synode erw. Aufl. - Gütersloh : Mohn, 1991. - 191 S. : graph. Darst. - ISBN: 3-579-01963-5

811 XX 739 (41)
Grebing, Helga:
"Soziale Marktwirtschaft" : zur Vorgeschichte und Entwicklung eines zentralen Schlagwortes in der deutsch-deutschen Diskussion / Helga Grebing. - IN: Gewerkschaftliche Monatshefte. - 41 (1990),5/6, S. 316 - 321

812 YY 4936 (38)
Hasse, Rolf H.:
East West, market's best : Germany / [Rolf Hasse]. - Ill. - IN: Optima. - 38 (1991),1, S. 2 - 7

813 XX 3434 (28)
Heinrichs, Wolfgang:
Fragen an die soziale Marktwirtschaft / von Wolfgang Heinrichs. - (Aufgaben und Probleme einer Wirtschaftsreform in der DDR ; 2). - IN: Deutsche Studien. - 28 (1990),März = 109, S. 24 - 34

814 YY 430 (46)
Herber, Reinold:
Öko-soziale Marktwirtschaft : gesellschaftspolitisches Programm für die neuen Bundesländer / Reinold Herber und Wolfgang Müller-Tamke. - IN: Arbeit und Sozialpolitik. - 46 (1992),1/2, S. 52 - 57

815 A 184392
Kraus, Willy:
Soziale Marktwirtschaft : marktwirtschaftliche und soziale Umorientierung in der Deutschen Demokratischen Republik / Willy Kraus. - Bonn : Ludwig-Erhard-Stiftung, 1990. - IX, 281 S. - Literaturverz. S. 249 - 272. - ISBN: 3-88991-017-3

816 A 184594
Marktwirtschaft in der DDR : Chancen und Herausforderungen / von Peter Hofmann ... - Berlin : Haufe, 1990. - 170 S. : graph. Darst. - Enth. 9 Beitr. - ISBN: 3-448-02205-5

817 XX 4683 (39)
Mestmäcker, Ernst-Joachim:
Demokratie, Rechtsstaat, Marktwirtschaft / Ernst-Joachim Mestmäcker. - IN: Zeitschrift für Wirtschaftspolitik. - 39 (1990),3, S. 289 - 294

818 A 184218
Pinger, Winfried:
Entflechtung, Privatisierung, Mittelstand : soziale Marktwirtschaft in der DDR / Winfried Pinger. - Bonn : Mittelstands-Verl.-Ges., 1990. - 26 S. - (MIT-Standpunkt ; 11). - ISBN: 3-923148-44-5

819 YY 5491 (40)
Eine politische Heilslehre auf dem Prüfstand : Marktwirtschaft und soziale Demokratie. - Enth. 10 Beitr. - IN: Wissenschaftliche Zeitschrift der Humboldt-Universität zu Berlin : Geistes- und Sozialwissenschaften. - 40 (1991), 2, 177 S.

820 B 259803
Schlecht, Otto:
Wirtschaft zwischen Staat und Markt / Otto Schlecht. - IN: Vitalisierung der ostdeutschen Wirtschaft / mit Beitr. von Peter Frerk ... [Hrsg. von Hans Besters]. - Baden-Baden, 1992. - ISBN 3-7890-2584-4. - S. 13 - 27. - (Gespräche der List-Gesellschaft e. V. ; N.F.,14)

821 XX 2321 (38)
Schmidt, Paul-Günther:
Soziale Marktwirtschaft als wirtschaftspolitisches Leitbild : Genesis und Erfahrungen des westdeutschen Weges / Paul-Günther Schmidt. - IN: Wirtschaftswissenschaft. - 38 (1990),7, S. 961 - 997

822 C 168389
Soziale Marktwirtschaft :
Währungsunion, Wirtschaftsgemeinschaft, europäischer Binnenmarkt und Außenwirtschaftseffizienz - schwierige Prüfungsaufgaben für DDR-Wirtschaft / Institut für Angewandte Wirtschaftsforschung, Abteilung Wirtschaftssystem, Sektor Grundlagen der Marktwirtschaft. - Berlin, 1990. - 34 Bl. - (Information / Institut für Angewandte Wirtschaftsforschung, Berlin). - Enth. 3 Beitr.

823 A 182357
Soziale Marktwirtschaft in der DDR : Währungsordnung und Investitionsbedingungen / [(Kronberger Kreis). Wolfram Engels ...]. - Homburg, 1990. - 53 S. - (Schriftenreihe / Frankfurter Institut für Wirtschaftspolitische Forschung e. V. ; 20). - ISBN: 3-89015-026-8

824 XX 4683 (39)
Soziale Marktwirtschaft in der DDR : ein Themenheft / mit Beitr. von Gernot Gutmann ... - Enth. 6 Beitr. - IN: Zeitschrift für Wirtschaftspolitik. - 39 (1990),1, 169 S.

825 XX 4683 (39)
Steinitz, Klaus:
Demokratie, Rechtsstaat, Marktwirtschaft / Klaus Steinitz. - IN: Zeitschrift für Wirtschaftspolitik. - 39 (1990),3, S. 295 - 301

826 A 184312
Watrin, Christian:
Soziale Marktwirtschaft - was ist das? / Christian Watrin. - 2. Aufl. - Paderborn : Bonifatius, 1990. - 32 S. : Ill. - (Dresdener Kathedralvorträge ; 3). - ISBN: 3-87088-640-4

827 A 184590
Weizsäcker, Carl C. von:
Herausforderung soziale Marktwirtschaft : 2 Vorträge in Halle / von Carl Christian von Weizsäcker. - Bad Homburg : Frankfurter Inst. für Wirtschaftspolitische Forschung, 1990. - 56 S. - ISBN: 3-89015-025-X

828 XX 4683 (39)
Weizsäcker, Carl C. von:
Soziale Marktwirtschaft und Demokratie / Carl Christian von Weizsäcker. - (Soziale Marktwirtschaft in der DDR). - IN: Zeitschrift für Wirtschaftspolitik. - 39 (1990),1, S. 5 - 40

829 A 183978
Wicke, Lutz:
Öko-soziale Marktwirtschaft für Ost und West : der Weg aus Wirtschafts- und Umweltkrise / von Lutz Wicke ; Lothar de Maizière ; Thomas de Maizière. - München : dtv [u.a.], [1990]. - IX, 179 S. - (Beck-Wirtschaftsberater im dtv). - ISBN: 3-423-05809-9 ; 3-406-34668-5

830 YY 12178 (1990)
Wirtschaftsreformen in der DDR : das Soziale in der Marktwirtschaft / Frankfurter Institut. - IN: Argumente zur Wirtschaftspolitik. - 1990,Februar = Nr. 29, 6 S.

D-4 Property and Asset Problems - Eigentum, Offene Vermögensfragen

831 C 177927
Bahrmann, Hannes:
Eigentum in Ostdeutschland : scheitert der Aufschwung am Grundbuch? / [Autor: Hannes Bahrmann]. - Hamburg, 1992. - 11 Bl. - (DPA-Hintergrund ; 3393)

832 B 261080
Bleutge, Peter:
Die neuen Länder, Eigentumsfragen : Rückübertragung, Neuerwerb / Peter Bleutge. - Bonn, 1991. - 68 S. - (DIHT ; 302)

833 XX 2310 (39)
Brünneck, Alexander von:
Möglichkeiten für verfassungsrechtliche Bestimmungen über Wirtschaft und Eigentumsordnung / Alexander von Brünneck. - IN: Staat und Recht. - 39 (1990),8, S. 632 - 637

834 C 175040
Czerwenka, G. B.:
Rückgabe enteigneter Unternehmen in den neuen Bundesländern / von Beate Czerwenka. - Heidelberg : Verl. Recht u. Wirtschaft, 1991. - 118 S. - (Sonderveröffentlichung des Betriebs-Beraters). - ISBN: 3-8005-1083-9

835 YY 4230 (1990)
Dornberger, Gerhard:
Das Gesetz zur Regelung offener Vermögensfragen und das Gesetz über besondere Investitionen / Gerhard Dornberger und Ute Dornberger. - IN: Der Betrieb : DDR-Report. - 1990,14, S. 3154 - 3158

836 C 171494
Eigentum in den neuen Bundesländern : Einführung und Dokumentation. - Bonn, 1991. - VI, 107 S. - (Materialien / Deutscher Bundestag, Verwaltung, Hauptabteilung Wissenschaftliche Dienste ; 114)

837
Enteignung und offene Vermögensfragen in der ehemaligen DDR / hrsg. von Gerhard Fieberg ... - Köln : Verl. Kommunikationsforum Recht, Wirtschaft, Steuern. - (RWS-Dokumentation ; 7)
- 1. - 2. Aufl. - 1992. - Getr. Zählung
  SIGNATUR: B 259793
- 2, Erg.-Bd. - 1992. - Getr. Zählung
  SIGNATUR: B 259796
- 2. - 2. Aufl. - 1992. - Getr. Zählung
  SIGNATUR: B 259794
- 3. - 2. Aufl. - 1992. - Getr. Zählung
  SIGNATUR: B 259795

838 YY 1039 (44)
Fieberg, Gerhard:
Zum Problem der offenen Vermögensfragen / Gerhard Fieberg und Harald Reichenbach. - IN: Neue Juristische Wochenschrift. - 44 (1991),6, S. 321 - 329

839 C 168391
Fragen des Eigentums beim Übergang zur Marktwirtschaft / Institut für Angewandte Wirtschaftsforschung, Abteilung Wirtschaftssystem. - Berlin, 1990. - 45 Bl. - (Information / Institut für Angewandte Wirtschaftsforschung, Berlin). - Enth. 3 Beitr.

840 B 256160
Glasemann, Hans-Georg:
Hoffnungswerte : ungeregelte Ansprüche aus Wertpapieremissionen vor 1945 und ihre Entschädigung nach der Wiedervereinigung / Hans-Georg Glasemann ; Ingo Korsch. - Wiesbaden : Gabler, 1991. - X, 367 S. : Ill. - ISBN: 3-409-14031-X

841 YY 13307 (1990)
Hebing, Wilhelm:
Enteignung und Rückerwerb von DDR-Vermögen / Wilhelm Hebing. - (DDR-Rechtsentwicklungen ; 8). - IN: Betriebs-Berater : Beilage. - 1990,21, S. 1 - 9

842 YY 9597 (19)
Hess, Peter:
Die Eigentumsfrage und der Markt / Peter Hess. - IN: IPW-Berichte. - 19 (1990),7, S. 11 - 15

843 A 184594
Hofmann, Peter:
Eigentums- und Unternehmensstrukturen in der DDR im Übergang zu einer sozialen Marktwirtschaft / Peter Hofmann. - IN: Marktwirtschaft in der DDR / von Peter Hofmann ... - Berlin, 1990. - ISBN 3-448-02205-5. - S. 42 - 56.

844 A 184996
Kimminich, Otto:
Die Eigentumsgarantie im Prozeß der Wiedervereinigung : zur Bestandskraft der agrarischen Bodenrechtsordnung der DDR / Otto Kimminich. - Frankfurt am Main, [1990]. - 88 S. - (Schriftenreihe / Landwirtschaftliche Rentenbank, Frankfurt am Main ; 3)

845 B 257267
Klein, Werner:
Der Wandel der Eigentumsordnung in den fünf neuen Ländern der Bundesrepublik Deutschland und seine Vorgeschichte / von Werner Klein. - IN: Transformation der Eigentumsordnung im östlichen Mitteleuropa / J.-G.-Herder-Institut. - Marburg/Lahn, 1991. - ISBN 3-87969-222-X. - S. 71 - 86. - (Wirtschafts- und sozialwissenschaftliche Ostmitteleuropa-Studien ; 17)

846 A 191539
Klumpe, Werner:
Eigentum in den neuen Bundesländern : Rückerwerb - Entschädigung - Investitionen - Vermietung - Förderung / von Werner Klumpe und Ulrich A. Nastold. - Bonn : Economia-Verl., 1992. - X, 110 S. - (Praxiswissen Wirtschaft). - ISBN: 3-87081-311-3

847 YY 13307 (1990)
Knüpfer, Werner:
Wandlungen der Eigentumsverhältnisse durch die neue Wirtschaftsgesetzgebung in der DDR / Werner Knüpfer. - (DDR-Rechtsentwicklungen ; 7). - IN: Betriebs-Berater : Beilage. - 1990,20, S. 1 - 9

848 A 189139
Koerner, Hans:
Offene Vermögensfragen in den neuen Bundesländern : systematische Darstellung mit Texten und Erläuterungen sowie Musterformularen und Adressen / von Hans Koerner. - 1. Aufl. 1991. - München : Rehm, 1991. - XVII, 370 S. - ISBN: 3-8073-0894-6

849 B 253384
Kroeschell, Karl:
Die ländliche Eigentumsordnung in der DDR / Karl Kroeschell. - IN: Beiträge zum Handels- und Wirtschaftsrecht / hrsg. von Manfred Löwisch ... - München, 1991. - ISBN 3-406-34906-4. - S. 323 - 342.

850 XX 2321 (38)
Krysmanski, Hans-Jürgen:
Zum Kontext der Eigentumsfrage / Hans-Jürgen Krysmanski. - IN: Wirtschaftswissenschaft. - 38 (1990),7, S. 1016 - 1026

851 XX 3381 (29)
Leisner, Walter:
Eigentum - Grundlage sozialer Marktwirtschaft in einem ganzen Deutschland / Walter Leisner. - IN: Volkswirtschaftliche Korrespondenz der Adolf-Weber-Stiftung. - 29 (1990),2, [4] S.

852 XX 3852 (23)
Lieser, Joachim:
Eigentumsordnung und Immobilienrecht in der DDR : Überlegungen zu Möglichkeiten von westlichen Investitionen / Joachim Lieser. - IN: Deutschland-Archiv. - 23 (1990),2, S. 246 - 257

853 YY 13273 (1)
Lörler, Sighard:
Eigentumsordnung und Enteignung in der DDR / Sighard Lörler. - IN: Europäisches Wirtschafts- & Steuerrecht. - 1 (1990),2, S. 33 - 36

854 XX 2321 (38)
Luft, Hans:
Probleme des gesellschaftlichen Eigentums in der DDR / Hans Luft. - IN: Wirtschaftswissenschaft. - 38 (1990),7, S. 1027 - 1035

855 YY 12178 (1991)
Luftröhrenschnitt Eigentumszuordnung : Entschädigung vor Rückgabe / Frankfurter Institut. - IN: Argumente zur

Wirtschaftspolitik. - 1991,März = Nr. 35, 4 S.

856 YY 1039 (44)
Papier, Hans-Jürgen:
Verfassungsrechtliche Probleme der Eigentumsregelung im Einigungsvertrag / Hans-Jürgen Papier. - IN: Neue Juristische Wochenschrift. - 44 (1991),4, S. 193 - 197

857 XX 3852 (25)
Piazolo, Michael:
Ungeklärte Eigentumsfragen als Hauptinvestitionshindernis in den neuen Bundesländern / Michael Piazolo. - IN: Deutschland-Archiv. - 25 (1992),5, S. 484 - 491

858 X 19464 (1991/92)
Putzier, Eckart:
Zur Eigentumsproblematik in den neuen Bundesländern / Eckart Putzier. - Ill. - IN: Rissener Jahrbuch. - 1991/92 (1991), S. 119 - 126

859 A 188918
Regelung offener Vermögensfragen in den neuen Bundesländern : Rückgabe, Entschädigung, Investitionsförderung. - Herne [u.a.] : Verl. für die Rechts- und Anwaltspraxis, 1991. - 301 S. - ISBN: 3-927935-03-4

860 YY 13307 (1991)
Schniewind, Friedrich:
Rückgabe enteigneter Unternehmen nach dem Vermögensgesetz (VermG) / Friedrich Schniewind. - IN: Betriebs-Berater : Beilage. - 1991,21, 28 S.

861 YY 4230 (1990)
Verordnung über die Anmeldung vermögensrechtlicher Ansprüche : (Anmeldeverordnung). - IN: Der Betrieb : DDR-Report. - 1990,8, S. 3097 - 3099

862 YY 13307 (1991)
Weber, Dolf:
Die Enteignungen unter sowjetischer Besatzungsherrschaft und ihre Behandlung im Einigungsvertrag : Überlegungen im Vorfeld einer endgültigen Entscheidung des Bundesverfassungsgerichts / Dolf Weber und Andreas Wilhelm. - (Deutsche Einigung - Rechtsentwicklungen ; 1991 = Folge 18). - IN: Betriebs-Berater : Beilage. - 1991,3, S. 12 - 19

863 YY 12178 (1990)
Wirtschaftsreformen in der DDR : das Eigentum in der Marktwirtschaft / Frankfurter Institut. - IN: Argumente zur Wirtschaftspolitik. - 1990,April = Nr. 31, 6 S.

D-5 Real Estate, Landholding, Land Tax - Grundbesitz, Boden, Grundsteuer

864 XX 4774 (1991)
Andres, Fritz:
Privatisierung der Bodennutzung in den neuen Bundesländern durch Vergabe von Erbbaurechten / Fritz Andres. - IN: Fragen der Freiheit. - 1991,Mai/Juni = H. 210, S. 3 - 16

865 C 172450
Becher, Jürgen:
Bodeneigentum und Bodennutzung im östlichen Teil Deutschlands / Jürgen Becher. - IN: Gesamtdeutsche Eröffnungsbilanz. - 1 (1990), S. 95 - 109

866 YY 2028 (1991)
Beuerlein, Irmtraud:
Flächennutzung in Deutschland : Überblick über die Datenlage / Imtraud Beuerlein. - Graph. Darst. - IN: Wirtschaft und Statistik. - 1991,7, S. 429 - 435

867 YY 4230 (1990)
Bewertung des Grundvermögens und der Betriebsgrundstücke i. S. des § 99 Abs. 1 Nr. 1 BewG sowie Festsetzung der Grundsteuermeßbeträge im beigetretenen Teil Deutschlands ab 1.1.1991 . - IN: Der Betrieb : DDR-Report. - 1990,16, S. 3171 - 3175

868 A 188953
Christoffel, Hans G.:
Das Grundsteuerrecht in den neuen Bundesländern : ein Leitfaden für die Praxis / von Hans Günter Christoffel. - Bielefeld : Schmidt, 1991. - 117 S. - ISBN: 3-503-02952-4

869 YY 13185 (2)
Christoffel, Hans G.:
Orientierungswerte für den Grund und Boden in der DM-Eröffnungsbilanz / Hans-Günter Christoffel. - IN: Grundstücksmarkt und Grundstückswert. - 2 (1991),1, S. 7 - 10

870   Y 1289 (69)
Ehrenforth, Werner:
Bodenreform und Enteignungsentschädigung
: ein Beitrag zum Urteil des Bundes-
verfassungsgerichts vom 23.4.1991 / von
Werner Ehrenforth. - Zsfassung in engl.
u. franz. Sprache. - IN: Berichte über
Landwirtschaft. - 69 (1991),4,
S. 489 - 516

871   A 188587
Eickmann, Dieter:
Grundstücksrecht in den neuen
Bundesländern / von Dieter Eickmann. -
2., neubearb. Aufl. - Köln : Verl.
Kommunikationsforum Recht, Wirtschaft,
Steuern, 1991. - X, 110 S. - (RWS-Skript
; 224). - ISBN: 3-8145-9224-7

872   A 187827
Einheitsbewertung des Grundbesitzes und
Grundsteuerrecht in der ehemaligen DDR
: Gesetze, Erlasse, Materialien,
Erläuterungen / bearb. von Hans Günter
Christoffel. - Herne [u.a.] : Verl. Neue
Wirtschafts-Briefe, 1991. - XII, 418 S.
: graph. Darst. - (NWB-Taschenbücher für
die Praxis). - ISBN: 3-482-45081-1

873   YY 4230 (1990)
Einheitswerte, Vermögensteuer und
Grundsteuer ab 1.1.1991 in der
bisherigen DDR . - IN: Der Betrieb :
DDR-Report. - 1990,15, S. 3165 - 3166

874   YY 403 (45)
Glier, Josef:
Bemessungsgrundlagen der Grundsteuer /
von Josef Glier. - IN: Finanzwirtschaft.
- 45 (1991),5, S. 118 - 120

875   B 249474
Grundeigentumsrecht und Boden-
nutzungsrecht in der DDR :
systematische Sammlung der wichtigsten
Rechtsvorschriften / hrsg. und mit
Anmerkungen vers. von Günther Rohde. -
Berlin : Schmidt, 1990. - XXV, 330 S. -
ISBN: 3-503-03147-2

876   YY 13006 (2)
Krüger, Hartmut:
Die Rechtsnatur des sogenannten
Siedlungseigentums der Neubauern der
kommunistischen Bodenreform in der
ehemaligen Sowjetischen Besatzungszone,
DDR / Hartmut Krüger. - IN:
Deutsch-deutsche Rechts-Zeitschrift. - 2
(1991),11, S. 385 - 393

877   YY 13307 (1991)
Leinemann, Ralf:
Grunderwerb und -veräußerung in den
neuen Bundesländern / Ralf Leinemann. -
(Deutsche Einigung -
Rechtsentwicklungen ; 1991 = Folge 20).
- IN: Betriebs-Berater : Beilage. -
1991,8, S. 10 - 13

878   XX 5236 (7)
Mallmann, Markus:
Zur Struktur des landwirtschaftlichen
Grundbesitzes in der DDR / Markus
Mallmann. - Graph. Darst. - IN: Land,
Agrarwirtschaft und Gesellschaft. - 7
(1990),1, S. 47 - 62

879   YY 4559 (44)
Mannek, W.:
Einheitsbewertung des Grundbesitzes im
Beitrittsgebiet / W. Mannek. - IN: Die
Information über Steuer und Wirtschaft.
- 44 (1990),24, S. 561 - 563

880   YY 4230 (1990)
Pape, Manfred:
Gemeinschaftsunternehmen und Bodenrecht
in der DDR / Manfred Pape. - IN: Der
Betrieb : DDR-Report. - 1990,2,
S. 3024 - 3027

881   XX 4774 (1991)
Rösler, Albrecht:
Zum System einer sozialistischen
Bodenordnung : Bodenrecht in der
ehemaligen Deutschen Demokratischen
Republik / Albrecht Rösler. - IN: Fragen
der Freiheit. - 1991,Januar/Februar = H.
208, S. 4 - 27

882   C 176358
Sammlung amtlicher Texte zur
Wertermittlung von Grundstücken in den
alten und neuen Bundesländern : Stand:
Juni 1991 / hrsg. und mit Anm. versehen
von Wolfgang Kleiber. - 3. Aufl. - Köln
: Bundesanzeiger-Verl.-GmbH, 1991. - 156
S. - (Bundesanzeiger ; 43,213a)

883   YY 13006 (3)
Schildt, Bernd:
Bodenreform und deutsche Einheit /
Bernd Schildt. - IN: Deutsch-deutsche
Rechts-Zeitschrift. - 3 (1992),4,
S. 97 - 102

884   YY 13006 (2)
Schmidt-Räntsch, Jürgen:
Grundbuchvorfahrt bei Investitions-

vorhaben in den neuen Bundesländern : die Allgemeine Verwaltungsvorschrift zur Grundbuchverfahrensbeschleunigung / Jürgen Schmidt-Räntsch. - IN: Deutsch-deutsche Rechts-Zeitschrift. - 2 (1991),3, S. 65 - 68

885   A 187764
Stöckel, Reinhard:
Die Einheitsbewertung von Grundstücken in den neuen Bundesländern ab 1.1.1991 : die neuen Bemessungsgrundlagen für die Besteuerung des Grundbesitzes und anderer Vermögenswerte / Reinhard Stöckel. - Neuwied [u.a.] : Luchterhand, 1991. - XI, 78, 6 S. - ISBN: 3-472-00511-4

886   YY 13307 (1990)
Vogel, Roland R.:
Zur Ermittlung von Grundstückswerten (Bodenpreisen) in der DDR : Bedarf an Grundstücksbewertungen in der DDR / Roland R. Vogel. - (DDR-Rechtsentwicklungen ; 13). - IN: Betriebs-Berater : Beilage. - 1990,33, S. 8 - 17

887   YY 9549 (20)
Zierold, York:
Rechtsfragen des landwirtschaftlichen Bodeneigentums und des Bodennutzungsrechtes der landwirtschaftlichen Produktionsgenossenschaft / von York Zierold. - IN: Agrarrecht. - 20 (1990),10, S. 276 - 281

D-6 Privatization, Treuhandanstalt, Reorganization, Deconcentration, Reprivatization - Privatisierung, Treuhandanstalt, Sanierung, Entflechtung, Reprivatisierung

888   C 174962
Bahrmann, Hannes:
Treuhandanstalt - Mammutbehörde mit gewaltigen Aufgaben / [Verf.: Hannes Bahrmann]. - Hamburg, 1991. - 15 Bl. - (DPA-Hintergrund ; 3367)

889   B 256681
Beyer, Heinrich:
Sanierung und/oder Privatisierung? : zur Umstrukturierung der ostdeutschen Unternehmen durch die Treuhandanstalt / Heinrich Beyer ; Hans G. Nutzinger. - IN: Wirtschaftspolitische Konsequenzen der deutschen Vereinigung / Andreas Westphal ... (Hg.). - Frankfurt, 1991. - ISBN 3-593-34507-2. - S. 247 - 266. - (Reihe "Wirtschaftswissenschaft" ; 15)

890   B 261245
Bleckmann, Albert:
Zur verfassungsrechtlichen Sanierungspflicht der Treuhandanstalt : die Verantwortung des Bundes für die Wirtschaft in den neuen Bundesländern / von Albert Bleckmann. - Köln [u.a.] : Heymann, 1992. - VIII, 93 S. - (Völkerrecht - Europarecht - Staatsrecht ; 3). - ISBN: 3-452-22428-7

891   YY 13307 (1991)
Böhringer, Walter:
Die Privatisierungsreform im Osten aus grundbuchrechtlicher Sicht / Walter Böhringer. - (Deutsche Einigung - Rechtsentwicklungen ; 1991 = Folge 22). - IN: Betriebs-Berater : Beilage. - 1991,13, S. 1 - 9

892   X 416 (62)
Bös, Dieter:
Privatization and the transition from planned to market economies : some thoughts about Germany 1991 / by Dieter Bös. - IN: Annales de l'économie publique sociale et coopérative. - 62 (1991),2, S. 183 - 194

893   W 128 (92.8)
Bös, Dieter:
Privatization in East Germany : a survey of current issues / prepared by Dieter Bös. - [Washington, DC] : Internat. Monetary Fund, Fiscal Affairs Dep., 1992. - III, 27 S. - (IMF working paper ; 92,8)

894   A 192448
Breuel, Birgit:
"Arbeit der Treuhandanstalt - Rückschau und Perspektiven" / Birgit Breuel. - Hamburg, 1991. - 14 S. - (Mitteilungen / Der Übersee-Club e. V. ; 91,6). - Auch in: Jahrbuch ... / Der Übersee-Club ; 1990/91

895   B 260730
Breuel, Birgit:
Privatisierung und Sanierung - Marktwirtschaft aus der Retorte in der EG? / Birgit Breuel. - IN: Das vereinigte Deutschland im europäischen Markt. - Düsseldorf, 1992. - ISBN 3-8021-0519-2. - S. 153 - 161. -

(Bericht über die Fachtagung ... des Instituts der Wirtschaftsprüfer in Deutschland e. V. ; 23)

896 A 192793
Brezinski, Horst:
Privatisation in East-Germany = Privatisierung in Ost-Deutschland / Horst Brezinski. - Graph. Darst. - Zsfassung in dt. Sprache. - IN: Monetary reforms and policies in Poland / W. Fuhrmann ... (eds.). - Göttingen, 1992. - ISBN 3-928449-07-9. - S. 169 - 202. - (Institut für Wirtschaftsstudien : Reihe 2 ; 5)

897 YY 12675 (6)
Buchholz, Wolfgang:
East Germany : the privatisation of state-owned companies / Wolfgang Buchholz. - IN: Butterworths journal of international banking and financial law. - 6 (1991),4, S. 179 - 182

898 C 175619
Bühner, Rolf:
Management-Holding : Unternehmensstruktur der Zukunft / Rolf Bühner. - Landsberg/Lech : Verl. Moderne Industrie, 1992. - 246 S. : graph. Darst. - ISBN: 3-478-32140-9

899 YY 8448 (1991)
Cloes, Roger:
Treuhandanstalt ein Risikofaktor für Haushalt und Kapitalmarkt / Roger Cloes. - IN: Die Bank. - 1991,8, S. 416 - 420

900 B 260508
Cornelsen, Doris:
Privatisierung in Mittel- und Osteuropa : sind Erfahrungen aus Ostdeutschland übertragbar? / von Doris Cornelsen. - Kommentar S. 117. - IN: Von der Plan- zur Marktwirtschaft. / hrsg. von Bernhard Gahlen ... - Tübingen, 1992. - ISBN 3-16-145908-3. - S. 105 - 115. - (Schriftenreihe des Wirtschaftswissenschaftlichen Seminars Ottobeuren ; 21)

901 W 201 (137)
Cox, Helmut:
Entflechtung der Kombinate, Privatisierung und Deregulierung in der DDR / Helmut Cox. - Duisburg, 1990. - 17 Bl. - (Diskussionsbeiträge / Fachbereich Wirtschaftswissenschaft, Universität Duisburg, Gesamthochschule ; 137)

902 W 508 (26)
Cox, Helmut:
Entflechtung und Privatisierung in der DDR : Überlegungen und Denkmodelle / Helmut Cox. - Duisburg : Forschungsgruppe Öffentliche Wirtschaft, 1990. - 29, 2 Bl. - (Diskussionsbeiträge zur öffentlichen Wirtschaft ; 26)

903 B 256682
Cox, Helmut:
Entflechtung, Privatisierung und Vermögenspolitik : Perspektiven des Umstrukturierungsprozesses in den neuen Bundesländern / von Helmut Cox. - IN: Der Umbau / Uwe Jens (Hrsg.). Mit Beitr. von Wilhelm Krelle ... - Baden-Baden, 1991. - ISBN 3-7890-2469-4. - S. 113 - 130.

904 B 257267
Delhaes, Karl von:
Entstaatlichung und Entflechtung von Unternehmen des "vergesellschafteten" Sektors / von K. v. Delhaes und W. Jermakowicz. - IN: Transformation der Eigentumsordnung im östlichen Mitteleuropa / J.-G.-Herder-Institut. - Marburg/Lahn, 1991. - ISBN 3-87969-222-X. - S. 89 - 102. - (Wirtschafts- und sozialwissenschaftliche Ostmitteleuropa-Studien ; 17)

905 C 172337
Deutschland <Bundesrepublik> / Bundesminister für Wirtschaft / Wissenschaftlicher Beirat:
Gutachten des Wissenschaftlichen Beirats beim Bundesministerium für Wirtschaft zu Problemen der Privatisierung in den neuen Bundesländern . - [Bonn], [1991]. - 22, 3 S.

906 Y 59 (71)
Dluhosch, Barbara:
Privatisierung in den neuen Bundesländern : Reaktionen der Kapital- und Gütermärkte / Barbara Dluhosch. - IN: Wirtschaftsdienst. - 71 (1991),8, S. 416 - 422

907 YY 4230 (1990)
Dornberger, Gerhard:
Das Gesetz zur Privatisierung und Reorganisation des volkseigenen Vermögens (Treuhandgesetz) / Gerhard Dornberger und Ute Dornberger. - IN: Der

Betrieb : DDR-Report. - 1990,4,
S. 3043 - 3045

908 YY 13232 (1991)
Fischer, Monika:
Zum Auftrag und zur Politik der
Treuhandanstalt / von Monika Fischer
und Rainer Radtke. - IN: IPW-Berichte. -
1991,6, S. 24 - 29

909 A 192359
Flug, Martin:
Treuhand-Poker : die Mechanismen des
Ausverkaufs / Martin Flug. - 1. Aufl. -
Berlin : Links, 1992. - 245 S. - ISBN:
3-86153-028-7

910 C 170822
Freund, Werner:
Der Reprivatisierungsprozeß in den neuen
Bundesländern / von Werner Freund ;
Friedrich Kaufmann ; Axel Schmidt. -
Bonn, 1990. - I, 55 S. : graph. Darst. -
(IfM-Materialien ; 79)

911 B 259485
Freyend, Eckhard. J. von:
Aufgaben der Treuhandanstalt / von
Eckart John von Freyend. - IN: Erfolg im
Osten / Hermann Hill (Hrsg.). -
Baden-Baden, 1992. - ISBN 3-7890-2548-8.
- S. 68 - 76.

912 XX 5131 (1991)
Friedrich, Peter:
Die Treuhandanstalt als Wirtschafts-
förderungsinstrument / Peter Friedrich.
- IN: Gemeinwirtschaft. - 1991,6,
S. 77 - 116

913 YY 4230 (44)
Ganske, Joachim:
Spaltung der Treuhandunternehmen /
Joachim Ganske. - IN: Der Betrieb. - 44
(1991),15, S. 791 - 797

914 YY 13307 (1990)
Gebhardt, Christian:
Einzelprobleme bei der Reprivatisierung
ehemaliger volkseigener Betriebe (VEB)
der DDR / Christian Gebhardt. -
(DDR-Rechtsentwicklungen ; 11). - IN:
Betriebs-Berater : Beilage. - 1990,28,
S. 21 - 22

915 YY 2811 (44)
Giersch, Herbert:
Werte und Preise : Herbert Giersch über
Privatisierung in der DDR. - IN:
Wirtschaftswoche. - 44 (1990),36, S. 48

916 XX 631 (43)
Godau, H.-J.:
Probleme der Reprivatisierung / von
H.-J. Godau. - Graph. Darst. - (Aufgaben
und Perspektiven unternehmerischer
Aktivitäten in den neuen Bundesländern).
- IN: Betriebswirtschaftliche Forschung
und Praxis. - [43] (1991),2,
S. 121 - 137

917 B 260730
Groß, Paul J.:
Sanierungsberatung in der ehemaligen DDR
/ Paul J. Gross. - Graph. Darst. - IN:
Das vereinigte Deutschland im
europäischen Markt. - Düsseldorf, 1992.
- ISBN 3-8021-0519-2. - S. 217 - 236. -
(Bericht über die Fachtagung ... des
Instituts der Wirtschaftsprüfer in
Deutschland e. V. ; 23)

918 YY 3893 (45)
Gürtler, Joachim:
Neue Bundesländer: privatisierte
Industrieunternehmen deutlich
erfolgreicher / Joachim Gürtler. - IN:
Ifo-Schnelldienst. - 45 (1992),8,
S. 10 - 13

919 B 257295
Hamm, Walter:
Versagt die Treuhandanstalt? / von
Walter Hamm. - IN: Wirtschaftspolitische
Probleme der Integration der ehemaligen
DDR in die Bundesrepublik / von Hartwig
Bartling ... Hrsg. von Helmut Gröner ...
- Berlin, 1991. - ISBN 3-428-07275-8. -
S. 61 - 78. - (Schriften des Vereins für
Socialpolitik, Gesellschaft für
Wirtschafts- und Sozialwissenschaften ;
N.F.,212)

920 C 175084
Hansel, Frank-Christian:
Systemtransformation und Treuhandanstalt
: von der Plan- zur Geldwirtschaft /
Verf.: Frank-Christian Hansel. - 1991. -
93 Bl. - Berlin, Freie Univ.,
Diplomarb., 1991

921 B 261082
Hax, Herbert:
Privatization agencies : the Treuhand
approach / Herbert Hax. - Kommentare S.
156 - 162. - IN: Privatization /
Symposium in Honor of Herbert Giersch.
Institut für Weltwirtschaft an der

Universität Kiel. Ed. by Horst Siebert.
- Tübingen, 1992. - ISBN 3-16-145964-4 ;
3-16-145965-2. - S. 143 - 155.

922 YY 13307 (1990)
Hebing, Wilhelm:
Bestellung von Vorstand und Aufsichtsrat
bei Umwandlung volkseigener Kombinate
und Betriebe in Aktiengesellschaften /
Wilhelm Hebing und Matthias Jaletzke. -
(Deutsche Einigung - Rechtsentwicklungen
; 1990,15). - IN: Betriebs-Berater :
Beilage. - 1990,37, S. 5 - 10

923 C 175774
Heimpold, Gerhard:
Privatisierung in den neuen
Bundesländern : Bestandsaufnahme und
Perspektiven / Gerhard Heimpold ; Harald
Kroll ; Manfred Wilhelm. - Berlin, 1991.
- 97 S. : graph. Darst. - (Forschungsreihe / Institut für Angewandte
Wirtschaftsforschung, Berlin ; 91,14)

924 B 259803
Hillebrandt, Volker:
Aufgaben der Treuhandanstalt im
Erneuerungsprozeß / Volker Hillebrandt.
- IN: Vitalisierung der ostdeutschen
Wirtschaft / mit Beitr. von Peter Frerk
... [Hrsg. von Hans Besters]. -
Baden-Baden, 1992. - ISBN 3-7890-2584-4.
- S. 143 - 151. - (Gespräche der
List-Gesellschaft e. V. ; N.F.,14)

925 YY 13273 (3)
Hörger, Helmut:
Spaltung von Kapitalgesellschaften :
vor der Privatisierung durch die
Treuhand ; praktische Fragen und
Gestaltungen / Helmut Hörger. - IN:
Europäisches Wirtschafts- & Steuerrecht.
- 3 (1992),5, S. 125 - 131

926 YY 846 (43)
Hoffmann, Diether:
Zur Umstrukturierung der DDR-Unternehmen
/ Diether Hoffmann. - IN: Zeitschrift
für das gesamte Kreditwesen. - 43
(1990),13, S. 666 - 670

927 YY 95 (47)
Hohmeister, Frank U.:
Handlungsbefugnisse der Treuhandanstalt
und Rechtsschutzmöglichkeiten
Betroffener / Frank Udo Hohmeister. -
IN: Betriebs-Berater. - 47 (1992),5,
S. 285 - 290

928 XX 3852 (24)
Homann, Fritz:
Treuhandanstalt : Zwischenbilanz,
Perspektiven / Fritz Homann. - IN:
Deutschland-Archiv. - 24 (1991),12,
S. 1277 - 1287

929 B 254067
Horn, Norbert:
Gesellschaftsrechtliche Probleme der
Umwandlung der DDR-Unternehmen /
Norbert Horn. - IN: Festschrift für
Alfred Kellermann zum 70. Geburtstag am
29. November 1990 / hrsg. von Reinhard
Goerdeler ... - Berlin, 1991. - ISBN
3-11-012549-8. - S. 201 - 210. -
(Zeitschrift für Unternehmens- und
Gesellschaftsrecht : Sonderheft ; 10)

930 B 258052
Horn, Norbert:
Die Privatisierung der Wirtschaft und
die Herstellung gleicher Lebensbedingungen im neuen Bundesgebiet /
Norbert Horn. - IN: Mittel- und
Osteuropa im marktwirtschaftlichen
Umbruch. - Köln, 1991. - ISBN
3-452-22213-6. - S. 33 - 56. -
(FIW-Schriftenreihe ; 142)

931 B 256800
Horn, Norbert:
Privatisierung und Reprivatisierung von
Unternehmen : Eigentumsschutz und
Investitionsförderung im Lichte der
neuesten Gesetzgebung / von Norbert
Horn. - IN: Treuhandunternehmen im
Umbruch / hrsg. von Peter Hommelhoff. -
Köln, 1991. - ISBN 3-8145-5007-2. -
S. 133 - 172. - (RWS-Forum ; 7)

932 A 189759
Hummel, Detlev:
Reprivatisierung und Kapitalmarktfinanzierung in den neuen Ländern / von
Detlev Hummel. - IN: Probleme der
Einheit. - 3 (1991), S. 46 - 60

933 C 170823
Kokalj, Ljuba:
Zum Stand der Privatisierung der
ehemaligen volkseigenen Betriebe in
Deutschland / von Ljuba Kokalj ; Wolf
Richter ; Christiane Corte. - Bonn,
1990. - 69 S. - (IfM-Materialien ; 78)

934 Y 59 (71)
Kroll, Harald:
Auf dem Wege zum marktkonformen Eigentum

/ Harald Kroll ; Manfred Wilhelm. -
Graph. Darst. - IN: Wirtschaftsdienst. -
71 (1991),10, S. 520 - 527

935   C 173540
Kroll, Harald:
Strategie und Verlauf der Privatisierung
in den neuen Bundesländern / Harald
Kroll ; Manfred Wilhelm. - Berlin, 1991.
- 52, 6 S. - (Forschungsreihe / Institut
für Angewandte Wirtschaftsforschung,
Berlin ; 91,8). - Druckschriftennr.:
Bestellnr. 91 01 08

936   A 187647
Kubon-Gilke, Gisela:
Die Bedeutung ökonomischer
Organisationsstrukturen für eine
effiziente Faktorallokation / von
Gisela Kubon-Gilke. - IN: Probleme der
Einheit. - 1 (1991), S. 47 - 64

937   YY 13006 (1)
Lachmann, Jens-Peter:
Das Treuhandgesetz / Jens-Peter
Lachmann. - IN: Deutsch-deutsche
Rechts-Zeitschrift. - 1 (1990),7,
S. 238 - 240

938   B 249225
Leipold, Helmut:
Die Politik der Privatisierung und
Deregulierung : Lehren für die Wirt-
schaftsformen im Sozialismus / Helmut
Leipold. - IN: Zur Transformation von
Wirtschaftssystemen / Forschungsstelle
zum Vergleich wirtschaftlicher Lenkungs-
systeme, Fachbereich Wirtschafts-
wissenschaften, Philipps-Universität,
Marburg. [Autoren: Alfred Schüller ...].
- Marburg, 1990. - ISBN 3-923647-14-X. -
S. 133 - 158. - (Arbeitsberichte zum
Systemvergleich ; 15)

939   YY 9653 (21)
Leipold, Helmut:
Probleme und Konzepte der Privatisierung
von Staatseigentum / Helmut Leipold. -
IN: Wirtschaftswissenschaftliches
Studium. - 21 (1992),2, S. 54 - 59

940   YY 4230 (44)
Liebs, Rüdiger:
Probleme der Rückgabe enteigneter
Unternehmen in der früheren DDR : die
potentiellen Konflikte zwischen den
früheren Eigentümern und der Treuhand /
Rüdiger Liebs und Peter Preu. - IN: Der
Betrieb. - 44 (1991),3, S. 145 - 153

941   YY 13307 (1991)
Lipps, Wolfgang:
Gesetzgebungs- und Anwendungsfehler im
Treuhandrecht der ehemals volkseigenen
Wirtschaft / Wolfgang Lipps. -
(Deutsche Einigung - Rechtsentwicklungen
; 1991 = Folge 21). - IN:
Betriebs-Berater : Beilage. - 1991,9,
S. 1 - 6

942   XX 3852 (24)
Luft, Hans:
Die Treuhandanstalt : deutsche
Erfahrungen und Probleme bei der
Transformation von Wirtschaftsordnungen
/ Hans Luft. - IN: Deutschland-Archiv. -
24 (1991),12, S. 1270 - 1276

943   B 256800
Lutter, Marcus:
Finanzausstattung der Kapital-
gesellschaften / von Marcus Lutter. -
IN: Treuhandunternehmen im Umbruch /
hrsg. von Peter Hommelhoff. - Köln,
1991. - ISBN 3-8145-5007-2. -
S. 61 - 78. - (RWS-Forum ; 7)

944   YY 7655 (41)
Maier, Harry:
Integrieren statt zerstören : für eine
gemischtwirtschaftliche Strategie in den
neuen Bundesländern / Harry Maier. - IN:
Aus Politik und Zeitgeschichte. - 41
(1991),29, S. 3 - 12

945   A 186238
Maier, Harry:
Privatisierung und Entflechtung : Wege
zu einer wettbewerbsfähigen Wirtschafts-
struktur / von Harry Maier. - IN: Von
der Planwirtschaft zur Marktwirtschaft /
hrsg. von Karl Heinrich Oppenländer ...
- München, 1990. - ISBN 3-88512-130-1. -
S. 133 - 146. - (Ifo-Studien zur
Ostforschung ; 4)

946   YY 13307 (1990)
Maskow, Dietrich:
Rechtsfragen der Privatisierung in den
ostdeutschen Bundesländern / Dietrich
Maskow und Jutta Hoffmann. - (Deutsche
Einigung - Rechtsentwicklungen ;
1990,17). - IN: Betriebs-Berater :
Beilage. - 1990,40, S. 1 - 10

947   YY 13307 (1990)
Maskow, Dietrich:
Die Umwandlung von volkseigenen
Betrieben in Kapitalgesellschaften /

Dietrich Maskow. - (DDR-Rechtsentwicklungen ; 4). - IN: Betriebs-Berater : Beilage. - 1990,13, S. 1 - 8

948 Y 10872 (1991)
Maurer, Rainer:
Privatisierung in Ostdeutschland : zur Arbeit der Treuhandanstalt / von Rainer Maurer, Birgit Sander und Klaus-Dieter Schmidt. - Graph. Darst. - IN: Die Weltwirtschaft. - 1991,1, S. 45 - 66

949 YY 13232 (1991)
Modrow, Hans:
Die Treuhand : Idee und Wirklichkeit / von Hans Modrow. - IN: IPW-Berichte. - 1991,7/8, S. 39 - 42

950 B 254067
Möschel, Wernhard:
Privatisierung, Entflechtung, Sanierung von DDR-Unternehmen / Wernhard Möschel. - IN: Festschrift für Alfred Kellermann zum 70. Geburtstag am 29. November 1990 / hrsg. von Reinhard Goerdeler ... - Berlin, 1991. - ISBN 3-11-012549-8. - S. 309 - 315. - (Zeitschrift für Unternehmens- und Gesellschaftsrecht : Sonderheft ; 10)

951 XX 4691 (20)
Möschel, Wernhard:
Treuhandanstalt und Neuordnung der früheren DDR-Wirtschaft / von Wernhard Möschel. - IN: Zeitschrift für Unternehmens- und Gesellschaftsrecht. - 20 (1991),1, S. 175 - 188

952 YY 725 (43)
Müller, Heinz D.:
Gesetz zur Privatisierung und Reorganisation des volkseigenen Vermögens (Treuhandgesetz) / von Heinz D. Müller. - IN: Die Wirtschaftsprüfung. - 43 (1990),15, S. 413 - 420

953 YY 4230 (45)
Neuber, Ulrich:
Ausgleichsforderungen und -verbindlichkeiten unter Berücksichtigung des Vermögensgesetzes / Ulrich Neuber. - IN: Der Betrieb. - 45 (1992),3, S. 104 - 107

954 YY 11079 (12)
Niederleithinger, Ernst:
Die Reprivatisierung der zwischen 1949 und 1972 in der DDR enteigneten Unternehmen / Ernst Niederleithinger. - IN: Zeitschrift für Wirtschaftsrecht. - 12 (1991),1, S. 62 - 66

955 B 261176
Oberhauser, Alois:
Vermögenspolitische Aspekte des Privatisierungsprozesses / von Alois Oberhauser. - IN: Die Wirtschaftswissenschaft im Dienste der Politikberatung / hrsg. vom Heinrich Mäding ... - Berlin, 1992. - ISBN 3-428-07386-X. - S. 249 - 259.

956 XX 4683 (40)
Odewald, Jens:
Arbeit und Perspektiven der Treuhandanstalt / Jens Odewald. - IN: Zeitschrift für Wirtschaftspolitik. - 40 (1991),3, S. 205 - 217

957 XX 4735 (13)
Öffentliche Unternehmen und soziale Marktwirtschaft : aktueller Handlungsbedarf im Umstrukturierungsprozeß der DDR ; Gutachten des Wissenschaftlichen Beirats der Gesellschaft für Öffentliche Wirtschaft. - IN: Zeitschrift für öffentliche und gemeinwirtschaftliche Unternehmen. - 13 (1990),3, S. 304 - 317

958 C 171977
Ollig, Gerhard:
Privatisierung von staatlichen Unternehmen in der ehemaligen DDR / Gerhard Ollig. - IN: Die Organisation der wirtschaftlichen Tätigkeit westlicher Unternehmen und die Privatisierung von Staatsunternehmen in der ehemaligen DDR / von Leonhard Aulinger ; Gerhard Ollig. Eberhard Schwark (Hrsg.). - Bochum, 1991. - S. 27 - 45. - (Arbeitsbericht / Institut für Unternehmungsführung und Unternehmensforschung, Ruhr-Universität Bochum ; 50)

959 C 171977
Die Organisation der wirtschaftlichen Tätigkeit westlicher Unternehmen und die Privatisierung von Staatsunternehmen in der ehemaligen DDR : Vorträge, gehalten im Rahmen des Wirtschaftswissenschaftlichen Forums an der Ruhr-Universität Bochum / von Leonhard Aulinger ; Gerhard Ollig. Eberhard Schwark (Hrsg.). - Bochum, 1991. - III, 51 Bl. - (Arbeitsbericht / Institut für Unternehmungsführung und Unternehmensforschung,

Ruhr-Universität Bochum ; 50). - Enth. 2 Beitr.

960   C 171162
Pataki, István:
A privatizációs folyamat Kelet-Németországban az újraegyesítés körülményei között / Pataki István. - IN: A privatizációs kihívás Közép-Kelet-Európában / MTA Világgazdasági Kutató Intézet, Tudományos Tájékoztató Szolgálatának. Szerk.: Mizsei Kálmán ... - [Budapest], 1990. - ISBN 963-301-126-4. - S. 20 - 42.

961   W 51 (1992.2)
Priewe, Jan:
Auftrag, Funktion, Handlungsoptionen und -grenzen der Treuhandanstalt als wichtigem Akteur im Transformationsprozeß / Jan Priewe. - IN: Zur Arbeitsmarktentwicklung und zum Einsatz arbeitsmarktpolitischer Instrumente in den neuen Bundesländern / Wilhelm Peters (Hrsg.). - Gelsenkirchen, 1992. - S. 103 - 125. - (Arbeitspapiere aus dem Arbeitskreis SAMF ; 1992,2)

962   XX 2796 (36)
Priewe, Jan:
Logik des Kahlschlags : die Aufgaben der Treuhand-Anstalt sind unlösbar / von Jan Priewe. - IN: Blätter für deutsche und internationale Politik. - 36 (1991),2, S. 208 - 215

963   XX 2796 (36)
Priewe, Jan:
Sanieren, dezentralisieren, demokratisieren : Plädoyer für die Neufassung des Treuhandgesetzes / von Jan Priewe. - IN: Blätter für deutsche und internationale Politik. - 36 (1991),7, S. 843 - 850

964   A 189760
Priewe, Jan:
Die Treuhandanstalt braucht einen neuen gesetzlichen Auftrag / von Jan Priewe. - IN: Probleme der Einheit. - 2 (1991), S. 57 - 81

965   C 172504
Privatisierung der Unternehmen in den neuen Bundesländern : Probleme und Wege ; ausgewählte Beiträge. - Berlin, 1991. - 38 S. - (Forschungsreihe / Institut für Angewandte Wirtschaftsforschung, Berlin ; 91,2). - Enth. 4 Beitr.

966   C 177425
Die Privatisierung des volkseigenen Vermögens : Gesetze, Verordnungen, Arbeitshilfen, Materialien / hrsg. und eingeleitet von Herbert Biener ... - Köln : Bundesanzeiger, 1992. - 809 S. - ISBN: 3-88784-305-3

967   X 19017 (1989/90)
Privatisierung und Schaffung wettbewerblicher Strukturen im ehemaligen DDR-Gebiet : Podiumsdiskussion / Rolf Geberth ... - Enth. 5 Beitr. - IN: Schwerpunkte des Kartellrechts ... - 1989/90 (1991), S. 45 - 54

968   A 191135
Privatizáció Kelet-Európában : alternatívák, érdekek, törvények / Apáthy Ervin ... - Budapest : Atlantisz, 1991. - 189 S. - (East-European-non-fiction). - ISBN: 963-7978-01-1

969   YY 11431 (1991)
Prosi, Gerhard:
Privatisierung und Finanzierung benötigen neue Methoden / Gerhard Prosi. - IN: Orientierungen zur Wirtschafts- und Gesellschaftspolitik. - 1991,1 = 47, S. 30 - 33

970   YY 11079 (12)
Regierungsentwürfe zur Beseitigung von Hemmnissen bei der Privatisierung in den neuen Bundesländern und zur Spaltung von Treuhandunternehmen . - IN: Zeitschrift für Wirtschaftsrecht. - 12 (1991),4, S. 253 - 272

971   A 187165
Die Reprivatisierung der 72er : Reprivatisierung von seit 1972 in Volkseigentum übergeleiteten Betrieben mit staatlicher Beteiligung, Privatbetrieben und Produktionsgenossenschaften / hrsg. vom Ministerium für Wirtschaft, Abteilung Mittelstandspolitik. - 1. Aufl. - Berlin : Hauf, 1990. - 58 S. - ISBN: 3-329-00841-5

972   YY 6347 (36)
Roggemann, Herwig:
Unternehmensumwandlung und Privatisierung in Osteuropa und Ostdeutschland : rechtliche Probleme und Voraussetzungen / Herwig Roggemann. - IN: Recht in Ost und West. - 36 (1992),2, S. 36 - 53

973 Y 59 (72)
Rühmann, Peter:
Kaufoptionen - ein Ansatzpunkt zur
Privatisierung von Treuhandunternehmen?
/ Peter Rühmann. - IN: Wirtschafts-
dienst. - 72 (1992),5, S. 247 - 249

974 C 175250
Sanierung und Konsolidierung der
Wirtschaft in der DDR : Herausforderung
für Prüfer und Berater ; Dokumentation
einer Informationsveranstaltung der
Wirtschaftsprüferkammer und der
Treuhandanstalt am 27.7.1990 in Berlin
mit umfangreichem Textteil ;
Wirtschaftsprüferkammer-Mitteilungen,
Sonderheft. - Köln : Schmidt, 1990. - S.
165 - 240.

975 B 261487
Schatz, Klaus-Werner:
Privatization : lessons from the German
experience with the Treuhandanstalt /
Klaus-Werner Schatz. - IN:
Re-integration of Poland into the West
European Economy / Foreign Trade
Research Institute. [Ed. by Krzysztof
Kaczyński ...]. - Warsaw, 1992. -
S. 165 - 176.

976 Y 59 (71)
Schmid-Schönbein, Thomas:
Die Transformationspolitik der
Treuhandanstalt / Thomas
Schmid-Schönbein ; Frank-C. Hansel. -
IN: Wirtschaftsdienst. - 71 (1991),9,
S. 462 - 469

977 C 173102
Schmidt, Axel:
Reprivatisierungsreport : laufende
Berichterstattung über die
Reprivatisierung von Unternehmen in den
neuen Bundesländern / von Axel Schmidt
und Friedrich Kaufmann. - Bonn, 1991. -
I, 24 Bl. - (IfM-Materialien ; 84)

978 B 259540
Schmidt, Hilmar:
Neustrukturierung durch Privatisierung
: die Rolle der Treuhandanstalt / von
Hilmar Schmidt. - Kommentar S. 58 - 64.
- IN: Die deutsch-deutsche Integration /
[Schriftl.: Herbert Wilkens]. - Berlin,
1992. - ISBN 3-428-07315-0. -
S. 47 - 57. - (Beihefte der
Konjunkturpolitik ; 39)

979 B 256800
Schmidt, Reiner:
Aufgaben und Struktur der
Treuhandanstalt im Wandel der
Wirtschaftslage / von Reiner Schmidt. -
IN: Treuhandunternehmen im Umbruch /
hrsg. von Peter Hommelhoff. - Köln,
1991. - ISBN 3-8145-5007-2. -
S. 17 - 38. - (RWS-Forum ; 7)

980 C 171427
Schmieding, Holger:
Privatisierung in Mittel- und Osteuropa
: Konzepte für den Hindernislauf zur
Marktwirtschaft / von Holger Schmieding
und Michael J. Koop. - Kiel : Inst. für
Weltwirtschaft, 1991. - 33 S. - (Kieler
Diskussionsbeiträge ; 165). - ISBN:
3-925357-98-X

981 YY 2811 (44)
Schmieding, Holger:
Unschätzbare Vorteile : Ostdeutschland:
Staatsunternehmen sollen umgehend
privatisiert werden / von Holger
Schmieding. - Ill. - IN: Wirtschafts-
woche. - 44 (1990),42, S. 171 - 175

982 YY 13307 (1991)
Semler, Johannes:
Zur Umwandlung ehemaliger Kombinate und
Kombinatsbetriebe : die Umwandlungs-
verordnung vom 1. März 1990 / Johannes
Semler. - (Deutsche Einigung -
Rechtsentwicklungen ; 1991 = Folge 22).
- IN: Betriebs-Berater : Beilage. -
1991,13, S. 9 - 12

983 XX 3381 (30)
Siebert, Horst:
Die Privatisierung von Unternehmen beim
Übergang in die Marktwirtschaft / Horst
Siebert. - IN: Volkswirtschaftliche
Korrespondenz der Adolf-Weber-Stiftung.
- 30 (1991),1, [4] S.

984 C 168743
Siebert, Horst:
Restructuring industry in the GDR / by
Horst Siebert and Holger Schmieding. -
Kiel : Kiel Inst. of World Economics,
1990. - 22 S. - (Kieler Arbeitspapiere ;
431)

985 XX 2701 (17)
Siepmann, Udo:
Sanierung ostdeutscher Betriebe :
Ansätze und Erfolgsbedingungen / Udo
Siepmann. - IN: List-Forum für

Wirtschafts- und Finanzpolitik. - 17 (1991),1, S. 1 - 8

986 W 624 (8)
Sinn, Hans-Werner:
Privatization in East Germany / Hans-Werner Sinn. - Munich, 1991. - 28 S. - (CES working paper series ; 8)

987 W 1 (3998)
Sinn, Hans-Werner:
Privatization in East Germany / Hans-Werner Sinn. - Cambridge, MA, 1992. - 28 S. - (Working paper series / National Bureau of Economic Research, Inc. ; 3998)

988 YY 2811 (45)
Sinn, Hans-Werner:
Verteilen statt verkaufen : neue Bundesländer: Streit um die Mitgift / von Hans-Werner Sinn. - Ill. - IN: Wirtschaftswoche. - 45 (1991),5, S. 78 - 81

989 YY 6473 (1991)
Smirnova, Svetlana A.:
Privatizacija na vostoke Germanii : besprecedentnyj èksperiment / S. Smirnova. - In kyrill. Schr., russ. - IN: Mirovaja èkonomika i meždunarodnye otnošenija. - 1991,10, S. 112 - 122

990 B 251903
Smith, Roy C.:
Privatization programs of the 1980s : lessons for the Treuhandanstalt / by Roy C. Smith. - Kiel : Inst. für Weltwirtschaft an der Univ. Kiel, 1991. - 18 S. - (Kieler Vorträge ; N.F.,119). - ISBN: 3-89456-000-2

991 XX 2680 (38)
Stark, David:
Privatizációs stratégiák Közép-Kelet-Európában / David Stark. - Zsfassung in engl. u. russ. Sprache. - Zsf. u. d. T.: Privatization strategies in East-Central Europe. - IN: Közgazdasági szemle. - 38 (1991),12, S. 1121 - 1142

992 Y 370 (58)
Subventionierung und Privatisierung durch die Treuhandanstalt : Kurswechsel erforderlich / [bearb. von Heiner Flassbeck ...]. - IN: Wochenbericht / Deutsches Institut für Wirtschaftsforschung. - 58 (1991),41, S. 575 - 579

993 B 258051
Suhr, Heinz:
Der Treuhandskandal : wie Ostdeutschland geschlachtet wurde / Heinz Suhr. - Frankfurt am Main : Eichborn, 1991. - 207 S. - ISBN: 3-8218-1144-7

994 A 190957
Die Tätigkeit der Treuhandanstalt : schnelle Privatisierung, entschlossene Sanierung, behutsame Stillegung / Der Bundesminister der Finanzen. - Bonn : Der Bundesminister der Finanzen informiert, Referat Öffentlichkeitsarbeit, 1991. - 34 S. : graph. Darst. - (Der Bunderminister der Finanzen informiert)

995 YY 3893 (44)
Thanner, Benedikt:
Privatisierung im Widerstreit der Interessen und Meinungen / Benedikt Thanner. - IN: Ifo-Schnelldienst. - 44 (1991),16/17, S. 21 - 28

996 YY 3893 (43)
Thanner, Benedikt:
Privatisierung in Ostdeutschland und Osteuropa : Probleme und erste Erfahrungen / Benedikt Thanner. - IN: Ifo-Schnelldienst. - 43 (1990),31, S. 11 - 17

997 Y 59 (71)
Treuhandanstalt - ist Kritik berechtigt? / Birgit Breuel, Kajo Schommer und Christian Watrin. - Enth. 3 Beitr. - IN: Wirtschaftsdienst. - 71 (1991),4, S. 163 - 170

998 B 249694
Treuhandanstalt und Treuhandgesetz / hrsg. von Peter Hommelhoff ... - Stand: 5. September 1990. - Köln : Verl. Kommunikationsforum Recht, Wirtschaft, Steuern, 1990. - Getr. Zählung. - (RWS-Dokumentation ; 3). - ISBN: 3-8145-1851-9

999 B 256800
Treuhandunternehmen im Umbruch : Recht und Rechtswirklichkeit beim Übergang in die Marktwirtschaft / hrsg. von Peter Hommelhoff. - Köln : Verl. Kommunikationsforum Recht, Wirtschaft, Steuern, 1991. - 213 S. - (RWS-Forum ; 7). - Enth. 7 Beitr. - ISBN: 3-8145-5007-2

1000 YY 95 (47)
Uhlenbruck, Wilhelm:
Die Treuhandanstalt und die
gesellschaftsrechtlichen Haftungsnormen
/ Wilhelm Uhlenbruck. - IN:
Betriebs-Berater. - 47 (1992),12,
S. 789 - 791

1001 B 256800
Ulmer, Peter:
Gläubigerschutz bei Treuhandunternehmen
/ von Peter Ulmer. - IN: Treuhandunter-
nehmen im Umbruch / hrsg. von Peter
Hommelhoff. - Köln, 1991. - ISBN
3-8145-5007-2. - S. 39 - 59. -
(RWS-Forum ; 7)

1002 W 234 (146)
Vincentz, Volkhart:
Privatization in Eastern Germany :
principles and practice / Volkhart
Vincentz. - München, 1991. - 16 Bl. -
(Arbeiten aus dem Osteuropa-Institut
München ; 146)

1003 B 257534
Wagner, Ulrich:
Schaffung von Entscheidungsspielräumen
: Privatisierung und Reform des
Vertrags- und Unternehmensrechts /
Ulrich Wagner. - IN: Transformations-
prozesse in sozialistischen
Wirtschaftssystemen / Karl-Hans Hartwig
... (Hrsg.). - Berlin, 1991. - ISBN
3-540-54482-8 ; 0-387-54482-8. -
S. 253 - 280. - (Studies in contemporary
economics)

1004 XX 2701 (16)
Warzecha, Heinz:
Was sich in den Betrieben der DDR ändern
müßte : besondere Aspekte der
Entflechtung von Kombinaten und ihre
Privatisierung / Heinz Warzecha. -
Diskussion S. 261 - 271. - IN:
List-Forum für Wirtschafts- und Finanz-
politik. - 16 (1990),3, S. 252 - 260

1005 YY 13307 (1991)
Weimar, Robert:
Die Privatisierung der Aktiengesell-
schaften in den neuen Bundesländern /
Robert Weimar. - (Deutsche Einigung -
Rechtsentwicklungen ; 1991 = Folge 18).
- IN: Betriebs-Berater : Beilage. -
1991,3, S. 1 - 11

1006 YY 11079 (12)
Weimar, Robert:
Treuhandanstalt und Konzernrecht /
Robert Weimar ; Bruno Bartscher. - IN:
Zeitschrift für Wirtschaftsrecht. - 12
(1991),2, S. 69 - 79

1007 YY 13307 (1990)
Weimar, Robert:
Treuhandanstalt und Treuhandgesetz /
Robert Weimar. - (Deutsche Einigung -
Rechtsentwicklungen ; 1990,17). - IN:
Betriebs-Berater : Beilage. - 1990,40,
S. 10 - 15

1008 A 190958
Weniger Staat - mehr Markt :
Privatisierung in Deutschland / Der
Bundesminister der Finanzen. - Bonn :
Der Bundesminister der Finanzen
informiert, Referat Öffentlichkeits-
arbeit, 1991. - 63 S. : Ill. : graph.
Darst. - (Der Bunderminister der
Finanzen informiert)

1009 A 191031
Wieczorek, Norbert:
Konzeption und Strategie der Treuhand /
von Norbert Wieczorek. - IN: Probleme
der Einheit. - 5 (1992), S. 209 - 222

1010 B 256800
Wild, Klaus-Peter:
Die Treuhandanstalt ein Jahr nach
Inkrafttreten des Treuhandgesetzes :
eine aktuelle Zwischenbilanz / von
Klaus-Peter Wild. - IN: Treuhandunter-
nehmen im Umbruch / hrsg. von Peter
Hommelhoff. - Köln, 1991. - ISBN
3-8145-5007-2. - S. 1 - 15. - (RWS-Forum
; 7)

1011 YY 13006 (1)
Zieger, Klaus:
Neue Bestimmungen zur Förderung privater
Unternehmen in der DDR / Klaus Zieger
und Günter Schönemann. - IN:
Deutsch-deutsche Rechts-Zeitschrift. - 1
(1990),4, S. 97 - 101

1012 Y 370 (59)
Zur Politik der Treuhandanstalt : eine
Zwischenbilanz / [bearb. von Frank
Stille]. - IN: Wochenbericht / Deutsches
Institut für Wirtschaftsforschung. - 59
(1992),7, S. 63 - 67

D-7 Acquisition, Management Buy-Out - Unternehmenskauf, Management Buy-Out

1013 C 171977
Aulinger, Leonhard:
Organisation wirtschaftlicher Tätigkeit westlicher Unternehmen in der ehemaligen DDR / Leonhard Aulinger. - IN: Die Organisation der wirtschaftlichen Tätigkeit westlicher Unternehmen und die Privatisierung von Staatsunternehmen in der ehemaligen DDR / von Leonhard Aulinger ; Gerhard Ollig. Eberhard Schwark (Hrsg.). - Bochum, 1991. - S. 1 - 26. - (Arbeitsbericht / Institut für Unternehmungsführung und Unternehmensforschung, Ruhr-Universität Bochum ; 50)

1014 YY 12756 (3)
Freudenberg, Thomas:
Acquiring in East Germany : a guide for investors / Thomas Freudenberg and Adam Bird. - IN: M & and A Europe. - 3 (1991),6, S. 39 - 45

1015 XX 2321 (38)
Hoffmann, Peter:
Management-Buy-Out als Instrument zur Schaffung eines neuen Mittelstandes in der DDR / Peter Hoffmann ; Ralf Ramke. - IN: Wirtschaftswissenschaft. - 38 (1990),7, S. 1036 - 1039

1016 A 192063
Investitionen und Unternehmenskauf in den neuen Bundesländern : Protokoll einer Vortrags- und Seminarveranstaltung in der Handelskammer Hamburg am 25. Juni 1991 / [Red.: Dirk Petrat]. - Hamburg, 1991. - 217 S. - (Symposien / Handelskammer Hamburg). - Enth. 7 Beitr.

1017 A 190914
Management buy-out in den neuen Bundesländern als Weg zur Privatisierung / Bundesministerium für Wirtschaft. - [Bonn], [1991]. - 32 S. : graph. Darst.

1018 XX 3332 (1992)
Müller-Stewens, Günter:
Mergers & acquisitions : Besonderheiten und aktuelles Geschehen am deutschen Markt / von Günter Müller-Stewens. - Graph. Darst. - IN: Information der Internationalen Treuhand-AG, Basel, Genf, Zürich. - 1992,März = Nr. 90, S. 23 - 37

1019 YY 13006 (2)
Rodegra, Jürgen:
Zum Unternehmenskauf in den neuen Bundesländern : ein Überblick nach den jüngsten Gesetzesänderungen / Jürgen Rodegra und Martin Gogrewe. - IN: Deutsch-deutsche Rechts-Zeitschrift. - 2 (1991),10, S. 353 - 359

1020 YY 95 (46)
Scheifele, Bernd:
Praktische Erfahrungen beim Unternehmenskauf in den neuen Bundesländern / Bernd Scheifele. - Graph. Darst. - IN: Betriebs-Berater
- 1. // 46 (1991),9, S. 557 - 563
- 2. // 46 (1991),10, S. 629 - 636

D-8 Founding Businesses - Unternehmensgründung

1021 C 170092
Balling, Heinz:
Unternehmensgründungen, Niederlassungen, Beteiligungen und deren Besteuerung in der DDR / Von Heinz Balling ; Helmut Paeschke. - Bonn : Stollfuß, 1990. - 59 S. - (Stollfuß Leitfaden). - ISBN: 3-08-320301-2

1022 B 251831
Bittermann, Uwe:
Unternehmensgründung als Instrument des regionalen Technologie-Tranfers / U. Bittermann ; B. Poppenheger. - IN: Management-Know-how-Transfer / Bernd Poppenheger ... (Bd.-Hrsg.). - Köln, 1990. - ISBN 3-88585-909-2. - S. 128 - 135.

1023 YY 10155
Deutschland <Bundesrepublik> / Statistisches Bundesamt:
Fachserie / Statistisches Bundesamt. 2, Unternehmen und Arbeitsstätten. Reihe 4. 1, Insolvenzverfahren. - Stuttgart : Metzler-Poeschel. - Erscheinungsbeginn: 1977
- 1991. (1991/92)
- 1992. (1992/93)

1024 YY 13179
Gewerbeanmeldungen und -abmeldungen in den neuen Bundesländern : Arbeitsunterlage / Statistisches Bundesamt. - Wiesbaden. - Erscheinungsbeginn: 1991 (1991/92),Oktober. - Bis 1991,September

u.d.T.: Gewerbeanzeigen und -abmeldungen
- 1991. (1991/92),Oktober - Dezember
- 1992. (1992/93)

1025   YY 13179
Gewerbeanzeigen und -abmeldungen / Gemeinsames Statistisches Amt in Berlin. - Berlin. - Ab 1991 Urh.: Gemeinsames Statistisches Amt der Länder Brandenburg, Mecklenburg-Vorpommern, Sachsen, Sachsen-Anhalt, Thüringen. - Von 1990,September bis 1991,September erschienen. - Ab 1991,Oktober u.d.T.: Gewerbeanmeldungen und -abmeldungen in den neuen Bundesländern
- 1990
- 1991. Januar - September

1026   A 186545
Käppeler, Franz:
Existenzgründung zwischen Elbe und Oder : Kapital, Arbeit, Leistung / Franz Käppeler. - Düsseldorf : VDI-Verl., 1991. - VIII, 204 S. : graph. Darst. - (Sonderpublikation der VDI-Nachrichten). - ISBN: 3-18-401089-9

1027   XX 4661 (51)
Kück, Marlene:
Offensive Strategien zur Förderung von Unternehmensgründungen in der ehemaligen DDR / Marlene Kück. - IN: Die Betriebswirtschaft. - 51 (1991),3, S. 279 - 285

1028   B 251831
Management-Know-how-Transfer : Unternehmensgründung in der DDR / Bernd Poppenheger ... (Bd.-Hrsg.). - Köln : Verl. TÜV Rheinland, 1990. - 145 S. : graph. Darst. - (Information und Innovation). - Enth. 13 Beitr. - ISBN: 3-88585-909-2

1029   C 172903
May-Strobl, Eva:
Gründungsreport : laufende Berichterstattung über das Gründungsgeschehen in den neuen Bundesländern / von Eva May-Strobl und Monika Paulini. - Bonn, 1991. - 19 S. : graph. Darst. - (IfM-Materialien ; 83)

1030   C 173287
May-Strobl, Eva:
Gründungsreport : laufende Berichterstattung über das Gründungsgeschehen in den neuen Bundesländern ; 1. Quartal 1991 / von Eva May-Strobl und Monika Paulini. - Bonn, 1991. - 21 S. : graph. Darst. - (IfM-Materialien ; 85)

1031   C 170469
May-Strobl, Eva:
Unternehmensgründungen in den fünf neuen Bundesländern / von Eva May-Strobl und Monika Paulini. - Bonn, 1990. - V, 84 S. : graph. Darst. - (IfM-Materialien ; 77)

1032   A 184933
Nauroth, Dieter M.:
Umsteigen in die Marktwirtschaft : Antworten für Existenzgründer und Unternehmer in der DDR / Dieter M. Nauroth. - Haar bei München : Markt-u.-Technik-Verl., 1990. - 154 S. - ISBN: 3-89090-934-5

1033   B 257037
Stache, Ulrich:
Gründen in den neuen Bundesländern / Ulrich Stache. - 1. Aufl. - Bonn : Rentrop, 1992. - 192 S. - ISBN: 3-8125-0168-6

1034   A 183335
Unternehmensgründung und Unternehmensbeteiligung in der DDR : Rechtsvorschriften und Hinweise / bearb. von Peter J. R. Koppe. - 1. Aufl. - München : Rehm, 1990. - 219 S. - ISBN: 3-8073-0837-7

1035   C 171817
Unternehmensgründungen Berlin-Ost : Handelsregistereintragungen 1990 ; Registergericht Berlin-Mitte vom 12.6.1990 bis 14.8.1990. - Düsseldorf : Handelsblatt, 1990. - [28] S.

D-9 Cooperation and Fusions between East and West German Firms - Deutsch-deutsche Unternehmenskooperationen und -zusammenschlüsse

1036   C 169228
Deutsch-deutsche Gemeinschaftsunternehmen : das Zusammenwachsen unterschiedlicher Unternehmenskulturen. - 2. Aufl. - Münster, 1990. - 63 S. - (Arbeitspapiere des Betriebswirtschaftlichen Instituts für Anlagen und Systemtechnologien ; 13). - Enth. 6 Beitr.

1037 B 256594
Deutsch-deutsche Unternehmen : ein unternehmenskulturelles Anpassungsproblem / Georg Aßmann ... (Hrsg.). - Stuttgart : Poeschel, 1991. - XI, 320 S. : graph. Darst. - Enth. 17 Beitr. - ISBN: 3-7910-0602-9

1038 B 251904
Dierks, Carsten:
Deutsch-deutsche Unternehmenskooperationen / von Carsten Dierks. - Zsfassung in engl. Sprache. - IN: Joint-ventures / Schriftl.: Horst Albach. - Wiesbaden, 1991. - ISBN 3-409-13351-8. - S. 125 - 180. - (Zeitschrift für Betriebswirtschaft : Ergänzungsheft ; 91,1)

1039 C 174308
Frisch, Thomas:
Zusammenschlüsse mit ostdeutschen Unternehmen / Thomas Frisch. - Hamburg, [circa 1991]. - 32 S. - (HWWA-Report ; 89)

1040 XX 2080 (40)
Held, Stefan:
Deutsch-deutsche Unternehmenszusammenschlüsse : wettbewerbspolitische und kartellrechtliche Aspekte / Stefan Held. - IN: Wirtschaft und Wettbewerb. - 40 (1990),10, S. 811 - 814

1041 C 173983
Hilker, Jörg:
Unternehmenskulturelle Anpassung in deutsch-deutschen Unternehmen : Ergebnisse einer empirischen Untersuchung / Jörg Hilker. - Münster, 1991. - 113 S. : graph. Darst. - (Arbeitspapiere / Wissenschaftliche Gesellschaft für Marketing und Unternehmensführung e. V. ; 63). - Literaturverz. S. 101 - 113

1042 B 257915
Rühle von Lilienstern, Hans:
Erfolgreiche Strukturpolitik durch Kooperation : zunehmende Interdependenz und Affinität / Hans Rühle von Lilienstern. - IN: Moderne Industriegesellschaft / Michael v. Hauff (Hrsg.). - Ludwigsburg, 1991. - ISBN 3-928238-10-8. - S. 93 - 100.

1043 YY 13307 (1990)
Scheifele, Bernd:
Überlegungen zur Rechtsformwahl bei Gründung eines Gemeinschaftsunternehmens in der DDR / Bernd Scheifele und Eckart Schweyer. - (DDR-Rechtsentwicklungen ; 5). - IN: Betriebs-Berater : Beilage. - 1990,16, S. 1 - 10

1044 C 171632
Staehle, Wolfgang H.:
Probleme bei der Kooperation von ost- und westdeutschen Unternehmungen : Ergebnisse einer Befragung von Managern in Kooperationen der "Ersten Stunde" / Wolfgang H. Staehle ; Manfred Gaulhofer ; Jörg Sydow. - Eschborn : Rationalisierungs-Kuratorium der Dt. Wirtschaft, 1991. - 73 S. - (Arbeits- und sozialwirtschaftliche Beiträge zur Entwicklung in Ostdeutschland)

E Business and Economic Reforms, Transformation of Firms - Unternehmen und Wirtschaftsreformen, Betriebliche Transformation

1045 XX 631 (43)
Berger, Roland:
Unternehmerische Aufgaben und Perspektiven bei der Restrukturierung der ostdeutschen Wirtschaft / von Roland Berger. - Graph. Darst. - (Aufgaben und Perspektiven unternehmerischer Aktivitäten in den neuen Bundesländern). - IN: Betriebswirtschaftliche Forschung und Praxis. - [43] (1991),2, S. 104 - 120

1046 A 192304
Dörr, Gerlinde:
Aspekte des betrieblichen Wandels in ehemaligen Kombinatsbetrieben : eine Problemskizze aus dem Maschinenbau / Gerlinde Dörr ; Stefan Schmidt. - IN: Krisen, Kader, Kombinate / Martin Heidenreich (Hrsg.). - Berlin, 1992. - ISBN 3-89404-334-2. - S. 59 - 73.

1047 D 17381
Dostal, Adrian W.:
Checkliste Wettbewerb : vom Staatsbetrieb in die Marktwirtschaft / Adrian W. T. Dostal. - Landsberg/Lech : Verl. Moderne Industrie, 1991. - 196 S. : graph. Darst. - ISBN: 3-478-32000-3

1048 A 192304
Edeling, Thomas:
Entstaatlichung und Entbürokratisierung : Strategien und Resultate der

Reorganisation ostdeutscher Betriebe / Thomas Edeling. - IN: Krisen, Kader, Kombinate / Martin Heidenreich (Hrsg.). - Berlin, 1992. - ISBN 3-89404-334-2. - S. 45 - 58.

1049 A 192304
Gyekiczky, Tamás:
Acht Thesen zu den unterschiedlichen Rahmenbedingungen betrieblicher Transformationsprozesse in Ungarn und in Ostdeutschland / Tamás Gyekiczky. - IN: Krisen, Kader, Kombinate / Martin Heidenreich (Hrsg.). - Berlin, 1992. - ISBN 3-89404-334-2. - S. 327 - 332.

1050 A 192304
Heidenreich, Martin:
Ostdeutsche Industriebetriebe zwischen Deindustrialisierung und Modernisierung / Martin Heidenreich. - IN: Krisen, Kader, Kombinate / Martin Heidenreich (Hrsg.). - Berlin, 1992. - ISBN 3-89404-334-2. - S. 335 - 363.

1051 A 186839
Kongreß Deutsch-Deutscher Marktplatz <1990, Berlin, West>:
DIHT-Kongreß Deutsch-Deutscher Marktplatz : 13. Februar 1990 in Berlin (West). - Bonn, 1990. - 55 S. - (DIHT ; 278)

1052 C 177665
Krakat, Klaus:
Betriebswirtschaftliche Aspekte des Integrationsprozesses : Probleme und Chancen / Klaus Krakat. - IN: Integrationsprozesse in Deutschland. - 2 (1992), S. 35 - 83

1053 A 192304
Krisen, Kader, Kombinate : Kontinuität und Wandel in ostdeutschen Betrieben / Martin Heidenreich (Hrsg.). - Berlin : Ed. Sigma, 1992. - 368 S. - Enth. 20 Beitr. - ISBN: 3-89404-334-2

1054 A 192304
Marz, Lutz:
Geständnisse und Erkenntnisse : zum Quellenproblem empirischer Transformationsforschung / Lutz Marz. - IN: Krisen, Kader, Kombinate / Martin Heidenreich (Hrsg.). - Berlin, 1992. - ISBN 3-89404-334-2. - S. 215 - 237.

1055 C 176083
Müller, Birgit:
Einbruch der Marktwirtschaft in die Alltäglichkeit von zwei Betrieben der ehemaligen DDR / von Birgit Müller. - Berlin : Inst. für Ethnologie, Schwerpunkt Sozialanthropologie, 1991. - 18 S. - (Sozialanthropologische Arbeitspapiere ; 37)

1056 XX 5794 (1991)
Müller, Herbert:
The productivity movement in unified Germany / Herbert Müller. - IN: International productivity journal. - 1991,winter, S. 11 - 19

1057 A 191031
Müller, Herbert:
Vom "zentralgeleiteten Betrieb" zum marktwirtschaftlichen Unternehmen : die unternehmerische Aufgabe in Ostdeutschland / von Herbert Müller. - Graph. Darst. - IN: Probleme der Einheit. - 5 (1992), S. 179 - 207

1058 A 192046
Pfeiffer, Dietrich:
Die Erbschaft : marktwirtschaftliche Neugestaltung in den Betrieben der neuen Länder / Dietrich Pfeiffer. - München : Bonn Aktuell [u.a.], 1992. - 128 S. - (Brennpunkt Politik). - ISBN: 3-87959-463-5

1059 C 175876
Steinberg, Claus:
Praxisbezogenes Umstrukturierungsmanagement vom Plan zum Markt / von Claus Steinberg. - Düsseldorf : VDI-Verl. [u.a.], 1991. - XI, 186 S. : graph. Darst. - (Technik und Wirtschaft). - ISBN: 3-18-401153-4 ; 3-8202-0649-3

1060 X 402 (61)
Zanger, Cornelia:
Unternehmenskrise und Produktentwicklung : zum strategischen Verhalten von Unternehmen im Übergang von der Plan- zur Marktwirtschaft / von Cornelia Zanger. - Graph. Darst. - Zsfassung in engl. Sprache. - IN: Zeitschrift für Betriebswirtschaft. - 61 (1991),9, S. 981 - 1006

E-1 Management, Business Planning - Management, Unternehmensplanung

1061 XX 2143 (40)
Albach, Horst:
Opportunities of German unification for management / Horst Albach. - IN: Liiketaloudellinen aikakauskirja. - 40 (1991),2, S. 99 - 110

1062 A 192304
Bafoil, François:
Die Grenzen von Unternehmenskulturkonzepten in einer Umbruchsituation : eine Fallstudie in einem Zementwerk in Sachsen-Anhalt / François Bafoil. - IN: Krisen, Kader, Kombinate / Martin Heidenreich (Hrsg.). - Berlin, 1992. - ISBN 3-89404-334-2. - S. 283 - 294.

1063 B 256560
Bischoff, Günter:
Beratungserfahrungen in Unternehmen der neuen Bundesländer unter dem Aspekt der Ableitung internationaler Beratungsstrategien für Ost-Europa / von Günter Bischoff und Ulrich Heller. - IN: Internationale Management-Beratung / hrsg. von Wilhelm H. Wacker. - Berlin, 1991. - ISBN 3-503-03263-0. - S. 163 - 186.

1064 XX 2751 (39)
Bittermann, Uwe:
Transfer von Management-Know-how : Chancen für die Wirtschaft in den neuen Bundesländern / von Uwe Bittermann und Bernd Poppenheger. - Graph. Darst. - Zsfassung in engl. Sprache. - IN: Internationales Gewerbearchiv. - 39 (1991),4, S. 236 - 247

1065 YY 12302 (11)
Brown, Philip:
Information management in East Germany : a message for the West / P. Brown and A. Birts. - IN: International journal of information management. - 11 (1991),4, S. 268 - 281

1066 D 17222
Dietze, Klaus:
Analyse von Theorie und Praxis des Management Consulting und Schlußfolgerungen für den Aufbau und die Arbeitsweise von Beratungsfirmen in der DDR / von Klaus Dietze. - 1990. - Getr. Zählung. - Leipzig, Univ., Diss., 1990

1067 B 256560
Gabler, Ursula:
Beratungsbedarf in den Unternehmen der neuen Bundesländer / von Ursula Gabler. - IN: Internationale Management-Beratung / hrsg. von Wilhelm H. Wacker. - Berlin, 1991. - ISBN 3-503-03263-0. - S. 151 - 161.

1068 YY 6487 (36)
Haustein, Heinz-Dieter:
Logistik, Vorratswirtschaft und Innovation in der Kommandowirtschaft und in der Marktwirtschaft / Heinz-Dieter Haustein. - Graph. Darst. - IN: Wissenschaftliche Zeitschrift / Hochschule für Ökonomie. - 36 (1991),2, S. 4 - 10

1069 B 257392
Hentze, Joachim:
Management auf der Grundlage der sozialistischen Betriebswirtschaftslehre / Joachim Hentze. - IN: Standort Deutschland / [Institut für Betriebswirtschaftliche Produktions- und Investitionsforschung der Georg-August-Universität Göttingen]. Wolfgang Lücke ... (Hrsg.). - Wiesbaden, 1991. - ISBN 3-409-13936-2. - S. 113 - 123.

1070 C 176042
Krakat, Klaus:
Notwendigkeiten und Probleme der betrieblichen Umstrukturierung in den neuen Bundesländern und deren Auswirkungen auf das Finanz- und Rechnungswesen / von Klaus Krakat. - Berlin, 1991. - 28 Bl. : graph. Darst. - (FS-Analysen ; 1991,4)

1071 A 187358
Mandat für Ost-Manager : auf der Suche nach einer neuen Unternehmenskultur in Zeiten des Umbruchs / Institut der Deutschen Wirtschaft, Köln. Gert Wilde ; Gerd Pietrzynski ; Helmut Voigt. - Köln : Dt. Inst.-Verl., 1991. - 43 S. - (Beiträge zur Gesellschafts- und Bildungspolitik ; 163 = 1991,2). - Enth. 3 Beitr. - ISBN: 3-602-24913-1

1072 C 171147
Marktorientierte Unternehmensführung in der DDR : Bestandsaufnahme und Entwicklungsperspektiven ; Dokumentation des 19. Münsteraner Führungsgesprächs vom 13./14. September 1990 / Hrsg.: H. Meffert ... - Münster, 1990. - 45 S. -

(Arbeitspapiere / Wissenschaftliche Gesellschaft für Marketing und Unternehmensführung e. V. ; 59)

1073 C 170256
Meffert, Heribert:
Marktorientierte Unternehmensführung in der DDR : Ansatzpunkte und Herausforderungen / Heribert Meffert ; Hanns Ostmeier ; Clemens Pues. - [Münster], 1990. - 34 S. : graph. Darst. - (Arbeitspapiere / Wissenschaftliche Gesellschaft für Marketing und Unternehmensführung e. V. ; 58)

1074 A 188526
Menschen machen Qualität : deutsch/deutscher Dialog ; QC ; Dokumentation / 9. Deutscher Quality-Circle-Kongress. Hrsg.: W. Bungard ... - 1. Aufl. - Mannheim : Ehrenhof-Verl., 1991. - 269 S. : graph. Darst. - ISBN: 3-926587-08-3

1075 A 191285
Nobbe, Klaus:
Gestaltung der Unternehmensplanung in den ostdeutschen Bundesländern / Klaus Nobbe ; Ernst Schmalenbach. - Bernburg : Hochsch. "Thomas Müntzer", 1991. - 40 S. : graph. Darst. - (Betriebswirtschaftliche Handlungsempfehlungen). - ISBN: 3-86069-005-1

1076 A 190413
Die Organisationsarbeit in den 90er Jahren : Leipzig, 22. und 23. Januar 1991 ; Protokollband / Universität Leipzig, Wirtschaftswissenschaftliche Fakultät. - Leipzig, 1991. - 251 S. : graph. Darst. - (Beiträge zur Unternehmensführung und Organisation ; 3)

1077 C 173624
Teßmann, Günter:
Logistikstrategien in der DDR / G. Teßmann. - Graph. Darst. - IN: Logistikstrategien in Europa / hrsg. von H.-Chr. Pfohl. - Darmstadt, 1990. - ISBN 3-924606-06-4. - S. 171 - 200. - (Reihe "Fachtagungen" / Institut für Logistik der Deutschen Gesellschaft für Logistik e. V. ; 5)

1078 C 177494
Tietz, Bruno:
Marktbearbeitung bei fehlender Kalkulationsgrundlage : Probleme der DDR / B. Tietz. - IN: Rechnungswesen und EDV / 11. Saarbrücker Arbeitstagung 1990. Hrsg. von A.-W. Scheer. - Heidelberg, 1990. - ISBN 3-7908-0498-3. - S. 577 - 630.

1079 A 186834
Vom planwirtschaftlichen Betrieb zum marktwirtschaftlichen Unternehmen : Chancen und Aufgaben für die Fabrikplanung / [Deutsch-Deutsches Symposium Fabrikplanung. Hrsg.: Ernst Schmutzer]. - Als Ms. gedr. - Jena, 1990. - 327 S. : Ill., graph. Darst. - (Wissenschaftliche Beiträge der Friedrich-Schiller-Universität, Jena ; 1990)

1080 B 260589
Wagner, Helmut:
Beratung von Organisationen : Philosophien, Konzepte, Entwicklungen / Helmut Wagner ... - Wiesbaden : Gabler, 1992. - XVI, 349 S. : graph. Darst. - Enth. 12 Beitr. - ISBN: 3-409-13810-2

1081 W 351 (273)
Zanger, Cornelia:
Imitation, Ausweg aus der technologischen Krise? / Cornelia Zanger ; Gerhard Schewe. - Kiel, 1991. - 20 Bl. : graph. Darst. - (Manuskripte aus dem Institut für Betriebswirtschaftslehre der Universität Kiel ; 273)

E-2 Executives, Entrepreneurs, Managers - Führungskräfte, Unternehmer, Manager

1082 W 179 (92.2)
Albach, Horst:
Upswing with brakes / Horst Albach. - Berlin, 1992. - 22 S. : graph. Darst. - (Discussion papers / Wissenschaftszentrum Berlin für Sozialforschung, Research Unit Market Processes and Corporate Development ; 92,2). - Zsfassung in dt. Sprache

1083 XX 631 (43)
Aufgaben und Perspektiven unternehmerischer Aktivitäten in den neuen Bundesländern / mit Beitr. zum Thema von Roland Berger ... - Graph. Darst. - Enth. 5 Beitr. - IN: Betriebswirtschaftliche Forschung und Praxis. - [43] (1991),2, S. 95 - 186

1084 YY 9653 (21)
Brockhoff, Klaus K.:
Unternehmer im Übergang zur
Marktwirtschaft : Vorüberlegungen zu
einer Preisaufgabe / Klaus Brockhoff. -
IN: Wirtschaftswissenschaftliches
Studium. - 21 (1992),2, S. 93 - 97

1085 C 176762
Friedrich, Werner:
Führungskräfte und Gründungspotentiale
in der ehemaligen DDR : Unterstützungs-
und Beratungsbedarf für die
wirtschaftliche Erneuerung / von: Werner
Friedrich. - Kerpen : WSF-Wirtschafts-
und Sozialforschung, 1990. - VI, 206 Bl.
: graph. Darst. - (WSF-Studien zur
Wirtschaftsforschung)

1086 C 176797
Führungsverständnis in Ost und West :
Ergebnisse einer Befragung von
Führungskräften. - Köln : Dt.
Wirtschaftsdienst, 1992. - 98 S. :
graph. Darst. - (Bericht / Wuppertaler
Kreis e. V. ; 39). - ISBN: 3-87156-149-5

1087 A 189761
Geeintes Deutschland - einiges Europa :
die Aufgabe der Führungskräfte ; 40
Jahre ULA: Kongreß 1991 ; Dokumentation
/ [Red.: K. L. Fuchs]. - Essen, 1991. -
67 S. : Ill. - (ULA-Schriftenreihe ; 27)

1088 B 261224
Icks, Annette:
Mittelständische Unternehmen als
Qualifizierungspaten : Betriebspraktika
für ostdeutsche Fach- und Führungskräfte
; Begleitforschung zu einer Initiative
der Stiftung Industrieforschung /
Annette Icks. - Stuttgart :
Schäffer-Poeschel, 1992. - III, 77 S. :
graph. Darst. - (Schriften zur
Mittelstandsforschung ; N.F.,49). -
ISBN: 3-7910-5049-4

1089 XX 3332 (1991)
Krantz, Hubert W.:
Marktwirtschaft beginnt in den Köpfen!
: Zum Führungstraining in den neuen
Bundesländern und östlichen
Nachbarstaaten / von Hubert W. Krantz. -
IN: Information der Internationalen
Treuhand-AG, Basel, Genf, Zürich. -
1991,Juli = Nr. 88, S. 16 - 25

1090 A 192304
Lang, Rainhart:
Sozialisation und Wertorientierungen
ostdeutscher Führungskräfte / Rainhart
Lang. - Graph. Darst. - IN: Krisen,
Kader, Kombinate / Martin Heidenreich
(Hrsg.). - Berlin, 1992. - ISBN
3-89404-334-2. - S. 125 - 142.

1091 B 260439
Pickel, Andreas:
Radical transitions : the survival and
revival of entrepreneurship in the GDR /
Andreas Pickel. - Boulder [u.a.] :
Westview Press, 1992. - XII, 242 S. :
graph. Darst. - ISBN: 0-8133-8354-4

1092 A 192304
Stöhr, Andreas:
Die Arbeitssituation von Ingenieuren in
der Zentralplanwirtschaft / Andreas
Stöhr. - IN: Krisen, Kader, Kombinate /
Martin Heidenreich (Hrsg.). - Berlin,
1992. - ISBN 3-89404-334-2. -
S. 143 - 158.

1093 A 187646
Unternehmertum - wirtschaftlicher
Aufschwung und sozialer Fortschritt in
einem vereinigten Deutschland / Hermann
Linke ... (Hrsg.). - Köln : Dt.
Inst.-Verl., 1991. - 170 S. - ISBN:
3-602-14296-5

1094 X 402 (61)
Wagner, Karin:
Manageraustausch - eine Überlebens-
strategie für Unternehmen in den neuen
Ländern : Ergebnisse zweier Fallstudien
/ von Karin Wagner, David Hitchens und
Esmond Birnie. - Zsfassung in engl.
Sprache. - IN: Zeitschrift für
Betriebswirtschaft. - 61 (1991),9,
S. 969 - 980

E-3 Personnel Management - Personalwirtschaft

1095 A 189313
Lenske, Werner:
Perspektive Marktwirtschaft :
Personalentwicklung, Qualifizierung und
wirtschaftliche Rahmenbedingungen aus
der Sicht ostdeutscher Unternehmen /
Werner Lenske. - Köln : DIV, 1990. - 36
S.

1096 A 192432
Lenske, Werner:
Strukturwandel Ost : Personalentwicklung, Qualifizierung, Rahmenbedingungen wirtschaftlicher Entwicklung ; Ergebnisse einer Umfrage bei ostdeutschen Unternehmen / Werner Lenske. - Köln : Dt. Inst.-Verl., 1992. - 88 S. - (Kölner Texte & Thesen ; 3). - ISBN: 3-602-14316-3

1097 B 250376
Personalmanagement : von der Plan- zur Marktwirtschaft / Rüdiger Pieper (Hrsg.). - Wiesbaden : Gabler, 1990. - Enth. 17 Beitr. - ISBN: 3-409-13846-3

1098 B 257154
Personalmanagement : Möglichkeiten und Grenzen flexibler Vertragsgestaltung / hrsg. von Wolfgang Hromadka. - Stuttgart : Schäffer, 1991. - XI, 170 S. : graph. Darst. - (Schäffer-Skripten). - Enth. 10 Beitr. - ISBN: 3-8202-0640-X

1099 B 249473
Personalwirtschaftliche Probleme in DDR-Betrieben / hrsg. von Dudo von Eckardstein ... - München [u.a.] : Hampp, 1990. - 251 S. : graph. Darst. - (Zeitschrift für Personalforschung : Sonderheft). - Enth. 12 Beitr. - ISBN: 3-924346-95-X

1100 B 260958
Stratemann, Ingrid:
Psychologische Aspekte des wirtschaftlichen Wiederaufbaus in den neuen Bundesländern / von Ingrid Stratemann. - Göttingen [u.a.] : Verl. für Angewandte Psychologie, 1992. - XI, 154 S. : graph. Darst. - ISBN: 3-87844-075-8

1101 YY 7655 (42)
Stratemann, Ingrid:
Psychologische Bedingungen des wirtschaftlichen Aufschwungs in den neuen Bundesländern / Ingrid Stratemann. - Graph. Darst. - IN: Aus Politik und Zeitgeschichte. - [42] (1992),24, S. 15 - 26

1102 A 189140
Von der Kaderarbeit zur Personalwirtschaft : Anregungen und Hinweise zur Gestaltung des Personalwesens und der betrieblichen Bildungsarbeit sowie zur Anwendung des Arbeitsrechts in den neuen Bundesländern / hrsg. von Heinz Gussen ... - Berlin : Schmidt, 1991. - XIV, 195 S. - (Grundlagen und Praxis der Personalwirtschaft ; 4). - ISBN: 3-503-03237-1

E-4 Marketing, Market Research, Trade Fairs - Marketing, Marktforschung, Messen

1103 A 189491
Auslandsmessepolitik für das vereinte Deutschland : programmatische Schwerpunkte des Bundesministers für Wirtschaft für die 90er Jahre. - Bonn : Bundesministerium für Wirtschaft, Referat Öffentlichkeitsarbeit, 1991. - 36 S. - (BMWi-Dokumentation ; 313)

1104 B 256558
Christensen, Vagn:
The competitive enterprise : winners and losers in German and European markets / Vagn Christensen. - Frankfurt : Campus-Verl., 1991. - 513 S. : graph. Darst. - ISBN: 3-593-34492-0

1105 A 192220
Drews, Hans-Peter:
Rückblick auf fast ein Jahr Marktforschung in Ostdeutschland / Hans-Peter Drews. - Graph. Darst. - IN: Empirische Sozialforschung im vereinten Deutschland / Dieter Jaufmann ... (Hg.). - Frankfurt, 1992. - ISBN 3-593-34512-9. - S. 299 - 309.

1106 B 253378
Hanrieder, Manfred:
Franchising : Planung und Praxis ; erfolgsorientiertes Arbeiten mit und in Partner-Systemen / Manfred Hanrieder. - Neuwied : Luchterhand, 1991. - 157 S. - ISBN: 3-472-00275-1

1107 YY 13404 (18)
Kamp, Klaus:
Regionales und kommunales Marketing : Tendenzen und Konsequenzen für die neuen Bundesländer / Klaus Kamp ; Jürgen Schenk. - IN: Wissenschaftliche Zeitschrift / Handelshochschule, Leipzig. - 18 (1991),4, S. 265 - 283

1108 A 192220
Koch, Herbert:
Institutsmarktforschung in der

ehemaligen DDR : vor und nach der Wende / Herbert Koch. - Graph. Darst. - IN: Empirische Sozialforschung im vereinten Deutschland / Dieter Jaufmann ... (Hg.). - Frankfurt, 1992. - ISBN 3-593-34512-9. - S. 391 - 399.

1109 A 184594
Koch, Herbert:
Marktforschung : Ergebnisse, marktwirtschaftliche Nutzbarkeit und Entwicklungserfordernisse / Herbert Koch. - IN: Marktwirtschaft in der DDR / von Peter Hofmann ... - Berlin, 1990. - ISBN 3-448-02205-5. - S. 28 - 41.

1110 W 46 (55)
Pflaum, Dieter:
Werbeausbildung und Werbemöglichkeiten in der DDR / Dieter Pflaum. - Pforzheim, 1990. - 11 Bl. - (Beiträge der Fachhochschule für Wirtschaft Pforzheim ; 55)

1111 C 175278
Tietz, Bruno:
Handbuch Franchising : Zukunftsstrategien für die Marktbearbeitung / Bruno Tietz. - 2., völlig überarb. Aufl. - Landsberg am Lech : Verl. Moderne Industrie, 1991. - XIV, 835 S. : graph. Darst. - Literaturverz. S. 821 - 827. - ISBN: 3-478-21662-1

1112 YY 3893 (44)
Weitzel, Günter:
Messeplatz Deutschland : Entwicklungstendenzen in den alten und neuen Bundesländern / Günter Weitzel. - Graph. Darst. - IN: Ifo-Schnelldienst. - 44 (1991),32, S. 16 - 28

1113 A 192178
Weitzel, Günter:
Möglichkeiten einer verstärkten Messebeteiligung für kleine und mittlere Unternehmen / von Günter Weitzel ; Uwe Chr. Täger. - München, 1992. - XIII, 252 S. : graph. Darst. - (Ifo-Studien zu Handels- und Dienstleistungsfragen ; 42). - ISBN: 3-88512-145-X

E-5 Financing, Leasing - Finanzierung, Leasing

1114 YY 12943 (1992)
Büschgen, Hans E.:
Bankkredit und Leasing als alternative Finanzierungsinstrumente : Darstellung und kriterienorientierter Vergleich unter besonderer Berücksichtigung der Unternehmensfinanzierung in den neuen Bundesländern / von Hans E. Büschgen. - IN: Mitteilungen und Berichte / Forschungsinstitut für Leasing an der Universität zu Köln. - 1992 = Nr. 13, S. 9 - 26

1115 YY 846 (43)
Hedrich, Carl-Christoph:
Genußscheine : Instrumente für die Privatisierung / Carl-Christoph Hedrich. - IN: Zeitschrift für das gesamte Kreditwesen. - 43 (1990),13, S. 670 - 674

1116 YY 10362 (1991)
Lampe, Winfried:
Evolution des structures financières des entreprises ouest-allemandes entre 1981 et 1988 et perspectives dans le cadre de l'Allemagne réunifiée / Winfried Lampe. - Graph. Darst. - Zsfassung in engl. Sprache. - Zsf. u. d. T.: The changing financial structure of West German companies between 1984 and 1988 and the outlook within the framework of a reunited Germany. - IN: Cahiers économiques et monétaires. - 1991 = No. 38, S. 21 - 34

1117 W 540 (5)
Risikokapital für mittelständische Unternehmen : Symposium am 1. Februar 1991 = Venture capital for small and medium-sized enterprises. - Mannheim, [1991]. - 75 S. : graph. Darst. - (Veröffentlichungen des Instituts für Mittelstandsforschung ; 5). - Enth. 9 Beitr.

1118 C 177773
Saemann, Peter:
Finanzierung innovativer Klein- und Mittelbetriebe im Gründungsprozeß unter Berücksichtigung der Entwicklung in den neuen Bundesländern / von Peter Saemann. - 1992. - 224 Bl. - Berlin, Humboldt-Univ., Diss., 1992

1119 YY 3893 (44)
Städtler, Arno:
Leasing: Wachstumsmotor Ostdeutschland / Arno Städtler. - Graph. Darst. - IN: Ifo-Schnelldienst. - 44 (1991),35/36, S. 3 - 11

1120 B 259803
Tippelskirch, Alexander von:
Private Kapitalwirtschaft : Probleme und Problemlösungen / Alexander v. Tippelskirch. - IN: Vitalisierung der ostdeutschen Wirtschaft / mit Beitr. von Peter Frerk ... [Hrsg. von Hans Besters]. - Baden-Baden, 1992. - ISBN 3-7890-2584-4. - S. 36 - 49. - (Gespräche der List-Gesellschaft e. V. ; N.F.,14)

1121 B 260995
Unternehmerische Finanzierungen :
Corporate Finance im Spannungsfeld von Banken und Industrie / hrsg. von Bernd Rudolph. Mit Beitr. von Carl Zimmerer ... - Frankfurt am Main : Knapp, 1991. - 131 S. : graph. Darst. - (Schriften des "Bankwirtschaftlichen Kolloquiums" an der Johann Wolfgang Goethe-Universität Frankfurt am Main). - Enth. 6 Beitr. - ISBN: 3-7819-0512-8

1122 C 176738
Winterhalter, Rolf:
Entscheidungsprobleme bei Kreditvergabe und Kreditwürdigkeitsprüfung aufgrund von Jahresabschlußunterlagen von Klein- und Mittelstandsbetrieben unter besonderer Berücksichtigung der Verhältnisse in den fünf neuen Bundesländern / von Rolf Winterhalter. - 1991. - Getr. Zählung : graph. Darst. - Literaturverz. S. 144 - 153. - Berlin, Humboldt-Univ., Diss., 1991

E-6 German Mark Accounting, German Mark Opening Balance, Rendering of Account - D-Markbilanzgesetz, DM-Eröffnungsbilanz, Rechnungslegung

1123 YY 4230 (44)
Baetge, Jörg:
Bilanzpolitik in den Jahresabschlüssen nach der DM-Eröffnungsbilanz / Jörg Baetge. - IN: Der Betrieb. - 44 (1991),8, S. 397 - 400

1124 A 186826
Baetge, Jörg:
Bilanzpolitik in der DM-Eröffnungsbilanz / Jörg Baetge ; Kai Baetge ; Bernd Stibi. - IN: Probleme der Umstellung der Rechnungslegung in der DDR / Institut für Revisionswesen der Westfälischen Wilhelms-Universität, Münster. Hrsg. von Jörg Baetge. - Düsseldorf, 1991. - ISBN 3-8021-0471-4. - S. 147 - 162.

1125 B 257121
Betriebliche Altersversorgung und Jahresabschluß : Grundlagen, Gestaltungsmöglichkeiten, Belastungsvergleiche / KPMG Deutsche Treuhand-Gruppe (Hrsg.). - 2., erw. und aktualisierte Aufl. - Düsseldorf : IDW-Verl., 1991. - 395 S. - ISBN: 3-8021-0496-X

1126 YY 4230 (1990)
Biener, Herbert:
Das D-Markbilanzgesetz 1990 / Herbert Biener. - IN: Der Betrieb : DDR-Report. - 1990,13, S. 3142 - 3148

1127 YY 4230 (1990)
Biener, Herbert:
Der Entwurf eines D-Markbilanzgesetzes 1990 / Herbert Biener. - IN: Der Betrieb : DDR-Report. - 1990,6, S. 3066 - 3072

1128 A 185774
Biener, Herbert:
Die Rechnungslegung nach dem D-Markbilanzgesetz 1990 : erläuterte Textausgabe mit Einführung und amtlicher Begründung sowie ergänzenden Rechtsvorschriften nach dem Stand des Einigungsvertrages / von Herbert Biener ; Ottfried Bister, Beate Czerwenka. - 1. Aufl. - München : Rehm, 1990. - XXXVI, 303 S. - ISBN: 3-8073-0868-7

1129 YY 13307 (1990)
Boergen, Rüdiger:
Anmerkungen zur Rechnungslegung der Gemeinschaftsunternehmen in der DDR / Rüdiger Boergen. - IN: Betriebs-Berater : Beilage. - 1990,13, S. 13 - 18

1130 YY 13307 (1990)
Borgmann, Olaf:
Bilanzierung bei Umwandlung volkseigener Betriebe : Verordnung zur Umwandlung von volkseigenen Kombinaten, Betrieben und Einrichtungen in

Kapitalgesellschaften, speziell
Aktiengesellschaften / Olaf Borgmann. -
(DDR-Rechtsentwicklungen ; 10). - IN:
Betriebs-Berater : Beilage. - 1990,26,
S. 17 - 22

1131   YY 4230 (45)
Braatz, Frank:
Besonderheiten der künftigen Rechnungs-
legung im Beitrittsgebiet aufgrund des
DMBilG / Frank Braatz. - IN: Der
Betrieb. - 45 (1992),23, S. 1149 - 1155

1132
Budde, Wolfgang D.:
D-Markbilanzgesetz (DMBilG) 1990 :
Kommentar / von Wolfgang Dieter Budde ;
Karl-Heinz Forster. - München : Beck.
- [Hauptbd.]. - 1991. - XXIV, 797 S.
  SIGNATUR: B 250994
- Erg.-Bd. - 1991. - XX, 177 S.
  SIGNATUR: B 257123

1133   B 260730
Bullinger, Michael:
Bilanzsteuerliche Probleme bei
Unternehmen in den neuen Bundesländern
: die Berichtigung nach § 50 Abs. 3
DMBilG in der steuerlichen
Eröffnungsbilanz im Verhältnis zur
allgemeinen Bilanzberichtigung und
Bilanzänderung nach § 4 Abs. 2 EStG /
Michael Bullinger. - IN: Das vereinigte
Deutschland im europäischen Markt. -
Düsseldorf, 1992. - ISBN 3-8021-0519-2.
- S. 357 - 368. - (Bericht über die
Fachtagung ... des Instituts der
Wirtschaftsprüfer in Deutschland e. V. ;
23)

1134   YY 4230 (44)
Deppe, Hans:
Rückstellungen, Sonderverlustkonto und
Sonderverlust-Rücklage nach § 17 Abs. 4
DMBilG und ihr Einfluß auf Eigenkapital
und Ausgleichsverbindlichkeit / Hans
Deppe. - IN: Der Betrieb. - 44
(1991),10, S. 503 - 510

1135   A 186825
D-Markbilanzgesetz : Gesetzestext,
Kommentierung, Gestaltungshinweise /
KPMG Deutsche Treuhand-Gruppe (Hrsg.). -
Düsseldorf : IDW-Verl., 1990. - 591 S. +
Beil. u.d.T.: Gesetz über die
Eröffnungsbilanz in Deutscher Mark und
die Kapitalneufestsetzung. - ISBN:
3-8021-0468-4

1136   B 249668
D-Markbilanzgesetz : DMBilG / hrsg. von
Carsten Peter Claussen ... - Köln :
Verl. Kommunikationsforum Recht,
Wirtschaft, Steuern, 1990. - Getr.
Zählung. - (RWS-Dokumentation ; 4). -
ISBN: 3-8145-1853-5

1137   A 185989
D-Markbilanzgesetz : (DMBiLG) und
amtliche Begründung ; Textausgabe mit
Sachregister / Einf. von Welf Müller. -
Stand: 15. Oktober 1990. - München :
Beck, 1990. - XX, 153 S. - (Beck'sche
Textausgaben). - ISBN: 3-406-35122-0

1138   C 172451
Die D-Markeröffnungsbilanz als
Ausgangspunkt und Maßstab
betriebswirtschaftlichen Denkens und
Handelns . - IN: Gesamtdeutsche
Eröffnungsbilanz
- 1. Die D-Markeröffnungsbilanz als
  Motor im Transformationsprozeß / Kurt
  Erdmann. // S. 81 - 94
- 2. Die D-Markeröffnungsbilanz als
  Bindeglied zwischen zwei
  Wirtschaftssystemen / J. Graßhoff. //
  S. 95 - 103

1139   C 172909
Die D-Markeröffnungsbilanz 1990 / von
Klaus v. Wysocki ... - 2. Aufl. unter
Berücksichtigung der Änderungen des
D-Markbilanzgesetzes von 1991. -
Stuttgart : Schäffer, 1991. - XVIII, 531
S. : graph. Darst. - (Schriftenreihe Der
Betrieb). - Literaturverz. S. 425 - 438.
- 1. Aufl. u.d.T.: Wysocki, Klaus von:
Die D-Markeröffnungsbilanz von
Unternehmen in der DDR. - ISBN:
3-8202-0653-1

1140   YY 4230 (43)
Die DM-Eröffnungsbilanz in der DDR :
zur Überleitung von Bilanzpositionen aus
der "Finanzrechnung" von Betrieben und
Kombinaten in der DDR in die
DM-Eröffnungsbilanz / Klaus v. Wysocki
... - Graph. Darst. - IN: Der Betrieb. -
43 (1990),19, S. 945 - 954

1141   C 175092
Elkart, Wolfgang:
D-Markeröffnungsbilanz und
Folgeabschlüsse / von Wolfgang Elkart
und Norbert Pfitzer. - Heidelberg :
Verl. Recht und Wirtschaft, 1991. - 127
S. : graph. Darst. - (Sonderveröffent-

1142 YY 13307 (1990)
Elkart, Wolfgang:
Grundlinien der D-Markeröffnungsbilanz : Einführung und Bilanzierungskonzeption / Wolfgang Elkart und Norbert Pfitzer. - (Deutsche Einigung - Rechtsentwicklungen ; 1990,15). - IN: Betriebs-Berater : Beilage. - 1990,37, S. 10 - 27

1143 YY 13307 (1990)
Elkart, Wolfgang:
Grundlinien der D-Markeröffnungsbilanz : Bewertungskonzeption / Wolfgang Elkart und Norbert Pfitzer. - Graph. Darst. - (Deutsche Einigung - Rechtsentwicklungen ; 1990,17). - IN: Betriebs-Berater : Beilage. - 1990,40, S. 22 - 37

1144 A 192063
Fehling, Hans-Werner:
Anforderungen des DM-Bilanzgesetzes und Bewertungsfragen / Hans-Werner Fehling. - Kommentar S. 97 - 105. - IN: Investitionen und Unternehmenskauf in den neuen Bundesländern / [Red.: Dirk Petrat]. - Hamburg, 1991. - S. 83 - 97.

1145 YY 725 (44)
Fey, Gerd:
Folgewirkungen des D-Mark-Bilanzgesetzes für die Jahresabschlüsse nach der DM-Eröffnungsbilanz : Besonderheiten der künftigen Rechnungslegung in den neuen Bundesländern im Überblick / von Gerd Fey. - IN: Die Wirtschaftsprüfung. - 44 (1991),9, S. 253 - 264

1146 A 191430
Förschle, Gerhart:
Aktuelle Probleme der Umstellung der Rechnungslegung in den neuen Bundesländern / Gerhart Förschle. - IN: Rechnungslegung und Prüfung 1992 / Institut für Revisionswesen der Westfälischen Wilhelms-Universität Münster. Hrsg. von Jörg Baetge. - Düsseldorf, 1992. - ISBN 3-8021-0521-4. - S. 149 - 166.

1147 A 188623
Förschle, Gerhart:
DM-Eröffnungsbilanz : Aufstellung - Inventar - Bewertung - Kapitalausstattung - Steuern ; mit den Änderungen durch das "Gesetz zur Beseitigung von Hemmnissen bei der Privatisierung von Unternehmen und zur Förderung von Investitionen" vom 22.3.1991 (BGBl. I S. 766 ff.) / von Gerhart Förschle und Manfred Kropp. - 2., erw. und aktualisierte Aufl. - Bonn : Economica-Verl., 1991. - XVII, 275 S. - (Praxiswissen Wirtschaft). - ISBN: 3-87081-121-8

1148 YY 13307 (1990)
Förschle, Gerhart:
Vorschriften der DDR über Inventur und Schlußbilanz am 30.6.1990 : ein Überblick / Gerhart Förschle und Manfred Kropp. - (DDR-Rechtsentwicklungen ; 13). - IN: Betriebs-Berater : Beilage. - 1990,33, S. 1 - 7

1149 YY 4230 (1990)
Gesetz über die Eröffnungsbilanz in Deutscher Mark und die Kapitalneufestsetzung : D-Markbilanzgesetz - DMBG. - IN: Der Betrieb : DDR-Report. - 1990,6, S. 3073 - 3083

1150 B 249990
Gesetz über die Eröffnungsbilanz in Deutscher Mark und die Kapitalneufestsetzung : (D-Markbilanzgesetz -DMBilG) / BDO Deutsche Warentreuhand-Aktiengesellschaft, Wirtschaftsprüfungsgesellschaft ... - [Hamburg], 1990. - 125 S. : graph. Darst.

1151 B 249081
Gesetz über die Eröffnungsbilanz in Deutscher Mark und die Kapitalneufestsetzung : DM-Bilanzgesetz ; DMBilG. - Köln : Bundesanzeiger, 1990. - 205 S. - (Bundesanzeiger ; 42,189a). - Einheitssacht.: DM-Bilanzgesetz

1152 YY 8448 (1991)
Göllert, Kurt:
Analyse der DM-Eröffnungsbilanz / Kurt Göllert ; Wilfried Ringling. - Graph. Darst. - IN: Die Bank. - 1991,1, S. 20 - 23

1153 B 254066
Gräfer, Horst:
Der Jahresabschluß der GmbH : unter Berücksichtigung der Regelungen des D-Markbilanzgesetzes ; Leitfaden zur Rechnungslegung mit Übersichten, Beispielen, Fällen, Musterformulierungen / von Horst Gräfer. - 3., verb. und erw.

1154 YY 4230 (43)
Haeger, Bernd:
Rechnungslegung in der DDR / Bernd Haeger. - IN: Der Betrieb. - 43 (1990),18, S. 897 - 904

1155 Y 859 (79)
Hellmer, Jörg:
Die Aufstellung der DM-Eröffnungsbilanz : rechtlicher Rahmen, Bilanzierung, Bewertung und Kapitalneufestsetzung / Jörg Hellmer. - IN: Deutsche Steuer-Zeitung. - 79 (1991),1/2, S. 2 - 12

1156 YY 13307 (1990)
Janke, Günter:
Rechnungswesen und Bilanz in der DDR-Wirtschaft / Günter Janke. - (DDR-Rechtsentwicklungen ; 7). - IN: Betriebs-Berater : Beilage. - 1990,20, S. 17 - 25

1157 B 260730
Kriebel, Hugo-Manfred:
Bilanzierungs- und Prüfungsfragen in den neuen Bundesländern / Hugo-Manfred Kriebel. - IN: Das vereinigte Deutschland im europäischen Markt. - Düsseldorf, 1992. - ISBN 3-8021-0519-2. - S. 185 - 193. - (Bericht über die Fachtagung ... des Instituts der Wirtschaftsprüfer in Deutschland e. V. ; 23)

1158 C 177494
Küting, Karlheinz:
Schritte zur DM-Eröffnungsbilanz : zur Problematik der Umstellung von DDR-Bilanzen / K. Küting. - IN: Rechnungswesen und EDV / 11. Saarbrücker Arbeitstagung 1990. Hrsg. von A.-W. Scheer. - Heidelberg, 1990. - ISBN 3-7908-0498-3. - S. 537 - 576.

1159 YY 725 (43)
Lanfermann, Josef:
Grundsätze eines DM-Bilanzgesetzes (DDR) / von Josef Lanfermann und Michael Gewehr. - IN: Die Wirtschaftsprüfung. - 43 (1990),14, S. 385 - 392

1160 YY 13307 (1990)
Lauer, Reinhold M.:
Ausgewählte Probleme bei der Erstellung von DM-Eröffnungsbilanzen in der DDR / Reinhold M. Lauer und Christine E. Lauer. - (DDR-Rechtsentwicklungen ; 10). - IN: Betriebs-Berater : Beilage. - 1990,26, S. 7 - 17

1161 W 110 (73)
Laule, Gerhard:
Die steuerlichen Folgen der D-Markbilanz in der DDR : Vortrag vom 7.12.1990, gehalten im Rahmen der 8. Hamburger Tagung zur Internationalen Besteuerung / von Gerhard Laule. - Hamburg : Inst. für Ausländisches und Internat. Finanz- und Steuerwesen, 1990. - 46 Bl. - (Hefte zur internationalen Besteuerung ; 73)

1162 YY 8448 (1992)
Lohse, Dieter:
Entschuldung und Kapitalneufestsetzung im Zuge der DM-Eröffnungsbilanz / Dieter Lohse ; Erik Sonnemann. - IN: Die Bank. - 1992,1, S. 37 - 41

1163 YY 725 (44)
Ludewig, Rainer:
Der Bericht über die Prüfung der D-Mark-Eröffnungsbilanz / von Rainer Ludewig. - IN: Die Wirtschaftsprüfung. - 44 (1991),4, S. 93 - 97

1164 B 258188
Mertin, Dietz:
Current accounting problems in the former GDR / Dietz Mertin. - IN: Accounting reform in Central and Eastern Europe / [Centre for Co-operation with European Economies in Transition]. - Paris, 1991. - ISBN 92-64-13609-6. - S. 43 - 45.

1165 YY 4230 (1990)
Neue Bilanzen in der DDR : ein halber Schritt auf halbem Wege ; kritische Anmerkungen zu den Eröffnungsbilanzen der in Kapitalgesellschaften umgewandelten volkseigenen Kombinate, Betriebe und Einrichtungen in der DDR / Klaus v. Wysocki ... - IN: Der Betrieb : DDR-Report. - 1990,2, S. 3018 - 3022

1166 B 260730
Niehus, Rudolf J.:
Der Wirtschaftsprüfer des vereinten Deutschland : ein freier Beruf in dem einen Markt / Rudolf J. Niehus. - IN: Das vereinigte Deutschland im europäischen Markt. - Düsseldorf, 1992. - ISBN 3-8021-0519-2. - S. 67 - 79. -

(Bericht über die Fachtagung ... des Instituts der Wirtschaftsprüfer in Deutschland e. V. ; 23)

1167 XX 970 (41)
Peemöller, Volker H.:
D-Markeröffnungsbilanz der Genossenschaften / von Volker H. Peemöller ; Peter Bömelburg ; Klaus Ernst. - IN: Zeitschrift für das gesamte Genossenschaftswesen. - 41 (1991),2, S. 81 - 100

1168 YY 725 (45)
Peemöller, Volker H.:
Zum Informationsgehalt von D-Markeröffnungsbilanz und Folgeabschlüssen / von Volker H. Peemöller und Tobias Hüttche. - IN: Die Wirtschaftsprüfung. - 45 (1992),8, S. 209 - 221

1169 YY 13307 (1990)
Pfitzer, Norbert:
Zielsetzungen und Gestaltungsprinzipien des D-Mark-Bilanzgesetzes 1990 / Norbert Pfitzer. - (DDR-Rechtsentwicklungen ; 8). - IN: Betriebs-Berater : Beilage. - 1990,21, S. 10 - 16

1170 YY 725 (43)
Polaschewski, Edwin:
Besonderheiten im Rechnungswesen eines Unternehmens in der DDR / von Edwin Polaschewski. - Graph. Darst. - IN: Die Wirtschaftsprüfung. - 43 (1990),12, S. 329 - 334

1171 A 186826
Probleme der Umstellung der Rechnungslegung in der DDR : Vorträge und Diskussionen zum neuen Recht / Institut für Revisionswesen der Westfälischen Wilhelms-Universität, Münster. Hrsg. von Jörg Baetge. - Düsseldorf : IDW-Verl., 1991. - XIII, 162 S. : graph. Darst. - (Schriften des Instituts für Revisionswesen der Westfälischen Wilhelms-Universität Münster). - Enth. 7 Beitr. - ISBN: 3-8021-0471-4

1172 B 260307
Rechnungslegung : Entwicklungen bei der Bilanzierung und Prüfung von Kapitalgesellschaften ; Festschrift zum 65. Geburtstag von Professor Dr. Dr. h. c. Karl-Heinz Forster / hrsg. von Adolf Moxter ... - Düsseldorf : IDW-Verl.,
1992. - XIII, 758 S. : graph. Darst. - Literaturverz. S. 743 - 758. - Enth. 41 Beitr. - ISBN: 3-8021-0486-2

1173 B 251755
Sarrazin, Viktor:
D-Markbilanzgesetz und Besteuerung / Viktor Sarrazin. - IN: Generalthema Unternehmensbesteuerung in der Zeit des Umbruchs. - Düsseldorf, 1990. - ISBN 3-8021-0470-6. - S. 99 - 110.

1174 B 250545
Scherrer, Gerhard:
D-Markeröffnungsbilanz : systematische Erläuterungen zur Aufstellung, Prüfung, Feststellung und Veröffentlichung der Eröffnungsbilanz nach dem D-Markbilanzgesetz / von Gerhard Scherrer. - Köln : Schmidt, 1991. - XVI, 290 S. - Literaturverz. S. 279 - 283. - ISBN: 3-504-35006-7

1175 YY 725 (43)
Schneeloch, Dieter:
Bilanzierung und Bewertung in Handels- und Steuerbilanz nach dem D-Markbilanzgesetz / von Dieter Schneeloch. - IN: Die Wirtschaftsprüfung. - 43 (1990),22, S. 621 - 634

1176 YY 95 (46)
Schneeloch, Dieter:
Bilanzpolitische Überlegungen zur Erstellung der DM-Eröffnungsbilanz / Dieter Schneeloch. - IN: Betriebs-Berater. - 46 (1991),1, S. 25 - 34

1177 YY 4230 (1990)
Schüller, Wolfgang:
Erfahrungen aus dem Umstellungsprozeß im DDR-Rechnungswesen / Wolfgang Schüller. - IN: Der Betrieb : DDR-Report. - 1990,10, S. 3116 - 3118

1178 YY 13307 (1991)
Sonnemann, Erik:
Änderungen am D-Markbilanzgesetz / Erik Sonnemann und Dieter Lohse. - (Deutsche Einigung - Rechtsentwicklungen ; 1991 = Folge 20). - IN: Betriebs-Berater : Beilage. - 1991,8, S. 14 - 22

1179 YY 13307 (1991)
Strobel, Wilhelm:
Änderung des D-Markbilanzgesetzes im Regierungsentwurf zur Privatisierungsrechtsreform / Wilhelm Strobel. -

(Deutsche Einigung - Rechtsentwicklungen ; 1991 = Folge 19). - IN: Betriebs-Berater : Beilage. - 1991,6, S. 18 - 27

1180 YY 13307 (1990)
Strobel, Wilhelm:
Das D-Markbilanzgesetz der DDR mit den Umsetzungsproblemen bis hin zur DDR-Steuerberatungsordnung / Wilhelm Strobel. - (DDR-Rechtsentwicklungen ; 11). - IN: Betriebs-Berater : Beilage. - 1990,28, S. 6 - 20

1181 C 172078
Strobel, Wilhelm:
DM-Eröffnungsbilanz : Leitfaden für Unternehmer und Berater / von Wilhelm Strobel. - Herne [u.a.] : Verl. Neue Wirtschafts-Briefe, 1990. - XV, 111, 46 S. + Einleger. - ISBN: 3-482-44761-6

1182 YY 95 (45)
Strobel, Wilhelm:
Das neue D-Markbilanzgesetz / Wilhelm Strobel. - IN: Betriebs-Berater. - 45 (1990),25, S. 1709 - 1713

1183 YY 13307 (1990)
Strobel, Wilhelm:
Die staatsvertragliche Umstellung des DDR-Rechnungswesens und die Neuerungen des DDR-Treuhandgesetzes / Wilhelm Strobel. - (DDR-Rechtsentwicklungen ; 9). - IN: Betriebs-Berater : Beilage. - 1990,23, S. 17 - 27

1184 YY 13006 (2)
Ströfer, Joachim:
Das D-Markbilanzgesetz : ein Überblick / Joachim Ströfer. - IN: Deutsch-deutsche Rechts-Zeitschrift. - 2 (1991),3, S. 68 - 72

1185 YY 725 (43)
Targan, Norbert:
Darstellung und Einzelfragen zur Umwandlung volkseigener Betriebe in Kapitalgesellschaften durch Buchwertverknüpfung in der DDR / von Norbert Targan. - IN: Die Wirtschaftsprüfung. - 43 (1990),12, S. 334 - 339

1186 C 170601
Der Übergang auf die DM-Bilanzierung : eine praktische Hilfe zur Umstellung der DDR-Bilanzen / Karlheinz Küting. Mit Beitr. von Herbert Biener und Jürgen Pfotenhauer. - Stuttgart : Schäffer, 1990. - X, 182 S. : graph. Darst. - ISBN: 3-8202-0619-1

1187 B 260730
Das vereinigte Deutschland im europäischen Markt : 16. - 18. Oktober 1991 in Berlin ; (23. Tagung seit 1945). - Düsseldorf : IDW-Verl., 1992. - 479 S. - (Bericht über die Fachtagung ... des Instituts der Wirtschaftsprüfer in Deutschland e. V. ; 23). - Enth. 20 Beitr. - ISBN: 3-8021-0519-2

1188 YY 13307 (1990)
Voigt, Helmut:
Rechnungswesen und Jahresabschluß in den Industriebetrieben der DDR / Helmut Voigt und B. Meißner. - (DDR-Rechtsentwicklungen ; 6). - IN: Betriebs-Berater : Beilage. - 1990,18, S. 8 - 14

1189 YY 4230 (1990)
Wysocki, Klaus von:
Die Inventur zu den Schlußbilanzen und DM-Eröffnungsbilanzen von Betrieben und Unternehmen in der DDR / Klaus v. Wysocki. - IN: Der Betrieb : DDR-Report. - 1990,5, S. 3054 - 3056

1190 YY 4230 (44)
Wysocki, Klaus von:
Zur Aufstellung von Konzerneröffnungsbilanzen nach dem D-Markbilanzgesetz / Klaus v. Wysocki. - Graph. Darst. - IN: Der Betrieb. - 44 (1991),9, S. 453 - 461

E-7 Valuation of Firms - Unternehmensbewertung

1191 A 185647
AfA-Tabelle 1990 : insbesondere mit den Gebäudeabschreibungen für die neuen ostdeutschen Bundesländer / hrsg. vom Ministerium der Finanzen Berlin. - Düsseldorf : IDW-Verl. [u.a.], 1990. - 293 S. - ISBN: 3-8021-0478-1

1192 C 177491
Bahsi, C. G.:
Die Bewertung mit Hilfe des betriebsindividuellen Wertes und seine Würdigung unter besonderer Berücksichtigung der aktuellen Bewertungsprobleme in den neuen Bundesländern / von C. Gökhan Bahsi. - IN: Praxis und Theorie der

Unternehmung / hrsg. von Karl-Werner Hansmann ... Mit Beitr. von Dietrich Adam ... - Wiesbaden, 1992. - ISBN 3-409-17940-2. - S. 39 - 55.

1193   A 184539
Bewertung von Unternehmen in der DDR . - Düsseldorf : IDW-Verl., 1990. - 104 S. - Enth. u.a.: Hinweise für die Bewertung von Unternehmen. Anwendung der Grundsätze zur Durchführung von Unternehmensbewertungen bei Bewertungen in der DDR. - ISBN: 3-8021-0455-2

1194   XX 631 (43)
Diedrich, Ralf:
Substanzwertorientierte Verfahren zur Bewertung von Unternehmen in der ehemaligen DDR / von Ralf Diedrich. - (Aufgaben und Perspektiven unternehmerischer Aktivitäten in den neuen Bundesländern). - IN: Betriebswirtschaftliche Forschung und Praxis. - [43] (1991),2, S. 155 - 167

1195   X 10249 (1990/91)
Hüchtebrock, Michael:
Ausgewählte Probleme bei der Bewertung von Unternehmen in der ehemaligen DDR / Michael Hüchtebrock. - IN: Steuerberater-Jahrbuch. - 1990/91 (1991) = 42, S. 261 - 282

1196   A 190475
Lanfermann, Josef:
Unternehmensbewertung in den neuen Bundesländern / Josef Lanfermann. - IN: Akquisition und Unternehmensbewertung / Institut für Revisionswesen der Westfälischen Wilhelms-Universität, Münster. Hrsg. von Jörg Baetge. - Düsseldorf, 1991. - ISBN 3-8021-0516-8. - S. 117 - 128.

1197   YY 13185 (3)
Stock, Klaus-Dieter:
Probleme bei der Bewertung landwirtschaftlicher Betriebe in den neuen Bundesländern / Klaus-Dieter Stock. - Zsfassung in engl. Sprache. - IN: Grundstücksmarkt und Grundstückswert. - 3 (1992),2, S. 73 - 77

1198   XX 631 (43)
Wert und Bewertung von Unternehmen in der ehemaligen DDR / mit Beiträgen zum Thema von Wolfgang Dörner ... - Graph. Darst. - Enth. 3 Beitr. - IN: Betriebswirtschaftliche Forschung und Praxis. - [43] (1991),1, S. 1 - 60

F Labor and Employment - Arbeit und Beschäftigung

F-1 Labor Market, Unemployment, Labor Market Policy - Arbeitsmarkt, Arbeitslosigkeit, Arbeitsmarktpolitik

1199   XX 739 (42)
Adamy, Wilhelm:
Der Arbeitsmarkt vor dem Absturz : der Rückzug der Regierung aus ihrer sozial- und arbeitsmarktpolitischen Verantwortung / Wilhelm Adamy. - IN: Gewerkschaftliche Monatshefte. - 42 (1991),1, S. 17 - 26

1200   YY 1276 (43)
Adamy, Wilhelm:
Marktwirtschaft und Arbeitslosigkeit in der DDR : 2 Seiten einer Medaille? / von Wilhelm Adamy. - IN: WSI-Mitteilungen. - 43 (1990),7, S. 433 - 441

1201   YY 4105 (40)
Adamy, Wilhelm:
Der ostdeutsche Arbeitsmarkt ein Jahr nach der Währungsunion / von Wilhelm Adamy. - IN: Soziale Sicherheit. - 40 (1991),8/9, S. 225 - 230

1202   Y 59 (71)
Arbeitsbeschaffungsprogramme für Ostdeutschland / Horst Günther ; Ursula Engelen-Kefer ; Josef Siegers. - Enth. 3 Beitr. - IN: Wirtschaftsdienst. - 71 (1991),3, S. 111 - 119

1203   C 172901
Arbeitslosigkeit und Kurzarbeit in Ostdeutschland / Jürgen Wahse ... - Berlin, 1991. - 120 Bl. - (Trends & facts special / Institut für Wirtschaftswissenschaften Berlin ; 3)

1204   X 19525
Arbeitsmarkt .... - IN: Gewerkschaftsjahrbuch. - Köln. - [1990]. // 1991, S. 301 - 329

1205 A 189123
Arbeitsmarkt DDR : (Thesen) / [Institut für Wirtschaftswissenschaften]. Jürgen Wahse. - Berlin : Akad.-Verl., 1990. - 85 S. - (Wirtschaftsreport : Special ; 1). - Nebent.: Arbeitsmarkt der DDR. - ISBN: 3-86081-201-7

1206 Y 370 (59)
Der Arbeitsmarkt in Deutschland / [bearb. von Wolfgang Scheremet]. - IN: Wochenbericht / Deutsches Institut für Wirtschaftsforschung. - 59 (1992),5/6, S. 49 - 57

1207 C 175943
Arbeitsmarkt in Thüringen / Jürgen Wahse ... - Wiesbaden, 1991. - IV, 30 S. - (Zukunftsraum Hessen-Thüringen ; 6). - Druckschriftennr.: HLT-Report-Nr. 324. - ISBN: 3-89352-045-7

1208 YY 13270
Arbeitsmarkt in Zahlen / Bundesanstalt für Arbeit. Aktuelle Daten für das Beitrittsgebiet. - Nürnberg. - 1991,April bis Dezember erschienen. - 1991,Januar - März u.d.T.: Arbeitsmarkt in Zahlen / Aktuelle Eckdaten für das Beitrittsgebiet. - Ab 1992 u.d.T.: Arbeitsmarkt in Zahlen / Aktuelle Daten für das Bundesgebiet Ost
- 1991

1209 YY 13270
Arbeitsmarkt in Zahlen / Bundesanstalt für Arbeit. Aktuelle Daten für das Bundesgebiet Ost. - Nürnberg. - Erscheinungsbeginn: 1992. - 1991 u.d.T.: Arbeitsmarkt in Zahlen / Aktuelle Daten für das Beitrittsgebiet
- 1992

1210 YY 13267
Arbeitsmarkt in Zahlen / Bundesanstalt für Arbeit. Zugezogene, Übersiedler, Aussiedler : Region: bisheriges Bundesgebiet. - Nürnberg. - Ab 1991,April ohne Zusatz zur Unterreihe
- 1991. (1991/92)
- 1992

1211 YY 8700 (24)
Der Arbeitsmarkt 1991 und 1992 in der Bundesrepublik Deutschland / Autorengemeinschaft Hans-Uwe Bach ... - Zsfassung in engl. u. franz. Sprache. - IN: Mitteilungen aus der Arbeitsmarkt- und Berufsforschung. - 24 (1991),4, S. 621 - 634

1212 C 171973
Arbeitsmarktanalyse Raum Dresden / Institut für Arbeitsmarkt und Berufsforschung der Bundesanstalt für Arbeit, Nürnberg ... Brigitte Völkel ... - Nürnberg, 1991. - 308 S. : graph. Darst. - (Beiträge zur Arbeitsmarkt- und Berufsforschung ; 147)

1213 A 189143
Arbeitsmarktprobleme und Qualifizierungserfordernisse in den fünf neuen Bundesländern : eine Tagung der Friedrich-Ebert-Stiftung am 13. Dezember 1990 in Magdeburg. - Bonn : Forschungsinst., Abt. Wirtschaftspolitik, 1990. - 49 S. - (Reihe "Wirtschaftspolitische Diskurse" ; 13). - ISBN: 3-926132-58-2

1214 A 188593
Assenmacher, Marianne:
DDR-Arbeitsmarkt im Wandel vor dem Hintergrund der Systemtransformation / Marianne Assenmacher ; Annette Förster. - Graph. Darst. - Zsfassung in engl. Sprache. - IN: Systemwandel und Reform in östlichen Wirtschaften / Jürgen Backhaus (Hrsg.). - Marburg, 1991. - ISBN 3-926570-30-X. - S. 242 - 266.

1215 C 174838
Aufgaben und Organisation kommunaler Arbeitsmarktpolitik in den ostdeutschen Bundesländern . - Köln, 1991. - 91 S. - (KGST-Bericht ; 1991,10)

1216 YY 4777 (41)
Bach, Heinz W.:
Langzeitarbeitslosigkeit - auch in den neuen Bundesländern? / von Heinz Willi Bach. - Graph. Darst. - IN: Sozialer Fortschritt. - 41 (1992),4, S. 89 - 96

1217 XX 1452 (44)
Bafoil, François:
La fin de la RDA : entre faillite et espoir / François Bafoil. - IN: Revue française des affaires sociales. - 44 (1990),4, S. 9 - 30

1218 XX 3852 (24)
Belwe, Katharina:
Arbeitslosigkeit in der DDR bzw. in den fünf neuen Bundesländern im Jahr 1990 / Katharina Belwe. - Graph. Darst. - IN: Deutschland-Archiv. - 24 (1991),2, S. 121 - 130

1219 YY 7655 (41)
Belwe, Katharina:
Zur Beschäftigungssituation in den neuen
Bundesländern : Entwicklung und
Perspektiven / Katharina Belwe. - Graph.
Darst. - IN: Aus Politik und Zeit-
geschichte. - 41 (1991),29, S. 27 - 39

1220 YY 7655 (42)
Berthold, Norbert:
Arbeitslosigkeit in Deutschland : auf
der Suche nach einer effizienten
Arbeitsmarktpolitik / Norbert Berthold.
- IN: Aus Politik und Zeitgeschichte. -
42 (1992),12, S. 3 - 13

1221 C 178145
Berufstätige in Berlin-Ost : 30.
November 1990 / Hrsg.: Statistisches
Landesamt Berlin. - Berlin, 1992. - 20
S. : graph. Darst. - (Berliner Statistik
: A : 6 : S)

1222 Y 370 (59)
Beschäftigungs- und
Qualifizierungsgesellschaften in den
neuen Bundesländern : eine
Situationsbeschreibung / [bearb. von
Kornelia Hagen ...]. - IN: Wochenbericht
/ Deutsches Institut für Wirtschafts-
forschung. - 59 (1992),18, S. 242 - 248

1223 B 258373
Beschäftigungsperspektiven von
Treuhandunternehmen : Umfrage 4/1991 ;
im Auftrag und in Zusammenarbeit mit der
Bundesanstalt für Arbeit Nürnberg und
der Treuhandanstalt Berlin /
durchgeführt vom Institut für
Wirtschaftswissenschaften Berlin. Jürgen
Wahse ... - Nürnberg, 1991. - 184 S. :
graph. Darst. - (Beiträge zur
Arbeitsmarkt- und Berufsforschung ; 152)

1224 B 260962
Beschäftigungsperspektiven von
Treuhandunternehmen und
Ex-Treuhandfirmen : Umfrage 10/1991 im
Auftrag und in Zusammenarbeit mit der
Bundesanstalt für Arbeit, Nürnberg und
der Treuhandanstalt, Berlin /
durchgeführt vom Institut für
Wirtschaftswissenschaften, Berlin.
Jürgen Wahse ... - Nürnberg : Inst. für
Arbeitsmarkt- und Berufsforschung der
Bundesanst. für Arbeit, 1992. - 109,
[168] S. : graph. Darst. - (Beiträge zur
Arbeitsmarkt- und Berufsforschung ; 160)

1225 A 190402
Beschäftigungsplan und Beschäftigungsge-
sellschaft : neue Konzepte und
Initiativen in der Arbeitsmarkt- und
Strukturpolitik / Gerhard Bosch ...
(Hrsg). - Köln : Bund-Verl., 1991. - 326
S. - (Die andere Arbeitswelt ; 4). -
Enth. 27 Beitr. - ISBN: 3-7663-2173-0

1226 A 192180
Beschäftigungspolitik in einer offenen
Gesellschaft : Carl Bertelsmann-Preis ;
Festakt und Symposium 1991 /
Bertelsmann-Stiftung. - Gütersloh, 1992.
- 111 S. : Ill. - Enth. 4 Beitr.

1227
Bielenski, Harald:
Arbeitsmarkt-Monitor für die neuen
Bundesländer : Umfrage 11/90 ; im
Auftrag der Bundesanstalt für Arbeit,
durchgeführt von Infratest-Sozial-
forschung, München in Zusammenarbeit mit
Infratest-Burke, Berlin / Harald
Bielenski ; Bernhard von Rosenbladt. -
Nürnberg : Inst. für Arbeitsmarkt- und
Berufsforschung der Bundesanst. für
Arbeit. - (Beiträge zur Arbeitsmarkt-
und Berufsforschung ; 148,1)
- Textbd. - 1991. - 78, 71 S.
 SIGNATUR: B 254724
- Tab.-Bd. - 1991. - 17 S., S. 101 - 771
 SIGNATUR: B 254725

1228
Bielenski, Harald:
Arbeitsmarkt-Monitor für die neuen
Bundesländer : Umfrage 3/91 ; im
Auftrag der Bundesanstalt für Arbeit
durchgeführt von Infratest-Sozial-
forschung, München in Zusammenarbeit mit
Infratest-Burke, Berlin / Harald
Bielenski ; Jovita Enderle ; Bernhard
von Rosenbladt. - Nürnberg : Inst. für
Arbeitsmarkt- und Berufsforschung der
Bundesanst. für Arbeit. - (Beiträge zur
Arbeitsmarkt- und Berufsforschung ;
148,2)
- Textbd. - 1991. - 66, [66] S. : graph.
 Darst.
 SIGNATUR: B 257113
- Tab.-Bd. - 1991. - Getr. Zählung
 SIGNATUR: B 257114

1229
Bielenski, Harald:
Arbeitsmarkt-Monitor für die neuen

Bundesländer : Umfrage 7/91 ; im
Auftrag der Bundesanstalt für Arbeit
durchgeführt von
Infratest-Sozialforschung, München in
Zusammenarbeit mit Infratest-Burke,
Berlin / Harald Bielenski ; Jovita
Enderle ; Bernhard von Rosenbladt. -
Nürnberg : Inst. für Arbeitsmarkt- und
Berufsforschung der Bundesanst. für
Arbeit. - (Beiträge zur Arbeitsmarkt-
und Berufsforschung ; 148,3)
- Text-Bd. - 1991. - 82, [70] S.
  SIGNATUR: B 259852
- Tab.-Bd. - 1991. - Getr. Zählung
  SIGNATUR: B 259851

1230   A 188795
Boje, Jürgen:
Beschäftigungskrise und Einkommens-
entwicklung in den neuen Bundesländern
/ Jürgen Boje. - IN: Perspektiven für
den Arbeitsmarkt in den neuen
Bundesländern / hrsg. von Kurt
Vogler-Ludwig. - München, 1991. - ISBN
3-88512-141-7. - S. 197 - 201. -
(Ifo-Studien zur Arbeitsmarktforschung ;
7)

1231   YY 4105 (41)
Bosch, Gerhard:
Der Arbeitsmarkt in Ostdeutschland :
längerfristige Übergangsregelungen
bleiben notwendig / von Gerhard Bosch
und Matthias Knuth. - Graph. Darst. -
IN: Soziale Sicherheit. - 41 (1992),5,
S. 136 - 145

1232   A 188795
Brinkmann, Christian:
Entwicklung des Arbeitsangebots und der
Stillen Reserve / Christian Brinkmann ;
Hans-Uwe Bach. - Graph. Darst. - IN:
Perspektiven für den Arbeitsmarkt in den
neuen Bundesländern / hrsg. von Kurt
Vogler-Ludwig. - München, 1991. - ISBN
3-88512-141-7. - S. 131 - 142. -
(Ifo-Studien zur Arbeitsmarktforschung ;
7)

1233   W 51 (1992.2)
Brinkmann, Christian:
Implementationsprobleme arbeitsmarkt-
politischer Maßnahmen in Schwerpunkten
der Unterbeschäftigung / Christian
Brinkmann ; Brigitte Völkel. - IN: Zur
Arbeitsmarktentwicklung und zum Einsatz
arbeitsmarktpolitischer Instrumente in
den neuen Bundesländern / Wilhelm Peters
(Hrsg.). - Gelsenkirchen, 1992. -
S. 83 - 102. - (Arbeitspapiere aus dem
Arbeitskreis SAMF ; 1992,2)

1234   YY 5208
Bundesanstalt für Arbeit <Nürnberg>:
Amtliche Nachrichten der Bundesanstalt
für Arbeit : ANBA. - Nürnberg. -
Erscheinungsbeginn: Jg. 1 (1953). -
Beil.: Berufliche Rehabilitation. -
Sonderh.: Förderung der beruflichen
Weiterbildung. - Sonderh.:
Berufsberatung. - ISSN: 0007-585X
- 39. (1991)
- 40. (1992)

1235   YY 11737
Bundesanstalt für Arbeit <Nürnberg> /
Landesarbeitsamt Nord:
Statistisches Monatsheft /
Landesarbeitsamt Nord. - Kiel. -
Erscheinungsbeginn: 1991,März. - Früher
u.d.T.: Bundesanstalt für Arbeit
<Nürnberg> / Landesarbeitsamt
Schleswig-Holstein-Hamburg / Referat
Statistik: Statistisches Monatsheft
- 1991. März - Dezember
- 1992

1236   YY 11737
Bundesanstalt für Arbeit <Nürnberg> /
Landesarbeitsamt Schleswig-Hol-
stein-Hamburg / Referat Statistik:
Statistisches Monatsheft / Landes-
arbeitsamt Schleswig-Holstein-Hamburg. -
Kiel. - Bis 1991,Februar erschienen
- 1991. Januar - Februar

1237   C 174007
Burda, Michael C.:
Labor and product markets in
Czechoslovakia and the ex-GDR : a twin
study / Michael C. Burda. - Graph.
Darst. - IN: The path of reform in
Central and Eastern Europe / Commission
of the European Communities,
Directorate-General for Economic and
Financial Affairs. - Luxembourg, 1991. -
ISBN 92-826-2754-3. - S. 111 - 128. -
(European economy : Special edition ; 2)

1238   B 259863
Burda, Michael C.:
Labor mobility and German integration :
some vignettes / Michael Burda ; Charles
Wyplosz. - Kommentare S. 360 - 367. -
IN: The transformation of socialist
economies / ed. by Horst Siebert. -
Tübingen, 1992. - ISBN 3-16-145926-1 ;
3-16-145927-X. - S. 333 - 359. -

(Symposium / Institut für Weltwirtschaft an der Universität Kiel ; 1991)

1239 B 258107
Buttler, Friedrich:
Perspektiven der Arbeitsmarktentwicklung / Friedrich Buttler. - IN: Die Zukunft der sozialen Sicherung in Deutschland / Klaus-Dirk Henke ... (Hrsg.). - Baden-Baden, 1991. - ISBN 3-7890-2470-8. - S. 183 - 196. - (Staatswissenschaften und Staatspraxis : Sonderheft ; 1)

1240 A 188795
Buttler, Friedrich:
Perspektiven und Hemmnisse für eine aktive Arbeitsmarktpolitik in den neuen Bundesländern / Friedrich Buttler. - IN: Perspektiven für den Arbeitsmarkt in den neuen Bundesländern / hrsg. von Kurt Vogler-Ludwig. - München, 1991. - ISBN 3-88512-141-7. - S. 161 - 169. - (Ifo-Studien zur Arbeitsmarktforschung ; 7)

1241 A 189492
Buttler, Friedrich:
Vom gespaltenen zum gemeinsamen Arbeitsmarkt / Friedrich Buttler. - Paderborn, 1991. - 23 S. - (Paderborner Universitätsreden ; 22)

1242 B 259837
Cornelsen, Doris:
Labor markets and social security systems facing unification : systemic challenges in Germany / Doris Cornelsen. - Kommentar S. 177 - 182. - IN: Economic aspects of German unification / Paul J. J. Welfens (ed.). - Berlin, 1992. - ISBN 3-540-55006-2 ; 0-387-55006-2. - S. 163 - 176.

1243
Datenreport DDR-Arbeitsmarkt . - Berlin. - (Trends & facts special / Institut für Wirtschaftswissenschaften der Akademie der Wissenschaften der DDR ; ...). - 2 mit d. Gesamtt.: Trends & facts special / Institut für Wirtschaftswissenschaften Berlin
- [1]. Langfristige Zeitreihen / Jürgen Wahse ... - 1990. - 132 Bl.. - (... ; 1)
  SIGNATUR: C 172205
- 2. Länder der ehemaligen DDR / Jürgen Wahse ... - 1990. - 154 Bl.. - (... ; 2)
  SIGNATUR: C 172637

1244 YY 12580
Deutschland <Bundesrepublik> / Statistisches Bundesamt:
Fachserie / Statistisches Bundesamt, Wiesbaden. 1, Bevölkerung und Erwerbstätigkeit. Reihe 4. 3, Erwerbstätigkeit und Arbeitsmarkt. - Stuttgart [u.a.] : Kohlhammer. - Ab 1988,Oktober im Verl. Metzler-Poeschel, Stuttgart, erschienen. - Erscheinungsbeginn: 1987,Februar - 1992. (1992/93)

1245 YY 8700 (23)
Dietz, Frido:
Berufstätigenerhebung und der Datenspeicher "Gesellschaftliches Arbeitsvermögen" : statistische Grundlagen zu wichtigen Strukturen der Erwerbstätigen in der vormaligen DDR / Frido Dietz ; Helmut Rudolph. - (Thema: Gesamtdeutscher Arbeitsmarkt). - Zsfassung in engl. u. franz. Sprache. - IN: Mitteilungen aus der Arbeitsmarkt- und Berufsforschung. - 23 (1990),4, S. 511 - 518

1246 Y 59 (71)
Donges, Juergen B.:
Arbeitsmarkt und Lohnpolitik in Ostdeutschland / Juergen B. Donges. - IN: Wirtschaftsdienst. - 71 (1991),6, S. 283 - 291

1247 B 259540
Donges, Juergen B.:
Arbeitsmarkt und Lohnpolitik in Ostdeutschland / von Juergen B. Donges. - Kommentar S. 118 - 125. - IN: Die deutsch-deutsche Integration / [Schriftl.: Herbert Wilkens]. - Berlin, 1992. - ISBN 3-428-07315-0. - S. 101 - 117. - (Beihefte der Konjunkturpolitik ; 39)

1248 YY 11431 (1991)
Egle, Franz:
Arbeitslosigkeit in Deutschland : Lösungen für einen neuen Ost-West-Konflikt / Franz Egle. - IN: Orientierungen zur Wirtschafts- und Gesellschaftspolitik. - 1991,1 = 47, S. 34 - 40

1249 YY 8700 (23)
Ergänzende Herausforderungen an die Arbeitsmarkt- und Berufsforschung im geeinten Deutschland / Institut für Arbeitsmarkt- und Berufsforschung der

Bundesanstalt für Arbeit (IAB). Knut Emmerich ... - (Thema: Gesamtdeutscher Arbeitsmarkt). - Zsfassung in engl. u. franz. Sprache. - IN: Mitteilungen aus der Arbeitsmarkt- und Berufsforschung. - 23 (1990),4, S. 435 - 454

1250 A 188795
Erwerbstätigenstruktur und Produktivitätsgefälle im Vergleich zwischen Ost- und Westdeutschland : ausgewählte Probleme / Angela Heinze ... IN: Perspektiven für den Arbeitsmarkt in den neuen Bundesländern / hrsg. von Kurt Vogler-Ludwig. - München, 1991. - ISBN 3-88512-141-7. - S. 69 - 89. - (Ifo-Studien zur Arbeitsmarktforschung ; 7)

1251 B 258107
Fels, Gerhard:
Der deutsche Arbeitsmarkt des Jahres 1990 : eine Bestandsaufnahme / Gerhard Fels ; Hans-Peter Klös. - IN: Die Zukunft der sozialen Sicherung in Deutschland / Klaus-Dirk Henke ... (Hrsg.). - Baden-Baden, 1991. - ISBN 3-7890-2470-8. - S. 167 - 182. - (Staatswissenschaften und Staatspraxis : Sonderheft ; 1)

1252 Y 370 (59)
Fluktuation auf dem Arbeitsmarkt in Ostdeutschland / [bearb. von Elke Holst ...]. - IN: Wochenbericht / Deutsches Institut für Wirtschaftsforschung. - 59 (1992),15, S. 194 - 197

1253 A 191284
Franke, Heinrich:
Arbeitswelt 2000 : Strukturwandel in Wirtschaft und Beruf / Heinrich Franke ; Friedrich Buttler. - Orig.-Ausg. - Frankfurt : Fischer, 1991. - 216 S. : graph Darst. - (Fischer Wirtschaft). - ISBN: 3-596-10296-0

1254 W 113 (162)
Franz, Wolfgang:
German labour markets after unification / Wolfgang Franz. - Konstanz, 1991. - 32 S. : graph. Darst. - (Diskussionsbeiträge / Sonderforschungsbereich 178 "Internationalisierung der Wirtschaft", Juristische Fakultät, Fakultät für Wirtschaftswissenschaften und Statistik, Universität Konstanz : Serie 2 ; 162)

1255 B 260508
Franz, Wolfgang:

Im Jahr danach : Bestandsaufnahme und Analyse der Arbeitsmarktentwicklung in Ostdeutschland / von Wolfgang Franz. - Kommentar S. 275 - 278. - IN: Von der Plan- zur Marktwirtschaft / hrsg. von Bernhard Gahlen ... - Tübingen, 1992. - ISBN 3-16-145908-3. - S. 245 - 274. - (Schriftenreihe des Wirtschaftswissenschaftlichen Seminars Ottobeuren ; 21)

1256 Y 59 (71)
Franz, Wolfgang:
Im Jahr danach: die ostdeutsche Arbeitsmarktentwicklung / Wolfgang Franz. - IN: Wirtschaftsdienst. - 71 (1991),11, S. 573 - 577

1257 YY 8700 (24)
Fuchs, Johann:
Erste Überlegungen zur künftigen Entwicklung des Erwerbspersonenpotentials im Gebiet der neuen Bundesländer : Modellrechnungen bis 2010 und Ausblick bis 2030 / Johann Fuchs ; Emil Magvas ; Manfred Thon. - Graph. Darst. - Zsfassung in engl. u. franz. Sprache. - IN: Mitteilungen aus der Arbeitsmarkt- und Berufsforschung. - 24 (1991),4, S. 689 - 705

1258 YY 8700 (23)
Thema: Gesamtdeutscher Arbeitsmarkt : Schwerpunktheft. - Graph. Darst. - Zsfassung in engl. u. franz. Sprache. - Enth. 9 Beitr. - IN: Mitteilungen aus der Arbeitsmarkt- und Berufsforschung. - 23 (1990),4, S. 435 - 594

1259 Y 59 (71)
Glos, Michael:
Ein arbeitsmarktpolitischer Kurswechsel ist nötig! / Michael Glos. - IN: Wirtschaftsdienst. - 71 (1991),12, S. 624 - 626

1260 A 184594
Gottert, Frank:
Merkmale und Probleme des Arbeitsmarktes und der Beschäftigungspolitik beim Übergang der DDR zur Marktwirtschaft / Frank Gottert. - IN: Marktwirtschaft in der DDR / von Peter Hofmann ... - Berlin, 1990. - ISBN 3-448-02205-5. - S. 98 - 117.

1261 A 188795
Grehn, Klaus:
Probleme der sozialen Bewältigung der Arbeitslosigkeit / Klaus Grehn. - IN:

Perspektiven für den Arbeitsmarkt in den neuen Bundesländern / hrsg. von Kurt Vogler-Ludwig. - München, 1991. - ISBN 3-88512-141-7. - S. 203 - 207. - (Ifo-Studien zur Arbeitsmarktforschung ; 7)

1262 A 188795
Gröbner, Gerhard:
Die Gestaltungsmöglichkeiten der Arbeitsmarktpolitik in den neuen Bundesländern / Gerhard Gröbner. - IN: Perspektiven für den Arbeitsmarkt in den neuen Bundesländern / hrsg. von Kurt Vogler-Ludwig. - München, 1991. - ISBN 3-88512-141-7. - S. 155 - 160. - (Ifo-Studien zur Arbeitsmarktforschung ; 7)

1263 YY 8700 (23)
Großer, Heinz:
Ein regionaler Arbeitsmarkt im Umbruch : wirtschaftliche Situation und Beschäftigung im Kreis Pirna (Sachsen) beim Übergang zur Marktwirtschaft / Heinz Großer, Andreas Langnickel und Regina Stoll. - (Thema: Gesamtdeutscher Arbeitsmarkt). - Zsfassung in engl. u. franz. Sprache. - IN: Mitteilungen aus der Arbeitsmarkt- und Berufsforschung. - 23 (1990),4, S. 563 - 575

1264 A 189760
Grottian, Peter:
Zwei radikale Vorschläge : alternativer Solidaritätsvertrag und 500.000 "Ossis" suchen sich selbst ihre gesellschaftlich finanzierten Arbeitsplätze! / von Peter Grottian. - IN: Probleme der Einheit. - 2 (1991), S. 97 - 105

1265 YY 3893 (44)
Gürtler, Joachim:
Entwicklung von Beschäftigung und Kurzarbeit in den neuen Bundesländern : Ergebnisse einer Sonderumfrage im Rahmen des Ifo-Konjunkturtests Ost / J. Gürtler ; D. Lange. - IN: Ifo-Schnelldienst. - 44 (1991),19, S. 10 - 15

1266 A 184995
Gürtler, Joachim:
Verdeckte Arbeitslosigkeit in der DDR / von Joachim Gürtler ; Wolfgang Ruppert ; Kurt Vogler-Ludwig. - München, 1990. - II, 49 S. - (Ifo-Studien zur Arbeitsmarktforschung ; 5). - ISBN: 3-88512-115-8

1267 XX 3852 (25)
Häfner, Beata:
Arbeitsmarkt: noch keine Trendwende in Sicht / Beata Häfner. - IN: Deutschland-Archiv. - 25 (1992),5, S. 451 - 454

1268 Y 59 (70)
Hat die Beschäftigungspolitik in der DDR versagt? / Klaus Murmann ... - Enth. 4 Beitr. - IN: Wirtschaftsdienst. - 70 (1990),9, S. 439 - 450

1269 YY 4777 (40)
Heier, Dieter:
Arbeitslosigkeit in den neuen Bundesländern : Ursachen, Ausmaß, Entwicklungstendenzen, beschäftigungspolitische Probleme und sozialpolitische Implikationen / von Dieter Heier. - IN: Sozialer Fortschritt. - 40 (1991),4, S. 83 - 95

1270 W 51 (1992.2)
Hild, Paul:
Arbeitsförderungsgesellschaften : ein Problem der dezentralen Selbststeuerung, der Kooperation und Koordination der Akteure / Paul Hild. - IN: Zur Arbeitsmarktentwicklung und zum Einsatz arbeitsmarktpolitischer Instrumente in den neuen Bundesländern / Wilhelm Peters (Hrsg.). - Gelsenkirchen, 1992. - S. 55 - 69. - (Arbeitspapiere aus dem Arbeitskreis SAMF ; 1992,2)

1271 YY 430 (45)
Hinrichs, Wilhelm:
Neue Bundesländer: marginale soziale Gruppen auf dem ostdeutschen Arbeitsmarkt / Wilhelm Hinrichs. - IN: Arbeit und Sozialpolitik. - 45 (1991),1/2, S. 37 - 41

1272 YY 9916 (34)
Hoene, Bernd:
Labor market realities in Eastern Germany / Bernd Honen. - IN: Challenge. - 34 (1991),4, S. 17 - 22

1273 YY 8700 (23)
Hönekopp, Elmar:
Arbeitsmarkt- und Berufsforschung im sich vereinenden Deutschland : ein Tagungsbericht / Elmar Hönekopp. - (Thema: Gesamtdeutscher Arbeitsmarkt). - Zsfassung in engl. u. franz. Sprache. - IN: Mitteilungen aus der Arbeitsmarkt- und Berufsforschung. - 23 (1990),4, S. 576 - 583

1274　　　　　　　　　　A 188951
Holst, Elke:
Die Zukunft selbst gestalten :
Beschäftigungs- und Qualifizie-
rungsgesellschaften in der Phase der
wirtschaftlichen Neuordnung / Elke
Holst. - Bonn : Forschungsinst. der
Friedrich-Ebert-Stiftung, Abt.
Wirtschaftspolitik, 1990. - 70 S. -
(Reihe "Wirtschaftspolitische Diskurse"
; 11). - ISBN: 3-926132-47-7

1275　　　　　　　　　　YY 8700 (23)
Huebner, Michael:
Allgemeine Maßnahmen zur Arbeitsbe-
schaffung, ein Geschäft auf
Gegenseitigkeit? : zur Theorie und
Empirie arbeitsmarktpolitischer
Feinsteuerung / Michael Huebner,
Alexander Krafft und Günter Ulrich. -
(Thema: Gesamtdeutscher Arbeitsmarkt). -
Zsfassung in engl. u. franz. Sprache. -
IN: Mitteilungen aus der Arbeitsmarkt-
und Berufsforschung. - 23 (1990),4,
S. 519 - 533

1276　　　　　　　　　　Lo 646
Informationsmappe DDR, neue Bundesländer
: Arbeitsmarkt, Beruf, Qualifikation /
Institut für Arbeitsmarkt und
Berufsforschung der Bundesanstalt für
Arbeit. - [Nürnberg]. - Losebl.-Ausg. -
Hauptbd. anfangs u.d.T.:
Informationsmappe DDR
- [Hauptbd.]. - Stand: September 1990. -
1990
- Erg. 1. - Stand: 15. Dezember 1990. -
1990 -

1277　　　　　　　　　　A 187173
Institut für Arbeitsmarkt- und
Berufsforschung <Nürnberg>:
Ergänzende Herausforderungen an die
Arbeitsmarkt- und Berufsforschung im
geeinten Deutschland zum 5.
Schwerpunktprogramm des IAB 1988 - 1992
/ [Red.: Knut Emmerich ...]. - Nürnberg,
1990. - 52 S.

1278　　　　　　　　　　Q 4579
Jahrbuch Arbeitskräfte und Löhne /
Statistisches Amt der DDR, Abteilung
Erwerbstätige, Löhne und Gehälter. -
[Berlin].
- 1990

1279　　　　　　　　　　XX 5312 (1991)
Kieselbach, Thomas:
Massenarbeitslosigkeit in der ehemaligen
DDR : soziale Konstruktion und
individuelle Bewältigung / Thomas
Kieselbach. - IN: Memo-Forum / "Arbeits-
gruppe Alternative Wirtschaftspolitik".
- 1991,Mai = Nr. 17, S. 70 - 82

1280　　　　　　　　　　Y 370 (57)
Kirner, Ellen:
Angebot an Arbeitskräften in Deutschland
auf längere Sicht / [bearb. von Ellen
Kirner und Erika Schulz]. - Graph.
Darst. - IN: Wochenbericht / Deutsches
Institut für Wirtschaftsforschung. - 57
(1990),49, S. 679 - 690

1281　　　　　　　　　　Y 59 (71)
Klanberg, Frank:
Arbeitsmarktpolitik in den neuen
Bundesländern : mehr Irrwege als
Auswege / Frank Klanberg ; Aloys Prinz.
- IN: Wirtschaftsdienst. - 71 (1991),8,
S. 397 - 402

1282　　　　　　　　　　YY 7655 (41)
Klauder, Wolfgang:
Arbeitsmarkttendenzen und Arbeitsmarkt-
politik in den neunziger Jahren /
Wolfgang Klauder ; Gerhard Kühlewind. -
IN: Aus Politik und Zeitgeschichte. - 41
(1991),34/35, S. 3 - 13

1283　　　　　　　　　　YY 430 (44)
Klauder, Wolfgang:
Längerfristige Arbeitsmarktperspektiven
in einem zusammenwachsenden Deutschland
/ Wolfgang Klauder ; Gerhard Kühlewind.
- Graph. Darst. - IN: Arbeit und
Sozialpolitik. - 44 (1990),8/9,
S. 264 - 270

1284　　　　　　　　　　A 187112
Klauder, Wolfgang:
Ohne Fleiß kein Preis : die Arbeitswelt
der Zukunft / Wolfgang Klauder. - Zürich
[u.a.] : Ed. Interfrom [u.a.], 1990. -
183 S. : graph. Darst. - (Texte + Thesen
; 227). - ISBN: 3-7201-5227-8

1285　　　　　　　　　　Y 10872 (1990)
Klodt, Henning:
Arbeitsmarktpolitik in der DDR :
Vorschläge für ein Qualifizierungs-
programm / von Henning Klodt. - Graph.
Darst. - IN: Die Weltwirtschaft. -
1990,1, S. 78 - 90

1286　　　　　　　　　　Y 10872 (1991)
Klodt, Henning:
Wirtschaftsförderung für die neuen

Bundesländer :
Qualifizierungsgutscheine als
Alternative / von Henning Klodt. - IN:
Die Weltwirtschaft. - 1991,1,
S. 91 - 103

1287   W 51 (1992.2)
Knuth, Matthias:
Zur Rolle von Beschäftigungsgesellschaften im Transitionsprozeß der neuen Bundesländer / Matthias Knuth. - Graph. Darst. - IN: Zur Arbeitsmarktentwicklung und zum Einsatz arbeitsmarktpolitischer Instrumente in den neuen Bundesländern / Wilhelm Peters (Hrsg.). - Gelsenkirchen, 1992. - S. 27 - 53. - (Arbeitspapiere aus dem Arbeitskreis SAMF ; 1992,2)

1288   B 257119
Kühl, Jürgen:
Arbeitsmarktpolitik unter Druck : Arbeitsplatzdefizit und Kräftemangel im Westen, Beschäftigungskatastrophe im Osten / Jürgen Kühl. - IN: Die alte Bundesrepublik / Bernhard Blanke ... (Hrsg.). Mit Beitr. von Elmar Altvater ... - Opladen, 1991. - ISBN 3-531-12197-9. - S. 482 - 501. - (Leviathan : Sonderheft ; 12)

1289   YY 8700 (24)
Kühl, Jürgen:
Beschäftigungsperspektiven von Treuhandunternehmen / Jürgen Kühl ; Reinhard Schaefer ; Jürgen Wahse. - Graph. Darst. - Zsfassung in eng. u. franz u. russ. Sprache. - IN: Mitteilungen aus der Arbeitsmarkt- und Berufsforschung. - 24 (1991),3, S. 501 - 513

1290   YY 8700 (25)
Kühl, Jürgen:
Beschäftigungsperspektiven von Treuhandunternehmen und Ex-Treuhandfirmen im Oktober 1991 / Jürgen Kühl, Reinhard Schaefer, Jürgen Wahse. - Graph. Darst. - Zsfassung in engl. u. franz. u. russ. Sprache. - IN: Mitteilungen aus der Arbeitsmarkt- und Berufsforschung. - 25 (1992),1, S. 32 - 50

1291   YY 1276 (44)
Kühl, Jürgen:
Beschäftigungspolitische Wirkungen der Treuhandanstalt / von Jürgen Kühl. - IN: WSI-Mitteilungen. - 44 (1991),11, S. 682 - 688

1292   YY 2028 (1991)
Kusch, Horst:
Erste Ergebnisse der Berufstätigenerhebung 1990 in den neuen Bundesländern / Horst Kusch ; Martin Lambert ; Horst Winter. - IN: Wirtschaft und Statistik. - 1991,12, S. 779 - 286

1293   A 192672
Lafontaine, Oskar:
Die Rolle der Beschäftigungs- und Qualifizierungsgesellschaften im Sanierungsprozeß der ostdeutschen Wirtschaft : Vorträge vor dem Gesprächskreis Politik und Wissenschaft des Forschungsinstituts der Friedrich-Ebert-Stiftung in Bonn am 3. September 1991 / Oskar Lafontaine ; Hans Peter Stihl. - Bonn : Friedrich-Ebert-Stiftung, Forschungsinst., 1991. - 32 S. - (Gesprächskreis Politik und Wissenschaft). - ISBN: 3-926132-91-4

1294   A 188795
Lange, Dieter:
Entwicklungstendenzen auf dem ostdeutschen Arbeitsmarkt / Dieter Lange. - Graph. Darst. - IN: Perspektiven für den Arbeitsmarkt in den neuen Bundesländern / hrsg. von Kurt Vogler-Ludwig. - München, 1991. - ISBN 3-88512-141-7. - S. 93 - 101. - (Ifo-Studien zur Arbeitsmarktforschung ; 7)

1295   W 51 (1992.4)
Lappe, Lothar:
Der Zusammenbruch des Arbeitsmarktes in den neuen Bundesländern : Ursachen und Folgen / Lothar Lappe. - Gelsenkirchen, 1992. - 40 S. - (Arbeitspapiere aus dem Arbeitskreis SAMF ; 1992,4)

1296   Y 369 (60)
Lechner, Michael:
Die Arbeitsmarkterwartungen in der DDR kurz vor der Währungsunion / von Michael Lechner, Friedhelm Pfeiffer und Gert Wagner. - IN: Vierteljahrshefte zur Wirtschaftsforschung. - 60 (1991),1/2, S. 39 - 49

1297   W 59 (447)
Lechner, Michael:
Expected job loss in East and West Germany 1990/89 : an econometric analysis using individual data of the socio-economic panel / Michael Lechner ;

Friedhelm Pfeiffer ; Linda Giesecke
O'Shea. - Mannheim : Inst. für
Volkswirtschaftslehre und Statistik der
Univ. Mannheim, 1991. - 33 S. : graph.
Darst. - (Beiträge zur angewandten
Wirtschaftsforschung ; 447)

1298 A 187647
Lenk, Thomas:
Einfluß des technologischen Fortschritts
und des strukturellen Wandels auf den
Arbeitsmarkt / von Thomas Lenk. -
Graph. Darst. - IN: Probleme der
Einheit. - 1 (1991), S. 11 - 31

1299 A 188795
Miethe, Horst:
Beschäftigungsphilosophien von
Unternehmen im wirtschaftlichen
Transformationsprozeß / Horst Miethe. -
IN: Perspektiven für den Arbeitsmarkt in
den neuen Bundesländern / hrsg. von Kurt
Vogler-Ludwig. - München, 1991. - ISBN
3-88512-141-7. - S. 185 - 196. -
(Ifo-Studien zur Arbeitsmarktforschung ;
7)

1300 A 192066
Müller, Christa:
Beschäftigungsgesellschaften / Christa
Müller. - Bonn : Dietz, 1992. - 142 S. -
(Politik im Taschenbuch ; 6). - ISBN:
3-8012-0179-1

1301 C 173989
Müller, Georg:
Berufe-Atlas : Wirtschafts- und
Arbeitsmarktindikatoren nach Regionen /
Georg Müller ; Annelore Chaberny ;
Friedemann Stooß. - Nürnberg : Inst. für
Arbeitsmarkt- und Berufsforschung der
Bundesanst. für Arbeit, 1991. - 437 S. :
Kt. - (Beiträge zur Arbeitsmarkt- und
Berufsforschung ; 150)

1302 B 257295
Neubäumer, Renate:
Der ostdeutsche Arbeitsmarkt :
Bestandsaufnahme und Ansatzpunkte einer
auf mehr Beschäftigung ausgerichteten
Wirtschaftspolitik / von Renate
Neubäumer. - Graph. Darst. -
Literaturverz. S. 128 - 133. - IN:
Wirtschaftspolitische Probleme der
Integration der ehemaligen DDR in die
Bundesrepublik / von Hartwig Bartling
... Hrsg. von Helmut Gröner ... -
Berlin, 1991. - ISBN 3-428-07275-8. -
S. 79 - 149. - (Schriften des Vereins
für Socialpolitik, Gesellschaft für
Wirtschafts- und Sozialwissenschaften ;
N.F.,212)

1303 Y 59 (70)
Neumann, Helmut:
Steuerungsoptionen für den DDR-Arbeits-
markt / Helmut Neumann. - IN:
Wirtschaftsdienst. - 70 (1990),6,
S. 309 - 313

1304 XX 6011 (1992)
Nitsche, Joachim:
Statistische und reale Arbeitslosigkeit
in Ostdeutschland / von Joachim
Nitsche. - IN: IPW-Berichte. - 1992,1/2,
S. 23 - 29

1305 W 2 (90,6)
Ost-West-Öffnung : Folgen und
Herausforderungen für die deutschen
Arbeitsmärkte ; Dokumentation eines
Symposiums / Doris Cornelsen ...
(Hrsg.). - Berlin, 1990. - 109 S. -
(Discussion papers / Wissenschafts-
zentrum Berlin für Sozialforschung,
Forschungsschwerpunkt Arbeitsmarkt und
Beschäftigung ; 90,6). - Zsfassung in
engl. Sprache. - Enth. 8 Beitr.

1306 C 169889
Pagel, Wolfgang:
Analyse der Beschäftigungsstruktur der
DDR im internationalen Vergleich :
Tendenzen des Wandels der Beschäfti-
gungsstruktur. - Berlin, 1990. - 37 S. :
graph. Darst. - (Forschungsreihe /
Institut für Angewandte Wirtschafts-
forschung, Berlin ; 90,12). - Druck-
schriftennr.: Best.-Nr. 900112

1307 Y 370 (59)
Pendler und Migranten : zur
Arbeitskräftemobilität in Ostdeutschland
/ [bearb. von Wolfgang Scheremet ...]. -
IN: Wochenbericht / Deutsches Institut
für Wirtschaftsforschung. - 59 (1992),3,
S. 21 - 26

1308 A 188795
**Perspektiven für den Arbeitsmarkt in den
neuen Bundesländern** / hrsg. von Kurt
Vogler-Ludwig. - München, 1991. - III,
226 S. : graph. Darst. - (Ifo-Studien
zur Arbeitsmarktforschung ; 7). - Enth.
17 Beitr. - ISBN: 3-88512-141-7

1309 Y 370 (57)
Priller, Eckhard:

Arbeitsmarktstrukturen in der DDR : DIW weitet das sozio-ökonomische Panel auf das Gebiet der DDR aus / [bearb. von Eckhard Priller, Jürgen Schupp und Gert Wagner]. - Graph. Darst. - IN: Wochenbericht / Deutsches Institut für Wirtschaftsforschung. - 57 (1990),37, S. 517 - 524

1310   A 191031
Reissert, Bernd:
Chancen und Grenzen kommunaler Arbeitsmarktpolitik in den neuen Ländern / von Bernd Reissert und Wolfgang Schwegler-Rohmeis. - IN: Probleme der Einheit. - 5 (1992), S. 113 - 131

1311   X 19464 (1991/92)
Roesler, Jörg:
Arbeitslosigkeit in den neuen Bundesländern : Umfang, Ursachen, Befindlichkeiten und Bewältigungsstrategien / Jörg Roesler. - IN: Rissener Jahrbuch. - 1991/92 (1991), S. 127 - 139

1312   YY 8700 (23)
Rudolph, Helmut:
Beschäftigungsstrukturen in der DDR vor der Wende : eine Typisierung von Kreisen und Arbeitsämtern / Helmut Rudolph. - (Thema: Gesamtdeutscher Arbeitsmarkt). - Zsfassung in engl. u. franz. Sprache. - IN: Mitteilungen aus der Arbeitsmarkt- und Berufsforschung. - 23 (1990),4, S. 474 - 503

1313   Y 370 (58)
Scheremet, Wolfgang:
Der Arbeitsmarkt ein Jahr nach Beginn der Währungsunion : aktuelle Arbeitsmarktentwicklung / [bearb. von Wolfgang Scheremet]. - Graph. Darst. - IN: Wochenbericht / Deutsches Institut für Wirtschaftsforschung. - 58 (1991),30, S. 427 - 433

1314   Y 370 (58)
Scheremet, Wolfgang:
Arbeitsmarkt im Sog des wirtschaftlichen Gefälles zwischen Ost- und Westdeutschland / [bearb. von Wolfgang Scheremet]. - Graph. Darst. - IN: Wochenbericht / Deutsches Institut für Wirtschaftsforschung. - 58 (1991),7, S. 57 - 62

1315   A 192304
Schreiber, Erhard:
Arbeitsförderungsgesellschaften im Osten Deutschlands / Erhard Schreiber ; Irina Ermischer. - IN: Krisen, Kader, Kombinate / Martin Heidenreich (Hrsg.). - Berlin, 1992. - ISBN 3-89404-334-2. - S. 187 - 198.

1316   A 188593
Schüler, Klaus W.:
Beschäftigungsperspektiven der DDR / Klaus W. Schüler. - Graph. Darst. - Zsfassung in engl. Sprache. - IN: Systemwandel und Reform in östlichen Wirtschaften / Jürgen Backhaus (Hrsg.). - Marburg, 1991. - ISBN 3-926570-30-X. - S. 227 - 241.

1317   B 253424
Schuldt, Karsten:
Sozio-ökonomische Aspekte der Gestaltung der Lebensarbeitszeit in der DDR bis 1989 / Karsten Schuldt. - Nürnberg : Inst. für Arbeitsmarkt- und Berufsforschung der Bundesanst. für Arbeit, 1991. - 193 S. : graph. Darst. - (Beiträge zur Arbeitsmarkt- und Berufsforschung ; 141). - Literaturverz. S. 138 - 145. - Zugl.: Diss.

1318   W 51 (1992.2)
Schupp, Jürgen:
Arbeitsmarktdynamik und Arbeitsmarkterwartungen in den neuen Bundesländern / Jürgen Schupp ; Gert Wagner. - Graph. Darst. - IN: Zur Arbeitsmarktentwicklung und zum Einsatz arbeitsmarktpolitischer Instrumente in den neuen Bundesländern / Wilhelm Peters (Hrsg.). - Gelsenkirchen, 1992. - S. 5 - 25. - (Arbeitspapiere aus dem Arbeitskreis SAMF ; 1992,2)

1319   C 174246
Siebert, Horst:
Qualifizierungsgutscheine, Eintrittskarten in den Arbeitsmarkt / von Horst Siebert und Henning Klodt. - Kiel : Inst. für Weltwirtschaft, 1991. - 22 S. - (Kieler Diskussionsbeiträge ; 175). - ISBN: 3-89456-014-2

1320   Y 59 (72)
Sperling, Ingeborg:
Eine Konsolidierung der Arbeitsmarktpolitik ist nötig / Ingeborg Sperling. - IN: Wirtschaftsdienst. - 72 (1992), 3, S. 145 - 148

1321   B 256681
Stadermann, Hans-Joachim:

Produktivität und Lohn im Arbeitsmarkt Ostdeutschlands / Hans-Joachim Stadermann. - IN: Wirtschaftspolitische Konsequenzen der deutschen Vereinigung / Andreas Westphal ... (Hg.). - Frankfurt, 1991. - ISBN 3-593-34507-2. - S. 58 - 72. - (Reihe "Wirtschaftswissenschaft" ; 15)

1322 YY 8700 (24)
Thon, Manfred:
Perspektiven des Erwerbspersonenpotentials in Gesamtdeutschland bis zum Jahre 2030 / Manfred Thon. - Graph. Darst. - Zsfassung in engl. u. franz. Sprache. - IN: Mitteilungen aus der Arbeitsmarkt- und Berufsforschung. - 24 (1991),4, S. 706 - 712

1323 B 261180
Trappe, Heike:
Erwerbsverläufe von Frauen und Männern in verschiedenen historischen Phasen der DDR-Entwicklung / Heike Trappe. - IN: Familie und Erwerbstätigkeit im Umbruch / Notburga Ott ... (Hrsg.). - Berlin, 1992. - ISBN 3-428-07479-3. - S. 172 - 208. - (Sonderheft / Deutsches Institut für Wirtschaftsforschung ; 148)

1324 A 188795
Völkel, Brigitte:
Zu regionalen Aspekten des Arbeitsmarktes : am Beispiel Dresden dargestellt / Brigitte Völkel. - IN: Perspektiven für den Arbeitsmarkt in den neuen Bundesländern / hrsg. von Kurt Vogler-Ludwig. - München, 1991. - ISBN 3-88512-141-7. - S. 143 - 151. - (Ifo-Studien zur Arbeitsmarktforschung ; 7)

1325 YY 3893 (44)
Vogler-Ludwig, Kurt:
Perspektiven für den Arbeitsmarkt : Bericht über eine wissenschaftliche Konferenz in Dresden / Kurt Vogler-Ludwig. - IN: Ifo-Schnelldienst. - 44 (1991),16/17, S. 19 - 23

1326 YY 3893 (43)
Vogler-Ludwig, Kurt:
Verdeckte Arbeitslosigkeit in der DDR / K. Vogler-Ludwig. - IN: Ifo-Schnelldienst. - 43 (1990),24, S. 3 - 10

1327 YY 4777 (41)
Wagner, Gert:
Arbeitslosigkeit, Abwanderung und Pendeln von Arbeitskräften der neuen Bundesländer / von Gert Wagner. - IN: Sozialer Fortschritt. - 41 (1992),4, S. 84 - 89

1328 A 188795
Wahse, Jürgen:
Arbeitsmarkt Ostdeutschland : Anpassungsszenario 2000 / Jürgen Wahse. - Graph. Darst. - IN: Perspektiven für den Arbeitsmarkt in den neuen Bundesländern / hrsg. von Kurt Vogler-Ludwig. - München, 1991. - ISBN 3-88512-141-7. - S. 117 - 129. - (Ifo-Studien zur Arbeitsmarktforschung ; 7)

1329 B 259792
Wahse, Jürgen:
Arbeitsmarkttendenzen in Ostdeutschland / Jürgen Wahse und Reinhard Schaefer. - IN: Bildung und Beruf im Umbruch / Institut für Arbeitsmarkt- und Berufsforschung der Bundesanstalt für Arbeit. Manfred Kaiser ... (Hrsg.). - Nürnberg, 1992. - 3 (1992). S. 255 - 264. - (Beiträge zur Arbeitsmarkt- und Berufsforschung ; 153,3)

1330 Y 59 (71)
Welchen Beitrag können Beschäftigungsgesellschaften leisten? / [Klaus Murmann ; Heinz-Werner Meyer ; Christian Watrin]. - Enth. 3 Beitr. - IN: Wirtschaftsdienst. - 71 (1991),8, S. 383 - 390

1331 C 171654
Westermann, Rolf:
Der Arbeitsmarkt in Ostdeutschland / [Verf.: Rolf Westermann]. - Hamburg, 1991. - 18 Bl. - (DPA-Hintergrund ; 3355)

1332 YY 11431 (1990)
Wünsche, Horst F.:
Arbeitslos durch Marktwirtschaft : wirkliche Gefahr oder Propaganda? / Horst Friedrich Wünsche. - IN: Orientierungen zur Wirtschafts- und Gesellschaftspolitik. - 1990,2 = 44, S. 27 - 29

1333 XX 2701 (16)
Zohlnhöfer, Werner:
Das Schlüsselproblem der deutsch-deutschen Wirtschaftsunion : Schaffung wettbewerbsfähiger Arbeitsplätze in der DDR / Werner Zohlnhöfer. - IN: List-Forum für

Wirtschafts- und Finanzpolitik. - 16
(1990),3, S. 191 - 198

1334   W 51 (1992.2)
Zur Arbeitsmarktentwicklung und zum
Einsatz arbeitsmarktpolitischer
Instrumente in den neuen Bundesländern
/ Wilhelm Peters (Hrsg.). -
Gelsenkirchen, 1992. - 125 S. : graph.
Darst. - (Arbeitspapiere aus dem
Arbeitskreis SAMF ; 1992,2). - Enth. 6
Beitr.

1335   YY 8700 (23)
Zur Arbeitsmarktentwicklung 1990/1991 im
vereinten Deutschland /
Autorengemeinschaft: Hans-Uwe Bach ... -
(Thema: Gesamtdeutscher Arbeitsmarkt). -
Zsfassung in engl. u. franz. Sprache. -
IN: Mitteilungen aus der Arbeitsmarkt-
und Berufsforschung. - 23 (1990),4,
S. 455 - 473

F-2 Female and Youth Employment,
Part-Time Employment - Frauen- und
Jugenderwerbstätigkeit,
Teilzeitarbeit

1336   W 186 (91.109)
Antal, Ariane B.:
Women in management in Germany : East,
West and reunited / by Ariane Berthoin
Antal and Camilla Krebsbach-Gnath. -
Berlin, [1991]. - 37 S. : graph. Darst.
- (Papers / Abteilung Organisation und
Technikgenese des Forschungsschwerpunkts
Technik, Arbeit, Umwelt des
Wissenschaftszentrums Berlin für
Sozialforschung ; 91,109). - Zsfassung
in dt. Sprache

1337   A 190312
Assenmacher, Marianne:
Wirtschaftssystem und geschlechts-
spezifischer Arbeitsmarkt :
theoretische Überlegungen / von Marianne
Assenmacher. - IN: Probleme der Einheit.
- 4 (1991), S. 7 - 16

1338   YY 3893 (43)
Brander, Sylvia:
Beschäftigungsperspektiven für Frauen in
den neuen Bundesländern / Sylvia
Brander. - IN: Ifo-Schnelldienst. - 43
(1990),35/36, S. 33 - 39

1339   A 190312
Dunskus, Petra:
Die Chancen für ostdeutsche Frauen am
Arbeitsmarkt nach der Währungsunion /
von Petra Dunskus und Juliane Roloff. -
Graph. Darst. - IN: Probleme der
Einheit. - 4 (1991), S. 81 - 92

1340   A 188795
Dunskus, Petra:
Frauenbeschäftigung in Gefahr / Petra
Dunskus. - IN: Perspektiven für den
Arbeitsmarkt in den neuen Bundesländern
/ hrsg. von Kurt Vogler-Ludwig. -
München, 1991. - ISBN 3-88512-141-7. -
S. 209 - 220. - (Ifo-Studien zur
Arbeitsmarktforschung ; 7)

1341   YY 8700 (24)
Engelbrech, Gerhard:
Vom Arbeitskräftemangel zum
gegenwärtigen Arbeitskräfteüberschuß :
Frauen und Erwerbsarbeit in den neuen
Bundesländern / Gerhard Engelbrech. -
Zsfassung in engl. u. franz. Sprache. -
IN: Mitteilungen aus der Arbeitsmarkt-
und Berufsforschung. - 24 (1991),4,
S. 648 - 657

1342   A 190312
Förster, Annette:
Vergleich und Analyse der Frauenerwerbs-
arbeit im Deutschland der Nachkriegszeit
/ von Annette Förster. - Graph. Darst.
- IN: Probleme der Einheit. - 4 (1991),
S. 17 - 34

1343   B 256681
Gensior, Sabine:
Der aktuelle Frauenarbeitsmarkt in den
neuen Bundesländern : Ergebnisse einer
empirischen Untersuchung / Sabine
Gensior. - IN: Wirtschaftspolitische
Konsequenzen der deutschen Vereinigung /
Andreas Westphal ..., (Hg.). - Frankfurt,
1991. - ISBN 3-593-34507-2. -
S. 319 - 334. - (Reihe "Wirtschafts-
wissenschaft" ; 15)

1344   A 192304
Gensior, Sabine:
Die Bedeutung von Gruppenstrukturen und
sozialer Bindung : Frauenerwerbstätig-
keit in ostdeutschen Betrieben / Sabine
Gensior. - IN: Krisen, Kader, Kombinate
/ Martin Heidenreich (Hrsg.). - Berlin,
1992. - ISBN 3-89404-334-2. -
S. 273 - 282.

1345 Y 370 (57)
Gornig, Martin:
Erwerbstätigkeit und Einkommen von
Frauen in der DDR : hohe
Erwerbsbeteiligung der Frauen sollte
erhalten bleiben / [bearb. von Martin
Gornig, Johannes Schwarze und Michael
Steinhöfel]. - IN: Wochenbericht /
Deutsches Institut für Wirtschafts-
forschung. - 57 (1990),19, S. 263 - 267

1346 YY 7655 (41)
Hermanns, Manfred:
Auswirkungen der Jugendarbeitslosigkeit
/ Manfred Hermanns. - IN: Aus Politik
und Zeitgeschichte. - 41 (1991),27,
S. 20 - 29

1347 W 620 (37)
Holst, Elke:
Frauenerwerbstätigkeit in den neuen und
alten Bundesländern : Befunde des
Sozio-ökonomischen Panels / von Elke
Holst und Jürgen Schupp. - Berlin, 1991.
- 23 S. : graph. Darst. -
(Diskussionspapiere / Deutsches Institut
für Wirtschaftsforschung, Berlin ; 37)

1348 Y 370 (58)
Holst, Elke:
Frauenpolitische Aspekte der Arbeits-
marktentwicklung in Ost- und West-
deutschland / [bearb. von Elke Holst].
- Graph. Darst. - IN: Wochenbericht /
Deutsches Institut für Wirtschafts-
forschung. - 58 (1991),30, S. 421 - 426

1349 XX 2321 (38)
Kindererziehung und Erwerbsarbeit :
marktwirtschaftliche Möglichkeiten einer
erziehungsfreundlichen Erwerbsarbeit in
Deutschland / Notburga Ott ... - IN:
Wirtschaftswissenschaft. - 38 (1990),9,
S. 1242 - 1261

1350 A 190721
Kirner, Ellen:
Die Erwerbsbeteiligung im Lebensverlauf
von Frauen in Abhängigkeit von der
Kinderzahl : Unterschiede zwischen der
Bundesrepublik Deutschland und der
ehemaligen Deutschen Demokratischen
Republik / Ellen Kirner ; Erika Schulz.
- IN: Frauen-Alterssicherung / Claudia
Gather ... (Hrsg.). - Berlin, 1991. -
ISBN 3-89404-323-7. - S. 62 - 79.

1351 YY 4777 (39)
Kirner, Ellen:
Konsequenzen der gesellschaftlichen
Organisation von Kinderbetreuung und
Erwerbsarbeit für sozial- und
familienpolitische Regelungen im
Transfersystem / von Ellen Kirner. -
IN: Sozialer Fortschritt. - 39 (1990),7,
S. 145 - 149

1352 Y 370 (57)
Kirner, Ellen:
Vereintes Deutschland - geteilte
Frauengesellschaft? :
Erwerbsbeteiligung und Kinderzahl in
beiden Teilen Deutschlands / [bearb. von
Ellen Kirner, Erika Schulz und Juliane
Roloff]. - Graph. Darst. - IN:
Wochenbericht / Deutsches Institut für
Wirtschaftsforschung. - 57 (1990),41,
S. 575 - 582

1353 A 192304
Lappe, Lothar:
Der verzögerte sektorale Wandel in der
ehemaligen DDR und seine Folgen für
erwerbstätige Frauen und Jugendliche /
Lothar Lappe. - IN: Krisen, Kader,
Kombinate / Martin Heidenreich (Hrsg.).
- Berlin, 1992. - ISBN 3-89404-334-2. -
S. 199 - 212.

1354 B 256681
Maier, Friederike:
Erwerbstätigkeit von Frauen :
geschlechtsspezifische Umbrüche im
Arbeitsmarkt und Beschäftigungssystem /
Friederike Maier. - IN: Wirtschaftspoli-
tische Konsequenzen der deutschen
Vereinigung / Andreas Westphal ...
(Hg.). - Frankfurt, 1991. - ISBN
3-593-34507-2. - S. 295 - 318. - (Reihe
"Wirtschaftswissenschaft" ; 15)

1355 YY 4777 (39)
Marktwirtschaftliche Möglichkeiten einer
erziehungsfreundlichen Erwerbsarbeit in
Deutschland / von Notburga Ott ... -
IN: Sozialer Fortschritt. - 39 (1990),7,
S. 152 - 157

1356 A 187647
Nick, Dorothea:
Die Auswirkung alter Ideologien auf die
Einführung neuer Arbeitsformen am
Beispiel der Teilzeitarbeit / von
Dorothea Nick. - IN: Probleme der
Einheit. - 1 (1991), S. 65 - 80

1357 YY 9916 (33)
Rudolph, Hedwig:

After German unity : a cloudier outlook for women / Hedwig Rudolph, Eileen Appelbaum, and Friederike Maier. - IN: Challenge. - 33 (1990),6, S. 33 - 40

1358 W 2 (90,12)
Rudolph, Hedwig:
Beyond socialism : the ambivalence of women's perspectives in the unified Germany / Hedwig Rudolph ; Eileen Appelbaum ; Friederike Maier. - Berlin, 1991. - III, 28 S. - (Discussion papers / Wissenschaftszentrum Berlin für Sozialforschung, Forschungsschwerpunkt Arbeitsmarkt und Beschäftigung ; 90,12). - Zsfassung in dt. Sprache

1359 YY 4777 (39)
Schenk, Sabine:
Die Situation erwerbstätiger Frauen in der DDR / von Sabine Schenk. - IN: Sozialer Fortschritt. - 39 (1990),7, S. 149 - 152

1360 YY 1276 (45)
Ein Schritt vorwärts - zwei Schritte zurück? : Gleichberechtigungspolitik in Ost und West ; Schwerpunktheft. - Enth. 7 Beitr. - IN: WSI-Mitteilungen. - 45 (1992),4, S. 185 - 252

1361 W 620 (20)
Schupp, Jürgen:
Befragungsergebnisse zur Teilzeitarbeit in der DDR im Juni 1990 / Jürgen Schupp. - Berlin, 1991. - 26 S. : graph. Darst. - (Diskussionspapiere / Deutsches Institut für Wirtschaftsforschung, Berlin ; 20)

1362 B 261180
Schupp, Jürgen:
Familienstrukturen und Erwerbsbeteiligung in den neuen Bundesländern : erste Veränderungen im Spiegel von Längsschnittanalysen / Jürgen Schupp. - Graph. Darst. - IN: Familie und Erwerbstätigkeit im Umbruch / Notburga Ott ... (Hrsg.). - Berlin, 1992. - ISBN 3-428-07479-3. - S. 209 - 252. - (Sonderheft / Deutsches Institut für Wirtschaftsforschung ; 148)

1363 A 189221
Schupp, Jürgen:
Teilzeitarbeit in der DDR und in der Bundesrepublik Deutschland / Jürgen Schupp. - IN: Lebenslagen im Wandel / Projektgruppe "Das Sozio-Ökonomische Panel" (Hg.). - Frankfurt, 1991. - ISBN 3-593-34533-1. - S. 260 - 279. - (Sozio-ökonomische Daten und Analysen für die Bundesrepublik Deutschland ; 5)

1364 A 192304
Senghaas-Knobloch, Eva:
Notgemeinschaft und Improvisationsgeschick : zwei Tugenden im Transformationsprozeß / Eva Senghaas-Knobloch. - IN: Krisen, Kader, Kombinate / Martin Heidenreich (Hrsg.). - Berlin, 1992. - ISBN 3-89404-334-2. - S. 295 - 309.

1365 W 51 (1990,6)
Soziale Lage und Arbeit von Frauen in der DDR / Sabine Gensior ... (Hrsg.). - [Paderborn], 1990. - 70 S. - (Arbeitspapiere aus dem Arbeitskreis SAMF ; 1990,6). - Enth. 7 Beitr.

1366 Y 370 (59)
Umbruch am ostdeutschen Arbeitsmarkt benachteiligt auch die weiterhin erwerbstätigen Frauen - dennoch anhaltend hohe Berufsorientierung / [bearb. von Elke Holst ...]. - IN: Wochenbericht / Deutsches Institut für Wirtschaftsforschung. - 59 (1992),18, S. 235 - 241

1367 A 189207
Vereinbarkeit von Familie und Beruf in ländlichen Gebieten der neuen Bundesländer : Entwicklungen - Probleme - Perspektiven ; Workshop vom 29. und 30. Januar 1991 in Potsdam ; Dokumentation / hrsg. von der Agrarsozialen Gesellschaft e. V., Göttingen. [Red.: Ines Fahning]. - Göttingen, 1991. - 126 S. - (Schriftenreihe für ländliche Sozialfragen ; 112). - Enth. 10 Beitr.

1368 YY 4777 (39)
Zameck-Glyscinski, Walburga von:
Frauenerwerbstätigkeit und die deutsch-deutsche Steuerunion / von Walburga von Zameck und Dorothea Schäfer. - Graph. Darst. - IN: Sozialer Fortschritt. - 39 (1990),10, S. 238 - 241

F-3 Wage Policy, Wage Subsidies, Collective Bargaining - Lohnpolitik, Lohnsubvention, Tarifpolitik

1369 Y 370 (59)
Abwanderung von Arbeitskräften und Einkommenspolitik in Ostdeutschland / [bearb. von Johannes Schwarze ...]. - IN: Wochenbericht / Deutsches Institut für Wirtschaftsforschung. - 59 (1992), 5/6, S. 58 - 61

1370 C 174310
Angestelltenverdienste in Industrie und Handel der neuen Bundesländer . - Stuttgart : Metzler-Poeschel, 1991. - 46 S. - (Fachserie / Statistisches Bundesamt : 16 : Reihe 2 : S ; 2). - Druckschriftennr.: Bestell-Nr. 2160292-91321

1371 C 174312
Arbeiterverdienste in der Industrie der neuen Bundesländer . - Stuttgart : Metzler-Poeschel, 1991. - 53 S. - (Fachserie / Statistisches Bundesamt : 16 : Reihe 2 : S ; 1). - Druckschriftennr.: Bestell-Nr. 2160291-91321

1372 YY 1276 (44)
Aufgaben der Tarifpolitik in den 90er Jahren : Schwerpunktheft / Koordination: Reinhard Bispinck. - IN: WSI-Mitteilungen. - 44 (1991),3, S. 121 - 204

1373 Lo 650
BAT-O : die Dienstverhältnisse der Angestellten bei öffentlichen Verwaltungen und Betrieben im Beitrittsgebiet ; Textausgabe mit Erläuterungen ; (Teil VIII des Kommentars zum BAT) / bearb. von Franz Steinherr ... - Heidelberg : v. Decker. - Losebl.-Ausg. - ISSN: 049-8959f - Grundwerk. - 1991

1374 W 51 (1992.2)
Bellmann, Lutz:
Argumente für und gegen ein Lohnkostensubventionsprogramm in den neuen Bundesländern / Lutz Bellmann. - IN: Zur Arbeitsmarktentwicklung und zum Einsatz arbeitsmarktpolitischer Instrumente in den neuen Bundesländern / Wilhelm Peters (Hrsg.). - Gelsenkirchen, 1992. - S. 71 - 82. - (Arbeitspapiere aus dem Arbeitskreis SAMF ; 1992,2)

1375 YY 8700 (25)
Bellmann, Lutz:
Entlohnung in den neuen Bundesländern : strukturelle Determinanten der Einkommensunterschiede aus den Daten des Arbeitsmarktmonitors / Lutz Bellmann. - Zsfassung in engl. u. franz. u. russ. Sprache. - IN: Mitteilungen aus der Arbeitsmarkt- und Berufsforschung. - 25 (1992),1, S. 27 - 31

1376 Y 59 (71)
Bellmann, Lutz:
Lohn- und Arbeitsmarktpolitik in den neuen Bundesländern / Lutz Bellmann. - IN: Wirtschaftsdienst. - 71 (1991),8, S. 402 - 404

1377 YY 1276 (44)
Bispinck, Reinhard:
"Alle Dämme gebrochen"? : die Tarifpolitik in den neuen Bundesländern im 1. Halbjahr 1991 / von Reinhard Bispinck. - IN: WSI-Mitteilungen. - 44 (1991),8, S. 466 - 478

1378 XX 739 (42)
Bispinck, Reinhard:
Die Gratwanderung : Tarifpolitik in den neuen Bundesländern / Reinhard Bispinck. - IN: Gewerkschaftliche Monatshefte. - 42 (1991),12, S. 744 - 755

1379 YY 1276 (45)
Bispinck, Reinhard:
Tarifpolitik in der Transformationskrise : eine Bilanz der Tarifbewegungen in den neuen Ländern im Jahr 1991 / von Reinhard Bispinck. - IN: WSI-Mitteilungen. - 45 (1992),3, S. 121 - 135

1380 W 40 (91,33)
Burda, Michael C.:
German trade unions after unification : third degree wage discriminating monopolists? / by Michael Burda and Michael Funke. - Fontainebleau, France : INSEAD, 1991. - 25 S. : graph. Darst. - (Research and the development of pedagogical materials ; 91,33)

1381 C 171498
Coe, David T.:
Wage determination, the natural rate of unemployment, and potential output / David T. Coe and Thomas Krueger. - Graph. Darst. - IN: German unification / ed. by Leslie Lipschitz ... -

Washington, DC, 1990. - ISBN
1-55775-200-1. - S. 115 - 129. -
(Occasional paper / International
Monetary Fund ; 75)

1382 C 174106
Deutschland <Bundesrepublik> /
Bundesminister für Wirtschaft /
Wissenschaftlicher Beirat:
Gutachten des Wissenschaftlichen Beirats
beim Bundesministerium für Wirtschaft
zum Thema Lohn- und Arbeitsmarktprobleme
in den neuen Bundesländern . - [Bonn],
[1991]. - 44, 3 S.

1383 YY 3604
Deutschland <Bundesrepublik> /
Statistisches Bundesamt:
Fachserie / Statistisches Bundesamt,
Wiesbaden. 16, Löhne und Gehälter. Reihe
2. 1, Arbeiterverdienste in der
Industrie. - Stuttgart :
Metzler-Poeschel. - Erscheinungsbeginn:
1977
- 1991. (1991/92)

1384 YY 6719
Deutschland <Bundesrepublik> /
Statistisches Bundesamt:
Fachserie / Statistisches Bundesamt.
16, Löhne und Gehälter. Reihe 2. 2,
Angestelltenverdienste in Industrie und
Handel. - Stuttgart : Metzler-Poeschel.
- Erscheinungsbeginn: 1977
- 1991. (1991/92)

1385 YY 9236
Deutschland <Bundesrepublik> /
Statistisches Bundesamt:
Fachserie / Statistisches Bundesamt.
16, Löhne und Gehälter. Reihe 2. 2,
Tariflöhne. - Stuttgart :
Metzler-Poeschel. - Erscheinungsbeginn:
1977
- 1991. (1991/92)

1386 YY 9237
Deutschland <Bundesrepublik> /
Statistisches Bundesamt:
Fachserie / Statistisches Bundesamt.
16, Löhne und Gehälter. Reihe 4. 2,
Tarifgehälter. - Stuttgart :
Metzler-Poeschel. - Erscheinungsbeginn:
1977
- 1990. (1990/91)
- 1991. (1991/92)

1387 XX 4090 (1991)
East Germany in from the cold : the
economic aftermath of currency union /
George A. Akerlof ... - Graph. Darst. -
Kommentare S. 88 - 101. - IN: Brookings
papers on economic activity. - 1991,1,
S. 1 - 87

1388 C 174018
East Germany in from the cold : the
economic aftermath of currency union /
George A. Akerlof ... - [S.l.], 1991. -
100 Bl. : graph. Darst.

1389 XX 2701 (17)
Feldmann, Horst:
Lohnsubventionen - ein Instrument zur
Lösung der Beschäftigungskrise der neuen
Bundesländer? / Horst Feldmann. - IN:
List-Forum für Wirtschafts- und Finanz-
politik. - 17 (1991),4, S. 289 - 300

1390 Y 370 (58)
Flassbeck, Heiner:
Allgemeine Lohnsubventionen - kein
Ausweg aus der Beschäftigungskrise in
Ostdeutschland / [bearb. von Heiner
Flassbeck, Gustav Adolf Horn und
Wolfgang Scheremet]. - IN: Wochenbericht
/ Deutsches Institut für Wirtschafts-
forschung. - 58 (1991),36, S. 511 - 513

1391 A 187647
Götz, Georg:
Lohnhöhe, Arbeitsproduktivität und
Übersiedlung / von Georg Götz. - IN:
Probleme der Einheit. - 1 (1991),
S. 32 - 46

1392 Y 370 (57)
Gornig, Martin:
DDR: hohe pauschale Lohnsteigerungen
gefährden die Wettbewerbsfähigkeit :
stärkere Differenzierung des Lohngefüges
erforderlich / [bearb. von Martin Gornig
und Johannes Schwarze]. - IN:
Wochenbericht / Deutsches Institut für
Wirtschaftsforschung. - 57 (1990),32,
S. 441 - 446

1393 A 188964
Grundlinien künftiger Tarifpolitik in
den neuen Bundesländern : eine Tagung
der Friedrich-Ebert-Stiftung am 18.
Dezember 1990 in Potsdam. - Bonn :
Forschungsinst., Abt. Wirtschafts-
politik, 1990. - 38 S. - (Reihe
"Wirtschaftspolitische Diskurse" ; 12).
- ISBN: 3-926132-56-6

1394 X 9144 (42)
Hamm, Walter:
Arbeitskosten und Strukturwandel in
Ostdeutschland / Walter Hamm. -
Zsfassung in engl. Sprache. - IN: Ordo.
- 42 (1991), S. 213 - 233

1395 XX 2492 (37)
Hardes, Heinz-Dieter:
Lohnpolitische Konzeption für
Ostdeutschland? : eine Analyse zu den
lohnpolitischen Überlegungen des
Sachverständigenrates / von H.-D.
Hardes. - Zsfassung in engl. Sprache. -
IN: Konjunkturpolitik. - 37 (1991),3,
S. 156 - 182

1396 YY 11431 (1991)
Hardes, Heinz-Dieter:
Lohnpolitische Strategien zwischen
Erwartungen und Sachzwängen /
Heinz-Dieter Hardes. - Graph. Darst. -
IN: Orientierungen zur Wirtschafts- und
Gesellschaftspolitik. - 1991,2 = 48,
S. 13 - 18

1397 C 175874
Hatzius, Jan:
Subsidies and structural change in
Eastern Germany : current policy and
the wage subsidy proposal / by Jan
Hatzius and Wolfram W. Latsch. - Kiel :
Kiel Inst. of World Economics, 1991. -
21 Bl. - (Kiel advanced studies working
papers ; 220)

1398 C 170613
Hinz, Ulrike:
Zur betrieblichen Vermögensbeteiligung
der Arbeitnehmer / Ulrike Hinz. -
Berlin, 1990. - 18 S. - (Informations-
reihe / Institut für Angewandte
Wirtschaftsforschung, Berlin ; 90,9). -
Druckschriftennr.: Best.-Nr. 900209

1399 C 173906
Horn, Gustav A.:
Die Entwicklung von Löhnen und Preisen
in der DDR nach der Währungsunion :
eine Simulationsstudie / von Gustav A.
Horn. - Berlin, 1990. - 14 Bl. -
(Diskussionspapier / Deutsches Institut
für Wirtschaftsforschung, Berlin ; 8)

1400 Y 59 (71)
Husmann, Jürgen:
Tarifautonomie in der Bewährung /
Jürgen Husmann. - IN: Wirtschaftsdienst.
- 71 (1991),8, S. 405 - 410

1401 YY 12178 (1991)
Im Brennglas: Arbeitslosigkeit und
Tarifpraxis in den neuen Ländern /
Frankfurter Institut. - IN: Argumente
zur Wirtschaftspolitik. - 1991,April =
Nr. 36, 4 S.

1402 A 184173
Kaufmann, Manfred:
Arbeitseinkommen in der DDR / Manfred
Kaufmann. - Bergisch Gladbach : Heider,
1990. - 20 S. - (Leistung und Lohn :
Sonderh. DDR ; 223/224 = [1] [d.
Gesamtw.])

1403 C 175245
Külper, Heike:
Anspruch und Wirkung leistungsfördernder
Entgeltgestaltung / von Heike Külper. -
1991. - 137, [18], 13 Bl. : graph.
Darst. - Berlin, Humboldt-Univ., Diss.,
1991

1404 A 185568
Lang, Klaus:
Tarifpolitik im Übergang : zum Start
der Tarifautonomie in der DDR / Klaus
Lang. - IN: Gleichheit, Freiheit,
Solidarität / Hans-Otto Hemmer ...
(Hrsg.). - Köln, 1990. - ISBN
3-7663-2228-1. - S. 184 - 201.

1405 C 174306
Lohn- und Arbeitsmarktprobleme in den
neuen Bundesländern : Gutachten des
Wissenschaftlichen Beirats beim
Bundesministerium für Wirtschaft. -
Bonn, 1991. - 44, 3 S. - (Studien-Reihe
/ Der Bundesminister für Wirtschaft ;
75)

1406 A 186548
Lohn und soziale Sicherung unter den
Bedingungen der sozialen Marktwirtschaft
/ [Verf.: Hanna Grabley ...]. - Als
Ms. gedr. - Berlin, 1990. - 173 S. -
(Forschungsinformation / Hochschule für
Ökonomie, Berlin, Sektion Volkswirt-
schaft ; 47)

1407 Y 59 (71)
Lohnpolitik im vereinten Deutschland /
Hans-Hagen Härtel ; Peter Kalmbach. -
Enth. 2 Beitr. - IN: Wirtschaftsdienst.
- 71 (1991),1, S. 7 - 14

1408 W 113 (110)
Meckl, Jürgen:
Lohnpolitik als Instrument zur

Eindämmung der deutsch-deutschen
Übersiedlung / Jürgen Meckl. -
Konstanz, 1990. - 14 S. : graph. Darst.
- (Diskussionsbeiträge / Sonder-
forschungsbereich 178
"Internationalisierung der Wirtschaft",
Juristische Fakultät, Fakultät für
Wirtschaftswissenschaften und Statistik,
Universität Konstanz : Serie 2 ; 110)

1409   X 380 (1992)
Meckl, Jürgen:
Lohnpolitik und innerdeutsche
Arbeitskräftewanderung = The influence
of politically determined wage rates on
migration between Germany's new and old
states / von Jürgen Meckl. - Graph.
Darst. - Zsfassung in engl. Sprache. -
IN: Jahrbücher für Nationalökonomie und
Statistik. - 1992,Mai = Bd. 209, H. 5/6,
S. 407 - 418

1410   Y 59 (71)
Michaelis, Jochen:
Investivlohn, Sozialpakt für den
Aufschwung, Gewinnbeteiligung :
Lösungen für Ostdeutschland? / Jochen
Michaelis ; Alexander Spermann. -
Kommentar S. 622 - 623. - Über:
Sozialpakt für den Aufschwung / Gerlinde
Sinn ; Hans-Werner Sinn. - IN:
Wirtschaftsdienst. - 71 (1991),12,
S. 614 - 622

1411   A 191572
Mitarbeiterbeteiligung im Aufwind : quo
vadis Vermögensbildungspolitik? ; neue
Entwicklungen beim § 19a EStG ;
intensive Lohnpolitik ; Beteiligungs-
praxis in den neuen und den alten
Bundesländern ; Dokumentation, 11.
Dezember 1991, Bristol Hotel, Bonn / AGP
... Mit Norbert Blüm ... - Kassel,
[1991]. - 256 S. - Enth. 9 Beitr.

1412   Y 59 (72)
Ribhegge, Hermann:
Fehlstart: der Sozialpakt für den
Aufschwung von G. und H.-W. Sinn /
Hermann Ribhegge. - Kommentar S. 157 -
158. - Über: Kaltstart / von Gerlinde
Sinn und Hans-Werner Sinn. - Tübingen :
Mohr, 1991. - IN: Wirtschaftsdienst. -
72 (1992), 3, S. 151 - 157

1413   A 190312
Roloff, Juliane:
Einkommensunterschiede zwischen Männern
und Frauen : ein deutsch-deutscher
Vergleich / von Juliane Roloff und
Marianne Assenmacher. - Graph. Darst. -
IN: Probleme der Einheit. - 4 (1991),
S. 35 - 51

1414   XX 4531 (17)
Roloff, Juliane:
Probleme und Ursachen der Einkommensunterschiede zwischen männlichen und
weiblichen Erwerbstätigen in der
ehemaligen DDR = Problems and causes of
wage differentials of men and women in
the former GDR / Juliane Roloff. -
Zsfassung in engl. u. franz. Sprache. -
IN: Zeitschrift für Bevölkerungswissenschaft. - 17 (1991),2,
S. 135 - 147

1415   C 174027
Schatz, Klaus-Werner:
German economic integration : real
economic adjustment of the East German
economy in the short and in the long run
; paper prepared for the Kiel Week
Conference on The transformation of
socialist economies, Kiel, June 26 - 28,
1991 / Klaus-Werner Schatz ;
Klaus-Dieter Schmidt. - [Kiel], [1991].
- 39 Bl.

1416   B 259863
Schatz, Klaus-Werner:
Real economic adjustment of the Eastern
German economy in the short and in the
long run / Klaus-Werner Schatz ;
Klaus-Dieter Schmidt. - Kommentar S. 395
- 399. - IN: The transformation of
socialist economies / ed. by Horst
Siebert. - Tübingen, 1992. - ISBN
3-16-145926-1 ; 3-16-145927-X. -
S. 369 - 394. - (Symposium / Institut
für Weltwirtschaft an der Universität
Kiel ; 1991)

1417   A 190400
Schatz, Klaus-Werner:
Tarifautonomie und Arbeitsmarkt :
Erfahrungen, Alternativen, Perspektiven
/ Klaus-Werner Schatz. - IN:
Tarifautonomie kontrovers / Moderation:
Hans D. Barbier. - Bad Homburg, 1991. -
ISBN 3-89015-032-2. - S. 11 - 18.

1418   B 255611
Schmitt, Jochem:
Lohnfortzahlung in den neuen
Bundesländern / von Jochem Schmitt. -
München : Beck, 1991. - IX, 79 S. -
(Leitfäden für die Rechtspraxis). -
ISBN: 3-406-35638-9

1419 YY 9653 (21)
Schöb, Ronnie:
Sozialpakt für den Aufschwung : ein
Modell für Ostdeutschland / Ronnie
Schöb, Marcel Thum und Alfons
Weichenrieder. - Graph. Darst. - IN:
Wirtschaftswissenschaftliches Studium. -
21 (1992),4, S. 191 - 196

1420 Y 59 (72)
Schwarze, Johannes:
Lohnstruktur und Lohnniveau in den neuen
Bundesländern / Johannes Schwarze ;
Gert Wagner. - IN: Wirtschaftsdienst. -
72 (1992),4, S. 202 - 206

1421 XX 2321 (38)
Seidl, Helmut:
Zur Umgestaltung in den Verteilungs-
verhältnissen / Helmut Seidl. - IN:
Wirtschaftswissenschaft. - 38 (1990),5,
S. 734 - 739

1422 Y 59 (71)
Sinn, Gerlinde:
Sozialpakt für den Aufschwung :
Kommentar zum Beitrag von Michaelis und
Spermann / Gerlinde Sinn ; Hans-Werner
Sinn. - IN: Wirtschaftsdienst. - 71
(1991),12, S. 622 - 623

1423 Y 59 (72)
Ein Sozialpakt für Ostdeutschland? /
Jürgen W. Möllemann ... - Enth. 4 Beitr.
- IN: Wirtschaftsdienst. - 72 (1992),1,
S. 7 - 18

1424 YY 8700 (23)
Stephan, Helga:
Lohnstruktur und Lohndifferenzierung in
der DDR : Ergebnisse der Lohndatener-
fassung vom September 1988 / Helga
Stephan ; Eberhard Wiedemann. - (Thema:
Gesamtdeutscher Arbeitsmarkt). -
Zsfassung in engl. u. franz. Sprache. -
IN: Mitteilungen aus der Arbeitsmarkt-
und Berufsforschung. - 23 (1990),4,
S. 550 - 562

1425 A 190400
Tarifautonomie kontrovers :
Berichtsband über ein Diskussionsforum
des Frankfurter Instituts für
Wirtschaftspolitische Forschung e. V.
und der Frankfurter Allgemeine Zeitung
GmbH am 2. Juli 1991 / Moderation: Hans
D. Barbier. - Bad Homburg, 1991. - 86 S.
- Enth. 7 Beitr. - ISBN: 3-89015-032-2

1426 A 188795
Vogler-Ludwig, Kurt:
Zwischen Wohlstandsverbesserung,
Beschäftigungssicherung und Abwanderung
: fünf Thesen zur aktuellen Lohnpolitik
in den neuen Bundesländern / Kurt
Vogler-Ludwig. - Graph. Darst. - IN:
Perspektiven für den Arbeitsmarkt in den
neuen Bundesländern / hrsg. von Kurt
Vogler-Ludwig. - München, 1991. - ISBN
3-88512-141-7. - S. 171 - 181. -
(Ifo-Studien zur Arbeitsmarktforschung ;
7)

1427 A 184217
Vom Lohndiktat zur Tarifautonomie :
Arbeitsbedingungen im deutsch-deutschen
Vergleich / [Hrsg.: Bundesvereinigung
der Deutschen Arbeitgeberverbände,
Köln]. Alexander Barthel ... - Bergisch
Gladbach : Heider, 1990. - 55 S. :
graph. Darst. - (Leistung und Lohn :
Sonderh. DDR ; 225/228 = 2 [d.
Gesamtw.])

1428 YY 12178 (1990)
Wirtschaftsreformen in der DDR :
wettbewerbsfähige Arbeitsplätze schaffen
/ Frankfurter Institut. - IN: Argumente
zur Wirtschaftspolitik. - 1990,Juni =
Nr. 32, 6 S.

1429 Y 370 (59)
Zur Entwicklung der Effektivlohnstruktur
in den neuen Bundesländern / [bearb.
von Johannes Schwarze ...]. - IN:
Wochenbericht / Deutsches Institut für
Wirtschaftsforschung. - 59 (1992),23,
S. 291 - 295

F-4 Trade Unions, Employers'
Associations, Labor Relations -
Gewerkschaften, Arbeitgeberverbände,
Arbeitsbeziehungen

1430 B 248766
Auf dem Weg zur Einheit : Wirtschaft,
Politik, Gewerkschaften im
deutsch-deutschen Einigungsprozeß ;
aktualisierte Beiträge aus
"Gewerkschaftliche Monatshefte" / [Red.:
Hans O. Hemmer ...]. - Köln :
Bund-Verl., 1990. - 178 S. - Enth. 18
Beitr. - ISBN: 3-7663-2227-3

1431 A 188787
Auferstehen aus Ruinen : Arbeitswelt und Gewerkschaften in der früheren DDR / Ditmar Gatzmaga ... (Hrsg.). - Marburg : Schüren, 1991. - 231 S. - Enth. 19 Beitr. - ISBN: 3-924800-89-8

1432 YY 7655 (41)
Bauer, Jürgen:
Aktivitäten des BDI in den neuen Bundesländern / Jürgen Bauer. - IN: Aus Politik und Zeitgeschichte. - 41 (1991),13, S. 12 - 17

1433 XX 739 (41)
Beyme, Klaus von:
Aspekte der Gewerkschaftsentwicklung in einem geeinten Deutschland : historische Chancen oder strukturelle Sackgassen? / Klaus von Beyme. - IN: Gewerkschaftliche Monatshefte. - 41 (1990),5/6, S. 332 - 340

1434 Y 11099
Bundesvereinigung der Deutschen Arbeitgeberverbände:
Jahresbericht / Bundesvereinigung der Deutschen Arbeitgeberverbände. Jahresbericht ... - Köln.
- 1991

1435 W 32 (573)
Burda, Michael C.:
German trade unions after unification : third degree wage discriminating monopolists? / Michael Burda and Michael Funke. - London, 1991. - 25 S. : graph. Darst. - (Discussion paper series / Centre for Economic Policy Research ; 573)

1436 XX 739 (41)
Däubler, Wolfgang:
Arbeitsbeziehungen und Recht : Überlegungen zur Situation in der DDR / Wolfgang Däubler. - IN: Gewerkschaftliche Monatshefte. - 41 (1990),5/6, S. 353 - 361

1437 A 184999
FDGB - Wende zum Ende : auf dem Weg zu unabhängigen Gewerkschaften? / Theo Pirker ... - Köln : Bund-Verl., 1990. - 216 S. - ISBN: 3-7663-2203-6

1438 C 177048
Fichter, Michael:
Gewerkschaftsaufbau in den neuen Bundesländern : eine Chronik der Ereignisse 1989 - 1991 ; mit Dokumentenanhang / Michael Fichter ; Stefan Lutz. - Berlin : Freie Univ. Berlin, Zentralinst. für Sozialwiss. Forschung, 1991. - 78 S. - (Berliner Arbeitshefte und Berichte zur sozialwissenschaftlichen Forschung ; 64). - ISBN: 3-927474-72-X

1439 W 547 (7)
Genosko, Joachim:
Die Gewerkschaften im Übergang vom real existierenden Sozialismus zur sozialen Marktwirtschaft : eine gewerkschaftstheoretische Analyse / Joachim Genosko. - Ingolstadt, [1990]. - 15 Bl. - (Diskussionsbeiträge der Wirtschaftswissenschaftlichen Fakultät Ingolstadt / Katholische Universität Eichstätt ; 7)

1440 B 256539
Genosko, Joachim:
Die Gewerkschaften im Übergang vom real existierenden Sozialismus zur sozialen Marktwirtschaft : eine gewerkschaftstheoretische Analyse / von Joachim Genosko. - IN: Sozialpolitik im vereinten Deutschland. - 1 (1991), S. 97 - 114

1441 A 187523
Gill, Ulrich:
FDGB: die DDR-Gewerkschaft von 1945 bis zu ihrer Auflösung 1990 / Ulrich Gill. - Köln : Bund-Verl., 1991. - 149 S. - (Gewerkschaften in Deutschland ; 13). - ISBN: 3-7663-2244-3

1442 A 185568
Grehn, Klaus:
Herausforderungen und Aufgaben des Arbeitslosenverbandes der DDR / Klaus Grehn. - IN: Gleichheit, Freiheit, Solidarität / Hans-Otto Hemmer ... (Hrsg.). - Köln, 1990. - ISBN 3-7663-2228-1. - S. 159 - 170.

1443 C 173422
Hertle, Hans-Hermann:
Die Auflösung des FDGB und die Auseinandersetzung um sein Vermögen / Hans-Hermann Hertle ; Rainer Weinert. - Berlin : Freie Univ. Berlin, Zentralinst. für Sozialwissenschaftliche Forschung, 1991. - 50 S. - (Berliner Arbeitshefte und Berichte zur sozialwissenschaftlichen Forschung ; 45). - ISBN: 3-927474-50-9

1444 YY 7655 (42)
Kleinhenz, Gerhard:
Tarifpartnerschaft im vereinten
Deutschland : die Bedeutung der
Arbeitsmarktorganisationen für die
Einheit der Arbeits- und Lebens-
verhältnisse / Gerhard Kleinhenz. - IN:
Aus Politik und Zeitgeschichte. - 42
(1992),12, S. 14 - 24

1445 A 192304
Lohr, Karin:
Management und Belegschaft im
wirtschaftlichen Wandel : Brüche und
Kontinuitäten / Karin Lohr. - IN:
Krisen, Kader, Kombinate / Martin
Heidenreich (Hrsg.). - Berlin, 1992. -
ISBN 3-89404-334-2. - S. 159 - 171.

1446 B 256681
Mahnkopf, Birgit:
Vorwärts in die Vergangenheit? :
pessimistische Spekulationen über die
Zukunft der Gewerkschaften in der neuen
Bundesrepublik / Birgit Mahnkopf. - IN:
Wirtschaftspolitische Konsequenzen der
deutschen Vereinigung / Andreas Westphal
... (Hg.). - Frankfurt, 1991. - ISBN
3-593-34507-2. - S. 269 - 294. - (Reihe
"Wirtschaftswissenschaft" ; 15)

1447 XX 739 (41)
Müller, Werner:
Zur Geschichte des FDGB : eine
vorläufige Bilanz / Werner Müller. - IN:
Gewerkschaftliche Monatshefte. - 41
(1990),5/6, S. 340 - 352

1448 A 188790
Niedenhoff, Horst-Udo:
Der neue DGB : vom Industrieverband zur
Multibranchengewerkschaft / Horst-Udo
Niedenhoff ; Manfred Wilke. - Köln : Dt.
Inst.-Verl., 1991. - 50 S. - (Beiträge
zur Gesellschafts- und Bildungspolitik ;
165 = 1991,4). - ISBN: 3-602-24915-8

1449 A 192220
Pawlowsky, Peter:
Arbeitsbeziehungen im "realen
Sozialismus" : Bedingungen der
Systemtransformation / Peter Pawlowsky ;
Michael Schlese. - IN: Empirische
Sozialforschung im vereinten Deutschland
/ Dieter Jaufmann ... (Hg.). -
Frankfurt, 1992. - ISBN 3-593-34512-9. -
S. 203 - 214.

1450 X 19525 (1991)
Schmitz, Kurt T.:
Mitgliederentwicklung: Gewerkschafts-
einheit und Gewerkschaftsaufbau in
Deutschland / Kurt Thomas Schmitz ;
Heinrich Tiemann ; Klaus Löhrlein. - IN:
Gewerkschaftsjahrbuch. - 1991,
S. 70 - 89

1451 YY 7655 (41)
Seideneck, Peter:
Die soziale Einheit gestalten : über
die Schwierigkeiten des Aufbaus gesamtdeutscher Gewerkschaften / Peter
Seideneck. - IN: Aus Politik und Zeitgeschichte. - 41 (1991),13, S. 3 - 11

1452 A 190524
Zwischen Wandel und Kontinuität :
Gewerkschafts- und Sozialstrukturen im
Europa des Jahres 1991 / Bereczky ... -
Bonn : Godesberger Taschenbuch-Verl.,
1991. - 159 S. - (Godesberger
Taschenbücher : Schriften zur Staats-
und Gesellschaftspolitik ; 28). - Enth.
5 Beitr. - ISBN: 3-87999-045-X

F-5 Codetermination - Mitbestimmung

1453 A 187647
Eichholz, Rainer:
Rechtliche Regeln der Unternehmens-
mitbestimmung im vereinten Deutschland
/ von Rainer Eichholz. - IN: Probleme
der Einheit. - 1 (1991), S. 95 - 106

1454 C 177760
Jander, Martin:
Betriebsräte in der ehemaligen DDR -
eine vernachlässigte Institution : 11
Fallbeispiele aus einer Industrieregion
im Norden der ehemaligen DDR ;
Ergebnisse einer Recherche vom November
1990 bis März 1991 / Martin Jander ;
Stefan Lutz. - Berlin : Freie Univ.
Berlin, Zentralinst. für Sozialwiss.
Forschung, 1991. - 73 Bl. - (Berliner
Arbeitshefte und Berichte zur
sozialwissenschaftlichen Forschung ;
66). - ISBN: 3-927474-75-4

1455 C 173288
Kädtler, Jürgen:
Betriebsräte zwischen Wende und Ende in
der DDR / Jürgen Kädtler ; Gisela
Kottwitz. - Berlin, 1990. - IV, 50 Bl. -
(Berliner Arbeitshefte und Berichte zur

sozialwissenschaftlichen Forschung ;
42). - ISBN: 3-927474-46-0

1456   A 185568
Kohl, Heribert:
Kann sich in der DDR eine
Mitbestimmungskultur entwickeln? /
Heribert Kohl. - IN: Gleichheit,
Freiheit, Solidarität / Hans-Otto Hemmer
... (Hrsg.). - Köln, 1990. - ISBN
3-7663-2228-1. - S. 102 - 127.

1457   XX 739 (41)
Leminsky, Gerhard:
Die Perspektiven von Mitbestimmung
angesichts des deutsch-deutschen
Einigungsprozesses / Gerhard Leminsky.
- IN: Gewerkschaftliche Monatshefte. -
41 (1990),5/6, S. 361 - 370

1458   X 19525
Personalvertretungsrecht . - IN:
Gewerkschaftsjahrbuch. - Köln.
- // 1991, S. 432 - 452

1459   YY 13307 (1990)
Rademacher, Annett:
Regelungen zur Mitbestimmung im
Unternehmen : Rechtslage in der
Bundesrepublik Deutschland und der
Deutschen Demokratischen Republik /
Annett Rademacher. - (DDR-Rechtsent-
wicklungen ; 9). - IN: Betriebs-Berater
: Beilage. - 1990,23, S. 33 - 37

1460   A 187647
Sesselmeier, Werner:
Brauchen Unternehmen in der ehemaligen
DDR Mitbestimmung? / von Werner
Sesselmeier. - IN: Probleme der Einheit.
- 1 (1991), S. 81 - 94

F-6 Labor Law - Arbeitsrecht

1461   A 192307
Arbeits- und Sozialordnung :
ausgewählte und eingeleitete
Gesetzestexte ; mit Sonderregelungen für
die neuen Bundesländer / Michael
Kittner. - 17., überarb. Aufl., Stand:
25. Februar 1992. - Köln : Bund-Verl.,
1992. - 1312 S. - ISBN: 3-7663-2353-9

1462   X 19525
Arbeitsrecht . - IN:
Gewerkschaftsjahrbuch. - Köln.
- // 1991, S. 453 - 472

1463   B 254229
Das Arbeitsrecht der neuen Bundesländer
/ hrsg. von Peter Hanau ... - Köln :
Verl. Kommunikationsforum Recht,
Wirtschaft, Steuern, 1991. - Getr.
Zählung. - (RWS-Dokumentation ; 6). -
ISBN: 3-8145-1855-1

1464   A 187527
Arbeitsrecht in den neuen Bundesländern
: Arbeitsgesetzbuch, Kündigungsschutz-
gesetz, Arbeitsförderungsgesetz,
Betriebsverfassungsgesetz sowie weitere
arbeitsrechtliche Bestimmungen. -
München : Beck, 1991. - XXII, 481 S. -
ISBN: 3-406-34805-X

1465   B 261523
Die Auswirkungen des EG-Rechts auf das
Arbeits- und Sozialrecht der
Bundesrepublik : unter besonderer
Berücksichtigung der neuen Bundesländer
/ hrgs. von Bernd von Maydell ... -
Berlin : Schmidt, 1992. - 128 S. -
(Beiträge zur Sozialpolitik und zum
Sozialrecht ; 12). - Enth. 8 Beitr. -
ISBN: 3-503-03318-1

1466   YY 13006 (1)
Baeck, Ulrich:
Arbeitsrechtliche Aspekte der Geschäfts-
tätigkeit bundesdeutscher Unternehmen in
der DDR / Ulrich Baeck und Sabine
Quarg. - IN: Deutsch-deutsche
Rechts-Zeitschrift. - 1 (1990),2/3,
S. 51 - 56

1467   YY 1276 (44)
Bobke- von Camen, Manfred H.:
Arbeitsrechtspolitik in Deutschland :
Probleme und Perspektiven / von Manfred
H. Bobke- von Camen und Sibylle Giese. -
IN: WSI-Mitteilungen. - 44 (1991),5,
S. 323 - 331

1468   YY 11972 (8)
Commandeur, Gert:
Die Bedeutung des § 613a BGB im Bereich
der ehemaligen DDR / von Gert
Commandeur. - IN: Neue Zeitschrift für
Arbeits- und Sozialrecht. - 8 (1991),18,
705 - 711

1469   A 185568
Däubler, Wolfgang:
Der Export des bundesdeutschen
Arbeitsrechts in die DDR / Wolfgang
Däubler. - IN: Gleichheit, Freiheit,
Solidarität / Hans-Otto Hemmer ...

(Hrsg.). - Köln, 1990. - ISBN
3-7663-2228-1. - S. 18 - 30.

1470 YY 1039
Die Entwicklung des Arbeitsrechts im
Jahre ... . - IN: Neue juristische
Wochenschrift. - München.
- 1990. // 44 (1991),50, S. 3191 - 3202

1471 B 253341
Halbach, Günter:
Arbeitsgesetze der Bundesrepublik
Deutschland 1991 : mit den Besonder-
heiten in den neuen Bundesländern und
Ost-Berlin / hrsg. von Günter Halbach. -
Bonn : Stollfuß, 1991. - XII, 659 S. -
(stv-Texte). - Nebent.: Arbeitsgesetze
1991. - ISBN: 3-08-369191-2

1472 B 261184
Hanau, Peter:
Arbeitsrecht / von Peter Hanau und
Klaus Adomeit. - 10., neubearb. Aufl. -
Neuwied [u.a.] : Metzner, 1992. - 283 S.
- (Juristische Lernbücher ; 1). - ISBN:
3-472-00464-9

1473 B 256800
Hanau, Peter:
Sozialverträgliche Gestaltung bei der
Umstrukturierung und Auflösung von
Unternehmen / von Peter Hanau. - IN:
Treuhandunternehmen im Umbruch / hrsg.
von Peter Hommelhoff. - Köln, 1991. -
ISBN 3-8145-5007-2. - S. 101 - 119. -
(RWS-Forum ; 7)

1474 YY 13307 (1990)
Heuse, Robert:
Veränderungen im Arbeitsrecht der DDR /
Robert Heuse. -
(DDR-Rechtsentwicklungen ; 10). - IN:
Betriebs-Berater : Beilage. - 1990,26,
S. 22 - 25

1475 YY 13006 (1)
Kissel, Otto R.:
Arbeitsrecht nach dem Staatsvertrag /
Otto Rudolf Kissel. - IN:
Deutsch-deutsche Rechts-Zeitschrift. - 1
(1990),5, S. 155 - 159

1476 YY 11972 (7)
Kissel, Otto R.:
Arbeitsrecht und Staatsvertrag / von
Otto Rudolf Kissel. - IN: Neue
Zeitschrift für Arbeits- und
Sozialrecht. - 7 (1990),14, S. 545 - 552

1477 X 19525
Koalitions-, Tarif- und Arbeitskampfrecht . - IN: Gewerkschaftsjahrbuch. -
Köln.
- // 1991, S. 390 - 410

1478 YY 13307 (1990)
Krölls, Albert:
Das Arbeitskampfrecht im Zeichen der
Wirtschafts- und Sozialunion :
verfassungsrechtliche Aspekte / Albert
Krölls. - (DDR-Rechtsentwicklungen ;
8). - IN: Betriebs-Berater : Beilage. -
1990,21, S. 16 - 23

1479 YY 13307 (1990)
Löw, Hans-Peter:
Das Arbeitsrecht der DDR nach der
Sozialunion / Hans-Peter Löw. -
(DDR-Rechtsentwicklungen ; 9). - IN:
Betriebs-Berater : Beilage. - 1990,23,
S. 29 - 33

1480 YY 13307 (1990)
Nägele, Stefan:
Das Arbeitsgesetzbuch der DDR nach dem
Staatsvertrag / Stefan Nägele. -
(DDR-Rechtsentwicklungen ; 10). - IN:
Betriebs-Berater : Beilage. - 1990,26,
S. 26 - 30

1481 YY 13307 (1990)
Nägele, Stefan:
Grundzüge des Arbeitsrechts in der DDR
/ Stefan Nägele. - (DDR-Rechtsent-
wicklungen ; 2). - IN: Betriebs-Berater
: Beilage. - 1990,9, 9 S.

1482 YY 13307 (1990)
Nägele, Stefan:
Streikrecht und Aussperrung in der DDR
: das neue Gewerkschaftsgesetz / Stefan
Nägele. - (DDR-Rechtsentwicklungen ;
5). - IN: Betriebs-Berater : Beilage. -
1990,16, S. 16 - 18

1483 C 175877
Privatisierung und Reorganisation :
Arbeits- und Sozialrecht im vereinigten
Deutschland. - Enth. 8 Beitr. - IN: Neue
Zeitschrift für Arbeits- und Sozialrecht
: Beilage. - 1991,1, 56 S.

1484 YY 13307 (1991)
Scholz, Uwe R.:
Zur Lage der Arbeitsgerichtsbarkeit in
den neuen Bundesländern / Uwe R.
Scholz. - (Deutsche Einigung -
Rechtsentwicklungen ; 1991 = Folge 19).

- IN: Betriebs-Berater : Beilage. - 1991,6, S. 1 - 7

1485 B 254230
Walker, Wolf-Dietrich:
Arbeitsrecht in den neuen Bundesländern / von Wolf-Dietrich Walker. - München : Beck, 1991. - XXXIII, 345 S. - (Leitfäden für die Rechtspraxis). - ISBN: 3-406-35209-X

1486 YY 962 (44)
Wank, Rolf:
Das Arbeits- und Sozialrecht nach dem Einigungsvertrag / Rolf Wank. - IN: Recht der Arbeit. - 44 (1991),1, S. 1 - 16

1487 YY 13006 (1)
Wank, Rolf:
Zur Zukunft des Arbeitsrechts in der DDR / Rolf Wank. - IN: Deutsch-deutsche Rechts-Zeitschrift. - 1 (1990),2/3, S. 42 - 51

1488 YY 13307 (1990)
Wlotzke, Otfried:
Arbeitsrecht und Arbeitsschutzrecht im deutsch-deutschen Einigungsprozeß / Otfried Wlotzke und Martin Lorenz. - (Deutsche Einigung - Rechtsentwicklungen ; 1990,14). - IN: Betriebs-Berater : Beilage. - 1990,35, S. 1 - 13

F-7 Labor, Miscellaneous - Arbeit allgemein

1489 A 188919
Arbeitswissenschaften nach dem Fall der Mauer : Kontroversen, Kontraste, Kooperationsmöglichkeiten ; Arbeitswissenschaften und Gewerkschaften - Perspektiven der Kooperation in der BRD und DDR ; Arbeitstagung der Hans-Böckler-Stiftung und der IG Metall / Cornelia Girndt ... (Hrsg.). - Marburg : Schüren, 1991. - 111 S. - Enth. 6 Beitr. - ISBN: 3-924800-95-2

1490 A 192489
Arbeitswissenschaftliche Einflußnahme auf die Reorganisation und Restrukturierung ostdeutscher Maschinenbaubetriebe : CIM-TTZ Förderprogramm "Arbeit und Technik" / Technische Universität Chemnitz. - Chemnitz : Wiss. Zeitschr. der Technischen Univ. Chemnitz, 1991. - 140 S. - (CIM-Schriftenreihe der Technischen Universität Chemnitz). - Kopie. - Enth. 6 Beitr.

1491 A 192220
Aßmann, Georg:
Zur Entwicklung der Betriebssoziologie in den ostdeutschen Ländern / Georg Aßmann. - IN: Empirische Sozialforschung im vereinten Deutschland / Dieter Jaufmann ... (Hg.). - Frankfurt, 1992. - ISBN 3-593-34512-9. - S. 95 - 102.

1492 YY 1276 (43)
Helfert, Mario:
Arbeitspolitische Aspekte industrieller und sozialer Modernisierung der DDR / von Mario Helfert. - IN: WSI-Mitteilungen. - 43 (1990),10, S. 668 - 680

1493 X 19525
Humanisierung der Arbeit und Arbeitsschutz . - IN: Gewerkschaftsjahrbuch. - Köln.
- // 1991, S. 374 - 389

1494 XX 2321 (38)
Kalok, Gertraud:
Leistungsmotivation, Lohngerechtigkeit und marktwirtschaftliche Prinzipien in der Großindustrie der DDR / Gertraud Kalok ; Juliane Roloff. - IN: Wirtschaftswissenschaft. - 38 (1990),9, S. 1298 - 1307

1495 C 170872
Keuchel, Astrid:
Leistungsprinzip und Marktwirtschaft / von Astrid Keuchel. - 1990. - II, 168 Bl. - Berlin <Ost>, Univ., Diss., 1990

1496 A 192220
Kistler, Ernst:
Die Sonne der Arbeit : Arbeitseinstellungen als Forschungsgegenstand im Transformationsprozeß / Ernst Kistler ; Karl-Heinz Strech. - Graph. Darst. - IN: Empirische Sozialforschung im vereinten Deutschland / Dieter Jaufmann ... (Hg.). - Frankfurt, 1992. - ISBN 3-593-34512-9. - S. 155 - 189.

1497 A 192220
Kretzschmar, Albrecht:
Die Arbeitssituation in der Meinung der DDR-Bevölkerung / Albrecht Kretzschmar. - IN: Empirische Sozialforschung im vereinten Deutschland / Dieter Jaufmann

... (Hg.). - Frankfurt, 1992. - ISBN
3-593-34512-9. - S. 191 - 201.

1498 B 256840
Kuhrt, Willi:
Entwicklungsstand und Perspektiven der
beruflichen Beratung in der ehemaligen
DDR, den heutigen fünf neuen Ländern der
Bundesrepublik Deutschland / Willi
Kuhrt. - IN: Perspektiven der beruf-
lichen Beratung in den osteuropäischen
Ländern und der Volksrepublik China /
Institut für Arbeitsmarkt- und
Berufsforschung der Bundesanstalt für
Arbeit. Bernd-Joachim Ertelt ...
(Hrsg.). - Nürnberg, 1991. - S. 29 - 39.
- (Beiträge zur Arbeitsmarkt- und
Berufsforschung ; 151)

1499 A 187026
Lück, Grażyna:
Die betriebliche Arbeitsmotivation in
der Bundesrepublik Deutschland und in
der Deutschen Demokratischen Republik :
Ansätze einer Vergleichsanalyse /
Grazyna Lück. - Wiesbaden : Dt.
Univ.-Verl., 1990. - XIII, 338 S. -
(IADM-Mitteilungen ; 7). - (DUV :
Sozialwissenschaft). - Literaturverz. S.
300 - 338. - Zugl.: Münster, Univ.,
Diss. - ISBN: 3-8244-4073-3

1500 YY 430 (44)
Mertens, Lothar:
Arbeitshaltung und Wertorientierung in
DDR-Kombinaten / Lothar Mertens. - IN:
Arbeit und Sozialpolitik. - 44 (1990),3,
S. 104 - 105

1501 A 192304
Rottenburg, Richard:
Welches Licht wirft die volkseigene
Erfahrung der Werktätigkeit auf
westliche Unternehmen? : erste
Überlegungen zur Strukturierung eines
Problemfeldes / Richard Rottenburg. -
IN: Krisen, Kader, Kombinate / Martin
Heidenreich (Hrsg.). - Berlin, 1992. -
ISBN 3-89404-334-2. - S. 239 - 271.

1502 YY 4777 (39)
Schweres, Manfred:
Arbeitswissenschaft(en) in der DDR :
tiefe Kluft zwischen Theorie und
heutiger Praxis ; Herausforderungen für
die Forschungsförderung / von Manfred
Schweres. - Graph. Darst. - IN: Sozialer
Fortschritt. - 39 (1990),8, S. 173 - 179

1503 A 185568
Stieler, Brigitte:
Soziale Qualität der Arbeit in Betrieben
der DDR : Konfliktpotential und
gewerkschaftliches Handlungsfeld /
Brigitte Stieler. - IN: Gleichheit,
Freiheit, Solidarität / Hans-Otto Hemmer
... (Hrsg.). - Köln, 1990. - ISBN
3-7663-2228-1. - S. 31 - 46.

F-8 Vocational Training, Job
    Qualifications - Berufsbildung,
    Qualifikation

1504 C 175561
Anforderungen an die kaufmännische
Weiterbildung in den neuen Bundesländern
infolge der Einführung der Markt-
wirtschaft / [Friedrich-Ebert-Stiftung,
Forschungsinstitut.] Ellen Lorentz. -
Bonn, 1991. - II, 128 S. : graph. Darst.
- (Materialien aus der Arbeits- und
Sozialforschung). - Enth. 12 Beitr. -
ISBN: 3-926132-77-9

1505 A 188009
Aus- und Weiterbildung : Arbeits-,
Förder- und Beratungshilfen für Betriebe
in den neuen Bundesländern / mit Beitr.
von Kurt Kielwein ... - Köln : Dt.
Wirtschaftsdienst, 1991. - 278 S. -
ISBN: 3-87156-132-0

1506 YY 2028
Auszubildende ... . - IN: Wirtschaft und
Statistik / Hrsg.: Statistisches
Bundesamt. - Stuttgart.
- 1990. // 1991,10, S. 684 - 687

1507 A 188963
Autsch, Bernhard:
Bedingungen und Aufgaben bei der
Umgestaltung des Berufsbildungssystems
in den neuen Bundesländern / Bernhard
Autsch ; Harald Brandes ; Günter Walden.
- Berlin [u.a.] : Bundesinst. für
Berufsbildung, Der Generalsekretär,
1991. - 49 S. : graph. Darst. -
(Sonderveröffentlichung / Bundesinstitut
für Berufsbildung). - ISBN:
3-88555-452-6

1508 X 19525
Berufliche Bildung . - IN:
Gewerkschaftsjahrbuch. - Köln.
- // 1991, S. 558 - 578

1509 A 188624
Berufliche Bildung für den Wandel / 14.
Tagung der Gewerblich-Technischen
Ausbildungsleiter. Kuratorium der
Deutschen Wirtschaft für Berufsbildung.
- Bonn, 1991. - 64 S. : graph. Darst.

1510 A 184757
Berufliche Bildung in Zeiten des
Umbruchs / Jahrestagung 1990 der
Kaufmännischen Ausbildungsleiter.
Kuratorium der Deutschen Wirtschaft für
Berufsbildung. - Bonn, 1990. - 47 S. :
graph. Darst.

1511 A 189900
Berufliche Bildung nach der Vereinigung
: Fachtagung 1991 der Kaufmännischen
Ausbildungsleiter / Kuratorium der
Deutschen Wirtschaft für Berufsbildung.
- Bonn, 1991. - 46 S. - Enth. 4 Beitr.

1512 YY 8700 (24)
Berufliche Weiterbildung . - Zsfassungen
d. Beitr. in engl., franz. u. russ.
Sprache. - Enth. 18 Beitr. - IN:
Mitteilungen aus der Arbeitsmarkt- und
Berufsforschung. - 24 (1991),2,
S. 243 - 468

1513 Y 27147
Berufsbildungsbericht ... :
Unterrichtung durch die Bundesregierung.
- IN: Verhandlungen des Deutschen
Bundestages. Drucksachen. - Bonn.
- 1991. // Wahlperiode 12 (1991),348
- 1992. // Wahlperiode 12 (1992),2427

1514 B 261521
Bildung und Beruf im Umbruch : zur
Diskussion der Übergänge in die
berufliche Bildung und Beschäftigung im
geeinten Deutschland / Institut für
Arbeitsmarkt- und Berufsforschung der
Bundesanstalt für Arbeit, Nürnberg.
Manfred Kaiser ... (Hrsg.). - Nürnberg,
1992. - 258 S. : graph. Darst. -
(Beiträge zur Arbeitsmarkt- und
Berufsforschung ; 153,2). - Enth. 6
Beitr.

1515 Y 26864
Deutschland <Bundesrepublik> /
Statistisches Bundesamt:
Fachserie / Statistisches Bundesamt,
Wiesbaden. 11, Bildung und Kultur. Reihe
2, Berufliche Schulen ... - Stuttgart
[u.a.] : Kohlhammer. - Ab 1987 im Verl.
Metzler-Poeschel, Stuttgart, erschienen

Deutschland <Bundesrepublik> /
Statistisches Bundesamt:
Fachserie
- 1990. (1992)

1516 B 260729
Enderle, Jovita:
Ausbildung in den neuen Bundesländern :
Ergebnisse der Zusatzerhebung zum
Arbeitsmarkt-Monitor vom Mai 1991 /
Jovita Enderle ; Bernhard von Rosenbladt
; Karen Schober. - Nürnberg : Infratest
Sozialforschung [u.a.], 1991. - 232 S. :
graph. Darst. - (Beiträge zur
Arbeitsmarkt- und Berufsforschung ;
154,1)

1517 B 261522
Enderle, Jovita:
Ausbildung in den neuen Bundesländern :
Ergebnisse der Zusatzerhebung zum
Arbeitsmarkt-Monitor vom November 1991 ;
im Auftrag der Bundesanstalt für Arbeit,
durchgeführt von Infratest
Sozialforschung, München in
Zusammenarbeit mit Infratest Burke,
Berlin / Jovita Enderle ; Harald
Bielenski ; Karen Schober. - Nürnberg :
Infratest Sozialforschung [u.a.], 1992.
- 272 S. : graph. Darst. - (Beiträge zur
Arbeitsmarkt- und Berufsforschung ;
154,2)

1518 YY 430 (46)
Fürstenberg, Friedrich:
Qualifizierungsstrategien für den
Einigungsprozeß / Friedrich
Fürstenberg. - IN: Arbeit und
Sozialpolitik. - 46 (1992),1/2,
S. 58 - 62

1519 B 259792
Gerhard, Rolf:
Berufliche Weiterqualifizierung
arbeitsloser Akademiker ; Erfahrungen
und Probleme / Rolf Gerhard. - Graph.
Darst. - IN: Bildung und Beruf im
Umbruch / Institut für Arbeitsmarkt- und
Berufsforschung der Bundesanstalt für
Arbeit. Manfred Kaiser ... (Hrsg.). -
Nürnberg, 1992. - 3 (1992), S. 61 - 75.
- (Beiträge zur Arbeitsmarkt- und
Berufsforschung ; 153,3)

1520 A 192356
Hücker, Franz-Josef:
Entwicklungslinien im Berufsbild des
kaufmännisch-ökonomischen Facharbeiters
in der Deutschen Demokratischen Republik

: (1949 - 1990) / Franz-Josef Hücker.
- Frankfurt am Main [u.a.] : Lang, 1992.
- 316 S. : graph. Darst. - (Europäische
Hochschulschriften : Reihe 11 ; 490). -
Literaturverz. S. 295 - 313. - Zugl.:
Berlin, Freie Univ., Diss., 1991. -
ISBN: 3-631-44512-1

1521   Y 370 (58)
Jeschek, Wolfgang:
Zu knappes Angebot an Ausbildungsplätzen
in den neuen Bundesländern und in Berlin
(Ost) / [bearb. von Wolfgang Jeschek].
- IN: Wochenbericht / Deutsches Institut
für Wirtschaftsforschung. - 58
(1991),25, S. 347 - 352

1522   B 260565
Neue Qualitäten betrieblichen Lernens /
Harald Geißler. - Frankfurt am Main
[u.a.] : Lang, 1992. - 313 S. : graph.
Darst. - (Betriebliche Bildung ; 3). -
Enth. 25 Beitr. - ISBN: 3-631-44782-5

1523   A 192471
Qualifizierungsoffensive Ost : kein
Allheilmittel, aber wichtige
Weichenstellung für eine neue berufliche
Zukunft ; eine Tagung der Fried-
rich-Ebert-Stiftung am 15. Mai 1991 in
Frankfurt/Oder. - Bonn : Forschungsinst.
der Friedrich-Ebert-Stiftung, Abt.
Wirtschaftspolitik, 1991. - 44 S. -
(Reihe "Wirtschaftspolitische Diskurse"
; 17). - ISBN: 3-926132-89-2

1524   XX 3755 (41)
Scheuer, Markus:
Ausbildung und Qualifikation der
Arbeitskräfte in der DDR / von Markus
Scheuer. - Graph. Darst. - (DDR-Wirt-
schaft). - IN: RWI-Mitteilungen. - 41
(1990),1/2, S. 67 - 79

1525   YY 8700 (24)
Tessaring, Manfred:
Tendenzen des Qualifikationsbedarfs in
der Bundesrepublik Deutschland bis zum
Jahre 2010 : Implikationen der
IAB-Prognos-Projektion 1989 für die
Qualifikationsstruktur der Arbeitsplätze
in Westdeutschland / Manfred Tessaring.
- Zsfassung in engl. u. franz. Sprache.
- IN: Mitteilungen aus der Arbeitsmarkt-
und Berufsforschung. - 24 (1991),1,
S. 45 - 62

1526   A 192444
Weiterbildung - Säule der
Unternehmensentwicklung / [Institut der
Deutschen Wirtschaft]. Winfried
Schlaffke ... (Hrsg.). - Köln : Dt.
Inst.-Verl., 1992. - 97 S. - (Kölner
Texte & Thesen ; 4). - Enth. 5 Beitr. -
ISBN: 3-602-14318-X

1527   A 192767
**Wirtschaftlicher Wandel im neuen
Bundesgebiet und Strategien der
Qualifizierung** / [hrsg. vom Institut
der Deutschen Wirtschaft, Köln,
Hauptabteilung Bildung und
Gesellschaftswissenschaften]. Winfried
Schlaffke ... (Hrsg.). - Köln : Dt.
Inst.-Verl., 1992. - 107 S. - (Kölner
Texte & Thesen ; 6). - Enth. 7 Beitr. -
ISBN: 3-602-14323-6

1528   A 191942
Zedler, Reinhard:
Berufsbildung und Qualifikationsbedarf
im neuen Bundesgebiet / Reinhard
Zedler. - Köln : Dt. Inst.-Verl., 1992.
- 40 S. - (Beiträge zur Gesellschafts-
und Bildungspolitik ; 172 = 1992,1). -
ISBN: 3-602-24922-0

**G Economic Policy, Business Promotion -
   Wirtschaftspolitik,
   Wirtschaftsförderung**

1529   C 168614
**Analyse der bisherigen
Wirtschaftspolitik und des Systems der
Planung, Leitung und wirtschaftlichen
Rechnungsführung mit Einschätzung der
Ursachen, die zur tiefen ökonomischen
Krise in der DDR geführt haben** : (1971
- 1988) / Institut für Angewandte
Wirtschaftsforschung, Berlin. Unter
Leitung von G. Specht erarbeitet. -
Berlin, 1990. - 86 S. - (Information /
Institut für Angewandte Wirtschafts-
forschung, Berlin). - Nebent.: Ursachen
der Wirtschaftskrise in der DDR

1530   YY 12178 (1991)
**Darauf kommt es an beim Aufbau des
geeinten Deutschland** / Frankfurter
Institut. - IN: Argumente zur
Wirtschaftspolitik. - 1991,September =
Nr. 38, 13 S.

1531   A 192597
Entwickeln statt abwickeln :
wirtschaftspolitische und ökologische

Umbau-Konzepte für die fünf neuen Länder / Werner Schulz ... (Hg.). - 1. Aufl. - Berlin : Links, 1992. - 270 S. - Enth. 17 Beitr. - ISBN: 3-86153-036-8

1532 B 259485
Erfolg im Osten : Sommerakademie für Führungskräfte aus Wirtschaft und Verwaltung ; Vorträge und Diskussionen / Hermann Hill (Hrsg.). - 1. Aufl. - Baden-Baden : Nomos-Verl.-Ges., 1992. - 189 S. : graph. Darst. - Enth. 14 Beitr. - ISBN: 3-7890-2548-8

1533 Lo 311
Förderung der Wirtschaft in den neuen Bundesländern : wirtschaftliche Förderprogramme, Steuervergünstigungen, sonstige Maßnahmen ; ergänzbare Textsammlung mit Erläuterungen / hrsg. von Bernard Veltrup ... - Berlin : Schmidt. - Losebl.-Ausg. - ISSN: 0941-3618
- Grundwerk. - 1992

1534 B 257270
Funk, Joachim:
Finanz- und wirtschaftspolitische Herausforderungen der Gegenwart / Joachim Funk. Die Aufgaben der Wirtschaftspolitik in der nächsten Legislaturperiode / Helmut Haussmann. Vorträge anläßlich der Mitgliederversammlung des Instituts "Finanzen und Steuern" am 17. April 1990. - Bonn, 1991. - 30 S. - (Brief / Institut "Finanzen und Steuern" ; 295)

1535 XX 2796
Gegen den ökonomischen Niedergang - Industriepolitik in Ostdeutschland . - (Memorandum / Arbeitsgruppe Alternative Wirtschaftspolitik ; 92). - IN: Blätter für deutsche und internationale Politik. - Köln. - 37 (1992),5, S. 616 - 630.

1536 A 192596
Gegen den ökonomischen Niedergang - Industriepolitik in Ostdeutschland . - Köln : PapyRossa-Verl., 1992. - 244 S. - (Memorandum / Arbeitsgruppe Alternative Wirtschaftspolitik ; 92) (Neue Kleine Bibliothek ; 25). - ISBN: 3-89438-043-8

1537 A 188014
Gegen Massenarbeitslosigkeit und Chaos : Aufbaupolitik in Ostdeutschland. - Köln : PapyRossa-Verl., 1991. - 268 S. - (Memorandum / Arbeitsgruppe Alternative Wirtschaftspolitik ; 91) (Neue Kleine Bibliothek ; 12). - ISBN: 3-89438-014-4

1538 YY 4560 (1991)
Gemeinschaftswerk Aufschwung - Ost : Beschluß der Bundesregierung vom 8. März 1991. - IN: Bulletin / Presse- und Informationsamt der Bundesregierung. - 1991,25, S. 177 - 182

1539 A 187359
Gemeinschaftswerk Aufschwung - Ost : eine Dokumentation der wichtigsten Beschlüsse und Vorhaben / Presse- und Informationsamt der Bundesregierung. - Bonn, 1991. - 40 S. - (Reihe Bericht und Dokumentationen / Presse- und Informationsamt der Bundesregierung). - ISSN: 0172-7575

1540 C 173901
Hagedorn, Gunter:
Wirtschaftsförderung in den neuen Bundesländern / Gunter Hagedorn ; Gerhard Heimpold. - Berlin, 1991. - 62, 10 S. - (Forschungsreihe / Institut für Angewandte Wirtschaftsforschung, Berlin ; 91,10). - Druckschriftennr.: Bestell-Nr.: 910110

1541 Y 59 (71)
Heise, Arne:
Wirtschaftsförderung in den neuen Bundesländern / Arne Heise. - IN: Wirtschaftsdienst. - 71 (1991),11, S. 578 - 581

1542 XX 2701 (16)
Helmstädter, Ernst:
Aufgaben gesamtdeutscher Wirtschaftspolitik in funktional-ordnungspolitischer Sicht : Kommentar zur Wirtschafts- und Finanzpolitik / Ernst Helmstädter. - IN: List-Forum für Wirtschafts- und Finanzpolitik. - 16 (1990),4, S. 279 - 287

1543 XX 3852 (25)
Hertle, Hans-Hermann:
Der Weg in den Bankrott der DDR-Wirtschaft : das Scheitern der "Einheit von Wirtschafts- und Sozialpolitik" am Beispiel der Schürer/Mittag-Kontroverse im Politbüro 1988 / Hans-Hermann Hertle. - Gespräch mit Gerhard Schürer S. 132 - 145. - IN: Deutschland-Archiv. - 25 (1992),2, S. 127 - 131

1544 A 191793
Hoffmann, Lutz:
Wirtschaftspolitik und Systemtransformation - Erfahrungen mit der deutschen Vereinigung / Lutz Hoffmann. - Kiel, [1990]. - 21 S. - (Erich-Schneider-Gedächtnisvorlesung ; 1990). - (Gastvorträge am Institut für Theoretische Volkswirtschaftslehre)

1545 XX 3852 (24)
Homann, Fritz:
Strategie für die wirtschaftliche Erholung in den neuen Bundesländern / Fritz Homann. - IN: Deutschland-Archiv. - 24 (1991),6, S. 608 - 617

1546 A 189760
Hornschild, Kurt:
Erfordernisse und Möglichkeiten für eine vorausschauende Wirtschaftspolitik in Ostdeutschland / von Kurt Hornschild. - IN: Probleme der Einheit. - 2 (1991), S. 43 - 56

1547 W 164 (11)
Hüther, Michael:
Integration der Transformation : Überlegungen zur Wirtschaftspolitik für das vereinigte Deutschland / Michael Hüther. - Giessen, 1992. - 21 Bl. - (Diskussionsbeiträge / Giessener Arbeitskreis für Wirtschaftspolitische Studien ; 11)

1548 A 183334
Im deutsch-deutschen Umbruch : Vorrang für sozialen und ökologischen Umbau. - Köln : PapyRossa-Verl., 1990. - 301 S. - (Memorandum / Arbeitsgruppe Alternative Wirtschaftspolitik ; 90) (Neue Kleine Bibliothek ; 3). - ISBN: 3-89438-003-9

1549 Y 59 (72)
Kantzenbach, Erhard:
Thesen zur deutschen Wirtschaftspolitik / Erhard Kantzenbach. - IN: Wirtschaftsdienst. - 72 (1992),5, S. 239 - 246

1550 ArbS 0 7 (450)
Klodt, Henning:
Government support for restructuring the East German economy / by Henning Klodt. - Kiel : Inst. of World Economics, 1990. - 28 S. : graph. Darst. - (Kieler Arbeitspapiere ; 450)

1551 B 259837
Klodt, Henning:
Government support for restructuring the East German economy / Henning Klodt. - Graph. Darst. - Kommentar S. 286 - 296. - IN: Economic aspects of German unification / Paul J. J. Welfens (ed.). - Berlin, 1992. - ISBN 3-540-55006-2 ; 0-387-55006-2. - S. 261 - 285.

1552 A 190309
LaRouche, Lyndon:
Ein Wirtschaftswunder für Osteuropa : das "produktive Dreieck" Paris-Berlin-Wien als Lokomotive der Weltwirtschaft / Lyndon LaRouche ; Jonathan Tennenbaum. - 2. Aufl. - Wiesbaden : Böttiger, 1991. - 249 S. : Ill., graph. Darst., Kt. - ISBN: 3-925725-12-1

1553 C 173631
Marktöffnung und Wettbewerb : Deregulierung als Programm? ; das Versicherungswesen, das Verkehrswesen, die Stromwirtschaft, das technische Prüfungs- und Sachverständigenwesen, die Märkte für Rechtsberatung und Wirtschaftsberatung, das Handwerk, der Arbeitsmarkt / Deregulierungskommission, Unabhängige Expertenkommission zum Abbau Marktwidriger Regulierungen. - Stuttgart : Poeschel, 1991. - XIV, 192 S. - ISBN: 3-7910-0593-6

1554 C 172273
Marktwirtschaftlichen Kurs halten : zur Wirtschaftspolitik für die neuen Bundesländer ; Sondergutachten vom 13 April 1991 / Sachverständigenrat zur Begutachtung der Gesamtwirtschaftlichen Entwicklung. - [S.l.], 1991. - 35 S.

1555 Y 59 (71)
Matthes, Heinrich:
Die Bewältigung der Folgen des Sozialismus : Herausforderungen für die deutsche Wirtschaftspolitik / Heinrich Matthes. - IN: Wirtschaftsdienst. - 71 (1991),12, S. 609 - 613

1556 A 190269
Möllemann, Jürgen W.:
Wirtschaftspolitik in gesamtdeutscher Verantwortung / Jürgen W. Möllemann. Der Metalltarifabschluß 1991 / Dieter Hundt. Mitgliederversammlung 1991. - Köln : Ed. Agrippa, 1991. - 20 S. - (Schriftenreihe des Verbands der Metallindustrie Baden-Württemberg ; 27)

1557 B 259485
Molitor, Bernhard:
Strategie Aufschwung Ost / von Bernhard Molitor. - IN: Erfolg im Osten / Hermann Hill (Hrsg.). - Baden-Baden, 1992. - ISBN 3-7890-2548-8. - S. 49 - 58.

1558 YY 10619 (16)
Müller-Michaelis, Wolfgang:
Wirtschafts- und Energiepolitik in den neuen Bundesländern am Beipiel Sachsen / Wolfgang Müller-Michaelis. - IN: Zeitschrift für Energiewirtschaft. - 16 (1992),1, S. 46 - 50

1559 B 259485
Münch, Werner:
Leitbild Ost : Aufschwung aus der Sicht der neuen Bundesländer / von Werner Münch. - IN: Erfolg im Osten / Hermann Hill (Hrsg.). - Baden-Baden, 1992. - ISBN 3-7890-2548-8. - S. 39 - 48.

1560 B 261081
Die neuen Länder, Fördermaßnahmen . - Bonn, 1991. - 211 S. - (DIHT ; 311)

1561 B 256682
Pohl, Rüdiger:
In den neuen Bundesländern wettbewerbsfähige Strukturen schaffen : zur Position des Sachverständigenrates / von Rüdiger Pohl. - Über: Marktwirtschaftlichen Kurs halten / Sachverständigenrat zur Begutachtung der Gesamtwirtschaftlichen Entwicklung. - [S.l.], 1991. - IN: Der Umbau / Uwe Jens (Hrsg.). Mit Beitr. von Wilhelm Krelle ... - Baden-Baden, 1991. - ISBN 3-7890-2469-4. - S. 148 - 170.

1562 Y 59 (71)
Postlep, Rolf-Dieter:
Förderung der neuen Bundesländer zwischen Wachstums- und Verteilungsziel / Rolf-Dieter Postlep. - IN: Wirtschaftsdienst. - 71 (1991),6, S. 305 - 310

1563 B 259485
Priesnitz, Walter:
Solidarität und Partnerschaft : Leitlinien für den Aufschwung Ost / von Walter Priesnitz. - IN: Erfolg im Osten / Hermann Hill (Hrsg.). - Baden-Baden, 1992. - ISBN 3-7890-2548-8. - S. 13 - 24.

1564 C 175038
Das "produktive Dreieck" Paris-Berlin-Wien : ein mitteleuropäisches Wirtschaftswunder als Motor für die Weltwirtschaft / Hrsg.: "Executiv Intelligence Review" Nachrichtenagentur. Zsgest. u. verf. von Jonathan Tennenbaum ... - Wiesbaden, 1990. - 200 S. : zahlr. graph. Darst. - (EIRNA-Studie)

1565 A 192040
Schlecht, Otto:
Sicherung des Standorts D unter veränderten politischen Bedingungen / Otto Schlecht. - IN: Standort D / Gerhard Fels (Hrsg.). - Köln, 1992. - ISBN 3-602-34858-X. - S. 16 - 29. - (div-Sachbuchreihe ; 54)

1566 B 255382
Schlußbilanz - DDR : Fazit einer verfehlten Wirtschafts- und Sozialpolitik / von Günter Kusch ... - Berlin : Duncker & Humblot, 1991. - 155 S. : graph. Darst. - ISBN: 3-428-07143-3

1567
Schlußbilanz - DDR : Fazit einer verfehlten Wirtschafts- und Sozialpolitik / Institut für Angewandte Wirtschaftsforschung. - Berlin. - Erschienen: Bd. 1 (1990) bis Bd. 3 (1990)
- 1. Die SED und ihre "ökonomische Strategie" in der Nach-Ulbricht-Zeit. - 1990. - 123 S. : graph. Darst.
SIGNATUR: C 170300
- 2. "Sozialistische Planwirtschaft" versuchter Perfektionismus und Selbsttäuschung in der Wirtschaftspolitik der SED. - 1990. - 93 S.
SIGNATUR: C 170301
- 3. Die Wirtschaftspolitik und das Wirtschaftssystem in der DDR : theoretischer Exkurs. - 1990. - 39 S.
SIGNATUR: C 170302

1568 B 251056
Schneider, Hans K.:
Zur wirtschaftspolitischen Strategiewahl für die neunziger Jahre / von Hans K. Schneider. - IN: Finanzwissenschaft im Dienste der Wirtschaftspolitik / hrsg. von Franz Xaver Bea ... - Tübingen, 1990. - ISBN 3-16-145648-3. - S. 477 - 487.

1569 X 9144 (41)
Schüller, Alfred:
Zur Einheit von Wirtschafts- und
Sozialpolitik in Deutschland : Chancen
und Risiken / Alfred Schüller. -
Zsfassung in engl. Sprache. - IN: Ordo.
- 41 (1990), S. 27 - 43

1570 YY 2811 (45)
Siebert, Horst:
Aus vollem Rohr : neue Bundesländer:
riskante Feuerwehrrolle der Politik /
von Horst Siebert. - Ill. - IN:
Wirtschaftswoche. - 45 (1991),13,
S. 95 - 98

1571 C 177259
Siebert, Horst:
Five traps for German economic policy /
by Horst Siebert. - Kiel : Inst. für
Weltwirtschaft, 1992. - 32 S. : graph.
Darst. - (Kieler Diskussionsbeiträge ;
185). - ISBN: 3-89456-025-8

1572 XX 5312 (1990)
Sozial-ökologisches Sofortprogramm:
Risiken der deutsch-deutschen
Währungsunion auffangen . -
(Sondermemorandum / Arbeitsgruppe
Alternative Wirtschaftspolitik). - IN:
Memo-Forum / "Arbeitsgruppe Alternative
Wirtschaftspolitik". - 1990,Mai = Nr.
16, S. 2 - 68

1573 XX 2796 (36)
Statt Chaos und Krieg: Aufbaupolitik in
Ostdeutschland - Frieden und Ausgleich
am Golf . - (Memorandum / Arbeitsgruppe
Alternative Wirtschaftspolitik ; 91). -
IN: Blätter für deutsche und
internationale Politik. - 36 (1991),4,
S. 484 - 501

1574 XX 3434 (28)
Steinitz, Klaus:
Wirtschafts- und Sozialpolitik zwischen
Krise und Umbau / von Klaus Steinitz. -
IN: Deutsche Studien. - 28 (1990),März =
109, S. 35 - 43

1575 A 189902
Strukturwandel und Beschäftigungskrise
in den neuen Bundesländern :
wirtschaftspolitische Perspektiven nach
der Währungs-, Wirtschafts- und
Sozialunion ; eine Konferenz der
Friedrich-Ebert-Stiftung und des Vereins
für Politische Bildung und Soziale
Demokratie vom 07. bis 09.09.1990 in
Blossin. - Bonn : Forschungsinst. der
Friedrich-Ebert-Stiftung, Abt.
Wirtschaftspolitik, 1990. - 52 S. -
(Reihe "Wirtschaftspolitische Diskurse"
; 5). - ISBN: 3-926132-41-8

1576 YY 11431 (1990)
Watrin, Christian:
Gesamtdeutsche Wirtschaftspolitik /
Christian Watrin. - IN: Orientierungen
zur Wirtschafts- und Gesellschafts-
politik. - 1990,4 = 46, S. 17 - 24

1577 A 190278
Wehner, Burkhard:
Das Fiasko im Osten : Auswege aus einer
gescheiterten Wirtschafts- und
Sozialpolitik / Burkhard Wehner. -
Marburg : Metropolis-Verl., 1991. - 140
S. - ISBN: 3-926570-43-1

1578 A 188725
Wirtschaftliche Förderung in den neuen
Bundesländern / hrsg. vom
Bundesministerium für Wirtschaft,
Referat Öffentlichkeitsarbeit. - Stand:
Mai 1991. - Bonn, 1991. - 141 S.

1579 YY 731 (43)
Wirtschaftsförderung in den neuen
Bundesländern . - Graph. Darst. - IN:
Monatsberichte der Deutschen Bundesbank.
- 43 (1991),3, S. 15 - 26

1580 A 190414
Wirtschaftsförderungsprogramm und
-instrumente von EG, Bund, Ländern und
Kommunen : Umsetzung in den neuen
Bundesländern ; eine Tagung der
Friedrich-Ebert-Stiftung am 26. April
1991 in Cottbus. - Bonn :
Forschungsinst., Abt. Wirtschafts-
politik, 1991. - 53, 2 S. - (Reihe
"Wirtschaftspolitische Diskurse" ; 15).
- ISBN: 3-926132-76-0

1581 A 186293
Wirtschaftspolitik für das geeinte
Deutschland / [(Kronberger Kreis).
Juergen B. Donges ...]. - Bad Homburg
v.d.H., 1990. - 64 S. - (Schriftenreihe
/ Frankfurter Institut für
Wirtschaftspolitische Forschung e. V. ;
22). - ISBN: 3-89015-029-2

1582 C 177046
Die Wirtschaftspolitik vor neuen
Herausforderungen : Dokumentation eines
Gesprächs der Denkfabrik Schleswig-Hol-

stein am 20. Juni 1991 in Kiel. - Kiel :
Der Ministerpräsident des Landes
Schleswig-Holstein, 1991. - 25 Bl.

1583   B 257295
Wirtschaftspolitische Probleme der
Integration der ehemaligen DDR in die
Bundesrepublik / von Hartwig Bartling
... Hrsg. von Helmut Gröner ... - Berlin
: Duncker & Humblot, 1991. - 269 S. :
graph. Darst. - (Schriften des Vereins
für Socialpolitik, Gesellschaft für
Wirtschafts- und Sozialwissenschaften ;
N.F.,212). - Enth. 10 Beitr. - ISBN:
3-428-07275-8

G-1 Monetary Policy, Central Banking -
    Geldpolitik, Zentralbank

1584   YY 8448 (1990)
Berger, Matthias:
Geldverfassung in Deutschland Ost und
West / Matthias Berger. - IN: Die Bank.
- 1990,2, S. 71 - 75

1585   B 257295
Bofinger, Peter:
Geld- und Kreditpolitik nach Bildung der
deutschen Währungsunion / von Peter
Bofinger. - Graph. Darst. - IN:
Wirtschaftspolitische Probleme der
Integration der ehemaligen DDR in die
Bundesrepublik / von Hartwig Bartling
... Hrsg. von Helmut Gröner ... -
Berlin, 1991. - ISBN 3-428-07275-8. -
S. 151 - 170. - (Schriften des Vereins
für Socialpolitik, Gesellschaft für
Wirtschafts- und Sozialwissenschaften ;
N.F.,212)

1586   W 378 (24)
Dickertmann, Dietrich:
Deutsche Bundesbank : Landeszentral-
banken vor einer Strukturreform? / von
Dietrich Dickertmann. - Erw. und
aktualisierte Fassung. - Trier, 1991. -
33 Bl. - (Arbeitspapier ... des
Schwerpunktes Finanzwissenschaft,
Betriebswirtschaftliche Steuerlehre /
Universität Trier, FB IV ; 24). - Auch
u.d.T.: Dickertmann, Dietrich:
Landeszentralbanken vor einer
Strukturreform?. - ISBN: 3-925851-32-1

1587   Y 59 (71)
Dickertmann, Dietrich:
Landeszentralbanken vor einer
Strukturreform? / Dietrich Dickertmann.
- Erw. Fassung u.d.T.: Dickertmann,
Dietrich: Deutsche Bundesbank. - IN:
Wirtschaftsdienst. - 71 (1991),10,
S. 507 - 514

1588   B 256489
Dubrowsky, Hans-Joachim:
Geld- und währungspolitische Probleme
der Wirtschaftsreform in der DDR / von
Hans-Joachim Dubrowsky. - IN: Monetäre
Konfliktfelder der Weltwirtschaft /
hrsg. von Jürgen Siebke. - Berlin, 1991.
- ISBN 3-428-07220-0. - S. 621 - 631. -
(Schriften des Vereins für Social-
politik, Gesellschaft für Wirtschafts-
und Sozialwissenschaften ; N.F.,210)

1589   A 185356
Geld, Kredit, Finanzen aus neuer Sicht
/ Autorenkoll. unter Leitung von
Karlheinz Tannert. - Berlin : Verl. Die
Wirtschaft, 1990. - 80 S. - (Beiträge zu
Wirtschaftsfragen). - ISBN:
3-349-00709-0

1590   YY 13006 (1)
Haferkamp, Dieter:
Stellung und Aufgaben der Deutschen
Bundesbank in der Deutschen Demokra-
tischen Republik / Dieter Haferkamp. -
IN: Deutsch-deutsche Rechts-Zeitschrift.
- 1 (1990),5, S. 151 - 155

1591   A 192040
Issing, Otmar:
Standortfaktor Stabilität / Otmar
Issing. - IN: Standort D / Gerhard Fels
(Hrsg.). - Köln, 1992. - ISBN
3-602-34858-X. - S. 74 - 87. -
(dtv-Sachbuchreihe ; 54)

1592   Y 59 (71)
Ist die Geldpolitik zu restriktiv? /
Rüdiger Pohl ; Manfred J. M. Neumann ;
Franco Reither. - Enth. 3 Beitr. - IN:
Wirtschaftsdienst. - 71 (1991),9,
S. 435 - 444

1593   XX 2492 (37)
Naggl, Walter:
War der Zinsanstieg infolge der
deutschen Vereinigung spekulativ
überhöht? / von Walter Naggl. -
Zsfassung in engl. Sprache. - IN:
Konjunkturpolitik. - 37 (1991),5,
S. 273 - 295

1594   YY 731 (44)
Neue geldpolitische Maßnahmen . - IN:
Monatsberichte der Deutschen Bundesbank.
- 44 (1992),1, S. 15 - 19

1595   Y 370 (58)
Pohl, Reinhard:
Geldpolitik 1991 : erstmals auf ein
gesamtdeutsches Geldmengenziel
ausgerichtet / [bearb. von Reinhard
Pohl]. - Graph. Darst. - IN: Wochen-
bericht / Deutsches Institut für
Wirtschaftsforschung. - 58 (1991),13,
S. 155 - 159

1596   B 256681
Pohl, Rüdiger:
Die Aufgaben der Geld- und Finanzpolitik
nach der deutschen Vereinigung /
Rüdiger Pohl. - IN: Wirtschaftspoli-
tische Konsequenzen der deutschen
Vereinigung / Andreas Westphal ...
(Hg.). - Frankfurt, 1991. - ISBN
3-593-34507-2. - S. 17 - 27. - (Reihe
"Wirtschaftswissenschaft" ; 15)

1597   C 174307
Pohl, Rüdiger:
Ungeklärte Konsolidierungsperspektive :
Ballast für die Geldpolitik ; monetäre
Analyse für den Winter 1990/91 / von
Rüdiger Pohl. - Hagen : Inst. für
Empirische Wirtschaftsforschung, 1991. -
16 Bl. : graph. Darst.

1598   C 175089
Pohl, Rüdiger:
Vor Zinsanhebungen wird gewarnt :
monetäre Analyse für den Sommer 1991 /
von Rüdiger Pohl. - Abgeschlossen: 1.
Juli 1991. - Hagen : Inst. für
Empirische Wirtschaftsforschung, 1991. -
9 Bl. : graph. Darst.

1599   Y 59 (71)
Reichert, Horst:
Geldmengenpolitik in neuer
Bewährungsprobe / Horst Reichert. - IN:
Wirtschaftsdienst. - 71 (1991),1,
S. 40 - 43

1600   B 255440
Seidel, Hans:
Hält die Konjunktur? / Hans Seidel.
Monetäre Probleme der deutsch-deutschen
Vereinigung / Jürgen Siebke. - Wien :
Österreichische Postsparkasse, 1991. -
31 S. - (Schriftenreihe Volkswirtschaft
; 11). - Enth. 2 Beitr.

1601   Y 32979
Staatsbank der Deutschen Demokratischen
Republik <Berlin, Ost>:
Jahresbericht ... der Staatsbank der DDR
. - [Berlin].
- 1989. (1990)

1602   YY 731 (43)
Überprüfung des Geldmengenziels 1991 . -
Graph. Darst. - IN: Monatsberichte der
Deutschen Bundesbank. - 43 (1991),7,
S. 14 - 17

1603   YY 731 (43)
Zinsentwicklung und Zinsstruktur seit
Anfang der achtziger Jahre . - Graph.
Darst. - IN: Monatsberichte der
Deutschen Bundesbank. - 43 (1991),7,
S. 31 - 42

1604   YY 6347 (34)
Zöller, Alexander:
Staatsbank der DDR und Deutsche
Bundesbank : ein Vergleich der
rechtlichen Grundlagen / von Alexander
Zöller. - IN: Recht in Ost und West. -
34 (1990),3, S. 146 - 158

1605   Y 59 (71)
Zur Anpassung des Bundesbankgesetzes
gemäß Einigungsvertrag / Reimut
Jochimsen ... - IN: Wirtschaftsdienst. -
71 (1991),11, S. 554 - 559

G-2 Competition Policy -
    Wettbewerbspolitik

1606   A 185519
Brittan, Leon:
Wettbewerbspolitik in einem vereinigten
Deutschland : die europäische Dimension
/ Leon Brittan. Die Europäische
Gemeinschaft und der Wandel in Osteuropa
/ Horst G. Krenzler [u.a.]. - Bonn :
Komm. der Europ. Gemeinschaften,
Vertretung in der Bundesrepublik
Deutschland, 1990. - 46 S. : Ill. -
(Europäische Gespräche ; 3). - Enth. 3
Beitr.

1607   C 177475
Der Einfluss nationaler und europäischer
Institutionen auf den Wettbewerb in den
neuen Bundesländern : fünfter
Zwischenbericht gemäß dem
Forschungsauftrag des Bundeswirt-
schaftsministeriums "Beobachtung und

Analyse des Wettbewerbs in den neuen Bundesländern" / Hans-Hagen Härtel ... - Hamburg, 1992. - 80 S. : graph. Darst. - (HWWA-Report ; 100)

1608 YY 7655 (41)
Härtel, Hans-Hagen:
Aktuelle Entwicklungen von Marktstrukturen in den neuen Bundesländern / Hans-Hagen Härtel ; Reinald Krüger. - Graph. Darst., Kt. - IN: Aus Politik und Zeitgeschichte. - 41 (1991),29, S. 13 - 25

1609 C 172172
Härtel, Hans-Hagen:
Aktuelle Entwicklungen von Marktstrukturen in Ostdeutschland aus wettbewerbspolitischer Sicht : erster Zwischenbericht gemäß dem Forschungsauftrag des Bundeswirtschaftsministeriums "Beobachtung und Analyse des Wettbewerbs in den neuen Bundesländern" / Hans-Hagen Härtel ; Reinald Krüger. - Hamburg, 1991. - 48 S. : graph. Darst. - (HWWA-Report ; 86)

1610 Y 59 (71)
Härtel, Hans-Hagen:
Behindert die Wettbewerbspolitik die Entwicklung in den neuen Bundesländern? / Hans-Hagen Härtel. - IN: Wirtschaftsdienst. - 71 (1991),6, S. 292 - 295

1611 B 259540
Härtel, Hans-Hagen:
Chancen und Hemmnisse für mehr Wettbewerb durch die deutsche Vereinigung / von Hans-Hagen Härtel. - IN: Die deutsch-deutsche Integration / [Schriftl.: Herbert Wilkens]. - Berlin, 1992. - ISBN 3-428-07315-0. - S. 141 - 147. - (Beihefte der Konjunkturpolitik ; 39)

1612 C 175623
Härtel, Hans-Hagen:
Friktionen bei der Entwicklung funktionsfähiger Märkte in den neuen Bundesländern : vierter Zwischenbericht gemäß dem Forschungsauftrag des Bundeswirtschaftsministeriums "Beobachtung und Analyse des Wettbewerbs in den neuen Bundesländern" / Hans-Hagen Härtel ; Reinald Krüger ; Hans-Joachim Seeler. - Hamburg, 1991. - 57 S. : graph. Darst. - (HWWA-Report ; 94)

1613 C 174493
Institutionelle Ursachen von Wettbewerbsverzerrungen in den neuen Bundesländern : dritter Zwischenbericht gemäß dem Forschungsauftrag des Bundeswirtschaftsministeriums "Beobachtung und Analyse des Wettbewerbs in den neuen Bundesländern" / Hans-Hagen Härtel ... - Hamburg, [1991]. - (HWWA-Report ; 92)

1614 B 256682
Jens, Uwe:
Die Wettbewerbsordnung als Kern einer Öko-sozialen Marktwirtschaft und die langfristige Sicherung eines wirksamen Wettbewerbs / von Uwe Jens. - IN: Der Umbau / Uwe Jens (Hrsg.). Mit Beitr. von Wilhelm Krelle ... - Baden-Baden, 1991. - ISBN 3-7890-2469-4. - S. 211 - 229.

1615 B 260508
Kantzenbach, Erhard:
Von der Plan- zur Marktwirtschaft : eine Zwischenbilanz Initiierung des Wettbewerbs / von Erhard Kantzenbach. - Kommentar S. 133 - 135. - IN: Von der Plan- zur Marktwirtschaft / hrsg. von Bernhard Gahlen ... - Tübingen, 1992. - ISBN 3-16-145908-3. - S. 119 - 132. - (Schriftenreihe des Wirtschaftswissenschaftlichen Seminars Ottobeuren ; 21)

1616 YY 13307 (1990)
Kleinmann, Werner:
Das neue Kartellrecht der DDR / Werner Kleinmann. - (DDR-Rechtsentwicklungen ; 11). - IN: Betriebs-Berater : Beilage. - 1990,28, S. 1 - 6

1617 Y 59 (71)
Krakowski, Michael:
Wettbewerbspolitische Probleme beim Zusammenschluß der deutschen Staaten / Michael Krakowski. - IN: Wirtschaftsdienst. - 71 (1991),2, S. 99 - 104

1618 C 173525
Wettbewerbspolitisch bedeutsame Prozesse in den neuen Bundesländern : zweiter Zwischenbericht gemäß dem Forschungsauftrag des Bundeswirtschaftsministeriums "Beobachtung und Analyse des Wettbewerbs in den neuen Bundesländern" / Hans-Hagen Härtel ... - Hamburg, 1991. - 74 S. : graph. Darst. - (HWWA-Report ; 88)

1619   XX 2080 (40)
Wutzke, Reinhold:
Wettbewerbsschutz in der DDR :
Erfordernisse, Erwartungen,
Möglichkeiten und Spielräume / Reinhold
Wutzke. - IN: Wirtschaft und Wettbewerb.
- 40 (1990),9, S. 715 - 721

G-3 Fiscal Policy, Federal Budget,
    Subsidies - Finanzpolitik,
    Bundeshaushalt, Subventionen

1620   Y 10872 (1990)
Boss, Alfred:
Budgetdefizite und Finanzpolitik in der
Bundesrepublik Deutschland / von Alfred
Boss. - IN: Die Weltwirtschaft. -
1990,2, S. 58 - 70

1621   C 172210
Boss, Alfred:
Die Finanzbeziehungen zwischen Bund,
Ländern, Sondervermögen des Bundes,
Treuhandanstalt und Unternehmen :
Vereinbarungen im Staatsvertrag und im
Einigungsvertrag und ihre finanziellen
Konsequenzen / von Alfred Boss. - Kiel :
Inst. für Weltwirtschaft, 1991. - 15 S.
: graph. Darst. - (Kieler Arbeitspapiere
; 467)

1622   Y 10872 (1991)
Boss, Alfred:
Mittelfristige Perspektiven der
Finanzpolitik / von Alfred Boss. - IN:
Die Weltwirtschaft. - 1991,2, S. 57 - 71

1623   Y 10872 (1991)
Boss, Alfred:
Subventionen in den neuen Bundesländern
/ von Alfred Boss. - IN: Die
Weltwirtschaft. - 1991,1, S. 67 - 75

1624   C 168538
Boss, Alfred:
Die Systeme der öffentlichen Finanzen in
Ländern mit unterschiedlichen
Wirtschaftsordnungen : Bundesrepublik
Deutschland, DDR und Jugoslawien / von
Alfred Boss und Milenko Petrović. - Kiel
: Inst. für Weltwirtschaft an der Univ.
Kiel, 1990. - 21 S. - (Kieler
Arbeitspapiere ; 428)

1625   W 626 (2)
Budäus, Dietrich:
Governmental accounting in Germany /
Dietrich Budäus. - Hamburg : Seminar für
Allg. Betriebswirtschaftslehre -
Verwaltungsbetriebslehre - Univ.
Hamburg, [circa 1991]. - 25 Bl. : graph.
Darst. - (Public management ; 2)

1626   Y 23932
Deutschland <Bundesrepublik>:
Der Finanzplan des Bundes ... bis ... :
Unterrichtung durch die Bundesregierung.
- IN: Verhandlungen des Deutschen
Bundestages : Drucksachen
- 1990/94. // Wahlperiode 12 (1991),101
- 1991/95. // Wahlperiode 12 (1991),1001

1627   X 13051
Deutschland <Bundesrepublik>:
Haushaltsrechnung und Vermögensrechnung
des Bundes für das Haushaltsjahr ... :
Jahresrechnung ... - [S.l.]. - (Berlin :
Bundesdr.). - Erscheinungsbeginn: 1970
(1972)
- 1990,1 - 3. (1992)

1628   Y 18069
Deutschland <Bundesrepublik> /
Bundesminister der Finanzen:
Finanzbericht ... / Bundesministerium
der Finanzen : die volkswirtschaftlichen
Grundlagen und die wichtigsten
finanzwirtschaftlichen Probleme des
Bundeshaushaltsplans für das
Haushaltsjahr ... - Bonn.
- 1991
- 1992. (1991)

1629   Y 26525
Deutschland <Bundesrepublik> /
Bundesrechnungshof:
Bemerkungen des Bundesrechnungshofes ...
zur Haushalts- und Wirtschaftsführung :
Unterrichtung durch den Bundes-
rechnungshof. - IN: Verhandlungen des
Deutschen Bundestages. Drucksachen. -
Bonn.
- 1991. // Wahlperiode 12 (1991),1150

1630   Y 23929
Deutschland <Bundesrepublik> /
Bundesregierung:
Bericht der Bundesregierung über die
Entwicklung der Finanzhilfen des Bundes
und der Steuervergünstigungen gemäß §12
des Gesetzes zur Förderung der
Stabilität und des Wachstums der
Wirtschaft (StWG) vom 8. Juni 1967 für
die Jahre ... bis ... : ...
Subventionsbericht ; Unterrichtung durch
die Bundesregierung. - IN: Verhandlungen

des Deutschen Bundestages. Drucksachen. - Bonn.
- 13. 1989/92. // Wahlperiode 12 (1991),1525

1631 Y 34137
Deutschland <Bundesrepublik> / Bundesregierung:
Finanzierungshilfen der Bundesregierung : eine Information für die Städte, Gemeinden und Kreise in den Ländern Brandenburg, Mecklenburg-Vorpommern, Sachsen, Sachsen-Anhalt und Thüringen. - Bonn : Bundesminister der Finanzen.
- 1991
- 1992

1632 YY 4810
Deutschland <Bundesrepublik> / Statistisches Bundesamt:
Fachserie / Statistisches Bundesamt. 14, Finanzen und Steuern. Reihe 2, Vierteljährliche Kassenergebnisse der öffentlichen Haushalte. - Stuttgart : Metzler-Poeschel. - Erscheinungsbeginn: 1977
- 1990. (1990/91)
- 1991. (1991/92)

1633 Y 25568
Die Entwicklung der Bundesfinanzen im Haushaltsjahr ... / Der Bundesminister der Finanzen. - Bonn. - Erscheinungsbeginn: 1975 (1976)
- 1990. (1991)
- 1991. (1992)

1634 YY 731 (43)
Entwicklung der Staatsverschuldung seit Mitte der achtziger Jahre . - Graph. Darst. - IN: Monatsberichte der Deutschen Bundesbank. - 43 (1991),8, S. 32 - 42

1635 YY 3662 (11)
Entwurf eines Gesetzes über die Feststellung eines Dritten Nachtrags zum Bundeshaushaltsplan für das Haushaltsjahr 1990 : Drittes Nachtragshaushaltsgesetz 1990 ; Gesetzentwurf der Bundesregierung. - IN: Verhandlungen des Deutschen Bundestages : Drucksachen. - Wahlperiode 11 (1990),7950, getr. Zählung

1636 Y 26258
Die Finanzierungshilfen des Bundes und der Länder an die gewerbliche Wirtschaft . - Frankfurt a. M. : Knapp. -
(Zeitschrift für das gesamte Kreditwesen : Sonderausgabe ; ...)
- 1990. - (... ; 1990,1)
- 1991/92. - (... ; 1991/92,1)

1637 A 187812
Finanzpolitik 1991 : vor neuen Herausforderungen / Der Bundesminister der Finanzen. - Bonn, 1991. - 34 S. : graph. Darst.

1638 YY 4777 (39)
Fritzsche, Bernd:
Die Finanzpolitik im Zeichen der Förderung der Kapitalbildung in Ostdeutschland / von Bernd Fritzsche und Hans Dietrich von Loeffelholz. - IN: Sozialer Fortschritt. - 39 (1990),11, S. 252 - 260

1639 B 254721
Funk, Joachim:
Finanz- und Steuerpolitik im vereinten Deutschland / Joachim Funk. Die Finanzpolitik der 90er Jahre / Theodor Waigel. Vorträge gehalten auf der Mitgliederversammlung des Instituts "Finanzen und Steuern" am 26. April 1991. - Bonn, 1991. - 35 S. - (Brief / Institut "Finanzen und Steuern" ; 302)

1640 XX 5845 (2)
Gros, Daniel:
The new Germany : an emerging deficit economy / by Daniel Gros. - IN: International economic insights. - 2 (1991),2, S. 8 - 11

1641 Y 59 (72)
Hüther, Michael:
Ist die Finanzpolitik noch zu retten? / Michael Hüther. - IN: Wirtschaftsdienst. - 72 (1992),4, S. 215 - 224

1642 W 49 (41)
Hüther, Michael:
Ist die Finanzpolitik noch zu retten? / von Michael Hüther. - Gießen : Justus-Liebig-Univ. Giessen, Fachbereich Wirtschaftswiss., 1992. - 20 Bl. - (Finanzwissenschaftliche Arbeitspapiere ; 41)

1643 YY 3893 (45)
Leibfritz, Willi:
Entwicklung der Staatsverschuldung und der staatlichen Kapitalabsorption in den neunziger Jahren / Willi Leibfritz. - Graph. Darst. - IN: Ifo-Schnelldienst. - 45 (1992),12, S. 3 - 9

1644   Y 59 (70)
Neuthinger, Egon:
Die gesamt- und finanzwirtschaftliche
Entwicklung 1990/1991 / Egon
Neuthinger. - IN: Wirtschaftsdienst. -
70 (1990),6, S. 298 - 304

1645   Y 59 (71)
Perspektiven und Optionen der deutschen
Finanzpolitik 1991 bis 1994 / Bernd
Fritzsche ... - IN: Wirtschaftsdienst. -
71 (1991),1, S. 19 - 32

1646   YY 2028
Planungen der öffentlichen Haushalte ...
. - Erscheinungsbeginn: 1992. - IN:
Wirtschaft und Statistik / Hrsg.:
Statistisches Bundesamt. - Stuttgart.
- 1992. // 1992,5, S. 311 - 317

1647   A 184540
Pohmer, Dieter:
Die finanzpolitischen Fragen der
Wirtschafts- und Währungsunion : was
die DDR selbst leisten muß, wo die
Bundesrepublik helfen sollte und wie das
finanziert werden kann / Dieter Pohmer.
- IN: (Wieder-)Vereinigungsprozeß in
Deutschland / [hrsg. von der
Landeszentrale für Politische Bildung
Baden-Württemberg]. Mit Beitr. von Hans
von Mangoldt ... Red.: Hans-Georg
Wehling. - Stuttgart, 1990. - ISBN
3-17-011301-1. - S. 62 - 73.

1648   Y 59 (72)
Postlep, Rolf-Dieter:
Einigungsbedingte Belastungen des
Bundes, der alten Länder und ihrer
Gemeinden / Rolf-Dieter Postlep. - IN:
Wirtschaftsdienst. - 72 (1992),1,
S. 37 - 42

1649   YY 2028 (1992)
Renz, Marianne:
Finanzplanung von Bund und Ländern 1991
bis 1995 / Marianne Renz. - Graph.
Darst. - IN: Wirtschaft und Statistik. -
1992,1, S. 40 - 42

1650   Y 10872 (1990)
Rosenschon, Astrid:
Berlinförderung auf dem Prüfstand / von
Astrid Rosenschon. - IN: Die
Weltwirtschaft. - 1990,2, S. 71 - 83

1651   C 174107
Rosenschon, Astrid:
Zum staatlichen Ausgabe- und
Einnahmesystem in der Bundesrepublik
Deutschland : Privatisierung und
steuerpolitischer Wettbewerb geboten /
von Astrid Rosenschon. - Kiel : Inst.
für Weltwirtschaft, Forschungsabt. V,
1991. - 60 S. - (Kieler Arbeitspapiere ;
482)

1652   B 257251
Schlesinger, Helmut:
Gesamtstaatliche Finanzpolitik in der
Bewährung : schuldenpolitische Aspekte
der deutschen Einheit / von Helmut
Schlesinger ; Manfred Weber ; Gerhard
Ziebarth. - Tübingen : Mohr, 1991. - 55
S. : graph. Darst. - (Vorträge und
Aufsätze / Walter-Eucken-Institut ;
134). - ISBN: 3-16-145807-9

1653   B 259540
Schöberle, Horst:
Finanzierung des Staatshaushaltes :
Zielkonflikt zwischen Geld und
Finanzpolitik? / von Horst Schöberle. -
Kommentar S. 19 - 24. - IN: Die
deutsch-deutsche Integration /
[Schriftl.: Herbert Wilkens]. - Berlin,
1992. - ISBN 3-428-07315-0. - S. 9 - 18.
- (Beihefte der Konjunkturpolitik ; 39)

1654   Y 370 (57)
Teichmann, Dieter:
Öffentliche Haushalte 1990/91: hohe
Belastungen durch die deutsche Einigung
/ [bearb. von Dieter Teichmann und
Dieter Vesper]. - IN: Wochenbericht /
Deutsches Institut für Wirtschafts-
forschung. - 57 (1990),39, S. 545 - 558

1655   C 171498
Thumann, Günther:
The system of public finance in the
German Democratic Republic and the
challenges of fiscal reform / Günther
Thumann. - IN: German unification / ed.
by Leslie Lipschitz ... - Washington,
DC, 1990. - ISBN 1-55775-200-1. -
S. 155 - 164. - (Occasional paper /
International Monetary Fund ; 75)

1656   Y 370 (58)
Vesper, Dieter:
Die öffentlichen Haushalte in
Deutschland 1991/92: anhaltend hohe
Finanzierungsdefizite trotz
Steuererhöhungen / [bearb. von Dieter

Vesper]. - IN: Wochenbericht / Deutsches Institut für Wirtschaftsforschung. - 58 (1991),38, S. 539 - 548

1657   A 189763
Waigel, Theodor:
Bundeshaushalt 1992 : Finanzpolitik für die Einheit in Deutschland und Freiheit in Europa ; Rede des Bundesministers der Finanzen Dr. Theo Waigel am 3. September 1991 im Deutschen Bundestag ; mit Erläuterungen. - Bonn : Bundesministerium der Finanzen, Referat Öffentlichkeitsarbeit, 1991. - 34 S. : Ill., graph. Darst.

1658   C 166442
Waigel, Theodor:
Deutsche Einheit : unsere Finanzpolitik bleibt auf solidem und berechenbarem Kurs / von Theo Waigel. - Wien, 1990. - 14 S. - (Institut für Finanzwissenschaft und Steuerrecht ; 158)

1659   YY 3893 (44)
Waigel, Theodor:
Perspektiven der Wirtschafts- und Finanzpolitik im wiedervereinigten Deutschland / Vortrag von Theo Waigel. - Diskussion S. 23 - 24. - IN: Ifo-Schnelldienst. - 44 (1991),22, S. 14 - 24

G-4 Fiscal Equalization - Finanzausgleich

1660   X 4052 (82)
Franke, Siegfried F.:
Zur Neuordnung der Finanzverfassung im vereinten Deutschland / von Siegfried F. Franke. - IN: Verwaltungs-Archiv. - 82 (1991),4, S. 526 - 542

1661   A 189312
Fuest, Winfried:
Finanzausgleich im vereinten Deutschland / Winfried Fuest ; Karl Lichtblau. - Köln : Dt. Inst.-Verl., 1991. - 68 S. : graph. Darst. - (Beiträge zur Wirtschafts- und Sozialpolitik ; 192 = 1991,6). - ISBN: 3-602-24014-2

1662   Y 59 (72)
Geske, Otto-Erich:
Der Länderfinanzausgleich wird ein Dauerthema / Otto-Erich Geske. - IN: Wirtschaftsdienst. - 72 (1992),5, S. 250 - 259

1663   Y 59 (71)
Gottfried, Peter:
Finanzausgleich nach der Vereinigung : Gewinner sind die alten Länder / Peter Gottfried ; Wolfgang Wiegard. - IN: Wirtschaftsdienst. - 71 (1991),9, S. 453 - 461

1664   XX 2796 (36)
Hickel, Rudolf:
Föderalismus zum Nulltarif? : die öffentliche Armut in den neuen Bundesländern als Entwicklungsbremse / von Rudolf Hickel. - IN: Blätter für deutsche und internationale Politik. - 36 (1991),4, S. 425 - 438

1665   B 258689
Krupp, Hans-Jürgen:
Political change and intergovernmental fiscal relations : the case of German unification / Hans-Jürgen Krupp. - IN: Public finance with several levels of government / ed. by Rémy Prud'homme. - The Hague, 1991. - S. 368 - 378. - (Proceedings of the ... congress of the International Institute of Public Finance ; 46)

1666   B 259540
Milbradt, Georg H.:
Finanzausgleich nach der Vereinigung / von Georg Milbradt. - Graph. Darst. - Kommentar S. 39 - 46. - IN: Die deutsch-deutsche Integration / [Schriftl.: Herbert Wilkens]. - Berlin, 1992. - ISBN 3-428-07315-0. - S. 25 - 38. - (Beihefte der Konjunkturpolitik ; 39)

1667   XX 5949 (2)
Milbradt, Georg H.:
Finanzausstattung der neuen Bundesländer und gesamtstaatlicher Finanzausgleich im Dienste der Einheit / Georg Milbradt. - Graph. Darst. - IN: (Der Aufbau der neuen Bundesländer). // IN: Staatswissenschaften und Staatspraxis. - Baden-Baden. - ISSN 0938-2100. - 2 (1991),3, S. 304 - 315.

1668   YY 4744 (41)
Münstermann, Engelbert:
Finanzausgleichspolitik in den alten Bundesländern : aktuelle Entwicklungstendenzen unter Berücksichtigung des deutschen Einigungsprozesses /

Engelbert Münstermann. - IN: Zeitschrift
für Kommunalfinanzen
- [1]. // 41 (1991),6, S. 122 - 126
- 2. // 41 (1991),7, S. 150 - 155
- 3. // 41 (1991),8, S. 174 - 178

1669 XX 3381 (30)
Peffekoven, Rolf:
Einbeziehung der neuen Bundesländer in
den Finanzausgleich / Rolf Peffekoven.
- IN: Volkswirtschaftliche Korrespondenz
der Adolf-Weber-Stiftung. - 30 (1991),3,
[4] S.

1670 Y 59 (70)
Peffekoven, Rolf:
Finanzausgleich im vereinten Deutschland
/ Rolf Peffekoven. - IN: Wirtschafts-
dienst. - 70 (1990),7, S. 346 - 352

1671 B 257255
Renzsch, Wolfgang:
Finanzverfassung und Finanzausgleich :
die Auseinandersetzungen um ihre
politische Gestaltung in der
Bundesrepublik Deutschland zwischen
Währungsreform und deutscher Vereinigung
(1948 bis 1990) / Wolfgang Renzsch. -
Bonn : Dietz, 1991. - 300 S. - (Reihe:
Politik- und Gesellschaftsgeschichte ;
26). - Literaturverz. S. 286 - 296. -
Zugl.: Göttingen, Univ., Habil.-Schr.,
1991. - ISBN: 3-8012-4029-0

1672 W 514 (17)
Spahn, Paul B.:
Federal financial constitutions compared
 : the cases of Australia, Switzerland,
Germany, and the EC / by Paul Bernd
Spahn. - Frankfurt : Johann-Wolf-
gang-Goethe-Univ. Frankfurt, Fachbereich
Wirtschaftswiss., [1991]. - 37 Bl. -
(Functions and financing of the
Community budget under EMU) (Frankfurter
volkswirtschaftliche Diskussionsbeiträge
; 17)

1673 W 514 (11)
Spahn, Paul B.:
Financing federal and state governments
: the choice of own taxes, shared taxes
and grants to finance state governments
; the experience of Germany / von P.
Bernd Spahn. - Frankfurt, 1991. - 19 S.
- (Frankfurter volkswirtschaftliche
Diskussionsbeiträge ; 11)

1674 A 188593
Wahl, Jürgen:
Finanzausgleich zur Angleichung der
Lebensverhältnisse in den Bundesländern
/ Jürgen Wahl ; Birgit Frischmuth. -
Zsfassung in engl. Sprache. - Kommentar
S. 286 - 288. - IN: Systemwandel und
Reform in östlichen Wirtschaften /
Jürgen Backhaus (Hrsg.). - Marburg,
1991. - ISBN 3-926570-30-X. -
S. 269 - 285.

H Tax Policy, Tax Reform -
    Steuerpolitik, Steuerreform

1675 A 188475
Borell, Rolf:
Steuern in Deutschland : zu den
Aufgaben der Steuerpolitik nach der
Einigung / Rolf Borell ; Lothar
Schemmel. - Wiesbaden, 1991. - XXIX, 185
S. - (Karl-Bräuer-Institut des Bundes
der Steuerzahler ; 72)

1676 C 170798
Borell, Rolf:
Zur Steuerpolitik im geeinten
Deutschland / [Bearb.: Rolf Borell ;
Lothar Schemmel]. - Wiesbaden :
Karl-Bräuer-Inst. des Bundes der
Steuerzahler, 1990. - X, 111 Bl. -
(Analysen, Argumente, Anstöße :
Sonderinformation ; 9)

1677 YY 3683
Deutschland <Bundesrepublik> /
Statistisches Bundesamt:
Fachserie / Statistisches Bundesamt.
14, Finanzen und Steuern. Reihe 4,
Steuerhaushalt. - Stuttgart :
Metzler-Poeschel. - Erscheinungsbeginn:
1977
- 1991. (1991/92)

1678 B 252696
Flick, Hans:
Fragen deutsch-deutscher Steueranglei-
chung / Hans Flick. - IN: Unternehmens-
besteuerung als Standortfaktor / Mit
Beitr. von Hans Flick ... [Hrsg. von
Hans Besters]. - Baden-Baden, 1991. -
ISBN 3-7890-2256-X. - S. 43 - 60. -
(Gespräche der List-Gesellschaft e. V. ;
N.F.,13)

1679 C 175496
Flockermann, Paul G.:
The experience of Germany / P.-G.
Flockermann. - IN: The role of tax

reform in Central and Eastern European economies / [Centre for Co-operation with European Economies in Transition]. - Paris, 1991. - ISBN 92-64-13575-8. - S. 273 - 278.

1680   Y 869 (67)
Fuest, Winfried:
Steuerreform in der DDR : erster Schritt zur Angleichung der Steuersysteme / Winfried Fuest und Rolf Kroker. - IN: Steuer und Wirtschaft. - 67 (1990),3 = Jg. 20 (1990), Nr. 3, S. 274 - 278

1681   W 110 (72)
Gattermann, Hans H.:
Perspektiven der Steuerpolitik nach dem Beitritt der DDR zur Bundesrepublik Deutschland : Vortrag vom 7.12.1990, gehalten im Rahmen der 8. Hamburger Tagung zur Internationalen Besteuerung / von Hans H. Gattermann. - Hamburg : Inst. für Ausländisches und Internat. Finanz- und Steuerwesen, 1990. - 16 Bl. - (Hefte zur internationalen Besteuerung ; 72)

1682   W 113 (157)
Genser, Bernd:
Reform of the GDR tax system : a blueprint for East European economies? / Bernd Genser ; Christoph John. - Konstanz, 1991. - 22 S. - (Diskussionsbeiträge / Sonderforschungsbereich 178 "Internationalisierung der Wirtschaft", Juristische Fakultät, Fakultät für Wirtschaftswissenschaften und Statistik, Universität Konstanz : Serie 2 ; 157)

1683   W 128 (90,89)
Genser, Bernd:
Tax policy options for a united Germany / prepared by Bernd Genser. - [Washington, DC], 1990. - V, 79 S. : graph. Darst. - (IMF working paper ; 90,89)

1684   XX 700 (42)
Hüther, Michael:
Zum aktuellen Integrationsbedarf in der deutschen Steuer- und Sozialpolitik / von Michael Hüther. - Zsfassung in engl. Sprache. - IN: Jahrbuch für Sozialwissenschaft. - 42 (1991),2, S. 179 - 196

1685   YY 3893 (44)
Leibfritz, Willi:
Gesamtwirtschaftliche Auswirkungen der Steuererhöhungen : ein erster Schätzversuch / W. Leibfritz ; W. Nierhaus. - IN: Ifo-Schnelldienst. - 44 (1991),7, S. 24 - 26

1686   A 187362
Das neue Steuersystem für die DDR : eine Tagung der Friedrich-Ebert-Stiftung und des Vereins für Politische Bildung und Soziale Demokratie (DDR) am 31. Mai und 01. Juni 1990 in Potsdam. - Bonn, 1990. - 40 S. - (Reihe "Wirtschaftspolitische Diskurse" ; 2). - ISBN: 3-926132-29-9

1687   A 189210
Paus, Bernhard:
Steuerliche Förderungsmaßnahmen in den neuen Ländern : Sonderabschreibungen, Investitionszulagen, steuerfreie Rücklagen, Tariffreibetrag, Wohnungsbauförderung, Berlinförderung ab 1991 / von Bernhard Paus. - Herne [u.a.] : Verl. Neue Wirtschafts-Briefe, 1991. - 183 S. - ISBN: 3-482-45191-5

1688   B 252696
Schulz, Michael:
Die DDR auf dem Weg der Steuerreform / Michael Schulz. - IN: Unternehmensbesteuerung als Standortfaktor / Mit Beitr. von Hans Flick ... [Hrsg. von Hans Besters]. - Baden-Baden, 1991. - ISBN 3-7890-2256-X. - S. 194 - 203. - (Gespräche der List-Gesellschaft e. V. ; N.F.,13)

1689   C 169825
Schulz, Michael:
Voraussetzungen und Inhalt einer Steuerreform in der DDR / von Michael Schulz. - 1990. - 75, 13 Bl. - Berlin, Humboldt-Univ., Diss., 1990

1690   A 184413
Standpunkte zum Steuersystem der DDR, zum Genossenschaftsrecht der DDR und zur Perestrojka in der UdSSR / [Autoren: Peter Hoß ...]. - Potsdam-Babelsberg, 1990. - 13, 16 S. - (Hochschulblätter / Hochschule für Recht und Verwaltung ; 5). - Enth. 2 Beitr.

1691   A 191629
Steuer- und Finanzpolitik im geeinten Deutschland und in Europa : Referate und Protokolle vom VI. Deutschen Steuerzahlerkongreß 1991 ; [am 13.

September 1991 in Berlin] / Hrsg.:
Präsidium des Bundes der Steuerzahler.
[Red.: Dieter Lau ...]. - Bonn, 1991. -
96 S. : Ill. - Enth. 3 Beitr.

1692 B 256459
Wewers, Otger:
Steuerliche Förderinstrumente für die
neuen Bundesländer und Berlin :
Sonderabschreibungen, Abzugsbeträge,
Investitionszulagen / von Otger Wewers.
- Heidelberg : Müller, 1991. - XVI, 119
S. - ISBN: 3-8114-5291-6

1693 YY 4230 (44)
Wewers, Otger:
Steuervergünstigungen nach dem Gesetz
über Sonderabschreibungen und
Abzugsbeträge im Fördergebiet
(Fördergebietsgesetz) / Otger Wewers. -
IN: Der Betrieb. - 44 (1991),30,
S. 1539 - 1546

1694 W 110 (76)
Winters, Stephan:
The imposition of a Western-styled tax
system on a formerly planned economy :
the case of the former GDR / by Stephan
Winters. - Hamburg : Inst. für
Ausländisches und Internat. Finanz- und
Steuerwesen, 1991. - 22 Bl. - (Hefte zur
internationalen Besteuerung ; 76)

H-1 Tax Law - Steuerrecht

1695 Y 869
Aus der Arbeit des Steuergesetzgebers im
Jahre ... . - Teilw. u.d.T.: Aus der
Arbeit des Steuergesetzgebers im 1.
Halbjahr ... Aus der Arbeit des
Steuergesetzgebers seit Sommer ... Aus
der Arbeit des Steuergesetzgebers. - IN:
Steuer und Wirtschaft. - Köln.
- 1990. // 68 (1991),1 = Jg. 21, Nr. 1,
S. 66 - 76

1696 YY 4230 (1990)
Bansner, Waldemar:
Die weitere Ausgestaltung des
Steuerrechts der DDR im Zusammenhang mit
der Realisierung des Staatsvertrags
zwischen der Bundesrepublik und der DDR
/ Waldemar Bansner. - IN: Der Betrieb :
DDR-Report. - 1990,5, S. 3061 - 3063

1697 YY 13273 (1)
Breuninger, Gottfried E.:
Die DDR und das EG-Steuerrecht /
Gottfried E. Breuninger. - IN:
Europäisches Wirtschafts- & Steuerrecht.
- 1 (1990),6, S. 176 - 180

1698 A 184140
DDR-Steuergesetze : Textausgabe für
Berater und Investoren / bearb. von
Michael Schulz ... - Stand: 16.3.1990. -
Düsseldorf : IDW-Verl., 1990. - XV, 440
S. - ISBN: 3-8021-0452-8

1699 A 183333
DDR-Steuergesetze : Textausgabe für den
westdeutschen Investor mit
Durchführungsbestimmungen / bearb. von
Bernd Hauschild ... - Stand: 16.3.1990.
- Herne [u.a.] : Verl. Neue
Wirtschafts-Briefe, 1990. - XV, 440 S. -
(NWB-Textausgabe). - ISBN: 3-482-43131-0

1700 A 187166
DDR-Steuergesetze : die wichtigsten
Gesetze und Verordnungen ab 1.7.1990 ;
Textausgabe / mit einer Einf. von
Joachim Krause. - München : Beck, 1990.
- XII, 587 S. - ISBN: 3-406-34865-3

1701 YY 13006 (1)
Fischer-Nordmann, Lutz:
Steuerrechtliche Strukturen in beiden
deutschen Staaten : ein Bestandsver-
gleich / Lutz Fischer-Nordmann. - IN:
Deutsch-deutsche Rechts-Zeitschrift. - 1
(1990),2/3, S. 56 - 60

1702 B 251755
Flockermann, Paul G.:
Folgen aus der deutschen
Wirtschaftsunion für das Steuerrecht /
Paul G. Flockermann. - IN: Generalthema
Unternehmensbesteuerung in der Zeit des
Umbruchs. - Düsseldorf, 1990. - ISBN
3-8021-0470-6. - S. 57 - 67.

1703 X 10249 (1990/91)
Flockermann, Paul G.:
Übernahme des Steuerrechts der
Bundesrepublik Deutschland durch die DDR
: Konzept und Umsetzungsprobleme /
Paul Gerhard Flockermann. - IN:
Steuerberater-Jahrbuch. - 1990/91 (1991)
= 42, S. 247 - 259

1704 YY 6347 (35)
Grabau, Fritz-René:
Die Phasen der Rechtsangleichung auf dem
Gebiete des Steuerrechts im geeinten
Deutschland / von Fritz-René Grabau. -

IN: Recht in Ost und West. - 35 (1991),12, S. 393 - 399

1705   C 168390
Hagedorn, Gunter:
Das Steuerrecht der BRD in Gegenüberstellung zum Abgaben- und Steuersystem der DDR : Schlußfolgerung für eine Steuergesetzgebung in der DDR / Gunter Hagedorn ; Anke Zorn. - Berlin : Inst. für Angewandte Wirtschaftsforschung, 1990. - 38 S.. - (Information / Institut für Angewandte Wirtschaftsforschung, Berlin). - Nebent.: Aspekte des Übergangs vom DDR-Abgabensystem zum bundesdeutschen Steuersystem. - Kopie

1706   YY 13307 (1990)
Materne, Manfred:
Abbau von steuerlichen Hemmnissen bei Investitionen in der Deutschen Demokratischen Republik und Berlin (Ost) / Manfred Materne. - (DDR-Rechtsentwicklungen ; 6). - IN: Betriebs-Berater : Beilage. - 1990,18, S. 14 - 16

1707   A 184145
Müssener, Ingo:
Das Steuer- und Abgabensystem der DDR im Übergang von der Planwirtschaft zur Marktwirtschaft / von Ingo Müssener. - Bielefeld : Schmidt, 1990. - 37 S. - Aus: Neues Steuerrecht von A bis Z, 1990. - ISBN: 3-503-02925-7

1708   A 192224
Steueränderungsgesetze 1991 : die durch das Steueränderungsgesetz 1991 und das Solidaritätsgesetz geänderten Texte / zsgest. mit einer erl. Einführung von Elisabeth Spanke. - Köln : Verl. Bundesanzeiger Verl.-Ges., 1991. - 248 S. - (Bundesanzeiger ; 43,154a)

1709   C 169434
Steuerrecht : vergleichende Erläuterungen der wichtigsten Steuergesetze von BRD und DDR. - Berlin : Verl. d. Wirtschaft, 1990. - 48 S. - (Finanzwirtschaft : Sonderheft Steuerrecht)

1710   C 168236
Steuerrecht Bundesrepublik Deutschland - Deutsche Demokratische Republik im Vergleich : eine vergleichende, erläuternde Darstellung der wichtigsten Steuergesetze. - Düsseldorf : IDW-Verl., 1990. - 47 S. : graph. Darst. - Aus: Finanzwirtschaft ; 1990

1711   Lo 301
Steuerrecht der neuen Länder : Textsammlung mit Anmerkungen / bearb. von Heinz Balling. - München : Rehm. - Losebl.-Ausg. - Hauptbd. (1990) bis Erg.-Lfg. 3 (1991) u.d.T.: Steuerrecht der DDR
- [Hauptbd.]. - 1. Aufl. - 1990
- Erg.-Lfg. 1. (1990),Juli -

1712   YY 4559 (45)
Stuhrmann, Gerd:
Besonderheiten bei der Einführung des westdeutschen Steuerrechts in der ehemaligen DDR unter Berücksichtigung der LuF / G. Stuhrmann. - IN: Die Information über Steuer und Wirtschaft. - 45 (1991),4, S. 73 - 76

1713   A 188589
Textfassungen der AO (aktuelle Fassung), AO (DDR) vom 22.6.1990, AO (DDR) vom 18.9.1970 nebst Einführungsgesetzen und Verordnungen / bearb. von Jochen Thiel ... - Düsseldorf : IDW-Verl., 1991. - IX, 459 S. - ISBN: 3-8021-0482 X

1714   YY 725 (43)
Voigt, Rüdiger:
Steuerrechtliche Aspekte bei unternehmerischer Tätigkeit in der DDR / von Rüdiger Voigt. - IN: Die Wirtschaftsprüfung. - 43 (1990),14, S. 392 - 399

1715   Y 869 (67)
Wachenhausen, Manfred:
Zur Übernahme bundesdeutschen Steuerrechts in die DDR / Manfred Wachenhausen. - IN: Steuer und Wirtschaft. - 67 (1990),3 = Jg. 20 (1990), Nr. 3, S. 268 - 273

1716   A 190227
Wagner, Jürgen:
Die Steueränderungen 1991 : Steueränderungsgesetz 1991 und Solidaritätsgesetz ; Gesetze, Begründungen, Tabellen / bearb. von Jürgen Wagner. - Düsseldorf : IDW-Verl., 1991. - XII, 490 S. - ISBN: 3-8021-0491-9

H-2 Turnover Tax - Umsatzsteuer

1717   A 186682
Birkenfeld, Wolfram:
Umsatzsteuer bei DDR-Geschäften / von
Wolfram Birkenfeld. - Herne [u.a.] :
Verl. Neue Wirtschafts-Briefe, 1991. -
168 S. - ISBN: 3-482-45041-2

1718   YY 9737 (39)
Birkenfeld, Wolfram:
Das Umsatzsteuerrecht der DDR / von
Wolfram Birkenfeld. - IN:
Umsatzsteuer-Rundschau. - 39 (1990),3,
S. 73 - 77

1719   YY 13307 (1990)
Hünnekens, Heinz:
Umsatzsteuer und DDR : Rechtsänderung
zum 1.7.1990 / Heinz Hünnekens. -
(DDR-Rechtsentwicklungen ; 11). - IN:
Betriebs-Berater : Beilage. - 1990,28,
S. 29 - 35

1720   Y 59 (71)
Ist eine Erhöhung der Mehrwertsteuer
gegenwärtig angebracht? / Joachim
Grünewald, Ingrid Matthäus-Maier und
Gerold Krause-Junk nehmen Stellung. -
Enth. 3 Beitr. - IN: Wirtschaftsdienst.
- 71 (1991),11, S. 547 - 553

1721   A 184990
Rau, Günter:
Die neue Umsatzsteuer in der DDR :
Einführung in das gemeinsame Recht der
Umsatzsteuer in der DDR und BRD aus
Anlaß des Inkrafttretens des
Umsatzsteuergesetzes in der DDR am
1.7.1990 / von Günter Rau ; Erich
Dürrwächter. - Köln : Schmidt, 1990. -
XIV, 208 S. : graph. Darst. - ISBN:
3-504-24302-3

1722   YY 9737 (39)
Schlienkamp, August:
Änderungen des Umsatzsteuerrechts zum
1.7.1990 aufgrund der Währungs-,
Wirtschafts- und Sozialunion mit der DDR
/ von August Schlienkamp. - IN:
Umsatzsteuer-Rundschau. - 39 (1990),8,
S. 229 - 243

1723   C 169436
Umsatzsteuer : Informationsmaterial zur
Einführung der Mehrwertsteuer in der DDR
und Gesetzentwurf / hrsg. vom
Ministerium der Finanzen der DDR. -
Berlin : Verl. d. Wirtschaft, 1990. - 35
S. - (Finanzwirtschaft : Sonderheft
Umsatzsteuer)

1724   A 185263
Umsatzsteuer DDR 1990 : Gesetz,
Durchführungsverordnung, Richtlinien /
bearb. von Hans Günter Christoffel ... -
Freiburg im Breisgau : Haufe, 1990. -
648 S. - (Haufe Handausgabe). - ISBN:
3-448-02244-6

1725   A 188435
Weiler, Heinrich:
Mehrwertsteuer in der DDR : Einführung
leicht gemacht / von Heinrich Weiler. -
Bonn : Economica-Verl., 1990. - VIII, 74
S. - ISBN: 3-926831-87-1

1726   YY 4230 (1990)
Widmann, Werner:
Umsatzsteuerliche Neuregelungen zum
1.7.1990 aus Anlaß des Staatsvertrags
mit der DDR / Werner Widmann. - IN: Der
Betrieb : DDR-Report. - 1990,4,
S. 3045 - 3049

1727   YY 9737 (39)
Winter, Matthias:
Die Umsatzsteuer im beigetretenen Teil
Deutschlands / von Matthias Winter. -
IN: Umsatzsteuer-Rundschau. - 39
(1990),12, S. 369 - 374

H-3 Business Taxes, Miscellaneous Taxes - Unternehmensbesteuerung, sonstige Steuern

1728   YY 13273 (1)
Blumers, Wolfgang:
Außensteuerrechtliche Fragen der
Wiedervereinigung / Wolfgang Blumers ;
Eckart Schweyer. - IN: Europäisches
Wirtschafts- & Steuerrecht. - 1
(1990),6, S. 183 - 190

1729   YY 4230 (1990)
Dötsch, Ewald:
Körperschaftsteuerfragen im Zusammenhang
mit dem Beitritt der Länder der DDR zur
Bundesrepublik / Ewald Dötsch. - IN:
Der Betrieb : DDR-Report. - 1990,11,
S. 3126 - 3132

1730   A 190029
Engelhardt, Hanns:
Die Kirchensteuer in den neuen
Bundesländern / von Hanns Engelhardt. -

Köln : Schmidt, 1991. - XV, 112 S. -
ISBN: 3-504-25390-8

1731 B 251755
Gattermann, Hans H.:
Unternehmenssteuerreform, für Gesamtdeutschland noch möglich und notwendig?
/ Hans H. Gattermann. - IN: Generalthema Unternehmensbesteuerung in der Zeit des Umbruchs. - Düsseldorf, 1990. - ISBN 3-8021-0470-6. - S. 15 - 26.

1732 B 256218
Hedtkamp, Günter:
Möglichkeiten und Grenzen einer Unternehmenssteuerreform nach dem Staatsvertrag / Günter Hedtkamp. - IN: Unternehmensbesteuerung / Akademie für Politik und Zeitgeschehen, Hanns-Seidel-Stiftung e. V. Burkhard Leben (Hrsg.). - [München], 1990. - ISBN 3-88795-078-X. - S. 91 - 100. - (Berichte und Studien der Hanns-Seidel-Stiftung e. V. ; 57)

1733 B 260730
Herzig, Norbert:
Steuerliche Fragen bei Umstrukturierungsmaßnahmen / Norbert Herzig. - IN: Das vereinigte Deutschland im europäischen Markt. - Düsseldorf, 1992. - ISBN 3-8021-0519-2. - S. 291 - 327. - (Bericht über die Fachtagung ... des Instituts der Wirtschaftsprüfer in Deutschland e. V. ; 23)

1734 A 192226
Kommission zur Verbesserung der Steuerlichen Bedingungen für Investitionen und Arbeitsplätze:
Gutachten der Kommission zur Verbesserung der Steuerlichen Bedingungen für Investitionen und Arbeitsplätze . . - Bonn : Stollfuss, 1991. - 268 S. - (Schriftenreihe des Bundesministeriums der Finanzen ; 46)

1735 Y 869 (67)
Lang, Joachim:
Reform der Unternehmensbesteuerung auf dem Weg zum europäischen Binnenmarkt und zur deutschen Einheit / Joachim Lang. - IN: Steuer und Wirtschaft. - 67 (1990),2 = Jg. 20 (1990), Nr. 2, S. 107 - 129

1736 B 252696
Müller, Welf:
Unternehmensbesteuerung in der DDR im Umbruch / Welf Müller. - IN:
Unternehmensbesteuerung als Standortfaktor / Mit Beitr. von Hans Flick ... [Hrsg. von Hans Besters]. - Baden-Baden, 1991. - ISBN 3-7890-2256-X. - S. 175 - 193. - (Gespräche der List-Gesellschaft e. V. ; N.F.,13)

1737 YY 8696 (31)
Prokisch, Rainer:
Germany: double taxation conventions after reunification / by Rainer Prokisch and Michael Rodi. - IN: European taxation. - 31 (1991),9, S. 263 - 271

1738 YY 12178 (1990)
Reform der Unternehmensbesteuerung : im vereinten Deutschland noch dringlicher / Frankfurter Institut. - IN: Argumente zur Wirtschaftspolitik. - 1990,September = Nr. 33, 6 S.

1739 YY 13402 (45)
Söffing, Matthias:
Steuerliche Förderung der Unternehmen im Beitrittsgebiet / von Matthias Söffing. - IN: Betrieb und Wirtschaft. - 45 (1991),6, S. 217 - 223

1740 B 252696
Unternehmensbesteuerung als Standortfaktor / Mit Beitr. von Hans Flick ... [Hrsg. von Hans Besters]. - 1. Aufl. - Baden-Baden : Nomos-Verl.-Ges., 1991. - 229 S. - (Gespräche der List-Gesellschaft e. V. ; N.F.,13). - Enth. 7 Beitr. - ISBN: 3-7890-2256-X

1741 B 251755
Generalthema Unternehmensbesteuerung in der Zeit des Umbruchs : Bericht über die Steuerfachtagung 1990 des Instituts der Wirtschaftsprüfer in Deutschland e. V., 13. September 1990 in Neuss. - Düsseldorf : IDW-Verl., 1990. - 127 S. - ISBN: 3-8021-0470-6

I Economic Law - Wirtschaftsrecht

1742 B 251514
Bank-, Kredit- und Grundstücksrecht in den neuen Bundesländern / hrsg. von Wolfgang Rutke ... - Köln : Verl. Kommunikationsforum Recht, Wirtschaft, Steuern, 1991. - Getr. Zählung. - (RWS-Dokumentation ; 5). - ISBN: 3-8145-1852-7

1743   B 248754
DDR - Steuer-, Bilanz- und
Wirtschaftsgesetze : ab 1.7.1990. -
Bonn : Stollfuß, 1990. - XVI, 1183 S. +
Erg. - (stv-Texte). - ISBN:
3-08-369090-8

1744   A 186840
DDR - Wirtschaften in der Wirtschafts-
und Währungsunion : Stichtag 2. Juli
1990 ; die wichtigsten Elemente des
Staatsvertrages / Deutscher Industrie-
und Handelstag. - Bonn, [1990]. - 60 S.
- (DIHT ; 287)

1745   YY 13307
Deutsche Einigung - Rechtsentwicklungen
. - Erscheinungsbeginn: 1990, Folge 14.
- Bis 1990, Folge 13 u.d.T.:
DDR-Rechtsentwicklungen. - IN:
Betriebs-Berater. Beilage. - Heidelberg.
- 1990
- 1991

1746   YY 4230 (1990)
Dornberger, Gerhard:
Der Einigungsvertrag und die
Rechtsangleichung im Wirtschafts-,
Handels- und Gesellschaftsrecht /
Gerhard Dornberger ; Ute Dornberger. -
IN: Der Betrieb : DDR-Report. - 1990,11,
S. 3122 - 3126

1747   YY 4230 (1990)
Dornberger, Gerhard:
Der Staatsvertrag und die Umgestaltung
des DDR-Wirtschaftsrechts / Gerhard
Dornberger und Ute Dornberger. - IN: Der
Betrieb : DDR-Report. - 1990,1,
S. 3007 - 3010

1748   B 260717
Ebenroth, Carsten-Thomas:
Gewerblicher Rechtsschutz und
europäische Warenverkehrsfreiheit : ein
Beitrag zur Erschöpfung gewerblicher
Schutzrechte / von Carsten Thomas
Ebenroth. - Heidelberg : Verl. Recht und
Wirtschaft, 1992. - 109 S. -
(Schriftenreihe Recht der
internationalen Wirtschaft ; 38). -
ISBN: 3-8005-1095-2

1749   B 256561
Frentzel, Gerhard:
Industrie- und Handelskammergesetz :
Kommentar zum Kammerrecht der
Bundesrepublik und der Länder
(einschließlich der neuen Bundesländer)
/ begr. von Gerhard Frentzel ; Werner
Jäkel. - 5., neubearb. und erw. Aufl. -
Köln : Schmidt, 1991. - XI, 401 S. -
Literaturverz. S. 380 - 393. - ISBN:
3-504-40952-5

1750   Y 907 (92)
Gewerblicher Rechtsschutz und
Urheberrecht im vereinigten Deutschland
/ hrsg. von Rainer Jacobs ... - IN:
Gewerblicher Rechtsschutz und
Urheberrecht. - 92 (1990),10/11,
S. 717 - 954

1751   B 255707
Handbuch des Wirtschaftsrechts 1991 :
Gesetzestexte mit Rechtsprechungs-
hinweisen / Deutsches Wissenschaftliches
Steuerinstitut der Steuerberater und
Steuerbevollmächtigten. Bearb. von
Walter Niemann. - [2. Aufl.]. - Bonn :
Verl. des Wiss. Inst. der Steuerberater
und Steuerbevollmächtigten [u.a.], 1991.
- IX, 876 S. - (Schriften des Deutschen
Wissenschaftlichen Steuerinstituts der
Steuerberater und Steuerbevollmächtigten
e.V.). - ISBN: 3-406-35296-0

1752   A 183977
Handels- und Wirtschaftsgesetze der DDR
: Handelsgesetzbuch, Gesetz über
internationale Wirtschaftsverträge,
Vertragsgesetz ; Textausgabe mit
ausführlichem Sachverzeichnis,
Verweisungen und einer Einführung von
Hans-Ulrich Hochbaum. - Stand: 20. März
1990. - München : Beck, 1990. - XV, 210
S. - (Beck'sche Textausgaben). - ISBN:
3-406-34716-9

1753   A 184594
Hieke, Manfred:
Widersprüche zwischen wirtschaftsrecht-
lichen Regelungen und marktwirtschaft-
lichen Erfordernissen / Manfred Hieke.
- IN: Marktwirtschaft in der DDR / von
Peter Hofmann ... - Berlin, 1990. - ISBN
3-448-02205-5. - S. 141 - 151.

1754   A 188472
Horn, Norbert:
Markt und Recht : der Übergang der DDR
in die Marktwirtschaft / Norbert Horn. -
Bergisch Gladbach [u.a.] : Eul, 1991. -
39 S. - (Schriftenreihe / Kölner
Juristische Gesellschaft ; 13). - ISBN:
3-89012-238-8

1755 B 252907
Horn, Norbert:
Das Zivil- und Wirtschaftsrecht im neuen Bundesgebiet : eine systematische Darstellung für Praxis und Wissenschaft / von Norbert Horn. - Köln : Verl. Kommunikationsforum Recht, Wirtschaft, Steuern, 1991. - XLIV, 565 S. : graph. Darst. - Literaturverz. S. 527 - 550. - ISBN: 3-8145-8020-6

1756 YY 4989
Institut der Wirtschaftsprüfer in Deutschland:
IDW-Fachnachrichten : aktuelle Informationen des IDW für seine Mitglieder. - Düsseldorf. - Erscheinungsbeginn: 1989. - Früher u.d.T.: Institut der Wirtschaftsprüfer in Deutschland <Düsseldorf>: IDW-Fachnachrichten. - ISSN: 0937-4019
- 1991
- 1992

1757 C 177471
Institut der Wirtschaftsprüfer in Deutschland:
Verlautbarungen des IDW zu Fachfragen aus den neuen Bundesländern : (Stand: 3.3.1992). - [Düsseldorf], 1992. - 32 S. - (IDW-Fachnachrichten ; 1992,4, Beil.)

1758 C 170609
Investitionsbedingungen und Eigentumsfragen in der ehemaligen DDR nach dem Staatsvertrag / hrsg. von Wilhelm Hebing. Mit Beitr. von Carl H. Andres ... - [Stand: September 1990]. - Heidelberg : Verl. Recht und Wirtschaft, 1990. - 184 S. - (Sonderveröffentlichung des Betriebs-Beraters). - ISBN: 3-8005-1064-2

1759 YY 3620 (67)
Müller, Manfred:
Das Branntweinmonopol im vereinigten Deutschland / Manfred Müller. - IN: Zeitschrift für Zölle + Verbrauchsteuern. - 67 (1991),4, S. 98 - 101

1760 B 253375
Münzel, Frank:
Die Rolle des Rechts in der deutschen Marktwirtschaft / Frank Münzel. - IN: Elemente der sozialen Marktwirtschaft / [HWWA, Hamburg]. Hrsg. von Karl Fasbender ... - Hamburg, 1991. - ISBN 3-87895-407-7. - S. 103 - 136.

1761 YY 6347 (34)
Posch, Martin:
Rechtliche Aspekte einer sozialistischen Wirtschaftsreform in der DDR / von Martin Posch. - IN: Recht in Ost und West. - 34 (1990),1, S. 19 - 22

1762 YY 13307 (1991)
Rawert, Peter:
Das Stiftungsrecht der neuen Bundesländer / Peter Rawert. - (Deutsche Einigung - Rechtsentwicklungen ; 1991 = Folge 19). - IN: Betriebs-Berater : Beilage. - 1991,6, S. 13 - 17

1763 B 252346
Rechtsgrundlagen freiheitlicher Unternehmenswirtschaft : Unternehmensrecht, Arbeitsrecht, Wirtschaftsrecht, Finanzierungsrecht, Planung und Rechnungslegung, EG-Recht / hrsg. von Marcus Lutter ... Mit Beitr. von Hans-Ulrich Bächle ... - Köln : Schmidt, 1991. - VIII, 340 S. - Enth. 20 Beitr. - ISBN: 3-504-40030-7

1764 A 192219
Schiwy, Peter:
Wirtschaftsgesetze der DDR : Sammlung des gesamten Wirtschaftsrechts der DDR / von Peter Schiwy und Wolfgang Wetzke. - Starnberg-Percha : Schulz. - Losebl.-Ausg. - Bis Erg.-Lfg. 2 (1990),August erschienen
- [Hauptbd.]. - Stand: 15. April 1990. - 1990
- Erg.-Lfg. 1 (1990),Juli - Erg.-Lfg. 2 (1990),August

1765 YY 13307 (1991)
Strohbach, Heinz:
Schiedsgerichtsbarkeit in Ostdeutschland heute / Heinz Strohbach. - (Deutsche Einigung - Rechtsentwicklungen ; 1991 = Folge 20). - IN: Betriebs-Berater : Beilage. - 1991,8, S. 1 - 10

1766 YY 6347 (36)
Wähler, Klaus:
Intertemporale, interlokale und materiellrechtliche Probleme des Erbrechts nach der Wiedervereinigung / von Klaus Wähler. - IN: Recht in Ost und West. - 36 (1992),4, S. 103 - 111

1767 Lo 305
Wirtschafts- und Rechtspraxis Neue Bundesländer : rechtliche Rahmen-

bedingungen, Förderprogramme,
Investitionshilfen / von Wolfgang
Vogel-Claussen. - Köln : Verl.-Gruppe
Dt. Wirtschaftsdienst. - Losebl.-Ausg. -
Früher u.d.T.: Innerdeutscher
Wirtschaftsverkehr in Recht und Praxis.
- ISSN: 0939-9577
- Grundwerk. (1991)

1768 B 251011
Das Zivil- und Wirtschaftsrecht der DDR
/ hrsg. von Norbert Horn. - Stand: 25.
August 1990. - Köln : Verl.
Kommunikationsforum Recht, Wirtschaft,
Steuern, 1990. - Getr. Zählung. -
(RWS-Dokumentation ; 1). - ISBN:
3-8145-1850-0

1769 B 250340
**Das Zivil- und Wirtschaftsrecht in den
neuen Bundesländern ab 3. Oktober 1990**
/ hrsg. von Norbert Horn. - Köln : Verl.
Kommunikationsforum Recht, Wirtschaft,
Steuern, 1990. - Getr. Zählung. -
(RWS-Dokumentation ; 2). - ISBN:
3-8145-1854-3

I-1 Investment Law - Investitionsrecht

1770 A 192063
Biener, Herbert:
Das Hemmnissebeseitigungsgesetz /
Herbert Biener. - IN: Investitionen und
Unternehmenskauf in den neuen
Bundesländern / [Red.: Dirk Petrat]. -
Hamburg, 1991. - S. 9 - 31.

1771 B 259485
Czerwenka, G. B.:
Beseitigung von Investitionshemmnissen
/ von Beate Czerwenka. - IN: Erfolg im
Osten / Hermann Hill (Hrsg.). -
Baden-Baden, 1992. - ISBN 3-7890-2548-8.
- S. 59 - 67.

1772 YY 4230 (1990)
Eisenach, Manfred:
Zum geplanten DDR-Investitionsgesetz
(DIG) / Manfred Eisenach ; Rita Weiske.
- IN: Der Betrieb : DDR-Report. -
1990,1, S. 3012 - 3015

1773 YY 11079 (12)
**Empfehlung der Bundesregierung zur
Anwendung des Investitionsgesetzes** . -
IN: Zeitschrift für Wirtschaftsrecht. -
12 (1991),2, S. 129 - 132

1774 YY 4230 (1990)
Hundt, Florenz:
DDR-Investitionsgesetz / Florenz Hundt.
- IN: Der Betrieb : DDR-Report
- 1. Allgemeines und Überführung von
  Wirtschaftsgütern. // 1990,7, S. 3086
  - 3090
- 2. Verlustberücksichtigung. // 1990,8,
  S. 3099 - 3103

1775 YY 11079 (12)
Liebs, Rüdiger:
Ein Gesetz zur Beseitigung der restli-
chen Investitionsmöglichkeiten in der
früheren DDR? / Rüdiger Liebs ; Peter
Preu. - IN: Zeitschrift für Wirtschaftsrecht. - 12 (1991),4, S. 216 - 220

1776 YY 11079 (12)
Niederleithinger, Ernst:
Beseitigung von Hemmnissen bei der
Privatisierung und Förderung von
Investitionen in den neuen Bundesländern
: ein wirtschaftsrechtliches
Gesetzespaket für die Beitrittsgebiete /
Ernst Niederleithinger. - IN:
Zeitschrift für Wirtschaftsrecht. - 12
(1991),4, S. 205 - 216

1777 YY 11079 (12)
Schmidt-Räntsch, Jürgen:
Das Gesetz über besondere Investitionen
in der DDR / Jürgen Schmidt-Räntsch. -
IN: Zeitschrift für Wirtschaftsrecht. -
12 (1991),2, S. 125 - 129

1778 B 258372
Schmidt-Räntsch, Jürgen:
Vorfahrtregelung für Investitionen in
den neuen Bundesländern : Empfehlungen
zur Anwendung von § 3a Vermögensgesetz
und des Investitionsgesetzes für
Immobilien vom 21. August 1991 /
[zsgest. und verf. von: Jürgen
Schmidt-Räntsch]. - Köln :
Bundesanzeiger, 1991. - 158 S. - ISBN:
3-88784-309-6

1779 B 257112
Stache, Ulrich:
Beseitigung von Hemmnissen bei der
Privatisierung von Unternehmen und
Förderung von Investitionen in den neuen
Bundesländern / Ulrich Stache. -
Wiesbaden : Forkel, 1991. - 144 S. -
(Forkel-Reihe Recht und Steuern). -
ISBN: 3-7719-6709-0

1780   YY 13307 (1990)
Wunsch, Dorothea:
Anmerkungen zum Entwurf des
DDR-Investitionsgesetzes / Dorothea
Wunsch. - (DDR-Rechtsentwicklungen ;
7). - IN: Betriebs-Berater : Beilage. -
1990,20, S. 26 - 29

I-2 Insolvency Law - Insolvenzrecht,
     Gesamtvollstreckung

1781   B 255138
Gesamtvollstreckungsordnung : Kommentar
; das Insolvenzrecht der fünf neuen
Bundesländer und Ostberlins ; unter
Berücksichtigung des Gesetzes zur
Beseitigung von Hemmnissen bei der
Privatisierung von Unternehmen und zur
Förderung von Investitionen / Stefan
Smid (Hrsg.). - 1. Aufl. - Baden-Baden :
Nomos-Verl.-Ges., 1991. - 662 S. - ISBN:
3-7890-2307-8

1782   B 253059
Das Gesamtvollstreckungsrecht in den
neuen Bundesländern / hrsg. von Bruno
M. Kübler. - Köln : Verl.
Kommunikationsforum Recht, Wirtschaft,
Steuern, 1991. - Getr. Zählung. -
(RWS-Dokumentation ; 9). - ISBN:
3-8145-1857-8

1783   B 255818
Hess, Harald:
Gesamtvollstreckungsordnung : Kommentar
zum Konkursrecht für die Länder
Brandenburg, Mecklenburg-Vorpommern,
Sachsen, Sachsen-Anhalt und Thüringen /
von Harald Hess und Fritz Binz. -
Neuwied [u.a.] : Luchterhand, 1991. -
XXI, 636 S. - ISBN: 3-472-00504-1

1784   B 256800
Kübler, Bruno M.:
Die Gesamtvollstreckung als Instrument
zur Sanierung insolventer Unternehmen /
von Bruno M. Kübler. - IN:
Treuhandunternehmen im Umbruch / hrsg.
von Peter Hommelhoff. - Köln, 1991. -
ISBN 3-8145-5007-2. - S. 79 - 99. -
(RWS-Forum ; 7)

1785   YY 4230 (1990)
Maser, Peter E.:
Neues Insolvenzrecht in der bisherigen
DDR / Peter E. Maser ; Jan Wittig. -
IN: Der Betrieb : DDR-Report. - 1990,12,
S. 3134 - 3136

1786   YY 13307 (1990)
Uhlenbruck, Wilhelm:
Neuordnung des Insolvenzrechts in der
DDR / Wilhelm Uhlenbruck. -
(DDR-Rechtsentwicklungen ; 10). - IN:
Betriebs-Berater : Beilage. - 1990,26,
S. 1 - 5

1787   B 260730
Wellensiek, Jobst:
Die Abwicklung nicht lebensfähiger
Unternehmen in den neuen Bundesländern
/ Jobst Wellensiek. - IN: Das vereinigte
Deutschland im europäischen Markt. -
Düsseldorf, 1992. - ISBN 3-8021-0519-2.
- S. 237 - 244. - (Bericht über die
Fachtagung ... des Instituts der
Wirtschaftsprüfer in Deutschland e. V. ;
23)

1788   B 260956
Zeuner, Mark:
Gesamtvollstreckungsordnung der fünf
neuen Bundesländer : zugleich ein
Beitrag zur gesamtdeutschen
Insolvenzrechtsreform / von Mark Zeuner.
- Köln : Verl. Kommunikationsforum
Recht, Wirtschaft, Steuern, 1992. -
XXXVI, 259 S. - (Beiträge zum
Insolvenzrecht ; 11). - ISBN:
3-8145-1611-7

I-3 Commercial and Company Law, Business
     Law - Handels- und Gesellschafts-
     recht, Unternehmensrecht

1789   C 169043
Deutler, Karl-F.:
Das neue Handels- und Gesellschaftsrecht
in der DDR : am 1. Juli 1990 in der DDR
in Kraft getretene Bundesgesetze mit
Anpassungs- und Übergangsregelungen /
von Karl-F. Deutler. DDR-Mantel-Gesetz
und Verweisungsverordnung. - Köln :
Bundesanzeiger-Verl.-Ges.-mbH, 1990. -
16 S. - (Bundesanzeiger ; 42,141a). -
ISBN: 3-88784-253-7

1790   A 183886
Gesellschaftsrecht der DDR :
Aktiengesetz, GmbH-Gesetz,
Handelsgesetzbuch (Auszug),
Joint-venture-VO, UmwandlungsVO,
UnternehmensG ; Textausgabe mit
ausführlichem Sachverzeichnis,

Verweisungen und einer Einführung / von Arthur Köhler ... - Stand: 20. März 1990. - München : Beck, 1990. - XIV, 206 S. - (Beck'sche Textausgaben). - ISBN: 3-406-34716-9

1791   A 185520
GmbH-Gesetz, Aktiengesetz : (in der DDR und in der BRD geltende Fassung) ; Textausgabe / [zsgest. u. bearb. von Gerhard Dornberger]. - 1. Aufl. - Berlin : Staatsverl. der Dt. Demokratischen Republik, 1990. - 262 S. - ISBN: 3-329-00722-2

1792   A 182924
GmbH-Gesetze BRD-DDR : eine Synopse der GmbH-Gesetze der Bundesrepublik Deutschland und der Deutschen Demokratischen Republik sowie Dokumentation der sog. Joint-Venture-Verordnung vom 25.1.1990 und Register-Anordnung vom 29.1.1990 / hrsg. von der Centrale für GmbH Dr. Otto Schmidt. - Köln : Schmidt, 1990. - 20 S. - ISBN: 3-504-32560-7

1793   A 185552
Handelsgesetzbuch : (in der DDR und in der BRD geltende Fassungen) ; Textausgabe / [zsgest. und bearb. von Gerhard Dornberger]. - 1. Aufl. - Berlin : Staatsverl. der Dt. Demokratischen Republik, 1990. - 199 S. - ISBN: 3-329-00726-5

1794   YY 13307 (1990)
Hebing, Wilhelm:
Das neue Unternehmensrecht der DDR : wesentliche Neuerungen auch für Joint-Ventures / von Wilhelm Hebing. - (DDR-Rechtsentwicklungen ; 6). - IN: Betriebs-Berater : Beilage. - 1990,18, S. 1 - 8

1795   A 188436
Hieke, Manfred:
Handelsgesetzbuch : mit Anmerkungen für die neuen Bundesländer / von Manfred Hieke. - Stand: 1. Januar 1991. - München : Beck, 1991. - XV, 207 S. - (Beck'sche Textausgaben). - ISBN: 3-406-34965-X

1796   B 248701
Hochbaum, Hans-Ulrich:
Rechtliche Unternehmensstrukturen in der DDR und ihre Fortentwicklung / Hans-Ulrich Hochbaum. - IN: Unternehmensstrukturen im europäischen Binnenmarkt. - Köln, 1990. - ISBN 3-452-21886-4. - S. 131 - 140. - (FIW-Schriftenreihe ; 137)

1797   YY 4230 (43)
Kelm, Gerhard:
Zur Neuordnung des Handelsregisters in der DDR / Gerhard Kelm. - IN: Der Betrieb. - 43 (1990),19, S. 973 - 975

1798   YY 4230 (1990)
Petter, Wolfgang:
Das Unternehmensgesetz der DDR / Wolfgang Petter ; Elke Schade. - IN: Der Betrieb : DDR-Report. - 1990,2, S. 3023 - 3024

1799   B 260730
Priester, Hans-Joachim:
Gesellschaftsrechtliche Überlegungen in den neuen Bundesländern / Hans-Joachim Priester. - IN: Das vereinigte Deutschland im europäischen Markt. - Düsseldorf, 1992. - ISBN 3-8021-0519-2. - S. 81 - 98. - (Bericht über die Fachtagung ... des Instituts der Wirtschaftsprüfer in Deutschland e. V. ; 23)

1800   YY 13307 (1991)
Weimar, Robert:
Die Kapitalgesellschaften "im Aufbau" in den neuen Bundesländern / Robert Weimar. - (Deutsche Einigung - Rechtsentwicklungen ; 1991 = Folge 22). - IN: Betriebs-Berater : Beilage. - 1991,13, S. 12 - 22

J Economic Situation - Wirtschaftliche Situation

J-1 Economic Development and Forecasting - Wirtschaftliche Entwicklung, Wirtschaftsprognosen

1801   C 171628
Analyse der gesamtwirtschaftlichen Entwicklung in der DDR seit Herbst 1989 / Institut für Angewandte Wirtschaftsforschung, Berlin. - Berlin, 1990. - 42 Bl. : graph. Darst.

1802   XX 3852 (25)
Becker, Harald:

Wirtschaft in den neuen Bundesländern : Strukturwandel und Neuaufbau / Harald Becker. - IN: Deutschland-Archiv. - 25 (1992),5, S. 461 - 475

1803　　　　　　　　YY 8963 (1991)
Brillet, Jean-Louis:
Les voies du rattrapage Est-Allemand / J. L. Brillet, H. Erkel-Rousse et J. Toujas-Bernate. - Zsfassung in engl. u. span. Sprache. - Zsf. u. d. T.: How East Germany can catch up. - IN: Economie et statistique. - 1991,septembre/octobre = No. 246/247, S. 37 - 44

1804　　　　　　　　B 257961
Bryson, Phillip J.:
The end of the East German economy : from Honecker to reunification / Phillip J. Bryson ; Manfred Melzer. - Basingstoke, Hampshire [u.a.] : Macmillan, 1991. - XIII, 148 S. - ISBN: 0-333-55542-2

1805　　　　　　　　B 257035
Christ, Peter:
Kolonie im eigenen Land : die Treuhand, Bonn und die Wirtschaftskatastrophe der fünf neuen Länder / Peter Christ ; Ralf Neubauer. - 1. Aufl. - Berlin : Rowohlt, 1991. - 251 S. - ISBN: 3-87134-030-8

1806　　　　　　　　YY 7655 (40)
Cornelsen, Doris:
DDR-Wirtschaft: Ende oder Wende? / Doris Cornelsen. - IN: Aus Politik und Zeitgeschichte. - 40 (1990),1/2, S. 33 - 38

1807　　　　　　　　B 253521
Cornelsen, Doris:
GDR : current issues / Doris Cornelsen. - IN: The Central and East European economies in the 1990s / NATO. Reiner Weichhardt, ed. - Brussels, 1990. - ISBN 92-845-0057-5. - S. 62 - 76.

1808　　　　　　　　C 172450
Cornelsen, Doris:
Die Wirtschaft der DDR 1990 / Doris Cornelsen. - Graph. Darst. - IN: Gesamtdeutsche Eröffnungsbilanz. - 1 (1990), S. 61 - 78

1809　　　　　　　　C 167659
DDR am Wendepunkt : Wirtschaft, Medien und Gesellschaft vor neuen Herausforderungen. - Hamburg : Springer, 1989. - II, 83, 83 S.

1810　　　　　　　　C 168533
DDR-Perspektiven : Wirtschaft, Gesellschaft, Recht / [Red.: Petra Ines Meister]. - Stand: Mai 1990. - Frankfurt : Frankfurter Allg. Zeitung GmbH, Informationsdienste [u.a.], 1990. - 192 S. : graph. Darst. - Enth. 26 Beitr. - ISBN: 3-924875-53-7

1811　　　　　　　　XX 3755 (41)
DDR-Wirtschaft . - Enth. 15 Beitr. - IN: RWI-Mitteilungen. - 41 (1990),1/2, 204 S.

1812　　　　　　　　C 166800
DDR-Wirtschaft : Befunde, Probleme, Perspektiven / Deutscher Sparkassen- und Giroverband. [Ausarb.: Eberhart Ketzel]. - [Bonn], 1990. - 51 S. : graph. Darst. - (Wirtschafts- und Währungspolitik ; 10). - Druckschriftennr.: 302-410/800

1813　　　　　　　　A 184759
DDR-Wirtschaft '90 : Zahlen, Fakten, Hintergründe / hrsg. von Berthold Fege. - Bearbeitungsstand: 1. April 1990. - Bonn : Economica-Verl., 1990. - IX, 115 S. - ISBN: 3-926831-84-7

1814　　　　　　　　Y 22772
Deutschland <Bundesrepublik> / Bundesregierung:
Jahreswirtschaftsbericht ... der Bundesregierung : Unterrichtung durch die Bundesregierung. - IN: Verhandlungen des Deutschen Bundestages. Drucksachen. - Bonn.
- 1991. // Wahlperiode 12 (1991),223
- 1992. // Wahlperiode 12 (1992),2018

1815　　　　　　　　YY 12146 (1991)
Dietz, Raimund:
Eastern Germany: plunge into the bottomless pit? / by Raimund Dietz. - IN: Mitgliederinformation / Wiener Institut für Internationale Wirtschaftsvergleiche. - 1991,3, S. 41 - 46

1816　　　　　　　　A 189147
Dimensionen des Umbruchs : die ostdeutsche Wirtschaft in mittelfristiger Sicht / Institut für Wirtschaftswissenschaften. Udo Ludwig ... - Berlin, 1991. - 88 S. : graph. Darst. - (Wirtschaftsreport ; 2). - ISBN: 3-86081-102-9

1817　　　　　　　　Y 32903
East Germany / the Economist

Intelligence Unit. Country profile :
annual survey of political and economic
background. - London. - Bis 1990/91
(1990) erschienen
- 1990/91. (1990)

1818 B 251523
East Germany's time of crisis /
Committee on Small Business, House of
Representatives, 101st Congress, 2nd
session. - Washington : Gov.Print.Off.,
1990. - V, 19 S.

1819 C 171498
Economic developments in the Federal
Republic of Germany / Thomas Mayer ...
- Graph. Darst. - IN: German unification
/ ed. by Leslie Lipschitz ... -
Washington, DC, 1990. - ISBN
1-55775-200-1. - S. 17 - 48. -
(Occasional paper / International
Monetary Fund ; 75)

1820 C 171574
Entwicklungspotentiale im Osten :
Standorte und Märkte ; ein
Prognos-Report in Zusammenarbeit mit dem
Zukunftsinstitut Verkehr, Ost-Berlin /
Gabriele Schäfer ... - Basel [u.a.],
[circa 1991]. - 358, 18 S. - (Prognos
world reports)

1821 YY 13031 (2)
Fels, Gerhard:
Die wirtschaftliche Entwicklung in den
östlichen Bundesländern / Gerhard Fels.
- Parallelsacht.: Rozwój gospodarczy w
nowych krajach związkowych. - IN:
(Proces rynkowej reformy gospodarczej w
Polsce i we wschodnich krajach Republiki
Federalnej Niemiec ze szczególnym
uwzględnieniem prywatyzacji). // IN:
Gospodarka narodowa. - Warszawa. - ISSN
0867-0005. - 2 (1991),7/8 = 19/20,
S. 57 - 59.

1822 C 177057
Fontana, Philippe:
L'économie de la RFA en 1989 - 1992 /
Philippe Fontana. - Graph. Darst. - IN:
Analyses et prévisions / Institut "Créa"
de Macroéconomie Appliquée. - Lausanne,
1990. - S. 63 - 130.

1823 C 177056
Fontana, Philippe:
L'économie de la RFA en 1990 - 1993 /
Philippe Fontana. - Graph. Darst. - IN:
Analyses et prévisions / Institut "Créa"
de Macroéconomie Appliquée. - Lausanne,
1991. - S. 40 - 102.

1824 YY 3893 (43)
Gerstenberger, Wolfgang L.:
Das zukünftige Produktionspotential der
DDR : ein Versuch zur Reduzierung der
Unsicherheiten / W. Gerstenberger. - IN:
Ifo-Schnelldienst. - 43 (1990),7,
S. 13 - 22

1825 XX 3381 (30)
Giersch, Herbert:
Risiken und Chancen für Ostdeutschland
/ Herbert Giersch. - IN: Volkswirt-
schaftliche Korrespondenz der Adolf-We-
ber-Stiftung. - 30 (1991),4, [5] S.

1826 Y 370 (57)
Görzig, Bernd:
Determinanten des Produktionspotentials
der deutschen Wirtschaft / [bearb. von
Bernd Görzig]. - Graph. Darst. - IN:
Wochenbericht / Deutsches Institut für
Wirtschaftsforschung. - 57 (1990),47,
S. 661 - 666

1827 C 174745
Görzig, Bernd:
Produktivität und Wettbewerbsfähigkeit
der Wirtschaft der DDR / Bernd Görzig
und Martin Gornig. - Berlin : Duncker &
Humblot, 1991. - 104 S. : graph. Darst.
- (Beiträge zur Strukturforschung ;
121). - ISBN: 3-428-07177-8

1828 Y 370 (58)
Görzig, Bernd:
Zur Entwicklung des Produktionspotentials in Ostdeutschland / [bearb.
von Bernd Görzig]. - IN: Wochenbericht /
Deutsches Institut für Wirtschaftsforschung. - 58 (1991),47, S. 663 - 668

1829 XX 2796 (35)
Goldberg, Jörg:
Die Wirtschaft der DDR - ein
Scherbenhaufen? / Jörg Goldberg. - IN:
Blätter für deutsche und internationale
Politik. - 35 (1990),5, S. 629 - 632

1830 XX 2492 (38)
Gornig, Martin:
Perspektive Ostdeutschland: zweites
Wirtschaftswunder oder industrieller
Niedergangsprozeß? / von Martin Gornig.
- Zsfassung in engl. Sprache. - IN:
Konjunkturpolitik. - 38 (1992),1,
S. 1 - 14

1831   Y 370
Grundlinien der wirtschaftlichen
Entwicklung in Berlin ... . -
Erscheinungsbeginn: 1991/92 (1992). -
Früher u.d.T.: Grundlinien der
Wirtschaftsentwicklung in Berlin (West)
... - IN: Wochenbericht / Deutsches
Institut für Wirtschaftsforschung. -
Berlin.
- 1991/92. // 59 (1992),15, S. 181 - 187

1832   XX 3381 (29)
Gutmann, Gernot:
Die Wirtschaft der DDR : Situations-
diagnose / Gernot Gutmann. - IN:
Volkswirtschaftliche Korrespondenz der
Adolf-Weber-Stiftung. - 29 (1990),3,
[4] S.

1833   X 389 (127)
Harvey, Campbell R.:
Interest rate based forecasts of German
economic growth / by Campbell R.
Harvey. - Zsfassung in dt. u. franz. u.
span. Sprache. - Zsf. u. d. T.:
Vorausschätzungen des deutschen
Wirtschaftswachstums auf der Grundlage
von Zinssätzen. - IN:
Weltwirtschaftliches Archiv. - 127
(1991),4, S. 701 - 718

1834   A 184552
Hauser, Hansheinz:
Freiheit statt Sozialismus / Hansheinz
Hauser. - Bonn :
Mittelstands-Verl.-Ges., 1990. - 16 S. -
(MIT-Standpunkt ; 10). - ISBN:
3-923148-42-9

1835   B 255125
Haustein, Heinz-Dieter:
Experiences and prospects : the case of
the GDR / Heinz-Dieter Haustein. -
Graph. Darst. - IN: Towards a market
economy in Central and Eastern Europe /
Herbert Giersch (ed.). - Berlin, 1991. -
ISBN 3-540-53922-0 ; 0-387-53922-0. -
S. 143 - 154.

1836   XX 5998 (1990)
Holdt, Wolfram:
La situation de l'économie allemande et
ses perspectives pour les années 90 face
aux événements en RDA / Wolfram Holdt.
- (Table Ronde Franco-Polonaise sur "La
Modernisation de l'Economie"). - (Table
Ronde Franco-Polonaise sur "La Moderni-
sation de l'Economie"). - IN: Cahiers de
sciences économiques : Sciences éco
Grenoble. - 1990 = 9, S. 138 - 166

1837   YY 13028
Institut für Internationale Politik und
Wirtschaft der DDR <Berlin, Ost>:
IPW-Informationsdienst . - Berlin. -
1990,1 - 7 erschienen. - Erscheinen
eingestellt
- 1990

1838   XX 3381 (29)
Jürgensen, Harald:
Optionen: Wege zur Überbrückung des
Wirtschaftsgefälles zwischen der
Bundesrepublik und der DDR / Harald
Jürgensen. - IN: Volkswirtschaftliche
Korrespondenz der Adolf-Weber-Stiftung.
- 29 (1990),1, [4] S.

1839   A 185052
Jungblut, Michael:
Wirtschaftswunder ohne Grenzen :
Wohlstand diesseits und jenseits der
Elbe / Michael Jungblut. - Stuttgart :
Dt. Verl.-Anst., 1990. - 352 S. - ISBN:
3-421-06575-6

1840   XX 4334 (21)
Kammerer, Peter:
Die alte DDR - der Mezzogiorno des neuen
Deutschland? : ein italienischer
Beitrag zur Verfremdung unserer
Gegenwart / Peter Kammerer. - IN:
Prokla. - 21 (1991),1 = H. 82,
S. 67 - 73

1841   W 109 (165)
Krelle, Wilhelm:
Ost-West Wirtschaftsentwicklung im
nächsten Jahrzehnt / von Wilhelm
Krelle. - Bonn, 1990. - 25 S. : graph.
Darst. - (Discussion paper /
Sonderforschungsbereich 303 "Information
und die Koordination Wirtschaftlicher
Aktivitäten", Rheinische Fried-
rich-Wilhelms-Universität, Bonn,
Projektbereich B ; 165)

1842   XX 739 (42)
Kromphardt, Jürgen:
Politisch vereint - wirtschaftlich
gespalten : Anmerkungen zur
wirtschaftlichen Lage der Nation /
Jürgen Kromphardt ; Gesa Bruno-Latocha.
- IN: Gewerkschaftliche Monatshefte. -
42 (1991),12, S. 733 - 744

1843   A 188795
Laumer, Helmut:

Makroökonomische Lage in Gesamtdeutschland nach der Wiedervereinigung / Helmut Laumer. - Graph. Darst. - IN: Perspektiven für den Arbeitsmarkt in den neuen Bundesländern / hrsg. von Kurt Vogler-Ludwig. - München, 1991. - ISBN 3-88512-141-7. - S. 19 - 34. - (Ifo-Studien zur Arbeitsmarktforschung ; 7)

1844   C 171374
Leibiger, Jürgen:
Die Krise der DDR-Wirtschaft / Jürgen Leibiger. - Basel, 1990. - 12 Bl. : graph. Darst. - (Sonderdruck / Wirtschaftswissenschaftliches Zentrum der Universität Basel ; 3)

1845   C 171498
MacDonald, Donogh C.:
East Germany, the new Wirtschaftswunder? / Donogh McDonald and Günther Thumann. - IN: German unification / ed. by Leslie Lipschitz ... - Washington, DC, 1990. - ISBN 1-55775-200-1. - S. 78 - 92. - (Occasional paper / International Monetary Fund ; 75)

1846   XX 4031 (29)
Manz, Günter:
The shadow economy in the GDR / Günther Manz. - Einheitssacht.: "Schattenwirtschaft" in der DDR <engl.>. - IN: Eastern European economics. - 29 (1991),3, S. 68 - 80

1847   A 191184
Merkel, Wilma:
Das geplünderte Deutschland : die wirtschaftliche Entwicklung im östlichen Teil Deutschlands von 1949 bis 1989 / Wilma Merkel ; Stefanie Wahl. - 2. Aufl. - Bonn : IWG, 1991. - 104 S. : graph. Darst. - (Schriften des Instituts für Wirtschaft und Gesellschaft). - ISBN: 3-922827-05-5

1848   X 19464 (1991/92)
Möller, Uwe:
Wie belastbar ist die deutsche Wirtschaft? / Uwe Möller. - IN: Rissener Jahrbuch. - 1991/92 (1991), S. 271 - 278

1849   X 19464 (1991/92)
Mueller-Stöfen, Wolfgang:
Wann kommt der Aufschwung im Osten? : die deutsche Einheit als wirtschafts- und gesellschaftspolitische Herausforderung / Wolfgang Mueller-Stöfen. - IN: Rissener Jahrbuch. - 1991/92 (1991), S. 460 - 470

1850   YY 7792 (35)
Nagy, Katalin:
A német újraegyesülés első tapasztalatai a keletnémet gazdaság szemszögéből / Nagy Katalin. - Zsfassung in engl. u. russ. Sprache. - Zsf. u. d. T.: The first experience of German reunification from the point of the view of the East German economy. - IN: Külgazdaság. - 35 (1991),5, S. 37 - 42

1851   D 17327
The new Germany : business prospects for the 1990s / [researched and published by Euromonitor]. - 1. ed. - London, 1991. - XV, 375 S. : Ill., graph. Darst. - ISBN: 0-86338-402-1

1852   X 2754 (1988/89)
Obst, Werner:
Sind die Tage der DDR gezählt? : unsere nationale Chance wächst! / Werner Obst. - Auch als: Mitteilungen / Der Übersee-Club e. V. ; 89,8. - IN: Jahrbuch ... / Der Übersee-Club. - 1988/89 (1990), 26 S.

1853   Y 599 (76)
Paridon, Cornelis W. van:
De Duitse economie: overbrugbare tegenstellingen? / C. W. A. M. van Paridon. - IN: Economisch statistische berichten. - 76 (1991),27 maart = Nr. 3801, S. 320 - 323, 332

1854   XX 5103 (1990)
Passet, Olivier:
L' Allemagne orientale / Olivier Passet. - (A l'Est, en Europe). - IN: Observations et diagnostics économiques : Revue de l'OFCE. - 1990,novembre = No. 34, S. 67 - 85

1855   C 172641
PlanEcon review and outlook : analysis and forecasts to 1994 of economic developments in the Soviet Union, Poland, Yugoslavia, East Germany, Hungary, Romania, Czechoslavakia, Bulgaria / [PlanEcon, Inc.]. - [Washington, DC], 1990. - XII, 240 S. : Ill., graph. Darst. - Kopie

1856   C 174311
Prognose 1992 : Analysen und Prognosen der Dresdner Bank / [Autoren dieser

Ausg.: Harald Jörg ...]. - Als Ms. gedr. - Frankfurt, 1991. - 24 S. : graph. Darst.

1857 YY 13393
Regards sur l'économie allemande : bulletin économique du CIRAC. - Paris. - Erscheinungsbeginn: 1991. - ISSN: 1156-8992
- 1991/92. = No. 1 - 5
- 1992. = No. 6 -

1858 A 191535
Rürup, Bert:
Deutschland 2000 : sozio-ökonomische Perspektiven und Konsequenzen / Bert Rürup. - Graph. Darst. - IN: Arbeit 2000 / Bert Rürup ... (Hg.). - Frankfurt, 1992. - ISBN 3-593-34591-9. - S. 77 - 118. - (Schriftenreihe / Haniel-Stiftung ; 1)

1859 A 182925
Schneider, Gernot:
Wirtschaftswunder DDR : Anspruch und Realität / Gernot Schneider. - 2., durch einen Epilog erw. Aufl. - Köln : Bund-Verl., 1990. - 176 S. - ISBN: 3-7663-2190-0

1860 A 192447
Schommer, Kajo:
"Deutschland und seine neuen Bundesländer - Ballast oder Chance?" / Kajo Schommer. - Hamburg, 1991. - 22 S. - (Mitteilungen / Der Übersee-Club e. V. ; 91,3). - Auch in: ((0060132) Jahrbuch ... / Der Übersee-Club ; 1990/91)

1861 B 260735
Schubkräfte : das neue deutsche Wirtschaftswunder und seine Macher / Roland Berger ; Peter Gillies. - München : Ferenczy, 1992. - 360 S. : Ill. - ISBN: 3-7654-2700-4

1862 B 260304
Smyser, W. R.:
The economy of United Germany : colossus at the crossroads / W. R. Smyser. - New York : St. Martin's Press, 1992. - X, 273 S. - ISBN: 0-312-04788-6

1863 YY 8285 (40)
Soullié, Janine:
Singularité allemande / [Janine Soullié]. - Graph. Darst. - IN: Chroniques d'actualité de la SEDEIS. - 40 (1991),11, S. 387 - 395

1864
Status quo Osteuropa : statistische Übersicht nach Ländern und Bereichen / Empirica. - Bonn. -
(Ost-West-Studienreihe ; 130)
- 1. (1991). - 117 Bl. : graph. Darst.
SIGNATUR: C 171048
- 2. Statistischer Anhang. - 1991. - [89] Bl.
SIGNATUR: C 171049

1865 A 184594
Stingl, Kurt:
Merkmale und Strukturen des DDR-Binnenmarktes im Wandel / Kurt Stingl. - IN: Marktwirtschaft in der DDR / von Peter Hofmann ... - Berlin, 1990. - ISBN 3-448-02205-5. - S. 9 - 27.

1866 XX 3852 (23)
Stinglwagner, Wolfgang:
Schwere Zeiten für die DDR-Wirtschaft / Wolfgang Stinglwagner. - IN: Deutschland-Archiv. - 23 (1990),2, S. 237 - 241

1867 Y 59 (70)
Suntum, Ulrich van:
Wachstumsperspektiven der DDR-Wirtschaft / Ulrich van Suntum. - IN: Wirtschaftsdienst. - 70 (1990),6, S. 305 - 308

1868 B 260605
Tietz, Bruno:
Die Entwicklungsaussichten in den neuen Bundesländern : Konsequenzen für west- und ostdeutsche Unternehmen / Bruno Tietz. - IN: Rechnungswesen und EDV / 12. Saarbrücker Arbeitstagung 1991. Hrsg. von A.-W. Scheer. - Heidelberg, 1991. - ISBN 3-7908-0565-3. - S. 458 - 487.

1869 C 175557
Tietz, Bruno:
Optionen für Deutschland : Szenarien und Handlungsalternativen für Wirtschaft und Gesellschaft ; ein Handbuch für Entscheidungsträger / Bruno Tietz. - 2., völlig überarb. Aufl. - Landsberg/Lech : Verl. Moderne Industrie, 1991. - XII, 720 S. : graph. Darst. - ISBN: 3-478-31302-3

1870 A 185904
Vatthauer, Manfred:
Wirtschaft der DDR : Bestandsaufnahme und Reformperspektiven / Manfred Vatthauer. - [Hannover], 1990. - 31 S. -

(Schriftenreihe der Niedersächsischen
Landeszentrale für Politische Bildung :
Aktuelles zum Nachdenken ; 1)

1871   YY 13570
**Vereinigte Wirtschaftsdienste
<Eschborn>:**
VWD neue Bundesländer . - Eschborn. -
Erscheinungsbeginn: 1992,105. -
Hervorgegangen aus: Vereinigte
Wirtschaftsdienste <Eschborn>:
VWD-Spezial: neue Bundesländer,
Osteuropa
- 1992. 105 -

1872   YY 13135
**Vereinigte Wirtschaftsdienste
<Eschborn>:**
VWD-Spezial: neue Bundesländer,
Osteuropa . - Eschborn. - Bis 1992,104
erschienen. - Aufgeteilt in: Vereinigte
Wirtschaftsdienste <Eschborn>: VWD neue
Bundesländer. - u.: Vereinigte
Wirtschaftsdienste <Eschborn>:
VWD-Osteuropa
- 1990
- 1991
- 1992

1873   B 254768
Verkade, E. M.:
Restructuring the East-German economy :
some model results / E. M. Verkade. -
The Hague, 1991. - 22 S. -
(Onderzoeksmemorandum / Centraal
Planbureau ; 80). - ISBN: 90-346-2543-5

1874   A 190403
**Wege aus der Krise in den neuen
Bundesländern** : Standpunkte, Vorschläge
und Aktivitäten des Bundes Katholischer
Unternehmer / [Red.: Daniel Langhans]. -
Trier : Paulinus-Verl., 1991. - 88 S. -
(Diskussionsbeiträge des BKU ; 15). -
ISBN: 3-7902-5104-6

1875   XX 3929 (1990)
Welzk, Stefan:
Das blaue Wirtschaftswunder / Stefan
Welzk. - IN: Kursbuch. - 1990,September
= H. 101, S. 1 - 21

1876   X 19525
Wirtschaft . - IN:
Gewerkschaftsjahrbuch. - Köln.
- 1990. // 1991, S. 157 - 206

1877   G 5049
Die Wirtschaft : unabhängige
Wochenzeitung für Wirtschaft, Handel und
Finanzen. - Berlin : Verl. Die
Wirtschaft. - Erscheinungsbeginn: Jg. 1
(1946). - 1984 bis 1989 nicht
erschienen. - ISSN: 0323-5343
- 40. (1991)

1878   YY 13063
Wirtschaftsdienst DDR : ein
Informationsdienst der Vereins- und
Westbank. - Hamburg. - 1990 erschienen.
- Erscheinen eingestellt
- 1990

1879   C 175403
Wirtschaftsprognose 1992 : Deutschland
und seine wichtigsten Handelspartner ;
Optimismus für das zweite Halbjahr /
[Hrsg.: Maxim Worcester]. - Frankfurt am
Main : Frankfurter Allg. Zeitung GmbH,
Informationsdienste, 1991. - 42 S. :
graph. Darst. - ISBN: 3-924875-81-2

1880   B 250997
Wirtschaftsreport : Daten und Fakten
zur wirtschaftlichen Lage Ostdeutschlands / [hrsg. vom Institut für
Angewandte Wirtschaftsforschung, Berlin.
Hrsg.: Konrad Wetzker]. - 1. Aufl. -
Berlin : Verl. Die Wirtschaft, 1990. -
327 S. : graph. Darst. - ISBN:
3-349-00851-8

1881   A 185569
Wirtschaftsstandort DDR / [Institut für
Wirtschaftswissenschaften]. Erarb. unter
der Leitung von Norbert Peche ... -
Berlin, 1990. - 136 S. - (Wirtschafts-
report ; 1). - ISBN: 3-86081-101-0

1882   YY 13271
Wirtschaftswoche : das aktuelle
Wirtschaftsmagazin. Ausgabe für die
Länder Brandenburg, Mecklenburg-Vor-
pommern, Sachsen-Anhalt, Sachsen,
Thüringen. - Düsseldorf : Ges. für
Wirtschaftspublizistik. - Von 1990,41
bis 1991,45 erschienen. - Später u.d.T.:
Wirtschaftswoche / Ostausgabe
- 1990
- 1991. 1 - 45

1883   YY 13271
Wirtschaftswoche . Ostausgabe. -
Düsseldorf : Ges. für Wirtschaftspubli-
zistik. - Erscheinungsbeginn: 1991,46. -
Früher u.d.T.: Wirtschaftswoche /
Ausgabe für die Länder Brandenburg,
Mecklenburg-Vorpommern, Sachsen-Anhalt,

Sachsen, Thüringen
- 1991. 46 - 52
- 1992

1884   YY 4446 (42)
Zerres, Michael P.:
Die DDR - ein Land vor dem Neubeginn : Aspekte zur wirtschaftlichen Entwicklung / Michael P. Zerres ; Ingolf Riedel. - Graph. Darst. - IN: Archiv für das Post- und Fernmeldewesen. - 42 (1990),3, S. 215 - 235

1885   C 175285
Ziegler, Armin:
Deutschland 2000 : Annahmen über zukünftige Entwicklungen in Wirtschaft, Management, Marketing, Technologie, Gesellschaft / Armin Ziegler. - Schönaich : Ziegler, 1991. - 179 S. - Frühere Ausg. u.d.T.: Ziegler, Armin: Annahmen über zukünftige Entwicklungen

1886   YY 9597 (19)
Zschocke, Helmut:
Zum Wohlstandsgefälle DDR-BRD / Helmut Zschocke. - IN: IPW-Berichte. - 19 (1990),7, S. 16 - 19

1887   A 184212
Die Zukunft der DDR-Wirtschaft / hrsg. von Michael Heine ... - Orig.-Ausg. - Reinbek bei Hamburg : Rowohlt, 1990. - 288 S. - ISBN: 3-499-18728-0

J-2 Business Cycle, Assessment of the Economic Situation - Konjunktur, Konjunkturtest

1888   YY 25164 (44)
Baumann, Hans:
Bremsspuren in der Industriekonjunktur / Hans Baumann. - Graph. Darst. - IN: Ifo-Wirtschaftskonjunktur. - 44 (1992),3, S. A1 - A10

1889   YY 2516 (42)
Baumann, Hans:
Vereinigung kräftigt Industriekonjunktur in Westdeutschland / Hans Baumann. - Graph. Darst. - IN: Wirtschaftskonjunktur. - 42 (1990),11, S. A1 - A13

1890   C 173905
Boden, Steffen:
Der Aufschwung kommt im Frühjahr 1992 : Resultate einer Unternehmensbefragung des Instituts für Angewandte Wirtschaftsforschung vom Juni 1991 / [Steffen Boden ; Dieter Lange ; Henry Zimmermann]. Der Baumotor springt an / [Dieter Lange ; Helmut Rahneberg ; Susanne Wieczorek]. - Berlin, 1991. - 52 S. : graph. Darst. - (Konjunkturheft / Institut für Angewandte Wirtschaftsforschung e. V. ; 91,6). - Zsfassung in engl. Sprache. - Druckschriftennr.: Bestellnr: 910206

1891   C 171815
Bringt das neue Jahr den Aufschwung? . - Berlin, 1991. - 32 S. : graph. Darst. - (Konjunkturheft / Institut für Angewandte Wirtschaftsforschung e. V. ; 91,1). - Enth.: Aufschwung von ostdeutschen Unternehmen frühestens im IV. Quartal 1991 erwartet / [Steffen Boden ; Dieter Lange ; Henry Zimmermann]. Die Anpassungskrise in der ostdeutschen Wirtschaft hält weiter an / [Helmut Rahneberg ; Susanne Wieczorek]

1892   Y 10872 (1991)
Bundesrepublik Deutschland: Fortschritte bei der Strukturanpassung im Osten - Konjunkturabschwächung im Westen / von Alfred Boss ... - Zsfassung in engl. Sprache. - IN: Die Weltwirtschaft. - 1991,2, S. 26 - 41

1893   Y 10872 (1991)
Bundesrepublik Deutschland: Konjunkturabschwächung im Westen - Produktionsbelebung im Osten . - Graph. Darst. - Zsfassung in engl. Sprache. - IN: Die Weltwirtschaft. - 1991,1, S. 26 - 44

1894   XX 6030 (1992)
Bundesrepublik Deutschland: Stagnation im Westen - Produktionsanstieg im Osten / von Alfred Boss ... - Graph. Darst. - Zsfassung in engl. Sprache. - IN: Die Weltwirtschaft. - 1992,1, S. 23 - 39

1895   Y 10872 (1990)
Bundesrepublik Deutschland: strukturelle Anpassungskrise im Osten - Hochkonjunktur im Westen / von Alfred Boss ... - Graph. Darst. - Zsfassung in engl. Sprache. - IN: Die Weltwirtschaft. - 1990,2, S. 25 - 42

1896   YY 2516 (43)
Bundesrepublik '92: moderates Wachstum im Westen - Erholung im Osten / W.

Leibfritz ... - IN:
Ifo-Wirtschaftskonjunktur. - 43
(1991),12, S. A1 - A19

1897 XX 739
Deutsche Wirtschaft ... . - IN:
Gewerkschaftliche Monatshefte / Hrsg.:
Bundesvorstand des DGB. - Köln.
- 1990/91. // 42 (1991),1, S. 26 - 37
- 1991/92. // 43 (1992),3, S. 169 - 180

1898 C 171983
Differenzierte Bewertung der Zusammenarbeit mit der Treuhand durch ostdeutsche Unternehmen . - Berlin, 1991. - 36 S. :
graph. Darst. - (Konjunkturheft /
Institut für Angewandte Wirtschaftsforschung e. V. ; 91,2). - Enth.:
Weitere Belastungen der ostdeutschen
Wirtschaft und der Zusammenbruch des
Ostmarktes / [Steffen Boden ; Dieter
Lange ; Henry Zimmermann]. Von den
Kräften des Aufschwungs ist noch wenig
zu spüren / [Dieter Lange ; Helmut
Rahneberg ; Susanne Wieczorek]

1899 B 255202
Glaab, Hermann:
Erfahrungen und Probleme bei der
Einführung von Statistiken für
Konjunkturindikatoren / Hermann Glaab.
- IN: Statistik im Übergang zur
Marktwirtschaft / Hrsg.: Statistisches
Bundesamt, Wiesbaden. - Stuttgart, 1991.
- ISBN 3-8246-0076-5. - S. 324 - 331. -
(Schriftenreihe Forum der Bundesstatistik ; 18)

1900 Y 370
Grundlinien der Wirtschaftsentwicklung
... / bearb. vom Arbeitskreis
Konjunktur im DIW. - IN: Wochenbericht /
Deutsches Institut für Wirtschaftsforschung. - Berlin.
- 1991. // 58 (1991),1/3

1901 YY 2516 (43)
Gürtler, Joachim:
Ergebnisse des Ifo-Konjunkturtests in
den neuen Bundesländern / J. Gürtler. -
Graph. Darst. - IN: Wirtschaftskonjunktur. - 43 (1991),6, S. R1 - R7

1902 YY 2516 (42)
Gürtler, Joachim:
Ergebnisse des Ifo-Konjunkturtests in
Ostdeutschland / J. Gürtler. - Graph.
Darst. - IN: Wirtschaftskonjunktur. - 42
(1990),12, S. R1 - R7

1903 YY 2516 (43)
Gürtler, Joachim:
Ergebnisse des Ifo-Konjunkturtests in
Ostdeutschland / Joachim Gürtler. -
Graph. Darst. - IN: Wirtschaftskonjunktur. - 43 (1991),1, S. R1 - R7

1904 YY 2516 (42)
Gürtler, Joachim:
Erste Ergebnisse des Ifo-Konjunkturtest
für die DDR / J. Gürtler ; G. Nerb. -
Graph. Darst. - IN: Wirtschaftskonjunktur. - 42 (1990),9, S. R1 - R4

1905 YY 3893 (44)
Gürtler, Joachim:
Der Ifo-Konjunkturtest in den neuen
Bundesländern / J. Gürtler ; G. Nerb ;
H. Penzkofer. - IN: Ifo-Schnelldienst. -
44 (1991),16/17, S. 8 - 13

1906 YY 13232 (1991)
Hantelmann, Klaus-Dietrich:
Ökonomischer Zwiespalt in der Einheit :
zur wirtschaftlichen Lage in der
Bundesrepublik 1990/91 / von
Klaus-Dietrich Hantelmann und Joachim
Nitsche. - IN: IPW-Berichte. - 1991,2/3,
S. 46 - 50

1907 A 192361
Hartmann, Martina:
Repräsentation und Klassifikation des
Konjunkturphänomens / von Martina
Hartmann. - München : Ifo-Inst. für
Wirtschaftsforschung, 1992. - XXXII, 193
S. : graph. Darst. - (CIRET-Studien ;
45). - Zugl.: Diss. - ISBN:
3-88512-156-5

1908 YY 10091
Institut der Deutschen Wirtschaft
<Köln>:
IW-Trends . - Köln : Dt. Inst.-Verl. -
ISSN: 0941-6838
- 17. (1990)
- 18. (1991)
- 19. (1992)

1909 YY 13540
Institut für Wirtschaftsforschung
<Halle, Saale>:
Konjunkturbericht / Institut für
Wirtschaftsforschung, Halle. - Halle
[u.a.]. - Erscheinungsbeginn: 1992
- 1992

1910 YY 13272
Konjunktur aktuell / Statistisches

Bundesamt. - Stuttgart :
Metzler-Poeschel. - Erscheinungsbeginn:
1990,März. - 1990,April nicht
erschienen. - Darin aufgegangen:
Indikatoren zur Wirtschaftsentwicklung
- 1990
- 1991
- 1992

1911   YY 6582
Konjunktur von morgen / HWWA-Institut
für Wirtschaftsforschung, Hamburg. -
Hamburg : Verl. Weltarchiv. -
Erscheinungsbeginn: 1958. - ISSN:
0023-3439
- 33. (1990) = 803 - 827
- 35. (1992) = 853 -

1912   C 169162
Konjunkturschwäche durch Ölverteuerung?
: Thesen zum 42. Kieler
Konjunkturgespräch / Institut für
Weltwirtschaft. [Dieser Bericht wurde
erstellt von Stefanie Bessin ...]. -
Kiel, 1990. - 30 S. : graph. Darst. -
(Kieler Diskussionsbeiträge ; 162). -
ISBN: 3-925357-91-2

1913   YY 13324
Die Lage der Weltwirtschaft und der
deutschen Wirtschaft : Beurteilung der
Wirtschaftslage durch folgende
Mitglieder der Arbeitsgemeinschaft
Deutscher Wirtschaftswissenschaftlicher
Forschungsinstitute e. V., Essen:
Deutsches Institut für Wirtschaftsforschung, Berlin (Institut für
Konjunkturforschung) ... - Berlin
[u.a.]. - Erscheinungsbeginn:
1990,Herbst. - Früher u.d.T.: Die Lage
der Weltwirtschaft und der westdeutschen
Wirtschaft. - Später u.d.T.: Die Lage
der Weltwirtschaft und der deutschen
Wirtschaft im ...
- 1990. Herbst
- 1991
- 1992

1914   YY 13324
Die Lage der Weltwirtschaft und der
westdeutschen Wirtschaft : Beurteilung
der Wirtschaftslage durch folgende
Mitglieder der Arbeitsgemeinschaft
Deutscher Wirtschaftswissenschaftlicher
Forschungsinstitute e. V., Essen:
Deutsches Institut für Wirtschafts-
forschung, Berlin (Institut für
Konjunkturforschung) ... - Berlin
[u.a.]. - Bis 1990,Frühjahr erschienen.

- Später u.d.T.: Die Lage der
Weltwirtschaft und der deutschen
Wirtschaft
- 1990. Frühjahr

1915   YY 2516 (42)
Leibfritz, Willi:
Bundesrepublik '91 - Fortsetzung der
Hochkonjunktur im Westen, Beginn der
Erholungsphase im Osten / Willi
Leibfritz. - Graph. Darst. - IN:
Wirtschaftskonjunktur. - 42 (1990),12,
S. A11 - A20

1916   YY 2516 (43)
Leibfritz, Willi:
Wirtschaftsperspektiven für die
Bundesrepublik Deutschland 1991/92 :
langsameres Wachstum im Westen ; Beginn
der Erholungsphase im Osten / Willi
Leibfritz. - Graph. Darst. - IN:
Ifo-Wirtschaftskonjunktur. - 43
(1991),7, S. A1 - A17

1917   C 173542
Leichte Belebung für das 2. Halbjahr
erwartet . - Berlin, 1991. - 64 S. :
graph. Darst. - (Konjunkturheft /
Institut für Angewandte Wirtschafts-
forschung e. V. ; 91,5). - Enth. u.a.:
ABM - die neue Waffe für Ostdeutschland?
/ Dieter Lange ; Helmut Rahneberg ;
Susanne Wieczorek. Der Konjunkturmotor
Bauwirtschaft läuft nur langsam an

1918   C 175083
Mehr Investitionen 1992 . - Berlin,
1991. - 45 S. : graph. Darst. -
(Konjunkturheft / Institut für
Angewandte Wirtschaftsforschung e. V. ;
91,9). - Enth.: Investitionen - die
Schrittmacher des Aufschwungs in
Ostdeutschland / Steffen Boden ; Dieter
Lange ; Henry Zimmermann. In der
Bauwirtschaft geht es weiter aufwärts /
Dieter Lange ; Helmut Rahneberg

1919   W 400 (238)
Mieth, Wolfram:
Die zweigeteilte Konjunktur im vereinig-
ten Deutschland und das ostdeutsche
Lohnniveau / von Wolfram Mieth. -
Regensburg : Univ. Regensburg,
Wirtschaftswissenschaftliche Fak., 1991.
- 65 S. - (Regensburger Diskussionsbei-
träge zur Wirtschaftswissenschaft ; 238)

1920   ArbS 0 3 (158)
Neue Perspektiven für die Konjunktur

durch die Öffnung in Osteuropa? :
Thesen zum 41. Kieler Konjunkturgespräch
/ Inst. für Weltwirtschaft. [Dieser
Bericht wurde erstellt von Alfred Boss
...]. - Kiel, 1990. - 35 S. : graph.
Darst. - (Kieler Diskussionsbeiträge ;
158). - ISBN: 3-925357-82-3

1921   C 174022
Neue Produkte beschleunigen die
Umstrukturierung . - Berlin, 1991. - 43
S. : graph. Darst. - (Konjunkturheft /
Institut für Angewandte Wirtschafts-
forschung e. V. ; 91,7). - Enth.: Die
Einführung neuer wettbewerbsfähiger
Produkte beschleunigt die
Umstrukturierung / Steffen Boden ;
Dieter Lange. Die Bauwirtschaft kommt
langsam in Fahrt / Dieter Lange ; Helmut
Rahneberg ; Susanne Wieczorek. -
Zsfassung in engl. Sprache

1922   C 175562
Ostdeutsche Firmen auf dem Weg zur
Wettbewerbsfähigkeit . - Berlin, 1991. -
52 S. : graph. Darst. - (Konjunkturheft
/ Institut für Angewandte Wirtschafts-
forschung e. V. ; 91,10). - Enth. u.a.:
Zwei Drittel der Unternehmen erwarten
1992 die volle Wettbewerbsfähigkeit
ihrer Produkte / Steffen Boden ; Dieter
Lange ; Henry Zimmermann. Nach dem Bau
kommt auch das verarbeitende Gewerbe in
Fahrt / Dieter Lange ; Helmut Rahneberg
; Susanne Wieczorek. - Zsfassung in
engl. Sprache

1923   C 171984
Die ostdeutsche Wirtschaft in der
Anpassungskrise : Lage und Perspektiven
1991 / Institut für Angewandte
Wirtschaftsforschung e. V. - Berlin,
1991. - 49, 3 S. : graph. Darst.

1924   C 171851
Die ostdeutsche Wirtschaft 1990/1991 :
Trends und Perspektiven / Institut für
Angewandte Wirtschaftsforschung. -
Berlin, 1990. - 82, III S.

1925   C 173833
Ostdeutscher Arbeitsmarkt vor dem
Kollaps? . - Berlin, 1991. - 71 S. :
graph. Darst. - (Konjunkturheft /
Institut für Angewandte Wirtschaftsforschung e. V. ; 91,4). - Enth.: Vier
von fünf Kurzarbeitern werden noch in
diesem Jahr ihren Arbeitsplatz verlieren
/ Steffen Boden ; Dieter Lange ; Henry

Zimmermann. Das Geschäftsklima in
Industrie und Bauwirtschaft leicht
verbessert / Dieter Lange ; Helmut
Rahneberg ; Wieczorek. - Druckschriftennr.: Bestellnr.: 91 02 04

1926   C 174749
Ostdeutschland: Der mühsame Aufstieg :
Gutachten zur Lage und zu den Aussichten
der Wirtschaft in den neuen
Bundesländern / [Institut für Angewandte
Wirtschaftsforschung e. V.]. - Berlin,
1991. - 127 S. : graph. Darst.

1927   C 178101
Ostdeutschland 1992 und 1993:
zerbrechliche Aufwärtsbewegung :
Frühjahrsgutachten 1992 / Institut für
Wirtschaftsforschung, Halle. - Berlin
[u.a.], 1992. - 121 S. : graph. Darst.

1928   C 175870
Privatisierte Firmen mit deutlichen
Vorteilen . - Berlin, 1991. - 42 Bl. :
graph. Darst. - (Konjunkturheft /
Institut für Angewandte Wirtschafts-
forschung e. V. ; 91,11/12). - Enth.
u.a.: Quo vadis Arbeitsmarkt Ost? /
Steffen Boden ; Dieter Lange ; Henry
Zimmermann. Deutliche Belebung im
verarbeitenden Gewerbe / Dieter Lange ;
Helmut Rahneberg ; Susanne Wieczorek. -
Zsfassung in engl. Sprache

1929   C 174496
Privatisierte Unternehmen erfolgreicher
. - Berlin, 1991. - 44 S. : graph.
Darst. - (Konjunkturheft / Institut für
Angewandte Wirtschaftsforschung e. V. ;
91,8). - Enth. u.a.: Privatisierte
Unternehmen erfolgreicher auf den
Märkten / Dieter Lange ; Henry
Zimmermann. Aufwärtstrends stabilisieren
sich / Dieter Lange ; Susanne Wieczorek
; Henry Zimmermann

1930   XX 217
Rheinisch-Westfälisches Institut für
Wirtschaftsforschung <Essen>:
RWI-Konjunkturberichte : die
wirtschaftliche Entwicklung in der
westlichen Welt und in der
Bundesrepublik Deutschland. - Berlin :
Duncker & Humblot. - Erscheinungsbeginn:
Jg. 37 (1986). - Entstanden aus:
Konjunkturberichte / 1 u.:
Konjunkturberichte / 2 u.: Die
wirtschaftliche Entwicklung in der
westlichen Welt. - ISSN: 0931-8801

Rheinisch-Westfälisches Institut für
Wirtschaftsforschung <Essen>:
RWI-Konjunkturberichte
- 41. (1990)
- 42. (1991)

1931   YY 11628
Rheinisch-Westfälisches Institut für
Wirtschaftsforschung <Essen>:
RWI-Konjunkturbrief . - Essen. -
Erscheinungsbeginn: 1986. - Früher
u.d.T.: Rheinisch-Westfälisches Institut
für Wirtschaftsforschung <Essen>:
Konjunkturbrief. - ISSN: 0939-2335
- 1990
- 1992

1932   C 170946
Schmalwasser, Oda:
Studie zur Konjunkturentwicklung im
ostdeutschen Wirtschaftsraum /
[Autoren: Oda Schmalwasser ; Dieter
Lange ; Helmut Rahneberg]. - Berlin,
1990. - 54 S. : graph. Darst. - (For-
schungsreihe / Institut für Angewandte
Wirtschaftsforschung, Berlin ; 90,16)

1933   YY 8285 (40)
Soullié, Janine:
Allemagne unie : année 1 / Janine
Soullié. - IN: Chroniques d'actualité de
la SEDEIS. - 40 (1991),4, S. 129 - 135

1934   C 172503
Strukturwandel in Ostdeutschland noch am
Anfang . - Berlin, 1991. - 41 S. :
graph. Darst. - (Konjunkturheft /
Institut für Angewandte Wirtschafts-
forschung e. V. ; 91,3). - Enth.:
Sektorale und regionale Trends der
Wirtschaftsentwicklung / Dieter Lange ;
Helmut Rahneberg ; Susanne Wieczorek.
Das Geschäftsklima in der ostdeutschen
Wirtschaft kühlt sich weiter ab

1935   C 176233
Tendenz: etwas leichter : die
Konjunktur in Deutschland zur
Jahreswende 1991/1992 / Bearb: Reinhard
Clemens ... - Bonn, 1992. - 34 Bl. :
zahlr. graph. Darst. - (IfM-Materialien
; 88)

1936   C 171577
Vor einer weltweiten Rezession? :
Thesen zum 43. Kieler Konjunkturgespräch
/ Institut für Weltwirtschaft. [Dieser
Bericht wurde erstellt von Stefanie
Bessin ...]. - Kiel, 1991. - 26 S. :

graph. Darst. - (Kieler Diskussionsbeiträge ; 167). - ISBN: 3-89456-002-9

1937   C 174247
Weltwirtschaft nach der Rezession : vor
allmählichem Konjunkturanstieg in den
Industrieländern ; Deutschland:
Abschwung im Westen - Belebung im Osten
; Thesen zum 44. Kieler
Konjunkturgespräch / Institut für
Weltwirtschaft. [Dieser Bericht wurde
erstellt von Stefanie Bessin ...]. -
Kiel, 1991. - 27 S. : graph. Darst. -
(Kieler Diskussionsbeiträge ; 173). -
ISBN: 3-89456-012-6

1938   YY 1276
Die wirtschaftliche Entwicklung in
Deutschland ... / WSI-Projektgruppe
Prognose. - Erscheinungsbeginn: 1991/92
(1991). - 1990/91 (1990) u.d.T.: Die
wirtschaftliche Entwicklung in
West-Deutschland in den Jahren ... - IN:
WSI-Mitteilungen. - Köln.
- 1991/92. // 44 (1991),11, S. 654 - 672
- 1992. 45 (1992),5, S. 253 - 266

1939   Y 370
Die wirtschaftliche Entwicklung in
Deutschland im ... Quartal ... : erste
Ergebnisse der volkswirtschaftlichen
Gesamtrechnung. - IN: Wochenbericht /
Deutsches Institut für Wirtschaftsforschung. - Berlin.
- 1990,3. // 57 (1990),46, S. 645 - 654
- 1990,4. // 58 (1991),7, S. 47 - 56
- 1991,2. // 58 (1991),33, S. 463 - 473
- 1991,3. // 58 (1991),46, S. 641 - 651

1940   C 171045
Wirtschaftsentwicklung 1991 im Ostteil
und im Umland Berlins / [Autoren: Gerda
Henschel ...]. - Berlin, 1990. - 53 S. -
(Forschungsreihe / Institut für
Angewandte Wirtschaftsforschung, Berlin
; 90,18)

1941   YY 731
Die Wirtschaftslage in der
Bundesrepublik Deutschland im ... -
Bis 1991,Sommer erschienen. -
1990,Sommer u.d.T.: Die Wirtschaftslage
in der Bundesrepublik Deutschland und in
der DDR ... - Später u.d.T.: Die
Wirtschaftslage in Deutschland im ... -
IN: Monatsberichte der Deutschen
Bundesbank. - Frankfurt am Main.
- 1990,Frühjahr. // 42 (1990),6, S. 5 -
41

Die Wirtschaftslage in der
Bundesrepublik Deutschland im ...
- 1990,Sommer. // 42 (1990),9, S. 5 - 45
- 1990,Herbst. // 42 (1990),12, S. 5 -
47
- 1991,Frühjahr. // 43 (1991),6, S. 5 -
41
- 1991,Sommer. // 43 (1991),9, S. 5 - 75

1942   YY 731
Die Wirtschaftslage in der
Bundesrepublik Deutschland um die
Jahreswende ... . - Bis 1990/91 (1991)
erschienen. - Später u.d.T.: Die
Wirtschaftslage in Deutschland um die
Jahreswende ... - IN: Monatsberichte der
Deutschen Bundesbank. - Frankfurt am
Main.
- 1990/91. // 43 (1991),2, S. 5 - 83

1943   YY 731
Die Wirtschaftslage in Deutschland im
... . - Erscheinungsbeginn: 1991,Herbst.
- Früher u.d.T.: Die Wirtschaftslage in
der Bundesrepublik Deutschland im ... -
IN: Monatsberichte der Deutschen
Bundesbank. - Frankfurt am Main.
- 1991,Herbst. // 43 (1991),12, S. 5 -
44

1944   YY 731
Die Wirtschaftslage in Deutschland um
die Jahreswende ... . -
Erscheinungsbeginn: 1991/92 (1992). -
Früher u.d.T.: Die Wirtschaftslage in
der Bundesrepublik Deutschland um die
Jahreswende ... - IN: Monatsberichte der
Deutschen Bundesbank. - Frankfurt am
Main.
- 1991/92. // 44 (1992),2, S. 5 - 44

1945   YY 13414
Wirtschaftslage und Erwartungen :
Ergebnisse der DIHT-Umfrage bei den
Industrie- und Handelskammern. - Bonn.
- 1990
- 1991
- 1992

1946   YY 2516 (42)
Wirtschaftsperspektiven 1990/91 :
Hochkonjunktur in der Bundesrepublik -
Umbruch in der DDR / W. Leibfritz ... -
IN: Wirtschaftskonjunktur. - 42
(1990),7, S. A1 - A24

1947   YY 13277
Wittener Konjunktur-Archiv :
gesamtwirtschaftliche Kurzinformationen
des Instituts für Wirtschaftspolitik und
Konjunkturforschung, Universität Witten,
Herdecke. - Witten. -
Erscheinungsbeginn: Jg. 0 (1990)
- 0. (1990)
- 1. (1991)
- 2. (1992)

1948   YY 1276 (44)
Zur wirtschaftlichen und sozialen
Entwicklung in den ostdeutschen Ländern
/ Gerhard Bäcker ... - IN:
WSI-Mitteilungen. - 44 (1991),5,
S. 276 - 292

1949   YY 1276 (43)
Zur wirtschaftlichen und sozialen Lage
in den ostdeutschen Ländern / Gerhard
Bäcker ... - IN: WSI-Mitteilungen. - 43
(1990),11, S. 707 - 713

J-3 Investment, Saving - Investition,
    Sparen

1950   XX 6017 (2)
Audretsch, David B.:
Investment opportunities in a unified
Germany : a sober analysis of the risks
/ by David Audretsch. - IN: Global
economic policy. - 2 (1990),2,
S. 14 - 24

1951   YY 7518 (1992)
Bauer, Wolfgang:
Investment incentives in East Germany :
Computer Aided Benefit Analysis /
Wolfgang Bauer and Erik Sonnemann. - IN:
Intertax. - 1992,4, S. 218 - 227

1952   XX 631 (43)
Betge, Peter:
Anforderungen an betriebswirtschaftliche
Rahmenbedingungen bei Produktion an
Ost-Standorten / von P. Betge. -
(Aufgaben und Perspektiven
unternehmerischer Aktivitäten in den
neuen Bundesländern). - IN:
Betriebswirtschaftliche Forschung und
Praxis. - [43] (1991),2, S. 138 - 154

1953   B 256841
Betge, Peter:
Investitionen in der ehemaligen DDR und
den Ostblockstaaten : Standort
Bundesrepublik im Vergleich / Peter
Betge. - Graph. Darst. - IN:
Finanzierung und Besteuerung der

Unternehmung und des Konzerns / Peter Betge ... (Hrsg.). - Stuttgart, 1991. - ISBN 3-7910-0613-4. - S. 27 - 54.

1954 YY 4230 (43)
Betge, Peter:
Investitionen in der ehemaligen DDR und in den Ostblockstaaten : Standort Bundesrepublik im Vergleich / Peter Betge. - IN: Der Betrieb. - 43 (1990),46, S. 2277 - 2283

1955 YY 3893 (43)
Brander, Sylvia:
Die DDR als Investitionsstandort aus der Sicht westdeutscher Unternehmen / Sylvia Brander. - Graph. Darst. - IN: Ifo-Schnelldienst. - 43 (1990),26/27, S. 9 - 13

1956 Qz 1079
Bruttoanlageinvestitionen ... nach Ländern sowie Wirtschaftsbereichen, -sektoren und -zweigen : Quartalsbericht ; Arbeitsmaterial / Gemeinsames Statistisches Amt der Länder Brandenburg, Mecklenburg-Vorpommern, Sachsen, Sachsen-Anhalt, Thüringen. - Berlin. - Erscheinungsbeginn: 1990
(1991)
- 1990. (1991)

1957 Qz 1080
Bruttoanlageinvestitionen ... nach Wirtschaftsbereichen, -sektoren und -zweigen sowie Ländern : Quartalsbericht ; Arbeitsmaterial / Gemeinsames Statistisches Amt der Länder Brandenburg, Mecklenburg-Vorpommern, Sachsen, Sachsen-Anhalt, Thüringen. - Berlin. - Erscheinungsbeginn: 1990
(1991)
- 1990. (1991)

1958 XX 2701 (16)
Cassier, Siegfried C.:
Investitionen und Investitionsfinanzierung in Berlin und Ostdeutschland / Siegfried C. Cassier. - IN: List-Forum für Wirtschafts- und Finanzpolitik. - 16 (1990),4, S. 288 - 302

1959 C 176676
Gaulke, Klaus-Peter:
Unternehmerische Standortwahl und Investitionshemmnisse in den neuen Bundesländern : Fallbeispiele aus sechs Städten / Klaus-Peter Gaulke ; Hans Heuer. - Berlin : Duncker & Humblot, 1991. - 109 S. - (Beiträge zur Strukturforschung ; 125). - ISBN: 3-428-07331-2

1960 YY 3893 (44)
Gerstenberger, Wolfgang L.:
Investitionen in Deutschland: deutlich aufwärts nur mehr in den neuen Bundesländern / Wolfgang Gerstenberger. - Graph. Darst. - IN: Ifo Schnelldienst. - 44 (1991),32, S. 8 - 15

1961 YY 2334 (1991)
Gesetz zur Förderung von Investitionen und Schaffung von Arbeitsplätzen im Beitrittsgebiet sowie zur Änderung steuerrechtlicher und anderer Vorschriften : (Steueränderungsgesetz 1991 - StÄndg 1991) ; vom 24. Juni 1991. - Einheitssacht.: Steueränderungsgesetz. - IN: Bundesgesetzblatt : Teil 1. - 1991,38, S. 1322 - 1341

1962 YY 13309 (1991)
Gewährung von Investitionszulagen nach der Investitionszulagenverordnung und nach dem Investitionszulagengesetz 1991 : BMF-Schreiben vom 28.8.1991 - IV B 3 - InvZ 1010 - 13/91. - IN: Der Betrieb : Beilage. - 1991,11, 12 S.

1963 YY 2811 (44)
Giersch, Herbert:
Privatisierung als Aufgabe : Herbert Giersch über Investitionen in der DDR. - IN: Wirtschaftswoche. - 44 (1990),27, S. 38

1964 A 189760
Grözinger, Gerd:
Zwei hydraulische Überlegungen zur Erhöhung des Investitionsdrucks / von Gerd Grözinger. - IN: Probleme der Einheit. - 2 (1991), S. 83 - 95

1965 C 170614
Hanke, Dietmar:
Anlageinvestitionen und Modernisierung des Anlagevermögens : Instrumente zur Strukturanpassung der DDR-Wirtschaft an die Arbeitsteilung im europäischen Raum / Dietmar Hanke. - IN: Ausgewählte Beiträge zum Kolloquium "Grundzüge einer Marktwirtschaftlich Ausgerichteten Strukturpolitik in der DDR und Anforderungen für die Arbeitsteilung im Europäischen Raum". - Berlin, 1990. - S. 83 - 89. - (Informationsreihe /

Institut für Angewandte Wirtschaftsforschung, Berlin ; 90,10)

1966 XX 631 (43)
Haussmann, Helmut:
Die neuen Bundesländer als Standort für unternehmerische Investitionen / von Helmut Haussmann. - (Aufgaben und Perspektiven unternehmerischer Aktivitäten in den neuen Bundesländern). - IN: Betriebswirtschaftliche Forschung und Praxis. - [43] (1991),2, S. 95 - 103

1967 YY 4230 (44)
Hoffmann, Brigitte:
Das Investitionszulagengesetz 1991 / Brigitte Hoffmann. - IN: Der Betrieb
- 1. // 44 (1991),33, S. 1694 - 1699
- 2. // 44 (1991),34, S. 1745 - 1750

1968 Y 370 (58)
Hübener, Jochen A.:
Anhaltende Expansion der Anlageinvestitionen / [bearb. von Jochen A. Hübener]. - Graph. Darst. - IN: Wochenbericht / Deutsches Institut für Wirtschaftsforschung. - 58 (1991),41, S. 580 - 589

1969 C 178182
Investing in Eastern Germany : the second year of unification / J.-P.-Morgan-GmbH. - Frankfurt, 1992. - 7 S.

1970 B 258108
Investitionen in den neuen Bundesländern : Fördermaßnahmen, Restrukturierungen, Unternehmenskauf / Hrsg.: KPMG Deutsche Treuhand-Gruppe. - Düsseldorf : IDW-Verl., 1992. - 265 S. : graph. Darst. - ISBN: 3-8021-0506-0

1971 B 258462
Investitionschancen in den "neuen" deutschen Bundesländern : Symposion am 19.9.1991. - Wien, 1992. - 43 S. : graph. Darst. - (Schriftenreihe der Österreichischen Investitionskredit-Aktiengesellschaft ; 22). - Enth. 4 Beitr.

1972 Lo 649
Investitionsförderung in den neuen Bundesländern : Steuererleichterungen, Zulagen, Zuschüsse, Finanzierungsprogramme, offene Vermögensfragen / von Lothar T. Jasper ; Hansgeorg Sönksen. - Bonn : stv. - Losebl.-Ausg. - ISBN:

3-08-256000-8
- Grundwerk. (1991)

1973 Y 59 (70)
Investitionshilfen für Ostdeutschland / Helmut Haussmann ... - Enth. 2 Beitr. - IN: Wirtschaftsdienst. - 70 (1990),10, S. 495 - 499

1974 YY 4230 (1990)
Investitionszulage für Investitionen im beigetretenen Teil Deutschlands (Fördergebiet) . - IN: Der Betrieb : DDR-Report. - 1990,13, S. 3148 - 3150

1975 YY 3893 (45)
Jäckel, Peter:
Ifo-Umfrage bei westdeutschen Unternehmen : 1992 stark zunehmende Investitionsaktivitäten in der ehemaligen DDR / Peter Jäckel und Annette Weichselberger. - Graph. Darst. - IN: Ifo-Schnelldienst. - 45 (1992),6, S. 8 - 12

1976 YY 3893 (44)
Jäckel, Peter:
Investitionstätigkeit und -planung westdeutscher Unternehmen in der ehemaligen DDR / P. Jäckel ; A. Weichselberger. - IN: Ifo-Schnelldienst. - 44 (1991),25/26, S. 3 - 5

1977 YY 3893 (44)
Jäckel, Peter:
Westdeutsche Unternehmen halten an ihrem Engagement in Ostdeutschland fest : Resultate einer Ifo-Telefonumfrage im August 1991 / Peter Jäckel. - IN: Ifo-Schnelldienst. - 44 (1991),27, S. 3 - 6

1978 YY 725 (45)
Kaligin, Thomas:
Die Gewährung von Investitionszuschüssen in den neuen Bundesländern / von Thomas Kaligin. - IN: Die Wirtschaftsprüfung
- 1. // 45 (1992),5, S. 117 - 121
- 2. // 45 (1992),6, S. 150 - 155

1979 A 185919
Kitterer, Bernd H.-J.:
Investieren in den neuen Bundesländern / von Bernd H.-J. Kitterer. - [Stand: Juli 1990]. - Freiburg i. Br. : Haufe, 1990. - 233 S. - ISBN: 3-448-02242 X

1980 Q 4709
Klemmer, Paul:

Investitionskräfte in der Bundesrepublik Deutschland / Paul Klemmer. - IN: Bau '91 / [Verband der Bauindustrie für Niedersachsen. Verantw.: Egon H. Schlenke]. - Hannover, 1991. - S. 25 - 33.

1981 A 192063
Lornsen-Veit, Birgitt:
Investitionsförderung in Ostdeutschland / Birgitt Lornsen-Veit. - Kommentar S. 126 - 134. - IN: Investitionen und Unternehmenskauf in den neuen Bundesländern / [Red.: Dirk Petrat]. - Hamburg, 1991. - S. 105 - 126.

1982 C 171498
MacDonald, Donogh C.:
Implications of unification for saving and investment in West Germany / Donogh McDonald. - Graph. Darst. - IN: German unification / ed. by Leslie Lipschitz ... - Washington, DC, 1990. - ISBN 1-55775-200-1. - S. 137 - 143. - (Occasional paper / International Monetary Fund ; 75)

1983 C 171498
MacDonald, Donogh C.:
Investment needs in East Germany / Donogh McDonald and Günther Thumann. - IN: German unification / ed. by Leslie Lipschitz ... - Washington, DC, 1990. - ISBN 1-55775-200-1. - S. 71 - 77. - (Occasional paper / International Monetary Fund ; 75)

1984 B 260730
Montag, Heinrich:
Steuerliche Rahmenbedingungen für Investitionsentscheidungen in den neuen Bundesländern / Heinrich Montag. - IN: Das vereinigte Deutschland im europäischen Markt. - Düsseldorf, 1992. - ISBN 3-8021-0519-2. - S. 329 - 356. - (Bericht über die Fachtagung ... des Instituts der Wirtschaftsprüfer in Deutschland e. V. ; 23)

1985 YY 3893 (43)
Neumann, Frauke:
Industrie verstärkt Engagement in Ostdeutschland : Ergebnisse einer Sonderumfrage des Ifo-Instituts / F. Neumann. - Graph. Darst. - IN: Ifo-Schnelldienst. - 43 (1990),34, S. 8 - 10

1986 YY 3893 (45)
Neumann, Frauke:
Neue Bundesländer: Unternehmensinvestitionen weitgehend durch westliche Engagements getragen / F. Neumann. - IN: Ifo-Schnelldienst. - 45 (1992),6, S. 6 - 7

1987 C 170296
Rahneberg, Helmut:
Veränderung des Investitionsklimas in Ostdeutschland nach Einführung der DM : Ergebnisse einer Unternehmensbefragung / [H. Rahneberg ; S. Wieczorek ; H. Zimmermann]. - Berlin, 1990. - 37 S. : graph. Darst. - (Forschungsreihe / Institut für Angewandte Wirtschaftsforschung, Berlin ; 90,15). - Druckschriftennr.: Best.-Nr. 900115

1988 A 189759
Schmidt, Hans:
Das Investitionsproblem in Ostdeutschland aus monetärer Sicht / von Hans Schmidt. - IN: Probleme der Einheit. - 3 (1991), S. 31 - 45

1989 YY 4230 (44)
Schneider, Dieter:
Sinn und Widersinn der steuerlichen Investitionsförderung für die neuen Bundesländer und des Solidaritätszuschlags / Dieter Schneider. - IN: Der Betrieb. - 44 (1991),21, S. 1081 - 1087

1990 Q 4583
Statistisches Jahrbuch über ausgewählte Kennziffern der Investitionen ... / Statistisches Amt der DDR. - Berlin. - 1990

1991 C 169310
Stern, Volker:
DDR-Wirtschaft - Rahmenbedingungen wichtiger als Subventionen / [Bearb.: Volker Stern]. - Wiesbaden : Karl-Bräuer-Inst. des Bundes der Steuerzahler, 1990. - 10 Bl. - (Analysen, Argumente, Anstöße : Sonderinformation ; 7)

1992 YY 8448 (1991)
Stöbe, Frank:
Privates Sparverhalten in den neuen Bundesländern / Frank Stöbe. - Graph. Darst. - IN: Die Bank. - 1991,5, S. 248 - 252

1993 YY 3893 (44)
Weichselberger, Annette:
Investitionsaktivitäten westdeutscher

Unternehmen in der ehemaligen DDR / Annette Weichselberger ; Peter Jäckel. - IN: Ifo-Schnelldienst. - 44 (1991),12, S. 6 - 10

1994 XX 2321 (38)
Zinn, Karl G.:
Investitionsunsicherheit, Zinstendenzen und wachsende Kapitalknappheit / Karl Georg Zinn. - IN: Wirtschaftswissenschaft. - 38 (1990),9, S. 1217 - 1230

1995 A 192865
Zitzmann, Gerhard:
Zulagen für Investitionen in den neuen Bundesländern : [aktuell mit Investitionszulagenerlaß, Voraussetzungen, Bemessungsgrundlage, ertragsteuerliche Behandlung, Rechtsprechungshinweise in ABC-Form, Beispiele, Schaubilder] / von Gerhard Zitzmann. - 3. Aufl. - Bonn : Stollfuß, 1992. - 126 S. - (Stollfuß-Leitfäden). - ISBN: 3-08-364083-8

J-4 Consumption, Income, Private Household - Verbrauch, Einkommen, Haushalt

1996 Y 370 (57)
Bedau, Klaus-Dietrich:
Die Einkommensverteilung nach Haushaltsgruppen in der ehemaligen DDR / [bearb. von Klaus-Dietrich Bedau und Heinz Vortmann]. - IN: Wochenbericht / Deutsches Institut für Wirtschaftsforschung. - 57 (1990),47, S. 655 - 660

1997 Y 369 (59)
Biebler, Edith:
Consumption matrices in the German Democratic Republic and in the Federal Republic of Germany : a contribution to intercountry input-output analysis / by Edith Biebler and Jochen Schmidt. - Graph. Darst. - IN: Vierteljahrshefte zur Wirtschaftsforschung. - 59 (1990),4, S. 322 - 332

1998 B 256681
Busch, Ulrich:
Zur Entwicklung des Lebensstandards in den neuen Bundesländern / Ulrich Busch. - IN: Wirtschaftspolitische Konsequenzen der deutschen Vereinigung / Andreas Westphal ... (Hg.). - Frankfurt, 1991. - ISBN 3-593-34507-2. - S. 215 - 235. - (Reihe "Wirtschaftswissenschaft" ; 15)

1999 YY 8609
Deutschland <Bundesrepublik> / Statistisches Bundesamt:
Fachserie / Statistisches Bundesamt. 15, Wirtschaftsrechnungen. Reihe 1, Einnahmen und Ausgaben ausgewählter privater Haushalte. - Stuttgart : Metzler-Poeschel.
- 1991. (1992)

2000 A 191131
Dietrich, Hans:
Private Haushalte in den neuen Bundesländern : ein Datenhandbuch / Hans Dietrich ; Walter Funk. - Düsseldorf : Stiftung Der Private Haushalt, 1991. - 190 S. : graph. Darst.

2001 Y 370 (58)
Einkommen und Verbrauch der privaten Haushalte in den neuen und alten Bundesländern / [bearb. von Mitarb. des DIW ...]. - IN: Wochenbericht / Deutsches Institut für Wirtschaftsforschung. - 58 (1991),29, S. 403 - 415

2002 C 174023
Einkommen und Verbrauch in den privaten Haushalten der neuen Bundesländer / [Jürgen Boje ...]. - Berlin, 1991. - 72 S. : graph. Darst. - (Forschungsreihe / Institut für Angewandte Wirtschaftsforschung, Berlin ; 91,11). - Druckschriftennr.: Bestell-Nr.: 910111

2003 Y 370 (59)
Einkommensentwicklung der privaten Haushalte in Ostdeutschland / [bearb. von Peter Krause ...]. - IN: Wochenbericht / Deutsches Institut für Wirtschaftsforschung. - 59 (1992),4, S. 35 - 40

2004 C 177361
Erk, Günter:
Käuferverhalten auf Lebensmittelmärkten der östlichen Bundesländer und Schlußfolgerungen für Unternehmen per Dezember 1991 : Bericht zum Auftrag Nr. 1 Z 10 005/001 der "Centralen Marketinggesellschaft der deutschen Agrarwirtschaft mbH" / Themenleiter: G. Erk. - Bernburg : CMA-Marketingforschung Inland, 1991. - 17, [44] Bl.

2005 C 177364
Fiebiger, Hilde:

Die Zeitbudgeterhebung 1990 in der ehemaligen DDR / Hilde Fiebiger. - IN: Zeitbudgeterhebung der amtlichen Statistik / Hrsg.: Statistisches Bundesamt, Wiesbaden. - Wiesbaden, 1991. - S. 12 - 38. - (Schriftenreihe Ausgewählte Arbeitsunterlagen zur Bundesstatistik ; 17)

2006   XX 3755 (41)
Fritzsche, Bernd:
Verteilungspolitik in der Bundesrepublik und in der DDR / von Bernd Fritzsche. - (DDR-Wirtschaft). - IN: RWI-Mitteilungen. - 41 (1990),1/2, S. 93 - 104

2007   C 171820
Gladisch, Doris:
Anpassungsprozesse im privaten Verbrauch im Zuge der deutsch-deutschen Vereinigung / Doris Gladisch. - Berlin, 1991. - 63 S. : graph. Darst. - (Forschungsreihe / Institut für Angewandte Wirtschaftsforschung, Berlin ; 91,1)

2008   A 189039
Haarland, Hans P.:
Haushalt und Familie im Transformationsprozeß zur sozialen Marktwirtschaft in der ehemaligen DDR / Hans Peter Haarland und Hans-Joachim Niessen. - Graph. Darst. - IN: Der private Haushalt als Wirtschaftsfaktor / Sylvia Gräbe (Hg.). - Frankfurt, 1991. - ISBN 3-593-34509-9. - S. 186 - 212. - (Reihe "Stiftung Der Private Haushalt" ; 13)

2009   A 189221
Holst, Elke:
Zeitverwendung in der DDR am Vorabend der Marktwirtschaft / Elke Holst und Eckhard Priller. - IN: Lebenslagen im Wandel / Projektgruppe "Das Sozio-Ökonomische Panel" (Hg.). - Frankfurt, 1991. - ISBN 3-593-34533-1. - S. 237 - 259. - (Sozio-ökonomische Daten und Analysen für die Bundesrepublik Deutschland ; 5)

2010   C 177774
Im Trabi durch die Zeit : 40 Jahre Leben in der DDR / [Statistisches Bundesamt, Wiesbaden]. Hrsg. von Egon Hölder. - Stuttgart : Metzler-Poeschel, 1992. - 341 S. : Ill. - Enth. 23 Beitr. - ISBN: 3-8246-0330-6

2011   YY 4718 (107)
Keck, Alfred:
Die privaten Einkommen und ihre Verwendung in der bisherigen Wirtschaftsordnung der DDR : Entwicklung und Ausblick / Alfred Keck. - Graph. Darst. - IN: Sparkasse. - 107 (1990),3, S. 112 - 116

2012   C 168392
Kellner, Marina:
Vergleich des bezahlten Verbrauchs von Gütern und Leistungen privater Haushalte der DDR und der BRD im Jahre 1988 / Marina Kellner. - IN: Soziale Aspekte der Währungs-, Wirtschafts- und Sozialunion. - Berlin, 1990. - S. 15 - 26. - (Forschungsreihe / Institut für Angewandte Wirtschaftsforschung, Berlin ; 90,4)

2013   B 252910
Kigyóssy-Schmidt, Eva:
Verbrauchsstrukturen in Ungarn und in der DDR unter zentralgeleiteten Wirtschaftssystemen / Eva Kigyóssy-Schmidt. - Graph. Darst. - IN: Input-Output-Techniken / Hermann Schnabl (Hrsg.). - Stuttgart, 1991. - ISBN 3-17-011370-4. - S. 103 - 118.

2014   XX 4628 (14)
Köhne, Anne-Lore:
Empowering the consumer movement in Central and Eastern Europe : experiences of a united Germany / Anne-Lore Köhne. - Zsfassung in dt. Sprache. - IN: Journal of consumer policy. - 14 (1991), 2, S. 229 - 237

2015   XX 5944 (1991)
Kretzschmar, Albrecht:
Zur sozialen Lage der DDR-Bevölkerung / Albrecht Kretzschmar. - IN: BISS public - 1. // 1991,4, S. 38 - 97
- 2. // 1991,5, S. 77 - 106

2016   A 190952
Lange, Elmar:
Jugendkonsum : empirische Untersuchungen über Konsummuster, Freizeitverhalten und soziale Milieus bei Jugendlichen in der Bundesrepublik Deutschland / Elmar Lange. - Opladen : Leske + Budrich, 1991. - 175 S. : graph. Darst. - ISBN: 3-8100-0878-8

2017   A 189039
Lützel, Heinrich:
Private Haushalte, Motor für Konjunktur und Strukturwandel : eine Analyse von

1950 bis 1990 / Heinrich Lützel. -
Graph. Darst. - IN: Der private Haushalt
als Wirtschaftsfaktor / Sylvia Gräbe
(Hg.). - Frankfurt, 1991. - ISBN
3-593-34509-9. - S. 86 - 103. - (Reihe
"Stiftung Der Private Haushalt" ; 13)

2018   A 191965
Manz, Günter:
Armut in der "DDR"-Bevölkerung :
Lebensstandard und Konsumtionsniveau vor
und nach der Wende / Günter Manz. -
Augsburg : MaroVerl., 1992. - XI, 151 S.
- (Beiträge zur Sozialpolitik-Forschung
; 7). - ISBN: 3-87512-177-5

2019   XX 4057 (25)
Naor, Jacob:
Demand research and the planning of
consumer goods supplies in a centralised
socialist system : the case of the
former German Democratic Republic /
Jacob Naor and Olaf Schmutzler. - IN:
European journal of marketing. - 25
(1991),8, S. 13 - 31

2020   C 174026
Nierhaus, Wolfgang:
Entwicklung der Realeinkommen
ausgewählter Haushalte in den neuen
Bundesländern : Gutachten im Auftrag
des Bundesministers für Wirtschaft /
Bearb.: Wolfgang Nierhaus. - München :
Ifo-Inst. für Wirtschaftsforschung,
1991. - X, 59 S. - (Einzelschrift des
Ifo-Instituts für Wirtschaftsforschung).
- ISBN: 3-88512-144-1

2021   YY 3893 (45)
Nierhaus, Wolfgang:
Kaufkraftschwund in Ostdeutschland? /
W. Nierhaus. - IN: Ifo-Schnelldienst. -
45 (1992),3, S. 3 - 5

2022   YY 3893 (44)
Nierhaus, Wolfgang:
Realeinkommen und Lohnpolitik in den
neuen Bundesländern / W. Nierhaus. -
IN: Ifo-Schnelldienst. - 44 (1991),12,
S. 3 - 5

2023   YY 3893 (44)
Nierhaus, Wolfgang:
Zur Realeinkommensentwicklung
ausgewählter Haushalte in den neuen
Bundesländern / W. Nierhaus. - IN:
Ifo-Schnelldienst. - 44 (1991),23,
S. 20 - 24

2024   YY 13232 (1990)
Nitsche, Joachim:
Individuelle Konsumtion in West- und
Ostdeutschland / von Joachim Nitsche. -
IN: IPW-Berichte. - 1990,10, S. 19 - 23

2025   C 176680
Niveau und Struktur der verfügbaren
Einkommen und des privaten Verbrauchs in
den neuen Bundesländern /
Klaus-Dietrich Bedau ... - Berlin :
Duncker & Humblot, 1992. - 200 S. -
(Beiträge zur Strukturforschung ; 126).
- ISBN: 3-428-07376-2

2026   Y 370 (58)
Ostdeutscher Einkommensrückstand
schrumpft / [bearb. von Klaus-Dietrich
Bedau]. - IN: Wochenbericht / Deutsches
Institut für Wirtschaftsforschung. - 58
(1991),48, S. 682 - 685

2027   A 189039
Der private Haushalt als Wirtschafts-
faktor / Sylvia Gräbe (Hg.). -
Frankfurt [u.a.] : Campus-Verl., 1991. -
216 S. : graph. Darst. - (Reihe
"Stiftung Der Private Haushalt" ; 13). -
Enth. 9 Beitr. - ISBN: 3-593-34509-9

2028   Y 370
Der private Verbrauch im ... Quartal ...
. - IN: Wochenbericht / Deutsches
Institut für Wirtschaftsforschung. -
Berlin.
- 1991,3. // 58 (1991),50, S. 705 - 709
- 1991,4. // 59 (1992),11, S. 125 - 129

2029   YY 12755 (18)
Randow, Horst:
Verbrauch und Verbrauchsverhalten der
Haushalte in den neuen Bundesländern
nach der Währungsunion / Horst Randow.
- IN: Planung und Analyse. - 18
(1991),5, S. 167 - 170

2030   YY 1276 (44)
Schäfer, Claus:
Zunehmende Schieflagen in der
Einkommensverteilung : zur Entwicklung
der Einkommensverteilung 1990 / von
Claus Schäfer. - IN: WSI-Mitteilungen. -
44 (1991),10, S. 593 - 613

2031   Y 370 (58)
Schmidt, Jochen:
Lebhafte Konsumnachfrage zum
Jahresausklang : der private Verbrauch
in Westdeutschland im vierten Quartal

1990 / [bearb. von Jochen Schmidt]. - Graph. Darst. - IN: Wochenbericht / Deutsches Institut für Wirtschaftsforschung. - 58 (1991),11, S. 112 - 115

2032   YY 8700 (24)
Schwarze, Johannes:
Ausbildung und Einkommen von Männern : Einkommensfunktionsschätzungen für die ehemalige DDR und die Bundesrepublik Deutschland / Johannes Schwarze. - Zsfassung in engl. u. franz. Sprache. - IN: Mitteilungen aus der Arbeitsmarkt- und Berufsforschung. - 24 (1991),1, S. 63 - 69

2033   A 189221
Schwarze, Johannes:
Die Entwicklung der Haushaltseinkommen in Ostdeutschland von Mitte 1989 bis Ende 1990 : Ergebnisse einer Modellrechnung / Johannes Schwarze und Birgit Parakenings. - IN: Lebenslagen im Wandel / Projektgruppe "Das Sozio-Ökonomische Panel" (Hg.). - Frankfurt, 1991. - ISBN 3-593-34533-1. - S. 299 - 317. - (Sozio-ökonomische Daten und Analysen für die Bundesrepublik Deutschland ; 5)

2034   Y 370 (58)
Schwarze, Johannes:
Entwicklung der Haushaltseinkommen in Ostdeutschland 1989/90 / [bearb. von Johannes Schwarze und Birgit Parakenings]. - IN: Wochenbericht / Deutsches Institut für Wirtschaftsforschung. - 58 (1991),17, S. 215 - 220

2035   A 189221
Schwarze, Johannes:
Indikatoren zur Beschreibung der Einkommenssituation in der DDR / Johannes Scharze, Peter Krause und Joachim Frick. - IN: Lebenslagen im Wandel / Projektgruppe "Das Sozio-Ökonomische Panel" (Hg.). - Frankfurt, 1991. - ISBN 3-593-34533-1. - S. 198 - 217. - (Sozio-ökonomische Daten und Analysen für die Bundesrepublik Deutschland ; 5)

2036   A 189039
Schweitzer, Rosemarie von:
Haushaltsproduktion und Aufwendungen der Haushalte für die nachwachsende Generation / Rosemarie von Schweitzer. - IN: Der private Haushalt als Wirtschaftsfaktor / Sylvia Gräbe (Hg.).

- Frankfurt, 1991. - ISBN 3-593-34509-9. - S. 107 - 117. - (Reihe "Stiftung Der Private Haushalt" ; 13)

2037   Q 4577
Statistik des Haushaltsbudgets : Zusatzbefragung 1989 zum Verbrauch von Nahrungs- und Genußmitteln sowie zu Lebensmittelverlusten in Haushalten von Arbeitern und Angestellten, LPG-Mitgliedern, Rentnern / Statistisches Amt der DDR, Abteilung Lebensniveau und Bevölkerungsbefragungen. - Berlin, 1990. - 45 S.

2038   Q 4580
Statistik des Haushaltsbudgets / Statistisches Amt der DDR, Abteilung Lebensniveau und Bevölkerungsbefragungen. Arbeiter- und Angestelltenhaushalte : Haushaltsgrößen nach Haushaltsnettoeinkommen ; Familienhaushalte nach Haushaltsnettoeinkommensgruppen. - Berlin. - 1989. (1990)

2039   Q 4575
Statistik des Haushaltsbudgets / Statistisches Amt der DDR, Abteilung Lebensniveau und Bevölkerungsbefragungen. Haushalte von LPG-Mitgliedern. - Berlin. - 1989. (1990)

2040   Q 4576
Statistik des Haushaltsbudgets / Statistisches Amt der DDR, Abteilung Lebensniveau und Bevölkerungsbefragungen. Rentnerhaushalte, Haushalte ohne Arbeitseinkommen. - Berlin. - 1989. (1990)

2041   C 176761
Svindland, Eirik:
Möglichkeiten einer breiten Streuung des volkseigenen Vermögens in der DDR im Zusammenhang mit seiner Privatisierung / von E. Svindland. - Berlin : Dt. Inst. für Wirtschaftsforschung, 1990. - 32 Bl.

2042   Y 370
Die Vermögenseinkommen der privaten Haushalte in der Bundesrepublik Deutschland ... . - Erscheinungsbeginn: 1990 (1991). - Früher u.d.T.: Die Vermögenseinkommen der privaten Haushalte im Jahr ... - IN: Wochenbericht / Deutsches Institut für

Wirtschaftsforschung. - Berlin.
- 1990. // 58 (1991),31, S. 435 - 441

2043 C 173839
Zwischen Frust und Hoffnung : Osteuropa auf dem Weg in die Konsumgesellschaft ; Bericht der GfK-Tagung vom 14. Juni 1991 in der Meistersingerhalle Nürnberg. - Hamburg, 1991. - 103 Bl. : Ill. - Enth. 4 Beitr.

J-5 Socio-Economic Panel, Social Indicators - Sozio-ökonomisches Panel, Sozialindikatoren

2044 B 253342
An der Schwelle zur sozialen Marktwirtschaft : Ergebnisse aus der Basiserhebung des sozio-ökonomischen Panels in der DDR im Juni 1990 / Institut für Arbeitsmarkt- und Berufsforschung der Bundesanstalt für Arbeit. Gert Wagner ... (Hrsg.). - Nürnberg, 1991. - Getr. Zählung. - (Beiträge zur Arbeitsmarkt- und Berufsforschung ; 143). - Enth. 11 Beitr.

2045 A 189221
Bedau, Klaus-Dietrich:
Vergleich der DDR-Basisbefragung '90 des Sozio-ökonomischen Panels mit makro-orientierten Rahmendaten für das Jahr 1988 / Klaus-Dietrich Bedau und Heinz Vortmann. - IN: Lebenslagen im Wandel / Projektgruppe "Das Sozio-Ökonomische Panel" (Hg.). - Frankfurt, 1991. - ISBN 3-593-34533-1. - S. 113 - 126. - (Sozio-ökonomische Daten und Analysen für die Bundesrepublik Deutschland ; 5)

2046 A 192220
Berger, Horst:
Sozialindikatorenforschung, amtliche Statistik und Sozialberichterstattung in Ostdeutschland : Bestandsaufnahme und Pespektiven / Horst Berger. - IN: Empirische Sozialforschung im vereinten Deutschland / Dieter Jaufmann ... (Hg.). - Frankfurt, 1992. - ISBN 3-593-34512-9. - S. 103 - 108.

2047 YY 8928 (23)
Gillwald, Katrin:
Social reporting and the future of a united Germany / Katrin Gillwald and Roland Habich. - IN: Futures. - 23 (1991),8, S. 787 - 800

2048 A 189221
Habich, Roland:
Der Wohlfahrtssurvey im Herbst 1990 in Ostdeutschland : Konzeption und Methode / Roland Habich und Detlef Landua. - IN: Lebenslagen im Wandel / Projektgruppe "Das Sozio-Ökonomische Panel" (Hg.). - Frankfurt, 1991. - ISBN 3-593-34533-1. - S. 81 - 96. - (Sozio-ökonomische Daten und Analysen für die Bundesrepublik Deutschland ; 5)

2049 W 261 (91,101)
Landua, Detlef:
Der lange Weg zur Einheit : unterschiedliche Lebensqualität in den "alten" und "neuen" Bundesländern / Detlef Landua ; Annette Spellerberg ; Roland Habich. - Berlin, 1991. - 44 S. : graph. Darst. - (Papers / Wissenschaftszentrum Berlin für Sozialforschung, Arbeitsgruppe Sozialberichterstattung ; 91,101)

2050 A 187065
Lebenslagen :
Sozialindikatorenforschung in beiden Teilen Deutschlands / Heiner Timmermann (Hrsg.). - Saarbrücken-Scheidt : Dadder, 1990. - 272 S. : graph. Darst. - (Forum: Politik ; 12). - Enth. 13 Beitr. - Auch als: Europäische Akademie <Otzenhausen>: Dokumente und Schriften der Europäischen Akademie, Otzenhausen ; 64. - ISBN: 3-926406-49-6

2051 A 189221
Lebenslagen im Wandel : Basisdaten und -analysen zur Entwicklung in den neuen Bundesländern / Projektgruppe "Das Sozio-ökonomische Panel" (Hg.). - Frankfurt [u.a.] : Campus-Verl., 1991. - 360 S. : graph. Darst. - (Sozio-ökonomische Daten und Analysen für die Bundesrepublik Deutschland ; 5). - Enth. 21 Beitr. - ISBN: 3-593-34533-1

2052 W 620 (18)
Pischner, Rainer:
Eine konsistente Haushalts- und Personengewichtung für die DDR-Basisbefragung des SOEP / Rainer Pischner. - Berlin, 1991. - 27 S. : graph. Darst. - (Diskussionspapiere / Deutsches Institut für Wirtschaftsforschung, Berlin ; 18)

2053 Y 369 (60)
Pischner, Rainer:
Eine konsistente Haushalts- und
Personengewichtung für die
DDR-Basisbefragung des SOEP und für die
Ost-Pilotstudie des Wohlfahrtssurveys /
von Rainer Pischner. - SOEP =
Sozio-Ökonomisches Panel. - IN:
Vierteljahrshefte zur Wirtschaftsforschung. - 60 (1991),1/2, S. 50 - 64

2054
Priller, Eckhard:
Bericht über eine Vorerhebung für die
"Basiserhebung '90" des sozio-ökonomischen Panels in der DDR : (Pressebericht) / von Eckhard Priller und
Jürgen Schupp. - Berlin, 1991. - 25, 36
S. - (Diskussionspapier / Deutsches
Institut für Wirtschaftsforschung,
Berlin ; 9)

2055 Y 369 (59)
Schupp, Jürgen:
Die DDR-Stichprobe des sozio-ökonomischen Panels : Konzept und Durchführung
der "Basiserhebung 1990" in der DDR /
von Jürgen Schupp und Gert Wagner. - IN:
Vierteljahrshefte zur Wirtschaftsforschung. - 59 (1990),2/3, S. 152 - 159

2056 B 256216
Schupp, Jürgen:
Die DDR-Stichprobe des
sozio-ökonomischen Panels : Konzept,
Operationalisierungsprobleme und
Pre-Test-Erfahrungen im Hinblick auf die
Arbeitsmarkt- und Berufsforschung / von
Jürgen Schupp und Gert Wagner. - IN:
Erwerbstätigkeit und Arbeitslosigkeit /
Christof Helberger ... (Hrsg.). -
Nürnberg, 1991. - S. 24 - 34. -
(Beiträge zur Arbeitsmarkt- und
Berufsforschung ; 144)

2057 W 260 (326)
Wagner, Gert:
Das sozio-ökonomische Panel im sich
einenden Deutschland : Diskussion der
Stichprobe und Design der "DDR-Basiserhebung 1990" / von Gert Wagner und
Jürgen Schupp. - Frankfurt [u.a.], 1990.
- 62 S. - (Arbeitspapier / Sonderforschungsbereich 3, Mikroanalytische
Grundlagen der Gesellschaftspolitik,
J.-W.-Goethe-Universität Frankfurt und
Universität Mannheim ; 326). - Zsfassung
in engl. Sprache

J-6 Economic and Social Statistics,
Input-Output - Wirtschafts- und
Sozialstatistik, Input-Output

2058 YY 12478 (21)
Angermann, Oswald:
Die Einführung der Bundesstatistik auf
dem Gebiet der ehemaligen DDR / Oswald
Angermann. - Graph. Darst. - IN:
Österreichische Zeitschrift für
Statistik und Informatik. - 21
(1991),1/2, S. 3 - 14

2059 YY 2028 (1990)
Angermann, Oswald:
Statistik der Bundesrepublik Deutschland
und der Deutschen Demokratischen
Republik auf dem Weg zur Einheit /
Oswald Angermann. - Graph. Darst. - IN:
Wirtschaft und Statistik. - 1990,8,
S. 523 - 528

2060 C 168613
Beiträge zur Input-Output-Analyse :
Handel DDR-BRD, Energieträger-Subventionen / Institut für Angewandte
Wirtschaftsforschung , Berlin, [Sektor
Input-Output-Analyse]. - Berlin, 1990. -
20 S. : graph. Darst. - (Information /
Institut für Angewandte Wirtschaftsforschung, Berlin). - Enth. 2 Beitr.

2061 X 393 (74)
Bernhardt, Vera:
Zur Beurteilung volkswirtschaftlicher
Kennziffern im Vergleich BRD - DDR /
von Vera Bernhardt. - Zsfassung in engl.
Sprache. - IN: Allgemeines statistisches
Archiv. - 74 (1990),3, S. 372 - 385

2062 Y 15591
Bevölkerungsstruktur und
Wirtschaftskraft der Bundesländer /
Statistisches Bundesamt. - Stuttgart :
Metzler-Poeschel.
- 1990/91. (1991)

2063 X 393 (76)
Brühl, Wolfgang:
Wirtschaftsstatistik im Spannungsfeld
zwischen Datenlieferung und Datennutzung
/ von Wolfgang Brühl. - (Vorträge auf
der ... Jahreshauptversammlung der
Deutschen Statistischen Gesellschaft ;
62). - Zsfassung in engl. Sprache. - IN:
Allgemeines statistisches Archiv. - 76
(1992),1, S. 43 - 52

2064 B 246612
DDR 1990 : Zahlen und Fakten / Statistisches Bundesamt. - Stuttgart : Metzler-Poeschel, 1990. - 90 S. : graph. Darst. - ISBN: 3-8246-0057-9

2065 Y 11776
Deutschland <Bundesrepublik>:
Statistisches Jahrbuch ... für das vereinte Deutschland . - Stuttgart : Metzler-Poeschel. - Erscheinungsbeginn: 1991. - Bis 1990 u.d.T.: Deutschland <Bundesrepublik>: Statistisches Jahrbuch ... für die Bundesrepublik Deutschland
- 1991

2066 Qz 1076
Deutschland <DDR> / Statistisches Amt:
Monatszahlen / Statistisches Amt der DDR : Ergebnistabellen und Grafiken. - Berlin. - Bis 1990,September erschienen. - Später u.d.T.: Gemeinsames Statistisches Amt <Berlin>: Monatszahlen
- 1990. Januar - September

2067 C 170719
Ergebnisse der wirtschaftlichen und sozialen Entwicklung / Statistisches Amt der DDR. - [Berlin]. - Bis 1990 erschienen
- 1990,Juli

2068 Qz 1076
Gemeinsames Statistisches Amt <Berlin>:
Monatszahlen / Gemeinsames Statistisches Amt : Ergebnistabellen und Grafiken. - Berlin. - Erscheinungsbeginn: 1990,Oktober. - Früher u.d.T.: Deutschland <DDR> / Statistisches Amt: Monatszahlen. - Später u.d.T.: Monatszahlen der Bundesländer Brandenburg, Mecklenburg-Vorpommern, Sachsen, Sachsen-Anhalt und Thüringen
- 1990. Oktober

2069 X 393 (76)
Hanau, Klaus:
Wirtschaftsstatistik im vereinten Deutschland : einheitlich, zweigeteilt oder differenziert? / von Klaus Hanau. - (Vorträge auf der ... Jahreshauptversammlung der Deutschen Statistischen Gesellschaft ; 62). - Zsfassung in engl. Sprache. - IN: Allgemeines statistisches Archiv. - 76 (1992),1, S. 34 - 42

2070 C 172687
Handbuch volkswirtschaftlicher Marktdaten : 1990 / Institut für Marktforschung, Leipzig. - Leipzig, 1990. - S. 1001 - 6045.

2071 C 168393
Heinze, Angela:
Beiträge zur Input-Output-Analyse : strukturelle Probleme des F/E-Einsatzes für das volkswirtschaftliche Endprodukt der DDR / Angela Heinze ; Jens Kammerath. - Berlin, 1990. - 18 S. - (Forschungsreihe / Institut für Angewandte Wirtschaftsforschung, Berlin ; 90,6). - Druckschriftennr.: Best.-Nr. 900106

2072 X 393 (76)
Hölder, Egon:
Amtliche Statistik im vereinten Deutschland : Teil der europäischen Statistik / von Egon Hölder. - (Vorträge auf der ... Jahreshauptversammlung der Deutschen Statistischen Gesellschaft ; 62). - Zsfassung in engl. Sprache. - IN: Allgemeines statistisches Archiv. - 76 (1992),1, S. 20 - 33

2073 C 168607
Input-Output-Analyse : Ergebnisse - Angebote - Perspektiven / Institut für Angewandte Wirtschaftsforschung, Sektor Input-Output-Analyse. Jens Kammerath ... - Berlin, 1990. - 40, 3 Bl. - (Information / Institut für Angewandte Wirtschaftsforschung, Berlin)

2074 A 192220
Janke, Rudolf:
Amtliche Statistik auf dem Gebiet der neuen Bundesländer und was sie der Markt- und Meinungsforschung bietet / Rudolf Janke. - IN: Empirische Sozialforschung im vereinten Deutschland / Dieter Jaufmann ... (Hg.). - Frankfurt, 1992. - ISBN 3-593-34512-9. - S. 403 - 415.

2075 C 170614
Kammerath, Jens:
Strukturbewertung mit Hilfe der Input-Output-Analyse im Vorfeld der deutschen Wirtschafts-, Währungs- und Sozialunion / Jens Kammerath. - Graph. Darst. - IN: Ausgewählte Beiträge zum Kolloquium "Grundzüge einer Marktwirtschaftlich Ausgerichteten Strukturpolitik in der DDR und Anforderungen für die Arbeitsteilung im

Europäischen Raum". - Berlin, 1990. -
S. 90 - 108. - (Informationsreihe /
Institut für Angewandte Wirtschafts-
forschung, Berlin ; 90,10)

2076 X 393 (76)
Kockel, Klaus:
Ausgewählte Probleme der früheren
DDR-Statistik / von Klaus Kockel. -
(Vorträge auf der ... Jahreshaupt-
versammlung der Deutschen Statistischen
Gesellschaft ; 62). - Zsfassung in engl.
Sprache. - IN: Allgemeines statistisches
Archiv. - 76 (1992),1, S. 1 - 14

2077 Qz 1076
Monatszahlen der Bundesländer
Brandenburg, Mecklenburg-Vorpommern,
Sachsen, Sachsen-Anhalt und Thüringen :
Ergebnistabellen und Grafiken / Hrsg. in
Zusammenarbeit mit den Statistischen
Landesämtern: Gemeinsames Statistisches
Amt der Neuen Bundesländer, Referat
Gesamtstatistik und Informationsdienst.
- Berlin. - Erscheinen eingestellt. -
Früher u.d.T.: Gemeinsames
Statistisches Amt <Berlin>: Monatszahlen
- 1991

2078 YY 3893 (43)
Nierhaus, Wolfgang:
Statistische Untiefen der Wirtschafts-
und Währungsunion / W. Nierhaus. - IN:
Ifo-Schnelldienst. - 43 (1990),24,
S. 25 - 28

2079 C 169164
Die Statistik auf dem Weg zur deutschen
Einheit : Vorträge vor dem
Statistischen Beirat des Statistischen
Bundesamtes anläßlich seiner 37. Tagung
am 3. Juli 1990 in Berlin ; Sonderdruck
/ Statistisches Bundesamt Wiesbaden. -
Wiesbaden, [1990]. - 13 S. - Enth.:
Überlegungen aus der Sicht der
Wissenschaft am Beispiel der Erfahrungen
des Deutschen Instituts für
Wirtschaftsforschung / Doris Cornelsen.
Vorstellungen der Wirtschaft zum
vordringlichen Informationsbedarf über
die DDR und die aus ihrer Sicht zu
treffenden Maßnahmen / Karl Heinz
Freitag. - Enth. 2 Beitr.

2080 B 255202
Statistik im Übergang zur Marktwirt-
schaft : Probleme und Lösungsansätze ;
Bericht über den Workshop "Major Fields
of Transition Problems" vom 15. - 19.
Oktober 1990 in Budapest / Hrsg.:
Statistisches Bundesamt, Wiesbaden. -
Stuttgart : Metzler-Poeschel, 1991. -
346 S. : graph. Darst. - (Schriftenreihe
Forum der Bundesstatistik ; 18). -
Beitr. teilw. dt., teilw. engl. - Enth.
18 Beitr. - Druckschriftennr.:
Bestellnummer: 1030418-91900. - ISBN:
3-8246-0076-5

2081 XX 4163
Statistischer Wochendienst /
Statistisches Bundesamt. - Stuttgart :
Metzler-Poeschel. - Erscheinungsbeginn:
Jg. 1 (1950). - ISSN: 0177-2554
- 1991
- 1992

2082 X 380 (1991)
Winkler, Othmar W.:
Unterschiedliche Ansätze zur
Wirtschafts- und Sozialstatistik in Ost
und West = Contrasting approaches to
socio-economic statistics in East and
West / von Othmar W. Winkler. -
Zsfassung in engl. Sprache. - IN:
Jahrbücher für Nationalökonomie und
Statistik. - 1991,September = Bd. 208,
H. 5, S. 459 - 492

2083 YY 13420
Zur wirtschaftlichen und sozialen Lage
in den neuen Bundesländern / Statistisches Bundesamt. - Stuttgart : Metzler-Poeschel. - Erscheinungsbeginn: 1991
- 1991
- 1992

J-7 National Accounting, National
Product - Volkswirtschaftliche
Gesamtrechnung, Sozialprodukt

2084 Y 31422
Deutschland <Bundesrepublik> /
Statistisches Bundesamt:
Fachserie / Statistisches Bundesamt,
Wiesbaden. 18, Volkswirtschaftliche
Gesamtrechnungen. Reihe 1, Konten und
Standardtabellen ... 1, Erste Ergebnisse
der Sozialproduktsberechnung. -
Stuttgart [u.a.] : Kohlhammer. - Ab 1988
(1989) im Verl. Metzler-Poeschel,
Stuttgart, erschienen. -
Erscheinungsbeginn: 1987 (1988). -
Hervorgegangen aus: Deutschland
<Bundesrepublik> / Statistisches
Bundesamt: [Fachserie / 18 / 1]

Deutschland <Bundesrepublik> /
Statistisches Bundesamt:
Fachserie
- 1991. (1992)

2085　　　　　　　　　YY 12576
Deutschland <Bundesrepublik> /
Statistisches Bundesamt:
Fachserie / Statistisches Bundesamt,
Wiesbaden. 18, Volkswirtschaftliche
Gesamtrechnungen. Reihe 3,
Vierteljahresergebnisse der
Sozialproduktsberechnung. - Stuttgart
[u.a.] : Kohlhammer. - Ab 1988,4 (1989)
im Verl. Metzler-Poeschel, Stuttgart,
erschienen. - Erscheinungsbeginn: 1987
- 1991. (1991/92)
- 1992. (1992/93)

2086　　　　　　　　　C 173368
Filip-Köhn, Renate:
Dimensionen eines Ausgleichs des
Wirtschaftsgefälles zur DDR / von
Renate Filip-Köhn ; Udo Ludwig. -
Berlin, 1990. - 15 Bl. -
(Diskussionspapier / Deutsches Institut
für Wirtschaftsforschung, Berlin ; 3)

2087　　　　　　　　　XX 2321 (38)
Haeder, Wolfgang:
Wirtschaftssysteme und
volkswirtschaftliche Gesamtrechnung /
Wolfgang Haeder ; Dieter Walter. -
Zsfassung in russ. u. engl. Sprache. -
IN: Wirtschaftswissenschaft. - 38
(1990),5, S. 657 - 669

2088　　　　　　　　　YY 2028 (1991)
Horstmann, Heinz:
Sozialprodukt im Gebiet der ehemaligen
DDR im 2. Halbjahr 1990 / Heinz
Horstmann ; Ralf Hein ; Doris Hoeppner.
- IN: Wirtschaft und Statistik. -
1991,5, S. 305 - 313

2089　　　　　　　　　B 255202
Karbstein, Werner:
Sozialproduktrechnung der DDR : erste
Ergebnisse und methodische Erläuterungen
/ Werner Karbstein, Ralf Hein, Doris
Hoeppner. - IN: Statistik im Übergang
zur Marktwirtschaft / Hrsg.:
Statistisches Bundesamt, Wiesbaden. -
Stuttgart, 1991. - ISBN 3-8246-0076-5. -
S. 62 - 80. - (Schriftenreihe Forum der
Bundesstatistik ; 18)

2090　　　　　　　　　B 255202
Lützel, Heinrich:
Bemerkungen zur vorliegenden
Sozialproduktberechnung der DDR /
Heinrich Lützel. - IN: Statistik im
Übergang zur Marktwirtschaft / Hrsg.:
Statistisches Bundesamt, Wiesbaden. -
Stuttgart, 1991. - ISBN 3-8246-0076-5. -
S. 81 - 89. - (Schriftenreihe Forum der
Bundesstatistik ; 18)

2091　　　　　　　　　Y 370 (57)
Müller-Krumholz, Karin:
Beschleunigter Produktionsrückgang in
der Deutschen Demokratischen Republik :
die ersten Ergebnisse der
volkswirtschaftlichen Gesamtrechnung für
das 2.Quartal 1990 / [bearb. von Karin
Müller-Krumholz]. - IN: Wochenbericht /
Deutsches Institut für Wirtschaftsforschung. - 57 (1990),33, S. 457 - 459

2092　　　　　　　　　YY 2028
Sozialprodukt in Deutschland im Jahr ...
. - Erscheinungsbeginn: 1991 (1992). -
1990 (1991) u.d.T.: Sozialprodukt im
bisherigen Gebiet der Bundesrepublik
Deutschland im Jahr ... - Früher u.d.T.:
Sozialprodukt im Jahr ... - IN:
Wirtschaft und Statistik / Hrsg.:
Statistisches Bundesamt. - Stuttgart.
- 1990. // 1991,1, S. 17 - 27
- 1991. // 1992,1, S. 11 - 23

2093　　　　　　　　　Q 4584
Statistisches Jahrbuch des
gesellschaftlichen Gesamtprodukts und
des Nationaleinkommens / Statistisches
Amt der DDR. - Berlin.
- 1989. (1990)

2094　　　　　　　　　YY 731
Die Vermögensbildung und ihre
Finanzierung in der Bundesrepublik
Deutschland im Jahre ... . - IN: Monats-
berichte der Deutschen Bundesbank. -
Frankfurt am Main.
- 1991. // 44 (1992),5, S. 15 - 25

2095　　　　　　　　　Q 4574
Volkswirtschaftliche Gesamtrechnungen /
Statistisches Amt der DDR, Abteilung
Volkswirtschaftliche Gesamtrechnungen.
Vorläufig. - Berlin.
- 1989. (1990)

2096　　　　　　　　　C 168373
Zur Sozialproduktberechnung der
Deutschen Demokratischen Republik /
Hrsg.: Statistisches Bundesamt. -
Wiesbaden, 1990. - 35 S. -

(Schriftenreihe Ausgewählte Arbeitsunterlagen zur Bundesstatistik ; 12)

J-8 Price Statistics, Price Index - Preisstatistik, Preisindex

2097   Y 18230
Deutschland <Bundesrepublik> /
Statistisches Bundesamt:
Fachserie / Statistisches Bundesamt.
17, Preise. Reihe 2, Preise und
Preisindizes für gewerbliche Produkte. -
Stuttgart : Metzler-Poeschel.
- 1991. (1992)

2098   YY 4694
Deutschland <Bundesrepublik> /
Statistisches Bundesamt:
Fachserie / Statistisches Bundesamt.
17, Preise. Reihe 2, Preise und
Preisindizes für gewerbliche Produkte
(Erzeugerpreise). - Stuttgart :
Metzler-Poeschel. - Erscheinungsbeginn:
1977
- 1992. (1992/93)

2099   Y 18384
Deutschland <Bundesrepublik> /
Statistisches Bundesamt:
Fachserie / Statistisches Bundesamt.
17, Preise. Reihe 7, Preise und
Preisindizes für die Lebenshaltung. -
Stuttgart : Metzler-Poeschel. -
Erscheinungsbeginn: 1976 (1977)
- 1991. (1992)

2100   YY 7466
Deutschland <Bundesrepublik> /
Statistisches Bundesamt:
Fachserie / Statistisches Bundesamt.
17, Preise. Reihe 7, Preise und
Preisindizes für die Lebenshaltung. -
Stuttgart : Metzler-Poeschel. -
Erscheinungsbeginn: 1977
- 1992. (1992/93)

2101   C 172423
Erläuterungen zum Erzeugerpreisindex in
den fünf neuen Bundesländern . - [S.l.],
[circa 1991]. - [3] Bl. - Kopie

2102   Q 4560
Indizes der Erzeugerpreise gewerblicher
industrieller Produkte : 1986 bis 1989.
- Berlin : Statistisches Amt der DDR,
Abt. Preise und Öffentliche Haushalte,
1990. - III, 175 S. - (Preise ; 1)

2103   YY 3893 (45)
Nierhaus, Wolfgang:
Verbraucherpreisentwicklung in
Ostdeutschland / W. Nierhaus. - Graph.
Darst. - IN: Ifo-Schnelldienst. - 45
(1992),8, S. 3 - 5

2104   YY 3893 (44)
Nierhaus, Wolfgang:
Zur Kaufkraftmessung in Ostdeutschland
/ W. Nierhaus. - IN: Ifo-Schnelldienst.
- 44 (1991),16/17, S. 35 - 38

2105   C 170537
Preisindex für die Lebenshaltung :
Wägungsschema 1989. - Berlin :
Statistisches Amt der DDR, Abt. Preise
und Öffentliche Haushalte, 1990. - 17 S.
- (Preise ; 4)

2106   C 177206
Preisindex für die Lebenshaltung :
Wägungsschema ; 2. Halbjahr 1990 - 1.
Halbjahr 1991 / Statistisches Bundesamt,
Zweigstelle Berlin. - Berlin, 1992. - 35
S. - (Preise ; 56)

2107   YY 13138
Preisindex für die Lebenshaltung /
Statistisches Amt der DDR. - Berlin. -
Ab 1990,September Urh.: Statistisches
Bundesamt, Zweigstelle Alexanderplatz. -
Ab 1991 Urh.: Statistisches Bundesamt,
Zweigstelle Berlin-Alexanderplatz,
Fachbereich Preise
- 1990
- 1991
- 1992

2108   C 170538
Preisindizes für ausgewählte Bereiche
der Volkswirtschaft der DDR bis 1989 . -
Berlin : Statistisches Amt der DDR, Abt.
Preise und Öffentliche Haushalte, 1990.
- 11 S. - (Preise ; 2)

2109   B 255202
Szenzenstein, Johann:
Einführung des preisstatistischen
Berichtssystems der Bundesrepublik
Deutschland in der DDR / Johann
Szenzenstein. - IN: Statistik im
Übergang zur Marktwirtschaft / Hrsg.:
Statistisches Bundesamt, Wiesbaden. -
Stuttgart, 1991. - ISBN 3-8246-0076-5. -
S. 192 - 199. - (Schriftenreihe Forum
der Bundesstatistik ; 18)

2110 YY 731 (43)
Zur Messung der Verbraucherpreisentwicklung im vereinigten Deutschland . . - Graph. Darst. - IN: Monatsberichte der Deutschen Bundesbank. - 43 (1991),5, S. 32 - 37

K Economic Structure, Structural Change, Structural Adjustment - Wirtschaftsstruktur, Strukturwandel, strukturelle Anpassung

2111 A 188795
Berteit, Herbert:
Strukturelle Anpassungsprozesse in Ostdeutschland und ihre Folgen für den Arbeitsmarkt / Herbert Berteit. - IN: Perspektiven für den Arbeitsmarkt in den neuen Bundesländern / hrsg. von Kurt Vogler-Ludwig. - München, 1991. - ISBN 3-88512-141-7. - S. 61 - 67. - (Ifo-Studien zur Arbeitsmarktforschung ; 7)

2112 Y 10872 (1990)
Bode, Eckhardt:
Sektorale Strukturprobleme und regionale Anpassungserfordernisse der Wirtschaft in den neuen Bundesländern / von Eckhardt Bode und Christiane Krieger-Boden. - IN: Die Weltwirtschaft. - 1990,2, S. 84 - 97

2113 X 19525
Branchenreport ... . - IN: Gewerkschaftsjahrbuch. - Köln. - **1990/91.** // 1991, S. 207 - 244

2114 YY 13404 (18)
Derix, Hans-Heribert:
Staatliche Strukturpolitik und soziale Marktwirtschaft : Erfahrungen und Erfolgsbedingungen / Hans-Heribert Derix. - IN: Wissenschaftliche Zeitschrift / Handelshochschule, Leipzig. - 18 (1991),3, S. 217 - 223

2115 B 259541
Die deutsche Wirtschaft im Anpassungsschock : Analyse der strukturellen Entwicklung der deutschen Wirtschaft ; Strukturbericht 1991 / Michael Krakowski ... - Hamburg : Verl. Weltarchiv, 1992. - 300 S. - (Veröffentlichung des HWWA-Instituts für Wirtschaftsforschung, Hamburg). - ISBN: 3-87895-425-5

2116 XX 3351 (30)
Friedrichs, Jürgen:
Stukturwandel in der ehemaligen DDR : Konsequenzen für den Städtebau / Jürgen Friedrichs ; Alice Kahl. - Zsfassung in engl. u. franz. Sprache. - IN: Archiv für Kommunalwissenschaften. - 30 (1991),2, S. 169 - 197

2117 YY 3893 (43)
Gerstenberger, Wolfgang L.:
Grenzen fallen - Märkte öffnen sich : die Chancen der deutschen Wirtschaft am Beginn einer neuen Ära / W. Gerstenberger. - Graph. Darst. - IN: Ifo-Schnelldienst. - 43 (1990),28, S. 3 - 23

2118 B 250278
Gerstenberger, Wolfgang L.:
Grenzen fallen - Märkte öffnen sich : die Chancen der deutschen Wirtschaft am Beginn einer neuen Ära ; Strukturberichterstattung 1990 / von Wolfgang Gerstenberger. - Berlin [u.a.] : Duncker & Humblot, 1990. - XII, 286 S. : graph. Darst. - (Schriftenreihe des Ifo-Instituts für Wirtschaftsforschung ; 127). - ISBN: 3-428-07021-6

2119 A 188795
Gerstenberger, Wolfgang L.:
Struktur und Wettbewerbsprobleme der ostdeutschen Wirtschaft : Ansatzpunkte für die Strukturpolitik / Wolfgang Gerstenberger. - IN: Perspektiven für den Arbeitsmarkt in den neuen Bundesländern / hrsg. von Kurt Vogler-Ludwig. - München, 1991. - ISBN 3-88512-141-7. - S. 49 - 60. - (Ifo-Studien zur Arbeitsmarktforschung ; 7)

2120
Gesamtwirtschaftliche und unternehmerische Anpassungsprozesse in Ostdeutschland / Deutsches Institut für Wirtschaftsforschung, Berlin ... [Rainer Maurer ...]. - Kiel. - (Kieler Diskussionsbeiträge ; ...)
- 1. (1991). - 39 S. : graph. Darst.. - (... ; 168)
SIGNATUR: C 171810
- 2. (1991). - 38 S. : graph. Darst.. - (... ; 169)
SIGNATUR: C 173143
- 3. (1991). - 62 S. : graph. Darst.. - (... ; 176)
SIGNATUR: C 174600

Gesamtwirtschaftliche und
unternehmerische Anpassungsprozesse in
Ostdeutschland
- 4. (1991). - 61 S. : graph. Darst.. -
  (... ; 178)
  SIGNATUR: C 175693
- 5. (1992). - 58 S. : graph. Darst.. -
  (... ; 183)
  SIGNATUR: C 177257

2121   Y 370 (58)
Gesamtwirtschaftliche und
unternehmerische Anpassungsprozesse in
Ostdeutschland / Deutsches Institut für
Wirtschaftsforschung, Berlin ... - IN:
Wochenbericht / Deutsches Institut für
Wirtschaftsforschung
- 1. // 58 (1991),12
- 2. // 58 (1991),24
- 3. // 58 (1991),39/40
- 4. // 58 (1991),51/52
- 5. // 59 (1992),12/13

2122   C 170156
Gestaltung des Strukturwandels in der
DDR : am Beispiel der Automobilregion
Zwickau ; Materialband zur wissenschaft-
lichen Konferenz am 11./12.06.1990 in
Zwickau / Veranst.:
Forschungsgemeinschaft für
Außenwirtschaft, Struktur- und
Technologiepolitik (FAST) e. V., Berlin
(W) ... - Berlin, 1990. - III, 77, [2]
S. - Enth. 8 Beitr.

2123   XX 3755 (41)
Halstrick-Schwenk, Marianne:
Die sektoralen Wirtschaftsstrukturen der
Bundesrepublik und der DDR / von
Marianne Halstrick-Schwenk, Klaus Löbbe
und Martin Wenke. - Graph. Darst. -
(DDR-Wirtschaft). - IN: RWI-Mit-
teilungen. - 41 (1990),1/2, S. 11 - 28

2124   YY 13232 (1991)
Hanke, Horst:
Strukturwandel und Beschäftigung in
Ostdeutschland :
beschäftigungspolitische Konsequenzen
und Handlungsbedarf / von Horst Hanke
und Joachim Nitsche. - IN: IPW-Berichte.
- 1991,7/8, S. 23 - 28

2125   X 19407 (30)
Hasenpflug, Henry:
Zur Industriestruktur der ehemaligen DDR
und den damit verbundenen Problemen beim
Übergang in die soziale Marktwirtschaft
/ Henry Hasenpflug ; Hartmut Kowalke. -
Graph. Darst. - IN: Seminarberichte ...
/ Gesellschaft für Regionalforschung,
Deutschsprachige Gruppe der Regional
Science Association. - 30. 1990 (1991),
S. 26 - 41

2126   Y 59 (70)
Heine, Michael:
Sektorale und räumliche Auswirkungen der
Strukturanpassung in der DDR / Michael
Heine ; Dieter Walter. - IN:
Wirtschaftsdienst. - 70 (1990),8,
S. 402 - 405

2127   B 247291
Klinkmüller, Erich:
Strukturelle Schwächen und Stärken des
Währungsgebietes der Mark / von Erich
Klinkmüller. - Graph. Darst. - IN:
Fragen zur Reform der DDR-Wirtschaft /
[Schriftl.: Herbert Wilkens]. - Berlin,
1990. - ISBN 3-428-06908-0. -
S. 85 - 109. - (Beihefte der
Konjunkturpolitik ; 37)

2128   C 170614
Kolloquium Grundzüge einer Marktwirt-
schaftlich Ausgerichteten Struktur-
politik in der DDR und Anforderungen für
die Arbeitsteilung im Europäischen Raum
<1990, Berlin, Ost>:
Ausgewählte Beiträge zum Kolloquium
"Grundzüge einer Marktwirtschaftlich
Ausgerichteten Strukturpolitik in der
DDR und Anforderungen für die
Arbeitsteilung im Europäischen Raum" :
durchgeführt am 25.04.1990 im Institut
für Angewandte Wirtschaftsforschung,
Berlin. - Berlin, 1990. - 138 S. -
(Informationsreihe / Institut für
Angewandte Wirtschaftsforschung, Berlin
; 90,10). - Nebent.: Marktwirtschaftlich
ausgerichtete Strukturpolitik in der
DDR. - Enth. 14 Beitr.

2129   C 170614
Lange, Dieter:
Zum Ausgangsszenario, zu den Chancen und
Risiken des Strukturwandels in der DDR
/ Dieter Lange. - IN: Ausgewählte
Beiträge zum Kolloquium "Grundzüge einer
Marktwirtschaftlich Ausgerichteten
Strukturpolitik in der DDR und
Anforderungen für die Arbeitsteilung im
Europäischen Raum". - Berlin, 1990. -
S. 9 - 23. - (Informationsreihe /
Institut für Angewandte Wirtschafts-
forschung, Berlin ; 90,10)

2130 X 380 (1990)
Marschall, Wolfgang:
Wende in der Struktur- und
Technologiepolitik der DDR = Change in
structural and technological policies of
the GDR / von Wolfgang Marschall. -
Zsfassung in engl. Sprache. - IN:
Jahrbücher für Nationalökonomie und
Statistik. - 1990,November = Bd. 207, H.
6, S. 569 - 579

2131 C 170614
Müller, Roland:
Zu einigen Fragen des Strukturwandels
und der sektoralen Strukturanalyse in
der DDR / Roland Müller. - IN:
Ausgewählte Beiträge zum Kolloquium
"Grundzüge einer Marktwirtschaftlich
Ausgerichteten Strukturpolitik in der
DDR und Anforderungen für die
Arbeitsteilung im Europäischen Raum". -
Berlin, 1990. - S. 55 - 61. -
(Informationsreihe / Institut für
Angewandte Wirtschaftsforschung, Berlin
; 90,10)

2132 B 260563
Ostdeutsche Wirtschaft im Wandel :
Bestandsaufnahme und Perspektiven eines
Aufholprozesses / Deutscher Sparkassen-
und Giroverband e. V., Bonn. - Stuttgart
: Dt. Sparkassenverl., 1992. - 184 S. :
graph. Darst. - (Wirtschaft und Währung
; 1). - ISBN: 3-09-302460-9

2133 XX 2321 (38)
Pieplow, Rolf:
Zur Entwicklung der Produktionsstruktur
in der DDR / Rolf Pieplow. - IN:
Wirtschaftswissenschaft. - 38 (1990),4,
S. 481 - 493

2134 B 259837
Schnabel, Claus:
Structural adjustment and privatization
of the East German economy / Claus
Schnabel. - Kommentar S. 256 - 260. -
IN: Economic aspects of German
unification / Paul J. J. Welfens (ed.).
- Berlin, 1992. - ISBN 3-540-55006-2 ;
0-387-55006-2. - S. 231 - 255.

2135 A 188794
Thalheim, Karl C.:
Strukturprobleme der DDR-Wirtschaft
unter dem Aspekt der Wiedervereinigung
/ Karl C. Thalheim. - IN: Bildungsarbeit
im Spannungsfeld von Wirtschaft und
Gesellschaft / Manfred Bunte ...
(Hrsg.). - Düsseldorf, 1991. -
S. 333 - 346.

2136 A 189217
Vom Industriestaat zum Entwicklungsland?
/ Horst van der Meer ... (Hrsg.). - 1.
Aufl. - Frankfurt/Main : Joester, 1991.
- 256 S. - (Streitschrift ; 4). - Enth.
20 Beitr. - ISBN: 3-921072-03-4

2137 C 176230
Wachstumsbranchen in den neuen
Bundesländern / Berliner Bank,
Aktiengesellschaft. - Berlin, 1991. - 9
S. : graph. Darst. - (Regionalreport)

L Small Business, Small and Medium-Sized
   Enterprises - Mittelstand, Klein-
   und Mittelbetriebe

2138 C 176084
Aktuelle und periodische Bericht-
erstattung zur Entwicklung der
mittelständischen Wirtschaft in den
neuen Bundesländern / wiss.
Projektleitung: Eva May-Strobl ... -
Bonn, 1991. - III, 39 S. : graph. Darst.
- (IfM-Materialien ; 87)

2139 YY 13029 (2)
Bannasch, Hans-Gerd:
The role of small firms in East Germany
/ Hans-Gerd Bannasch. - IN: Small
business economics. - 2 (1990),4,
S. 307 - 311

2140 XX 2321 (38)
Espenhayn, Rolf:
Die ordnungspolitische Rolle kleiner und
mittlerer Unternehmen beim Übergang zur
Marktwirtschaft in der DDR / Rolf
Espenhayn. - IN: Wirtschaftswissen-
schaft. - 38 (1990),8, S. 1089 - 1108

2141 B 249225
Fehl, Ulrich:
Einige Überlegungen zur Betriebsgrößen-
struktur der DDR-Wirtschaft angesichts
des Überganges von der Zentralverwal-
tungswirtschaft zur Marktwirtschaft /
Ulrich Fehl. - IN: Zur Transformation
von Wirtschaftssystemen / Forschungs-
stelle zum Vergleich Wirtschaftlicher
Lenkungssysteme, Fachbereich
Wirtschaftswissenschaften,
Phillipps-Universität, Marburg. [Autoren:
Alfred Schüller ...]. - Marburg, 1990. -

ISBN 3-923647-14-X. - S. 117 - 132. - (Arbeitsberichte zum Systemvergleich ; 15)

2142   C 170614
Gruhler, Wolfram:
Mittelständische Unternehmen als Wesenselement einer marktwirtschaftlich bestimmten Unternehmensgrößenstruktur / Wolfram Gruhler. - IN: Ausgewählte Beiträge zum Kolloquium "Grundzüge einer Marktwirtschaftlich Ausgerichteten Strukturpolitik in der DDR und Anforderungen für die Arbeitsteilung im Europäischen Raum". - Berlin, 1990. - S. 28 - 39. - (Informationsreihe / Institut für Angewandte Wirtschaftsforschung, Berlin ; 90,10)

2143   B 251829
Hamer, Eberhard:
Marktwirtschaft durch Mittelstand / Eberhard Hamer. - Essen : Westarp-Wiss. [u.a.], 1990. - 224 S. - (Schriftenreihe des Mittelstandsinstituts Niedersachsen e. V. ; 23). - Enth. 27 Beitr. - ISBN: 3-89432-022-2

2144   A 189141
Mittelstand im Jahr 1 : für die Verwirklichung der Wirtschafts- und Gesellschaftsordnung Soziale Marktwirtschaft in Gesamtdeutschland ist der wirtschaftliche Mittelstand Gradmesser / [Hrsg.: Mittelstandsvereinigung der CDU/CSU. Red.: Annelies I. Klug]. - Bonn : Mittelstands-Verl.-Ges., 1991. - 380 S. : zahlr. Ill. - (MIT-Jahrbuch ; '91). - Enth. 54 Beitr. - ISBN: 3-923148-50-X

2145   A 191943
Probleme und Perspektiven der Mittelstandsentwicklung in den neuen Bundesländern : Vortrags- und Diskussionsveranstaltung am 8. November 1991 in Marburg / Institut für Genossenschaftswesen an der Philipps-Universität Marburg. Fritz Gerstung ; Walter Klein. - Marburg, 1992. - 35 S. - (Marburger Beiträge zum Genossenschaftswesen ; 23). - Enth. 2 Beitr. - ISBN: 3-926553-12-X

2146   Pr 6532
Wirtschaften heute : europäisches Magazin für den Mittelstand in Ost & West. - Berlin : Wipreva-GmbH. - ISSN: 0863-3606
- 1991,7

L-1 Free-Lancers, Professionals, Self-Employed Persons - Freie Berufe, Selbständige

2147   Y 370 (58)
Bedau, Klaus-Dietrich:
Das Einkommen in den freien Berufen / [bearb. von Klaus-Dietrich Bedau]. - IN: Wochenbericht / Deutsches Institut für Wirtschaftsforschung. - 58 (1991),37, S. 521 - 531

2148   C 171505
Deutschland <Bundesrepublik> / Bundesregierung:
Fortschreibung des Berichtes der Bundesregierung über die Lage der freien Berufe in der Bundesrepublik Deutschland . Die freien Berufe in der DDR / von Manfred Kittelmann ; Ulrich von Hoven. - Bonn, 1990. - Getr. Zählung : graph. Darst.

2149   A 188477
Finanzierungshilfen für selbständige Existenzen in den neuen Bundesländern . - Bonn, [1991]. - 64 S. - (Schriftenreihe / Deutsche Ausgleichsbank ; 11)

2150   C 174482
Freie Berufe in der DDR und in den neuen Bundesländern / 2. Lüneburger Mittelstandssymposium, 4. und 5. Oktober. Hrsg. von Heinz Sahner ... - Lüneburg, 1991. - 177 S. : graph. Darst. - (Schriften des Forschungsinstituts Freie Berufe ; 4). - ISBN: 3-927816-09-4

2151   A 188795
Friedrich, Werner:
Schaffung von Arbeitsplätzen durch neue Selbständigkeit? / Werner Friedrich. - Graph. Darst. - IN: Perspektiven für den Arbeitsmarkt in den neuen Bundesländern / hrsg. von Kurt Vogler-Ludwig. - München, 1991. - ISBN 3-88512-141-7. - S. 103 - 116. - (Ifo-Studien zur Arbeitsmarktforschung ; 7)

2152   X 12943
Jahrbuch ... der freie Beruf / Bundesverband der Freien Berufe. - Bonn. - Erscheinungsbeginn: 1989/90. - Früher u.d.T.: Der freie Beruf
- 1991/92

2153   W 636 (92.01)
Lechner, Michael:

Planning for self-employment at the beginning of a market economy : evidence from individual data of East German workers / Michael Lechner ; Friedhelm Pfeiffer. - Mannheim, 1992. - 28 S. - (Discussion paper / Zentrum für Europäische Wirtschaftsforschung GmbH ; 92,01)

2154 XX 3755 (41)
Schrumpf, Heinz:
Selbständige in der DDR : ein Potential zur Lösung der aktuellen wirtschaftlichen Probleme? / von Heinz Schrumpf. - (DDR-Wirtschaft). - IN: RWI-Mitteilungen. - 41 (1990),1/2, S. 105 - 116

M Cooperatives - Genossenschaften

2155 B 261182
Genossenschaften als Unternehmenstyp zur Förderung der Wirtschaft in den neuen Bundesländern / hrsg. von George Turner. Finanzierungsprobleme der Genossenschaften in den neuen Bundesländern. Zwei Vortragsveranstaltungen. - Göttingen : Vandenhoeck & Ruprecht, 1992. - X, 149 S. : graph. Darst. - (Berliner Schriften zum Genossenschaftswesen ; 1). - ISBN: 3-525-12800-2

2156 YY 13307 (1990)
Philipp, Wolfgang:
Zurück in die Produktivgenossenschaft des Handwerks? : ein gesellschaftsrechtliches Sonderproblem in der DDR / Wolfgang Philipp. - (DDR-Rechtsentwicklungen ; 11). - IN: Betriebs-Berater : Beilage. - 1990,28, S. 22 - 29

2157 B 253581
Aus der Praxis - für die Praxis : Beiträge zum modernen Genossenschaftswesen ; Festschrift 60. Geburtstag Dietrich Hill / [red. Bearb.: Burghardt Otto]. - Kiel, 1991. - 140 S. : graph. Darst. - (Schriftenreihe des Norddeutschen Genossenschaftsverbandes Schleswig-Holstein und Hamburg (Raiffeisen-Schultze-Delitzsch) e.V., Kiel ; 41). - Enth. 18 Beitr.

2158 XX 970 (41)
Beywl, Wolfgang:
Produktivgenossenschaften in den neuen Bundesländern : zur Notwendigkeit einer arbeitnehmerorientierten Politik für Betriebe im Eigentum der Beschäftigten / von Wolfgang Beywl. - IN: Zeitschrift für das gesamte Genossenschaftswesen. - 41 (1991),1, S. 37 - 47

2159 XX 970 (41)
Hahn, Oswald:
Die Entwicklung der Genossenschaftsorganisation in den neuen Bundesländern / von Oswald Hahn. - IN: Zeitschrift für das gesamte Genossenschaftswesen. - 41 (1991),1, S. 27 - 36

2160 C 173904
Herren oder Knechte? : Genossenschaften - eine Unternehmens- und Lebensform in der Sozialen Marktwirtschaft / Doris Meißner ... (Hrsg.) Beitr. von: Heinz Kruse ... - Bochum : SWI-Verl., 1991. - 64 S. - (SWI-Materialien ; 5). - ISBN: 3-925895-27-2

2161 XX 970 (41)
Pleister, Christopher:
Das Spitzeninstitut der deutschen Genossenschaften und seine Tätigkeit in den neuen Bundesländern / von Christopher Pleister und Eckart Henningsen. - IN: Zeitschrift für das gesamte Genossenschaftswesen. - 41 (1991),2, S. 101 - 110

2162 YY 6347 (35)
Steding, Rolf:
Genossenschaften und ihre Erneuerung aus rechtlicher Sicht : eine juristische Betrachtung zum Genossenschaftswesen in den ostdeutschen Bundesländern / von Rolf Steding. - IN: Recht in Ost und West. - 35 (1991),3, S. 65 - 69

2163 A 186830
Zur Genossenschaftsentwicklung in der ehemaligen DDR : Vortrags- und Diskussionsveranstaltung am 16. November 1990 Marburg / Institut für Genossenschaftswesen an der Philipps-Universität, Marburg. Hrsg.: Volker Beuthien. Jürgen Blüher ; Erwin Kuhn. - Marburg, 1990. - 38 S. - (Marburger Beiträge zum Genossenschaftswesen ; 20). - Enth. 2 Beitr. - ISBN: 3-926553-09-X

M-1 Agricultural Cooperatives -
Agrargenossenschaften

2164   Y 1289 (69)
Dirscherl, Clemens:
Agrarsoziologische Beobachtungen zur
landwirtschaftlichen Arbeitsorganisation
in einer LPG / von Clemens Dirscherl. -
Zsfassung in engl. u. franz. Sprache. -
IN: Berichte über Landwirtschaft. - 69
(1991),3, S. 341 - 353

2165   W 409 (9)
Dirscherl, Clemens:
Die Organisation landwirtschaftlicher
Arbeit in einer LPG : Beobachtungen
eines agrarsoziologischen
Forschungspraktikums / von Clemens
Dirscherl. - Berlin, 1991. - 22 S. :
graph. Darst. - (Berliner Beiträge zur
Agrarentwicklung ; 9)

2166   A 192430
Fallbeispiele zu Umstrukturierungen von
ehemaligen LPGen. - Frankfurt am Main,
1992. - 144 S. - (Schriftenreihe /
Landwirtschaftliche Rentenbank,
Frankfurt am Main ; 5)

2167   B 259104
Fischer, Lorenz:
Adaptiver Wandel in den neuen deutschen
Bundesländern : Ansätze organisatori-
scher Beratung in ostdeutschen Betrieben
/ Lorenz Fischer. - IN: Beratung von
Organisationen / hrsg. von Peter Maas
... - Stuttgart, 1992. - ISBN
3-432-99951-8. - S. 125 - 144.

2168   YY 4759 (39)
Grosskopf, Werner:
Agrargenossenschaften / Werner
Grosskopf. - IN: Agrarwirtschaft. - 39
(1990),11, S. 341 - 342

2169   A 191031
Grosskopf, Werner:
Landwirtschaftliche Produktivgenossen-
schaften / von Werner Grosskopf. - IN:
Probleme der Einheit. - 5 (1992),
S. 161 - 177

2170   D 17416
Henze, Elke:
Zur Anwendung des Genossenschafts-
gesetzes bei der Umwandlung von LPG in
eingetragene Genossenschaften :
Probleme und Lösungsvorschläge / von
Elke Henze. - 1990. - Getr. Zählung + 1
Anlage. - Halle, Wittenberg, Univ.,
Diss., 1990

2171   YY 13006 (2)
Jürgens, Peter:
Teilung, Zusammenschluß und Umwandlung
von Landwirtschafts- Produktionsgenos-
senschaften in der ehemaligen DDR /
Peter Jürgens. - IN: Deutsch-deutsche
Rechts-Zeitschrift. - 2 (1991),1,
S. 12 - 16

2172   YY 9549 (20)
Krauß, Erich:
Genossenschaftsgesetz und LPG-Gesetz /
von Erich Krauß. - IN: Agrarrecht. - 20
(1990),7, S. 181 - 184

2173   YY 9549 (20)
Ludewig, Hans-Joachim:
Überlegungen zur Umwandlung der LPG in
eingetragene landwirtschaftliche
Produktivgenossenschaften / von
Hans-Joachim Ludewig. - IN: Agrarrecht.
- 20 (1990),10, S. 281 - 283

2174   YY 9549 (20)
Meier, Reinhard:
Bleibt der Genossenschaftsgedanke in der
Landwirtschaft der DDR bestehen? / von
Reinhard Meier. - IN: Agrarrecht. - 20
(1990),10, S. 283 - 285

2175   A 186022
Nies, Volkmar:
Neuorganisation der LPG : rechtliche
Gestaltungsmöglichkeiten für die Inte-
gration der Landwirtschaft der DDR in
die Agrarverfassung der Bundesrepublik
Deutschland / Volkmar Nies. - S[ank]t
Augustin : Verl. Pflug und Feder, 1990.
- 233 S. - ISBN: 3-89187-014-0

2176   XX 5236 (7)
Opfermann, Klaus:
Die Situation der Landwirtschaft in der
DDR : eine LPG im Eichsfeld als
Beispiel / Klaus Opfermann. - IN: Land,
Agrarwirtschaft und Gesellschaft. - 7
(1990),2, S. 191 - 200

2177   XX 970 (41)
Rönnebeck, Gerhard:
Tendenzen der Entwicklung landwirtschaftlicher Produktionsgenossenschaften
in den neuen Bundesländern / von
Gerhard Rönnebeck. - IN: Zeitschrift für
das gesamte Genossenschaftswesen. - 41
(1991),3, S. 207 - 215

2178 XX 970 (41)
Rönnebeck, Gerhard:
Zum Problem der strukturellen Anpassung der landwirtschaftlichen Produktionsgenossenschaften in Ostdeutschland / von Gerhard Rönnebeck. - IN: Zeitschrift für das gesamte Genossenschaftswesen. - 41 (1991),2, S. 111 - 118

2179 XX 970 (41)
Schmitt, Günther H.:
Landwirtschaftliche Produktivgenossenschaften in Theorie und Praxis : Kritisches zu drei Abhandlungen in Heft 1/1991 der ZfgG / von Günther Schmitt. - Über: Die Eingliederung der Agrargenossenschaft in die Theorie der Unternehmung / von Panajotis J. Kabanas. - Über: Die Entwicklung der Genossenschaftsorganisation in den neuen Bundesländern / von Oswald Hahn. - Über: Produktivgenossenschaften in den neuen Bundesländern / von Wolfgang Beywl. - IN: Zeitschrift für das gesamte Genossenschaftswesen. - 41 (1991),4, S. 279 - 297

2180 YY 13402 (45)
Schramm, Lothar:
Liquidation von landwirtschaftlichen Produktionsgenossenschaften / Lothar Schramm. - IN: Betrieb und Wirtschaft. - 45 (1991),5, S. 193 - 195

2181 XX 970 (41)
Schubert, Hans:
Genossenschaftliche Selbstverwaltung in der Landwirtschaft der früheren DDR und ihre Interessenvertretung / von Hans Schubert. - IN: Zeitschrift für das gesamte Genossenschaftswesen. - 41 (1991),2, S. 119 - 125

2182 B 261183
Seuster, Horst:
Genossenschaftsmodelle für die ostdeutsche Landwirtschaft / Horst Seuster. - Göttingen : Vandenhoeck & Ruprecht, 1992. - VI, 134 S. : graph. Darst. - (Berliner Schriften zum Genossenschaftswesen ; 2). - ISBN: 3-525-12801-0

2183 A 185211
Steding, Rolf:
Das LPG-Recht und seine Effizienz in der Landwirtschaft der DDR : Versuch einer noch unvollkommenen Bestandsaufnahme / Rolf Steding. - Potsdam-Babelsberg, 1990. - 14 S. - (Hochschulblätter / Hochschule für Recht und Verwaltung ; 8)

2184 YY 9549 (21)
Steding, Rolf:
Nochmals zu den Zukunftschancen von Produktivgenossenschaften in der Landwirtschaft / von Rolf Steding. - IN: Agrarrecht. - 21 (1991),3, S. 61 - 63

2185 YY 13006 (3)
Turner, George:
Die Umwandlung landwirtschaftlicher Produktionsgenossenschaften / George Turner und Ulrich Karst. - IN: Deutsch-deutsche Rechts-Zeitschrift. - 3 (1992),2, S. 33 - 37

2186 A 186991
Was ist zu tun? : Ergebnisse einer Umfrage des Genossenschaftsverbandes zur Umstrukturierung seiner Mitgliedsbetriebe / Genossenschaftsverband der LPG und GPG e. V., (Zentralverband). - Berlin, 1991. - 28 S. - (Information / Genossenschaftsverband der LPG und GPG e. V., (Zentralverband) ; 1991, Sonderh.)

2187 XX 3414 (30)
Weber, Adolf:
Continuous adjustment of family farms versus socialist structural transformation : the case of German agriculture / by Adolf Weber. - Zsfassung in dt. Sprache. - IN: Quarterly journal of international agriculture. - 30 (1991),4, S. 311 - 320

N Agriculture, Food Production, Forestry, Fishery - Landwirtschaft, Ernährungswirtschaft, Forstwirtschaft, Fischerei

2188 C 173902
Aengenheister, Dieter:
Wirtschaftsblüte statt Almosen und Sackgasse : für die Landwirtschaft trotz allem erreichbar ; Sonderdruck der zehnteiligen Beitragsfolge im Deutschen Landblatt / von Dieter Aengenheister. - Berlin : Dt. Landblatt, 1991. - 58 S.

2189 Y 18612
Agrarbericht ... : agrar- und ernährungspolitischer Bericht der

Bundesregierung ; Unterrichtung durch
die Bundesregierung. - IN: Verhandlungen
des Deutschen Bundestages. Drucksachen.
- Bonn.
- 1991. // Wahlperiode 12 (1991),70
- 1992. // Wahlperiode 12 (1992),2038

2190 X 20972
Agrarmärkte in Zahlen / ZMP.
Deutschland ... - Bonn.
- 1991

2191 B 253677
Agrarwirtschaft und Agrarpolitik in der
ehemaligen DDR im Umbruch / hrsg. von
Stephan Merl ... - Berlin : Duncker &
Humblot, 1991. - 301 S. : graph. Darst.
- (Osteuropastudien der Hochschulen des
Landes Hessen : Reihe 1 ; 178). -
Zsfassung in engl. Sprache. - Enth. 26
Beitr. - ISBN: 3-428-07049-6

2192
L' agriculture dans les nouveaux
Bundesländer . - Berlin. - (Les cahiers
de l'Observatoire de Berlin / ROSES-CNRS
; ...)
- 1. (1992). - 99 S. : graph. Darst.. -
(... ; 11/12)
SIGNATUR: C 176760

2193 Y 59 (70)
Alvensleben, Reimar von:
Probleme der DDR-Landwirtschaft /
Reimar von Alvensleben. - IN:
Wirtschaftsdienst. - 70 (1990),8,
S. 406 - 410

2194 YY 2028
Anbau und Ernte von Feldfrüchten und
Gemüse ... . - IN: Wirtschaft und
Statistik / Hrsg.: Statistisches
Bundesamt. - Stuttgart.
- 1991. // 1991,11, S. 720 - 723

2195 A 186737
Arlt, Reiner:
Landwirtschaftsanpassungsgesetz :
Erläuterungen / Reiner Arlt ; Lothar
Schramm. - Berlin : Haufe, 1990. - 119
S. - ISBN: 3-448-02287-X

2196 B 257295
Bartling, Hartwig:
Anpassungsprobleme der Agrarwirtschaft
in den neuen Bundesländern / von
Hartwig Bartling. - Graph. Darst. - IN:
Wirtschaftspolitische Probleme der
Integration der ehemaligen DDR in die
Bundesrepublik / von Hartwig Bartling
... Hrsg. von Helmut Gröner ... -
Berlin, 1991. - ISBN 3-428-07275-8. -
S. 219 - 244. - (Schriften des Vereins
für Socialpolitik, Gesellschaft für
Wirtschafts- und Sozialwissenschaften ;
N.F.,212)

2197 B 254884
Bartling, Hartwig:
Anpassungsprobleme der Agrarwirtschaft
in den neuen Bundesländern / Hartwig
Bartling. - Mainz : Forschungsinst. für
Wirtschaftspolitik an der Univ. Mainz,
1991. - 29 S. - (Aufsätze zur
Wirtschaftspolitik ; 30)

2198 YY 9653 (21)
Bartling, Hartwig:
Ostdeutsche Landwirtschaft im Umbruch /
Hartwig Bartling. - IN:
Wirtschaftswissenschaftliches Studium. -
21 (1992),3, S. 135 - 138

2199 YY 11425 (18)
Bergmann, Theodor:
Zwangsprivatisierung : die "deutsche
Einheit" in der Agrarpolitik / von
Theodor Bergmann. - Ill. - IN:
Sozialismus. - 18 (1992),5 = Nr. 146,
S. 16 - 20

2200 A 186917
Bericht des Bundes und der Länder über
nachwachsende Rohstoffe /
Bundesminister für Ernährung,
Landwirtschaft und Forsten. - 2.,
überarb. Aufl. - Münster-Hiltrup :
Landwirtschaftsverl., 1990. - 260 S. -
(Schriftenreihe des Bundesministers für
Ernährung, Landwirtschaft und Forsten :
Reihe A, Angewandte Wissenschaft :
Sonderheft). - ISBN: 3-7843-1375-2

2201 X 19770
Bericht über den Zustand des Waldes ...
: Bericht des Bundesministers für
Ernährung, Landwirtschaft und Forsten. -
Münster-Hiltrup : Landwirtschaftsverl. -
(Schriftenreihe des Bundesministers für
Ernährung, Landwirtschaft und Forsten :
Reihe A ; ...). - Erscheinungsbeginn:
1990. - Früher u.d.T.:
Waldzustandsbericht. - ISSN: 0723-7847
- 1991. (1992). - (... ; 405)

2202 XX 785 (42)
Brezinski, Horst:
Private agriculture in the GDR :

limitations of orthodox socialist
agricultural policy / by Horst
Brezinski. - IN: Soviet studies. - 42
(1990),3, S. 535 - 553

2203   C 174309
Chancen und Probleme für die Forst- und
Holzwirtschaft im geeinten Deutschland
: 6 Kolloquiumsvorträge und Diskussion ;
Kolloquium der Lehrstühle für Forst-
politik und Forstliche Wirtschaftslehre
der Ludwig-Maximilians-Universität
München ; Wintersemester 1990/91 /
[veranst. von P. Bartelheimer ...]. -
München : Forstwissenschaftliche Fak.
der Univ. München [u.a.], 1991. - III,
104 S. : graph. Darst. - (Forstliche
Forschungsberichte München ; 113). -
Enth. 6 Beitr.

2204   YY 9549 (1991)
Clausen, Ekkehard:
Die Privatisierung des ehemals
volkseigenen Vermögens der Land- und
Forstwirtschaft durch die
Treuhandanstalt in den fünf neuen
Bundesländern / von Ekkehard Clausen. -
IN: Beilage in Agrarrecht. - 1991,2,
S. 5 - 8

2205   C 168031
DDR-Landwirtschaft auf dem Weg in die
Marktwirtschaft / [unter Leitung von
Klaus Schmidt]. - Bonn, 1990. - 76 S. :
graph. Darst. - (CMA-Materialien zum
EG-Binnenmarkt ; 90,10)

2206   YY 3602
Deutschland <Bundesrepublik> /
Statistisches Bundesamt:
Fachserie / Statistisches Bundesamt.
17, Preise. Reihe 1, Preise und
Preisindizes für die Land- und
Forstwirtschaft. - Stuttgart :
Metzler-Poeschel. - Erscheinungsbeginn:
1977
- 1991. (1991/92)
- 1992. (1992/93)

2207   Y 24531
Deutschland <Bundesrepublik> /
Statistisches Bundesamt:
Fachserie / Statistisches Bundesamt. 3,
Land- und Forstwirtschaft, Fischerei.
Reihe 1, Ausgewählte Zahlen für die
Agrarwirtschaft. - Stuttgart :
Metzler-Poeschel. - Erscheinungsbeginn:
1976 (1977)
- 1990. (1991)

2208   Y 28091
Deutschland <Bundesrepublik> /
Statistisches Bundesamt:
Fachserie / Statistisches Bundesamt. 3,
Land- und Forstwirtschaft, Fischerei.
Reihe 3. 1. 3, Landwirtschaftliche
Bodennutzung - Gemüseanbauflächen. -
Stuttgart : Metzler-Poeschel.
- 1991

2209   YY 11561
Deutschland <Bundesrepublik> /
Statistisches Bundesamt:
Fachserie / Statistisches Bundesamt,
Wiesbaden. 3, Land- und Forstwirtschaft,
Fischerei. Reihe 3. 2. 1, Wachstum und
Ernte. - Stuttgart [u.a.] : Kohlhammer.
- Ab 1988,11 im Verlag Metzler-Poeschel,
Stuttgart, erschienen. -
Erscheinungsbeginn: 1982. - Entstanden
aus: Deutschland <Bundesrepublik> /
Statistisches Bundesamt: Fachserie / 3 /
2 u.: Deutschland <Bundesrepublik> /
Statistisches Bundesamt: Fachserie / 3 /
3 / 2 u.: Deutschland <Bundesrepublik> /
Statistisches Bundesamt: Fachserie / 3 /
4 / 1 u.: Deutschland <Bundesrepublik>
/ Statistisches Bundesamt: Fachserie / 3
/ 5 / 1
- 1991. (1991/92)

2210   Y 29980
Deutschland <Bundesrepublik> /
Statistisches Bundesamt:
Fachserie / Statistisches Bundesamt,
Wiesbaden. 3, Land- und Forstwirtschaft,
Fischerei. Reihe 3. 2. 2, Weinerzeugung.
- Stuttgart [u.a.] : Kohlhammer. - Ab
1988 im Verl. Metzler-Poeschel,
Stuttgart, erschienen. -
Erscheinungsbeginn: 1985 (1986)
- 1991. (1992)

2211   Y 11332
Deutschland <Bundesrepublik> /
Statistisches Bundesamt:
Fachserie / Statistisches Bundesamt. 3,
Land- und Forstwirtschaft, Fischerei.
Reihe 4, Viehbestand und tierische
Erzeugung. - Stuttgart : Metzler-Poe-
schel. - Erscheinungsbeginn: 1977 (1978)
- 1990. (1992)

2212   YY 3587
Deutschland <Bundesrepublik> /
Statistisches Bundesamt:
Fachserie / Statistisches Bundesamt,
Wiesbaden. 3, Land- und Forstwirtschaft,
Fischerei. Reihe 4. 1. - Stuttgart

[u.a.] : Kohlhammer. - Ab 1988,2.
Dezember (1989) im Verl.
Metzler-Poeschel, Stuttgart, erschienen.
- Erscheinungsbeginn: 1977. - Sachl.
Benennung d. 3. Unterreihe wechselt
- 1991. (1992)

2213   YY 395
Deutschland <Bundesrepublik> /
Statistisches Bundesamt:
Fachserie / Statistisches Bundesamt. 3,
Land- und Forstwirtschaft, Fischerei.
Reihe 4. 2. 1, Schlachtungen und
Fleischgewinnung. - Stuttgart :
Metzler-Poeschel. - Erscheinungsbeginn:
1981 (1981/82)
- 1991. (1991/92)

2214   YY 8138
Deutschland <Bundesrepublik> /
Statistisches Bundesamt:
Fachserie / Statistisches Bundesamt. 3,
Land- und Forstwirtschaft, Fischerei.
Reihe 4. 2. 3, Erzeugung von Geflügel. -
Stuttgart : Metzler-Poeschel. - Bis
1988,1 im Verl. Kohlhammer, Stuttgart,
erschienen. - Erscheinungsbeginn: 1981
(1981/82)
- 1991. (1991/92)

2215   YY 10890
Deutschland <Bundesrepublik> /
Statistisches Bundesamt:
Fachserie / Statistisches Bundesamt,
Wiesbaden. 3, Land- und Forstwirtschaft,
Fischerei. Reihe 4. 5, Hochsee- und
Küstenfischerei; Bodenseefischerei. -
Stuttgart [u.a.] : Kohlhammer. - Ab
1988,Oktober (1989) im Verl.
Metzler-Poeschel, Stuttgart, erschienen
- 1991. (1991/92)

2216   Y 14733
Deutschland <Bundesrepublik> /
Statistisches Bundesamt:
Fachserie / Statistisches Bundesamt. 3,
Land- und Forstwirtschaft, Fischerei.
Reihe 4. 5, Hochsee- und
Küstenfischerei; Bodenseefischerei. -
Stuttgart : Metzler-Poeschel. -
Erscheinungsbeginn: 1977 (1978)
- 1990. (1991)

2217   YY 6718
Deutschland <Bundesrepublik> /
Statistisches Bundesamt:
Fachserie / Statistisches Bundesamt. 4,
Produzierendes Gewerbe. Reihe 8. 2, Dün-
gemittelversorgung. - Stuttgart : Metzler-Poeschel. - Erscheinungsbeginn: 1979
- 1991. (1991/92)
- 1992. (1992/93)

2218   Y 10872 (1990)
Dicke, Hugo:
Auswirkungen der deutschen Integration
auf die Landwirtschaft in der DDR / von
Hugo Dicke. - IN: Die Weltwirtschaft. -
1990,1, S. 138 - 148

2219   YY 4550 (41)
Doll, Helmut:
Standortorientierung der Milchkuhhaltung
in den alten und neuen Ländern der
Bundesrepublik Deutschland / Helmut
Doll. - Graph. Darst. - Zsfassung in
engl. Sprache. - IN: Landbauforschung
Völkenrode. - 41 (1991),3, S. 175 - 186

2220   Y 1289 (69)
Doluschitz, Reiner:
Entwicklungsmöglichkeiten landwirt-
schaftlicher Betriebe in den neuen
Bundesländern und Konsequenzen für das
betriebliche Management / von Reiner
Doluschitz und Jürgen Jarosch. -
Zsfassung in engl. u. franz. Sprache. -
IN: Berichte über Landwirtschaft. - 69
(1991),3, S. 325 - 340

2221   W 165 (91.2)
Eberhardt, M.:
Betriebswirtschaftliche Erkenntnisse zur
Wirtschaftlichkeit ausgewählter
Produktionszweige in den ostdeutschen
Bundesländern unter den neuen
Preisbedingungen / M. Eberhardt. - IN:
Ost-West-Workshop über die Umgestaltung
der Landwirtschaft in den Mittel- und
Osteuropäischen Ländern / R. J. Bartak
... - Braunschweig, 1991. - S. 28 - 35.
- (Arbeitsbericht /
Bundesforschungsanstalt für
Landwirtschaft, Braunschweig-Völkenrode,
Institut für Betriebswirtschaft ; 91,2)

2222   XX 3054 (35)
Eckart, Karl:
Agrarstruktureller Wandel und
agrarpolitische Maßnahmen in den neuen
Bundesländern / Karl Eckart. - IN:
Zeitschrift für Wirtschaftsgeographie. -
35 (1991),2, S. 123 - 126

2223   YY 9549 (1991)
Eisenkrämer, Kurt:
Die agrarstrukturpolitische
Aufgabenstellung in den fünf neuen

Bundesländern / Kurt Eisenkrämer. - IN: Beilage in Agrarrecht. - 1991,2, S. 2 - 5

2224 Y 1289 (69)
Fassbender, Hermann J.:
Erste Gedanken über eine Agrarreform in Deutschland / von Hermann J. Fassbender. - Zsfassung in engl. u. franz. Sprache. - IN: Berichte über Landwirtschaft. - 69 (1991),1, S. 12 - 37

2225 A 188785
Feldhaus, Hubert:
Landwirtschaftsanpassungsgesetz / Hubert Feldhaus. - Bonn : Dt. Agrar-Verl., 1991. - 112 S.

2226 A 189089
Feldhaus, Hubert:
Steuerrecht für Land- und Forstwirtschaft / Hubert Feldhaus. - 2., erw. Aufl. - Bonn : Dt. Agrar-Verl., 1991. - 79 S.

2227 Y 26362
Die Finanzierungshilfen des Bundes und der Länder an die Landwirtschaft . - Frankfurt a. M. : Knapp. - (Zeitschrift für das gesamte Kreditwesen : Sonderausgabe ; ...)
- 1990. - (... ; 1990,3)
- 1991/92. - (... ; 1991/92,3)

2228 A 184931
Gollnick, Heinz:
Die Landwirtschaft der DDR Ende der achtziger Jahre : Bestandsaufnahme und Übergang zur Marktwirtschaft / von Heinz Gollnick ; Peter Wissing ; Jürgen Heinrich. - Frankfurt am Main : Strothe, 1990. - IX, 168 S. - (Agrarwirtschaft : Sonderheft ; 126). - ISBN: 3-87795-053-1

2229 A 189551
Grings, Michael:
Modelluntersuchung über den Nahrungsmittelverbrauch in der DDR / von Michael Grings. - IN: Land- und Ernährungswirtschaft im europäischen Binnenmarkt und in der internationalen Arbeitsteilung / mit Beitr. von N. Andel ... Hrsg. von P. M. Schmitz ... - Münster-Hiltrup, 1991. - ISBN 3-7843-2501-7. - S. 327 - 335. - (Schriften der Gesellschaft für Wirtschafts- und Sozialwissenschaften des Landbaues e. V. ; 27)

2230 A 187700
Grundsatzfragen zur Anpassung der Landwirtschaft in den neuen Bundesländern : Stellungnahmen des Wissenschaftlichen Beirates beim Bundesministerium für Ernährung, Landwirtschaft und Forsten. - Münster-Hiltrup : Landwirtschaftsverl., 1991. - 49 S. - (Schriftenreihe des Bundesministers für Ernährung, Landwirtschaft und Forsten : Reihe A ; 392). - ISBN: 3-7843-0392-7

2231 YY 4759 (40)
Hagedorn, Konrad:
Gedanken zur Transformation einer sozialistischen Agrarverfassung / Konrad Hagedorn. - Zsfassung in engl. Sprache. - IN: Agrarwirtschaft. - 40 (1991),5, S. 138 - 148

2232 A 189551
Hagelschuer, Paul:
Entwicklung und Bestimmungsgründe der Agrarstruktur und Einbettung der Landwirtschaft in die Volkswirtschaft / von Paul Hagelschuer und Günther Schade. - IN: Land- und Ernährungswirtschaft im europäischen Binnenmarkt und in der internationalen Arbeitsteilung / mit Beitr. von N. Andel ... Hrsg. von P. M. Schmitz ... - Münster-Hiltrup, 1991. - ISBN 3-7843-2501-7. - S. 539 - 544. - (Schriften der Gesellschaft für Wirtschafts- und Sozialwissenschaften des Landbaues e. V. ; 27)

2233 W 409 (7)
Hagelschuer, Paul:
Systemwechsel und sektorale Wirkungen in der Landwirtschaft der ehemaligen DDR / von Paul Hagelschuer. - Berlin, 1991. - 8 S. - (Berliner Beiträge zur Agrarentwicklung ; 7)

2234 D 17344
Heinemann, Michael:
Der Übergang der Ernährungswirtschaft der DDR von der zentralen Planwirtschaft zur sozialen Marktwirtschaft . - 1991. - Getr. Zählung. - Berlin, Humboldt-Univ., Diss., 1991

2235 B 259540
Henrichsmeyer, Wilhelm:
Aktuelle Entwicklungen in den Sektoren : die Landwirtschaft / von Wilhelm Henrichsmeyer. - Graph. Darst. - IN: Die deutsch-deutsche Integration /

[Schriftl.: Herbert Wilkens]. - Berlin, 1992. - ISBN 3-428-07315-0. - S. 83 - 93. - (Beihefte der Konjunkturpolitik ; 39)

2236   B 254415
Henrichsmeyer, Wilhelm:
Structural adjustments in East European agriculture : the case of East Germany / Wilhelm Henrichsmeyer. - IN: Agricultural economics and policy / ed. by Kees Burger ... - Amsterdam, 1991. - ISBN 0-444-88974-4. - S. 161 - 165. - (Developments in agricultural economics ; 7)

2237   YY 6487 (35)
Hoell, Günter:
Die Landwirtschaft der DDR unter den Bedingungen des Übergangs zur Marktwirtschaft / Günter Hoell. - (Wissenschaftliche Konferenz der Hochschule für Ökonomie Berlin, am 14.2.1990 zum Thema: Aufgaben und Probleme der Transformation der administrativen Planwirtschaft in eine soziale Marktwirtschaft). - Zsfassung in engl. u. russ. Sprache. - IN: Wissenschaftliche Zeitschrift / Hochschule für Ökonomie. - 35 (1990),2, S. 51 - 54

2238   W 165 (91.2)
Howitz, Claus:
Thesen zu einigen Fragen der Agrarpolitik in den neuen Bundesländern / C. Howitz. - IN: Ost-West-Workshop über die Umgestaltung der Landwirtschaft in den Mittel- und Osteuropäischen Ländern / R. J. Bartak ... - Braunschweig, 1991. - S. 16 - 20. - (Arbeitsbericht / Bundesforschungsanstalt für Landwirtschaft, Braunschweig-Völkenrode, Institut für Betriebswirtschaft ; 91,2)

2239   XX 2443 (42)
Hülsemeyer, Friedrich:
Zum Aufbau wirksamer Vermarktungs- und Verarbeitungseinrichtungen in den neuen Bundesländern / Friedrich Hülsemeyer. - IN: Politische Studien. - 42 (1991),Mai/Juni = 317, S. 266 - 271

2240   XX 2443 (42)
Isermeyer, Folkhard:
Bildung wettbewerbsfähiger Betriebe unter den neuen agrarpolitischen Rahmenbedingungen / Folkhard Isemeyer. - IN: Politische Studien. - 42 (1991),Mai/Juni = 317, S. 246 - 265

2241   YY 4759 (40)
Isermeyer, Folkhard:
Umstrukturierung der Landwirtschaft in den neuen Bundesländern : Zwischenbilanz nach einem Jahr deutsche Einheit / Folkhard Isermeyer. - Zsfassung in engl. Sprache. - IN: Agrarwirtschaft. - 40 (1991),10, S. 294 - 305

2242   YY 9549 (21)
Jeinsen, Ulrich von:
Zur Änderung des Landwirtschaftsanpassungsgesetzes (LAG) / von Ulrich v. Jeinsen. - IN: Agrarrecht. - 21 (1991),7, S. 177 - 181

2243   XX 2720 (35)
John, Antonius:
Neue Landwirtschaft : DDR zwischen Kahlschlag und Schönheitsreparatur / Antonius John. - IN: Die politische Meinung. - 35 (1990),Juli/August = 251, S. 27 - 32

2244   YY 4759 (40)
Kallfass, Hermann H.:
Der bäuerliche Familienbetieb, das Leitbild für die Agrarpolitik im vereinten Deutschland? / Hermann H. Kallfass. - Zsfassung in engl. Sprache. - IN: Agrarwirtschaft. - 40 (1991),10, S. 305 - 313

2245   YY 13402 (45)
Keding, Frank:
Umwandlung und Tätigkeit landwirtschaftlicher Unternehmen / von Frank Keding ; Siegfried Zänker. - IN: Betrieb und Wirtschaft. - 45 (1991),2, S. 63 - 67

2246   A 191540
Kindler, Rita:
Landwirtschaftliche Boden- und Pachtpreise in den östlichen Bundesländern : Orientierungsrahmen / von Rita Kindler. - 2. Aufl. - S[ank]t Augustin : Verl. Pflug und Feder, 1992. - 123 S. - ISBN: 3-89187-019-1

2247   C 175174
Klare, Klaus:
Modellüberlegungen zur wirtschaftlichen Lage und zur investiven Förderung neu gegründeter landwirtschaftlicher Betriebe im Beitrittsgebiet / von Klaus

Klare. - Braunschweig, 1991. - 54 S., 9 Tab. - (Arbeitsbericht aus dem Institut für Strukturforschung ; 91,1)

2248 C 177664
Kurjo, Andreas:
Der ostdeutsche Weg der Landwirtschaft : Herausforderung und Chance für die europäische Agrarpolitik / Andreas Kurjo. - IN: Integrationsprozesse in Deutschland. - 1 (1992), S. 57 - 67

2249 C 172450
Kurjo, Andreas:
Zur Entwicklung der Land- und Ernährungswirtschaft / Andreas Kurjo. - IN: Gesamtdeutsche Eröffnungsbilanz. - 1 (1990), S. 87 - 93

2250 C 169469
Kurjo, Andreas:
Zur gegenwärtigen Entwicklung der Land- und Ernährungswirtschaft der DDR / von Andreas Kurjo. - Berlin, 1990. - 29 Bl. - (FS aktuell ; 2)

2251 XX 3755 (43)
Lageman, Bernhard:
Strukturwandel der Landwirtschaft in den neuen Bundesländern / von Bernhard Lageman. - Zsfassung in engl. u. franz. Sprache. - IN: RWI-Mitteilungen
- 1. Wandel der betrieblichen Struktur und der Produktionsstruktur. // 43 (1992),1, S. 61 - 92

2252 Y 370 (57)
Lambrecht, Horst:
DDR-Landwirtschaft vor erneutem Umstrukturierungsprozess / [bearb. von Horst Lambrecht]. - IN: Wochenbericht / Deutsches Institut für Wirtschaftsforschung. - 57 (1990),33, S. 468 - 472

2253 C 172444
Landwirtschaft im Umbruch :
Anpassungsprobleme der Landwirtschaft in der ehemaligen DDR / Fachbereich Landwirtschaft, Gesamthochschule Kassel. Wilhelm Niebuer ... - Witzenhausen, 1990. - 229 S. : graph. Darst. - (Arbeitsberichte zur angewandten Agrarökonomie ; 12). - Enth. 4 Beitr. - ISBN: 3-88122-611-7

2254 XX 2321 (38)
Die Landwirtschaft verlangt Reformen / Autorenkollektiv: K. Ahrends ... - IN: Wirtschaftswissenschaft. - 38 (1990),3, S. 394 - 400

2255 YY 4759
Die landwirtschaftlichen Märkte an der Jahreswende ... . - Später mit dem Urh.: Inst. für Landwirtschaftliche Marktforschung der Bundesforschungsanst. für Landwirtschaft, Braunschweig-Völkenrode (FAL). - IN: Agrarwirtschaft. - Frankfurt am Main.
- 1991/92. // 40 (1991),12, S. 369 - 455

2256 YY 9549 (1991)
Landwirtschaftsanpassungsgesetz :
Bekanntmachung der Neufassung des Landwirtschaftsanpassungsgesetzes ; vom 3. Juli 1991 (BGBl. I Seite 1418). - IN: Beilage in Agrarrecht. - 1991,1, 12 S.

2257 YY 8401 (1991)
Langbehn, Cay:
Zukünftige Organisationsformen und Strukturen der Landwirtschaft in Deutschland / Cay Langbehn. - IN: Christiana Albertina. - 1991,April, = N.F., H. 32, S. 15 - 25

2258 YY 3893 (44)
Lösch, Rolf W.:
Probleme des Strukturwandels in der Agrarwirtschaft der neuen Bundesländer / Rolf Lösch. - IN: Ifo-Schnelldienst. - 44 (1991),16/17, S. 46 - 52

2259 YY 4550 (40)
Manegold, Dirk:
Die Nahrungswirtschaft der DDR im Übergang zu Marktwirtschaft und Binnenmarkt / Dirk Manegold. - Graph. Darst. - Zsfassung in engl. Sprache. - IN: Landbauforschung Völkenrode. - 40 (1990),4, S. 307 - 323

2260 W 165 (91.2)
Ost-West-Workshop über die Umgestaltung der Landwirtschaft in den Mittel- und Osteuropäischen Ländern <1991, Braunschweig>:
Ost-West-Workshop über die Umgestaltung der Landwirtschaft in den Mittel- und Osteuropäischen Ländern : [22. und 23. November 1991] / R. J. Bartak ... - Braunschweig, 1991. - 46 S. - (Arbeitsbericht / Bundesforschungsanstalt für Landwirtschaft, Braunschweig-Völkenrode, Institut für Betriebswirtschaft ; 91,2)

2261 YY 2028 (1991)
Paul, Albert:

Ergebnisse der Viehzählung im Dezember 1990 / Albert Paul. - IN: Wirtschaft und Statistik. - 1991,7, S. 436 - 439

2262   A 192761
Perspektiven der deutschen Landwirtschaft : Vorträge der HLBS-Hauptverbandstagung vom 6. bis 8. Mai 1991 in Trier/Mosel / [Eisenkrämer]. - S[ank]t Augustin : Verl. Pflug und Feder, 1991. - 64 S. : graph. Darst. - (Schriftenreihe des Hauptverbandes der Landwirtschaftlichen Buchstellen und Sachverständigen e. V. ; 131). - Enth. 4 Beitr. - ISBN: 3-89187-151-1

2263   A 189550
Perspektiven für die ostdeutsche Landwirtschaft : am 31.5.1991 in Heinersdorf. - Bonn, 1991. - 73 S. - (Meinungen zur Agrar- und Umweltpolitik ; 21) (Symposium der Deutschen Gesellschaft für Agrar- und Umweltpolitik ; 1991). - Enth. 3 Beitr.

2264   Q 4642
Pollak, Peter:
Entwicklung und Stand des Meliorationswesens in den fünf neuen Bundesländern : Ausblick in die Zukunft des Meliorationswesens / Peter Pollak. - Bonn : AID, [1991]. - 29 S.

2265   YY 4759
Produktion und Wertschöpfung der Landwirtschaft in der BR Deutschland . - Ab 1991 (1992) u.d.T.: Produktion und Wertschöpfung der Landwirtschaft in Deutschland. - IN: Agrarwirtschaft. - Frankfurt am Main.
- 1990. // 40 (1991),3, S. 67 - 91
- 1991. // 41 (1992),3, S. 63 - 87

2266   Y 26627
Rahmenplan der Gemeinschaftsaufgabe "Verbesserung der Agrarstruktur und des Küstenschutzes" für den Zeitraum ... bis ... : Unterrichtung durch die Bundesregierung. - IN: Verhandlungen des Deutschen Bundestages. Drucksachen. - Bonn.
- 1991/94. // Wahlperiode 12 (1991),1228
- 1992/95. // Wahlperiode 12 (1992),2459

2267   Y 1289 (70)
Reichelt, Hans:
Die Landwirtschaft in der ehemaligen DDR : Probleme, Erkenntnisse, Entwicklungen / von Hans Reichelt. - Zsfassung in engl. u. franz. Sprache. - IN: Berichte über Landwirtschaft. - 70 (1992),1, S. 117 - 136

2268   YY 4759 (40)
Richter, Roland:
Zum Stand der Umstrukturierung landwirtschaftlicher Betriebe in Mecklenburg-Vorpommern : Wirtschaftsumschau / Roland Richter. - IN: Agrarwirtschaft. - 40 (1991),6, S. 185 - 188

2269   YY 4759 (40)
Runge, Peter:
Zur Entwicklung von Sortiment und Verbrauch an Mineraldüngemitteln im Gebiet der ehemaligen DDR / Peter Runge. - Zsfassung in engl. Sprache. - IN: Agrarwirtschaft. - 40 (1991),2, S. 55 - 58

2270   YY 13232 (1991)
Schilling, Horst:
Anpassungsprobleme der ostdeutschen Landwirtschaft / von Horst Schilling. - IN: IPW-Berichte. - 1991,4, S. 10 - 16

2271   A 189551
Schinke, Eberhard:
Agrar- und Ernährungspolitik in der DDR / von Eberhard Schinke. - IN: Land- und Ernährungswirtschaft im europäischen Binnenmarkt und in der internationalen Arbeitsteilung / mit Beitr. von N. Andel ... Hrsg. von P. M. Schmitz ... - Münster-Hiltrup, 1991. - ISBN 3-7843-2501-7. - S. 533 - 538. - (Schriften der Gesellschaft für Wirtschafts- und Sozialwissenschaften des Landbaues e. V. ; 27)

2272   A 190028
Schmitz, Peter M.:
Die zukünftige Entwicklung der Landwirtschaft in den fünf neuen Bundesländern / von Peter Michael Schmitz und Stephan Wiegand. - Kiel : Vauk, 1991. - VII, 109 S. : graph. Darst. - ISBN: 3-8175-0111-0

2273   YY 7768 (38)
Schneider, Hans-Olaf:
Volkswirtschaftliche Aspekte der Ernährungssituation in der DDR / Hans-Olaf Schneider. - Graph. Darst. - IN: Hauswirtschaft und Wissenschaft. - 38 (1990),4, S. 157 - 163

2274 Y 1289 (69)
Scholz, Helmut:
Agrarproduktion in den neuen
Bundesländern : konkurs oder
leistungsfähig? / von Helmut Scholz. -
Zsfassung in engl. u. franz. Sprache. -
IN: Berichte über Landwirtschaft. - 69
(1991),2, S. 188 - 198

2275 XX 2443 (42)
Schopen, Wilhelm:
Derzeitige Probleme in der
Landwirtschaft Deutschlands / Wihelm
Schopen. - IN: Politische Studien. - 42
(1991),Mai/Juni = 317, S. 236 - 245

2276 C 174030
Schrader, Jörg-Volker:
Anpassungsprozesse in der ostdeutschen
Landwirtschaft : Analyse und Bewertung
; Gutachten im Auftrage des
Bundesministers für Wirtschaft / von
Jörg-Volker Schrader. - Kiel : Inst. für
Weltwirtschaft an der Univ. Kiel, 1991.
- IV, 113 Bl.

2277 C 174479
Schrader, Jörg-Volker:
Anpassungsprozesse in der ostdeutschen
Landwirtschaft : Analyse und Bewertung
/ von Jörg-Volker Schrader. - Kiel :
Inst. für Weltwirtschaft, 1991. - 75 S.
- (Kieler Diskussionsbeiträge ;
171/172). - ISBN: 3-89456-010-X

2278 Y 10872 (1990)
Schrader, Jörg-Volker:
Integration der deutschen Agrarsektoren
: Wettbewerb der Standorte und
Strukturen oder Übernahme westlicher
Reglementierungen? / von Jörg-Volker
Schrader. - IN: Die Weltwirtschaft. -
1990,1, S. 125 - 137

2279 YY 4759 (39)
Schuricke, Dietmar:
Erste Überlegungen zu einer Reform der
Landwirtschaft in der DDR / Dietmar
Schuricke. - Zsfassung in engl. Sprache.
- IN: Agrarwirtschaft. - 39 (1990),8,
S. 243 - 248

2280 YY 13006 (2)
Schweizer, Dieter:
Gesetz zur Änderung des Landwirtschafts-
anpassungsgesetzes und anderer Gesetze /
Dieter Schweizer. - IN: Deutsch-deutsche
Rechts-Zeitschrift. - 2 (1991),8,
S. 279 - 285

2281 Y 15896
Statistisches Jahrbuch über Ernährung,
Landwirtschaft und Forsten der
Bundesrepublik Deutschland / hrsg. vom
Bundesministerium für Ernährung,
Landwirtschaft und Forsten, Abteilung 2,
Allgemeine Angelegenheiten der
Agrarpolitik. - Münster-Hiltrup :
Landwirtschaftsverl. - ISSN: 0072-1581
- 35. 1991

2282 YY 9549 (20)
Steding, Rolf:
Agrarrecht in der DDR / von Rolf
Steding. - IN: Agrarrecht. - 20
(1990),4, S. 93 - 95

2283 XX 2310 (39)
Steding, Rolf:
Staat und Landwirtschaft unter
marktökonomischen Bedingungen : Versuch
eines neuen Ansatzes für die juristische
Gestaltung ihres Wechselverhältnisses /
Rolf Steding. - IN: Staat und Recht. -
39 (1990),6, S. 447 - 452

2284 A 187897
Tangermann, Stefan:
Die Auswirkungen der Vereinigung auf die
Landwirtschaft Gesamtdeutschlands :
Markt und Absatz / Stefan Tangermann.
Auswirkungen der deutschen Vereinigung
auf die Entwicklung der Agrarstruktur /
Manfred Köhne. - Göttingen [u.a.], 1991.
- 43 S. : graph. Darst. -
(Hochschultagung / Landwirtschaftlicher
Fachbereich der
Georg-August-Universität, Göttingen ;
Landwirtschaftskammer, Hannover ; 1991).
- Enth. 2 Beitr.

2285 YY 4759 (39)
Teller, Jürgen:
Zum Außenhandel der DDR mit
landwirtschaftlichen Erzeugnissen /
Jürgen Teller. - Zsfassung in engl.
Sprache. - IN: Agrarwirtschaft. - 39
(1990),5, S. 141 - 148

2286 YY 4759 (40)
Ulbricht, Gottfried:
Ernährung und agrare
Veredlungswirtschaft in der früheren DDR
/ Gottfried Ulbricht. - Graph. Darst.
- Zsfassung in engl. Sprache. - IN:
Agrarwirtschaft. - 40 (1991),5,
S. 134 - 138

2287 C 171146
Umstrukturieren, Bewerten, Neu-gestalten
von landwirtschaftlichen Unternehmen in
den neuen Bundesländern : Handbuch für
den praktischen Landwirt und den Berater
/ Deutsche Landwirtschafts-Gesellschaft
e. V. - Frankfurt a. M., 1990. - 280 S.
- (Arbeitsunterlagen / DLG)

2288 W 165 (90,4)
Untersuchungen über Struktur und
wirtschaftliche Situation der
landwirtschaftlichen Betriebe in der DDR
vor dem Beitritt zur Bundesrepublik
Deutschland / F. Isermeyer ... -
Braunschweig, 1990. - 147 Bl. : graph.
Darst. - (Arbeitsbericht /
Bundesforschungsanstalt für
Landwirtschaft, Braunschweig-Völkenrode,
Institut für Betriebswirtschaft ; 90,4)

2289 A 191628
Volz, Karl-Reinhard:
Förderung der Erstaufforstung in den
neuen Bundesländern : Situationsanalyse
und Vorschläge ; Nutzen-Kosten-Unter-
suchung zur Förderung der
Erstaufforstung ; Situationsanalyse und
Vorschläge zur Erstaufforstung in den
neuen Bundesländern / Karl-Reinhard
Volz. - Bonn : Bundesministerium für
Ernährung, Landwirtschaft und Forsten,
1991. - Getr. Zählung : graph. Darst.

2290 YY 4759
Vorausschau auf den Rindermarkt :
Auswertung der Rinderzählung ... -
Zsfassung in engl. Sprache. - IN:
Agrarwirtschaft. - Frankfurt am Main.
- 1991

2291 YY 4759
Vorausschau auf den Schweinemarkt :
Auswertung der Schweinezählung ... -
Zsfassung in engl. Sprache. - IN:
Agrarwirtschaft. - Frankfurt am Main.
- 1991

2292 A 186402
Der Wandel in ländlichen Räumen und
seine Wirkungen auf die berufliche
Qualifikation und die soziale Sicherung
/ hrsg. von der Agrarsozialen
Gesellschaft e. V. Göttingen. Mit Beitr.
von K. P. Bruns ... - Göttingen, 1990. -
179 S. - (Schriftenreihe für ländliche
Sozialfragen ; 110)

2293 XX 2443 (42)
Weber, Adolf:
Mögliche und notwendige Privatisie-
rungsschritte in der Landwirtschaft /
Adolf Weber. - Kt. - IN: Politische
Studien. - 42 (1991),Mai/Juni = 317,
S. 272 - 283

2294 YY 4759 (39)
Weber, Adolf:
Zur Situation der Landwirtschaft in der
DDR / Adolf Weber. - IN: Agrarwirt-
schaft. - 39 (1990),5, S. 129 - 130

2295 XX 2443 (42)
Zimpelmann, Uwe:
Probleme der Kreditvergabe an die
Landwirtschaft / Uwe Zimpelmann. - IN:
Politische Studien. - 42 (1991),Mai/Juni
= 317, S. 284 - 289

2296 W 70 (91,2)
Zur Agrarmarktsituation in den neuen
Bundesländern / mit Beitr. von K. Frenz
... - Braunschweig-Völkenrode, 1991. -
II, 45 S. - (IFLM-Arbeitsbericht ; 91,2)

2297 A 189135
Zur Zukunft der Landwirtschaft in
Brandenburg : eine Tagung der
Friedrich-Ebert-Stiftung und des Vereins
für Politische Bildung und Soziale
Demokratie am 28. bis 30. September 1990
in Marxwalde. - Bonn : Forschungsinst.,
Abt. Wirtschaftspolitik, 1990. - 35 S. -
(Reihe "Wirtschaftspolitische Diskurse"
; 10). - ISBN: 3-926132-51-5

N-1 Agriculture and the European
    Community - Landwirtschaft und
    Europäische Gemeinschaft

2298 YY 3893 (43)
Balz, Matthias:
Probleme einer Integration der
DDR-Landwirtschaft in den EG-Agrarmarkt
/ Matthias Balz. - IN: Ifo-Schnell-
dienst. - 43 (1990),19, S. 9 - 18

2299 A 189551
Becker, Tilman:
Auswirkungen des europäischen
Binnenmarktes auf die Standort-
entscheidungen der Mühlenwirtschaft :
optimale Vermahlungsstandorte in der DDR
/ von Tilman Becker. - IN: Land- und
Ernährungswirtschaft im europäischen

Binnenmarkt und in der internationalen
Arbeitsteilung / mit Beitr. von N. Andel
... Hrsg. von P. M. Schmitz ... -
Münster-Hiltrup, 1991. - ISBN
3-7843-2501-7. - S. 287 - 293. -
(Schriften der Gesellschaft für
Wirtschafts- und Sozialwissenschaften
des Landbaues e. V. ; 27)

2300 Y 1289 (69)
Becker, Tilman:
Die Entwicklung der Produktion und des
Konsums von pflanzlichen Produkten auf
dem Gebiet der ehemaligen DDR unter
EG-Bedingungen / von Tilman Becker und
Peter Schoop. - Kt. - Zsfassung in engl.
u. franz. Sprache. - IN: Berichte über
Landwirtschaft. - 69 (1991),2,
S. 261 - 287

2301 A 187528
Dabbert, Stephan:
Die ostdeutsche Landwirtschaft unter
EG-Bedingungen / Stephan Dabbert. -
Frankfurt am Main, [1991]. - 115 S. :
graph. Darst. - (Schriftenreihe /
Landwirtschaftliche Rentenbank,
Frankfurt am Main ; 4)

2302 YY 9549 (21)
Eiden, Hanns-Christoph:
Die Europäischen Gemeinschaften und die
deutsche Einigung : Auswirkungen auf
die Vorschriften im Bereich der
gemeinsamen Agrarpolitik / von
Hanns-Christoph Eiden. - IN: Agrarrecht.
- 21 (1991),3, S. 57 - 61

2303 XX 4298 (29)
Furet, Mathieu:
Die Eingliederung der ostdeutschen
Landwirtschaft in die EG / Mathieu
Furet ; Jürgen Holzapfel. - IN:
Vorgänge. - 29 (1990),6 = 108,
S. 12 - 17

2304 YY 6686 (1991)
Heine, Joachim:
Les mesures prises dans le secteur
agricole pour l'intégration de la RDA
dans la Communauté / par Joachim Heine.
- IN: Revue du Marché Commun et de
l'Union Européenne. - 1991,1 = No. 345,
S. 199 - 217

2305 A 188119
**Die Integration der Landwirtschaft der
neuen Bundesländer in den europäischen
Agrarmarkt** : Arbeit aus dem Institut
für Agrarpolitik, Marktforschung und
Wirtschaftssoziologie der Universität
Bonn und aus dem Institut für
Agrarökonomie Berlin / hrsg. von W.
Henrichsmeyer ... - Hamburg [u.a.] :
Buched. Agrimedia [u.a.], 1991. - 158 S.
: graph. Darst. - (Agrarwirtschaft :
Sonderheft ; 129). - Enth. 6 Beitr. -
ISBN: 3-87795-057-4

2306 XX 2443 (42)
Miller, Josef:
Auswirkungen der EG-Rahmenbedingungen
auf die Gestaltung der regionalen
Agrarpolitik / Josef Miller. - IN:
Politische Studien. - 42 (1991),Mai/Juni
= 317, S. 229 - 235

2307 A 190527
Nickel, Oliver:
Die deutsche Milchbranche im
EG-Binnenmarkt : Situationsanalyse,
Branchenentwicklung, strategische
Optionen / Oliver Nickel. - Hamburg :
Behr, 1991. - 279 S. : graph. Darst. -
Literaturverz. S. 243 - 260. - Zugl.:
Karlsruhe, Univ., Diplomarbeit, 1991. -
ISBN: 3-925673-99-7

2308 A 189493
**Perspektiven der gesamtdeutschen
Landwirtschaft in der Europäischen
Gemeinschaft** / 11. Internationales
Forum Agrarpolitik. [Red.: Beatrix
Keber]. - [Bonn], 1991. - 120 S. : Ill.
- (Schriftenreihe des DBV ; 1991,2)

2309 XX 5236 (7)
Schilling, Horst:
Der EG-Agrarmarkt als Herausforderung
für die Landwirtschaft der DDR / Horst
Schilling. - IN: Land, Agrarwirtschaft
und Gesellschaft. - 7 (1990),1,
S. 25 - 46

2310 B 256597
Schinke, Eberhard:
Auswirkungen der Einbeziehung der
Landwirtschaft des DDR-Gebiets in die
gemeinsame Agrarpolitik der EG /
Eberhard Schinke. - IN: Deutsch-deutsche
Wirtschafts-, Währungs- und Sozialunion
im Rahmen der Europäischen Gemein-
schaften / hrsg. von Wulfdiether Zippel.
Mit Beitr. von Jürgen Becher ... -
Baden-Baden, 1991. - ISBN 3-7890-2348-5.
- S. 121 - 129. - (Schriftenreihe des
Arbeitskreises Europäische Integration
e. V. ; 30)

2311 A 189551
Schmidt, Klaus:
Integration der Land- und Ernährungs-
wirtschaft der neuen Bundesländer in den
gemeinsamen Agrarmarkt der Europäischen
Gemeinschaft : Problemfelder und
Konsequenzen / von Klaus Schmidt. - IN:
Land- und Ernährungswirtschaft im
europäischen Binnenmarkt und in der
internationalen Arbeitsteilung / mit
Beitr. von N. Andel ... Hrsg. von P. M.
Schmitz ... - Münster-Hiltrup, 1991. -
ISBN 3-7843-2501-7. - S. 545 - 553. -
(Schriften der Gesellschaft für
Wirtschafts- und Sozialwissenschaften
des Landbaues e. V. ; 27)

2312 B 256597
Schmidt, Klaus:
Vollständige Integration der Land- und
Ernährungswirtschaft der fünf
ostdeutschen Bundesländer in die
Europäische Gemeinschaft :
Problemfelder und Konsequenzen / Klaus
Schmidt. - IN: Deutsch-deutsche Wirt-
schafts-, Währungs- und Sozialunion im
Rahmen der Europäischen Gemeinschaften /
hrsg. von Wulfdiether Zippel. Mit Beitr.
von Jürgen Becher ... - Baden-Baden,
1991. - ISBN 3-7890-2348-5. -
S. 131 - 138. - (Schriftenreihe des
Arbeitskreises Europäische Integration
e. V. ; 30)

2313 W 539 (65)
Schoop, Peter:
Die Entwicklung der Produktion und des
Konsums von pflanzlichen Produkten in
der DDR unter EG-Bedingungen / von
Peter Schoop und Tilman Becker. - Kiel,
1990. - 26 S. : graph. Darst. -
(Diskussionsbeiträge / Universität Kiel,
Institut für Agrarpolitik und Marktlehre
; 65)

2314 A 189208
Zwei deutsche Landwirtschaften auf dem
Weg in den gemeinsamen Binnenmarkt /
hrsg. von der Agrarsozialen Gesellschaft
e. V., Göttingen. Mit Beitr. von K. P.
Bruns ... - Göttingen, 1991. - 124 S. :
graph. Darst. - (Schriftenreihe für
ländliche Sozialfragen ; 111). - Enth.
11 Beitr.

O Energy and Environment - Energie und
Umwelt

2315 C 174024
Alternative Möglichkeiten zur Lösung
kommunaler Energie- und Umweltprobleme
in Ostdeutschland : Studie / Manfred
Wölfling ... - Berlin : Transfer-Verl.,
1990. - VIII, 142 Bl. : graph. Darst. -
Druckschriftennr.: TVB 90/11/15

2316 B 252585
Gattinger, Matthias:
Emissionen und Umwelt : eine
energiewirtschaftliche Bilanz / von
Matthias Gattinger, Josef Halbritter und
Peter Voigtländer. - Berlin [u.a.] :
Siemens-Aktienges., 1990. - 84 S. :
graph. Darst. - ISBN: 3-8009-1592-8

2317 YY 10593 (90)
Hildebrand, Manfred:
Elektrizitätsversorgung und Umwelt in
der ehemaligen DDR / von Manfred
Hildebrand und Michael Nickel. - Graph.
Darst. - IN: Elektrizitätswirtschaft. -
90 (1991),1/2, S. 21 - 24

2318 C 171979
Das ökologisch Notwendige, ökonomisch
effizient : Bericht des Arbeitskreises
"Energieversorgung" der
Interministeriellen Arbeitsgruppe "CO
2-Reduktion". - [Bonn], 1990. - II, 37,
4 S. : graph. Darst. - (Studien-Reihe /
Der Bundesminister für Wirtschaft ; 72)

2319 A 187517
Ökologische Modernisierung der
Energieversorgung der DDR : Ziele,
Instrumente, Kooperationsmöglichkeiten ;
eine Tagung des Vereins für Politische
Bildung und Soziale Demokratie (DDR) und
der Friedrich-Ebert-Stiftung am 19.
April 1990 in Leipzig. - Bonn : For-
schungsinst. der Friedrich-Ebert-Stif-
tung, Abt. Wirtschaftspolitik, 1990. -
46 S. - (Reihe "Wirtschaftspolitische
Diskurse" ; 1)

2320 C 173223
Ossing, Franz J.:
Zwischen Braunkohle und kommunaler
Selbstverwaltung : der Energieverbrauch
der neuen Bundesländer 1990 und Ansätze
eines ökologischen Energie-Konzepts /
Franz J. Ossing. - Berlin, 1991. - 25 S.
: graph. Darst. - (Diskussionspapier ...
des IÖW ; 91,4)

2321 C 170614
Schädlich, Michael:
Energiesparen im Interesse der Umwelt / Michael Schädlich ; Uwe Weise. - Graph. Darst. - IN: Ausgewählte Beiträge zum Kolloquium "Grundzüge einer Marktwirtschaftlich Ausgerichteten Strukturpolitik in der DDR und Anforderungen für die Arbeitsteilung im Europäischen Raum". - Berlin, 1990. - S. 117 - 126. - (Informationsreihe / Institut für Angewandte Wirtschaftsforschung, Berlin ; 90,10)

2322
Schutz der Erde : eine Bestandsaufnahme mit Vorschlägen zu einer neuen Energiepolitik. - Bonn [u.a.] : Economica-Verl. [u.a.]. - (Bericht der Enquête-Kommission des 11. Deutschen Bundestages "Vorsorge zum Schutz der Erdatmosphäre" ; 3). - Auch als: Zur Sache ; 90/19. - ISBN: 3-926831-91-X ; 3-7880-9819-8
- 1. (1991). - 686 S. : Ill., graph. Darst.
 SIGNATUR: A 186987
- 2. (1991). - 1010 S. : Ill., graph. Darst.
 SIGNATUR: A 186986

2323 YY 6024 (36)
Steinberg, K.-H.:
Energieversorgung und deren Umweltauswirkungen : Stand und Entwicklung / von K.-H. Steinberg. - IN: Atomwirtschaft, Atomtechnik. - 36 (1991),4, S. 170 - 174

2324 C 176945
Die Treibhausproblematik - eine globale Herausforderung : 2. Bericht des Arbeitskreises "Energieversorgung" der Interministeriellen Arbeitsgruppe "CO 2-Reduktion". - [Bonn], 1991. - 42 S. : graph. Darst. - (Studien-Reihe / Der Bundesminister für Wirtschaft ; 76)

0-1 Environmental Protection - Umweltschutz

2325 B 260182
Abfallrecht : Gesetz über die Vermeidung und Entsorgung von Abfällen ; Gesetzestext mit Begründungen und Anmerkungen, Rechtsverordnungen und Verwaltungsvorschriften des Bundes, Richtlinie der Europäischen Gemeinschaft / Zsstellung und Anm. von Ruth Henselder-Ludwig. - Köln : Bundesanzeiger-Verl.-GmbH, 1991. - 292 S. : graph. Darst. - (Bundesanzeiger ; 43,12a). - ISBN: 3-88784-263-4

2326 YY 3893 (44)
Adler, Ulrich:
Umweltschutz in den neuen Bundesländern : Anpassungserfordernisse, Investitionsbedarf, Förderungsmöglichkeiten / U. Adler ; R.-U. Sprenger ; J. Wackerbauer. - Graph. Darst. - IN: Ifo-Schnelldienst. - 44 (1991),11, S. 3 - 16

2327 YY 3893 (43)
Adler, Ulrich:
Umweltschutz in der DDR : ökologische Modernisierung und Entsorgung unerläßlich / U. Adler. - IN: Ifo-Schnelldienst. - 43 (1990),16/17, S. 44 - 50

2328 C 173632
Bartel, Gerlinde:
Völkerrechtliche Vereinbarungen der Bundesrepublik Deutschland auf dem Gebiete des Umweltschutzes : Anhang: Verträge mit der Deutschen Demokratischen Republik ; (Fundstelle im Bundesgesetzblatt II) / Bearb.: Gerlinde Bartel. - Stand: 01. Mai 1990. - Berlin, 1990. - II, 199 S. - (Texte / Umweltbundesamt ; 90,10)

2329 XX 3852 (23)
Berg, Michael von:
Umweltschutz in Deutschland : Verwirklichung einer deutschen Umweltunion / Michael von Berg. - IN: Deutschland-Archiv. - 23 (1990),6, S. 897 - 906

2330 B 256682
Biedenkopf, Kurt H.:
Die ökologische Erneuerung der sozialen Marktwirtschaft in Ost und West / von Kurt H. Biedenkopf. - IN: Der Umbau / Uwe Jens (Hrsg.). Mit Beitr. von Wilhelm Krelle ... - Baden-Baden, 1991. - ISBN 3-7890-2469-4. - S. 240 - 253.

2331 A 189759
Borner, Joachim:
Unsere neuen ökologischen Altlasten und wie wir sie uns leisten / von Joachim Borner. - IN: Probleme der Einheit. - 3 (1991), S. 61 - 79

2332 C 174963
Coenen, Reinhard:
Umweltforschungsförderung in der
ehemaligen DDR vor und nach der
deutschen Vereinigung / Reinhard Coenen
; Joachim J. Schmitt. - Karlsruhe :
Kernforschungszentrum Karlsruhe, Abt.
für Angewandte Systemanalyse, 1991. - 23
S. - Druckschriftennr.: KfK 4869

2333 Y 29753
Daten zur Umwelt / Umweltbundesamt. -
Berlin : Schmidt. - Erscheinungsbeginn:
Ausg. 1. 1984
- 1990/91. (1992)

2334 C 169223
DDR - Umweltschutz: Ökologie statt
Autarkie : Bestandsaufnahme und
Lösungsansätze / Deutscher Industrie-
und Handelstag. - Bonn, 1990. - 14 S. :
graph. Darst. - Kopie

2335 C 177204
Ebenroth, Carsten-Thomas:
Umweltaltlastenverantwortung in den
neuen Bundesländern / von Carsten
Thomas Ebenroth und Michael Wolff. -
Heidelberg : Verl. Recht und Wirtschaft,
1992. - 64 S. - (Sonderveröffentlichung
des Betriebs-Beraters). - ISBN:
3-8005-1098-7

2336 A 188724
Fries, Renate:
Förderhilfen Umweltschutz : EG - Bund -
Länder / von Renate Fries ; Bernd Geisen
; Maria Sabathil. - Bonn :
Economica-Verl., 1991. - XII, 191 S. -
(Unternehmenspraxis Umweltschutz ; 1). -
ISBN: 3-926831-44-8

2337 YY 721 (49)
Heinrich, Reinhard:
Altlasten - Restriktion für die
räumliche Entwicklung in den neuen
Bundesländern? / Reinhard Heinrich ;
Claus-C. Wiegandt. - IN: Raumforschung
und Raumordnung. - 49 (1991),4,
S. 209 - 217

2338 B 253794
Heinzelmann, Regula:
Umweltschutz : Herausforderung und
Chance / Regula Heinzelmann. - Frankfurt
am Main : Blick durch die Wirtschaft,
1991. - 173 S. - ISBN: 3-924875-66-9

2339 B 259485
Huthmacher, Karl-Eugen:
Ökologische Sanierung und Entwicklung /
von Karl-Eugen Huthmacher. - IN: Erfolg
im Osten / Hermann Hill (Hrsg.). -
Baden-Baden, 1992. - ISBN 3-7890-2548-8.
- S. 168 - 177.

2340 YY 12619
Institut für Ökologische
Wirtschaftsforschung <Berlin>:
Informationsdienst / Institut für
Ökologische Wirtschaftsforschung GmbH ;
Vereinigung für Ökologische
Wirtschaftsforschung e. V. - Berlin. -
Erscheinungsbeginn: Jg. 5 (1990),6. -
Bis Jg. 5 (1990),5 u.d.T.: Institut für
Ökologische Wirtschaftsforschung
<Berlin, West>: Informationsdienst. -
ISSN: 0933-1948
- 6. (1991)
- 7. (1992)

2341 B 258050
Instrumente des Umweltrechts der
früheren DDR / M. Kloepfer (Hrsg.). -
Berlin [u.a.] : Springer-Verl., 1991. -
VIII, 102 S. - (Ladenburger Kolleg:
Studien zum Umweltstaat). - Enth. 10
Beitr. - ISBN: 3-540-53854-2

2342 B 252198
Integrierter Umweltschutz : eine
Herausforderung an das
Innovationsmanagement / Hartmut
Kreikebaum (Hrsg.). - 2., erw. Aufl. -
Wiesbaden : Gabler, 1991. - XI, 215 S. :
graph. Darst. - Enth. 15 Beitr. - ISBN:
3-409-23363-6

2343 YY 9653 (20)
John, Klaus D.:
Umweltprobleme in den neuen
Bundesländern / Klaus Dieter John. -
Graph. Darst. - IN:
Wirtschaftswissenschaftliches Studium. -
20 (1991),10, S. 517 - 521

2344 A 186237
Kahlert, Joachim:
Der Einigungsprozeß als Chance für die
Umwelt : Aufgaben und Ziele auf dem Weg
zu einer Umweltunion / Joachim Kahlert.
- Bonn-Bad Godesberg : Fried-
rich-Ebert-Stiftung, Abt. Außenpolitik-
forschung im Forschungsinst., 1990. - 75
S. : graph. Darst. - (Forum deutsche
Einheit : Perspektiven und Argumente ;
3). - ISBN: 3-926132-38-8

2345 XX 4740 (13)
Kloepfer, Michael:
Aspekte des Umweltrechts in der DDR / Michael Kloepfer und Sigrid Reinert. - Zsfassung in engl. Sprache. - IN: Zeitschrift für Umweltpolitik & Umweltrecht. - 13 (1990),1, S. 1 - 17

2346 YY 721 (49)
Krause, Marion:
Schadstoffemissionen des Straßenverkehrs in den alten und neuen Ländern der Bundesrepublik Deutschland / Marion Krause ; Stefan Schmitz. - Ill. - IN: Raumforschung und Raumordnung. - 49 (1991),5, S. 287 - 292

2347 B 252198
Kreikebaum, Hartmut:
Die umweltpolitische Situation in der ehemaligen Deutschen Demokratischen Republik aus heutiger Sicht / Hartmut Kreikebaum. - IN: Integrierter Umweltschutz / Hartmut Kreikebaum (Hrsg.). - Wiesbaden, 1991. - ISBN 3-409-23363-6. - S. 165 - 179.

2348 Y 59 (71)
Kühl, Carsten:
Finanzierung der Altlastensanierung in den neuen Bundesländern / Carsten Kühl. - IN: Wirtschaftsdienst. - 71 (1991),4, S. 180 - 187

2349 C 176894
Langer, Hans:
Investitionshilfen im Umweltschutz : ein Praxisleitfaden mit Gesetzes-, Verordnungs- und Richtliniensammlung / zsgest. und bearb. von Hans Langer. - Bonn : Bundesanzeiger-Verl.-Ges., [1991]. - 308 S. - (Bundesanzeiger ; 43,204a)

2350 A 184594
Lemser, Bernd:
Umweltpolitik unter marktwirtschaftlichen Zwängen / Bernd Lemser. - IN: Marktwirtschaft in der DDR / von Peter Hofmann ... - Berlin, 1990. - ISBN 3-448-02205-5. - S. 118 - 140.

2351 C 170614
Lüdigk, Rainer:
Strukturanpassung und Aspekte der Umweltpolitik / Rainer Lüdigk. - IN: Ausgewählte Beiträge zum Kolloquium "Grundzüge einer Marktwirtschaftlich Ausgerichteten Strukturpolitik in der DDR und Anforderungen für die Arbeitsteilung im Europäischen Raum". - Berlin, 1990. - S. 109 - 116. - (Informationsreihe / Institut für Angewandte Wirtschaftsforschung, Berlin ; 90,10)

2352 C 173541
Lüdigk, Rainer:
Strukturelle Anpassungsprozesse in der ostdeutschen Wirtschaft und ihre Auswirkungen auf ausgewählte Schadstoffemissionen : Ergebnisse erster Hochrechnungen / Rainer Lüdigk. - Berlin, 1991. - 81 S. - (Forschungsreihe / Institut für Angewandte Wirtschaftsforschung, Berlin ; 91,9). - Druckschriftennr.: Bestellnr. 91 01 09

2353 YY 13307 (1990)
Michael, Gerhard:
Die Verantwortlichkeit für DDR-Altlasten beim Erwerb von Altanlagen : Betrachtungen zum "schwarzen Peter" der 90er Jahre / Gerhard Michael und Rüdiger Thull. - (DDR-Rechtsentwicklungen ; 12). - IN: Betriebs-Berater : Beilage. - 1990,30, S. 1 - 9

2354 XX 2321 (38)
Möller, Liane:
Umweltreproduktiv bedingte Aufwendungen und Ergebnisse im ökonomischen Regelsystem der DDR / Liane Möller. - IN: Wirtschaftswissenschaft. - 38 (1990),5, S. 740 - 748

2355 B 255859
Naujoks, Friedhelm:
Ökologische Erneuerung der ehemaligen DDR : Begrenzungsfaktor oder Impulsgeber für eine gesamtdeutsche Entwicklung? / Friedhelm Naujoks. - Bonn : Dietz, 1991. - 112 S. - (Reihe praktische Demokratie). - ISBN: 3-8012-0160-0

2356 A 192807
Nissen, Sylke:
Die sozialistische Arbeitsgesellschaft in der ökologischen Transformation : Arbeit und Umwelt in der ehemaligen DDR / Sylke Nissen. - IN: Modernisierung nach dem Sozialismus / hrsg. von Sylke Nissen. - Marburg, 1992. - ISBN 3-926570-47-4. - S. 7 - 24. - (Ökologie und Wirtschaftsforschung ; 5)

2357 XX 3299 (30)
Núñez-Müller, Marco:
The Schoenberg case : transfrontier movements of hazardous waste / Marco Núñez-Müller. - Graph. Darst. - IN: Natural resources journal. - 30 (1990),1, S. 153 - 161

2358 B 260492
Der Nutzen des Umweltschutzes : Synthese der Ergebnisse des Forschungsschwerpunktprogramms "Kosten der Umweltverschmutzung, Nutzen des Umweltschutzes ; Forschungsbericht 101 03 150 / von Alfred Endres ... - Berlin : Schmidt, 1991. - 152 S. - (Berichte / Umweltbundesamt ; 91,12). - (Umweltforschungsplan des Bundesministers für Umwelt, Naturschutz und Reaktorsicherheit : Umweltplanung, Ökologie). - Druckschriftennr.: UBA-FB 91-123. - ISBN: 3-503-03288-6

2359 A 191634
Der Ökologiemarkt für Kleinunternehmen : Unternehmenskonzepte, Sektoralanalysen und Gründungshilfen / Jürgen Bärsch ... - Darmstadt : Verl. für Wiss. Publ., 1991. - 244 S. - ISBN: 3-922981-68-2

2360 Y 370 (58)
Ökologische Sanierung in den neuen Bundesländern : Voraussetzungen für eine ökonomisch und sozial verträgliche Gestaltung / [bearb. von Jürgen Blazejczak ...]. - IN: Wochenbericht / Deutsches Institut für Wirtschaftsforschung. - 58 (1991),10, S. 98 - 102

2361 Y 370 (59)
Ökologische Sanierung in den neuen Bundesländern : Impulse für den wirtschaftlichen Strukturwandel / [bearb. von Heike Belitz ...]. - IN: Wochenbericht / Deutsches Institut für Wirtschaftsforschung. - 59 (1992),8, S. 83 - 89

2362 A 187521
Ökonomie contra Ökologie : ein Problem unserer Zeit. - Berlin : Verl. Die Wirtschaft, 1990. - 240 S. - Druckschriftennr.: Bestell-Nr. 676 635 1. - ISBN: 3-349-00818-6

2363 C 171852
Petschow, Ulrich:
Ökologischer Umbau in der DDR / Ulrich Petschow ; Jürgen Meyerhoff ; Claus Thomasberger. - Berlin, 1990. - 44 S. : graph. Darst. - (Schriftenreihe des Instituts für Ökologische Wirtschaftsforschung (IÖW) GmbH ; 36). - ISBN: 3-926930-28-4

2364 A 183803
Petschow, Ulrich:
Umweltreport DDR : Bilanz der Zerstörung ; Kosten der Sanierung ; Strategien für den ökologischen Umbau ; eine Studie des Instituts für Ökologische Wirtschaftsforschung / von Ulrich Petschow ; Jürgen Meyerhoff ; Claus Thomasberger. - Frankfurt am Main : Fischer, 1990. - 190 S. - ISBN: 3-10-073005-4

2365 C 175240
Polle, Jacqueline:
Präventionsorientierte Versicherung von Umweltrisiken : Gestaltung haftpflichtrechtlicher Voraussetzungen und risikotheoretische Aspekte der Versicherbarkeit / von Jacqueline Polle. - 1991. - Getr. Zählung : graph. Darst. - Literaturverz. Bl. 155 - 163. - Berlin, Humboldt-Univ., Diss., 1991

2366 A 187814
Die Sanierung der Elbe als Aufgabe deutscher und europäischer Umweltpolitik : Programme, Instrumente und Kooperationen im Gewässerschutz ; eine Tagung der Friedrich-Ebert-Stiftung und des Vereins für Politische Bildung und Soziale Demokratie am 12. und 13. September 1990 in Dresden. - Bonn, 1990. - 42 S. - (Reihe "Wirtschaftspolitische Diskurse" ; 7). - ISBN: 3-926132-40-X

2367 C 177208
Steger, Ulrich:
Aspekte und Rahmenbedingungen umweltorientierter Unternehmensführung / Ulrich Steger. - Oestrich-Winkel, 1991. - 103 S. : graph. Darst. - (Arbeitspapiere des Instituts für Ökologie und Unternehmensführung e. V. ; 16). - Enth. 10 Beitr. - ISBN: 3-922771-14-9

2368 B 259837
Streibel, Günter:
Environmental protection : problems and prospects in East and West Germany / Günter Streibel. - Graph. Darst. - Kommentar S. 208 - 229. - IN: Economic aspects of German unification / Paul J.

J. Welfens (ed.). - Berlin, 1992. - ISBN
3-540-55006-2 ; 0-387-55006-2. -
S. 183 - 207.

2369   A 190522
Stroetmann, Clemens:
Probleme und Maßnahmen der Umweltpolitik
im vereinten Deutschland / von Clemens
Stroetmann. - IN: Umweltpolitik in der
Marktwirtschaft / hrsg. von El-Shagi
El-Shagi ... - Pfaffenweiler, 1991. -
ISBN 3-89085-601-2. - S. 141 - 151. -
(Trierer Schriften zur
Wirtschaftstheorie und
Wirtschaftspolitik ; 1)

2370   Y 370 (58)
Szenario zur Entwicklung der CO_2-Emissionen in den neuen Bundesländern /
[bearb. von Hans-Joachim Ziesing]. - IN:
Wochenbericht / Deutsches Institut für
Wirtschaftsforschung. - 58 (1991),49,
S. 687 - 694

2371   C 169227
Umweltbericht der DDR : Information zur
Analyse der Umweltbedingungen in der DDR
und zu weiteren Maßnahmen / [Hrsg.:
Institut für Umweltschutz, Berlin]. -
Berlin : Verl. Visuell, 1990. - 86 S :
Ill., graph. Darst., Kt. - ISBN:
3-7300-0085-3

2372   XX 5773 (3)
Umweltdiskussion: Ökologische
Modernisierung der DDR / Teilnehmer der
Diskussion sind Arbeitsgruppe
Ökologische Wirtschaftspolitik, Lutz
Wicke. - Enth. 2 Beitr. - IN:
Zeitschrift für angewandte
Umweltforschung. - 3 (1990),2,
S. 117 - 132

2373   C 175869
Umweltpolitik in der DDR : Dokumente
des Umbruchs / zsgest. von Arnim
Bechmann ... - Berlin : Univ.-Bibliothek
der TU Berlin, Abt. Publ., 1991. - Getr.
Zählung : graph. Darst. -
(Werkstattberichte des Instituts für
Landschaftsökonomie der Technischen
Universität Berlin ; 32). - ISBN:
3-7983-1389-X

2374   X 19525
Umweltschutz . - IN:
Gewerkschaftsjahrbuch. - Köln.
- // 1991, S. 280 - 300

2375   A 191432
Umweltschutz in den neuen Bundesländern
: Anpassungserfordernisse, Investitionsbedarf, Marktchancen für Umweltschutz
und Handlungsbedarf für eine ökologische
Sanierung und Modernisierung / von
Rolf-Ulrich Sprenger ... - München,
1990. - XV, 408 S. : graph. Darst. -
(Ifo-Studien zur Umweltökonomie ; 16). -
Literaturverz. S. 389 - 408. - ISBN:
3-88512-134-4

2376   C 178049
Umweltschutz in Deutschland :
Nationalbericht der Bundesrepublik
Deutschland für die Konferenz der
Vereinten Nationen über Umwelt und
Entwicklung in Brasilien im Juni 1992 /
Bundesumweltministerium (Hrsg.) Mit
einem Vorwort von Klaus Töpfer. - Bonn :
Economica-Verl., 1992. - XV, 239 S. :
Ill., graph. Darst., Kt. - Enth.:
Perspektiven einer weltweiten
umweltverträglichen Entwicklung des
Nationalen Komitees zur Vorbereitung der
UN-Konferenz über Umwelt und Entwicklung
1992. - ISBN: 3-87081-341-5

2377   B 257390
Schwerpunktthema 1991: Umweltschutz,
Strukturwandel und Wirtschaftswachstum
: Gutachten im Auftrag des
Bundesministers für Wirtschaft /
[Projektleiter : K. Löbbe]. - Essen :
Rheinisch-Westfälisches Inst. für
Wirtschaftsforschung, 1991. - XIII, 329
S. : graph. Darst. - Literaturverz. S.
271 - 290

2378   B 260716
Umweltschutz, Strukturwandel und
Wirtschaftswachstum / von Rüdiger Budde
... - Essen, 1992. - 340 S. : graph.
Darst. - (Untersuchungen des
Rheinisch-Westfälischen Instituts für
Wirtschaftsforschung Essen ; 4). -
Literaturverz. S. 317 - 340. - ISBN:
3-928739-03-4

2379   YY 3893 (44)
Wackerbauer, Johann:
Förderung von Umweltschutzmaßnahmen in
den neuen Bundesländern :
umweltpolitische Implikationen und
ökonomische Effekte / Johann
Wackerbauer. - IN: Ifo-Schnelldienst. -
44 (1991),16/17, S. 53 - 57

2380 Y 59 (70)
Wacker-Theodorakopoulos, Cora:
Reform der Umweltpolitik im Lichte der deutschen Einigung? / Cora Wacker-Theodorakopoulos ; Christoph Kreienbaum. - IN: Wirtschaftsdienst. - 70 (1990),10, S. 512 - 518

2381 W 593 (15)
Zimmermann, Klaus F.:
Ökologie und Ökonomie in der Transformation : umweltpolitische Perspektiven für die neuen Länder / von Klaus Zimmermann. - Hamburg : Inst. für Wirtschaftspolitik, Univ. der Bundeswehr, 1991. - 63 Bl. - (Diskussionsbeiträge zur Wirtschaftspolitik ; 15)

0-2 Energy Sector, Water Supply - Energiewirtschaft, Wasserversorgung

2382
Ableitung energiewirtschaftlicher Kennziffern in den Ländern der ehemaligen DDR und Ermittlung von Energieeinsparungspotentialen für Energieversorgungskonzeptionen / Autoren: Projektgruppe "Energieeinsparungspotentiale". Projektleiter: G. Schwenker ... - Berlin.
- 2. Ermittlung von Energieeinsparungspotentialen für Energieversorgungskonzeptionen im Zeitraum bis 1995/2000. - 1990. - II, 36 Bl. : graph. Darst.
SIGNATUR: C 175085

2383 YY 4498 (40)
Alt, Helmut:
Energietarifstruktur in Ostdeutschland / Helmut Alt. - IN: Energiewirtschaftliche Tagesfragen. - 40 (1990),11, S. 782 - 788

2384 YY 11080
Ausgewählte Zahlen zur Energiewirtschaft / Statistisches Bundesamt. - Stuttgart : Metzler-Poeschel. - Erscheinungsbeginn: 1981
- 1991. (1991/92)

2385 B 254016
Auswirkungen des EG-Binnenmarktes für Energie auf Verbraucher und Energiewirtschaft in der Bundesrepublik / von Bernhard Hillebrand ... - Essen : RWI, 1991. - 286 S. : graph. Darst. - (Untersuchungen des Rheinisch-Westfälischen Instituts für Wirtschaftsforschung Essen ; 1). - Literaturverz. S. 273 - 286

2386 YY 4498 (42)
Becker, Elmar:
Energiepolitik für das vereinte Deutschland : das energiepolitische Gesamtkonzept der Bundesregierung / Elmar Becker. - IN: Energiewirtschaftliche Tagesfragen. - 42 (1992),1/2, S. 6 - 10

2387 C 178143
Bestandsaufnahme und Perspektiven der Atom- und Energiewirtschaft der DDR / erstellt durch das Öko-Institut Freiburg/Darmstadt ... Stephan Kohler ... - Berlin [u.a.], 1990. - Getr. Zählung : graph. Darst.

2388 YY 4498 (42)
Cromme, Franz:
Die Neuordnung der Energieversorgung in den neuen Bundesländern : Bestandsaufnahme - Tendenzen - Probleme / Franz Cromme. - IN: Energiewirtschaftliche Tagesfragen. - 42 (1992),5, S. 279 - 283

2389 C 169224
DDR - Energiepolitik in der Sackgasse : Stand und Entwicklung der DDR-Energiewirtschaft / Deutscher Industrie- und Handelstag. - Bonn, 1990. - 17 Bl. : graph. Darst.

2390 Y 835
Der deutsche Steinkohlenbergbau im Jahre ... . - Teilw. u.d.T.: Der deutsche Steinkohlenbergbau im Jahr ... - IN: Glückauf. - Essen.
- 1991. // 128 (1992),5, S. 403 - 407

2391 YY 3662 (12)
Deutschland <Bundesrepublik> / Bundesregierung:
Das energiepolitische Gesamtkonzept der Bundesregierung : Energiepolitik für das vereinte Deutschland ; Unterrichtung durch die Bundesregierung. - Graph. Darst. - IN: Verhandlungen des Deutschen Bundestages : Drucksachen. - Wahlperiode 12 (1991),1799, 49 S.

2392 C 171821
Deutschland / [Internationale Energieagentur]. - [Paris], [1991]. - 35 S.

2393 C 177663
Eckerle, Konrad:
Energiereport 2010 : die energiewirtschaftliche Entwicklung in Deutschland / Konrad Eckerle ; Peter Hofer ; Klaus P. Masuhr. - Stuttgart : Schäffer-Poeschel, 1992. - XXX, 498 S. : graph. Darst. - ISBN: 3-7910-0661-4

2394 YY 4498 (42)
Eitz, August-Wilhelm:
Sanierung der ostdeutschen Stromwirtschaft : eine Zwischenbilanz / August Wilhelm Eitz. - Graph. Darst., Kt. - IN: Energiewirtschaftliche Tagesfragen. - 42 (1992),6, S. 351 - 358

2395 Y 12194
Die Elektrizitätswirtschaft in der Bundesrepublik Deutschland ... : statistischer Jahresbericht des Referats Elektrizitätswirtschaft im Bundesministerium für Wirtschaft ; ... Bericht. - [Bonn]. - ([Elektrizitätswirtschaft / Sonderdruck] Sonderdruck aus Elektrizitätswirtschaft ; ...). - Ab 1990 (1992) ohne Gesamtt. - Erscheinungsbeginn: 1965
- 42. 1990 (1992)

2396 X 20953
Energiedaten : Entwicklung für die Bundesrepublik Deutschland / Bundesministerium für Wirtschaft. - Bonn : Referat Öffentlichkeitsarbeit. - Erscheinungsbeginn: 1990 (1991). - Früher u.d.T.: Daten zur Entwicklung der Energiewirtschaft in der Bundesrepublik Deutschland
- 1990. (1991)

2397 YY 4498
Energiemarkt ... . - IN: Energiewirtschaftliche Tagesfragen. - Gräfelfing.
- 1990. // 41 (1991),3, S. 154 - 173
- 1991. // 42 (1992),3, S. 154 - 174

2398 B 256683
Energiestrukturveränderungen und ihre **Raumwirksamkeit** in den beiden deutschen **Staaten** / hrsg. von Karl Eckart ... - Berlin : Duncker & Humblot, 1991. - 122 S. : graph. Darst. - (Schriftenreihe der Gesellschaft für Deutschlandforschung ; 32). - Enth. 9 Beitr. - ISBN: 3-428-07231-6

2399 C 173526
Entwicklung des Energieverbrauchs und seiner Determinanten in der ehemaligen DDR : Kurzfassung ; Untersuchung im Auftrag des Bundesministers für Wirtschaft, Bonn / Deutsches Institut für Wirtschaftsforschung (DIW) ... - Bonn, 1991. - III, 38, [22] S. - (Studien-Reihe / Der Bundesminister für Wirtschaft ; 74)

2400 YY 8617
Erdöl- und Erdgasexploration in Deutschland ... = Exploration for crude oil and natural gas in Germany ... - Zsfassung in engl. Sprache. - Erscheinungsbeginn: 1990. - Bis 1989 (1990) u.d.T.: Erdöl- und Erdgasexploration in der Bundesrepublik Deutschland ... - IN: Erdöl, Erdgas, Kohle / Deutsche Gesellschaft für Mineralölwissenschaft und Kohlechemie ... - Hamburg. - 1990. // 107 (1991),9, S. 350 - 360

2401 A 187816
Europa '92: strategische Herausforderungen an die Energiepolitik und Energieunternehmen : [am 26./27. April 1990] / mit Beitr. von Klaus Beckmann ... - München : Oldenburg, 1990. - 158 S. - (Vorträge der ... internationalen Arbeitstagung des Energiewirtschaftlichen Instituts an der Universität Köln ; 26) (Tagungsberichte des Energiewirtschaftlichen Instituts ; 26). - Enth. 11 Beitr. - ISBN: 3-486-26252-1

2402 A 192303
Flatt, Lorenz:
Die Neuordnung der Elektrizitätswirtschaft in Ostdeutschland / Lorenz Flatt. - München : Djeković, 1992. - XVII, 136 S. : graph. Darst. - (Transformationsökonomie ; 1). - ISBN: 3-9802969-1-1

2403 A 192348
Förderfibel Energie : öffentliche Finanzhilfen für den Einsatz erneuerbarer Energiequellen und die rationelle Energieverwendung / Hrsg.: Fachinformationszentrum, Karlsruhe, Gesellschaft für Wissenschaftlich-Technische Information mbH. [Bearb.: Susanne Hinz ...]. - 2. Aufl. - Köln : Dt. Wirtschaftsdienst, 1992. - 216 S. - ISBN: 3-87156-147-9

2404 YY 4498 (40)
Gernhardt, Alfred:
Verfügbarkeitsprobleme in
DDR-Rohbraunkohlekraftwerken / Alfred
Gernhardt ; Hansjoachim Schellenberg ;
Otto Schweicke. - Graph. Darst. - IN:
Energiewirtschaftliche Tagesfragen. - 40
(1990),10, S. 698 - 702

2405 C 169291
Gesamtbilanz Energie 1989 :
Wirtschaftsraum DDR / Institut für
Energetik. Verantw. Bearb.: Jochen
Hesselbach. - Leipzig, 1990. - 190 S. :
Ill., graph. Darst., Kt.-Beil.

2406 C 176322
Gesamtbilanz Energie 1990 :
Wirtschaftsraum der fünf neuen Länder in
der Bundesrepublik Deutschland / Hrsg.:
IfE Leipzig GmbH. - [Leipzig], [1991]. -
165 S. : Ill., graph. Darst.

2407 YY 4498 (40)
Görgen, Rainer:
Energieaufkommen und -verwendung in der
DDR / Rainer Görgen ; Joachim Wolberg.
- Ill., graph. Darst. - IN:
Energiewirtschaftliche Tagesfragen. - 40
(1990),3, S. 110 - 116

2408 C 172501
Grawe, Joachim:
Die stromwirtschaftliche Zusammenarbeit
zwischen der Bundesrepublik Deutschland
und der DDR / Joachim Grawe. - zahlr.
graph. Darst. - IN: Tagungsbericht / 11.
Hochschultage Energie, 1./2. Oktober
1990, Essen. - Essen, 1990. - ISBN
3-89355-060-7. - S. 13 - 36.

2409 YY 10593 (90)
Grawe, Joachim:
Die Struktur der deutschen Elektrizitätswirtschaft vor und nach der nationalen Vereinigung / von Joachim Grawe. -
Kt. - IN: Elektrizitätswirtschaft. - 90
(1991),19, S. 1007 - 1019

2410 B 257295
Gröner, Helmut:
Energiepolitik in den neuen
Bundesländern / von Helmut Gröner. -
IN: Wirtschaftspolitische Probleme der
Integration der ehemaligen DDR in die
Bundesrepublik / von Hartwig Bartling
... Hrsg. von Helmut Gröner ... -
Berlin, 1991. - ISBN 3-428-07275-8. -
S. 201 - 217. - (Schriften des Vereins
für Socialpolitik, Gesellschaft für
Wirtschafts- und Sozialwissenschaften ;
N.F.,212)

2411 B 257007
Das grüne Energiewende-Szenario 2010 :
Sonne, Wind und Wasser / Die Grünen im
Bundestag, AG Energie (Hrsg.). Eckhard
Stratmann ... - 2., korrig. u. erw.
Aufl. - Köln : Volksblatt-Verl., 1991. -
273 S. : graph. Darst. - ISBN:
3-923243-41-3

2412 C 177472
Gutachten zur Rekommunalisierung der
Energiewirtschaft in Dresden : erstellt
durch das Öko-Institut Freiburg im
Auftrag der Stadt Dresden / Fritz
Hemmerich ... - Freiburg, 1991. - 132,
10 S.

2413 YY 4498 (41)
Hagenmeyer, Ernst:
Regionale Versorgungsaspekte in
Ostdeutschland : Zwischenbilanz nach
einem Jahr Geschäftsbesorgung / Ernst
Hagenmeyer. - IN: Energiewirtschaftliche
Tagesfragen. - 41 (1991),8, S. 506 - 509

2414 C 168531
Heizkraftwirtschaft - Fernwärme in
Deutschland : gesamtdeutscher
Treffpunkt 7. Juni 1990, Stadthalle
Karlsruhe in Verbindung mit der
AGFW-Vortragstagung mit Fachausstellung
Fernwärmetechnik '90 / Hrsg.:
Arbeitsgemeinschaft Fernwärme e. V. bei
d. VDEW. - Frankfurt am Main, 1990. -
126 S. : zahlr. Ill. - (Fernwärme :
Sonderausg.)

2415 YY 10593 (90)
Herbrich, Günter:
Zur Elektrizitätswirtschaft der
ehemaligen DDR / von Günter Herbrich. -
Graph. Darst. - IN: Elektrizitätswirtschaft. - 90 (1991),1/2, S. 27 - 35

2416 YY 10593 (89)
Hörnschemeyer, Franz-Gerd:
Energiepolitische Eckpunkte in der DDR
/ von Franz-Gerd Hörnschemeyer und Erwin
Stahl. - IN: Elektrizitätswirtschaft. -
89 (1990),20, S. 1055 - 1058

2417 X 9585
Jahrbuch ... Bergbau, Öl und Gas,
Elektrizität, Chemie . - Essen : Verl.
Glückauf. - Erscheinungsbeginn: 93.

1985/86 (1985). - ISSN: 0075-255X
- 99. 1992 (1991)

2418 YY 6024 (37)
Junk, Herbert:
1990: Kernenergie in der Elektrizitätswirtschaft der Bundesrepublik Deutschland / von H. Junk. - Graph. Darst. - IN: Atomwirtschaft, Atomtechnik. - 37 (1992),3, S. 140 - 145

2419 YY 3893 (44)
Karl, Hans-Dieter:
Deutlicher Anstieg der Strominvestitionen im vereinten Deutschland : unterschiedliche Entwicklung in alten und neuen Bundesländern / H.-D. Karl. - Graph. Darst. - IN: Ifo-Schnelldienst. - 44 (1991),35/36, S. 12 - 17

2420 YY 3893 (43)
Karl, Hans-Dieter:
Investitionen der öffentlichen Elektrizitätsversorgung stabilisieren sich auf niedrigem Niveau : gewaltige Investitionserfordernisse in den neuen Bundesländern / H.-D. Karl. - IN: Ifo-Schnelldienst. - 43 (1990),35/36, S. 23 - 31

2421 YY 10593 (90)
Kemper, Ria:
Aufgaben der Stromversorgung in Ostdeutschland und Ansätze zur Lösung / von Ria Kemper. - IN: Elektrizitätswirtschaft. - 90 (1991),1/2, S. 12 - 20

2422 XX 3755 (41)
Knieper, Onke:
Bestandsaufnahme und Probleme der Neuorientierung der Energiewirtschaft in der DDR / von Onke Knieper und Hans-Werner Schmidt. - Graph. Darst. - (DDR-Wirtschaft). - IN: RWI-Mitteilungen. - 41 (1990),1/2, S. 29 - 40

2423 X 13210
Der Kohlenbergbau in der Energiewirtschaft der Bundesrepublik Deutschland im Jahre ... / Statistik der Kohlenwirtschaft e.V. - Essen [u.a.].
- 1990. 1991

2424 YY 4498 (42)
Kübler, Knut:
Deutsche Energieversorgung im Jahre 2010 : Analyse der Ergebnisse einer Abschätzung der Prognos AG / Knut Kübler. - Graph. Darst. - IN: Energiewirtschaftliche Tagesfragen. - 42 (1992),6, S. 360 - 367

2425 XX 5932 (9)
Kunth, Bernd:
German reunification and the energy industries : a preliminary comment / Bernd Kunth. - IN: Journal of energy & natural resources law. - 9 (1991),2, S. 134 - 138

2426 C 173840
Laschke, Bärbel:
Stand und Perspektiven der Entwicklung des Energieverbrauchs in den privaten Haushalten der neuen Bundesländer unter besonderer Berücksichtigung des Heizenergiebedarfs : Studie / Bärbel Laschke ; Iris Förster. - Berlin : Trafo-Verl., 1991. - 66 Bl. : graph. Darst. - Druckschriftennr.: Bestellnummer: TVB 91/04/05

2427 C 175620
Laschke, Bärbel:
Die Wärmeerzeugungsanlagen im System der ostdeutschen Fernwärmeversorgung des Wohnungsbereiches zu Beginn der 90er Jahre : Studie ; eine Anamnese / [Bärbel Laschke ; Iris Förster]. - Berlin : Trafo-Verl., 1991. - 86 Bl. : graph. Darst. - Druckschriftennr.: Bestellnummer: TVB 91/10/25

2428 YY 4498 (40)
Lefeldt, Mathias:
Die deutsche Mineralölwirtschaft nach der Vereinigung / Mathias Lefeldt. - Graph. Darst. - IN: Energiewirtschaftliche Tagesfragen. - 40 (1990),12, S. 858 - 864

2429 YY 10619 (15)
Maibach-Nagel, Egbert:
Die deutsche Gaswirtschaft : Entwicklung des Jahres 1990 und im ersten Halbjahr 1991 / Egbert Maibach-Nagel. - Graph. Darst. - IN: Zeitschrift für Energiewirtschaft. - 15 (1991),3, S. 200 - 206

2430 C 174025
Matthies, Jörg:
Entwicklungsprobleme und Perspektiven der ostdeutschen Elektrizitätswirtschaft : Studie / Jörg Matthies. - Berlin : Transfer-Verl., 1991. - 163 Bl. : graph. Darst. - Druckschriftennr.: TVB 91/07/03

2431 A 188629
Mez, Lutz:
Die Energiesituation in der vormaligen DDR : Darstellung, Kritik und Perspektiven der Elektrizitätsversorgung / Lutz Mez ; Martin Jänicke ; Jürgen Pöschk. - Berlin : Ed. Sigma, 1991. - 191 S. : graph. Darst. - Literaturverz. S. 159 - 174. - ISBN: 3-89404-324-5

2432 YY 4498 (40)
Michaelis, Hans:
Sanieren - Erneuern - Stillegen : Perspektiven der Energiewirtschaft in einem vereinten Deutschland / Hans Michaelis. - Ill. - IN: Energiewirtschaftliche Tagesfragen. - 40 (1990),5, S. 288 - 295

2433 YY 12010 (1990)
Michaelis, Hans:
Strukturwandel der DDR-Energie-Wirtschaft : Potentiale, Chancen, Hindernisse / von Hans Michaelis. - IN: Trend. - 1990,Juni = Nr. 43, S. 31 - 37

2434 YY 4498 (40)
Muschick, Edwin:
Deutsch-deutscher Stromverbund aus der Sicht der DDR / Edwin Muschick. - Ill., graph. Darst. - IN: Energiewirtschaftliche Tagesfragen. - 40 (1990),9, S. 620 - 625

2435 C 175982
Neu, Axel D.:
Anpassungsprozesse in der ostdeutschen Energiewirtschaft : Analyse und Bewertung ; Gutachten im Auftrag des Bundesminister für Wirtschaft / von Axel D. Neu. - Kiel : Inst. für Weltwirtschaft an der Univ. Kiel, 1992. - V, 78 Bl. : graph. Darst.

2436 C 176735
Neu, Axel D.:
Anpassungsprozesse in der ostdeutschen Energiewirtschaft : Analyse und Bewertung / von Axel D. Neu. - Kiel : Inst. für Weltwirtschaft, 1992. - 83 S. : Ill., graph. Darst. - (Kieler Diskussionsbeiträge ; 179/180). - ISBN: 3-89456-018-5

2437 Y 10872 (1990)
Neu, Axel D.:
Zum strukturellen Wandel des Energiesektors in der DDR / von Axel D. Neu. - Graph. Darst. - IN: Die Weltwirtschaft. - 1990,1, S. 111 - 124

2438 B 256683
Neugebauer, Lydia:
Territoriale Wirkungen des Baues von Kernkraftwerken in der (ehemaligen) DDR / Lydia Neugebauer. - IN: Energiestrukturveränderungen und ihre Raumwirksamkeit in den beiden deutschen Staaten / hrsg. von Karl Eckart ... - Berlin, 1991. - ISBN 3-428-07231-6. - S. 55 - 67. - (Schriftenreihe der Gesellschaft für Deutschlandforschung ; 32)

2439 Y 16576
Die öffentliche Elektrizitätsversorgung / VDEW. - Frankfurt am Main : Verl.- und Wirtschaftsges. der Elektrizitätswerke. - Früher u.d.T.: Die öffentliche Elektrizitätsversorgung in der Bundesrepublik Deutschland einschließlich Berlin (West). - ISSN: 0505-2904 - 1990. (1991)

2440 B 253278
Ost-West-Zusammenarbeit in der Energiewirtschaft : Potentiale, Chancen, Hindernisse ; Regelungsbedarf und EG-rechtlicher Rahmen ; Auslegungsprobleme der BTO-Novelle ; Vorträge und Diskussionen des Energierechts-Gesprächs am 22./23. März 1990 / hrsg. von Wolfgang Harms. - Köln [u.a.] : Heymann, 1990. - IX, 170 S. : graph. Darst. - (Berliner Beiträge zum Wirtschaftsrecht ; 6). - Enth. 15 Beitr. - ISBN: 3-452-21947-X

2441 YY 3893 (43)
Rammner, Peter:
Gasverbrauch steigt wieder : Investitionserfordernisse für den Anschluß des DDR-Gasnetzes / Peter Rammner. - IN: Ifo-Schnelldienst. - 43 (1990),29, S. 10 - 18

2442 YY 3893 (44)
Rammner, Peter:
Investitionen der Gaswirtschaft 1990 mit Rekordzuwachs - auch 91er Etats stark aufgestockt / Peter Rammner. - IN: Ifo-Schnelldienst. - 44 (1991),30, S. 18 - 23

2443 X 19088
Regionale Energieversorgung : Tätigkeitsbericht der Arbeitsgemeinschaft Regionaler Energieversorgungs-Unternehmen, ARE, e.V. - Hannover. - Erscheinungsbeginn: 1974/75 (1976) - 1990/91. (1992)

2444 YY 10619 (15)
Reichel, Wolgang:
Die Energieversorgung im vereinten Deutschland aus Sicht des deutschen Steinkohlenbergbaus / Wolfgang Reichel und Gerhard Semrau. - Graph. Darst. - IN: Zeitschrift für Energiewirtschaft. - 15 (1991),4, S. 281 - 288

2445 A 190523
Richmann, Alfred:
Energie-Förderprogramme 1992 : europäische u. nationale Fördermöglichkeiten / Alfred Richmann. - Bonn : Economica-Verl., 1991. - IX, 120 S. - (Unternehmenspraxis in der EG ; 6). - ISBN: 3-926831-35-9

2446 YY 4498 (40)
Riesner, Wilhelm:
DDR und Bundesrepublik im energiewirtschaftlichen Vergleich / Wilhelm Riesner. - Ill. - IN: Energiewirtschaftliche Tagesfragen. - 40 (1990),4, S. 198 - 205

2447 YY 4498 (40)
Riesner, Wilhelm:
Elektrizitätswirtschaft in der DDR und in der Bundesrepublik / Wilhelm Riesner. - Ill., graph. Darst. - IN: Energiewirtschaftliche Tagesfragen. - 40 (1990),7, S. 470 - 474

2448 YY 10593 (89)
Riesner, Wilhelm:
Vergleichende Betrachtungen zur Entwicklung der Elektrizitätswirtschaft in der DDR und der Bundesrepublik Deutschland / von Wilhelm Riesner. - Graph. Darst. - IN: Elektrizitätswirtschaft. - 89 (1990),12, S. 661 - 668

2449 YY 4498 (41)
Schieferdecker, Bernd:
Energiebilanz des vereinigten Deutschland / Bernd Schieferdecker. - IN: Energiewirtschaftliche Tagesfragen. - 41 (1991),6, S. 365 - 368

2450 YY 10619 (15)
Schiffer, Hans-Wilhelm:
Die Elektrizitätswirtschaft der Bundesrepublik Deutschland : Struktur und aktuelle Entwicklung / Hans-Wilhelm Schiffer. - Graph. Darst. - IN: Zeitschrift für Energiewirtschaft. - 15 (1991),3, S. 190 - 199

2451 B 256393
Schiffer, Hans-Wilhelm:
Energiemarkt Bundesrepublik Deutschland / Hans-Wilhelm Schiffer. - 2., völlig neubearb. Aufl. - Köln : Verl. TÜV Rheinland, 1991. - 282 S. : graph. Darst. - (Praxiswissen aktuell). - ISBN: 3-88585-484-8

2452 YY 4498 (41)
Schlüter, Peter:
Deutscher Mineralölmarkt im Umbruch / Peter Schlüter. - IN: Energiewirtschaftliche Tagesfragen. - 41 (1991),8, S. 510 - 514

2453 B 256683
Schmidt, Helga:
Räumliche Auswirkungen der Braunkohlenwirtschaft im mitteldeutschen Raum / Helga Schmidt. - Graph. Darst. - IN: Energiestrukturveränderungen und ihre Raumwirksamkeit in den beiden deutschen Staaten / hrsg. von Karl Eckart ... - Berlin, 1991. - ISBN 3-428-07231-6. - S. 23 - 41. - (Schriftenreihe der Gesellschaft für Deutschlandforschung ; 32)

2454 B 258685
Schmidt, M.:
Energiewirtschaft in den neuen deutschen Bundesländern : Stand, Restriktionen, Chancen / M. Schmidt. - Graph. Darst. - IN: Energietechnische Investitionen im neuen Europa / VDI-Gesellschaft Energietechnik. - Düsseldorf, 1991. - ISBN 3-18-090926-9. - S. 3 - 32. - (VDI-Berichte ; 926)

2455 Y 59 (70)
Schmitt, Dieter:
Energiewirtschaftliche Aspekte des deutschen Einigungsprozesses / Dieter Schmitt. - IN: Wirtschaftsdienst. - 70 (1990),11, S. 562 - 568

2456 YY 4498 (41)
Schmitt, Franz J.:
Aufbau der Elektrizitätswirtschaft /

Franz Josef Schmitt. - IN:
Energiewirtschaftliche Tagesfragen. - 41
(1991),7, S. 406 - 441

2457   A 192349
Stern, Volker:
Vorrang für Private in der öffentlichen
Energieversorgung / Volker Stern. -
Wiesbaden, 1992. - 87 S. -
(Karl-Bräuer-Institut des Bundes der
Steuerzahler ; 73)

2458   YY 12931 (3)
Strassburg, Wolfgang:
Modernisation of the energy industry in
the five new federal states of Germany
/ Wolfgang Strassburg. - IN:
International journal of global energy
issues. - 3 (1991),2, S. 57 - 59

2459   Y 835 (126)
Strzodka, Klaus:
Die Stellung der Braunkohle in der
Energiewirtschaft der DDR und Probleme
ihrer Akzeptanz / Klaus Strzodka. -
Graph. Darst. - IN: Glückauf. - 126
(1990),15/16, S. 768 - 772

2460   C 178100
Symposium Kommunale Energiekonzepte
<1991, Zittau>:
Symposium "Kommunale Energiekonzepte" :
15. - 16. April 1991 in Zittau. -
Zittau, 1991. - 54 S. : graph. Darst. -
(Konferenzbeiträge / Technische
Hochschule Zittau ; 1316/1328)
(Wissenschaftliche Berichte / Technische
Hochschule Zittau ; 29). - Enth. 13
Beitr.

2461   A 185011
Vogel, Matthias:
Energiewirtschaftliche Handlungszwänge
in der DDR : zu Möglichkeiten einer
marktwirtschaftlichen Energieversorgung
auf dem Territorium der DDR aus der
Sicht internationaler
Entwicklungstendenzen unter der
Bedingung des Zusammenwachsens beider
deutscher Staaten in den 90er Jahren /
Autor: Matthias Vogel. - Berlin : Inst.
für Internationale Politik u.
Wirtschaft, 1990. - 45 S.

2462   YY 9597 (19)
Vogel, Matthias:
Möglichkeiten einer
marktwirtschaftlichen Energieversorgung
im Osten Deutschlands / Matthias Vogel.
- IN: IPW-Berichte. - 19 (1990),8,
S. 21 - 26

2463   YY 10619 (14)
Vogel, Matthias:
Möglichkeiten einer
marktwirtschaftlichen Energieversorgung
in der DDR / Matthias Vogel. - IN:
Zeitschrift für Energiewirtschaft. - 14
(1990),2, S. 130 - 141

2464   XX 2321 (38)
Weisheimer, Martin:
Ökonomische Probleme der Verbrauchs-
entwicklung von Elektroenergie in der
Industrie / Martin Weisheimer. - Graph.
Darst. - IN: Wirtschaftswissenschaft. -
38 (1990),6, S. 831 - 849

2465   YY 4498 (40)
Weisheimer, Martin:
Preise und Subventionen im Energiesektor
der DDR / Martin Weisheimer. - Ill. -
IN: Energiewirtschaftliche Tagesfragen.
- 40 (1990),9, S. 626 - 632

2466   Y 835 (126)
Weisheimer, Martin:
Probleme und Perspektiven der
Energieversorgung im östlichen Teil
Deutschlands / Martin Weisheimer. - IN:
Glückauf. - 126 (1990),21/22,
S. 1056 - 1060

2467   B 256598
Weisheimer, Martin:
The scope of energy forecasts for
Eastern Europe using the eastern part of
Germany as an example / Martin
Weisheimer. - IN: The future of
forecasting / Manfred Härter (ed.). -
Köln, 1991. - ISBN 3-8249-0029-7. -
S. 50 - 59. - (Schriftenreihe der
Gesellschaft für Energiewissenschaft und
Energiepolitik e. V. ; 10)

2468   B 260508
Weisheimer, Martin:
Zur Rolle des Energiesektors beim
Übergang von der Plan- zur Marktwirt-
schaft, unter besonderer
Berücksichtigung der Ex-DDR / von
Martin Weisheimer. - Graph. Darst. -
Kommentar S. 303 - 307. - IN: Von der
Plan- zur Marktwirtschaft / hrsg. von
Bernhard Gahlen ... - Tübingen, 1992. -
ISBN 3-16-145908-3. - S. 279 - 301. -
(Schriftenreihe des Wirtschaftswissen-
schaftlichen Seminars Ottobeuren ; 21)

2469 B 252695
Winje, Dietmar:
Energiewirtschaft / Dietmar Winje ;
Dietmar Witt. - Berlin [u.a.] : Springer
[u.a.], 1991. - 389 S. : zahlr. graph.
Darst. - (Energieberatung,
Energiemanagement ; 2). - ISBN:
3-540-16612-2 ; 3-88585-302-7

2470 Y 12825
Wirtschaftsverband Erdöl- und
Erdgasgewinnung:
Jahresbericht ... / Wirtschaftsverband
Erdöl- und Erdgasgewinnung. - Hannover.
- Erscheinungsbeginn: 1972 (1973)
- 1991. (1992)

2471 C 173135
Wissenschaftliche Konferenz zum Zittauer
Energiekonzept 2020 <1990, Zittau>:
Wissenschaftliche Konferenz zum Zittauer
Energiekonzept 2020 : 4. bis 5.
September 1990 in Zittau. - Zittau,
1990. - 74 S. : graph. Darst. -
(Konferenzbeiträge / Technische
Hochschule Zittau ; 1285/1306)
(Wissenschaftliche Berichte / Technische
Hochschule Zittau ; 26)

2472 Y 370 (57)
Wittke, Franz:
Trinkwasserversorgung in West- und
Ostdeutschland / [bearb. von Franz
Wittke]. - IN: Wochenbericht / Deutsches
Institut für Wirtschaftsforschung. - 57
(1990),48, S. 674 - 677

2473 XX 396
Zahlen zur Kohlenwirtschaft / Statistik
der Kohlenwirtschaft e.V. - Essen :
Verl. Glückauf.
- 1991. = Nr. 138 -

2474 C 173141
ZE 2020 - Zittauer Energiekonzept für
das Territorium der vormaligen DDR bis
zum Jahre 2020 / [Autoren: G. Ackermann
...]. - Stand: 30. November 1990. -
Zittau, 1990. - 92 S. : graph. Darst. -
(Wissenschaftliche Berichte / Technische
Hochschule Zittau ; 27). - Druck-
schriftennr.: Nr. 1307

2475 Y 370 (58)
Ziesing, Hans-Joachim:
Energiebilanzen für Ostdeutschland /
[bearb. von Hans-Joachim Ziesing]. - IN:
Wochenbericht / Deutsches Institut für
Wirtschaftsforschung. - 58 (1991),28,
S. 387 - 395

2476 XX 4735 (14)
Zimmermann, Felix:
Neustrukturierung der Energiewirtschaft
auf dem Gebiet der früheren DDR / Felix
Zimmermann. - IN: Zeitschrift für
öffentliche und gemeinwirtschaftliche
Unternehmen. - 14 (1991),1, S. 98 - 103

P Industry and Skilled Trades -
  Industrie und Handwerk

P-1 Industry, Mining - Industrie,
  Bergbau

2477 C 168386
Beiträge zur Entwicklung der
Kapitalverwertung in der Industrie der
DDR im Zeitraum 1981 bis 1988 . -
Berlin, 1990. - 44 S. : graph. Darst. -
(Forschungsreihe / Institut für
Angewandte Wirtschaftsforschung, Berlin
; 90,7). - Druckschriftennr.: Best.-Nr.
900107

2478 Y 370 (58)
Boneß, Arthur:
Zur Produktionsentwicklung im
verarbeitenden Gewerbe Deutschlands
1989/90 / [bearb. von Arthur Boneß]. -
IN: Wochenbericht / Deutsches Institut
für Wirtschaftsforschung. - 58
(1991),15, S. 191 - 195

2479 B 259540
Brenke, Karl:
Aktuelle Entwicklung in den Sektoren :
der Industriesektor / von Karl Brenke. -
IN: Die deutsch-deutsche Integration /
[Schriftl.: Herbert Wilkens]. - Berlin,
1992. - ISBN 3-428-07315-0. -
S. 65 - 72. - (Beihefte der
Konjunkturpolitik ; 39)

2480 C 173328
Büchner, Heinz:
Zur Altersstruktur des Sachanlage-
vermögens, der Grundmittel in der
Industrie der ehemaligen DDR / Heinz
Büchner. - Berlin, 1991. - 46 S. - (For-
schungsreihe / Institut für Angewandte
Wirtschaftsforschung, Berlin ; 91,6)

2481 C 169229
DDR - Industrie-Standorte : Branchen, Strukturen, Standorte im deutsch-deutschen Vergleich / Deutscher Industrie- und Handelstag. - Bonn, 1990. - 14 S. : graph. Darst.

2482 YY 4532
Deutschland <Bundesrepublik> / Statistisches Bundesamt:
Fachserie / Statistisches Bundesamt. 4, Produzierendes Gewerbe. Reihe 2. 1, Indizes der Produktion und der Arbeitsproduktivität, Produktion ausgewählter Erzeugnisse im produzierenden Gewerbe. - Stuttgart : Metzler-Poeschel. - Erscheinungsbeginn: 1977
- 1991. (1991/92)
- 1992. (1992/93)

2483 YY 7992
Deutschland <Bundesrepublik> / Statistisches Bundesamt:
Fachserie / Statistisches Bundesamt. 4, Produzierendes Gewerbe. Reihe 2. 2, Auftragseingang und Umsatz im verarbeitenden Gewerbe, Auftragseingang und Auftragsbestand im Bauhauptgewerbe : Indizes. - Stuttgart : Metzler-Poeschel. - Erscheinungsbeginn: 1977
- 1991. (1991/92)
- 1992. (1992/93)

2484 YY 4533
Deutschland <Bundesrepublik> / Statistisches Bundesamt:
Fachserie / Statistisches Bundesamt. 4, Produzierendes Gewerbe. Reihe 3. 1, Produktion im produzierenden Gewerbe. - Stuttgart : Metzler-Poeschel. - Bis 1990 (1990/91),1 sachliche Benennung der Unterreihe: Produktion im produzierenden Gewerbe des In- und Auslandes
- 1991. (1991/92)

2485 YY 4531
Deutschland <Bundesrepublik> / Statistisches Bundesamt:
Fachserie / Statistisches Bundesamt. 4, Produzierendes Gewerbe. Reihe 4. 1. 1, Beschäftigung, Umsatz und Energieversorgung der Unternehmen und Betriebe im Bergbau und im verarbeitenden Gewerbe. - Stuttgart : Metzler-Poeschel. - Erscheinungsbeginn: 1978,Oktober
- 1991. (1991/92)
- 1992. (1992/93)

2486 Q 4573
Entwicklung der industriellen Bruttoproduktion und der Anzahl der Arbeiter und Angestellten nach der Systematik der Volkswirtschaftszweige der DDR : Angaben für 1980 bis 1989 / Statistisches Amt der DDR. - Berlin, 1990. - 8 S.

2487
Ergebnisse der Erfassung der Arbeitsstätten der Betriebe des Wirtschaftsbereiches Industrie : Stichtag: 31.12.1987 / Gemeinsames Statistisches Amt der Länder Brandenburg, Mecklenburg-Vorpommern, Sachsen, Sachsen-Anhalt, Thüringen. - [Berlin].
- Ergebnisse der Größengruppierung der Arbeitsstätten nach der Anzahl der Arbeiter und Angestellten : (territorial bereinigtes Ergebnis). - 1989. - VIII, 210 S.
SIGNATUR: Q 4651
- Ergebnisse der Größengruppierung der Arbeitsstätten nach der Anzahl der Arbeiter und Angestellten und nach der Systematik der Wirtschaftszweige, Ausgabe 1979, Fassung für die Statistik des produzierenden Gewerbes (SYPRO) : (territorial bereinigtes Ergebnis). - 1989. - VIII, 759 S.
SIGNATUR: Q 4652
- Ergebnisse nach Ländern und nach der Systematik der Volkswirtschaftszweige : (territorial bereinigt und territorial unbereinigte Ergebnisse)
- Ergebnisse nach Ländern und nach der Systematik der Wirtschaftszweige, Ausgabe 1979, Fassung für die Statistik des produzierenden Gewerbes (SYPRO) : (territorial bereinigte und territorial unbereinigte Ergebnisse)

2488 Y 59 (70)
Die Erwartungen der Industrie für 1991 / Achim Diekmann ... - Enth. 5 Beitr. - IN: Wirtschaftsdienst. - 70 (1990),12, S. 591 - 599

2489 Y 59 (71)
Die Erwartungen der Industrie für 1992 / [Achim Diekmann ...]. - Enth. 5 Beitr. - IN: Wirtschaftsdienst. - 71 (1991),12, S. 599 - 608

2490 Y 370 (59)
Flächenbedarf der Industrie in Berlin / [bearb. von Alexander Eickelpasch ...].

- IN: Wochenbericht / Deutsches Institut
für Wirtschaftsforschung. - 59
(1992),14, S. 163 - 169

2491   YY 2028 (1991)
Glaab, Hermann:
Einführung der Monatsstatistiken sowie
der Indizes für die Produktion und den
Auftragseingang im Bergbau und verarbeitenden Gewerbe in den neuen Bundesländern / Hermann Glaab. - IN:
Wirtschaft und Statistik. - 1991,8,
S. 499 - 504

2492   Y 370 (58)
Gornig, Martin:
Der Industriesektor in den Ländern
Ostdeutschlands im Jahr 1990 / [bearb.
von Martin Gornig]. - IN: Wochenbericht
/ Deutsches Institut für Wirtschaftsforschung. - 58 (1991),31, S. 442 - 446

2493   Y 835 (127)
Haase, Wolfgang:
Probleme des Bergbaus in den fünf neuen
Bundesländern / Wolfgang Haase. - IN:
Glückauf. - 127 (1991),9/10,
S. 410 - 413

2494   B 259803
Helmstädter, Ernst:
Neue Bundesländer als Industriestandort
/ Ernst Helmstädter. - IN: Vitalisierung
der ostdeutschen Wirtschaft / mit Beitr.
von Peter Frerk ... [Hrsg. von Hans
Besters]. - Baden-Baden, 1992. - ISBN
3-7890-2584-4. - S. 93 - 105. -
(Gespräche der List-Gesellschaft e. V. ;
N.F.,14)

2495   C 170614
Hornschild, Kurt:
Zur Gestaltung des industriellen
Strukturwandels / Kurt Hornschild. -
IN: Ausgewählte Beiträge zum Kolloquium
"Grundzüge einer Marktwirtschaftlich
Ausgerichteten Strukturpolitik in der
DDR und Anforderungen für die
Arbeitsteilung im Europäischen Raum". -
Berlin, 1990. - S. 62 - 76. -
(Informationsreihe / Institut für
Angewandte Wirtschaftsforschung, Berlin
; 90,10)

2496
Industrie der DDR : Entwicklung der
Branchen ; Zeitreihen 1981 - 1988. -
Berlin. - (Daten, Fakten, Trends /
Institut für Angewandte
Wirtschaftforschung ; ...)
- 1. - Industrie der DDR. - 1990. -
Getr. Zählung. - (... ; 90,1)
SIGNATUR: C 170282
- 2. - Industrie der DDR. - 1990. - VII,
32, 64 S.. - (... ; 90,2)
SIGNATUR: C 170280
- 3. - Industrie der DDR. - 1990. - VII,
17, 255 Bl.. - (... ; 90,3)
SIGNATUR: C 170283

2497   C 170294
Industrie im Großraum Berlin / [Gerda
Henschel] ... - Berlin, 1990. - 158 S. -
(Forschungsreihe / Institut für
Angewandte Wirtschaftsforschung, Berlin
; 90,14)

2498   Q 4473
Industrielle Produktion ausgewählter
Erzeugnisse : Angaben für 1955 bis 1989
/ Statistisches Amt der DDR. - Berlin,
1990. - 20 S.

2499   Y 59 (70)
Investitionen der Industrie in der DDR
/ Achim Diekmann ... - Enth. 5 Beitr. -
IN: Wirtschaftsdienst. - 70 (1990),6,
S. 283 - 291

2500   YY 4112 (1991)
Key industrial trends and infrastructure
conditions in three Eastern European
countries . - IN: Japanese finance and
industry. - 1991,1 = No. 85, S. 1 - 18

2501   Y 835 (127)
Krauße, Armin:
Stand und Zukunftsaussichten des
Bergbaus in der ehemaligen DDR / Armin
Krauße. - IN: Glückauf. - 127
(1991),3/4, S. 136 - 139

2502   C 170281
Methodische Erläuterungen zu den
Zeitreihen der Branchenentwicklung der
Industrie der DDR : Zeitraum 1981 -
1988 / [Roland Müller, Projektleitung].
- Berlin, 1990. - 29 S. - (Daten,
Fakten, Trends / Institut für Angewandte
Wirtschaftforschung ; 90,4)

2503   C 174620
Produktion im produzierenden Gewerbe in
den neuen Bundesländern : 3. und 4.
Vierteljahr 1990 / Statistisches
Bundesamt. - Stuttgart :
Metzler-Poeschel, 1991. - 183 S. -
(Fachserie / Statistisches Bundesamt : 4

: Reihe 3, Produzierendes Gewerbe : S 1). - Druckschriftennr.: Bestellnummer: 2040391-90900

2504 B 256681
Schmid-Schönbein, Thomas:
Anpassung der verarbeitenden Industrie in Ostdeutschland / Thomas Schmid-Schönbein. - IN: Wirtschaftspolitische Konsequenzen der deutschen Vereinigung / Andreas Westphal ... (Hg.). - Frankfurt, 1991. - ISBN 3-593-34507-2. - S. 236 - 246. - (Reihe "Wirtschaftswissenschaft" ; 15)

2505 Q 4582
Statistisches Jahrbuch der Industrie der Deutschen Demokratischen Republik / Statistisches Amt der DDR. - Berlin. - 1990

2506 C 175942
Struktur und Funktion industrieller Arbeitsstätten in Thüringen / Hartmut Röder ... - Wiesbaden, 1991. - VI, 41 S. : graph. Darst. - (Zukunftsraum Hessen-Thüringen ; 9). - Druckschriftennr.: HLT-Report-Nr. 334. - ISBN: 3-89352-051-1

2507 B 256596
Sturm, Roland:
Die Industriepolitik der Bundesländer und die europäische Integration : Unternehmen und Verwaltungen im erweiterten Binnenmarkt / Roland Sturm. - 1. Aufl. - Baden-Baden : Nomos-Verl.-Ges., 1991. - 160 S. - Literaturverz. S. 149 - 160. - ISBN: 3-7890-2448-1

2508 YY 13232 (1991)
Tammer, Hans:
Produktionskosten in der DDR und der BRD / von Hans Tammer. - IN: IPW-Berichte. - 1991,4, S. 25 - 29

2509 YY 3893 (44)
Tiefer Produktionseinbruch in der ostdeutschen Industrie / Konjunkturgruppe der Abt. Gesamtwirtschaftliche Analysen und Öffentliche Finanzen. - IN: Ifo-Schnelldienst. - 44 (1991),16/17, S. 39 - 45

2510 XX 2080 (41)
Wartenberg, Ludolf von:
Grenzen staatlicher Industriepolitik in einer Marktwirtschaft : die Herausforderungen neue Bundesländer und Japan / Ludolf v. Wartenberg. - IN: Wirtschaft und Wettbewerb. - 41 (1991),11, S. 863 - 872

2511 Qz 1077
Wirtschaftsbereich Industrie : Produktion und Auftragsbestand / Statistisches Amt der DDR. - Berlin : Abt. Industrie. - 1990,Mai erschienen. - Erscheinen eingestellt - 1990

P-2 Industries, Miscellaneous - Einzelne Industrien

2512 C 177474
Beckenbach, Frank:
Ökologisch-ökonomische Folgen der Realisierung eines Raffinerieprojektes am Standort Rostock : Gutachten im Auftrag des Umweltsenators der Hansestadt Rostock / Frank Beckenbach ; Ulrich Petschow ; Stefan Zundel. - Berlin, 1991. - XI, 108 S. : graph. Darst. - (Schriftenreihe des Instituts für Ökologische Wirtschaftsforschung (IÖW) GmbH ; 48)

2513 XX 3054 (35)
Böhme, Jens:
Entwicklungsprobleme der Textil- und Konfektionsindustrie in Mecklenburg-Vorpommern / Jens Böhme. - IN: Zeitschrift für Wirtschaftsgeographie. - 35 (1991),2, S. 83 - 93

2514 YY 3893 (44)
Breitenacher, Michael:
Großer Anpassungsbedarf der Textil- und Bekleidungsindustrie in den neuen Bundesländern / Michael Breitenacher. - IN: Ifo-Schnelldienst. - 44 (1991),22, S. 8 - 13

2515 YY 3893 (44)
Breitenacher, Michael:
Die Ostdeutschen dürsten nach Westgetränken / Michael Breitenacher. - IN: Ifo-Schnelldienst. - 44 (1991),15, S. 8 - 12

2516 YY 3685
Deutschland <Bundesrepublik> / Statistisches Bundesamt:
Fachserie / Statistisches Bundesamt. 14, Finanzen und Steuern. Reihe 9. 2. 1,

Absatz von Bier. - Stuttgart :
Metzler-Poeschel. - Erscheinungsbeginn:
1977
- 1992. (1992/93)

2517 Y 18025
**Deutschland <Bundesrepublik> /
Statistisches Bundesamt:**
Fachserie / Statistisches Bundesamt.
14, Finanzen und Steuern. Reihe 9. 2. 2,
Brauwirtschaft. - Stuttgart :
Metzler-Poeschel.
- 1991. (1992)

2518 YY 7681
**Deutschland <Bundesrepublik> /
Statistisches Bundesamt:**
Fachserie / Statistisches Bundesamt. 4,
Produzierendes Gewerbe. Reihe 8. 1,
Eisen und Stahl (Eisenerzbergbau,
eisenschaffende Industrie, Eisen-,
Stahl- und Tempergießerei). - Düsseldorf
: Außenstelle Düsseldorf. -
Erscheinungsbeginn: 1977
- 1991. (1991/92)
- 1992. (1992/93)

2519 Y 370 (59)
**Die feinkeramische Industrie in
Deutschland** / [bearb. von Gerhard
Neckermann ...]. - Graph. Darst. - IN:
Wochenbericht / Deutsches Institut für
Wirtschaftsforschung. - 59 (1992),10,
S. 115 - 120

2520 C 172904
Fleischer, Frank:
Der ostdeutsche Werkzeugmaschinenbau im
Strukturwandel : Ausgangslage Juni 1990
; Erfahrungen und Probleme beim Einstieg
in die Marktwirtschaft bis Ende 1990 /
Autor: Frank Fleischer. - Berlin : Inst.
für Wirtschaftswiss., 1991. - 24 Bl. -
Kopie

2521 B 259803
Frerk, Peter:
Die neuen Bundesländer als Industrie-
standort : Statement aus der Sicht der
Volkswagen AG / Peter Frerk. - Graph.
Darst. - IN: Vitalisierung der ost-
deutschen Wirtschaft / mit Beitr. von
Peter Frerk ... [Hrsg. von Hans
Besters]. - Baden-Baden, 1992. - ISBN
3-7890-2584-4. - S. 106 - 115. -
(Gespräche der List-Gesellschaft e. V. ;
N.F.,14)

2522 C 175328
Groeber, Achim:
Zum Stand der Informationstechnik in der
DDR / Achim Groeber. - IN: Policy
dialogue on information technology
development / Federal Ministry for
Science and Research of the Republic of
Austria. [Koordination der Beitr.: H. P.
Gassmann ...]. - Wien, 1991. - ISBN
3-85224-81-6f. - S. 87 - 101.

2523 YY 1276 (45)
Hirsch-Kreinsen, Hartmut:
Modernisierungsrisiken im ostdeutschen
Maschinenbau / von Hartmut
Hirsch-Kreinsen. - IN: WSI-Mitteilungen.
- 45 (1992),5, S. 293 - 300

2524 C 172905
Hübner, Werner:
Der Werkzeugmaschinenbestand im
Wirtschaftsgebiet der ehemaligen DDR :
Analyse und Ausblick / Autor: Werner
Hübner. - Berlin : Inst. für
Wirtschaftswiss., 1991. - 34 Bl. - Kopie

2525 C 170614
Karg, Erwin:
Zur Erarbeitung von empirischen
Strukturanalysen : am Beispiel der
Mikroelektronik der DDR mit
Schlußfolgerungen für perspektivische
Entwicklungsrichtungen / Erwin Karg. -
IN: Ausgewählte Beiträge zum Kolloquium
"Grundzüge einer Marktwirtschaftlich
Ausgerichteten Strukturpolitik in der
DDR und Anforderungen für die
Arbeitsteilung im Europäischen Raum". -
Berlin, 1990. - S. 127 - 132. -
(Informationsreihe / Institut für
Angewandte Wirtschaftsforschung, Berlin
; 90,10)

2526 C 171575
Krakat, Klaus:
Schlußbilanz der elektronischen
Datenverarbeitung in der früheren DDR /
Klaus Krakat. - Berlin, 1990. - 59 S. :
graph. Darst. - (FS-Analysen ; 1990,5)

2527 YY 1276 (44)
Legler, Harald:
Lösungsansätze für die Struktur- und
Umweltprobleme der chemischen Industrie
im Raum Halle / von Harald Legler. -
IN: WSI-Mitteilungen. - 44 (1991),11,
S. 672 - 682

2528 C 173332
Lösungsansätze für die Beschäftigungs-, Struktur- und Umweltprobleme der chemischen Industrie im Großraum Halle, Leipzig, Merseburg : aktualisierte Kurzfassung einer Studie des Niedersächsischen Instituts für Wirtschaftsforschung (Hannover) ... / von Gunthard Bratzke ... - Berlin, 1991. - II, 36 S. - (Forschungsreihe / Institut für Angewandte Wirtschaftsforschung, Berlin ; 91,4)

2529 C 172902
Lösungsansätze für die Beschäftigungs-, Struktur- und Umweltprobleme der chemischen Industrie im Großraum Halle, Leipzig, Merseburg : Studie des Niedersächsischen Instituts für Wirtschaftsforschung (Hannover) ... / von Gunthard Bratzke ... - Hannover [u.a.], 1991. - III, 136 S. : graph. Darst.

2530 C 169888
Lüdigk, Rainer:
Zu einigen Problemen der Strukturenentwicklung der chemischen Industrie und der Entwicklung der Produktion von Stickstoff- und Phosphatdüngemitteln : 2 Diskussionsbeiträge. - Berlin, 1990. - 43 S. - (Forschungsreihe / Institut für Angewandte Wirtschaftsforschung, Berlin ; 90,11). - Druckschriftennr.: Best.-Nr. 900111

2531 A 192304
Lungwitz, Ralph:
Sozialer und wirtschaftlicher Wandel in der Automobilzulieferindustrie der neuen Bundesländer / Ralph Lungwitz ; Volkmar Kreißig. - IN: Krisen, Kader, Kombinate / Martin Heidenreich (Hrsg.). - Berlin, 1992. - ISBN 3-89404-334-2. - S. 173 - 185.

2532 YY 3893 (44)
Mangelnde Marktorientierung der Textil- und Bekleidungsindustrie in den neuen Bundesländern / Michael Breitenacher. - Enth. 9 Beitr. - IN: Ifo-Schnelldienst. - 44 (1991),3, S. 12 - 23

2533 A 192304
Marschall, Wolfgang:
Elektronik im Osten Deutschlands : eine Branche im strukturellen Umbruch / Wolfgang Marschall. - IN: Krisen, Kader, Kombinate / Martin Heidenreich (Hrsg.). - Berlin, 1992. - ISBN 3-89404-334-2. - S. 109 - 122.

2534 C 168349
Der Maschinenbau in den beiden deutschen Staaten : eine annotierte Bibliographie / K. Eckart ... - Osnabrück : Dietrich, 1990. - XVI, 192 S. - ISBN: 3-920240-78-2

2535 A 192304
Mickler, Otfried:
Die ostdeutsche Automobilindustrie im Prozeß der Modernisierung und personellen Anpassung / Otfried Mickler ; Bettina Walker. - IN: Krisen, Kader, Kombinate / Martin Heidenreich (Hrsg.). - Berlin, 1992. - ISBN 3-89404-334-2. - S. 29 - 44.

2536 C 178144
Monographie de l'entreprise E.: restructuration d'une aciérie dans le Brandebourg . - Berlin, 1992. - 80 S. : graph. Darst. - (Les cahiers de l'Observatoire de Berlin / ROSES-CNRS ; 14)

2537 A 192304
Niebur, Joachim:
Zwischen Stillegung und Privatisierung : die Sanierung eines Stahlstandortes / Joachim Niebur. - IN: Krisen, Kader, Kombinate / Martin Heidenreich (Hrsg.). - Berlin, 1992. - ISBN 3-89404-334-2. - S. 95 - 108.

2538 B 259803
Scharwächter, Rolf:
Die neuen Bundesländer als Industriestandort : (Statement aus der Sicht der Mercedes-Benz AG) / Rolf Scharwächter. - IN: Vitalisierung der ostdeutschen Wirtschaft / mit Beitr. von Peter Frerk ... [Hrsg. von Hans Besters]. - Baden-Baden, 1992. - ISBN 3-7890-2584-4. - S. 116 - 123. - (Gespräche der List-Gesellschaft e. V. ; N.F.,14)

2539 Y 370 (57)
Schwartau, Cord:
Die Nahrungs- und Genußmittelindustrie in der DDR ist für die Marktwirtschaft schlecht gerüstet / [bearb. von Cord Schwartau]. - IN: Wochenbericht / Deutsches Institut für Wirtschaftsforschung. - 57 (1990),31, S. 427 - 434

2540 A 189490
Die Texil- und Bekleidungsindustrie der
neuen Bundesländer im Umbruch / von
Michael Breitenacher ... - München,
1991. - IX, 204 S. - (Ifo-Studien zur
Industriewirtschaft ; 41). - ISBN:
3-88512-140-9

2541
Textil- und Bekleidungsmarkt der
ehemaligen DDR / Empirica ... - Bonn.
- 1. Markt im Umbruch. - [Stand:
  September 1990]. - 1990. - [88 Bl.] :
  graph. Darst. - Kopie
  SIGNATUR: C 170470
- 2. Teilbranchen. - [Stand: September
  1990]. - 1990. - [Cira 250 Bl.] :
  graph. Darst. - Kopie
  SIGNATUR: C 170471

2542 C 175848
Textiles and clothing in Eastern Europe
: market at a crossroads / by ECHO. -
London, 1991. - 255 S. - (EIU special
report ; 2149). - ISBN: 0-85058-546-5

2543 YY 3893 (44)
Vieweg, Hans-Günther:
Der Werkzeugmaschinenbau : eine Wett-
bewerbsanalyse für die gesamtdeutsche
Branche / H.-G. Vieweg. - Graph. Darst.
- IN: Ifo-Schnelldienst. - 44 (1991),21,
S. 22 - 29

2544 Y 370 (58)
Wettig, Eberhard:
Die Steine-und-Erden-Industrie in den
neuen Bundesländern / [bearb. von
Eberhard Wettig]. - IN: Wochenbericht /
Deutsches Institut für Wirtschafts-
forschung. - 58 (1991),44, S. 628 - 632

2545 XX 3755 (41)
Wienert, Helmut:
Die Stahlindustrie der DDR :
Entwicklung, aktuelle Struktur und
Perspektiven / von Helmut Wienert. -
Graph. Darst. - (DDR-Wirtschaft). - IN:
RWI-Mitteilungen. - 41 (1990),1/2,
S. 41 - 51

2546 B 259249
Wienert, Helmut:
Die Stahlindustrie in der DDR / von
Helmut Wienert. - Berlin : Duncker &
Humblot, 1992. - 150 S. : graph. Darst.
- (Schriftenreihe des Rheinisch-West-
fälischen Instituts für
Wirtschaftsforschung Essen ; N.F.,52). -
ISBN: 3-428-07341-X

2547 XX 3755 (43)
Wienert, Helmut:
Zur Veränderung des ostdeutschen Handels
mit Stahl und stahlhaltigen Gütern :
Druck aus dem Westen, Rückzug im Osten /
von Helmut Wienert und Hans-Karl Starke.
- Zsfassung in engl. u. franz. Sprache.
- IN: RWI-Mitteilungen. - 43 (1992),1,
S. 41 - 60

2548 X 17446
Zahlen aus der Zementindustrie /
Bundesverband der Deutschen
Zementindustrie e. V. - Köln. - Nebent.:
Zement ..., Zahlen und Daten
- 1992

P-3 Military Industry Conversion -
      Rüstungskonversion

2549 A 187114
Arbeitsprogramm Rüstungskonversion . -
[Frankfurt/Main], 1991. - 55 S. -
(Schriftenreihe der IG Metall ; 125)

2550 XX 2321 (38)
Einhorn, Hans:
Ökonomische Probleme der konkreten
Abrüstungsmaßnahmen der DDR bis Ende
1990 / Hans Einhorn. - IN: Wirtschafts-
wissenschaft. - 38 (1990),5,
S. 754 - 762

2551 YY 13232 (1991)
Engelhardt, Klaus:
Abwicklung statt Konversion? : hohes
Abrüstungstempo in Ostdeutschland ohne
Konzeption ; ernsthafte regionale und
soziale Probleme / von Klaus Engelhardt
und Hans Peter. - IN: IPW-Berichte. -
1991,4, S. 16 - 20

2552 YY 13232 (1990)
Engelhardt, Klaus:
Konversion - nationale Erfahrungen der
DDR / von Klaus Engelhardt. - IN:
IPW-Berichte. - 1990,10, S. 15 - 19

2553 C 168983
Hänsel, Werner:
Zur Rüstungskonversion in der DDR /
Werner Hänsel. - Berlin : Berghof-Stif-
tung für Konfliktforschung, 1990. - 15
Bl. - (Materialien und Dokumente zur
Friedens- und Konfliktforschung ; 5). -
Kopie. - ISBN: 3-927783-08-0

2554   C 172638
Köllner, Lutz:
Grundfragen der Konversion in der
Bundesrepublik Deutschland und ihrer
gesamtwirtschaftlichen Wirkungen / Lutz
Köllner. - München [u.a.], 1991. - 14
Bl. : graph. Darst.

2555   C 167127
Köllner, Lutz:
Grundfragen der Konversion in der DDR
aus ordnungspolitischer Sicht / Lutz
Köllner. - München, 1990. - 11 Bl.

2556   B 261520
Konversion im vereinten Deutschland :
ein Land - zwei Perspektiven / [eine
Veröffentlichung aus dem Institut für
Friedensforschung und
Sicherheitspolitik]. Hans-Joachim
Gießmann ... (Hrsg.). - 1. Aufl. -
Baden-Baden : Nomos-Verl.-Ges., 1992. -
237 S. : graph. Darst. - (Militär,
Rüstung, Sicherheit ; 73). - Enth. 12
Beitr. - ISBN: 3-7890-2640-9

2557   C 173290
Marczinek, Frank:
"Wirtschaftliche und soziale Probleme
der deutschen Vereinigung am Beispiel
der Rüstungskonversion" / Frank
Marczinek. "Zur Zukunft der
"Nationalparks für militärische
Hochtechnologie" in Westeuropa oder -
kann Europa abrüsten?" / Peter Lock. -
Berlin : Fachgruppe
Sozialwissenschaften, Führungsakad. der
Bundeswehr, 1990. - 47 S. - (Beiträge zu
Lehre und Forschung ; 90,8)

2558   C 173573
Opitz, Petra:
Rüstungskonversion im Wirtschaftsraum
der ehemaligen DDR : ökonomische,
soziale und strukturelle Folgen ; Studie
/ Petra Opitz. - Berlin : Inst. für
Wirtschaftswiss., 1991. - 50 Bl. :
graph. Darst. - Kopie. - Druckschriftennr.: Bestellnummer: IWW 91/18/01

2559   C 173523
Opitz, Petra:
Rüstungsproduktion und Rüstungsexport
der DDR / Petra Opitz. - Berlin, 1991.
- 32 Bl. : graph. Darst. -
(Arbeitspapiere der Berghof-Stiftung für
Konfliktforschung ; 45). - ISBN:
3-927783-17-X

P-4 Construction, Housing, Rents -
    Baugewerbe, Wohnungswirtschaft,
    Mieten

2560   C 176675
Adam-Schwaetzer, Irmgard:
Die Wohnungs- und Städtebaupolitik in
der neuen Legislaturperiode : Vortrags-
und Diskussionsveranstaltung ; 6.
Februar 1991, Bonn-Bad Godesberg /
Irmgard Adam-Schwaetzer. - Bonn : Dt.
Verb. für Wohnungswesen, Städtebau und
Raumordnung, 1991. - 51 S.

2561   YY 6626
Ausgewählte Zahlen für die Bauwirtschaft
   / Statistisches Bundesamt. - Stuttgart
   : Metzler-Poeschel. -
Erscheinungsbeginn: 1977
- 1991. (1991/92)

2562   C 174747
Bartholmai, Bernd:
Bauwirtschaft im Gebiet der ehemaligen
DDR : mögliche Entwicklung der
Kostenstruktur im Zuge der Neuordnung
nach der Wirtschaftsunion / Bernd
Bartholmai, Manfred Melzer und Lutz
Uecker. - Berlin : Duncker & Humblot,
1991. - 95 S. : graph. Darst. -
(Beiträge zur Strukturforschung ; 122).
- ISBN: 3-428-07178-6

2563   Y 370 (57)
Bartholmai, Bernd:
Bauwirtschaft und Wohnungswirtschaft in
der DDR : Lage und Perspektiven /
[bearb. von Bernd Bartholmai und Manfred
Melzer]. - IN: Wochenbericht / Deutsches
Institut für Wirtschaftsforschung. - 57
(1990),28, S. 377 - 385

2564   C 174746
Bartholmai, Bernd:
Künftige Perspektiven des Wohnungsbaus
und der Wohnungsbaufinanzierung für das
Gebiet der neuen Länder / Bernd
Bartholmai und Manfred Melzer. - Berlin
: Duncker & Humblot, 1991. - 139 S. :
graph. Darst. - (Beiträge zur
Strukturforschung ; 120). - ISBN:
3-428-07176-X

2565   Y 370 (57)
Bartholmai, Bernd:

Privathaushalte und Wohnungsbedarf in
Deutschland bis zum Jahr 2000 / [bearb.
von Bernd Bartholmai, Manfred Melzer und
Erika Schulz]. - IN: Wochenbericht /
Deutsches Institut für Wirtschafts-
forschung. - 57 (1990),42, S. 591 - 598

2566 A 185113
Bartholmai, Bernd:
Wohnungsbau in der DDR : Probleme und
Perspektiven / Bernd Bartholmai ;
Manfred Melzer. - Ill. - IN: Wege aus
der Wohnungsnot / hrsg. von Christian
Ude. - München, 1990. - ISBN
3-492-11277-3. - S. 241 - 256.

2567 A 186469
Baugesetzbuch : mit BauGB-Maßnahmen,
Baunutzungsverordnung, Wertermitt-
lungsverordnung, Planzeichenverordnung,
Raumordnungsgesetz, Sonderregelungen für
die neuen Bundesländer ; Textausgabe mit
Sachverzeichnis und einer Einführung /
von Walter Bielenberg ... - 3. Aufl.,
Stand: 1. Dezember 1990. - Köln :
Bundesanzeiger, 1990. - 341 S. -
(Bundesanzeiger ; 42,237a). - ISBN:
3-88784-276-6

2568 YY 2028 (1992)
Bechtold, Sabine:
Wohngebäude in Plattenbauweise : erste
Ergebnisse einer Erhebung nach § 7 Abs.
1 BStatG bei Mietern / Sabine Bechtold.
- IN: Wirtschaft und Statistik. -
1992,4, S. 234 - 244

2569 YY 3893 (45)
Behring, Karin:
Privatisierungspotential im kommunalen
Wohnungsbestand der neuen Bundesländer
/ Karin Behring. - IN: Ifo-Schnell-
dienst. - 45 (1992),1/2, S. 3 - 8

2570 Y 19275
Berlin:
Berliner Statistik . Statistische
Berichte. E. 2. 2 j, Bauhauptgewerbe in
Berlin : Ergebnisse der Totalerhebung. -
Berlin : Statistisches Landesamt. -
Erscheinungsbeginn: 1990 (1991). - 1990
(1991) sachliche Benennung der
Unterreihe: Bauhauptgewerbe in Berlin
(West). - Bis 1989 (1990) u.d.T.:
Berlin <West>: Berliner Statistik /
Statistische Berichte / E / 2 / 2 j
- 1991. (1992)

2571 Y 31499
Berlin:
Berliner Statistik . Statistische
Berichte. F. 2. 2 j, Baufertigstellungen
und -abgänge in Berlin. - Berlin :
Statistisches Landesamt. - Erscheinungsbeginn: 1990 (1991). - Bis 1989 (1990)
u.d.T.: Berlin <West>: Berliner
Statistik / Statistische Berichte / F /
2 / 2 j
- 1990. (1991)

2572 Y 19321
Berlin:
Berliner Statistik . Statistische
Berichte. F. 2. 4 j, Wohngebäude und
Wohnungen in Berlin : 31. Dezember ... -
Berlin : Statistisches Landesamt. -
Erscheinungsbeginn: 1986/90 (1992). -
Bis 1987/88 u.d.T.: Berlin <West>:
Berliner Statistik / Statistische
Berichte / F / 2 / 4 j
- 1986/90. (1992)

2573 A 191899
Buck, Hannsjörg F.:
Das Scheitern des SED-Wohnungsbau-
programms und die infrastrukturellen und
ökologischen Erblasten für die
Wohnumwelt in den neuen Bundesländern :
vom Mißbrauch der Statistik unter dem
SED-Regime / bearb. von: Hannsjörg F.
Buck und Ute Reuter. - Bonn, 1991. - 115
S. : graph. Darst. - (Analysen und
Berichte / Gesamtdeutsches Institut,
Bundesanstalt für Gesamtdeutsche
Aufgaben ; 1991,6)

2574
**Daten und Fakten der unternehmerischen
Wohnungswirtschaft in den neuen
Bundesländern** : Dokumentation der
ersten Befragung des GdW / [Bearb.:
Thomas Schaefers]. - Köln.
- Hauptbd. Ergebnisse nach Bundesländern
   und Rechtsformen. - 1991. - Getr.
   Zählung : graph. Darst.
   SIGNATUR: C 175646

2575 YY 7005
**Deutschland <Bundesrepublik> /
Statistisches Bundesamt:**
Fachserie / Statistisches Bundesamt.
17, Preise. Reihe 4, Meßzahlen für
Bauleistungspreise und Preisindizes für
Bauwerke. - Stuttgart :
Metzler-Poeschel. - Erscheinungsbeginn:
1977
- 1991. (1991/92)

2576   Y 15920
Deutschland <Bundesrepublik> /
Statistisches Bundesamt:
Fachserie / Statistisches Bundesamt. 4,
Produzierendes Gewerbe. Reihe 5. 1,
Beschäftigung, Umsatz und Gerätebestand
der Betriebe im Baugewerbe. - Stuttgart
: Metzler-Poeschel.
- 1991. (1992)

2577   A 185775
Dokumentation "Wohnungsbau in der DDR -
Zukunft für Menschen und Städte" :
11.5. - 13.5.1990. - Hameln, 1990. - 135
S. - (Workshop des BHW-Forum ; 9)

2578   YY 430 (45)
Eckart, Wolfgang:
Zur Mietenpolitik in den neuen Bundes-
ländern / Wolfgang Eckart. - IN: Arbeit
und Sozialpolitik. - 45 (1991),7/8,
S. 20 - 25

2579   C 170718
Entwicklung des Wohnungsbestandes im
Jahr ... / Statistisches Amt der DDR,
Zentrales Zählbüro. - [Berlin].
- 1989

2580   Y 26363
Die Finanzierungshilfen des Bundes und
der Länder für den Wohnungsbau . -
Frankfurt a. M. : Knapp. - (Zeitschrift
für das gesamte Kreditwesen : Sonderausgabe ; ...)
- 1990. - (... ; 1990,2)
- 1991/92. - (... ; 1991/92,2)

2581   YY 11431 (1991)
Frey, Herbert:
Baupolitik und Wohnungsbau : Aufgaben
im vereinten Deutschland / Herbert Frey.
- IN: Orientierungen zur Wirtschafts-
und Gesellschaftspolitik. - 1991,4 = 50,
S. 40 - 48

2582   A 189221
Frick, Joachim:
Haushaltsausstattung, Wohnsituation und
Wohnkosten in der DDR / Joachim Frick
und Herbert Lahmann. - IN: Lebenslagen
im Wandel / Projektgruppe "Das
Sozio-Ökonomische Panel" (Hg.). -
Frankfurt, 1991. - ISBN 3-593-34533-1. -
S. 218 - 236. - (Sozio-ökonomische Daten
und Analysen für die Bundesrepublik
Deutschland ; 5)

2583   Y 370 (58)
Frick, Joachim:
Wohnsituation und Wohnkosten von
Privathaushalten in Ostdeutschland /
[bearb. von Joachim Frick und Herbert
Lahmann]. - IN: Wochenbericht /
Deutsches Institut für Wirtschafts-
forschung. - 58 (1991),28, S. 396 - 402

2584   C 176049
Für eine sozial ausgewogene und ökonomisch tragfähige Wohnungsbauförderungs-
und Mietenpolitik in Deutschland :
Gedanken und Vorschläge. - Köln, 1992. -
23 S. - (GdW-Materialien ; 27)

2585   YY 3893 (45)
Gluch, Erich:
Baubedarf in den neuen Bundesländern bis
zum Jahr 2005 / E. Gluch. - Graph.
Darst. - IN: Ifo-Schnelldienst. - 45
(1992),15, S. 10 - 15

2586   B 251502
Große-Wilde, Hanns W.:
Wohnungsunternehmen vor neuen Märkten?
: Möglichkeiten und Realitäten der EG-
und DDR-Wohnungsmärkte / von Hanns W.
Große-Wilde. - IN: Wohnungspolitik
zwischen Wohnungsbedarf und Wohnungs-
nachfrage / mit Beitr. von G. v.
Loewenich ... - Mannheim, 1990. -
S. 99 - 110. - (Schriften für Sozial-
ökologie der Wohnungswirtschaftlichen
Institute an den Universitäten Bochum
und Mannheim ; 43)

2587   YY 3893 (44)
Gürtler, Joachim:
Mittelfristig steigender Arbeits-
kräftebedarf im Baugewerbe : Umfrage zu
den Auswirkungen der deutschen
Vereinigung auf die westdeutsche
Bauwirtschaft / J. Gürtler ; L. Pusse ;
W. Ruppert. - IN: Ifo-Schnelldienst. -
44 (1991),8/9, S. 15 - 20

2588   B 259485
Hamm, Hartwig:
Wohnungsmarkt und Wohnungsbau / von
Hartwig Hamm. - IN: Erfolg im Osten /
Hermann Hill (Hrsg.). - Baden-Baden,
1992. - ISBN 3-7890-2548-8. -
S. 98 - 108.

2589   Y 370 (57)
Hübener, Jochen A.:
Bauwirtschaft in Deutschland / [bearb.
von Jochen A. Hübener]. - Graph. Darst.

- IN: Wochenbericht / Deutsches Institut für Wirtschaftsforschung. - 57 (1990),40, S. 563 - 569

2590   Y 370 (58)
Hübener, Jochen A.:
Bauwirtschaft: Verbesserung der Nachfrage in Ostdeutschland / [bearb. von Jochen A. Hübener]. - Graph. Darst. - IN: Wochenbericht / Deutsches Institut für Wirtschaftsforschung. - 58 (1991),34, S. 481 - 487

2591   B 251833
Kompendium der Wohnungswirtschaft / hrsg. von Helmut W. Jenkis. Unter Mitarb. von Dieter Baldeaux ... - München [u.a.] : Oldenbourg, 1991. - VIII, 606 S. : graph. Darst. - Enth. 27 Beitr. - ISBN: 3-486-21373-3

2592   A 192304
Löser, Heike:
Soziale Leistungen und ökonomische Rationalität : Veränderungstendenzen der Arbeitskräftepolitik in der ostdeutschen Bauwirtschaft / Heike Löser ; Susanne Stolt ; Gerd Syben. - IN: Krisen, Kader, Kombinate / Martin Heidenreich (Hrsg.). - Berlin, 1992. - ISBN 3-89404-334-2. - S. 75 - 93.

2593   YY 3893 (44)
Manzel, Karl-Heinz:
Stand von Bautätigkeitsstatistik und Bauberichterstattung in den neuen Bundesländern / von Karl-Heinz Manzel. - IN: Ifo-Schnelldienst. - 44 (1991),25/26, S. 22 - 26

2594   YY 13006 (2)
Möschel, Wernhard:
Wohnungswirtschaft in den fünf neuen Bundesländern / Wernhard Möschel. - IN: Deutsch-deutsche Rechts-Zeitschrift. - 2 (1991),3, S. 72 - 76

2595   C 173838
Müller, Klaus:
Kooperationen zwischen west- und ostdeutschen Bauhandwerkern / Klaus Müller. - Göttingen : Seminar für Handwerkswesen an der Univ. Göttingen, 1991. - 36 S. : graph. Darst. - (Göttinger handwerkswirtschaftliche Arbeitshefte ; 25)

2596   C 169290
Neue Lage - weiter aufwärts / Verband der Bauindustrie für Niedersachsen. [Verantw.: Egon H. Schlenke]. - Hannover, [1990]. - 193 S. : Ill., graph. Darst. - Enth. 9 Beitr.

2597   A 191031
Novy, Klaus:
Kommunale Wohnungspolitik und Selbsthilfepotentiale in den neuen Bundesländern / von Klaus Novy und Barbara von Neumann-Cosel. - IN: Probleme der Einheit. - 5 (1992), S. 63 - 81

2598   YY 8700 (23)
Pusse, Leo:
Mittelfristige Entwicklung von Produktion, Arbeitsproduktivität und Beschäftigung im westdeutschen Bauhauptgewerbe : Tendenzen und betriebliche Maßnahmen, insbesondere nach der deutschen Vereinigung / Leo Pusse, Joachim Gürtler und Wolfgang Ruppert. - (Thema: Gesamtdeutscher Arbeitsmarkt). - Zsfassung in engl. u. franz. Sprache. - IN: Mitteilungen aus der Arbeitsmarkt- und Berufsforschung. - 23 (1990),4, S. 534 - 549

2599   YY 978 (1991)
Regionale Disparitäten in der Wohnungsversorgung. - Graph. Darst. - Zsfassungen der Beitr. in engl. Sprache. - Enth. 8 Beitr. - IN: Informationen zur Raumentwicklung. - 1991,5/6, IX S., S. 253 - 382

2600   YY 7655 (41)
Rostock, Jürgen:
Zum Wohnungs- und Städtebau in den ostdeutschen Ländern / Jürgen Rostock. - Graph. Darst. - IN: Aus Politik und Zeitgeschichte. - 41 (1991),29, S. 41 - 60

2601   XX 5561 (4)
Rueschemeyer, Dietrich:
Planning without markets : knowledge and state action in East German housing construction / Dietrich Rueschemeyer. - IN: East European politics and societies. - 4 (1990),3, S. 557 - 579

2602   B 259485
Runkel, Peter:
Baurecht / von Peter Runkel. - IN: Erfolg im Osten / Hermann Hill (Hrsg.). - Baden-Baden, 1992. - ISBN 3-7890-2548-8. - S. 159 - 167.

2603 YY 3893 (44)
Rußig, Volker:
West-Ost-Kluft überlagert
Süd-Nord-Gefälle der regionalen
Bautätigkeit : ausgewählte Ergebnisse
der Ifo-Bauvorausschätzung ; Regionen
1991 - 1994 / Volker Rußig. - Graph.
Darst. - IN: Ifo-Schnelldienst. - 44
(1991),25/26, S. 6 - 21

2604 A 186741
Schröder, Christoph:
Wohnungspolitik in Deutschland :
Erfahrungen und Perspektiven / Christoph
Schröder. - Köln : Dt. Inst.-Verl.,
1991. - 70 S. : graph. Darst. -
(Beiträge zur Wirtschafts- und
Sozialpolitik ; 186 = 1990,10). - ISBN:
3-602-24008-8

2605 YY 2516 (43)
Söffner, Frank:
Abschwächung der Baukonjunktur im Westen
- Erholung im Osten / Frank Söffner. -
Graph. Darst. - IN:
Ifo-Wirtschaftskonjunktur. - 43
(1991),8, S. A1 - A10

2606 A 184541
Soziale Marktwirtschaft in der DDR :
Reform der Wohnungswirtschaft /
[(Kronberger Kreis). Juergen B. Donges
...]. - Homburg, 1990. - 79 S. -
(Schriftenreihe / Frankfurter Institut
für Wirtschaftspolitische Forschung e.
V. ; 21). - ISBN: 3-89015-028-4

2607 C 175406
Das Umstellungsdilemma : der
Strukturwandel in der Bauwirtschaft in
den neuen Bundesländern am Beispiel der
Region Frankfurt/Oder ; [diese Studie
entstand im Auftrag der "Gesellschaft
zur Koordinierung von Arbeitsmarkt-
förderung und Strukturentwicklung mbH"]
/ Progress-Institut für Wirtschaftsforschung. Gerd Syben ... - Bremen,
1991. - III, 92 S. : graph. Darst. -
(GEKA-STudien). - ISBN: 3-925139-17-6

2608 Y 370 (59)
Weitere Zunahme der Bautätigkeit /
[bearb. von Jochen A. Hübener]. - Graph.
Darst. - IN: Wochenbericht / Deutsches
Institut für Wirtschaftsforschung. - 59
(1992),14, S. 174 - 180

2609 C 173980
Werner, Georg:
Zur Privatisierung von Wohnungen in den
neuen Ländern / [Bearb.: Georg Werner
und Volker Stern]. - [Wiesbaden], 1991.
- 22 S. - (Stellungnahmen /
Karl-Bräuer-Institut des Bundes der
Steuerzahler ; 25)

2610 A 192671
Wohnen - Mieten - Bauen : Perspektiven
für den Wohnungsmarkt in Ostdeutschland
; Dokumentation / Kommunalpolitisches
Forum. Friedrich-Ebert-Stiftung, Büro
Leipzig ... - Leipzig, 1991. - 49 S. -
Enth. 10 Beitr. - ISBN: 3-926132-72-8

2611 Y 27886
Wohngeld- und Mietenbericht ... :
Unterrichtung durch die Bundesregierung.
- IN: Verhandlungen des Deutschen
Bundestages. Drucksachen. - Bonn.
- 1991. // Wahlperiode 12 (1992),2356

2612 C 171502
Wohnungsbau und -renovierung . - Hamburg
: Springer, 1990. - VI, 89 S. : graph.
Darst. - (Märkte: Informationen für die
Werbeplanung)

2613 C 170720
Wohnungsbestand in den Bezirken und
Kreisen der DDR : (statistische
Übersichten 1961 - 1989) / Statistisches
Amt der DDR, Abteilung Bevölkerungs- und
Wohnungsstatistik. - [Berlin], 1990. -
87 S. : graph. Darst.

2614 A 189145
Wohnungsnot - eine unendliche
Geschichte? : eine Tagung der
Friedrich-Ebert-Stiftung am 24.10.1990
in Bonn. - Bonn : Forschungsinst., Abt.
Wirtschaftspolitik, 1990. - 48 S. -
(Reihe "Wirtschaftspolitische Diskurse"
; 8). - ISBN: 3-926132-49-3

2615 A 191180
Wohnungswirtschaft ohne Grenzen : der
deutsche Wohnungs- und Kapitalmarkt in
den 90er Jahren ; [Dokumentation ... am
23. September 1991 in der Universität
Münster] / [Institut für Siedlungs- und
Wohnungswesen der Westfälischen
Wilhelms-Universität Münster]. Hrsg.:
Rainer Thoss. - Münster : Selbstverl.
des Inst. für Siedlungs- und
Wohnungswesen [u.a.], 1991. - VII, 73 S.
: 224 graph. Darst. - (Münsteraner
wohnungswirtschaftliche Gespräche ; 3).
- Enth. 5 Beitr. - ISBN: 3-88497-095-X

2616 YY 1276 (45)
Wullkopf, Uwe:
Wohnungsprobleme in den neuen
Bundesländern / von Uwe Wullkopf. - IN:
WSI-Mitteilungen. - 45 (1992),2,
S. 112 - 119

2617 YY 3893 (43)
Zimmermann, Joachim:
Wohnungsmarkt und Städtebau in der DDR
: Ausgangslage, Probleme, Konzepte / von
Joachim Zimmermann. - IN: Ifo-Schnell-
dienst. - 43 (1990),15, S. 9 - 21

P-5 Craft Trades - Handwerk

2618 YY 5867 (37)
Geisendörfer, Ulrich:
Die Ausnahmebewilligung, handwerks-
rechtliches Existenzgründungsinstrument
in den neuen Bundesländern / von Ulrich
Geisendörfer. - IN: Gewerbearchiv. - 37
(1991),4, S. 121 - 124

2619 Q 4484
Das Handwerk in der DDR und Ost-Berlin
: Beilage zum Jahresbericht der
Handwerkskammer Berlin. - Berlin. - Bis
1989 erschienen. - Spätere Ausg. u.d.T.:
Thalheim, Karl C.: Das Handwerk in der
ehemaligen DDR und Berlin (Ost)
- 1989

2620 Qj 1679
Handwerkskammer <Berlin>:
Jahresbericht / Handwerkskammer Berlin.
- Berlin. - Erscheinungsbeginn: 1990
(1991). - Früher u.d.T.:
Handwerkskammer <Berlin, West>:
Jahresbericht
- 1990. (1991)
- 1991. (1992)

2621 C 171044
Junghans, Roland:
Die Entwicklungsbedingungen des
Handwerks der DDR und seine künftigen
Aufgaben in der sozialen Marktwirtschaft
/ Roland Junghans. - 1990. - 128 Bl. -
Leipzig, Univ., Diss., 1990

2622 C 167932
König, Wolfgang:
Struktur des Handwerks in der DDR /
Wolfgang König ; Klaus Müller. -
Göttingen : Seminar für Handwerkswesen
an der Univ. Göttingen, 1990. - 39 Bl. :
graph. Darst. - (Göttinger handwerks-
wirtschaftliche Arbeitshefte ; 21)

2623 C 168541
Kornhardt, Ullrich:
Probleme und Erwartungen im DDR-Handwerk
: Ergebnisbericht einer Befragung auf
der Hannover-Messe Industrie '90 /
Ullrich Kornhardt ; Klaus Müller. -
Göttingen : Seminar für Handwerkswesen
an der Univ. Göttingen, 1990. - 62 S. :
graph. Darst. - (Göttinger handwerks-
wirtschaftliche Arbeitshefte ; 22)

2624 C 178148
Müller, Klaus:
Die Elektrohandwerke in den neuen
Bundesländern : Strukturmerkmale und
wirtschaftliche Lage / Klaus Müller. -
Göttingen : Seminar für Handwerkswesen
an der Univ. Göttingen, 1992. - 69 S. :
graph. Darst. - (Göttinger handwerkswirtschaftliche Arbeitshefte ; 26)

2625 W 540 (7)
Teves, Nikolaus:
Zur Lage des Handwerks in den neuen
Bundesländern : eine Umfrage bei
Handwerksunternehmen in Sachsen = The
situation of the craft in Eastern
Germany with regard to Saxony / Nikolaus
Teves. - Mannheim, 1991. - 20 S. -
(Veröffentlichungen des Instituts für
Mittelstandsforschung ; 7). - Zsfassung
in engl. Sprache

2626 Q 4641
Thalheim, Karl C.:
Das Handwerk in der ehemaligen DDR und
Berlin (Ost) : Beilage zum
Jahresbericht 1990 der Handwerkskammer
Berlin / von Karl C. Thalheim und Maria
Haendcke-Hoppe. - Berlin, [1991]. - 11
S. - Früher zeitschriftenartige Reihe
u.d.T.: Das Handwerk in der DDR und
Ost-Berlin

2627 XX 3852 (24)
Thalheim, Karl C.:
Das Handwerk in der ehemaligen DDR und
in Berlin (Ost) / Karl C. Thalheim und
Maria Haendcke-Hoppe. - IN: Deutsch-
land-Archiv. - 24 (1991),11,
S. 1186 - 1192

2628 A 191031
Trautwein, Hans-Michael:
Reorganisation der berufsständischen
Selbstverwaltung / von Hans-Michael

Trautwein. - IN: Probleme der Einheit. -
5 (1992), S. 133 - 160

2629 Qj 1675
Wichtige Kennziffern des Handwerks ...
/ Statistisches Amt der DDR. - Berlin. -
Bis 1990 erschienen
- 1990

Q Service Sector - Dienstleistungen

2630 Y 370 (59)
Dienstleistungsstandort Berlin /
[bearb. von Kurt Geppert]. - IN: Wochenbericht / Deutsches Institut für
Wirtschaftsforschung. - 59 (1992),9,
S. 97 - 103

2631 Y 369 (60)
Gornig, Martin:
Beschäftigungspotentiale des
Dienstleistungsbereichs in ostdeutschen
Städten : das Beispiel Brandenburg /
von Martin Gornig. - IN:
Vierteljahrshefte zur Wirtschaftsforschung. - 60 (1991),1/2, S. 65 - 75

2632 YY 13232 (1991)
Hartleb, Ruth:
Produktionsnahe Dienste und die
Intensivierung der Wirtschaft / von
Ruth Hartleb. - IN: IPW-Berichte. -
1991,4, S. 21 - 24

2633
Kisseler, Wolfgang:
Regionale Dienstleistungspotentiale /
Wolfgang Kisseler. - Wiesbaden :
HLT-Ges. für Forschung, Planung,
Entwicklung. - (Zukunftsraum
Hessen-Thüringen ; 10). - Druckschriftennr.: HLT-Report-Nr.: 335
- [Hauptbd.]. - 1991. - Getr. Zählung :
 Ill., graph. Darst.
 SIGNATUR: C 176756
- Tab.-Bd. Tabellen "Bezirk" Erfurt. -
 1991. - [Circa 480] S.
 SIGNATUR: C 176757
- Tab.-Bd. Tabellen "Bezirk" Gera. -
 1991. - [Circa 480] S.
 SIGNATUR: C 176759
- Tab.-Bd. Tabellen "Bezirk" Suhl. -
 1991. - [Circa 300] S.
 SIGNATUR: C 176758

2634 B 259540
Schmidt, Klaus-Dieter:
Zur wirtschaftlichen Lage in Ostdeutschland : der Dienstleistungssektor
/ von Klaus-Dieter Schmidt. - IN: Die
deutsch-deutsche Integration /
[Schriftl.: Herbert Wilkens]. - Berlin,
1992. - ISBN 3-428-07315-0. -
S. 73 - 81. - (Beihefte der
Konjunkturpolitik ; 39)

Q-1 Trade - Handel

2635 YY 12168 (8)
Baader, Dieter:
Die Konsumgüterbranche in den fünf neuen
Bundesländern : von der Plan- zur
sozialen Marktwirtschaft ; Aufgaben,
Risiken, Konsequenzen / Dieter Baader. -
Graph. Darst. - IN: Thexis. - 8
(1991),3, S. 17 - 23

2636 YY 3893 (44)
Batzer, Erich:
Deutscher Einzelhandel : ungebrochene
Dynamik im Westen - Neustrukturierung im
Osten / Erich Batzer. - IN: Ifo-Schnelldienst. - 44 (1991),14, S. 11 - 22

2637 A 191630
Batzer, Erich:
Der Großhandel in den neuen
Bundesländern : Anpassung an die
Erfordernisse einer modernen
Marktwirtschaft / von Erich Batzer ;
Josef Lachner ; Uwe Chr. Täger. -
München, 1991. - XVIII, 244 S. : graph.
Darst. - (Ifo-Studien zu Handels- und
Dienstleistungsfragen ; 41)

2638
Batzer, Erich:
Der Handel in der Bundesrepublik
Deutschland : strukturelle
Entwicklungstrends und Anpassungen an
veränderte Markt- und Umfeldbedingungen
/ von Erich Batzer ; Josef Lachner ;
Walter Meyerhöfer. - München. -
(Ifo-Studien zu Handels- und
Dienstleistungsfragen ; 40)
- 1. Handel in der Gesamtwirtschaft,
 Großhandel, Handelsvermittlung. -
 1991. - XXIV, 311 S. : graph. Darst.
 SIGNATUR: A 188630
- 2. Einzelhandel, Handel im internationalen Vergleich, Zusammenfassung.
 - 1991. - XXIV, S. 312 - 614 : graph.
 Darst.
 SIGNATUR: A 188631

2639 YY 3893 (44)
Batzer, Erich:
Schwierige Anpassungsprozesse im
Großhandel der neuen Bundesländer / E.
Batzer ; J. Lachner ; U. Täger. - IN:
Ifo-Schnelldienst. - 44 (1991),35/36,
S. 23 - 30

2640 YY 10265
Deutschland <Bundesrepublik> /
Statistisches Bundesamt:
Fachserie / Statistisches Bundesamt. 6,
Handel, Gastgewerbe, Reiseverkehr. Reihe
1. 1, Beschäftigte und Umsatz im
Großhandel (Meßzahlen). - Stuttgart :
Metzler-Poeschel. - 1988,Januar bis
August nicht erschienen
- 1991. (1991/92)

2641 C 170721
Einzelhandel : Ergebnistabellen und
Graphiken ; November 1990 / Hrsg.:
Gemeinsames Statistisches Amt der Länder
Brandenburg, Mecklenburg-Vorpommern,
Sachsen, Sachsen-Anhalt, Thüringen,
Abteilung Binnenhandel und Dienst-
leistungen. - Berlin, 1990. - 11 S. -
Nebent.: Handel, Gastgewerbe, Reise-
verkehr: Einzelhandel

2642 C 173977
Einzelhandel : non-food-Trends in
Fachhandel, Kauf- und Warenhäusern. -
Hamburg : Springer, 1991. - 81 S. :
graph. Darst. - (Märkte: Informationen
für die Werbeplanung). - Zsfassung in
engl. u. franz. Sprache

2643 C 171496
Der Einzelhandel in der Bundesrepublik
Deutschland : ein Strukturvergleich
zwischen den alten und neuen Bundeslän-
dern ; Arbeitsunterlage / Statistisches
Bundesamt. - Wiesbaden, 1991. - 86 S.

2644 Qz 1078
Einzelhandelsumsatz / Statistisches Amt
der DDR. - Berlin : Abt. Binnenhandel
und Dienstleistungen. - 1990,August
erschienen. - Erscheinen eingestellt
- 1990

2645 YY 12377
Forschungsstelle für den Handel
<Berlin>:
Mitteilungen aus der FfH Berlin . -
Berlin. - Erscheinungsbeginn: Jg. 5
(1990),4. - Bis Jg. 5 (1990),3
Forschungsstelle für den Handel <Berlin,
West>: Mitteilungen aus der FfH Berlin
- 6. (1991)

2646 YY 2028 (1991)
Hake, Lothar:
Einführung der Binnenhandelsstatistik in
den neuen Bundesländern / Lothar Hake.
- IN: Wirtschaft und Statistik. -
1991,8, S. 505 - 513

2647 YY 7163
Der Handel : Fachzeitschrift für
Information, Kommunikation, Management
im Binnenhandel. - Berlin : Verl. Die
Wirtschaft. - ISSN: 0017-7229
- 41. (1991)

2648
Handel, Gastgewerbe, Reiseverkehr /
Gemeinsames Statistisches Amt der Länder
Brandenburg, Mecklenburg-Vorpommern,
Sachsen, Sachsen-Anhalt, Thüringen. -
Berlin : Gemeinsames Statistisches Amt
der Neuen Bundesländer (GeStal), Gruppe
Binnenhandel und Dienstleistungen.
- Rückrechnung Einzelhandel 1990. -
1991. - 86 S. : graph. Darst.
SIGNATUR: C 174961

2649 YY 13355
Handel, Gastgewerbe, Reiseverkehr /
Hrsg.: Gemeinsames Statistisches Amt der
Länder (GeStal), Gruppe Binnenhandel und
Dienstleistungen. Einzelhandel :
Ergebnistabellen. - Berlin. - 1990/91
(1991) erschienen. - Erscheinen
eingestellt
- 1990/91. (1991)

2650 XX 1684 (64)
Illgen, Konrad:
Der Einzelhandel und seine räumliche
Ordnung in der Deutschen Demokratischen
Republik / Konrad Illgen. - IN:
Berichte zur deutschen Landeskunde. - 64
(1990),1, S. 25 - 47

2651 YY 2516 (43)
Lachner, Josef:
Nachlassender Aufwind im Handel / Josef
Lachner. - Graph. Darst. - IN:
Wirtschaftskonjunktur. - 43 (1991),5,
S. A1 - A14

2652 YY 25164 (44)
Lachner, Josef:
Verlangsamtes Wachstum im Handel /
Josef Lachner. - Graph. Darst. - IN:
Ifo-Wirtschaftskonjunktur. - 44
(1992),5, S. A1 - A15

2653 YY 13232 (1991)
Nitsche, Joachim:
Entwicklung des Einzelhandels in West-
und Ostdeutschland / von Joachim
Nitsche und Armin Burger. - IN:
IPW-Berichte. - 1991,1, S. 23 - 27

2654 C 172689
Report Handel DDR 1990 : Binnenhandel,
Distributionsstruktur regionaler
Einzelhandelszentralen, Anschriften der
Betreiber von Einzelhandelseinrichtungen
; Dokumentation des Deutschen
Handelsinstituts, Köln e. V. - Stand:
Juni 1990. - Köln : ISB-Verl. Inst. für
Selbstbedienung und Warenwirtschaft,
1990. - 285 S. - ISBN: 3-87257-124-9

2655 C 174839
Standortpolitik des Einzelhandels /
[red. Bearb.: Susanne Neumann. Mit
Beitr. von Werner Peters ...]. - Köln :
Verl. ISB, Inst. für Selbstbedienung und
Warenwirtschaft, 1991. - 116 S. : Ill.,
graph. Darst. - Enth. 19 Beitr. - ISBN:
3-87257-133-8

2656 YY 3893 (44)
Täger, Uwe C.:
Der Handel in den neuen Bundesländern :
Handels- und wettbewerbspolitische
Anmerkungen zum Prozeß der Neustruk-
turierung / Uwe Täger. - IN:
Ifo-Schnelldienst. - 44 (1991),16/17,
S. 29 - 34

Q-2 Banking - Banken

2657 YY 4718 (107)
Ashauer, Günter:
Das Bankwesen in der Deutschen
Demokratischen Republik : Struktur,
Funktionen, Perspektiven / Günter
Ashauer. - Graph. Darst. - IN:
Sparkasse. - 107 (1990),1, S. 8 - 22

2658 C 173816
Ashauer, Günter:
Von der Ersparungscasse zur Spar-
kassen-Finanzgruppe : die deutsche
Sparkassenorganisation in Geschichte und
Gegenwart / Günter Ashauer. - 1. Aufl. -
Stuttgart : Dt. Sparkassenverl., 1991. -
403 S. : Ill., graph. Darst. -
(Sparkassen, Praxis, Wissen). -
Literaturverz. S. 393 - 402. - ISBN:
3-09-303983-5

2659 B 252905
Banken im Wettbewerb - in Europa und
weltweit : 15. Deutscher Bankentag am
26. April 1990 in Bonn ; Dokumentation /
Bundesverband Deutscher Banken. - Köln,
1990. - 111 S. - Enth. 5 Beitr.

2660 C 171978
Banken in sich wandelnden Märkten :
(Gastvorträge 1990) / hrsg. von Manfred
Hein. - Berlin, 1990. - 107 S. : graph.
Darst. - (Berichte und Materialien /
Institut für Bank- und Finanzwirtschaft,
Fachbereich Wirtschaftswissenschaft,
Freie Universität Berlin ; 13). - Beitr.
teilw. dt., teilw. engl. - Enth. 8
Beitr.

2661 KatS 1 D 46
Banken-Jahrbuch : Kreditinstitute und
Finanzierungsgesellschaften in der
Bundesrepublik Deutschland. -
Hoppenstedt : Darmstadt [u.a.]. -
Erscheinungsbeginn: 1. 1982 (1981). -
ISSN: 0722-2424
- 11. 1992 (1991)

2662 YY 2028
Bauspargeschäft ... . - IN: Wirtschaft
und Statistik / Hrsg.: Statistisches
Bundesamt. - Stuttgart.
- 1990. // 1991,9, S. 627 - 632

2663 Y 59 (71)
Dennig, Ulrike:
Die Finanzstruktur in den neuen Bundes-
ländern / Ulrike Dennig. - IN:
Wirtschaftsdienst. - 71 (1991),3,
S. 125 - 131

2664 YY 9293
Deutsche Bundesbank <Frankfurt, Main>:
Statistische Beihefte zu den Monats-
berichten der Deutschen Bundesbank .
Reihe 1, Bankstatistik nach Bankgruppen.
- Frankfurt am Main. - Beil.: Kredit-
institute in der ehemaligen DDR. - u.:
Regionalergebnisse der monatlichen
Bilanzstatistik für Kreditinstitute in
Ostdeutschland. - Darin aufgegangen:
Kreditinstitute in der ehemaligen DDR. -
ISSN: 0419-9014
- 1991
- 1992

2665 C 177925
EG-Binnenmarkt und Veränderungen in
Osteuropa als bankwirtschaftliche
Herausforderungen : (Gastvorträge 1990)
/ hrsg. von Manfred Hein. - Berlin,
1991. - 156 S. - (Berichte und
Materialien / Institut für Bank- und
Finanzwirtschaft, Fachbereich
Wirtschaftswissenschaft, Freie
Universität Berlin ; 14). - Enth. 9
Beitr.

2666 Qz 141
Ergebnisse der Bankenstatistik /
Landeszentralbank in Berlin, Hauptverwaltung der Deutschen Bundesbank. -
Berlin. - Erscheinungsbeginn: 1990,3. -
Früher u.d.T.: Ergebnisse der Bankenstatistik für Berlin (West)
- 1990. 3 - 4
- 1991
- 1992

2667 Qz 141
Ergebnisse der Bankenstatistik für
Berlin (West) / Landeszentralbank in
Berlin, Hauptverwaltung der Deutschen
Bundesbank. - Berlin. - Bis 1990,2
erschienen. - Später u.d.T.: Ergebnisse
der Bankenstatistik
- 1990. 1 - 2

2668 B 257295
Gaddum, Johann W.:
Die Markt- und Wettbewerbssituation des
Bankensektors in den neuen Bundesländern
/ von Johann Wilhelm Gaddum. - IN:
Wirtschaftspolitische Probleme der
Integration der ehemaligen DDR in die
Bundesrepublik / von Hartwig Bartling
... Hrsg. von Helmut Gröner ... -
Berlin, 1991. - ISBN 3-428-07275-8. -
S. 191 - 199. - (Schriften des Vereins
für Socialpolitik, Gesellschaft für
Wirtschafts- und Sozialwissenschaften ;
N.F.,212)

2669 A 192440
Geiger, Helmut:
Die deutsche Sparkassenorganisation /
Helmut Geiger. - 2. Aufl. - Frankfurt am
Main : Knapp, 1992. - 162 S. -
(Taschenbücher für Geld, Bank und Börse
; 15). - 1. Aufl. u.d.T.: Poullain,
Ludwig: Die Sparkassenorganisation. -
ISBN: 3-7819-1172-1

2670 B 257295
Köllhofer, Dietrich:
Die Markt- und Wettbewerbssituation des
Bankensektors in den neuen Bundesländern
/ von Dietrich Köllhofer. - IN:
Wirtschaftspolitische Probleme der
Integration der ehemaligen DDR in die
Bundesrepublik / von Hartwig Bartling
... Hrsg. von Helmut Gröner ... -
Berlin, 1991. - ISBN 3-428-07275-8. -
S. 177 - 189. - (Schriften des Vereins
für Socialpolitik, Gesellschaft für
Wirtschafts- und Sozialwissenschaften ;
N.F.,212)

2671 A 189149
Die kommunale Sparkasse : Bedeutung und
Aufgaben ; eine Information des
Ostdeutschen Sparkassen- und Giro-
verbandes, Berlin und des Deutschen
Sparkassen- und Giroverbandes, Bonn /
bearb. von Klaus Möller. - 2., überarb.
Aufl., Stand: April 1991. - Stuttgart :
Dt. Sparkassenverl., 1991. - 120 S. -
(Sparkassen, Praxis, Wissen). - ISBN:
3-09-302734-9

2672 C 171816
Kreditinstitute in der ehemaligen DDR :
vorläufige Ergebnisse der monatlichen
Bilanzstatistik seit Beginn der
Währungsunion. - [Frankfurt am Main]. -
Von 1990,November bis 1991,Februar
erschienen. - Beil. zu: Deutsche
Bundesbank <Frankfurt, Main>:
Monatsberichte der Deutschen Bundesbank
/ Statistische Beihefte / 1. -
Aufgegangen in: Deutsche Bundesbank
<Frankfurt, Main>: Monatsberichte der
Deutschen Bundesbank / Statistische
Beihefte / 1
- 1991

2673 C 170880
Kult, Bélint:
Zur Entwicklung von Banken und Kredit im
Prozeß der Reformierung der Wirtschafts-
systeme in der DDR und Ungarn / von
Bélint Kult. - 1990. - Getr. Zählung. -
Berlin <Ost>, Univ., Diss., 1990

2674 YY 12935 (38)
Most, Edgar:
Die Neuorientierung des
DDR-Bankensystems / Edgar Most. -
Zsfassung in engl. Sprache. - IN:
Bank-Archiv. - 38 (1990),6, S. 412 - 414

2675 YY 13497
Regionalergebnisse der monatlichen
Bilanzstatistik für Kreditinstitute in

Ostdeutschland : Beilage zu "Statistische Beihefte zu den Monatsberichten der Deutschen Bundesbank" Reihe 1, Bankenstatistik nach Bankengruppen. - [Frankfurt am Main]. - Erscheinungsbeginn: 1991,6
- 1991
- 1992

2676   YY 6347 (34)
Robertz, Margit:
Die Entwicklung des Bankensystems in der ehemaligen DDR / von Margit Robertz. - IN: Recht in Ost und West. - 34 (1990),8, S. 321 - 327

2677   A 191183
Spitz, Helmut:
Steuerliche Vergünstigungen nach dem Fördergebietsgesetz (FörderG) und dem Investitionszulagengesetz 1991 (InvZulG 1991) für Sparkassen in den neuen Bundesländern : Sonderabschreibungen, steuerfreie Rücklagen, Investitionszulage / von Helmut Spitz und Gerhard Zitzmann. - Stuttgart : Dt. Sparkassenverl., 1991. - 154 S. - (Merkblatt / Deutscher Sparkassen- und Giroverband e. V. ; N.F.,107). - (Sparkassen, Praxis, Wissen). - ISBN: 3-09-306057-5

2678   YY 8448 (1990)
Stein, Jürgen:
Banken-System der DDR vor dem Umbruch / Jürgen Stein. - Graph. Darst. - IN: Die Bank. - 1990,2, S. 76 - 83

2679   XX 6011 (1992)
Tammer, Hans:
Strategien der deutschen Großbanken und Industriekonzerne mit Kurs auf den EG-Binnenmarkt / von Hans Tammer. - IN: IPW-Berichte. - 1992,1/2, S. 49 - 58

2680   YY 4718 (108)
Welcker, Johannes:
Anmerkungen zur Entwicklung des Bankwesens in den fünf neuen Bundesländern / Johannes Welcker. - Graph. Darst. - IN: Sparkasse. - 108 (1991),5, S. 198 - 203

2681   B 257041
Wölling, Angelika:
Mögliche künftige Aufgaben öffentlicher Banken vor dem Hintergrund der deutschlandpolitischen Entwicklungen / von Angelika Wölling. - IN: Dienstprinzip und Erwerbsprinzip / Peter Faller ... (Hrsg.). - Baden-Baden, 1991. - ISBN 3-7890-2413-9. - S. 369 - 385. - (Schriften zur öffentlichen Verwaltung und öffentlichen Wirtschaft ; 128)

Q-3 Insurance - Versicherungen

2682   A 187820
Bader, Heinrich:
Entstehung, Entwicklung und Perspektiven der Staatlichen Versicherung der DDR / Heinrich Bader. Die Bedeutung des gemeinsamen Marktes für den europäischen Versicherungskonsumenten / Gysbertus Willem de Wit. - Karlsruhe : Verl. Versicherungswirtschaft, 1990. - 47 S. : graph. Darst. - (Frankfurter Vorträge zum Versicherungswesen ; 22). - Enth. 2 Beitr. - ISBN: 3-88487-246-X

2683   A 187807
Brinkmann, Theodor:
Die demographische Entwicklung in Deutschland und ihre Konsequenzen für die Versicherungswirtschaft / von Theodor Brinkmann. - Karlsruhe : VVW, 1991. - VII, 24 S. - (Münsteraner Reihe ; 7). - ISBN: 3-88487-257-5

2684   A 187518
Demographischer Wandel und Versicherungswirtschaft . - Köln, 1990. - 82 S. : graph. Darst. - (Schriftenreihe des Ausschusses Volkswirtschaft des Gesamtverbandes der Deutschen Versicherungswirtschaft e. V. ; 11). - ISBN: 3-88487-239-7

2685   A 191541
Deutsche Einigung und Versicherungswirtschaft . - Karlsruhe, 1991. - 77 S. : graph. Darst. - (Schriftenreihe des Ausschusses Volkswirtschaft des Gesamtverbandes der Deutschen Versicherungswirtschaft e. V. ; 12). - ISBN: 3-88487-276-1

2686   A 184592
Entwicklung und Perspektiven des Versicherungswesens in der DDR : 29. Mai 1990, Köln / [Hrsg.: Peter Bach]. - Karlsruhe : VVW, 1990. - 147 S. - (Schriftenreihe Versicherungsforum ; 5). - Enth. 6 Beitr. - ISBN: 3-88487-231-1

2687   A 185920
Die Organisation des Versicherungswesens

in der sowjetischen Besatzungszone Deutschlands und in der Deutschen Demokratischen Republik von 1945 bis 1989 / eingeleitet und dokumentiert von Reinhard Renger. - Karlsruhe : VVW, 1990. - XIX, 336 S. - ISBN: 3-88487-235-4

2688   C 176516
Radtke, Günter:
Zur Lebensversicherungs [Lebensversicherung] in der DDR / von Günter Radtke. - IN: Perspectives of insurance in Eastern Europe. - Geneve, 1990. - S. 11 - 17. - (Etudes et dossiers / Association Internationale pour l'Etude de l'Economie de l'Assurance ; 147)

2689   XX 4970 (16)
Schmidt, Reimer:
A competitive insurance market in the former GDR : an analysis of the situation in autumn 1990 ; fifth Geneva lecture / by Reimer Schmidt. - IN: The Geneva papers on risk and insurance. - 16 (1991),January = Nr. 58, S. 73 - 84

2690   X 481 (79)
Schmidt, Reimer:
Die Schaffung eines Versicherungsmarkts in der ehemaligen DDR : eine Analyse der Situation im Herbst 1990 / von Reimer Schmidt. - IN: Zeitschrift für die gesamte Versicherungswissenschaft. - 79 (1990),4, S. 525 - 539

2691   A 192762
Tendenzen der volkswirtschaftlichen Kapitalbildung und die Rolle der Versicherungswirtschaft : Rückblick und Perspektiven nach der Deutschen Einigung ; Gutachten im Auftrag des Gesamtverbandes der Deutschen Versicherungswirtschaft e.V. / Bearb.: Erich Langmantel ... - München : Ifo Inst. für Wirtschaftsforschung, 1992. - V, 100, [30] S. : graph. Darst. - (Ifo-Studien zur Finanzpolitik ; 51). - ISBN: 3-88512-157-3

2692   KatS 1 D 60
Versicherungs-Jahrbuch . - Hoppenstedt : Darmstadt [u.a.]. - ISSN: 0172-3979
- 35. 1992

2693   X 402 (61)
Wagner, Paul-Robert:
Versicherung in den fünf neuen Bundesländern : Chancen und Risiken / von Paul-Robert Wagner. - Zsfassung in engl. Sprache. - IN: Zeitschrift für Betriebswirtschaft. - 61 (1991),7, S. 721 - 736

2694   C 176516
Zschockelt, Wolfgang:
Probleme und Perspektiven des Versicherungsmarktes der DDR auf dem Weg zu einem gesamtdeutschen Versicherungsmarkt / von Wolfgang Zschockelt. - IN: Perspectives of insurance in Eastern Europe. - Geneve, 1990. - S. 1 - 9. - (Etudes et dossiers / Association Internationale pour l'Etude de l'Economie de l'Assurance ; 147)

Q-4 Tourism, Gastronomy - Tourismus, Gastronomie

2695   XX 3054 (35)
Albrecht, Wolfgang:
Tourismus und Erholungswesen als Entwicklungsfaktoren des Bundeslandes Mecklenburg-Vorpommern : Analyse und Prognose / Wolfgang Albrecht. - Kt. - IN: Zeitschrift für Wirtschaftsgeographie. - 35 (1991),2, S. 94 - 105

2696   C 174029
Bericht über das ERP-Tourismusprogramm Ost zum 30.06.1991 / Berliner Industriebank-AG. - Berlin, 1991. - 21, [22] Bl.

2697   C 173668
Drechsel, Werner:
Regionale Tourismuskonzepte in den neuen Bundesländern / Werner Drechsel. - IN: Tourismusmanagement und -marketing / Erwin Seitz ... (Hrsg.). - Landsberg/Lech, 1991. - ISBN 3-478-31680-4. - S. 73 - 85.

2698   C 173668
Godau, Armin:
Strategische Überlegungen zur Tourismuspolitik in den neuen Bundesländern / Armin Godau. - IN: Tourismusmanagement und -marketing / Erwin Seitz ... (Hrsg.). - Landsberg/Lech, 1991. - ISBN 3-478-31680-4. - S. 59 - 71.

2699
Handel, Gastgewerbe, Reiseverkehr /

Gemeinsames Statistisches Amt der Länder
Brandenburg, Mecklenburg-Vorpommern,
Sachsen, Sachsen-Anhalt, Thüringen. -
Berlin : Gemeinsames Statistisches Amt
der Neuen Bundesländer (GeStaL), Gruppe
Binnenhandel und Dienstleistungen.
- Grenzüberschreitender Reiseverkehr für
die Jahre 1974, 1975, 1980, 1985 u.
1988. - 1991. - [6] Bl.
SIGNATUR: C 175569

2700   YY 13458
Handel, Gastgewerbe, Reiseverkehr /
Hrsg.: Gemeinsames Statistisches Amt der
Neuen Bundesländer (GeStAL), Gruppe
Binnenhandel und Dienstleistungen.
Gastgewerbe : Ergebnistabellen. -
Berlin. - 1990/91 (1991) erschienen. -
Erscheinen eingestellt
- 1990/91. (1991)

2701   C 171813
Meyer, Thomas:
Fremdenverkehr in Thüringen : Grundzüge
einer Entwicklungskonzeption / Thomas
Meyer ; Klaus Willich-Michaelis. -
Wiesbaden, 1991. - IV, 142 S. : graph.
Darst. - (Zukunftsraum Hessen-Thüringen
; 2). - Druckschriftennr.:
HLT-Report-Nr. 292. - ISBN:
3-89352-038-4

2702   XX 1684 (64)
Obenaus, Hans:
Zum Erholungswesen an der Ostseeküste
der DDR aus der Sicht der
Rekreationsgeographie / Hans Obenaus
und Erich Wagner. - IN: Berichte zur
deutschen Landeskunde. - 64 (1990),1,
S. 67 - 75

2703   A 188955
Die Reisen der neuen Bundesbürger :
Pilotuntersuchungen zum Reiseverhalten
in der früheren DDR / Studienkreis für
Tourismus e. V. Hrsg. von Harald Schmidt
... - Starnberg, 1990. - 81 S. - Enth. 5
Beitr. - ISBN: 3-88857-143-X

2704   YY 13404 (18)
Witzmann, Wolfgang:
Probleme der Mittelstandsentwicklung in
der Gastronomie während der letzten
Monate der Existenz der DDR und seit der
Bildung der neuen Bundesländer /
Wolfgang Witzmann. - IN:
Wissenschaftliche Zeitschrift /
Handelshochschule, Leipzig. - 18
(1991),3, S. 211 - 216

R Infrastructure - Infrastruktur

2705   A 190407
Deutschland <Bundesrepublik> /
Arbeitsgruppe Private Finanzierung
Öffentlicher Infrastruktur:
Bericht der Arbeitsgruppe Private
Finanzierung Öffentlicher Infrastruktur
. - Bonn : Stollfuss, 1991. - 102 S. -
(Schriftenreihe des Bundesministeriums
der Finanzen ; 44)

2706   YY 11431 (1992)
Faltlhauser, Kurt:
Private Finanzierung öffentlicher
Infrastruktur / Kurt Faltlhauser. - IN:
Orientierungen zur Wirtschafts- und
Gesellschaftspolitik. - 1992,März = 51,
S. 37 - 43

2707   XX 4735 (15)
Finanzierung der Infrastruktur in den
neuen Bundesländern : Stellungnahme des
Wissenschaftlichen Beirats der
Gesellschaft für Öffentliche Wirtschaft.
- IN: Zeitschrift für öffentliche und
gemeinwirtschaftliche Unternehmen. - 15
(1992),1, S. 62 - 74

2708   C 171819
Lüken-Isberner, Folckert:
Bund-Länderprogramm zur Entwicklung
wirtschaftsnaher Infrastruktur im
Grenzgebiet der DDR : der Beitrag
Hessens zur Vorbereitung des sog.
"Grenzraumprogramms" (GrRPR) / Folckert
Lüken-Isberner. - Wiesbaden : HLT-Ges.
für Forschung, Planung, Entwicklung,
1990. - Getr. Zählung. : Kt. - Druck-
schriftennr.: HLT-Report 285

2709   YY 3893 (44)
Nerb, Gernot:
Infrastrukturengpässe in den neuen
Bundesländern : Ergebnisse der
Ifo-Telefonumfrage im Dezember 1990 / G.
Nerb ; A. Städtler. - Graph. Darst. -
IN: Ifo-Schnelldienst. - 44 (1991),6,
S. 3 - 4

2710   W 481 (16)
Oberhauser, Alois:
Probleme des Aufbaus der Infrastruktur
in der Bundesrepublik Deutschland /
Alois Oberhauser. - Freiburg i. Br.,
1992. - 22 S. : graph. Darst. - (Diskussionsbeiträge / Institut für Finanzwissenschaft der Albert-Ludwigs-Universität Freiburg im Breisgau ; 16)

2711 B 259803
Pfaffenberger, Wolfgang:
Finanzwirtschaftliche Aspekte der
Modernisierung der Infrastruktur in den
neuen Bundesländern / Wolfgang
Pfaffenberger. - IN: Vitalisierung der
ostdeutschen Wirtschaft / mit Beitr. von
Peter Frerk ... [Hrsg. von Hans
Besters]. - Baden-Baden, 1992. - ISBN
3-7890-2584-4. - S. 165 - 182. -
(Gespräche der List-Gesellschaft e. V. ;
N.F.,14)

2712 B 259540
Schrumpf, Heinz:
Engpässe in der Infrastruktur in den
neuen Bundesländern / von Heinz
Schrumpf. - IN: Die deutsch-deutsche
Integration / [Schriftl.: Herbert
Wilkens]. - Berlin, 1992. - ISBN
3-428-07315-0. - S. 127 - 140. -
(Beihefte der Konjunkturpolitik ; 39)

2713 Y 370 (58)
Vesper, Dieter:
Eine Infrastrukturoffensive für
Ostdeutschland : Finanzierungsaspekte
und gesamtwirtschaftliche Wirkungen /
[bearb. von Dieter Vesper und Rudolf
Zwiener]. - IN: Wochenbericht /
Deutsches Institut für Wirtschafts-
forschung. - 58 (1991),10, S. 91 - 97

2714 Y 59 (71)
Wie sollten die Infrastrukturinvestitionen in Ostdeutschland finanziert
werden? / Jürgen W. Möllemann, Wolfgang
Roth und Hans-Werner Sinn. - Enth. 3
Beitr. - IN: Wirtschaftsdienst. - 71
(1991),10, S. 491 - 499

R-1 Transport - Verkehr

2715 Y 59 (70)
Aberle, Gerd:
Deutsche Verkehrsunion : derzeit mehr
Probleme als Lösungsmöglichkeiten / Gerd
Aberle. - IN: Wirtschaftsdienst. - 70
(1990),7, S. 359 - 362

2716 XX 5772 (2)
Angell, Linda C.:
Eastern Germany's transportation system
: can it compete in Europe 1992? / Linda
C. Angell. - Zsfassung in dt. Sprache. -
IN: Zeitschrift für Planung. - 2
(1991),3, S. 231 - 246

2717 YY 25164 (44)
Arnold-Rothmaier, Hildegard:
Verkehrskonjunktur 1992: abgeschwächtes
Wachstum im Westen - beginnende Erholung
im Osten / Hildegard Arnold-Rothmaier ;
H. Hahn ; R. Ratzenberger. - Graph.
Darst. - IN: Ifo-Wirtschaftskonjunktur.
- 44 (1992),2, S. A1 - A34

2718 W 505 (44)
Blum, Ulrich C.:
The new East-West Corridor : an
analysis of passenger transport flows
inside of and through Germany in 2010 /
Ulrich Blum. - Bamberg : Univ. Bamberg,
1991. - 18 Bl. - (Volkswirtschaftliche
Diskussionsbeiträge ; 44). - Zsfassung
in dt. Sprache. - ISBN: 3-924165-43-2

2719 C 175743
Böhme, Hans:
Neue Tendenzen in der Ostseeschiffahrt
/ Hans Böhme. - IN: Beiträge zur
Landeskunde Schleswig-Holsteins und
benachbarter Räume / [Geographisches
Institut der Universität Kiel]. Hrsg.
von Hans-Georg Glaeßer. - Kiel, 1991. -
S. 2 - 13. - (Kieler Arbeitspapiere zur
Landeskunde und Raumordnung ; 24)

2720 YY 2703 (43)
Böhme, Hans:
Perspektiven der Ostseehäfen im
vereinigten Deutschland / Hans Böhme. -
Ill., Kt. - Zsfassung in engl. u. franz.
Sprache. - IN: Internationales
Verkehrswesen. - 43 (1991),10,
S. 421 - 426

2721 YY 2703 (43)
Busch, Thomas:
Eisenbahnkonzeption für Berlin :
Bahnerschließung für eine Hauptstadt
unzulänglich / Thomas Busch ; Christian
Kuhn ; Georg Speck. - Ill., graph.
Darst. - Zsfassung in engl. u. franz.
Sprache. - IN: Internationales
Verkehrswesen. - 43 (1991),12,
S. 529 - 539

2722 C 168859
DDR - Verkehr am Markt vorbei :
Wirtschaftsreform in der DDR unter
Ausschluß des Verkehrs? / Deutscher
Industrie- und Handelstag. - Bonn, 1990.
- 9 Bl. - Kopie

2723 A 189043
Deutsche Bundesbahn:

Die Bahn in Zahlen / Deutsche
Bundesbahn ; Deutsche Reichsbahn. -
Frankfurt am Main [u.a.] : Dt.
Bundesbahn, Zentrale, Presse und
Öffentlichkeitsarbeit [u.a.], [1991]. -
35 S.

2724   Y 20466
Deutschland <Bundesrepublik> /
Statistisches Bundesamt:
Fachserie / Statistisches Bundesamt. 8,
Verkehr, Reihe 1, Güterverkehr der
Verkehrszweige. - Stuttgart :
Metzler-Poeschel. - Erscheinungsbeginn:
1976 (1977)
- 1990. (1991)

2725   YY 8010
Deutschland <Bundesrepublik> /
Statistisches Bundesamt:
Fachserie / Statistisches Bundesamt. 8,
Verkehr. Reihe 1, Güterverkehr der
Verkehrszweige. - Stuttgart :
Metzler-Poeschel. - Erscheinungsbeginn:
1977
- 1990. (1990/91)

2726   YY 6613
Deutschland <Bundesrepublik> /
Statistisches Bundesamt:
Fachserie / Statistisches Bundesamt. 8,
Verkehr. Reihe 4, Binnenschiffahrt. -
Stuttgart : Metzler-Poeschel. -
Erscheinungsbeginn: 1977
- 1990. (1990/91)

2727   YY 4177
Deutschland <Bundesrepublik> /
Statistisches Bundesamt:
Fachserie / Statistisches Bundesamt. 8,
Verkehr. Reihe 6, Luftverkehr. -
Stuttgart : Metzler-Poeschel. - Bis
1988,Juni im Verl. Kohlhammer,
Stuttgart, erschienen. -
Erscheinungsbeginn: 1977
- 1990. (1990/91)
- 1991. (1991/92)

2728   YY 6614
Deutschland <Bundesrepublik> /
Statistisches Bundesamt:
Fachserie / Statistisches Bundesamt. 8,
Verkehr. Reihe 7, Verkehrsunfälle. -
Stuttgart : Metzler-Poeschel. -
Erscheinungsbeginn: 1989 (1989/90). -
Erscheint monatlich. - Bis 1988
(1988/89) u.d.T.: Deutschland
<Bundesrepublik> / Statistisches
Bundesamt: Fachserie / 8 / 3 / 3

Deutschland <Bundesrepublik> /
Statistisches Bundesamt:
Fachserie
- 1991. (1991/92)

2729   Y 14282
Deutschland <Bundesrepublik> /
Statistisches Bundesamt:
Fachserie / Statistisches Bundesamt. 8,
Verkehr. Reihe 7, Verkehrsunfälle. -
Stuttgart : Metzler-Poeschel. -
Erscheinungsbeginn: 1988 (1989). -
Erscheint jährlich. - Früher u.d.T.:
Deutschland <Bundesrepublik> /
Statistisches Bundesamt: Fachserie / 8 /
3 / 3
- 1990. (1991)

2730   A 192225
Europäische Verkehrspolitik - Wege in
die Zukunft / eine Veröffentlichung der
Bertelsmann-Stiftung. Kenneth Button ...
- Gütersloh : Verl. Bertelsmann-Stif-
tung, 1992. - 152 S. : graph. Darst. -
(Strategien und Optionen für die Zukunft
Europas : Grundlagen ; 8). - Enth. 5
Beitr. - ISBN: 3-89204-055-9

2731   C 173139
Frank, ...:
Verkehr 2000 : Europa vor dem
Verkehrsinfarkt? / [Verf.: Frank ;
Münch ; Seifert]. - Frankfurt am Main :
Dt. Bank AG, Volkswirtschaftliche Abt.,
1990.

2732   YY 2703 (43)
Fromm, Günter:
Verfassungsrechtlicher Rahmen der
Vereinigung von Bundesbahn und
Reichsbahn / Günter Fromm. - Zsfassung
in engl. u. franz. Sprache. - IN:
Internationales Verkehrswesen. - 43
(1991),3, S. 70 - 73

2733   B 256597
Gross, Werner:
Die Rolle der DDR-Region im deutschen
und europäischen Verkehrsmarkt / Werner
Gross. - IN: Deutsch-deutsche Wirt-
schafts-, Währungs- und Sozialunion im
Rahmen der Europäischen Gemeinschaften /
hrsg. von Wulfdiether Zippel. Mit Beitr.
von Jürgen Becher ... - Baden-Baden,
1991. - ISBN 3-7890-2348-5. -
S. 67 - 74. - (Schriftenreihe des
Arbeitskreises Europäische Integration
e. V. ; 30)

2734 YY 2703 (42)
Gross, Werner:
Verkehrsprobleme der DDR im Blick auf
die deutsche Einheit / Werner Gross. -
Zsfassung in engl. u. franz. Sprache. -
IN: Internationales Verkehrswesen. - 42
(1990),4, S. 203 - 206

2735 YY 2703 (43)
Großmann, Gerhard:
Bedeutung der Binnenhäfen aus Sicht der
östlichen Bundesländer : gesamteuro-
päische Verkehrsentwicklung / Gerhard
Grossmann. - Graph. Darst. - IN:
Internationales Verkehrswesen. - 43
(1991),11, S. 516 - 519

2736 YY 2516 (43)
Haase, Wilfried:
Verkehrskonjunktur 1991: weiterhin
Aufwind im Westen und Rückgang im Osten
/ W. Haase ; H. Hahn ; R. Ratzenberger.
- Graph. Darst. - IN:
Ifo-Wirtschaftskonjunktur. - 43
(1991),9, A1 - A30

2737 YY 13404 (18)
Hackenberg, Gerhard:
Eurologistik, Verkehrs - und
Kommunikationsinfrastruktur / Gerhard
Hackenberg ; Roland Illgen. - IN:
Wissenschaftliche Zeitschrift /
Handelshochschule, Leipzig. - 18
(1991),2, S. 83 - 91

2738 XX 3434 (28)
Hager, Bernhard:
Die Deutsche Reichsbahn : ein aktuelles
Porträt des Eisenbahnwesens in der DDR /
von Bernhard Hager. - IN: Deutsche
Studien. - 28 (1990),Juni/September =
110, S. 168 - 189

2739 YY 3893 (44)
Hahn, Werner:
Verkehrsinvestitionen im Aufholprozeß
Ostdeutschlands / Werner Hahn. - Graph.
Darst. - IN: Ifo-Schnelldienst. - 44
(1991),28, S. 3 - 12

2740 A 190726
Heinze, Gert W.:
Evolutionsgerechter Stadtverkehr :
Grundüberlegungen zu neuen Konzepten für
Berlin / G. Wolfgang Heinze ; Heinrich
H. Kill. - Frankfurt am Main, 1991. -
138 S. : graph. Darst. - (Schriftenreihe
des Verbandes der Automobilindustrie e.
V. ; 66)

2741 C 172508
Hofmann, U.:
Prospects for road transport / U.
Hofmann. - Graph. Darst. - IN: Prospects
for East-West European transport /
European Conference of Ministers of
Transport. - Paris, 1991. - ISBN
92-821-1153-9. - S. 433 - 471.

2742 YY 2703 (43)
Huber, Jürgen:
Gesamtdeutsche Verkehrswegeplanung und
investitionspolitische Perspektiven /
Jürgen Huber. - Ill., Kt. - Zsfassung in
engl. u. franz. Sprache. - IN:
Internationales Verkehrswesen. - 43
(1991),9, S. 345 - 354

2743 B 257038
Integrierter Verkehr 2000 /
[Verkehrsforum Bahn e. V.]. Hrsg. von
Hellmuth Buddenberg. - Herford [u.a.] :
Busse, Seewald, 1991. - 243 S. : Ill.,
graph. Darst. - Enth. 16 Beitr. - ISBN:
3-512-03068-8

2744 C 175938
Der Investitionsbedarf für das
Verkehrswesen in den neuen Bundesländern
: Studien aus dem Verkehrswesen /
hrsg. von der GMO-Management Consulting.
- Düsseldorf, 1991. - 111 Bl. : graph.
Darst.

2745 A 190267
Kieler Seminar zu Aktuellen Problemen
der See- und Küstenschiffahrt <3, 1991>:
Drittes Kieler Seminar zu aktuellen
Fragen der See- und Küstenschiffahrt :
Perspektiven des Ostseeverkehrs ; Kiel,
21. - 22. März 1991 / Red.: Sigurd
Rielke. - Bergisch Gladbach, 1991. - 151
S. : graph. Darst. - (Kurs ... /
Deutsche Verkehrswissenschaftliche
Gesellschaft e. V. ; 91,4) (Schriften-
reihe der Deutschen Verkehrswissen-
schaftlichen Gesellschaft e. V., DVWG :
Reihe B ; 141). - Enth. 10 Beitr.

2746 YY 2703 (42)
Klemm, Hans:
Weitreichende Zukunftsperspektiven :
Selbstverständnis der Deutschen
Reichsbahn / Hans Klemm. - Ill. -
Zsfassung in engl. u. franz. Sprache. -
IN: Internationales Verkehrswesen. - 42
(1990),5, S. 293 - 295

2747 A 189843
Klemmer, Paul:
Wirtschaftliche Entwicklung als
Determinante des Verkehrsgeschehens /
Paul Klemmer. - IN: Regionale Verkehrs-
entwicklung als Element der Wirtschafts-
politik - am Beispiel Sachsens - / wiss.
Leitung: Klaus-Jürgen Richter. -
Bergisch Gladbach, 1991. - S. 5 - 14. -
(Kurs ... / Deutsche Verkehrs-
wissenschaftliche Gesellschaft e. V. ;
91,2)

2748 B 259485
Kraft, Klaus:
Beschleunigung des Baus von
Verkehrswegen / von Klaus Kraft.
Graph. Darst. - IN: Erfolg im Osten /
Hermann Hill (Hrsg.). - Baden-Baden,
1992. - ISBN 3-7890-2548-8. -
S. 86 - 97.

2749 X 19407 (29)
Kroll, Siegmund P.:
Ansätze für eine stadt- und
umweltverträgliche Verkehrsentwick-
lungskonzeption in der Stadtregion
Berlin nach dem 9. November 1989 /
Siegmund Peter Kroll. - Ill., graph.
Darst. - IN: Seminarberichte ... /
Gesellschaft für Regionalforschung,
Deutschsprachige Gruppe der Regional
Science Association. - 29. 1990 (1991),
S. 117 - 167

2750 Y 370 (58)
Kutter, Eckhard:
Verkehrsprobleme in Ostdeutschland :
Chance für ein neues Verkehrs- und
Siedlungsplanungskonzept / [bearb. von
Eckhard Kutter]. - IN: Wochenbericht /
Deutsches Institut für Wirtschafts-
forschung. - 58 (1991),25, S. 353 - 357

2751 Y 10872 (1990)
Laaser, Claus-Friedrich:
Implikationen der deutschen Vereinigung
für die Verkehrspolitik / von
Claus-Friedrich Laaser. - Graph. Darst.
- IN: Die Weltwirtschaft. - 1990,2,
S. 110 - 125

2752 YY 2703 (42)
Lorbeer, Renate:
Die volkswirtschaftliche Effektivität
der Straßenverkehrsanlagen als Kriterium
für die Erhaltung und Erweiterung des
Straßennetzes der DDR / Renate Lorbeer.
- Zsfassung in engl. u. franz. Sprache.
- IN: Internationales Verkehrswesen. -
42 (1990),3, S. 128 - 131

2753 C 173848
Mobilität in Deutschland / Socialdata,
[Institut für Verkehrs- und
Infrastrukturforschung GmbH]. - Köln :
Verb. Deutscher Verkehrsunternehmen,
1991. - 32 S. : Ill., graph. Darst.

2754 A 189906
Nord-Süd und Ost-West-Transit : die
Einbindung der deutschen Ostseeküste in
europäische Verkehrsnetze / Red.: Sigurd
Rielke. - Bergisch Gladbach, 1991. - 157
S. : graph. Darst. - (Kurs ... /
Deutsche Verkehrswissenschaftliche
Gesellschaft e. V. ; 91,1) (Schriften-
reihe der Deutschen Verkehrswissen-
schaftlichen Gesellschaft e. V., DVWG :
Reihe B ; 138). - Enth. 12 Beitr.

2755 Y 370 (59)
Personenverkehr im Großraum Berlin :
Verdoppelung des Pkw-Verkehrs nur bei
sofortigem Handeln vermeidbar / [bearb.
von Jutta Kloas ...]. - IN: Wochen-
bericht / Deutsches Institut für
Wirtschaftsforschung. - 59 (1992),8,
S. 90 - 95

2756 C 175142
Privatwirtschaftliche Finanzierung von
Verkehrsinfrastrukturprojekten :
Kurzstudie / Verkehrsforum Bahn ... -
Bonn, 1991. - 27, [9] Bl. - Druck-
schriftennr.: 103/446

2757 A 189843
Regionale Verkehrsentwicklung als
Element der Wirtschaftspolitik - am
Beispiel Sachsens - : 7. - 8. Februar
1991 in Dresden / wiss. Leitung:
Klaus-Jürgen Richter. - Bergisch
Gladbach, 1991. - 179 S. : graph. Darst.
- (Kurs ... / Deutsche Verkehrs-
wissenschaftliche Gesellschaft e. V. ;
91,2) (Schriftenreihe der Deutschen
Verkehrswissenschaftlichen Gesellschaft
e. V., DVWG : Reihe B ; 139). - Enth. 8
Beitr.

2758 C 172508
Rothengatter, Werner:
Development prospects for European
transport between East and West,
passenger transport / Werner Rothengatter and Jan S. Kowalski. - Graph.
Darst. - IN: Prospects for East-West

European transport / European Conference of Ministers of Transport. - Paris, 1991. - ISBN 92-821-1153-9. - S. 189 - 226.

2759   C 172451
Schneider, Rosemarie:
Der gesamtdeutsche Wirtschaftsraum und dessen Auswirkung auf die Verkehrsinfrastruktur in den östlichen Regionen / Rosemarie Schneider. - IN: Gesamtdeutsche Eröffnungsbilanz. - 2 (1990), S. 5 - 31

2760   C 176043
Schneider, Rosemarie:
Das Speditionsgewerbe Ostdeutschlands zwischen Chancen und Hemmnissen : eine Situationsanalyse im Kammerbezirk Potsdam / von Rosemarie Schneider. - Berlin, 1991. - 50 S. : graph. Darst. - (FS-Analysen ; 1991,5)

2761   YY 2703 (43)
Schönknecht, Rolf:
Binnenschiffahrt im Elbe-Oder-Bereich / Rolf Schönknecht. - Ill., Kt. - Zsfassung in engl. u. franz. Sprache. - IN: Internationales Verkehrswesen. - 43 (1991),9, S. 360 - 366

2762   YY 2703 (44)
Seufert, Claus:
Güterverkehrszentren - die neue Erlösungsreligion? : die Rolle der Bahn bei der Entwicklung und Realisierung des GVZ-Konzeptes / Claus Seufert. - Ill., graph. Darst. - Zsfassung in engl. u. franz. Sprache. - IN: Internationales Verkehrswesen. - 44 (1992),3, S. 68 - 74

2763   YY 2703 (43)
Spehr, Hermann:
Verkehrsplanungsregionen für die neuen Bundesländer : Baustein für ein einheitliches deutsches Verkehrssystem / Hermann Spehr ; Ralf Günzel ; Petra-Juliane Wagner. - Graph. Darst. - Zsfassung in engl. u. franz. Sprache. - IN: Internationales Verkehrswesen. - 43 (1991),12, S. 540 - 546

2764   B 259803
Spethmann, Dieter:
Kommunikation und Verkehr : am Übergang in ein neues Zeitalter / Dieter Spethmann. - IN: Vitalisierung der ostdeutschen Wirtschaft / mit Beitr. von Peter Frerk ... [Hrsg. von Hans Besters]. - Baden-Baden, 1992. - ISBN 3-7890-2584-4. - S. 183 - 199. - (Gespräche der List-Gesellschaft e. V. ; N.F.,14)

2765   YY 3662
Straßenbaubericht ... : Unterrichtung durch die Bundesregierung. - IN: Verhandlungen des Deutschen Bundestages. Drucksachen. - Bonn.
- 1990. // Wahlperiode 12 (1992),2113

2766   C 176677
Straßenverkehrsunfälle 1985 - 1990 : früheres Bundesgebiet und das Gebiet der ehemaligen DDR im mehrjährigen Vergleich. - Stuttgart : Metzler Poeschel, 1992. - 150 S. - (Fachserie / Statistisches Bundesamt, Wiesbaden : 8 : Reihe 7 : S ; 1). - Druckschriftennr.: Bestellnummer: 2080791-90900

2767   YY 2703 (43)
Topp, Hartmut H.:
Verkehrskonzepte für Mittel- und Großstädte in den ostdeutschen Bundesländern : Forderungen an die Stadtverkehrsplanung / Hartmut H. Topp. - Ill., graph. Darst. - Zsfassung in engl. u. franz. Sprache. - IN: Internationales Verkehrswesen. - 43 (1991),3, S. 83 - 90

2768   C 170909
Überlegungen der deutschen Automobilindustrie für ein Gesamtverkehrskonzept / Hrsg.: Verband der Automobilindustrie e. V. - Frankfurt/M., 1990. - 48 S. : graph. Darst. - (VDA-Pressedienst). - Kopie

2769   YY 2028
Unternehmen, Verkehrsleistungen und Einnahmen des öffentlichen Straßenpersonenverkehrs ... . - IN: Wirtschaft und Statistik / Hrsg.: Statistisches Bundesamt. - Stuttgart.
- 1990. // 1992,5, S. 293 - 298

2770   Y 33689
Verband Deutscher Verkehrsunternehmen:
VDV-Jahresbericht ... . - Köln. - Erscheinungsbeginn: 1990 (1991). - Entstanden u.a. aus: Verband Öffentlicher Verkehrsbetriebe: Jahresbericht
- 1990. (1991)
- 1991. (1992)

2771   A 185761
Verkehr in Mecklenburg-Vorpommern :
Situationsanalyse, Probleme, Entwicklungserfordernisse / Universität Rostock, Sektion Wirtschaftswissenschaften, Wissenschaftsbereich Verkehrswissenschaft und Logistik. - Rostock, 1990. - 214 S. - (Studien zum Wirtschaftsraum Mecklenburg-Vorpommern ; 3)

2772   C 172753
Verkehrsentwicklung im Freistaat Sachsen : Workshop an der Hochschule für Verkehrswesen "Friedrich List", Dresden, 24. März 1991 / Sächsisches Staatsministerium für Wirtschaft und Arbeit ... [Red.: Dieter Preuß]. - Dresden, 1991. - 72 S. : graph. Darst.

2773   YY 2516 (43)
Verkehrskonjunktur: tief gespaltene Entwicklung in West- und Ostdeutschland / Wilfried Haase ... - Graph. Darst. - IN: Wirtschaftskonjunktur. - 43 (1991),2, S. A1 - A41

2774   XX 5279 (28)
Verkehrspolitik für die Zukunft : Enth. 5 Beitr. - IN: Zeitschrift zur politischen Bildung. - 28 (1991),4, 96 S.

2775   C 168237
Verkehrsumfeld und Verkehrsstrukturen in der DDR / Daimler-Benz, Forschungsinstitut Berlin. - Berlin, 1990. - 139 Bl. : graph. Darst.

2776
Verkehrsuntersuchung Hessen-Thüringen / Volker Kliemt ... - Wiesbaden : HLT Ges. für Forschung, Planung, Entwicklung. - (Zukunftsraum Hessen-Thüringen ; 12) - 1. Bestandsaufnahme. - 1991. - 41 S. : graph. Darst.
SIGNATUR: C 175941

2777   YY 2703 (43)
Voss, Gerhard:
Perspektiven für ein Hochleistungsnetz der gesamtdeutschen Bahn : Kapazitätsengpässe, Wiedervereinigung und CO2-Problematik / Gerhard Voss ; Ulrich Bitterberg. - Graph. Darst. - Zsfassung in engl. u. franz. Sprache. - IN: Internationales Verkehrswesen. - 43 (1991),11, S. 471 - 481

2778   YY 2703 (42)
Wellner, Dieter:
Überlegungen für eine künftige Deutsche Bahn : Verknüpfung der Deutschen Bundesbahn und der Deutschen Reichsbahn / Dieter Wellner. - Zsfassung in engl. u. franz. Sprache. - IN: Internationales Verkehrswesen. - 42 (1990),2, S. 65 - 68

2779   Y 10872 (1991)
Werner, Korinna:
Zum Wettbewerb zwischen Schiene und Straße im vereinten Deutschland / von Korinna Werner. - IN: Die Weltwirtschaft. - 1991,1, S. 104 - 116

2780   X 609 (61)
Willeke, Rainer:
Ziele und Hauptprobleme einer gemeinsamen deutschen Verkehrspolitik / von Rainer Willeke. - Zsfassung in engl. Sprache. - IN: Zeitschrift für Verkehrswissenschaft. - 61 (1990),2, S. 59 - 73

2781   A 184265
Wolf, Winfried:
Neues Denken oder neues Tanken : DDR-Verkehr 2000 / Winfried Wolf. - 1. Aufl. - Frankfurt : isp-Verl., 1990. - 167 S. : graph. Darst. - ISBN: 3-88332-175-3

2782   X 609 (63)
Zobel, Adolf:
Anlaufprobleme und Entwicklungstendenzen des Güterkraftverkehrs in den neuen Bundesländern / von Adolf Zobel. - Graph. Darst. - Zsfassung in engl. Sprache. - IN: Zeitschrift für Verkehrswissenschaft. - 63 (1992),1, S. 3 - 14

R-2 Telecommunications - Telekommunikation

2783   Y 59 (70)
Busch, Axel:
Deutsche Postunion : ein ordnungspolitisch fragwürdiger Schritt / Axel Busch. - IN: Wirtschaftsdienst. - 70 (1990),7, S. 363 - 367

2784   W 208 (82)
Drescher, Joachim:
Die nachrichtentechnische Industrie in den neuen Bundesländern : ein Beispiel

für erfolgreiche Strukturanpassung / von
Joachim Drescher. - Bad Honnef, 1992. -
18 S. - (Diskussionsbeiträge / Wissenschaftliches Institut für
Kommunikationsdienste ; 82). - Zsfassung
in engl. Sprache

2785 XX 3674 (25)
Jahn-Thielicke, Bettina:
Kommunikationstechnische Infrastruktur
: Bedingung einer effektiven Wirtschaft
/ Bettina Jahn-Thielicke. - Zsfassung in
engl. u. russ. u. franz. u. span.
Sprache. - IN: IPW-Forschungshefte. - 25
(1990),3, 94 S.

2786 A 188950
Modernisierung der Telekommunikation in
den neuen Bundesländern : eine
Konferenz der Friedrich-Ebert-Stiftung
und des Vereins für Politische Bildung
und Soziale Demokratie am 27. September
1990 in Rostock. - Bonn :
Forschungsinst., Abt.
Wirtschaftspolitik, 1990. - 43 S. -
(Reihe "Wirtschaftspolitische Diskurse"
; 9). - ISBN: 3-926132-50-7

2787 B 258049
Telekom 2000 : moderne
Telekommunikation für die neuen
Bundesländer / hrsg. von Gerd Tenzer ...
- Heidelberg : v. Decker, 1991. - IX,
304 S. : Ill., graph. Darst., Kt. -
(Forum Telekommunikation). - Enth. 11
Beitr. - ISBN: 3-7685-1391-2

2788 B 248474
Telekommunikation in der DDR und der
Bundesrepublik / [Münchner Kreis].
Hrsg. von Eberhard Witte. - Heidelberg :
v. Decker, 1990. - 188 S. : graph.
Darst., Kt. - (R. v. Decker's
Fachbücherei: Wirtschaft, Verwaltung,
Organisation). - Enth. 14 Beitr. - ISBN:
3-7685-1690-3

2789 B 259485
Thomas, Karl:
Aufbau des Telekommunikationsnetzes /
von Karl Thomas. - Graph. Darst. - IN:
Erfolg im Osten / Hermann Hill (Hrsg.).
- Baden-Baden, 1992. - ISBN
3-7890-2548-8. - S. 118 - 132.

2790 B 261267
Zur Neuordnung der Telekommunikation :
Sondergutachten der Monopolkommission
gemäß § 24 b Abs. 5 Satz 4 GWB. - 1.
Aufl. - Baden-Baden : Nomos-Verl.-Ges.,
1991. - 70 S. - (Sondergutachten der
Monopolkommission ; 20). - Zsfassung in
engl. Sprache. - ISBN: 3-7890-2419-8

S Regional and Community Aspects -
Regionale und kommunale Aspekte

S-1 Economic Development of Specific
Laender and Regions -
Wirtschaftliche Entwicklung
einzelner Bundesländer und Regionen

2791 A 191796
Berlin, Brandenburg : regionale
Wirtschaftsstrategien / [Gesamtred.:
Marion Haß ...]. - Berlin : Verl. Die
Wirtschaft, 1991. - 214 S. : graph.
Darst. - Enth. 22 Beitr. - ISBN:
3-349-00955-7

2792 A 192433
Berlin: eine Metropole im Wandel :
Regionalanalyse und Reformprojekt ; [die
vorliegende Studie entstand innerhalb
einer Arbeitsgruppe der Sozialistischen
Studiengruppen (SOST)] / Stephan Krüger
... - Hamburg : VSA-Verl., 1991. - 146
S. : graph. Darst. - ISBN: 3-87975-562-0

2793 YY 4361
Berliner Bank:
Wirtschaftsbericht / Berliner Bank. -
Berlin. - Erscheinungsbeginn: Jg. 1
(1951)
- 40. (1991)

2794 C 178099
Berlin-Report : eine Wirtschaftsregion
im Aufschwung / Hubertus Moser (Hrsg.).
- Wiesbaden : Gabler, 1992. - 285 S. :
Ill., graph. Darst. - ISBN:
3-409-13743-2

2795 C 176044
Brandenburg im ersten Jahr der deutschen
Einheit : Nordrhein-Westfalen Partner
Brandenburgs beim Aufbau ; hohes Gewicht
des Agrarsektors und der Montanindustrie
erschweren die Anpassung ; Struktur-
wandel in Nordrhein-Westfalen gibt
Orientierungshilfen / Landeszentralbank
in Nordrhein-Westfalen. - Düsseldorf :
Landeszentralbank in
Nordrhein-Westfalen, Hauptreferat

Vorstandssekretariat, Presse und Öffentlichkeitsarbeit, Volkswirtschaft, 1991. - 89 S. : Ill., graph. Darst.

2796　　　　　　　　　　　　A 191631
Brandenburg: Streusandbüchse als Wirtschaftsstandort : Vorschlag für eine gestaltende Strukturpolitik / Stephan Krüger ... - Hamburg : VSA-Verl., 1991. - 271 S. : graph. Darst. - ISBN: 3-87975-588-4

2797　　　　　　　　　　　　C 174658
Dynamik in der Region : Probleme, Potentiale und Gestaltungsfelder regionaler Strukturanpassung in den ostdeutschen Bundesländern am Beispiel Lauchhammer / Forschungsstelle für Gesamtdeutsche wirtschaftliche und soziale Fragen. - Berlin, 1991. - 74 S. : graph. Darst.

2798　　　　　　　　　　　　A 190725
Eckart, Karl:
Der Industrie- und Handelskammerbezirk Halle-Dessau : eine statistisch topographische Übersicht / Karl Eckart ; Michael Schädlich ; Gunthard Bratzke. - Saarbrücken-Scheidt : Dadder, 1991. - 112 S. : graph. Darst. - (Schriften zur Wirtschaftsgeographie und Wirtschaftsgeschichte ; 4). - ISBN: 3-926406-61-5

2799　　　　　　　　　　　　C 175939
Eckey, Hans-Friedrich:
Sozioökonomische Strukturen vor und nach der Teilung Deutschlands / Hans-Friedrich Eckey ; Astrid Ziegler. - Wiesbaden, 1991. - VI, 91 S. : graph. Darst. - (Zukunftsraum Hessen-Thüringen ; 5). - Druckschriftennr.: HLT-Report-Nr. 318. - ISBN: 3-89352-048-1

2800　　　　　　　　　　　　YY 13459
Fakten & Projekte: Bericht zur wirtschaftlichen Lage des Landes Sachsen-Anhalt / Hrsg.: Ministerium für Wirtschaft, Technologie und Verkehr des Landes Sachsen-Anhalt. - Magdeburg. - Erscheinungsbeginn: 1991
- 1991

2801　　　　　　　　　　　　Y 34207
Fakten & Projekte: Bericht zur wirtschaftlichen Lage des Landes Sachsen-Anhalt / Hrsg.: Ministerium für Wirtschaft, Technologie und Verkehr des Landes Sachsen-Anhalt. Jahresbericht. - Magdeburg. - Erscheinungsbeginn: 1991
- 1991

2802　　　　　　　　　　　　B 261226
Hamer, Eberhard:
Strukturbericht 1991 für Sachsen-Anhalt / Hamer ; Gebhardt ; Terboven. - Essen : Westarp Wiss. [u.a.], 1992. - 191 S. : graph. Darst., Kt. - (Schriften des Deutschen Instituts für Mittelstandsökonomie ; 3). - ISBN: 3-89432-052-4

2803　　　　　　　　　　　　C 175289
Heseler, Heiner:
Der maritime Sektor im Umbruch : wirtschaftsstrukturelle und beschäftigungspolitische Vorschläge für Rostock / von Heiner Heseler und Rudolf Hickel. - Bremen, 1990. - 97 S. : graph. Darst. - (PIW-Studien ; 6). - ISBN: 3-925139-12-5

2804　　　　　　　　　　　　X 17709
Industrie- und Handelskammer <Berlin>:
Bericht ... / IHK Berlin : Rückblick auf das Jahr ... und Ausblick auf ... - Berlin. - Erscheinungsbeginn: 1990/91 (1991). - Bis 1989/90 (1990) u.d.T.: Industrie- und Handelskammer <Berlin, West>: Bericht ...
- 1990/91. Rückblick auf das Jahr 1990 und Ausblick auf 1991. - 1991
- 1991/92. Rückblick auf das Jahr 1991 und Ausblick auf 1992. - 1992

2805　　　　　　　　　　　　YY 13550
Industrie- und Handelskammer Halle-Dessau:
Konjunkturbericht / Industrie- und Handelskammer Halle-Dessau. - Halle (Saale).
- 1992

2806　　　　　　　　　　　　YY 13571
Konjunkturbericht zur Lage des produzierenden Gewerbes im ... und zu den Aussichten der nächsten Monate des Jahres ... im Kammerbezirk / Industrie- und Handelskammer zu Schwerin. - Schwerin.
- 1992

2807　　　　　　　　　　　　YY 13422
Landesbank <Berlin>:
Wirtschaftsdienst / Landesbank Berlin. - Berlin. - Erscheinungsbeginn: Jg. 1 (1991). - ISSN: 0940-1407
- 1. (1991)

Landesbank <Berlin>:
Wirtschaftsdienst
- 2. (1992)

2808 B 258964
Landesreport Brandenburg / hrsg. vom
Inst. für Angewandte Wirtschafts-
forschung e. V. [Autoren: Gerda Henschel
...]. - 1. Aufl. - Berlin [u.a.] : Verl.
Die Wirtschaft, 1992. - 316 S. : graph.
Darst., Kt. - ISBN: 3-349-00981-6

2809 B 259075
Landesreport Freistaat Sachsen / hrsg.
von Joachim Heinzmann. - 1. Aufl. -
Berlin [u.a.] : Verl. Die Wirtschaft,
1992. - 180 S. : graph. Darst., Kt. -
ISBN: 3-349-00982-4

2810 B 259074
Landesreport Mecklenburg-Vorpommern /
Hrsg.: Albert Braun ... - 1. Aufl. -
Berlin [u.a.] : Verl. Die Wirtschaft,
1992. - 240 S. : graph. Darst., Kt. -
ISBN: 3-349-00978-6

2811 B 258963
Landesreport Sachsen-Anhalt / hrsg. von
Hans-Ulrich Jung. - 1. Aufl. - Berlin
[u.a.] : Verl. Die Wirtschaft, 1991. -
159 S. : graph. Darst., Kt. - ISBN:
3-349-00979-4

2812 A 186984
Mecklenburg-Vorpommern, Wege in eine
bessere wirtschaftliche Zukunft : eine
Tagung des Vereins für Politische
Bildung und Soziale Demokratie und der
Friedrich-Ebert-Stiftung am 23. und 24.
August 1990 in Schwerin. - Bonn, 1990. -
48 S. - (Reihe "Wirtschaftspolitische
Diskurse" ; 4). - ISBN: 3-926132-32-9

2813 A 189142
Modernisierung der Wirtschaft in der DDR
am Beispiel des alten Industrieraumes
Chemnitz : Erfordernisse und
Möglichkeiten ; eine Konferenz des
Vereins für Politische Bildung und
Soziale Demokratie (DDR) und der
Friedrich-Ebert-Stiftung am 19.06.1990
in Chemnitz. - Bonn : Forschungsinst.
der Friedrich-Ebert-Stiftung, Abt.
Wirtschaftspolitik, 1990. - 50 S. -
(Reihe "Wirtschaftspolitische Diskurse"
; 3)

2814 A 189843
Noack, Stefan:
Wirtschaftsregionen in Sachsen : ein
erster Ansatz / Stefan Noack. - Graph.
Darst. - IN: Regionale Verkehrs-
entwicklung als Element der Wirtschafts-
politik - am Beispiel Sachsens - / wiss.
Leitung: Klaus-Jürgen Richter. -
Bergisch Gladbach, 1991. - S. 125 - 136.
- (Kurs ... / Deutsche Verkehrs-
wissenschaftliche Gesellschaft e. V. ;
91,2)

2815 YY 721 (48)
Peschel, Karin:
Entwicklungsmöglichkeiten eines
künftigen Landes Mecklenburg-Vorpommern
aus westdeutscher Sicht / Karin
Peschel. - Überarb. Fassung. - IN:
Raumforschung und Raumordnung. - 48
(1990),4/5, S. 250 - 259

2816 C 172505
Peschel, Karin:
Entwicklungsperspektiven eines künftigen
Landes Mecklenburg-Vorpommern / Karin
Peschel. - Kiel, [1990]. - 23 Bl. -
(Diskussionsbeiträge aus dem Institut
für Regionalforschung der Universität
Kiel ; 25)

2817 C 175175
Peschel, Karin:
Wirtschaftsstruktur und
Entwicklungsperspektiven des Landes
Mecklenburg-Vorpommern : Gutachten im
Auftrag der Staatskanzlei des Landes
Schleswig-Holstein / Bearbeiter: Karin
Peschel ; Olaf Jäger-Roschko ; Eva
Müller-Meernach. - 1991 : Inst. für
Regionalforschung der Univ. Kiel, 1991.
- VIII, 134 S. : graph. Darst.

2818 A 188952
Produktionsstandort Brandenburg . - Bonn
: Dt. Industrie- und Handelstag, 1990. -
110 S. : Kt. - (Die neuen Länder ; 4)

2819 A 189768
Produktionsstandort
Mecklenburg-Vorpommern . - Bonn : Dt.
Industrie- und Handelstag, 1990. - 95 S.
: graph. Darst. - (Die neuen Länder ; 5)

2820 A 187030
Produktionsstandort Sachsen . - Bonn :
Dt. Industrie- und Handelstag, 1990. -
103 S. : Ill. - (Die neuen Bundesländer
; 1)

2821 A 188437
Produktionsstandort Sachsen-Anhalt . -
Bonn : Dt. Industrie- und Handelstag,
1990. - 80 S. : Kt. - (Die neuen Länder
; 3)

2822 A 187508
Produktionsstandort Thüringen . - Bonn :
Dt. Industrie- und Handelstag, 1990. -
96 S. : graph. Darst. - (Die neuen
Länder ; 2)

2823 C 170768
Regionalreport Sachsen-Anhalt 1990 :
Grundzüge räumlicher Strukturen und
Aufgabenfelder für die regionale
Wirtschaftspolitik / Niedersächsisches
Institut für Wirtschaftsforschung e. V.,
Hannover ... Hrsg. von Hans-Ulrich Jung.
Mit Beitr. von Gunthard Bratzke ... -
Hannover [u.a.], 1990. - VIII, 162 S. :
Ill., graph. Darst.

2824 B 257575
Seidel, Bernhard:
Sonderfall Berlin : Spannungsfeld
zwischen deutsch-deutscher Währungs-
integration, RGW-Reformen und
Europäischem Binnenmarkt / von Bernhard
Seidel. - Graph. Darst. - IN: Die
Auswirkungen des Binnenmarktes auf die
Entwicklung der Regionen in der
Europäischen Gemeinschaft / Fritz
Franzmeyer (Hrsg.). - Berlin, 1991. -
ISBN 3-428-07253-7. - S. 119 - 140. -
(Sonderheft / Deutsches Institut für
Wirtschaftsforschung ; 146)

2825 C 173834
Sommermeier, Hans-Joachim:
Ansatzpunkte einer Wirtschaftsförderung
für das Land Mecklenburg-Vorpommern /
von Hans-Joachim Sommermeier. - Lasbek,
1991. - 53 S. - (BAWI-Lasbek-Studien und
Arbeitsberichte ; 11)

2826 C 178016
Struktur and Entwicklungschancen in der
Region Westsachsen / Doris Cornelsen
... - Berlin : Duncker & Humblot, 1992.
- 226 S. : graph Darst., Kt. - (Beiträge
zur Strukturforschung ; 129). - ISBN:
3-428-07403-3

2827 C 172636
Struktur- und Funktionswandel der Region
Berlin / Daimler Benz,
Forschungsinstitut Berlin. Bearb.:
Marion Diehr ... - Berlin, 1990. - III,
122 S. : graph. Darst.

2828 C 175940
Wirtschaftsförderung / Klaus
Willich-Michaelis ... - Wiesbaden, 1991.
- II, 137 S. - (Zukunftsraum
Hessen-Thüringen ; 7). - Druckschriften-
nr.: HLT-Report-Nr. 325. - ISBN:
3-89352-046-5

2829 YY 13284
Wirtschafts-Kompaß : Wirtschaftsmagazin
der Industrie- und Handelskammer zu
Schwerin für den west-mecklenburgischen
Raum. - Schwerin. - Erscheinungsbeginn:
Jg. 1 (1990)
- 1. (1990)
- 2. (1991)
- 3. (1992)

2830 C 170297
Wirtschaftsraum Mecklenburg-Vorpommern
: Analyse und Entwicklungsmöglichkeiten
/ [Hrsg.: Sektion
Wirtschaftswissenschaften der
Universität Rostock]. - Rostock, 1990. -
445 S. : graph. Darst. - (Studien zum
Wirtschaftsraum Mecklenburg-Vorpommern ;
4). - Literaturverz. S. 421 - 440

2831 C 175644
Zur Herausbildung neuer wirtschaftlicher
Verflechtungsbeziehungen der Unternehmen
im Großraum Berlin / [M. Göbel ...]. -
Berlin, 1991. - 105 S. - (For-
schungsreihe / Institut für Angewandte
Wirtschaftsforschung, Berlin ; 91,12). -
Druckschriftennr.: Bestell-Nr.: 91 01 12

S-2 State Reports of the New Eastern
German Laender, Federalism -
Länderkunden der neuen Bundesländer,
Föderalismus

2832 A 192365
Abromeit, Heidrun:
Der verkappte Einheitsstaat / Heidrun
Abromeit. - Opladen : Leske + Budrich,
1992. - 137 S. - ISBN: 3-8100-0956-3

2833 YY 7655 (40)
Blaschke, Karlheinz:
Alte Länder - neue Länder : zur
territorialen Neugliederung der DDR /
Karlheinz Blaschke. - Kt. - IN: Aus
Politik und Zeitgeschichte. - 40
(1990),27, S. 39 - 54

2834   XX 2443 (41)
Föderalismus in Deutschland . - Enth. 7
Beitr. - IN: Politische Studien. - 41
(1990),September/Oktober = 313,
S. 557 - 655

2835   XX 5279 (1990)
Föderalismus in Deutschland und Europa .
- Enth. 4 Beitr. - Literaturverz. S. 104
- 109. - IN: Zeitschrift zur politischen
Bildung und Information. - 1990,4,
S. 1 - 109

2836   B 260328
Fuchs, Gerhard:
Die Bundesrepublik Deutschland : mit
aktualisierten Daten 1989 und einem
Ausblick auf die neuen Bundesländer /
Gerhard Fuchs. - 5., aktualisierte Aufl.
- Stuttgart [u.a.] : Klett, 1992. - 296
S. : Ill., graph. Darst. + Beil. -
(Länderprofile). - Beil. u.d.T.: Fuchs,
Gerhard: Auf dem Weg zu gemeinsamen
Strukturen. - ISBN: 3-12-928904-6

2837   Y 59 (70)
Hansmeyer, Karl-Heinrich:
Die Gliederung der Länder in einem
vereinten Deutschland / Karl-Heinrich
Hansmeyer ; Manfred Kops. - IN:
Wirtschaftsdienst. - 70 (1990),5,
S. 234 - 239

2838   A 184389
Lapp, Peter J.:
Die DDR geht - die Länder kommen /
Peter Joachim Lapp. - Bonn-Bad Godesberg
: Friedrich-Ebert-Stiftung, Abt.
Außenpolitik- u. DDR-Forschung im
Forschungsinst., 1990. - 64 S. - (Forum
deutsche Einheit : Perspektiven und
Argumente ; 1). - ISBN: 3-926132-23-X

2839   A 189873
Lapp, Peter J.:
Die fünf neuen Länder / Peter Joachim
Lapp. - Bonn-Bad Godesberg :
Friedrich-Ebert-Stiftung, Abt.
Außenpolitikforschung im
Forschungsinst., 1991. - 68 S. - (Forum
deutsche Einheit : Perspektiven und
Argumente ; 6). - ISBN: 3-926132-90-6

2840   XX 3852 (24)
Lapp, Peter J.:
Die neuen Bundesländer / Peter Joachim
Lapp. - IN: Deutschland-Archiv
- 1. Mecklenburg-Vorpommern. // 24
  (1991),7, S. 680 - 685

Lapp, Peter J.:
Die neuen Bundesländer
- 2. Brandenburg. // 24 (1991),9, S. 913
  - 919
- 3. Sachsen-Anhalt. // 24 (1991),12, S.
  1264 - 1269

2841   C 167871
Multhaupt, Wulf:
Die Länder in der DDR / [von Wulf
Multhaupt]. - Bonn, 1990. - VII, 73 S. :
graph. Darst. - (Materialien / Deutscher
Bundestag, Verwaltung, Hauptabteilung
Wissenschaftliche Dienste ; 110)

2842   YY 10469 (43)
Neue Länder der BRD . - Ill., graph.
Darst., Kt. - Enth. 6 Beitr. - IN:
Geographische Rundschau. - 43 (1991),10,
S. 560 - 613

2843   C 172907
Die neuen Bundesländer / Deutsche Bank,
Volkswirtschaftliche Abteilung. - Stand:
7. September 1990. - Frankfurt, 1991. -
72 S. : graph. Darst.

2844   A 187650
Die neuen deutschen Bundesländer : eine
kleine politische Landeskunde / Hoffmann
; Klatt ; Reuter. - Stuttgart [u.a.] :
Aktuell, 1991. - 112 S. : Ill. - Enth. 3
Beitr. - ISBN: 3-87959-437-6

2845   C 176796
Recomposition de l'espace et réforme
administrative dans le Brandebourg . -
Berlin, 1992. - 64 S. : Ill. - (Les
cahiers de l'Observatoire de Berlin /
ROSES-CNRS ; 10)

2846   YY 721 (49)
Rutz, Werner:
Die Wiedererrichtung der östlichen
Bundesländer : kritische Bemerkungen zu
ihrem Zuschnitt / Werner Rutz. - Mit 5
Kt.-Beil. - IN: Raumforschung und
Raumordnung. - 49 (1991),5, S. 279 - 286

2847   YY 721 (48)
Scherf, Konrad:
Zur politisch-administrativen
Neugliederung des Gebiets der DDR :
politische und historische,
geographische und raumordnerische
Aspekte / Konrad Scherf ; Lutz Zaumseil.
- Graph. Darst. - IN: Raumforschung und
Raumordnung. - 48 (1990),4/5,
S. 231 - 240

S-3 Official Bulletins, Law Gazettes of the New Eastern German Laender - Amtsblätter, Gesetz- und Verordnungsblätter der neuen Bundesländer

2848 YY 4636
Berlin:
Amtsblatt für Berlin . - Berlin : Kulturbuch-Verl. - Erscheinungsbeginn: Jg. 41 (1991),12. - Bis Jg. 41 (1991),11 u.d.T: Berlin: Amtsblatt für Berlin / 1
- 41. (1991),12 - 59
- 42. (1992)

2849 YY 4832
Berlin:
Gesetz- und Verordnungsblatt Berlin . - Berlin : Kulturbuch-Verl. - Erscheinungsbeginn: Jg. 46 (1990),70. - Bis Jg. 46 (1990),69 u.d.T.: Berlin <West>: Gesetz- und Verordnungsblatt Berlin
- 47. (1991)
- 48. (1992)

2850 YY 4636
Berlin:
Amtsblatt für Berlin . Teil 1. - Berlin : Kulturbuch-Verl. - Erschienen: Jg. 40 (1990),51 bis Jg. 41 (1991),11. - Bis Jg. 40 (1990),50 u.d.T: Berlin <West>: Amtsblatt für Berlin / 1. - Ab Jg. 41 (1991),12 u.d.T.: Berlin: Amtsblatt für Berlin
- 40. (1990),51 - 65
- 41. (1991),1 - 11

2851 YY 5728
Berlin:
Amtsblatt für Berlin . Teil 2, Steuer und Zollblatt. - Berlin : Senatsverwaltung für Finanzen. - Erschienen: Jg. 40 (1990),59 bis Jg. 41 (1991),17. - Erscheinen eingestellt. - Ab Jg. 40 (1990),62 entfällt d. sachl. Benennung. - Früher u.d.T.: Berlin <West>: Amtsblatt für Berlin / 2
- 40. (1990),59 - 78

2852 YY 4636
Berlin <West>:
Amtsblatt für Berlin . Teil 1. - Berlin : Senatsverwaltung für Inneres. - Bis Jg. 40 (1990),50 erschienen. - Ab Jg. 40 (1990),51 u.d.T.: Berlin: Amtsblatt für Berlin / 1
- 40. (1990),1 - 50

2853 YY 5728
Berlin <West>:
Amtsblatt für Berlin . Teil 2, Steuer und Zollblatt. - Berlin : Senatsverwaltung für Finanzen. - Bis Jg. 40 (1990),58 erschienen. - Später u.d.T.: Berlin: Amtsblatt für Berlin / 2
- 40. (1990),1 - 58

2854 YY 13382
Brandenburg:
Amtsblatt für Brandenburg : gemeinsames Ministerialblatt für das Land Brandenburg. - Potsdam : Minister des Innern des Landes Brandenburg.
- 2. (1991)
- 3. (1992)

2855 YY 13383
Brandenburg:
Gesetz- und Verordnungsblatt für das Land Brandenburg . - Potsdam : Minister des Innern des Landes Brandenburg. - Bis Jg. 2 (1991) erschienen. - Aufgeteilt in: Brandenburg: Gesetz- und Verordnungsblatt für das Land Brandenburg / 1. - u.: Brandenburg: Gesetz- und Verordnungsblatt für das Land Brandenburg / 2
- 1. (1990)
- 2. (1991)

2856 YY 13527
Brandenburg:
Gesetz- und Verordnungsblatt für das Land Brandenburg . Teil 1, Gesetze. - Potsdam : Der Präsident des Landtages Brandenburg. - Erscheinungsbeginn: Jg. 3 (1992). - Hervorgegangen aus: Brandenburg: Gesetz- und Verordnungsblatt für das Land Brandenburg
- 3. (1992)

2857 YY 13528
Brandenburg:
Gesetz- und Verordnungsblatt für das Land Brandenburg . Teil 2, Verordnungen. - Potsdam : Minister des Innern des Landes Brandenburg. - Erscheinungsbeginn: Jg. 3 (1992). - Hervorgegangen aus: Brandenburg: Gesetz- und Verordnungsblatt für das Land Brandenburg
- 3. (1992)

2858 YY 13358
Mecklenburg-Vorpommern:

Amtsblatt für Mecklenburg-Vorpommern . -
Schwerin : Landesverl.- und Druckges.
mbH Mecklenburg.
- 1991
- 1992

2859 YY 13357
Mecklenburg-Vorpommern:
Gesetz- und Verordnungsblatt für
Mecklenburg-Vorpommern . - Schwerin :
Landesverl.- und Druckges. mbH
Mecklenburg. - Erscheinungsbeginn: 1990
- 1990
- 1991
- 1992

2860 YY 13385
Sachsen:
Sächsisches Amtsblatt . - Dresden :
Sächsisches Druck- und Verlagshaus. -
Erscheinungsbeginn: 1990
- 1990
- 1991
- 1992

2861 YY 13386
Sachsen:
Sächsisches Gesetz- und Verordnungsblatt
. - Dresden : Sächsisches Druck- und
Verlagshaus. - Erscheinungsbeginn: 1990
- 1990
- 1991

2862 YY 13381
Sachsen-Anhalt:
Gesetz- und Verordnungsblatt für das
Land Sachsen-Anhalt . - Magdeburg :
Magdeburger Verl.- und Druckhaus. - Bis
Jg. 2 (1990),6 in Magdeburg ohne
Verlagsangabe erschienen. -
Erscheinungsbeginn: Jg. 1 (1990)
- 2. (1991)
- 3. (1992)

2863 YY 13384
Thüringen:
Gesetz- und Verordnungsblatt für das
Land Thüringen . - Erfurt : Thüringer
Landtag. - Erscheinungsbeginn: 1991,2. -
Entstanden aus: Thüringen:
Verordnungsblatt für das Land Thüringen.
- u.: Thüringen: Gesetzblatt für das
Land Thüringen
- 1991
- 1992

2864 YY 13401
Thüringen:
Gesetzblatt für das Land Thüringen . -
Erfurt : Thüringer Landtag. - Von 1990
bis 1991,1 erschienen. - Vereinigt mit:
Thüringen: Verordnungsblatt für das Land
Thüringen. - zu: Thüringen: Gesetz- und
Verordnungsblatt für das Land Thüringen
- 1991

2865 YY 13400
Thüringen:
Verordnungsblatt für das Land Thüringen
. - Erfurt : Thüringer Staatskanzlei. -
Von 1990 bis 1991,2 erschienen. -
Vereinigt mit: Thüringen: Gesetzblatt
für das Land Thüringen. - zu:
Thüringen: Gesetz- und Verordnungsblatt
für das Land Thüringen
- 1991

**S-4 Regions, Regional Policy, Regional
Statistics - Regionen,
Regionalpolitik, Regionalstatistik**

2866 C 176101
Die Anwendung der gemeinschaftlichen
Strukturpolitik auf die neuen deutschen
Länder : die operationellen Programme /
Kommission der Europäischen Gemein-
schaften, Generaldirektion Regional-
politik. - Brüssel, 1991. - 4 S. - (Info
technique). - Druckschriftennr.:
T-515.91

2867 C 172338
Ausgewählte Strukturdaten für die
kreisfreien Städte und Landkreise
Hessens und Thüringens : Fläche,
Bevölkerung, Wohnungen, Wahlen. -
Wiesbaden, 1991. - 31 S. - (Statistische
Berichte / Hessisches Statistisches
Landesamt : Z : 4 ; 1991)

2868 C 172906
Bezirksdaten DDR / Deutsche Bank,
Volkswirtschaftliche Abteilung/ZID.
[Red.: Andreas Herschel ...]. -
Frankfurt, 1991. - 104 S. : graph.
Darst.

2869 C 176100
Deutschland : Länderprofil / Kommission
der Europäischen Gemeinschaften,
Generaldirektion für Regionalpolitik. -
[Bruxelles], 1991. - 6 S. - (Info
background). - Druckschriftennr.:
B-520.91

2870 C 177599
Die deutsch-polnischen Grenzgebiete als regionalpolitisches Problem / [Autoren: Michael Göbel ...]. - Berlin, 1992. - 102 S. : graph. Darst. - (Forschungsreihe / Institut für Angewandte Wirtschaftsforschung, Berlin ; 92,2)

2871 C 178147
Eckey, Hans-Friedrich:
Beitrag zur Ermittlung von Standortprofilen in den Kreisregionen Hessens und Thüringens / Hans-Friedrich Eckey. - Wiesbaden, 1992. - VII, 222 S. : graph. Darst., Kt. - (Zukunftsraum Hessen-Thüringen ; 4). - Druckschriftennr.: HLT-Report-Nr. 317

2872 C 175933
Eckey, Hans-Friedrich:
Zentralörtliche Verflechtungsbereiche und Arbeitsmarktregionen in Hessen und Thüringen vor und nach der Grenzöffnung / Hans-Friedrich Eckey. - Wiesbaden, 1991. - VIII, 117 S. : Ill., graph. Darst. - (Zukunftsraum Hessen-Thüringen ; 3). - Druckschriftennr.: HLT-Report-Nr. 316. - ISBN: 3-89352-043f

2873 YY 11939 (1991)
Ergänzende Stellungnahme "Neue Länder - gemeinschaftliches Förderkonzept für die Gebiete von Ostberlin, Mecklenburg-Vorpommern, Brandenburg, Sachsen-Anhalt, Thüringen und Sachsen (1991 - 1993)" . - Luxemburg : Amt für Amtliche Veröff. der Europ. Gemeinschaften, 1991. - 9 S. - (Stellungnahmen und Berichte / Wirtschafts- und Sozialausschuß, Europäische Gemeinschaften ; 91,1383). - Druckschriftennr.: EY-CO-91-156-DE-C. - Über: Gemeinschaftliches Förderkonzept 1991 - 1993 für die Gebiete Ost-Berlin, Mecklenburg-Vorpommern, Brandenburg, Sachsen-Anhalt, Thüringen und Sachsen / Kommission der Europäischen Gemeinschaften. - Luxemburg : Amt für Amtliche Veröff. der Europ. Gemeinschaften, 1991. - ISBN: 92-77-40029-3

2874 Y 59 (71)
Fritsch, Michael:
Regionalpolitik in Ostdeutschland : Maßnahmen, Implementationsprobleme und erste Ergebnisse / Michael Fritsch ; Karin Wagner ; Carl Friedrich Eckhardt. - IN: Wirtschaftsdienst. - 71 (1991),12, S. 626 - 631

2875 C 173532
Gemeinschaftliches Förderkonzept 1991 - 1993 für die Gebiete Ost-Berlin, Mecklenburg-Vorpommern, Brandenburg, Sachsen-Anhalt, Thüringen und Sachsen : Bundesrepublik Deutschland / Kommission der Europäischen Gemeinschaften. - Luxemburg : Amt für Amtliche Veröff. der Europ. Gemeinschaften, 1991. - 54 S. - Druckschriftennr.: CM-70-91-411-DE-C. - ISBN: 92-826-2699-7

2876 YY 721 (49)
Hamm, Rüdiger:
Umstrukturierungsprobleme in den neuen Bundesländern und Erfahrungsmuster altindustrieller Regionen : Parallelen und Unterschiede / Rüdiger Hamm. - IN: Raumforschung und Raumordnung. - 49 (1991),2/3, S. 91 - 100

2877 XX 3054 (35)
Hasenpflug, Henry:
Gedanken zur wirtschaftsräumlichen Gliederung der ehemaligen DDR und ihrer Anpassungsprobleme beim Übergang in die soziale Marktwirtschaft : dargestellt am Beispiel der industriellen Dichtegebiete / Henry Hasenpflug ; Hartmut Kowalke. - Graph. Darst. - IN: Zeitschrift für Wirtschaftsgeographie. - 35 (1991),2, S. 68 - 82

2878 B 256681
Heine, Michael:
Zur Quadratur eines Kreises : Regionalpolitik in den neuen Bundesländern / Michael Heine. - IN: Wirtschaftspolitische Konsequenzen der deutschen Vereinigung / Andreas Westphal ... (Hg.). - Frankfurt, 1991. - ISBN 3-593-34507-2. - S. 195 - 214. - (Reihe "Wirtschaftswissenschaft" ; 15)

2879 YY 721 (49)
Heinzmann, Joachim:
Strukturwandel altindustrialisierter Regionen in den neuen Bundesländern : Bedingungen und Probleme / Joachim Heinzmann. - Graph. Darst. - IN: Raumforschung und Raumordnung. - 49 (1991),2/3, S. 100 - 106

2880 C 176892
Hesse, Markus:
An environmental approach to regional development : basic directions and a concept for action in the regions of Eastern and Western Germany / Markus

Hesse ; Rainer Lucas. - Berlin, [1991].
- 14 S. - (Diskussionspapier ... des IÖW
; 91,9)

2881 C 176891
Hesse, Markus:
Ökologische Regionalentwicklung : für
eine nachhaltige Entwicklung der
Regionen in Ost und West / Markus Hesse
; Rainer Lucas. - Berlin, 1991. - 33 S.
- (Diskussionspapier ... des IÖW ; 91,8)

2882 Y 59 (70)
Klemmer, Paul:
Modernisierung der ostdeutschen
Wirtschaft als regionalpolitisches
Problem / Paul Klemmer. - IN:
Wirtschaftsdienst. - 70 (1990),11,
S. 557 - 561

2883 XX 3755 (41)
Klemmer, Paul:
Probleme einer ökonomischen Umstrukturierung der DDR aus regionalpolitischer
Sicht / von Paul Klemmer und Heinz
Schrumpf. - Graph. Darst. - (DDR-Wirtschaft). - IN: RWI-Mitteilungen. - 41
(1990),1/2, S. 117 - 130

2884 YY 2028 (1992)
Knoche, Peter:
Neuere Entwicklungen in der
Regionalstatistik : ein Überblick /
Peter Knoche ; Sabine Köhler. - Kt. -
IN: Wirtschaft und Statistik. - 1992,4,
S. 207 - 216

2885 A 185825
Kruse, Heinz:
Politik zur Umstrukturierung in der DDR
: Regionalisierung als Reformansatz /
Heinz Kruse. - IN: Perspektiven der
Genossenschaften / [Verein zur Förderung
des Genossenschaftsgedankens e. V.]. -
Darmstadt, 1990. - ISBN 3-922981-51-8. -
S. 16 - 36. - (Beiträge zur genossenschaftlichen Theorie und Praxis ; 3,1)

2886 C 171053
Lammers, Konrad:
Regionalpolitik nach der Wiedervereinigung : eine grundlegende Reform
wird immer dringlicher! / von Konrad
Lammers. - IN: Zur Konstitution der
niedersächsischen Wirtschaft. -
Hannover, 1990. - S. 111 - 127. -
(NIW-Workshop ; 1990)

2887 Y 10872 (1990)
Lammers, Konrad:
Wege der Wirtschaftsförderung für die
neuen Bundesländer / von Konrad
Lammers. - IN: Die Weltwirtschaft. -
1990,2, S. 98 - 109

2888 C 173327
Lauterbach, Joachim:
Der Standort : Chancen räumlicher
Potentiale / Joachim Lauterbach ;
Wendelin Gretz. - Wiesbaden, 1990. - 34
S. : graph. Darst. - (Zukunftsraum
Hessen-Thüringen ; 1). - Druckschriftennr.: HLT-Report-Nr. 290. - ISBN:
3-89352-035-X

2889 B 256597
Müller-Graff, Peter-Christian:
Regionalförderung im vereinigten
Deutschland vor dem Hintergrund des
Beihilfenrechts der EG /
Peter-Christian Müller-Graff. - IN:
Deutsch-deutsche Wirtschafts-, Währungs-
und Sozialunion im Rahmen der Europäischen Gemeinschaften / hrsg. von
Wulfdiether Zippel. Mit Beitr. von
Jürgen Becher ... - Baden-Baden, 1991. -
ISBN 3-7890-2348-5. - S. 37 - 65. -
(Schriftenreihe des Arbeitskreises
Europäische Integration e. V. ; 30)

2890 YY 7792 (35)
Nagy, Katalin:
Regionális fejlesztési koncepciók
alkalmazhatósága a keletnémet gazdaság
szempontjából / Nagy Katalin. -
Zsfassung in engl. u. russ. Sprache. -
Zsf. u. d. T.: Applicability of regional
development concepts from the aspect of
East-German economy. - IN: Külgazdaság.
- 35 (1991),11, S. 68 - 75

2891 YY 13565
Die neuen Bundesländer : regionalwirtschaftliche Informationen / Institut für
Angewandte Wirtschaftsforschung e. V. -
Berlin.
- 1991. (1992)
- 1992

2892 B 258375
Offer, Michael:
Auswirkungen der deutschen Einigung auf
das Zonenrandgebiet : Folgerungen für
die Wirtschaftspolitik / Michael Offer.
- Mainz : Forschungsinst. für
Wirtschaftspolitik an der Univ. Mainz,
1991. - 31 S. - (Aufsätze zur
Wirtschaftspolitik ; 32)

2893 A 190471
Offer, Michael:
Das Zonenrandgebiet nach der deutschen Einigung : wirtschaftliche Entwicklung und regionalpolitische Implikationen / von Michael Offer. - Mainz, 1991. - XXVI, 322 S. : graph. Darst., Kt. - (Studien des Forschungsinstituts für Wirtschaftspolitik an der Universität ; 45). - Literaturverz. S. 269 - 281. - Zugl.: Mainz, Univ., Diss., 1991

2894 Y 59 (72)
Peters, Hans-Rudolf:
Regionalisierte Strukturpolitik für Ostdeutschland? / Hans-Rudolf Peters. - IN: Wirtschaftsdienst. - 72 (1992),4, S. 196 - 201

2895 Y 59 (71)
Ragnitz, Joachim:
Regionalpolitische Aufgaben in den neuen Bundesländern / Joachim Ragnitz. - IN: Wirtschaftsdienst. - 71 (1991),8, S. 411 - 415

2896 Y 25120
... Rahmenplan der Gemeinschaftsaufgabe "Verbesserung der regionalen Wirtschaftsstruktur" : Unterrichtung durch d. Bundesregierung. - Erscheinungsbeginn: 1 (1971). - IN: Verhandlungen des Deutschen Bundestages. Drucksachen. - Bonn.
- 20. ... für den Zeitraum 1991 bis 1994 (1995). // Wahlperiode 12 (1991),895
- 21. ... für den Zeitraum 1992 bis 1995 (1996). // Wahlperiode 12 (1992),2599

2897 C 168858
Regionalpolitik für ein vereinigtes Deutschland / BDI-Abteilung II/1. - Köln, 1990. - 5 Bl.

2898 Q 4557
Regionalstatistische Angaben 1989 [neunzehnhundertneunundachtzig] in der Gliederung nach Kreisen in den Grenzen der Länder : entsprechend dem Verfassungsgesetz zur Bildung von Ländern / Gemeinsames Statistisches Amt in Berlin. - Berlin, 1990. - 58 S.

2899 B 259043
Die Regionen der fünf neuen Bundesländer im Vergleich zu den anderen Regionen der Bundesrepublik / von Rüdiger Budde ...
- Essen, 1991. - 252 S. : graph. Darst. - (Untersuchungen des Rheinisch-Westfälischen Instituts für Wirtschaftsforschung Essen ; 3). - ISBN: 3-928739-02-6

2900 C 171576
Schneider, Rosemarie:
Die Entwicklung der regionalen Wirtschaftsstruktur Ostdeutschlands unter besonderer Berücksichtigung der Verkehrsintegration / Rosemarie Schneider ; Johannes F. Tismer. - Berlin, 1991. - 128 S. : graph. Darst., Kt. - (FS-Analysen ; 1991,1)

2901 B 259485
Schöberle, Horst:
Regionale Wirtschaftsförderung einschließlich steuerlicher Aspekte / von Horst Schöberle. - IN: Erfolg im Osten / Hermann Hill (Hrsg.). - Baden-Baden, 1992. - ISBN 3-7890-2548-8. - S. 109 - 117.

2902 X 393 (76)
Schrumpf, Heinz:
Offene Fragen in der Regionalstatistik der neuen Bundesländer / von Heinz Schrumpf. - (Vorträge auf der ... Jahreshauptversammlung der Deutschen Statistischen Gesellschaft ; 62). - IN: Allgemeines statistisches Archiv. - 76 (1992),1, S. 62 - 69

2903 Q 4554
Statistische Daten 1989 [neunzehnhundertneunundachtzig] über die Länder der DDR sowie über Berlin : entsprechend dem Verfassungsgesetz zur Bildung von Ländern in der Deutschen Demokratischen Republik ; Beschluß der Volkskammer vom 22.7.1990 / Statistisches Amt der DDR. - Berlin : Abt. Territorialstatistik, 1990. - 75 S.

2904 YY 8920 (23)
Stremmel, Jörg:
EG-Regionalpolitik und deutsche Einheit / Jörg Stremmel und Wolfgang Wedderkopf. - IN: Zeitschrift für Rechtspolitik. - 23 (1990),10, S. 369 - 373

2905 B 258047
Übertragung regionalpolitischer Konzepte auf Ostdeutschland / von Rüdiger Budde ... - Essen : RWI, 1991. - 251 S. : graph. Darst. - (Untersuchungen des Rheinisch-Westfälischen Instituts für Wirtschaftsforschung Essen ; 2). -

Literaturverz. S. 230 - 251. - ISBN: 3-928739-01-8

2906 YY 12828 (1991)
Das vereinte Deutschland in der Gemeinschaft : eine neue Fassung der NUTS. - IN: Schnellberichte / Statistisches Amt der Europäischen Gemeinschaften. - 1991,1, 7 S.

2907 C 178048
Zeuchner, Simone:
Sanierung der alten Industrieregion Halle/Leipzig/Bitterfeld : Erfahrungen aus der Ruhrgebietspolitik / von Simone Zeuchner. - Bochum, 1992. - X, 250 Bl. : graph. Darst. - (Ruhr-Forschungsinstitut für Innovations- und Strukturpolitik e. V. ; 1992,2). - Literaturverz. S. 233 - 250. - ISBN: 3-88995-065-5

2908 A 192866
Ziegler, Astrid:
Regionale Strukturpolitik : Zonenrandförderung - ein Wegweiser? / Astrid Ziegler. - Köln : Bund-Verl., 1992. - XVII, 294 S. : graph. Darst. - (WSI-Studie zur Wirtschafts- und Sozialforschung ; 68). - Literaturverz. S. 279 - 294. - Zugl.: Kassel, Gesamthochsch. - Univ., Diss. - ISBN: 3-7663-2354-7

S-5 Regional Planning, Urban Planning and Development, Berlin Region - Raumordnung, Städtebau, Stadtentwicklung, Region Berlin

2909 XX 3054 (35)
Albrecht, Wolfgang:
Zur Entwicklung von Funktion, Struktur und Bevölkerung der Städte Rostock, Schwerin und Neubrandenburg / Wolfgang Albrecht. - IN: Zeitschrift für Wirtschaftsgeographie. - 35 (1991),2, S. 106 - 122

2910 C 177666
A'Walelu, Okita:
Die Kommune als Gestaltungsfaktor : Einflußmöglichkeiten der ostdeutschen Kommunen auf den wirtschaftlichen Umstrukturierungsprozeß der Region in Ostdeutschland / Okyta A'Walelu. - Berlin, 1992. - IV, 70 S. : graph. Darst. - (FS-Analysen ; 1992,3)

2911 YY 13185 (1)
Bielenberg, Walter:
Das städtebauliche Planungs-, Bau- und Bodenrecht im Gebiet der ehemaligen DDR nach dem Einigungsvertrag : unter Berücksichtigung anderer relevanter Rechtsbereiche und der befristet dort geltenden Besonderheiten / Walter Bielenberg. - IN: Grundstücksmarkt und Grundstückswert. - 1 (1990),3, S. 121 - 128

2912 Y 30438
Deutschland <Bundesrepublik> / Bundesregierung:
Raumordnungsbericht ... der Bundesregierung . - Bonn-Bad Godesberg : Bundesminister für Raumordnung, Bauwesen u. Städtebau. - Nebent.: Raumordnungsbericht. - Erscheinungsbeginn: 1990. - Früher u.T.: Raumordnungsbericht ...
- 1991

2913 C 172528
Deutschland auf dem Weg zur Einheit : neue Anforderungen an Wohnungswesen, Städtebau und Raumordnung ; Referate vom Montag, 11. Juni 1990, Berlin, Staatsbibliothek Preußischer Kulturbesitz. - Bonn, 1990. - 53 S. - (Jahrestagung ... / Deutscher Verband für Wohnungswesen, Städtebau und Raumordnung e. V. ; 1990). - Enth. 2 Beitr.

2914 YY 721 (48)
Dienemann, Otto:
Zu ausgewählten Ergebnissen der räumlichen Forschung der DDR aus der Sicht des Bauwesens / Otto Dienemann. - IN: Raumforschung und Raumordnung. - 48 (1990),4/5, S. 197 - 201

2915 YY 6487 (35)
Frohnhöfel, Rudi:
Berlin: Zentrum der Ost-West-Kooperation und Aktivposten der DDR-Wirtschaftsreform / Rudi Frohnhöfel ; Frank Töpfer ; Volker Wirth. - (Wissenschaftliche Konferenz der Hochschule für Ökonomie Berlin, am 14.2.1990 zum Thema: Aufgaben und Probleme der Transformation der administrativen Planwirtschaft in eine soziale Marktwirtschaft). - Zsfassung in engl. u. russ. Sprache. - IN: Wissenschaftliche Zeitschrift / Hochschule für Ökonomie. - 35 (1990),2, S. 89 - 95

2916 Lo 653
Gewerbestandortkatalog für die
Ansiedlung von Industrie, gewerblicher
Wirtschaft und dem Handwerk / Der
Wirtschaftsminister des Landes Mecklenburg-Vorpommern. - Schwerin. -
Losebl.-Ausg. - (Investieren in Mecklenburg-Vorpommern)
- [Hauptbd.]. - 1. Aufl. - 1992

2917 YY 721 (48)
Grönwald, Bernd:
Der Beitrag der Städtebauforschung zur
künftigen Stadt- und Regionalentwicklung
im Gebiet der DDR / Bernd Grönwald. -
IN: Raumforschung und Raumordnung. - 48
(1990),4/5, S. 207 - 210

2918 XX 4266 (19)
Häußermann, Hartmut:
Berlin bleibt nicht Berlin / Hartmut
Häußermann und Walter Siebel. - IN:
Leviathan. - 19 (1991),3, S. 353 - 371

2919 Y 370 (57)
Heuer, Hans:
Großraum Berlin : Strukturen, Chancen,
Risiken / [bearb. von Hans Heuer]. - IN:
Wochenbericht / Deutsches Institut für
Wirtschaftsforschung. - 57 (1990),22,
S. 295 - 303

2920 A 187810
Jahn, Ralf:
Gewerbeflächenausweisung und kommunale
Bauleitplanung in den neuen
Bundesländern / von Ralf Jahn und
Alexander Zöller. - 2., überarb. und
erg. Aufl. - Köln : Kohlhammer [u.a.],
1991. - 207 S. - (Schriften zur
öffentlichen Verwaltung ; 34). - ISBN:
3-555-00874-9

2921 YY 721 (48)
Jung, Wolfgang:
Zu ausgewählten Fragen der Rohstoffsicherung in der Landesplanung und
Raumordnung der DDR / Wolfgang Jung ;
Helmut Rauer. - IN: Raumforschung und
Raumordnung. - 48 (1990),4/5,
S. 240 - 244

2922 X 19407 (29)
Klinge, Werner:
Aspekte der Stadt- und Regionalplanung
in der Stadtregion Berlin nach dem 9.
November 1989 / Werner Klinge ;
Siegmund Peter Kroll ; Johannes N.
Müller. - Ill. - IN: Seminarberichte ...
/ Gesellschaft für Regionalforschung,
Deutschsprachige Gruppe der Regional
Science Association. - 29. 1990 (1991),
S. 79 - 115

2923 A 185770
Kommunale Wirtschaftsförderung in der
DDR : ein Praxisleitfaden / von Peter
Urban Berger ... - Bonn :
ANTON-Kommunal-Verl., 1990. - IV, 288 S.
- Enth. 10 Beitr. - ISBN: 3-927807-09-5

2924 B 260329
Konzeptionelle Überlegungen zur
räumlichen Entwicklung in Deutschland :
anhand von Beiträgen der Mitglieder
eines Ad-hoc-Arbeitskreises der Akademie
für Raumforschung und Landesplanung /
red. bearb. von Hans-Jürgen von der
Heide ... Werner Buchner ... - Hannover
: Verl. der ARL, 1992. - VI, 95 S. : Kt.
- ISBN: 3-88838-504-0

2925 XX 4266 (19)
Krätke, Stefan:
Berlins Umbau zur neuen Metropole /
Stefan Krätke. - IN: Leviathan. - 19
(1991),3, S. 327 - 352

2926 YY 13185 (2)
Krautzberger, Michael:
Zu den städtebaulichen Rechtsgrundlagen
für Investitionen in den neuen
Bundesländern / Michael Krautzberger. -
IN: Grundstücksmarkt und
Grundstückswert. - 2 (1991),1, S. 1 - 6

2927 A 189317
Der ländliche Raum im geeinten
Deutschland : Bericht über die
Arbeitstagung vom 14. - 15. Dezember
1990 im Untermarchtal /
Arbeitsgemeinschaft Ländlicher Raum im
Regierungsbezirk Tübingen. - Tübingen,
[1991]. - 57 S. - (Beiträge zu den
Problemen des ländlichen Raumes ; 18). -
Enth. 2 Beitr.

2928 X 19407 (29)
Müller, Johannes N.:
Perspektiven der Berliner Umwelt- und
Freiraumentwicklung nach Öffnung der
Grenzen / Johannes N. Müller. - Ill. -
IN: Seminarberichte ... / Gesellschaft
für Regionalforschung, Deutschsprachige
Gruppe der Regional Science Association.
- 29. 1990 (1991), S. 170 - 188

2929　　　　　　　　　X 19407 (30)
Müschen, Klaus:
Stadt- und Regionalplanung in Berlin vor
dem Hintergrund der geänderten Bedingungen unter besonderer Berücksichtigung
der Energieversorgung / Klaus Müschen.
- IN: Seminarberichte ... / Gesellschaft
für Regionalforschung, Deutschsprachige
Gruppe der Regional Science Association.
- 30. 1990 (1991), S. 92 - 111

2930　　　　　　　　　YY 6487 (36)
Neue Aufgaben und Perspektiven der
Raumordnung in Deutschland :
Feststellungen, Grundsätze und
Anregungen / Gerhard Kehrer ... - IN:
Wissenschaftliche Zeitschrift / Hoch-
schule für Ökonomie. - 36 (1991),2,
S. 37 - 43

2931　　　　　　　　　C 170911
Der optimale Standort : Standortprofile
der deutschen Städte ; die 50 größten
Städte im Westen, die 14 Großstädte im
Osten. - 1. Aufl. - Düsseldorf :
Wirtschaftswoche, 1991. - 608 S. : Ill.,
graph. Darst. - (Wirtschafts-
woche-Survey)

2932　　　　　　　　　YY 721 (48)
Ostwald, Werner:
Die räumliche Situation in den
DDR-Regionen : Anforderungen an eine
neue Raumplanung / Werner Ostwald. -
Graph. Darst. - IN: Raumforschung und
Raumordnung. - 48 (1990),4/5,
S. 186 - 196

2933　　　　　　　　　YY 721 (48)
Pfau, Wilfried:
Stadtentwicklung in der DDR : Haupt-
probleme, Potentiale und Erfordernisse
der Entwicklung der Städte / Wilfried
Pfau. - Graph. Darst. - IN:
Raumforschung und Raumordnung. - 48
(1990),4/5, S. 201 - 207

2934　　　　　　　　　XX 5279 (28)
Planen, Bauen und Wohnen im vereinten
Deutschland . - Graph. Darst. - Enth. 10
Beitr. - IN: Zeitschrift zur politischen
Bildung. - 1991,1, S. 1 - 111

2935　　　　　　　　　B 257269
Probleme von Raumordnung, Umwelt und
Wirtschaftsentwicklung in den neuen
Bundesländern / ARL. Von Helmuth
Bergmann ... - Hannover : Verl. der ARL,
1991. - 122 S. : graph. Darst. + 1
Kt.-Beil. - Kt.-Beil. u.d.T.:
Bundesrepublik Deutschland - politisch,
physisch. - ISBN: 3-88838-501-6

2936　　　　　　　　　YY 10469 (44)
Raumordnung in Deutschland . - Ill.,
graph. Darst., zahlr. Kt. - Enth. 7
Beitr. - IN: Geographische Rundschau. -
44 (1992),3, S. 136 - 174

2937
Raumordnung in Deutschland /
[Schriftleitung: Wendelin Strubelt ...].
- Bonn : Selbstverl. Bundesforschungs-
anst. für Landeskunde und Raumordnung. -
(Materialien zur Raumentwicklung ; ...)
- 1. Konzepte, Instrumente und
Organisation der Raumordnung. - 1991.
- 277 S. : graph. Darst. - Enth. 8
Beitr.. - (... ; 39)
SIGNATUR: C 172079
- 2. Aufgaben und Lösungsansätze. -
1991. - 402 S. : graph. Darst., Kt.. -
(... ; 40)
SIGNATUR: C 172274

2938　　　　　　　　　C 171433
Raumordnungsreport '90 : Daten und
Fakten zur Lage in den ostdeutschen
Ländern / hrsg. von Werner Ostwald. -
Berlin : Verl. Die Wirtschaft, 1990. -
207 S. : Ill. - ISBN: 3-349-00893-3

2939　　　　　　　　　C 167176
Regionalreport DDR 1990 : Grundzüge
räumlicher Strukturen und Entwicklungen
/ [Hochschule für Ökonomie, Bereich
Raumordnung und Umweltökonomie ...].
Hrsg. von B. Fege ... -
Berlin-Karlshorst [u.a.], 1990. - VI, 93
S. : graph. Darst., Kt.

2940　　　　　　　　　XX 4669 (14)
Schmoll, Fritz:
Metropolis Berlin? : prospects and
problems of post-November 1989 urban
developments / by Fritz Schmoll. - IN:
International journal of urban and
regional research. - 14 (1990),4,
S. 676 - 686

2941　　　　　　　　　X 1114
Statistisches Jahrbuch deutscher
Gemeinden / Hrsg.: Deutscher Städtetag,
Köln. - Köln : Bachem. - Erscheinungs-
beginn: N.F.,8 = Jg. 29. 1934
- 78. 1991

2942 Q 4581
Vergleichende Städtestatistik der DDR / Statistisches Amt der DDR. - Berlin.
- 1989. (1990)

2943 B 255989
Vitalisierung von Großsiedlungen : Expertise ; Informationsgrundlagen zum Forschungsthema Städtebauliche Entwicklung von Neubausiedlungen in den fünf neuen Bundesländern ; im Auftrag des Bundesministers für Raumordnung, Bauwesen und Städtebau / bearb. vom Institut für Städtebau und Architektur. Werner Rietdorf ... - Bonn-Bad Godesberg, 1991. - 213 S. : Ill., graph. Darst.

2944 A 184388
Vom Grenzland zum Raum der Kooperation : ein Expertengespräch des Bundesministeriums für Raumordnung, Bauwesen und Städtebau / [Red.: Klaus P. Bruns]. - Göttingen : ASG, 1990. - 225 S. - (Schriftenreihe für ländliche Sozialfragen ; 109). - Enth. 10 Beitr.

2945 YY 6487 (36)
Winkel, Rainer:
Eine kritische Reflexion der Raumordnung und Regionalplanung in der Bundesrepublik Deutschland / Rainer Winkel. - IN: Wissenschaftliche Zeitschrift / Hochschule für Ökonomie. - 36 (1991),2, S. 44 - 48

S-6 Community Finance, Community Fiscal Equalization, Municipal Investment, Laender Finance - Kommunalfinanzen, Kommunaler Finanzausgleich, Kommunale Investitionen, Länderfinanzen

2946 A 187871
Bachmayer, Hans:
Haushaltsrecht des Freistaates Sachsen : Textsammlung mit Einführung und Erläuterungen / von Hans Bachmayer. - 1.Aufl. - Berlin : KOVA-Fachverl., 1991. - 178 S. - (KOVA-Leitfaden). - ISBN: 3-7825-0319-8

2947 B 261188
Cronauge, Ulrich:
Kommunale Unternehmen : Eigenbetriebe - Kapitalgesellschaften - Zweckverbände / von Ulrich Cronauge. - Berlin : Schmidt,
1992. - 268 S. - (Finanzwesen der Gemeinden ; 3). - ISBN: 3-503-03308-4

2948 Y 822
Gemeindefinanzbericht ... . - IN: Der Städtetag. - Stuttgart.
- 1991. // N.F.,44 (1991),2, S. 80 - 140
- 1992. // N.F.,45 (1992),2, S. 58 - 65

2949 B 259485
Gross, Gerhard:
Förderung kommunaler Aktivitäten / von Gerhard Gross. - IN: Erfolg im Osten / Hermann Hill (Hrsg.). - Baden-Baden, 1992. - ISBN 3-7890-2548-8. - S. 133 - 143.

2950 C 172424
Herstellung kommunalen Eigentums und Vermögens in den neuen Bundesländern : eine Arbeitshilfe / bearb. von Hans-Georg Lange. - Köln, 1990. - 85 S. - (Deutscher Städtetag : Reihe A ; 12). - ISBN: 3-88082-129-1

2951 Y 59 (71)
Karrenberg, Hanns:
Die Finanzierung der Kommunalhaushalte in den neuen Ländern / Hanns Karrenberg. - IN: Wirtschaftsdienst. - 71 (1991),6, S. 296 - 304

2952 YY 403 (46)
Karrenberg, Hanns:
Kommunalfinanzen in den neuen Ländern 1991 und 1992 / von Hanns Karrenberg ; Engelbert Münstermann. - IN: Finanzwirtschaft
- 1. - graph. Darst. // 46 (1992),4, S. 73 - 79
- 2. - graph. Darst. // 46 (1992),5, S. 101 - 107

2953 YY 4744 (40)
Karrenberg, Hanns:
Zur Finanzausstattung der Kommunen im Gebiet der ehemaligen DDR / Hanns Karrenberg. - IN: Zeitschrift für Kommunalfinanzen
- [1]. // 40 (1990),11, S. 242 - 247
- 2. // 40 (1990),12, S. 266 - 271

2954 B 257391
Kirchhoff, Ulrich:
Finanzierungsmodelle für kommunale Investitionen / von Ulrich Kirchhoff und Heinrich Müller-Godeffroy. - 2., erw. und überarb. Aufl. - Stuttgart : Dt. Sparkassenverl., 1991. - 100 S. :

graph. Darst. - (Wissenschaft für die
Praxis : Abteilung 3 ; 1). - ISBN:
3-09-302872-8

2955 A 191434
Kirchhoff, Ulrich:
Kommunale Investitionen und ihre
Finanzierung in den neuen Bundesländern
/ von Ulrich Kirchhoff und Heinrich
Müller-Godeffroy. - Stuttgart : Dt.
Sparkassenverl., 1991. - 55 S. : graph.
Darst. - (Sparkassenheft ; 117). -
(Sparkassen, Praxis, Wissen). - ISBN:
3-09-305567-9

2956 YY 403 (45)
Knoop, Peter:
Gemeindefinanzierung und kommunaler
Finanzausgleich in den neuen
Bundesländern / von Peter Knoop. - IN:
Finanzwirtschaft. - 45 (1991),1,
S. 9 - 11

2957 A 187813
Kommunale Finanzen und kommunale
Wirtschaftsförderung : Grundlagen
kommunaler Selbstverwaltung in den neuen
Bundesländern ; eine Konferenz der
Friedrich-Ebert-Stiftung und des Vereins
für Politische Bildung und Soziale
Demokratie vom 19. bis 20.09.1990 in
Frankfurt/Oder. - Bonn, 1990. - 42 S. -
(Reihe "Wirtschaftspolitische Diskurse"
; 6). - ISBN: 3-926132-42-6

2958 A 188789
Kommunalkreditprogramm für die neuen
Bundesländer und Berlin (Ost) . - Bonn,
[1991]. - 25 S. - (Schriftenreihe /
Deutsche Ausgleichsbank ; 13)

2959 YY 1276 (43)
Krähmer, Rolf:
Administrative und finanzielle Probleme
der Kommunen in den neuen ostdeutschen
Bundesländern / von Rolf Krähmer. - IN:
WSI-Mitteilungen. - 43 (1990),11,
S. 724 - 730

2960 YY 403 (45)
Krähmer, Rolf:
Kritische Anmerkungen zum kommunalen
Haushalts- und Wirtschaftsrecht der
neuen Bundesländer / von Rolf Krähmer.
- IN: Finanzwirtschaft. - 45 (1991),2,
S. 38 - 43

2961 W 425 (57)
Kuhn, Thomas:
Der kommunale Finanzausgleich - Vorbild
für die neuen Bundesländer? / von
Thomas Kuhn. - Augsburg : Inst. für
Volkswirtschaftslehre, Univ. Augsburg,
1991. - 31 Bl. - (Volkswirtschaftliche
Diskussionsreihe ; 57)

2962 D 17453
Lenk, Reinhard:
Kommunale Investitionen :
Herstellungskosten 1992 und Folgelasten
1993 für Ostdeutschland / von Reinhard
Lenk. - 1. Aufl. - München : Resch,
1991. - 311 S. - ISBN: 3-87806-132-3

2963 Y 34094
Mecklenburg-Vorpommern:
Landeshaushaltsplan Mecklenburg-Vor-
pommern : für das Haushaltsjahr ... -
[Schwerin]. - Erscheinungsbeginn: 1991
- 1991. 1 - 3

2964 B 259803
Milbradt, Georg H.:
Finanzpolitik in Sachsen : Aufbau einer
funktionsfähigen Verwaltung / Georg H.
Milbradt. - IN: Vitalisierung der ost-
deutschen Wirtschaft / mit Beitr. von
Peter Frerk ... [Hrsg. von Hans
Besters]. - Baden-Baden, 1992. - ISBN
3-7890-2584-4. - S. 28 - 35. -
(Gespräche der List-Gesellschaft e. V. ;
N.F.,14)

2965 YY 4744 (41)
Münstermann, Engelbert:
Kommunaler Finanzausgleich in den neuen
Bundesländern / Engelbert Münstermann.
- IN: Zeitschrift für Kommunalfinanzen
- [1]. // 41 (1991),4, S. 74 - 78
- 2. // 41 (1991),5, S. 104 - 109

2966 YY 4744 (42)
Münstermann, Engelbert:
Kommunaler Finanzausgleich in den neuen
Bundesländern 1991/92 / Engelbert
Münstermann. - IN: Zeitschrift für
Kommunalfinanzen
- 1. Graph. Darst. // 42 (1992),4, S. 74
- 78
- 2. Graph. Darst. // 42 (1992),5, S. 98
- 105

2967 YY 403 (45)
Richter, Heinz:
Anmerkungen zur Finanzausstattung der
Kommunen und zur Ausarbeitung der
Haushaltspläne 1991 / von Heinz
Richter. - IN: Finanzwirtschaft. - 45
(1991),5, S. 97 - 100

2968 YY 403 (45)
Schwarting, Gunnar:
Die Kreditaufnahme der Kommunen / von
Gunnar Schwarting. - Graph. Darst. - IN:
Finanzwirtschaft. - 45 (1991),2,
S. 34 - 37

2969 B 256682
Steinke, Alwin:
Von der "Kommandowirtschaft" in der
ehemaligen DDR in das neue Steuer- und
Haushaltssystem am Beispiel des Landes
Brandenburg / von Alwin Steinke. - IN:
Der Umbau / Uwe Jens (Hrsg.). Mit Beitr.
von Wilhelm Krelle ... - Baden-Baden,
1991. - ISBN 3-7890-2469-4. -
S. 107 - 112.

2970 Y 370 (58)
Vesper, Dieter:
Finanzpolitische Perspektiven Berlins /
[bearb. von Dieter Vesper]. - IN:
Wochenbericht / Deutsches Institut für
Wirtschaftsforschung. - 58 (1991),11,
S. 103 - 111

2971 A 186292
Zimmermann, Franz:
Kommunalfinanzen : das kommunale
Einnahmesystem in der Bundesrepublik
Deutschland und seine Übernahme in der
Deutschen Demokratischen Republik ;
Bestand, Möglichkeiten und Alternativen
/ von Franz Zimmermann. - Berlin :
KOVA-Fachverl., 1990. - 67 S. + Nachtr.
- (KOVA-Leitfaden). - ISBN:
3-7825-0282-5

S-7 Capital City Issue - Hauptstadtfrage

2972 Y 59 (71)
Ewringmann, Dieter:
Die Konsequenzen des Berlin-Beschlusses
für Regierung und Verwaltung / Dieter
Ewringmann. - IN: Wirtschaftsdienst. -
71 (1991),12, S. 632 - 638

2973 Y 59 (71)
Hamm, Rüdiger:
Perspektiven des Bonner Raums nach der
Hauptstadtentscheidung / Rüdiger Hamm ;
Helmut Wienert. - IN: Wirtschaftsdienst.
- 71 (1991),9, S. 470 - 477

2974 X 490 (37)
Heintzen, Markus:
Die Hauptstadtfrage - verfassungs-
rechtlich und rechtspolitisch betrachtet
/ von Markus Heintzen. - Zsfassung in
engl. Sprache. - IN: Zeitschrift für
Politik. - 37 (1990),2, S. 134 - 148

2975 XX 2443 (42)
Keilhofer, Franz:
Berlin - als Hauptstadt auch
Regierungssitz? : politische und
regionalwirtschaftliche Aspekte einer
Konzentration aller Hauptstadtfunktionen
in Berlin im Zuge des deutschen und
europäischen Einigungsprozesses / Franz
Keilhofer ; Markus Arnold. - IN:
Politische Studien. - 42
(1991),September/Oktober = 319,
S. 530 - 541

2976 C 176336
**Regionalpolitische Flankierung des
Bonner Raums bei Verlagerung des
Parlamentssitzes nach Berlin** : unter
Berücksichtigung auch der Empfehlung des
Deutschen Bundestages zur Verlagerung
von Regierungsfunktionen nach Berlin ;
Endbericht ; Gutachten im Auftrag des
Bundesministers. - Essen :
Rheinisch-Westfälisches Inst. für
Wirtschaftsforschung, 1991. - III, 109
S.

2977 XX 3842 (24)
Thieme, Werner:
Die Hauptstadtfrage als
verwaltungswissenschaftliches Problem /
von Werner Thieme. - IN: Die Verwaltung.
- 24 (1991),1, S. 1 - 14

T Administration, Law, Constitution -
   Verwaltung, Recht, Verfassung

2978 C 176045
Alltag in den neuen Bundesländern :
Rechtshinweise und Sachauskünfte nach
Stichworten. - Überarb. Fassung. - Bonn,
1991. - X, 337 S. - (Materialien /
Deutscher Bundestag, Verwaltung,
Hauptabteilung Wissenschaftliche Dienste
; 112)

2979 XX 5949 (2)
Der Aufbau der neuen Bundesländer :
Themenheft. - Beitr. teilw. dt., teilw.
engl. - Enth. 7 Beitr. - IN: Staats-

wissenschaften und Staatspraxis. - 2 (1991),3, S. 241 - 402

2980 XX 5949 (2)
Bauer, Thomas:
Aufbau der Verwaltung in den fünf neuen Ländern : Erfahrungen eines bayerischen Beamten im Thüringer Innenministerium / Thomas Bauer. - IN: (Der Aufbau der neuen Bundesländer). // IN: Staatswissenschaften und Staatspraxis. - Baden-Baden. - ISSN 0938-2100. - 2 (1991),3, S. 378 - 388.

2981 B 258582
Eigentum, neue Verfassung, Finanzverfassung / hrsg. von Klaus Stern. - Köln [u.a.] : Heymann, 1991. - IX, 254 S. - (Deutsche Wiedervereinigung ; 1). - Enth. 11 Beitr. - ISBN: 3-452-22207-1

2982 YY 13006 (1)
Engelhard, Hans A.:
Stand und Perspektiven deutsch-deutscher Rechtsangleichung nach Inkrafttreten des Staatsvertrages / Hans A. Engelhard. - IN: Deutsch-deutsche Rechts-Zeitschrift. - 1 (1990),5, S. 129 - 134

2983 A 190649
Fangmann, Helmut D.:
Grundgesetz : Basiskommentar ; mit aktuellen Verfassungsfragen der deutschen Einigung / Helmut Fangmann ; Michael Blank ; Ulrich Hammer. - Köln : Bund-Verl., 1991. - 469 S. - ISBN: 3-7663-3155-8

2984 B 259485
Fliedner, Ortlieb:
Rechts- und Verwaltungsvereinfachung / von Ortlieb Fliedner. - Graph. Darst. - IN: Erfolg im Osten / Hermann Hill (Hrsg.). - Baden-Baden, 1992. - ISBN 3-7890-2548-8. - S. 144 - 151.

2985 B 259485
Hill, Hermann:
Effektive Verwaltung in den neuen Bundesländern / von Hermann Hill. - IN: Erfolg im Osten / Hermann Hill (Hrsg.). - Baden-Baden, 1992. - ISBN 3-7890-2548-8. - S. 25 - 38.

2986 XX 4691 (20)
Kinkel, Klaus:
Auf dem Wege zur Rechtseinheit / von Klaus Kinkel. - IN: Zeitschrift für Unternehmens- und Gesellschaftsrecht. - 20 (1991),1, S. 1 - 16

2987 XX 739 (41)
Kittner, Michael:
Rechtsfragen der Vereinigung von Bundesrepublik Deutschland und DDR : eine Skizze / Michael Kittner. - IN: Gewerkschaftliche Monatshefte. - 41 (1990),3, S. 151 - 164

2988 XX 3381 (31)
Leisner, Walter:
Einsatz von Beamten in der Wirtschaftsverwaltung, insbesondere in den neuen Ländern / Walter Leisner. - IN: Volkswirtschaftliche Korrespondenz der Adolf-Weber-Stiftung. - 31 (1992),4, [4] S.

2989 XX 5949 (2)
Linde, Jürgen:
Der Neuaufbau eines Landes: das Beispiel Brandenburg / Jürgen Linde. - IN: (Der Aufbau der neuen Bundesländer). // IN: Staatswissenschaften und Staatspraxis. - Baden-Baden. - ISSN 0938-2100. - 2 (1991),3, S. 282 - 303.

2990 XX 2310 (39)
Melzer, Helmut:
Verwaltungsreform in der DDR : Notwendigkeit und Probleme / Helmut Melzer. - IN: Staat und Recht. - 39 (1990),7, S. 535 - 543

2991 XX 5949 (2)
Mutius, Albert von:
Regionale Selbstverwaltung in den neuen Bundesländern : Modell für die Zukunft? / Albert von Mutius. - IN: Staatswissenschaften und Staatspraxis. - 2 (1991),1, S. 3 - 30

2992 XX 5949 (2)
Mutius, Albert von:
Verfassungsentwicklung in den neuen Bundesländern - zwischen Eigenstaatlichkeit und notwendiger Homogenität / Albert von Mutius ; Thomas Friedrich. - IN: (Der Aufbau der neuen Bundesländer). // IN: Staatswissenschaften und Staatspraxis. - Baden-Baden. - ISSN 0938-2100. - 2 (1991),3, S. 243 - 281.

2993 C 176893
Öffentliches Auftragswesen : Dokumentation zur Veranstaltung am 10. April 1991 in Leipzig / 1. VOL-Kongreß. - Bonn : Bundesministerium für Wirtschaft,

Referat Öffentlichkeitsarbeit, 1991. -
92 S. - (BMWi-Dokumentation ; 315)

2994 A 190226
Reform der öffentlichen Verwaltung :
mehr Wirtschaftlichkeit beim Management
staatlicher Einrichtungen / [(Kronberger
Kreis). Juergen B. Donges ...]. - Bad
Homburg v.d.H., 1991. - 64 S. -
(Schriftenreihe / Frankfurter Institut
für Wirtschaftspolitische Forschung e.
V. ; 23). - ISBN: 3-89015-031-4

2995 XX 5949 (2)
Reichard, Christoph:
Auf dem Wege zu einer neuen Verwaltung
in Ostdeutschland : Tagungsbericht /
Christoph Reichard. - IN: (Der Aufbau
der neuen Bundesländer). // IN: Staatswissenschaften und Staatspraxis. -
Baden-Baden. - ISSN 0938-2100. - 2
(1991),3, S. 389 - 401.

2996 A 191687
Rodenbach, Hermann-Josef:
Rechtsangleichung im vereinigten
Deutschland / Hermann-Josef Rodenbach.
- Bonn-Bad Godesberg :
Friedrich-Ebert-Stiftung,
Forschungsinst., 1991. - 63 S. - (Forum
deutsche Einheit : Perspektiven und
Argumente ; 8). - ISBN: 3-86077-026-8

2997 Lo 310
Schiwy, Peter:
Gesetze der neuen Bundesländer :
Sammlung des gesamten Rechts der neuen
Bundesländer ; Textausgabe / von Peter
Schiwy. - Starnberg-Percha : Schulz. -
Losebl.-Ausg. - ISBN: 3-7962-0418-X
- [Hauptbd.]. - 1991

2998 XX 3354 (30)
Schlink, Bernhard:
Deutsch-deutsche Verfassungs-
entwicklungen im Jahre 1990 / von
Bernhard Schlink. - IN: Der Staat. - 30
(1991),2, S. 162 - 180

2999 B 259803
Tettinger, Peter J.:
Öffentliche Verwaltung in der sozialen
Marktwirtschaft : Grundanforderungen,
Defizite und Chancen in den neuen
Bundesländern / Peter J. Tettinger. -
IN: Vitalisierung der ostdeutschen
Wirtschaft / mit Beitr. von Peter Frerk
... [Hrsg. von Hans Besters]. -
Baden-Baden, 1992. - ISBN 3-7890-2584-4.
- S. 71 - 92. - (Gespräche der
List-Gesellschaft e. V. ; N.F.,14)

3000 YY 4230 (1990)
Die von der DDR übernommenen
Bundesgesetze mit den Anpassungs- und
Übergangsvorschriften . - IN: Der
Betrieb : DDR-Report. - 1990,8,
S. 3094 - 3097

U Elections, Political Parties - Wahlen,
Parteien

3001 XX 4683 (39)
Bomsdorf, Eckart:
Die Machtverteilung in der ersten
demokratisch gewählten Volkskammer der
DDR / Eckart Bomsdorf. - IN:
Zeitschrift für Wirtschaftspolitik. - 39
(1990),2, S. 205 - 210

3002 W 498 (91,302)
Cusack, Thomas R.:
The endless election : 1990 in the GDR
/ Thomas R. Cusack and Wolf-Dieter
Eberwein. - Berlin, 1991. - 25 S. :
graph. Darst. - (FIB papers /
Wissenschaftszentrum für Sozialforschung
; 91,302). - Zsfassung in dt. Sprache

3003 XX 4003 (30)
Feist, Ursula:
Wahlen in der DDR 1990 : Referendum für
die Einheit und Exempel für modernes
Wahlverhalten / Ursula Feist ;
Hans-Jürgen Hoffmann. - Graph. Darst. -
IN: Journal für Sozialforschung. - 30
(1990),3, S. 253 - 277

3004 A 188476
Myritz, Reinhard:
Die Partei und ihre Polizei : "Linie
2000" - der Transformationsprozeß von
SED und MfS zur PDS / Reinhard Myritz. -
Köln : Dt. Inst.-Verl., 1990. - 66 S. :
graph. Darst. - (Beiträge zur
Gesellschafts- und Bildungspolitik ; 160
= 1990,9). - ISBN: 3-602-24910-7

3005 A 184756
Nolden, Hans-Willi:
2. Dezember 1990 : politische
Perspektiven der ersten gesamtdeutschen
Wahl / Hans-Willi Nolden. - Köln : Dt.
Inst.-Verl., 1990. - 75 S. - (Beiträge
zur Gesellschafts- und Bildungspolitik ;
156 = 1990,5). - ISBN: 3-602-24906-9

3006　　　　　　　　W 127 (1991,31)
Schneider, Eberhard:
Die politische Elite der ehemaligen DDR
: eine empirische Untersuchung /
Eberhard Schneider. - Köln, 1991. - IV,
40 S. - (Berichte des Bundesinstituts
für Ostwissenschaftliche und
Internationale Studien ; 1991,31). -
Zsfassung in engl. Sprache

3007　　　　　　　　XX 5949 (2)
Starck, Christian:
Die Behandlung des Vermögens der
Parteien und Massenorganisationen der
ehemaligen DDR / Christian Starck. -
IN: (Der Aufbau der neuen Bundesländer).
// IN: Staatswissenschaften und
Staatspraxis. - Baden-Baden. - ISSN
0938-2100. - 2 (1991),3, S. 316 - 335.

V Population - Bevölkerung

3008　　　　　　　　C 177926
Bevölkerung von Berlin nach Alter und
Geschlecht am 3. Oktober 1990 / Hrsg.:
Statistisches Landesamt Berlin. -
Berlin, 1992. - 23 S. : graph. Darst. -
(Berliner Statistik : Statistische
Berichte : A : I : 3 unreg./90)

3009　　　　　　　　YY 2028
Bevölkerungsentwicklung ... . - IN:
Wirtschaft und Statistik / Hrsg.:
Statistisches Bundesamt. - Stuttgart.
- 1989. // 1991,2, S. 81 - 88

3010　　　　　　　　C 169770
DDR - Städte und Kreise : Einwohner-
zahlen 1988 / Deutscher Industrie- und
Handelstag. - Bonn, 1990. - 31 Bl.

3011　　　　　　　　Y 29212
Deutschland <Bundesrepublik> /
Statistisches Bundesamt:
Fachserie / Statistisches Bundesamt. 1,
Bevölkerung und Erwerbstätigkeit. Reihe
1, Gebiet und Bevölkerung. - Stuttgart :
Metzler-Poeschel. - Erscheinungsbeginn:
1981 (1983)
- 1989. (1992)

3012　　　　　　　　YY 11651
Deutschland <Bundesrepublik> /
Statistisches Bundesamt:
Fachserie / Statistisches Bundesamt. 1,
Bevölkerung und Erwerbstätigkeit. Reihe
1, Gebiet und Bevölkerung. - Stuttgart :
Metzler-Poeschel. - Erscheinungsbeginn:
1982
- 1989. (1990/91)

3013　　　　　　　　XX 4531 (17)
Dinkel, Reiner H.:
Die Komponenten der Bevölkerungs-
entwicklung in der Bundesrepublik
Deutschland und der DDR zwischen 1950
und 1987 = The components of population
development in the Federal Republic of
Germany and the GDR between 1950 and
1987 / Reiner Hans Dinkel und Erich
Meinl. - Zsfassung in engl. u. franz.
Sprache. - IN: Zeitschrift für
Bevölkerungswissenschaft. - 17 (1991),2,
S. 115 - 134

3014　　　　　　　　XX 2321 (38)
Dorbritz, Jürgen:
Prognosen für die Bevölkerungs-
entwicklung der DDR gestern und heute /
Jürgen Dorbritz ; Juliane Roloff ;
Wulfram Speigner. - IN: Wirtschafts-
wissenschaft. - 38 (1990),6,
S. 801 - 816

3015　　　　　　　　B 258327
Duggan, Lynn:
The impact of population policies on
women in Eastern Europe : the German
Democratic Republic / Lynn Duggan. - IN:
Women´s work in the world economy / ed.
by Nancy Folbre ... - Basingstoke,
Hampshire, 1992. - ISBN 0-333-53725-4. -
4 (1992), S. 250 - 264. - (Issues in
contemporary economics ; 4)

3016　　　　　　　　YY 2028
Eheschließungen, Geburten und
Sterbefälle ... . - IN: Wirtschaft und
Statistik / Hrsg.: Statistisches
Bundesamt. - Stuttgart.
- 1989. // 1991,1, S. 28 - 32

3017　　　　　　　　B 257034
Fertilitätsentscheidungen und
Bevölkerungsentwicklung : Beiträge zur
mikroökonomischen Fertilitätstheorie und
Untersuchung ihrer Relevanz unter den
ordnungspolitischen Gegebenheiten der
DDR / Adolf Wagner (Hrsg.). - Tübingen :
Francke, 1991. - IX, 176 S. : graph.
Darst. - (Tübinger volkswirtschaftliche
Schriften ; 1). - Enth. 7 Beitr. - ISBN:
3-7720-1931-5

3018　　　　　　　　YY 6487 (35)
Förster, Matthias:

Die Bevölkerungsstruktur in der DDR, ihr
Einfluß auf die Aufwendungen des
Staatshaushaltes / Matthias Förster. -
Zsfassung in engl. u. russ. Sprache. -
IN: Wissenschaftliche Zeitschrift /
Hochschule für Ökonomie. - 35 (1990),3,
S. 11 - 15

3019　　　　　　　　　　B 259682
Förster, Matthias:
Die neuen Bundesländer : Prognose ihrer
demographisch-ökonomischen Entwicklung ;
1990 bis 2040 / Matthias Förster. -
Berlin [u.a.] : Lang, 1992. - 133 S. :
graph. Darst. - ISBN: 3-86032-002-5

3020　　　　　　　　　　XX 2369 (45)
Heilig, Gerhard K.:
Germany's population : turbulent past,
uncertain future / by Gerhard Heilig,
Thomas Büttner, and Wolfgang Lutz. -
Ill., graph. Darst. - IN: Population
bulletin. - 45 (1990),4, 46 S.

3021　　　　　　　　　　W 453 (90,33)
Heilig, Gerhard K.:
Selected demographic aspects of a United
Germany / Gerhard K. Heilig ; Thomas
Büttner. - Laxenburg, 1990. - VII Bl.,
35 S. - (Working paper / International
Institute for Applied Systems Analysis ;
90,33)

3022　　　　　　　　　　XX 4531 (16)
Höhn, Charlotte:
Bericht 1990 zur demographischen Lage :
Trends in beiden Teilen Deutschlands und
Ausländer in der Bundesrepublik
Deutschland = 1990 report on the
demographic situation / Charlotte Höhn,
Ulrich Mammey und Hartmut Wendt. -
Graph. Darst. - Zsfassung in engl. u.
franz. Sprache. - IN: Zeitschrift für
Bevölkerungswissenschaft. - 16 (1990),2,
S. 135 - 205

3023　　　　　　　　　　C 168923
Hof, Bernd:
Gesamtdeutsche Perspektiven zur Entwicklung von Bevölkerung und Arbeitskräfte-
angebot : 1990 bis 2010 / Bernd Hof. -
Köln : Dt. Inst.-Verl., 1990. - 133 S. :
graph. Darst. - ISBN: 3-602-14284-1

3024　　　　　　　　　　C 177639
Ott, Notburga:
Demographic changes and their
implications on some aspects of social
security in the unified Germany :
German case study / Notburga Ott ;
Thomas Büttner ; Heinz P. Galler. -
Laxenburg, 1991. - IX, 42 S. : graph.
Darst. - (Collaborative paper /
International Institute for Applied
Systems Analysis ; 91,002)

3025　　　　　　　　　　XX 4003 (31)
Ott, Notburga:
Demographischer Wandel und seine
Auswirkungen auf einige Aspekte der
sozialen Sicherheit im vereinigten
Deutschland / Notburga Ott, Thomas
Büttner und Heinz-Peter Galler. - Graph.
Darst. - IN: Journal für
Sozialforschung. - 31 (1991),3,
S. 245 - 286

3026　　　　　　　　　　XX 2492 (37)
Roloff, Juliane:
Frauen der DDR im Spiegel der
Demographie : (ein Rückblick) / von
Juliane Roloff und Wulfram Speigner. -
Graph. Darst. - Zsfassung in engl.
Sprache. - IN: Konjunkturpolitik. - 37
(1991),3, S. 183 - 197

3027　　　　　　　　　　Y 370 (57)
Schulz, Erika:
Szenarien der Bevölkerungsentwicklung in
der DDR / [bearb. von Erika Schulz und
Heinz Vortmann]. - IN: Wochenbericht /
Deutsches Institut für Wirtschafts-
forschung. - 57 (1990),23/24,
S. 315 - 321

3028　　　　　　　　　　Y 369 (59)
Schulz, Erika:
Veränderte Rahmenbedingungen für die
Vorausberechnung der Bevölkerungs-
entwicklung in der Bundesrepublik
Deutschland / von Erika Schulz. -
Graph. Darst. - IN: Vierteljahrshefte
zur Wirtschaftsforschung. - 59
(1990),2/3, S. 169 - 183

3029　　　　　　　　　　YY 2028 (1992)
Sommer, Bettina:
Entwicklung der Bevölkerung bis 2030 :
Ergebnis der siebten koordinierten
Bevölkerungsvorausberechnung / Bettina
Sommer. - Graph. Darst. - IN: Wirtschaft
und Statistik. - 1992,4, S. 217 - 222

3030　　　　　　　　　　XX 5273 (39)
Speigner, Wulfram:
Die Bevölkerung der DDR in den 80er
Jahren in der letzten Phase der
demographischen Transition / Wulfram

Speigner. - IN: Wissenschaftliche
Zeitschrift der Humboldt-Universität zu
Berlin : Reihe Gesellschafts-
wissenschaft. - 39 (1990),4,
S. 382 - 385

3031 XX 2321 (38)
Speigner, Wulfram:
Bevölkerungsentwicklung und Geburten-
politik in den letzten zwei Jahrzehnten
der DDR / Wulfram Speigner. - IN:
Wirtschaftswissenschaft. - 38 (1990),12,
S. 1601 - 1619

3032 XX 4531 (17)
Wendt, Hartmut:
Geburtenhäufigkeit in beiden deutschen
Staaten : zwischen Konvergenz und
Divergenz = Fertility in the two German
states / Hartmut Wendt. - Graph. Darst.
- Zsfassung in engl. u. franz. Sprache.
- IN: Zeitschrift für Bevölkerungs-
wissenschaft. - 17 (1991),3,
S. 251 - 280

V-1 Migration, Foreigners - Wanderung,
Ausländer

3033 YY 11599 (12)
Blaschke, Jochen:
Foreign workers in Germany :
demographic patterns, trends, and
consequences / Jochen Blaschke. -
Kommentar S. 143 - 144. - IN: Regional
development dialogue. - 12 (1991),3,
S. 127 - 142

3034 XX 5396 (7)
Blaschke, Jochen:
Les travailleurs étrangers dans
l'Allemagne réunifiée / Jochen
Blaschke. - Zsfassung in dt. u. engl.
Sprache. - Zsf. u. d. T.: Die
Gastarbeiter im wiedervereinigten
Deutschland. - IN: Revue européenne des
migrations internationales. - 7
(1991),2, S. 63 - 82

3035 XX 4531 (16)
Dorbritz, Jürgen:
Die Deutsche Demokratische Republik -
ein Ein- und Auswanderungsland? = The
German Democratic Republic - an
immigration and emigration country? /
Jürgen Dorbritz und Wulfram Speigner. -
Graph. Darst. - Zsfassung in engl. u.
franz. Sprache. - IN: Zeitschrift für
Bevölkerungswissenschaft. - 16 (1990),1,
S. 67 - 85

3036 XX 4683 (39)
Felderer, Bernhard:
Konsequenzen von Ost-West-Wanderungen /
Bernhard Felderer. - IN: Zeitschrift für
Wirtschaftspolitik. - 39 (1990),3,
S. 387 - 395

3037 W 127 (1991,6)
Fritsche, Klaus:
Vietnamesische Gastarbeiter in den
europäischen RGW-Ländern / Klaus
Fritsche. - Köln, 1991. - 54 S. -
(Berichte des Bundesinstituts für
Ostwissenschaftliche und Internationale
Studien ; 1991,6). - Zsfassung in engl.
Sprache

3038 A 192795
Herrmann, Helga:
Ausländer: vom Gastarbeiter zum
Wirtschaftsfaktor / Helga Herrmann. -
Köln : Dt. Inst.-Verl., 1992. - 43 S. -
(Beiträge zur Gesellschafts- und
Bildungspolitik ; 173 = 1992,2). - ISBN:
3-602-24923-9

3039 XX 5711 (3)
Integration von DDR-Bürgern und
Bürgerinnen in der Bundesrepublik
Deutschland / Karl F. Schumann ... -
IN: Innovation. - 3 (1990),4,
S. 713 - 727

3040 XX 5396 (7)
Kleff, Häns-Gunter:
Les Turcs à Berlin avant et après la
chute du Mur / Häns-Gunter Kleff. -
Graph. Darst. - Zsfassung in dt. u.
engl. Sprache. - Zsf. u. d. T.: Die
Türken in Berlin vor und nach dem Sturz
der Berliner Mauer. - IN: Revue
européenne des migrations
internationales. - 7 (1991),2,
S. 83 - 96

3041 C 171498
Mayer, Thomas:
Immigration into West Germany :
historical perspectives and policy
implications / Thomas Mayer. - IN:
German unification / ed. by Leslie
Lipschitz ... - Washington, DC, 1990. -
ISBN 1-55775-200-1. - S. 130 - 136. -
(Occasional paper / International
Monetary Fund ; 75)

3042 A 190312
Menning, Sonja:
Zur Situation von Ausländern und
Ausländerinnen im Osten Deutschlands vor
und nach der Wende / von Sonja Menning.
- IN: Probleme der Einheit. - 4 (1991),
S. 73 - 79

3043 W 348 (34)
Raffelhüschen, Bernd:
Labor migration in Germany after
unification / by Bernd Raffelhüschen. -
Kiel, 1991. - 26 S. - (Diskussions-
beiträge aus dem Institut für
Finanzwissenschaft und Sozialpolitik der
Christian-Albrechts-Universität zu Kiel
; 34)

3044 W 348 (32)
Raffelhüschen, Bernd:
Wanderungen von Erwerbspersonen im
vereinigten Deutschland : einige
"educated guestimates" / von Bernd
Raffelhüschen. - Kiel, 1991. - 32 S. :
graph. Darst. - (Diskussionsbeiträge aus
dem Institut für Finanzwissenschaft der
Universität Kiel ; 32)

3045 YY 721 (48)
Schmidt, Elvira:
Haupttendenzen der Migration in der DDR
im Zeitraum 1981 - 1989 / Elvira
Schmidt ; Günter Tittel. - Graph. Darst.
- IN: Raumforschung und Raumordnung. -
48 (1990),4/5, S. 244 - 250

3046 XX 3351 (30)
Schmidt, Ines:
Soziale Probleme von Ausländern in der
ehemaligen DDR in der Phase des Umbruchs
/ Ines Schmidt. - Graph. Darst. -
Zsfassung in engl. u. franz. Sprache. -
IN: Archiv für Kommunalwissenschaften. -
30 (1991),2, S. 198 - 212

3047 W 620 (28)
Schulz, Erika:
Die Wanderungen ins Bundesgebiet seit
1984 / Erika Schulz. - Berlin, 1991. -
29, 2 Bl. - (Diskussionspapiere /
Deutsches Institut für Wirtschaftsforschung, Berlin ; 28)

W Social Problems - Soziales

3048 B 256682
Fuchs, Anke:
Das Soziale in einer weltoffenen Markt-
wirtschaft / von Anke Fuchs. - IN: Der
Umbau / Uwe Jens (Hrsg.). Mit Beitr. von
Wilhelm Krelle ... - Baden-Baden, 1991.
- ISBN 3-7890-2469-4. - S. 230 - 239.

3049 C 177665
Klinger, Fred:
Einflußfaktoren auf soziale
Integrationsprozesse / von Fred
Klinger. - IN: Integrationsprozesse in
Deutschland. - 2 (1992), S. 5 - 34

3050 B 254382
Klinger, Fred:
Soziale Probleme des wirtschaftlichen
Umbruchs in der DDR / Fred Klinger. -
IN: Die DDR auf dem Weg zur deutschen
Einheit / Dreiundzwanzigste Tagung zum
Stand der DDR-Forschung in der
Bundesrepublik Deutschland, 5. bis 8.
Juni 1990. [Hrsg. von Ilse Spittmann
...]. - Köln, 1990. - ISBN
3-8046-8759-8. - S. 71 - 81.

3051 C 172451
Klinger, Fred:
Soziale Triebkräfte und Hindernisse des
wirtschaftlichen Integrationsprozesses
/ Fred Klinger. - IN: Gesamtdeutsche
Eröffnungsbilanz. - 2 (1990), S. 67 - 78

3052 XX 3434 (28)
Klinger, Fred:
Wirtschaftsentwicklung und Umbruch der
Sozialordnung : Lasten, Chancen und
Perspektiven einer sozialen
Stabilisierung in der DDR / von Fred
Klinger. - IN: Deutsche Studien. - 28
(1990),März = 109, S. 44 - 57

3053 B 259014
Ramet, Sabrina P.:
Social currents in Eastern Europe : the
sources and meaning of the great
transformation / Sabrina P. Ramet. -
Durham [u.a.] : Duke Univ. Press, 1991.
- XII, 434 S. - ISBN: 0-8223-1129-1 ;
0-8223-1148-8

3054 C 168392
Soziale Aspekte der Währungs-,
Wirtschafts- und Sozialunion . - Berlin,
1990. - 53 S. : graph. Darst. -
(Forschungsreihe / Institut für

Angewandte Wirtschaftsforschung, Berlin ; 90,4). - Enth. 6 Beitr.

3055 B 246895
Sozialreport DDR 1990 : Daten und Fakten zur sozialen Lage in der DDR / Gunnar Winkler (Hrsg.). - Stuttgart [u.a.] : Aktuell, 1990. - 367 S. : graph. Darst. - ISBN: 3-87959-425-2

3056 W 261 (90,102)
Sozialreport 1990 : Daten und Fakten zur sozialen Lage der DDR ; Dokumentation eines Workshops am Wissenschaftszentrum Berlin für Sozialforschung (WZB) / Kristine Dreyer ... - Berlin, 1990. - 58 S. - (Papers / Wissenschaftszentrum Berlin für Sozialforschung, Arbeitsgruppe Sozialberichterstattung ; 90,102). - Über: Sozialreport DDR 1990 / Gunnar Winkler (Hrsg.). - Stuttgart : Aktuell, 1990

3057 XX 4238 (20)
Szabó, Máté:
Die Rolle von sozialen Bewegungen im Systemwandel in Osteuropa : Vergleich zwischen Ungarn, Polen und der DDR / Máté Szabó. - Zsfassung in engl. Sprache. - IN: Österreichische Zeitschrift für Politikwissenschaft. - 20 (1991),3, S. 275 - 287

W-1 Social Structure - Sozialstruktur

3058 A 189221
Adler, Frank:
Einige Grundzüge der Sozialstruktur der DDR / Frank Adler. - IN: Lebenslagen im Wandel / Projektgruppe "Das Sozio-Ökonomische Panel" (Hg.). - Frankfurt, 1991. - ISBN 3-593-34533-1. - S. 152 - 177. - (Sozio-ökonomische Daten und Analysen für die Bundesrepublik Deutschland ; 5)

3059 XX 5944 (1991)
Geißler, Rainer:
Transformationsprozesse in der Sozialstruktur der neuen Bundesländer / Rainer Geißler. - IN: BISS public. - 1991,2, S. 47 - 78

3060 A 192220
Lötsch, Manfred:
Sozialstrukturforschung in der DDR : ein Rückblick / Manfred Lötsch. - IN: Empirische Sozialforschung im vereinten Deutschland / Dieter Jaufmann ... (Hg.). - Frankfurt, 1992. - ISBN 3-593-34512-9. - S. 121 - 130.

3061 YY 10313 (19)
Schäfers, Bernhard:
Die gesellschaftliche Entwicklung in den neuen Bundesländern / Bernhard Schäfers. - IN: Mitteilungen des Instituts für Angewandte Wirtschaftsforschung. - 19 (1991),1, S. 1 - 9

3062 A 189221
Wagner, Gert:
Die Sozial- und Arbeitsmarktstruktur in der DDR und in Ostdeutschland : methodische Grundlagen und ausgewählte Ergebnisse / Gert Wagner und Jürgen Schupp. - IN: Lebenslagen im Wandel / Projektgruppe "Das Sozio-Ökonomische Panel" (Hg.). - Frankfurt, 1991. - ISBN 3-593-34533-1. - S. 178 - 197. - (Sozio-ökonomische Daten und Analysen für die Bundesrepublik Deutschland ; 5)

W-2 Social Policy, Welfare State, Social Union, Social Security - Sozialpolitik, Sozialstaat, Sozialunion, Soziale Sicherung

3063 X 20876 (2)
Adams, Paul:
State capitalism and social policy : the unity of economic and social policy in the German Democratic Republic / Paul Adams. - IN: Research in social policy. - 2 (1990), S. 1 - 27

3064 YY 430 (45)
Adamy, Wilhelm:
Wieviele Sozialhilfeempfänger gibt es in den neuen Bundesländern? / Wilhelm Adamy. - IN: Arbeit und Sozialpolitik. - 45 (1991),9/10, S. 49 - 56

3065 YY 11980 (7)
Altvater, Lothar:
Sozialunion zwischen der Bundesrepublik Deutschland und der Deutschen Demokratischen Republik / Lothar Altvater. - IN: Der Personalrat. - 7 (1990),7/8, S. 197 - 217

3066 A 191031
Backhaus-Maul, Holger:
Die Konstitution kommunaler
Sozialpolitik : Probleme des Aufbaus
sozialer Versorgungsstrukturen in den
neuen Bundesländern / von Holger
Backhaus-Maul und Thomas Olk. - IN:
Probleme der Einheit. - 5 (1992),
S. 83 - 112

3067 YY 1276 (44)
Bäcker, Gerhard:
Reichtum im Westen - Armut im Osten? :
neue Gesellschaftsspaltungen machen
soziale Mindestsicherung erforderlich /
von Gerhard Bäcker und Johannes Steffen.
- IN: WSI-Mitteilungen. 44 (1991),5,
S. 292 - 307

3068 YY 7655 (41)
Bäcker, Gerhard:
Sozialpolitik im vereinigten Deutschland
: Probleme und Herausforderungen /
Gerhard Bäcker. - Graph. Darst. - IN:
Aus Politik und Zeitgeschichte. - 41
(1991),3/4, S. 3 - 15

3069 A 185568
Bamberg, Hans-Dieter:
Sozialstaat Deutschland : Perspektiven
und Bedingungen inneren Friedens /
Hans-Dieter Bamberg. - IN: Gleichheit,
Freiheit, Solidarität / Hans-Otto Hemmer
... (Hrsg.). - Köln, 1990. - ISBN
3-7663-2228-1. - S. 171 - 183.

3070 XX 2927 (37)
Bank, Hans-Peter:
Einige Anmerkungen zu sozialpolitischen
Trends im vereinten Deutschland /
Hans-Peter Bank ; Ralf Kreikebohm. - IN:
Zeitschrift für Sozialreform. - 37
(1991),1, S. 1 - 15

3071 C 168392
Bock, Franka:
Sozialhilfe in der Bundesrepublik und
Konsequenzen für die DDR / Franka Bock
; Ruth Grunert. - IN: Soziale Aspekte
der Währungs-, Wirtschafts- und
Sozialunion. - Berlin, 1990. -
S. 27 - 31. - (Forschungsreihe /
Institut für Angewandte Wirtschafts-
forschung, Berlin ; 90,4)

3072 Y 10872 (1990)
Boss, Alfred:
Sozialhilfe, Leistungsanreize und
Sozialunion mit der DDR / von Alfred
Boss. - IN: Die Weltwirtschaft. -
1990,1, S. 101 - 110

3073 YY 2028 (1991)
Deininger, Dieter:
Sozialhilfe 1990 in den neuen
Bundesländern / Dieter Deininger. -
Graph. Darst. - IN: Wirtschaft und
Statistik. - 1991,9, S. 633 - 638

3074 A 186915
Ehrenberg, Herbert:
Damit keiner unter die Räder kommt :
Strategien für einen gesamtdeutschen
Sozialstaat / Herbert Ehrenberg. - Köln
: Kiepenheuer & Witsch, 1990. - 223 S. -
ISBN: 3-462-02061-7

3075 A 185568
Engelen-Kefer, Ursula:
Der Einigungsprozeß erfordert
sozialstaatliche Initiative / Ursula
Engelen-Kefer. - IN: Gleichheit,
Freiheit, Solidarität / Hans-Otto Hemmer
... (Hrsg.). - Köln, 1990. - ISBN
3-7663-2228-1. - S. 128 - 139.

3076 B 261564
Funke, Dietmar:
Die sozialökonomische Rechtsstellung des
Bürgers in der DDR / Dietmar Funke. -
Köln : Verl. Wiss. und Politik, 1991. -
263 S. - (Abhandlungen zum Ostrecht ;
22). - Literaturverz. S. 245 - 257. -
ISBN: 3-8046-8769-5

3077 YY 13232 (1991)
Groß, Johanna:
Sozialpolitische Fragen des Transforma-
tionsprozesses / von Johanna Groß. -
IN: IPW-Berichte. - 1991,7/8, S. 34 - 39

3078 XX 4683 (39)
Heinrichs, Wolfgang:
Soziale Flankierung der Reformprozesse
in der DDR / Wolfgang Heinrichs. - IN:
Zeitschrift für Wirtschaftspolitik. - 39
(1990),3, S. 365 - 374

3079 A 185568
Huster, Ernst-Ulrich:
Die Finanzierung der Sozialunion :
Solidarausgleich oder soziale
Polarisierung? / Ernst-Ulrich Huster. -
IN: Gleichheit, Freiheit, Solidarität /
Hans-Otto Hemmer ... (Hrsg.). - Köln,
1990. - ISBN 3-7663-2228-1. -
S. 140 - 158.

3080 C 168392
Kiesel, Ina:
Soziale Sicherung in der BRD und
Schweden und ausgewählte Schlußfol-
gerungen für die DDR / Ina Kiesel. -
IN: Soziale Aspekte der Währungs-,
Wirtschafts- und Sozialunion. - Berlin,
1990. - S. 37 - 51. - (Forschungsreihe /
Institut für Angewandte Wirtschafts-
forschung, Berlin ; 90,4)

3081 B 258107
Klingebiel, Olaf:
Qualitative und quantitative Informa-
tionen zu ausgewählten Bereichen der
sozialen Sicherung in der Bundesrepublik
Deutschland / Olaf Klingebiel. - Graph.
Darst. - IN: Die Zukunft der sozialen
Sicherung in Deutschland / Klaus-Dirk
Henke ... (Hrsg.). - Baden-Baden, 1991.
- ISBN 3-7890-2470-8. - S. 197 - 272. -
(Staatswissenschaften und Staatspraxis :
Sonderheft ; 1)

3082 XX 4683 (39)
Lampert, Heinz:
Soziale Flankierung der Reformprozesse
in der DDR / Heinz Lampert. - IN:
Zeitschrift für Wirtschaftspolitik. - 39
(1990),3, S. 375 - 386

3083 B 252098
Lampert, Heinz:
Die soziale Komponente einer einheit-
lichen deutschen Wirtschaftsordnung :
gesamtdeutsche Sozialpolitik nach
bundesdeutschem Vorbild? / Heinz
Lampert. - IN: Sozialpolitik in der
sozialen Marktwirtschaft / Akademie für
Politik und Zeitgeschehen,
Hanns-Seidel-Stiftung e. V. Burkhard
Leben (Hrsg.). - München, 1990. - ISBN
3-88795-077-1. - S. 97 - 106. -
(Berichte und Studien der
Hanns-Seidel-Stiftung e. V. : Reihe
Wirtschaftspolitik ; 10 = Bd. 58 [d.
Gesamtw.])

3084 XX 4531 (16)
Lampert, Heinz:
Die soziale Komponente im vereinten
Deutschland : Überlegungen zur
künftigen gesamtdeutschen Sozialpolitik
= The social component in unified
Germany / Heinz Lampert. - (Festgabe für
Hermann Schubnell). - Zsfassung in engl.
u. franz. Sprache. - IN: Zeitschrift für
Bevölkerungswissenschaft. - 16
(1990),3/4, S. 397 - 405

3085 YY 7655 (40)
Lampert, Heinz:
Sozialpolitische Aufgaben der
Umgestaltung der Wirtschafts- und
Sozialordnung der DDR / Heinz Lampert.
- IN: Aus Politik und Zeitgeschichte. -
40 (1990),33, S. 27 - 33

3086 XX 739 (41)
Lompe, Klaus:
Sozialstaatsgebot und
Sozialstaatlichkeit - vergessene Größen
im Einigungsprozeß? / Klaus Lompe. -
IN: Gewerkschaftliche Monatshefte. - 41
(1990),5/6, S. 321 - 332

3087 B 252098
Maydell, Bernd von:
Überwindung des Wohlstandsgefälles
zwischen beiden deutschen Staaten :
eine Herausforderung auch für die
Sozialpolitik / Bernd Baron von Maydell.
- IN: Sozialpolitik in der sozialen
Marktwirtschaft / Akademie für Politik
und Zeitgeschehen, Hanns-Seidel-Stiftung
e. V. Burkhard Leben (Hrsg.). - München,
1990. - ISBN 3-88795-077-1. -
S. 81 - 96. - (Berichte und Studien der
Hanns-Seidel-Stiftung e. V. : Reihe
Wirtschaftspolitik ; 10 = Bd. 58 [d.
Gesamtw.])

3088 A 184540
Neumann, Johannes:
Probleme der Sozialunion : Familien-
und Frauenförderung, Betreuung Alter und
Behinderter, Hilfe bei Arbeitslosigkeit
/ Johannes Neumann. - IN:
(Wieder-)Vereinigungsprozeß in Deutsch-
land / [hrsg. von der Landeszentrale für
Politische Bildung Baden-Württemberg].
Mit Beitr. von Hans von Mangoldt ...
Red.: Hans-Georg Wehling. - Stuttgart,
1990. - ISBN 3-17-011301-1. -
S. 88 - 110.

3089 B 256682
Neumann, Lothar F.:
Ein deutsches Mezzogiorno? : sozial-
politische Herausforderungen durch die
deutsche Einigung / von Lothar F.
Neumann ; Hajo Romahn ; Achim Henkel. -
IN: Der Umbau / Uwe Jens (Hrsg.). Mit
Beitr. von Wilhelm Krelle ... -
Baden-Baden, 1991. - ISBN 3-7890-2469-4.
- S. 184 - 207.

3090 B 249225
Peterhoff, Reinhard:

Die Bedeutung der Sozialpolitik im Systemwandel / Reinhard Peterhoff. - IN: Zur Transformation von Wirtschaftssystemen / Forschungsstelle zum Vergleich Wirtschaftlicher Lenkungssysteme, Fachbereich Wirtschaftswissenschaften, Philipps-Universität, Marburg. [Autoren: Alfred Schüller ...]. - Marburg, 1990. - ISBN 3-923647-14-X. - S. 159 - 168. - (Arbeitsberichte zum Systemvergleich ; 15)

3091   Y 10872 (1990)
Rosenschon, Astrid:
Zum System der sozialen Sicherheit in der DDR / von Astrid Rosenschon. - IN: Die Weltwirtschaft. - 1990,1, S. 91 - 100

3092   YY 7655 (41)
Schmähl, Winfried:
Finanzierung sozialer Sicherung bei einer alternden Bevölkerung in Deutschland / Winfried Schmähl. - Ill., graph. Darst. - IN: Aus Politik und Zeitgeschichte. - 41 (1991),3/4, S. 28 - 46

3093   B 258457
Schmähl, Winfried:
Der Prozeß der Systemumgestaltung als sozialpolitisches Problem : einige Anmerkungen zur Bedeutung von Information und Verhaltensweisen am Beispiel des deutschen Einigungsprozesses / Winfried Schmähl. - IN: Sozialpolitik als Gestaltungsauftrag / Rainer Müller ... (Hrsg.). - Köln, 1992. - ISBN 3-7663-2298-2. - S. 356 - 366.

3094   B 258107
Schulte, Bernd:
Die Entwicklung der Sozialhilfe / Bernd Schulte. - IN: Die Zukunft der sozialen Sicherung in Deutschland / Klaus-Dirk Henke ... (Hrsg.). - Baden-Baden, 1991. - ISBN 3-7890-2470-8. - S. 101 - 125. - (Staatswissenschaften und Staatspraxis : Sonderheft ; 1)

3095   Y 23280
Sozialbericht ... : Unterrichtung durch die Bundesregierung. - IN: Verhandlungen des Deutschen Bundestages. Drucksachen. - Bonn.
- 1990. // Wahlperiode 11 (1990),7527

3096   XX 5312 (1991)
Soziale Lage und Sozialpolitik in den neuen Bundesländern . - Enth. 6 Beitr. - IN: Memo-Forum / "Arbeitsgruppe Alternative Wirtschaftspolitik". - 1991,November = Nr. 18, S. 2 - 60

3097   YY 13356
Die Sozialgerichtsbarkeit . Ausgabe B, Sozialrecht für die neuen Bundesländer. - Wiesbaden : Chmielorz. - Erschienen: Jg. 1 (1991). - Vereinigt mit: Die Sozialgerichtsbarkeit / A zu: Die Sozialgerichtsbarkeit
- 1 = Jg. 38 [d. Gesamtw.]. (1991)

3098   C 174401
Sozialhilfe in den neuen Bundesländern 1990 . - Stuttgart : Metzler-Poeschel, 1991. - 40 S. - (Fachserie / Statistisches Bundesamt : 13 : Reihe 2 : S ; 1). - Druckschriftennr.: Bestell-Nr. 2130291-90900

3099   X 19525
Sozialpolitik . - IN: Gewerkschaftsjahrbuch. - Köln.
- 1990. // 1991, S. 330 - 373

3100
Sozialpolitik im vereinten Deutschland / hrsg. von Gerhard Kleinhenz. - Berlin : Duncker & Humblot. - (Schriften des Vereins für Socialpolitik, Gesellschaft für Wirtschafts- und Sozialwissenschaften ; ...)
- 1. Von Joachim Genosko ... - 1991. - 139 S. : graph. Darst. - Enth. 5 Beitr.. - (... ; N.F.,208)
SIGNATUR: B 256539

3101   XX 4672 (1990)
Steinmeyer, Heinz-Dietrich:
Die deutsche Einigung und das Sozialrecht / von Heinz-Dietrich Steinmeyer. - IN: Vierteljahresschrift für Sozialrecht. - 1990,2, S. 83 - 105

3102   C 171853
Stork, Erich:
Zur Entwicklung der Kriegsopferfürsorge und der Aufgaben nach dem Schwerbehindertengesetz 1989/90 / Erich Stork. - Warendorf : Arbeitsgemeinschaft der Dt. Hauptfürsorgestellen, 1990. - 27 S.

3103   B 258107
Tegtmeier, Werner:
Auf dem Weg zum Sozialstaat Deutschland

/ Werner Tegtmeier. - IN: Die Zukunft
der sozialen Sicherung in Deutschland /
Klaus-Dirk Henke ... (Hrsg.). -
Baden-Baden, 1991. - ISBN 3-7890-2470-8.
- S. 9 - 20. - (Staatswissenschaften und
Staatspraxis : Sonderheft ; 1)

3104 XX 4047 (20)
Vortmann, Heinz:
La sécurité sociale en RDA / Heinz
Vortmann. - Zsfassung in engl. Sprache.
- Zsf. u. d. T.: Social security in the
GDR. - IN: Revue d'études comparatives
est-ouest. - 20 (1989),4, S. 91 - 106

3105 B 256539
Widmaier, Hans P.:
Sozialpolitische Dimensionen des
Einigungsprozesses : einige
theoretische Anmerkungen / von Hans
Peter Widmaier und Regine Heidenreich. -
IN: Sozialpolitik im vereinten
Deutschland. - 1 (1991), S. 43 - 48

3106 YY 1276 (43)
Winkler, Gunnar:
Sozialunion - Sozialpolitik / von
Gunnar Winkler. - IN: WSI-Mitteilungen.
- 43 (1990),8, S. 528 - 535

3107 YY 430 (44)
Winkler, Gunnar:
Zum System der sozialen Sicherung in der
DDR / Gunnar Winkler. - Graph. Darst. -
IN: Arbeit und Sozialpolitik. - 44
(1990),2, S. 48 - 53

W-3 Social Security Pension Insurance,
 Social Insurance, Health Insurance -
 Rentenversicherung,
 Sozialversicherung,
 Krankenversicherung

3108 X 20686 (1991)
Adden, Hans:
Perspektiven eines künftigen gesamtdeutschen Alterssicherungssystems / von
Hans Adden. - Graph. Darst. - Zsfassung
in engl. Sprache. - IN: Acta
demographica. - 1991, S. 101 - 133

3109 YY 4777 (39)
Bäcker, Gerhard:
Sozialunion: das Beispiel Rentenver-
sicherung : die Duplizierung
bundesdeutscher Verhältnisse auf
DDR-Sozialstrukturen / von Gerhard
Bäcker und Johannes Steffen. - IN:
Sozialer Fortschritt. - 39 (1990),7,
S. 157 - 163

3110 B 261246
Betriebliche Altersversorgung in der
Diskussion zwischen Praxis und
Wissenschaft : Festschrift zum 60.
Geburtstag von Peter Ahrend / hrsg. von
Wolfgang Förster ... - Köln : Schmidt,
1992. - XXVII, 594 S. : graph. Darst. -
Enth. 40 Beitr. - Literaturverz. S. 557
- 574. - ISBN: 3-504-06012-3

3111 C 168235
DDR-Extra / [Hrsg.: Bundesverband der
Betriebskrankenkassen]. - Essen, 1990. -
40 S. : Ill., graph. Darst.

3112 Y 26524
Deutschland <Bundesrepublik> /
Bundesregierung:
Bericht der Bundesregierung über die
gesetzlichen Rentenversicherungen,
insbesondere über deren Finanzlage in
den künftigen 15 Kalenderjahren, gemäß
§§ 1273 und 579 der Reichsversicherungs-
ordnung, § 50 des
Angestelltenversicherungsgesetzes und §
71 des Reichsknappschaftsgesetzes :
Rentenanpassungsbericht ... /
Unterrichtung durch die Bundesregierung.
- IN: Verhandlungen des Deutschen
Bundestages. Drucksachen. - Bonn.
- 1991. // Wahlperiode 12 (1991),1841

3113 A 185772
Einigungsvertrag und gesetzliche
Krankenversicherung / [BfA]. - Berlin,
1990. - 222 S. - (BfA aktuell)

3114 Y 59 (71)
Die Finanzierung der ostdeutschen
Krankenversicherung / Dieter Thomae ...
- Enth. 5 Beitr. - IN: Wirtschafts-
dienst. - 71 (1991),7, S. 331 - 341

3115 A 189122
Föderalismus und soziale Kranken-
versicherung : zur Organisationsreform
der gesetzlichen Krankenversicherung ;
Diskussionsveranstaltung, 8. Mai 1991 /
AOK-Bundesverband. - Bonn, [1991]. - 56
S. - Enth. 5 Beitr.

3116 YY 11431 (1990)
Glombik, Manfred:
Strukturen der Rentenversicherung in der
DDR / Manfred Glombik. - IN:

Orientierungen zur Wirtschafts- und Gesellschaftspolitik. - 1990,3 = 45, S. 25 - 29

3117 YY 11431 (1991)
Glombik, Manfred:
Zusatz- und Sonderversorgungssysteme im Rentenrecht der früheren DDR / Manfred Glombik. - IN: Orientierungen zur Wirtschafts- und Gesellschaftspolitik. - 1991,4 = 50, S. 49 - 51

3118 XX 5949 (2)
Henke, Klaus-Dirk:
Fiscal problems of German unity : the case of health care / Klaus-Dirk Henke. - IN: Staatswissenschaften und Staatspraxis. - 2 (1991),2, S. 170 - 178

3119 A 183434
Informationen und Perspektiven zum Rentenrecht der DDR / BfA. - Berlin : Bundesversicherungsanstalt für Angestellte, Dezernat für Presse- und Öffentlichkeitsarbeit, 1990. - 106 S. - (BfA-aktuell)

3120 YY 430 (44)
Jacobs, Klaus:
Sinnvoller Kassenwettbewerb zur Gestaltung der gesundheitspolitischen Zukunft in Deutschland (Ost und West) / Klaus Jacobs. - IN: Arbeit und Sozialpolitik. - 44 (1990),4, S. 120 - 125

3121 Y 370 (58)
Kirner, Ellen:
Westdeutsches Rentenrecht : Vorteile und Nachteile für die Sozialversicherten in Ostdeutschland / [bearb. von Ellen Kirner, Volker Meinhardt und Heinz Vortmann]. - IN: Wochenbericht / Deutsches Institut für Wirtschaftsforschung. - 58 (1991),21, S. 279 - 286

3122 YY 430 (44)
Knieps, Franz:
Das Gesundheitswesen und die Krankenversicherung im beigetretenen Teil Deutschlands : die Entwicklung 1990 und die Weichenstellung für die Zukunft / Franz Knieps. - IN: Arbeit und Sozialpolitik. - 44 (1990),11/12, S. 392 - 397

3123 A 191794
Knieps, Franz:
Die Reform der Kassenorganisation unter dem Blickwinkel der aktuellen deutschlandpolitischen Entwicklung / Franz Knieps. - IN: Neue alte Sorgen / Lothar F. Neumann (Hrsg.). - Berlin, 1991. - ISBN 3-9802255-0-X. - S. 57 - 68. - (Sozialökonomische Praxis ; 1)

3124 YY 430 (44)
Leber, Wulf-Dietrich:
Organisationsreform der gesetzlichen Krankenversicherung im Rahmen einer deutschen Sozialunion / Wulf-Dietrich Leber. - IN: Arbeit und Sozialpolitik. - 44 (1990),4, S. 128 - 134

3125 B 258046
Leber, Wulf-Dietrich:
Risikostrukturausgleich in der gesetzlichen Krankenversicherung : ein Konzept zur Neuordnung des Kassenwettbewerbs / Wulf-Dietrich Leber. - 1. Aufl. - Baden-Baden : Nomos-Verl.-Ges., 1991. - 268 S. : graph. Darst. - (Gesundheitsökonomische Beiträge ; 12). - Literaturverz. S. 253 - 268. - ISBN: 3-7890-2524-0

3126 Y 370 (57)
Meinhardt, Volker:
Liquiditätsengpässe der Sozialversicherung in der DDR / [bearb. von Volker Meinhardt]. - IN: Wochenbericht / Deutsches Institut für Wirtschaftsforschung. - 57 (1990),39, S. 559 - 561

3127 Y 370 (58)
Meinhardt, Volker:
Zur Finanzsituation der Sozialversicherungen in West- und Ostdeutschland / [bearb. von Volker Meinhardt]. - Graph. Darst. - IN: Wochenbericht / Deutsches Institut für Wirtschaftsforschung. - 58 (1991),8, S. 69 - 73

3128 YY 5956 (37)
Michaelis, Klaus:
Die gesetzliche Rentenversicherung im Einigungsvertrag / von Klaus Michaelis und Axel Reimann. - IN: Die Angestellten-Versicherung. - 37 (1990),11, S. 417 - 426

3129 YY 5956 (37)
Michaelis, Klaus:
Die gesetzliche Rentenversicherung im Staatsvertrag / von Klaus Michaelis und Axel Reimann. - IN: Die Angestellten-Versicherung. - 37 (1990),7/8, S. 293 - 302

3130 YY 5956 (39)
Michaelis, Klaus:
Die gesetzliche Rentenversicherung in den neuen Bundesländern / von Klaus Michaelis. - IN: Die Angestellten-Versicherung. - 39 (1992),5, S. 165 - 179

3131 C 171976
Ortyński, Kazimierz:
Die Ausnutzung der Sozialversicherung und der Personenversicherung für die Sicherung des Lebensniveaus der Bürger in der DDR und in Polen bis zum Jahre 1990 : Schlußfolgerungen für die Zukunft / Kazimierz Ortyński. - 1990. - 230, 14 Bl. - Literaturverz. Bl. 171 - 187. - Berlin (Ost), Univ., Diss., 1990

3132 YY 5956 (39)
Peetz, Harry:
Haushaltsplan der BfA 1992 - Ost / von Harry Peetz. - IN: Die Angestellten-Versicherung. - 39 (1992),2, S. 45 - 49

3133 YY 5956 (38)
Reimann, Axel:
Überführung der Zusatz- und Sonderversorgungssysteme der ehemaligen DDR in die gesetzliche Rentenversicherung / von Axel Reimann. - IN: Die Angestellten-Versicherung. - 38 (1991),9, S. 281 - 295

3134 Y 18970
Die Rentenbestände in der gesetzlichen Rentenversicherung in der Bundesrepublik Deutschland : zum 1. Juli ... / Der Bundesminister für Arbeit und Sozialordnung. - Bonn. - Erscheinungsbeginn: 1990. - Früher u.d.T.: Die Rentenbestände in der Rentenversicherung der Arbeiter und der Angestellten in der Bundesrepublik Deutschland. - ISSN: 0435-7299
- 1990
- 1991

3135 A 190310
Rentenreformgesetz 1992:
Renten-Überleitungsgesetz : Textausgabe / Bundesversicherungsanstalt für Angestellte ... - [Frankfurt], [1991]. - 495 S.

3136 XX 5090 (1991)
Rentenüberleitung . - Enth. 3 Beitr. - IN: Deutsche Rentenversicherung. - 1991,8/9, S. 517 - 602

3137 C 176048
Renten-Überleitungsgesetz (RÜG) ab 1.1.1992 : Anrechnung und Bewertung der im Beitrittsgebiet zurückgelegten Zeiten sowie Datenspeicherung und maschineller Datenaustausch. - Düsseldorf, 1992. - 68 S.

3138 YY 13006 (1)
Ruland, Franz:
Auswirkungen des Staatsvertrages auf die gesetzliche Rentenversicherung / Franz Ruland. - IN: Deutsch-deutsche Rechts-Zeitschrift. - 1 (1990),5, S. 159 - 166

3139 YY 4777 (40)
Ruland, Franz:
Die Rentenversicherung in den neuen Bundesländern / von Franz Ruland. - Graph. Darst. - IN: Sozialer Fortschritt. - 40 (1991),5, S. 108 - 113

3140 Y 59 (70)
Schmähl, Winfried:
Alterssicherung im sich vereinigenden Deutschland / Winfried Schmähl. - IN: Wirtschaftsdienst. - 70 (1990),4, S. 182 - 187

3141 B 256539
Schmähl, Winfried:
Alterssicherung in der DDR und ihre Umgestaltung im Zuge des deutschen Einigungsprozesses : einige verteilungspolitische Aspekte / von Winfried Schmähl. - Graph. Darst. - IN: Sozialpolitik im vereinten Deutschland. - 1 (1991), S. 49 - 95

3142 XX 4970 (17)
Schmähl, Winfried:
Changing the retirement age in Germany / by Winfried Schmähl. - Graph. Darst. - IN: The Geneva papers on risk and insurance. - 17 (1992),January = Nr. 62, S. 81 - 104

3143 Y 59 (72)
Schmähl, Winfried:
Die Finanzierung der Rentenversicherung im vereinten Deutschland / Winfried Schmähl. - IN: Wirtschaftsdienst. - 72 (1992),1, S. 29 - 36

3144 YY 5956 (37)
Schmähl, Winfried:

Das System der Alterssicherung in der
Bundesrepublik Deutschland im Prozeß der
deutschen Einigung / von Winfried
Schmähl. - IN: Die Angestell-
ten-Versicherung. - 37 (1990),11,
S. 427 - 434

3145   YY 430 (45)
Schmidt, Michael:
Das System der Rentenversicherung in der
ehemaligen DDR : Darstellung und
kritische Würdigung / Michael Schmidt. -
IN: Arbeit und Sozialpolitik. - 45
(1991),5/6, S. 14 - 20

3146   YY 13307 (1991)
Schneider, Heinz:
Beitragsbemessungsgrenzen, Bezugsgröße,
Beitragssätze in der Sozialversicherung
1992 für beide Teile Deutschlands :
Leitfaden für das Lohn- und Gehaltsbüro
/ Heinz Schneider. - IN:
Betriebs-Berater : Beilage. - 1991,24,
32 S.

3147   YY 13307 (1990)
Schneider, Heinz:
Die Sozialversicherung in der DDR ab 1.
Juli 1990 / Heinz Schneider. -
(DDR-Rechtsentwicklungen ; 10). - IN:
Betriebs-Berater : Beilage. - 1990,26,
S. 30 - 32

3148   YY 13307 (1990)
Schneider, Heinz:
Sozialversicherungsrecht in der
ehemaligen DDR nach dem Beitritt zur
Bundesrepublik Deutschland / Heinz
Schneider. - (Deutsche Einigung -
Rechtsentwicklungen ; 1990,14). - IN:
Betriebs-Berater : Beilage. - 1990,35,
S. 32 - 38

3149   A 188791
Scholz, Rupert:
Zur Wettbewerbsgleichheit von gesetz-
licher und privater Krankenversicherung
: Verfassungsprobleme im Zuge des
innerdeutschen Einigungsvertrages /
Rupert Scholz. - Köln, 1991. - 48 S. -
(PKV-Dokumentation ; 14)

3150   A 190311
Sozialversicherungsabkommen der DDR :
SVA ; Textausgabe ; Sammlung der Texte
der von der Deutschen Demokratischen
Republik ratifizierten zweiseitigen
Abkommen auf dem Gebiet der Sozialpoitik
/ Bundesversicherungsanstalt für
Angestellte. - 1. Aufl., Stand: August
1991. - Berlin :
Bundesversicherungsanst. für
Angestellte, Dezernat für Presse- und
Öffentlichkeitsarbeit, 1991. - 96 S.

3151   A 184800
Staatsvertrag mit der DDR und
gesetzliche Rentenversicherung / [hrsg.
von der Bundesversicherungsanstalt für
Angestellte]. - Berlin, 1990. - 239 S. -
(BfA-aktuell)

3152   YY 5956 (37)
Stephan, Ralf-Peter:
Staatsvertrag bringt Änderungen im
bundesdeutschen Versicherungs- und
Rentenrecht / von Ralf-Peter Stephan. -
IN: Die Angestellten-Versicherung. - 37
(1990),7/8, S. 303 - 312

3153   A 190721
Veil, Mechthild:
"Es wächst zusammen, was nicht zusammen
gehört" : die Frau im Rentenrecht der
ehemaligen Deutschen Demokratischen
Republik und der Bundesrepublik
Deutschland / Mechthild Veil. - IN:
Frauen-Alterssicherung / Claudia Gather
... (Hrsg.). - Berlin, 1991. - ISBN
3-89404-323-7. - S. 191 - 204.

3154   YY 1276 (44)
Veil, Mechthild:
Frauen in der Rentenversicherung :
Auswirkungen des Rentenreformgesetzes
auf Frauen aus beiden Teilen Deutsch-
lands und Entwicklungsperspektiven / von
Mechthild Veil. - IN: WSI-Mitteilungen.
- 44 (1991),5, S. 315 - 322

3155   A 188020
Verband Deutscher Rentenversiche-
rungsträger:
Aktuelles Presseseminar des VDR :
26./27. November 1990 in Würzburg /
Referate von Peter Hüttenmeister ... -
Berlin, 1990. - 130 S. - Enth. 4 Beitr.

3156   Y 18418
Verband Deutscher Rentenversiche-
rungsträger:
VDR-Geschäftsbericht : für das Jahr ...
- Frankfurt am Main. -
Erscheinungsbeginn: 1981
- 1990

3157   XX 5090 (1991)
Das Versicherungs- und Rentenrecht im

beigetretenen Teil Deutschlands / Rolf Backhaus ... - IN: Deutsche Rentenversicherung. - 1991,1, S. 15 - 89

3158 W 620 (29)
Wagner, Gert:
Eigenständige soziale Sicherung in der modernen Erwerbsgesellschaft / Gert Wagner. - Berlin, 1991. - 20 S. - (Diskussionspapiere / Deutsches Institut für Wirtschaftsforschung, Berlin ; 29)

3159 A 190721
Wagner, Gert:
Der Rentenzugang von Ehepaaren : Anmerkungen zur Empirie und Regulierung / Gert Wagner. - IN: Frauen-Alterssicherung / Claudia Gather ... (Hrsg.). - Berlin, 1991. - ISBN 3-89404-323-7. - S. 223 - 230.

3160 YY 430 (44)
Wasem, Jürgen:
Errichtung von Krankenkassen in der DDR : Probleme und Perspektiven / Jürgen Wasem. - IN: Arbeit und Sozialpolitik. - 44 (1990),8/9, S. 272 - 277

3161 B 259059
Wilmerstadt, Rainer:
Das neue Rentenrecht (SGB VI) : in den alten und neuen Bundesländern nach dem Einigungsvertrag und der Renten-Überleitung ; mit Tabellen und Beispielen / dargest. und erl. von Rainer Wilmerstadt. - München : Beck, 1992. - XV, 423 S. - (Aktuelles Recht). - ISBN: 3-406-35422 X

3162 Y 59 (71)
Winters, Stephan:
Subventionierung von Sozialbeiträgen in Ostdeutschland / Stephan Winters. - IN: Wirtschaftsdienst. - 71 (1991),10, S. 515 - 519

3163 A 190314
Die Zusatz- und Sonderversorgungssysteme der ehemaligen DDR : Überführung in die gesetzliche Rentenversicherung / Bundesversicherungsanstalt für Angestellte. - 1. Aufl. - Berlin : Bundesversicherungsanst. für Angestellte, Dezernat für Presse- und Öffentlichkeitsarbeit, 1991. - 31 S.

3164 A 186736
1991, Rentenversicherung im Beitrittsgebiet : Gesetze, Verordnungen, Durchführungsbestimmungen / Bundesversicherungsanstalt für Angestellte. - 1. Aufl., (11/90). - Berlin, [1990]. - 862 S.

W-4 Family Policy, Women, Senior Citizens - Familienpolitik, Frauen, ältere Menschen

3165 B 253169
Beyer, Marina:
Frauenreport '90 : im Auftrag der Beauftragten des Ministerrates für die Gleichstellung von Frauen und Männern / Marina Beyer. - Berlin : Verl. Die Wirtschaft, 1990. - 256 S. : graph. Darst. - ISBN: 3-349-00946-8

3166 YY 430 (44)
Cornelius, Ivar:
Familien- und Bevölkerungspolitik in der DDR : ein Beitrag zur Bestandsaufnahme und Analyse / Ivar Cornelius. - Graph. Darst. - IN: Arbeit und Sozialpolitik. - 44 (1990),8/9, S. 308 - 316

3167 Q 4562
Die Frau in der Deutschen Demokratischen Republik : statistische Kennziffernsammlung / Statistisches Amt der DDR, Abteilung Erwerbstätige, Löhne und Gehälter. - [Berlin], [1990]. - III, 87 S.

3168 A 189901
Frauen in den neuen Bundesländern : Rückzug in die Familie oder Aufbruch zur Gleichstellung in Beruf und Familie? / [Forschungsinstitut der Friedrich-Ebert-Stiftung, Gesprächskreis Frauenpolitik]. - Bonn, 1991. - III, 43 S. - (Reihe: Frauenpolitik ; 2). - ISBN: 3-926132-60-4

3169 A 190721
Frauen-Alterssicherung : Lebensläufe von Frauen und ihre Benachteiligung im Alter / Claudia Gather ... (Hrsg.). - Berlin : Ed. Sigma, 1991. - 291 S. : graph. Darst. - Enth. 17 Beitr. - ISBN: 3-89404-323-7

3170 Y 370 (57)
Frick, Joachim:
Die ökonomische Situation von Alleinerziehenden in der DDR und der Bundesrepublik Deutschland in den 80er

Jahren : Kinderbetreuung muß erhalten und ausgebaut werden / [bearb. von Joachim Frick, Peter Krause und Heinz Vortmann]. - IN: Wochenbericht / Deutsches Institut für Wirtschaftsforschung. - 57 (1990),42, S. 598 - 603

3171 YY 7655 (41)
Geißler, Rainer:
Soziale Ungleichheit zwischen Frauen und Männern im geteilten und im vereinten Deutschland / Rainer Geißler. - IN: Aus Politik und Zeitgeschichte. - 41 (1991),14/15, S. 13 - 24

3172 YY 7768 (39)
Helwig, Gisela:
Familien- und Frauenpolitik im gemeinsamen Deutschland / Gisela Helwig. - IN: Hauswirtschaft und Wissenschaft. - 39 (1991),5, S. 213 - 217

3173 B 259934
Im Blickpunkt: ältere Menschen / Statistisches Bundesamt. - Stuttgart : Metzler Poeschel, 1992. - 216 S. : graph. Darst. - ISBN: 3-8246-0229-6

3174 A 190312
Koch, Anja:
Familienpolitik und Arbeitsmarkt in Deutschland 1945 - 1990 / von Anja Koch. - IN: Probleme der Einheit. - 4 (1991), S. 53 - 72

3175 B 256539
Lampert, Heinz:
Familienpolitik in Deutschland : ein Beitrag zu einer familienpolitischen Konzeption im vereinten Deutschland / von Heinz Lampert. - IN: Sozialpolitik im vereinten Deutschland. - 1 (1991), S. 115 - 139

3176 A 191280
Leitsätze und Empfehlungen zur Familienpolitik im vereinigten Deutschland : Gutachten des Wissenschaftlichen Beirats für Familienfragen, Frauen und Gesundheit. - Stuttgart [u.a.] : Kohlhammer, 1991. - 70 S. - (Schriftenreihe des Bundesministeriums für Familie und Senioren ; 1). - ISBN: 3-17-012034-4

3177 A 189039
Meier, Uta:
Familiale Lebensweise und ökonomische Funktion von Familien in der Ex-DDR / Uta Meier. - IN: Der private Haushalt als Wirtschaftsfaktor / Sylvia Gräbe (Hg.). - Frankfurt, 1991. - ISBN 3-593-34509-9. - S. 175 - 185. - (Reihe "Stiftung Der Private Hausnalt" ; 13)

3178 YY 2028 (1991)
Münnich, Margot:
Struktur der Einnahmen und Ausgaben in Rentnerhaushalten in den neuen Bundesländern / Margot Münnich. - Graph. Darst. - IN: Wirtschaft und Statistik. - 1991,11, S. 750 - 756

3179 YY 4105 (41)
Naegele, Gerhard:
Aus verpaßten Chancen dennoch das Beste machen! : Thesen zur Altenpolitik und -arbeit in Deutschland-Ost mit Rückwirkungen auf Deutschland-West / von Gerhard Naegele. - IN: Soziale Sicherheit. - 41 (1992),3, S. 84 - 92

3180 YY 7655 (40)
Nickel, Hildegard-Maria:
Frauen in der DDR / Hildegard Maria Nickel. - IN: Aus Politik und Zeitgeschichte. - 40 (1990),16/17, S. 39 - 45

3181 A 190721
Prinz, Karin:
Die Bedeutung der Kindererziehung für die Erwerbsverläufe und die Alterssicherung von Frauen in der Bundesrepublik Deutschland und der ehemaligen Deutschen Demokratischen Republik / Karin Prinz. - IN: Frauen-Alterssicherung / Claudia Gather ... (Hrsg.). - Berlin, 1991. - ISBN 3-89404-323-7. - S. 46 - 61.

3182 YY 4777 (39)
Schwitzer, Klaus-Peter:
Die Lebenssituation der älteren und alten Generation in der DDR und deren Bedarf bei Aufgabe der Preissubventionen / von Klaus-Peter Schwitzer. - IN: Sozialer Fortschritt. - 39 (1990),6, S. 125 - 129

3183 A 188628
Übersichten zur Betreuungssituation älterer Bürger in der DDR / Deutsches Zentrum für Altersfragen e.V. Hrsg. von Doris Bardehle. - Berlin, 1990. - X, 166 S. : graph. Darst. - (Beiträge zur Gerontologie und Altenarbeit ; 79). - Enth. 10 Beitr. - ISBN: 3-88962-096-5

3184 YY 7655 (41)
Wingen, Max:
Familien im gesellschaftlichen Wandel : Herausforderungen an eine künftige Familienpolitik im geeinten Deutschland / Max Wingen. - IN: Aus Politik und Zeitgeschichte. - 41 (1991),14/15, S. 3 - 12

W-5 Health Care - Gesundheitswesen

3185 A 192429
Ausbau in Deutschland und Aufbruch nach Europa : Zusammenfassung und Empfehlungen ; Auszug aus dem Jahresgutachten 1992 des Sachverständigenrates für die Konzertierte Aktion im Gesundheitswesen. - [Bonn] : Bundesministerium für Gesundheit, [1992]. - 70 S.

3186 YY 430 (45)
Bruckenberger, Ernst:
Krankenhausplanung im vereinigten Deutschland : Planungsanspruch und Planungswirklichkeit / Ernst Bruckenberger. - IN: Arbeit und Sozialpolitik. - 45 (1991),11/12, S. 15 - 26

3187 Y 26609
Daten des Gesundheitswesens / Hrsg.: Der Bundesminister für Jugend, Familie, Frauen und Gesundheit. - Stuttgart [u.a.] : Kohlhammer. - (Schriftenreihe des Bundesministers für Jugend, Familie, Frauen und Gesundheit ; ...). - Ab 1991 Urh.: Der Bundesminister für Gesundheit. - Ab 1991 in der Nomos-Verl.-Ges., Baden-Baden, erschienen. - Ab 1991 mit d. Gesamtt.: Schriftenreihe des Bundesministeriums für Gesundheit. - ISSN: 0172-3723
- 1991. - (... ; 3)

3188 Y 28705
Deutschland <Bundesrepublik> / Statistisches Bundesamt:
Fachserie / Statistisches Bundesamt. 12, Gesundheitswesen. Reihe 2, Meldepflichtige Krankheiten. - Stuttgart : Metzler-Poeschel. - Erscheinungsbeginn: 1981 (1982)
- 1990. (1991)

3189 Y 26286
Deutschland <Bundesrepublik> / Statistisches Bundesamt:
Fachserie / Statistisches Bundesamt. 12, Gesundheitswesen. Reihe 5, Berufe des Gesundheitswesens. - Stuttgart : Metzler-Poeschel. - Erscheinungsbeginn: 1975 (1977)
- 1990. (1991)

3190 B 260230
Gesundheitsberichterstattung und Public health in Deutschland : 117 Tabellen / U. Laaser ... (Hrsg.). - Berlin [u.a.] : Springer-Verl., 1992. - XXII, 407 S. : zahlr. graph. Darst. - Literaturverz. S. 45 Beitr. - ISBN: 3-540-54552-2

3191 A 185026
Die Gesundheitspolitik der DDR im Wandel : Probleme und Neuansätze / hrsg. von der Friedrich-Ebert-Stiftung. [Manuskript: Rose Bischof]. - Bonn, 1989. - 72 S. - (Die DDR: Realitäten - Argumente ; 96)

3192 B 248588
Das Gesundheitswesen der DDR: Aufbruch oder Einbruch? : Denkanstöße für eine Neuordnung des Gesundheitswesens in einem deutschen Staat / hrsg. vom Hamburger Arbeitskreis für Sozial- und Gesundheitspolitik. Wilhelm Thiele (Hrsg.). - Sankt Augustin : Asgard-Verl., 1990. - 299 S. : graph. Darst. - (Forum Sozial- und Gesundheitspolitik ; 1). - Enth. 53 Beitr. - ISBN: 3-537-25001-0

3193 A 188620
Das Gesundheitswesen im vereinten Deutschland : Zusammenfassungen und Empfehlungen ; Auszug aus dem Jahresgutachten 1991 des Sachverständigenrates für die Konzertierte Aktion im Gesundheitswesen. - Bonn : Bundesminister für Gesundheit, 1991. - 84 S.

3194 Y 59 (70)
Henke, Klaus-Dirk:
Das Gesundheitssystem im gesamtdeutschen Einigungsprozeß / Klaus-Dirk Henke. - Graph. Darst. - IN: Wirtschaftsdienst. - 70 (1990),7, S. 353 - 358

3195 YY 4777 (39)
Hofmann, Jürgen:
Das Gesundheitswesen der DDR : eine Chance für einen marktwirtschaftlichen Neubeginn auch in der Bundesrepublik

Deutschland? / von Jürgen Hofmann. - IN: Sozialer Fortschritt. - 39 (1990),11, S. 260 - 263

3196 YY 430 (45)
Hornemann, Gerda:
Situation der Pflege in der früheren DDR / Gerda Hornemann. - Graph. Darst. - IN: Arbeit und Sozialpolitik. - 45 (1991),1/2, S. 14 - 20

3197 YY 430 (45)
Jacobs, Klaus:
Von der Poliklinik zum Gesundheitszentrum : Geordneter Wandel in der ambulanten medizinischen Versorgung: das "Brandenburg-Modell" der Umstrukturierung / Klaus Jacobs ; Wilhelm F. Schräder. - IN: Arbeit und Sozialpolitik. - 45 (1991),5/6, S. 4 - 13

3198 A 187520
Litsch, Martin:
Arzneimittelausgaben-Dynamik 1991 : Modellrechnungen zur Entwicklung der Arzneimittelausgaben in der ehemaligen DDR / Martin Litsch ; Herbert Reichelt ; Gisbert W. Selke. - Bonn : Wissenschaftliches Inst. der Ortskrankenkassen, 1990. - 58 S.

3199 YY 4777 (40)
Meier, Michael:
"Das Gesundheitswesen im vereinten Deutschland" : Jahresgutachten 1991 des Sachverständigenrates für die Konzertierte Aktion im Gesundheitswesen / von Michael Meier und Eva Walzik. - IN: Sozialer Fortschritt. - 40 (1991),3, S. 57 - 62

3200 W 497 (91.207)
Miehlke, Günter:
Der Transformationsprozeß in den ostdeutschen Ländern und seine folgen für die Gesundheit der Bevölkerung und ihre Versorgung / von Günter Miehlke. - Berlin, 1991. - 21 S. - (Papers / Wissenschaftszentrum Berlin für Sozialforschung, Forschungsgruppe Gesundheitsrisiken und Präventionspolitik ; 91,207)

3201 A 191794
Neue alte Sorgen : Perspektiven der Gesundheitssicherung / Lothar F. Neumann (Hrsg.). - 1. Aufl. - Berlin : Analytica, 1991. - 142 S. : graph. Darst. - (Sozialökonomische Praxis ; 1). - Enth. 11 Beitr. - ISBN: 3-9802255-0-X

3202 Y 32636
Sachverständigenrat für die Konzertierte Aktion im Gesundheitswesen:
Jahresgutachten ... / Sachverständigenrat für die Konzertierte Aktion im Gesundheitswesen : Vorschläge für die Konzertierte Aktion im Gesundheitswesen. - Baden-Baden : Nomos Verl.-Ges.
- 1991. Das Gesundheitswesen im vereinten Deutschland
- 1992. Ausbau in Deutschland und Aufbruch nach Europa

3203 C 176794
Sahner, Heinz:
Freie Heilberufe und Gesundheitsberufe in Deutschland / von Heinz Sahner ; Andreas Rönnau. - Lüneburg, 1991. - 653 S. : graph. Darst. - (Schriften des Forschungsinstituts Freie Berufe ; 6). - Literaturverz. S. 607 - 645. - ISBN: 3-927816-11-6

3204 A 191794
Weber, Axel:
Das Gesundheitswesen in der DDR : Bestandsaufnahme und vertane Chancen im vereinten Deutschland / Axel Weber. - IN: Neue alte Sorgen / Lothar F. Neumann (Hrsg.). - Berlin, 1991. - ISBN 3-9802255-0-X. - S. 69 - 84. - (Sozialökonomische Praxis ; 1)

3205 B 259115
Wiesner, Gerd E.:
Zur Gesundheitslage der Bevölkerung in den neuen Bundesländern / Gerd E. Wiesner. - München : MMV Medizin Verl., 1991. - 68 S. : graph. Darst. - (Bga-Schriften ; 91,4). - ISBN: 3-8208-1170-2

3206 YY 430 (44)
Wiesner, Gerd E.:
Zur Gesundheitslage der DDR-Bevölkerung : Stand und Entwicklung der Lebenserwartung / Gerd E. Wiesner. - Graph. Darst. - IN: Arbeit und Sozialpolitik. - 44 (1990),3, S. 100 - 102

Y Science, Research, Education, Culture - Wissenschaft, Forschung, Bildung und Kultur

3207 A 188797
Fusion der Wissenschaftssysteme : Erfahrungen, Ergebnisse, Perspektiven ; XIX. Erlanger Werkstattgespräch, Bonn, 7. bis 9. November 1990 / [Institut für Gesellschaft und Wissenschaft, Erlangen]. Clemens Burrichter ... (Hrsg.). - Erlangen : Dt. Ges. für Zeitgeschichtliche Fragen, 1990. - 164 S. - (Analysen und Berichte aus Gesellschaft und Wissenschaft ; 1991,2). - Enth. 15 Beitr. - ISBN: 3-88150-111-8

3208 A 192446
Gruhn, Werner:
Die Transformation des ostdeutschen Wissenschaftssystems im Übergang von der DDR zur Bundesrepublik Deutschland : eine annotierte Bibliographie zum Zeitraum 1990/91 / Werner Gruhn. - Erlangen : Dt. Ges. für Zeitgeschichtliche Fragen, 1992. - 124 S. - (Analysen und Berichte aus Gesellschaft und Wissenschaft ; 1992,1). - ISBN: 3-88150-116-9

3209 B 250576
Intelligenz, Wissenschaft und Forschung in der DDR / hrsg. von Hansgünter Meyer. - Berlin [u.a.] : de Gruyter, 1990. - XIV, 250 S. : graph. Darst. - Enth. 13 Beitr. - ISBN: 3-11-012616-8

Y-1 Economics, Social Research, Foreign Country Research, Research Institutes and Associations, Autobiographies - Wirtschafts-, Sozial- und Auslandsforschung, Institute und Gesellschaften, Autobiographien

3210 C 176324
Abbruch und Aufbruch : Sozialwissenschaften im Transformationsprozeß ; Erfahrungen, Ansätze, Analysen / hrsg. von Michael Thomas. - Berlin : Akad.-Verl., 1992. - 335 S. : graph. Darst. - Enth. 19 Beitr. - ISBN: 3-05-002127-6

3211 A 190276
Angewandte interdisziplinäre Orientforschung : Stand und Perspektiven im westlichen und östlichen Deutschland ; Ergebnisse eines Kolloquiums in der Universität Würzburg im Juni 1990 / Angelika Hartmann ... (Hrsg.). - Hamburg, 1991. - 224 S. : graph. Darst. - (Mitteilungen des Deutschen Orient-Instituts ; 41). - Enth. 17 Beitr. - ISBN: 3-89173-020-9

3212 W 127 (1991,5)
Crome, Erhard:
Die Osteuropaforschung der DDR in den achtziger Jahren : Strukturen und Schwerpunkte / Erhard Crome ; Jochen Franzke. - Köln, 1991. - 50 S. - (Berichte des Bundesinstituts für Ostwissenschaftliche und Internationale Studien ; 1991,5). - Zsfassung in engl. Sprache

3213 A 192220
Empirische Sozialforschung im vereinten Deutschland : Bestandsaufnahme und Perspektiven / Dieter Jaufmann ... (Hg.). - Frankfurt [u.a.] : Campus-Verl., 1992. - 445 S. : graph. Darst. - Enth. 29 Beitr. - ISBN: 3-593-34512-9

3214 A 191795
Gebhardt, Marion:
Institutionen der Asien-Forschung und -Information in der Bundesrepublik Deutschland : (Stand 1990) ; Forschungsinstitute, Bibliotheken, Dokumentationsstellen und Archive / Marion Gebhardt. - Hamburg : Dt. Übersee-Inst., Übersee-Dokumentation, Referat Asien und Südpazifik, 1991. - X, 371 S. - (Dokumentationsdienst Asien und Südpazifik : Reihe B ; 2). - ISBN: 3-922852-40-8

3215 A 191686
Gesamtdeutsches Institut <Bonn>:
Aus der Tätigkeit des Gesamtdeutschen Instituts (BfgA) : 1969 bis 1991. - Bonn, 1991. - 80 S. : graph. Darst. - Literaturverz. S. 59 - 80

3216 X 399 (78)
Grabas, Margrit:
Zwangslagen und Handlungsspielräume : die Wirtschaftsgeschichtsschreibung der DDR im System des real existierenden Sozialismus / Margrit Grabas. - IN: Vierteljahrschrift für Sozial- und Wirtschaftsgeschichte. - 78 (1991),4, S. 501 - 531

3217 W 261 (91.102)
Holst, Christian:
Ein Jahr Umfragen in den neuen
Bundesländern : Themen und Tendenzen /
Christian Holst. - Berlin, 1991. - 50 S.
- (Papers / Wissenschaftszentrum Berlin
für Sozialforschung, Arbeitsgruppe
Sozialberichterstattung ; 91,102)

3218 Q 4598
Institut für Angewandte
Wirtschaftsforschung:
Institut für Angewandte Wirtschafts-
forschung e. V. : IAW. - Berlin,
[1991]. - [20] S.

3219 C 177759
Institut für Wirtschaftsforschung
<Halle, Saale>:
Institut für Wirtschaftsforschung, Halle
. - Halle [u.a.], [1992]. - 32 S.

3220 A 189548
Internationale Gesellschaft für
Weltwirtschaft:
Internationale Gesellschaft für
Weltwirtschaft = International Society
for World Economy. - Berlin, 1991. - 79
S. - Enth. 2 Beitr.

3221 A 189549
Internationale Wissenschaftliche
Vereinigung Weltwirtschaft und
Weltpolitik:
Internationale Wissenschaftliche
Vereinigung Weltwirtschaft und
Weltpolitik = International Scientific
Association for World Economy and World
Politics. - 3., aktualisiert Aufl. -
Berlin, 1991. - 96 S. : Ill. - Enth. 2
Beitr.

3222 A 191968
Internationale Wissenschaftliche
Vereinigung Weltwirtschaft und
Weltpolitik / Forschungsinstitut:
Forschungsinstitut der Internationalen
Wissenschaftlichen Vereinigung
Weltwirtschaft und Weltpolitik e. V.,
Berlin = Research Institute of the
International Scientific Association for
World Economy and World Politics,
Berlin. - Berlin, [1992]. - 72 S. : Ill.

3223 A 192220
Jung, Helmut:
Von sozialistischem Methodenpluralismus
zu marktwirtschaftlichem Einheitsbrei?
: einige Anmerkungen zur Entwicklung der
Sozial-, Markt- und Meinungsforschung in
der ehemaligen DDR seit der Wende /
Helmut Jung. - Graph. Darst. - IN:
Empirische Sozialforschung im vereinten
Deutschland / Dieter Jaufmann ... (Hg.).
- Frankfurt, 1992. - ISBN 3-593-34512-9.
- S. 311 - 328.

3224 A 185568
Krause, Günter:
Notwendiges Nachdenken über die
Wirtschaftswissenschaften der DDR /
Günter Krause. - IN: Gleichheit,
Freiheit, Solidarität / Hans-Otto Hemmer
... (Hrsg.). - Köln, 1990. - ISBN
3-7663-2228-1. - S. 84 - 101.

3225 A 191033
Kuczynski, Jürgen:
Kurze Bilanz eines langen Lebens :
große Fehler und kleine Nützlichkeiten /
Jürgen Kuczynski. - Berlin :
Elefanten-Press, 1991. - 144 S. - (EP ;
412). - ISBN: 3-88520-412-6

3226 B 260069
Kuczynski, Jürgen:
"Ein linientreuer Dissident" : Memoiren
1945 - 1989 / Jürgen Kuczynski. - 1.
Aufl. - Berlin [u.a.] : Aufbau-Verl.,
1992. - 434 S. - ISBN: 3-351-02162-3

3227 A 188621
Kuczynski, Jürgen:
Schwierige Jahre - mit einem besseren
Ende? : Tagebuchblätter 1987 bis 1989 /
Jürgen Kuczynski. - 1. Aufl. - Berlin :
Tacheles-Verl., 1990. - 219 S. - ISBN:
3-910156-00-2 ; 3-910156-01-0

3228 A 192220
Mochmann, Ekkehard:
Die unveröffentlichte Meinung : zur
Sicherung von Umfragen aus der DDR für
Sekundäranalysen / Ekkehard Mochmann. -
IN: Empirische Sozialforschung im
vereinten Deutschland / Dieter Jaufmann
... (Hg.). - Frankfurt, 1992. - ISBN
3-593-34512-9. - S. 417 - 428.

3229 W 127 (1991,8)
Die Osteuropa-Forschung in der DDR :
Bilanz und Perspektiven / Manfred
Heinrich ... - Köln, 1991. - 55 S. -
(Berichte des Bundesinstituts für
Ostwissenschaftliche und Internationale
Studien ; 1991,8). - Zsfassung in engl.
Sprache

3230 A 190268
Reetz, Dietrich:
Die Entwicklungsländerforschung in der
DDR nach der Wende : Veränderungen in
Konzeption und Struktur / Dietrich
Reetz. - IN: Das vereinte Deutschland in
der Weltwirtschaft / Benno Engels
(Hrsg.). - Hamburg, 1991. - ISBN
3-926953-09-8. - S. 187 - 200. -
(Schriften des Deutschen
Übersee-Instituts Hamburg ; 10)

3231 W 127 (1991,7)
Reetz, Dietrich:
Die Entwicklungsländerforschung in der
DDR nach der Wende : Veränderungen in
Konzeption und Struktur / Dietrich
Reetz. - Köln, 1991. - 2, III, 49 S. -
(Berichte des Bundesinstituts für
Ostwissenschaftliche und Internationale
Studien ; 1991,7). - Zsfassung in engl.
Sprache

3232 XX 5944 (1991)
Reißig, Rolf:
Entstehung und Anliegen des Berliner
Instituts für Sozialwissenschaftliche
Studien (BISS) / Rolf Reißig. - IN:
BISS public. - 1991,1, S. 5 - 8

3233
Schwefel, Erika:
Sozialforschung in der DDR :
Dokumentation unveröffentlichter
Forschungsarbeiten / bearb. von Erika
Schwefel und Ute Koch. - Berlin :
Informationszentrum Sozialwiss., Abt.
Berlin.
- 1. (1992). - 229 S.
   SIGNATUR: B 261181

3234 W 181 (92.001)
Simon, Dagmar:
Der Nachlaß der DDR-Soziologie - bloßes
Archivmaterial oder soziologisches
Forschungfeld? / Dagmar Simon ; Vera
Sparschuh. - Berlin, [1992]. - 41 S. -
(Papers / Wissenschaftszentrum Berlin
für Sozialforschung ; 92,001)

3235 B 257252
Sozialforschung im vereinten Deutschland
und in Europa : im Auftrag der Arbeits-
gemeinschaft Sozialwissenschaftlicher
Institute e. V. (ASI) / hrsg. von Heinz
Sahner. - München : Oldenbourg, 1991. -
108 S. : graph. Darst. - Enth. 8 Beitr.
- ISBN: 3-486-55918-4

3236 A 190273
Sozialgeschichte der Wissenschaften :
zur Methodologie einer historischen
Wissenschaftsforschung ; Beiträge vom
18. Erlanger Werkstattgespräch 1989 /
[Institut für Gesellschaft und
Wissenschaft, Erlangen]. Clemens
Burrichter (Hrsg.). - Erlangen : Dt.
Ges. für Zeitgeschichtliche Fragen,
1991. - 86 S. - (Analysen und Berichte
aus Gesellschaft und Wissenschaft ;
1991,4). - Enth. 4 Beitr. - ISBN:
3-88150-113-4

3237 W 261 (91.103)
Thomas, Michael:
Zeitgemäße Fragen nicht nur an die
DDR-Soziologie / Michael Thomas. -
Berlin, 1991. - 33 S. - (Papers /
Wissenschaftszentrum Berlin für
Sozialforschung, Arbeitsgruppe
Sozialberichterstattung ; 91,103)

3238 W 181 (90,008)
Zur Lage der sozialwissenschaftlichen
Forschung in der ehemaligen DDR :
wissenschaftliche Interessen,
Forschungserfahrungen, Strukturprobleme,
Kooperationswege ; Konferenzbericht /
hrsg. von Wolfgang Zapf ... - Berlin,
1990. - 88 S. - (Papers /
Wissenschaftszentrum Berlin für
Sozialforschung ; 90,008). - Zsfassung
in engl. Sprache

Y-2 Industrial Research, Research
    Policy, Innovation, Technology
    Transfer - Industrieforschung,
    Forschungspolitik, Innovation,
    Technologietransfer

3239 B 258827
Arbeitsgemeinschaft Industrieller
Forschungsvereinigungen Otto von
Guericke:
Die AIF und die neuen Bundesländer :
eine Zwischenbilanz ; (Stand: November
1991). - Köln [u.a.], 1991. - 23 S.

3240 C 178146
Bauer, Gerhard:
Entwicklungslinien regionaler
Technologie- und Innovationspotentiale
in Nordhessen und Thüringen :
Ansatzpunkte für eine Bestandsanalyse
und Bewertung der Forschungs- und
Technologielandschaft / Gerhard Bauer. -

Wiesbaden, 1992. - IX, 81 S. : graph. Darst. - (Zukunftsraum Hessen-Thüringen ; 8). - Druckschriftennr.: HLT-Report-Nr. 347. - ISBN: 3-89352-057-0

3241 W 181 (90,007)
Bobach, Reinhard:
Industrieforschung ohne Industrie? : Situation und Entwicklungspfade der Industrieforschung in den neuen deutschen Bundesländern / Reinhard Bobach ; Klaus Meier. - Berlin, 1990. - 34 S. : graph. Darst. - (Papers / Wissenschaftszentrum Berlin für Sozialforschung ; 90,007)

3242 B 260726
Brocke, Rudolf H.:
Forschung und Entwicklung in den neuen Bundesländern 1989 - 1991 : Ausgangsbedingungen und Integrationswege in das gesamtdeutsche Wissenschafts- und Forschungssystem / R. H. Brocke ; E. Förtsch. - Stuttgart : Raabe, 1991. - 238 S. : graph. Darst. - Zsfassung in engl. Sprache. - ISBN: 3-88649-164-1

3243 A 189148
Budig, Peter-Klaus:
Entwicklung des Innovationspotentials der Wirtschaft in den neuen Bundesländern / Peter-Klaus Budig. - Graph. Darst. - IN: Bilanz und Perspektiven der deutschen Forschungs- und Technologiepolitik. - Köln, 1991. - S. 45 - 57. - (BDI-Drucksache ; 246)

3244 XX 5540 (6)
Burrichter, Clemens:
Forschung und technologische Entwicklung in Ostdeutschland : zu Bilanz und Perspektiven / Clemens Burrichter. - Graph. Darst. - IN: IGW-Report über Wissenschaft und Technologie in den neuen Bundesländern sowie mittel- und osteuropäischen Ländern. - 6 (1992),1, S. 9 - 18

3245 C 169222
DDR - Forschung und Entwicklung / Deutscher Industrie- und Handelstag. - Bonn, 1990. - 10, 6 S. : graph. Darst.

3246 A 187181
Deutsch-Deutscher Arbeitskreis Innovationszentren:
Deutsch-Deutscher Arbeitskreis Innovationszentren : Dokumentation zur ersten Sitzung des Arbeitskreises am 30. Januar 1990. - Berlin : Weidler, 1990. - 54 S. - (ADT-Focus ; 2). - ISBN: 3-925191-48-8

3247 KatS 1 D 43
Fiedler, Heinz:
Innovationszentren in Deutschland, Österreich und der Schweiz 1990/91 : mit Firmenbeschreibungen / Heinz Fiedler ; Karl-Heinz Wodtke. - 4. Aufl. - Berlin : Weidler, 1990. - 636 S. - 3. Aufl. u.d.T.: Fiedler, Heinz: Innovationszentren in der Bundesrepublik Deutschland, Österreich und der Schweiz 1989. - ISBN: 3-925191-42-9

3248 A 184940
Forschung und Entwicklung in der DDR : Daten aus der Wissenschaftsstatistik 1971 bis 1989 / Hrsg.: SV-Gemeinnützige Gesellschaft für Wissenschaftsstatistik mbH im Stifterverband für die Deutsche Wissenschaft. - Essen : SV-Gemeinnützige Gesellschaft für Wissenschaftsstatistik, 1990. - 78 S. : graph. Darst. - (Materialien zur Wissenschaftsstatistik ; 6)

3249 B 254068
Gesamtdeutsche Zusammenarbeit im Technologie-Transfer : Strukturen und Erfahrungsberichte / Jürgen Allesch ... (Bd.-Hrsg.). - Köln : Verl. TÜV Rheinland, 1991. - 158 S. : graph. Darst. - (Praxiswissen Innovation). - Enth. 13 Beitr. - ISBN: 3-88585-926-2

3250 A 192220
Jaufmann, Dieter:
Für den Fortschritt! : Einstellungen zu Technik in Ost und West ; vor und nach der deutschlandpolitischen Wende / Dieter Jaufmann. - Graph. Darst. - IN: Empirische Sozialforschung im vereinten Deutschland / Dieter Jaufmann ... (Hg.). - Frankfurt, 1992. - ISBN 3-593-34512-9. - S. 217 - 265.

3251 YY 12869 (12)
Johnson-Freese, Joan:
Can Germany afford reunification and a space program too? / Joan Johnson-Freese. - IN: Technology in society. - 12 (1990),4, S. 355 - 367

3252 XX 5540 (5)
Knoerich, Volker:
Perspektiven der Forschungspolitik in den neuen Ländern / Volker Knoerich. -

IN: IGW-Report über Wissenschaft und
Technologie in den neuen Bundesländern
sowie mittel- und osteuropäischen
Ländern. - 5 (1991),4, S. 9 - 21

3253   YY 9828 (1992)
Kotyczka, Carola:
Technological change in the GDR and its
social consequences / Carola Kotyczka
and Heinz Kroske. - IN: Technological
forecasting and social change. -
1992,May = Vol. 41, Nr. 3, S. 211 - 222

3254   B 259787
Krickau-Richter, Lieselotte:
Forschungs- und Technologieförderung der
EG : das 3. Rahmenprogramm 1990 - 1994
; ein Leitfaden für Antragsteller /
Konzept u. Red.: Lieselotte
Krickau-Richter ; Otto von Schwerin. -
3., neubearb. und erw. Aufl. - Luxemburg
: Amt für Amtliche Veröff. der Europ.
Gemeinschaften, 1991. - XII, 178 S. -
Druckschriftennr.: CD-NA-14122-DE-C. -
ISBN: 92-826-3639-9

3255   XX 5540 (5)
Lauterbach, Günter:
Bilanz des WTZ-Abkommens mit der
ehemaligen DDR / Günter Lauterbach. -
IN: IGW-Report über Wissenschaft und
Technologie in den neuen Bundesländern
sowie mittel- und osteuropäischen
Ländern. - 5 (1991),1, S. 15 - 24

3256   B 255163
Leipold, Helmut:
Innovationen im Systemvergleich : der
Einfluß des Wirtschaftssystems auf die
Hervorbringung von Innovationen / Helmut
Leipold. - Graph. Darst. - Zsfassung in
engl. Sprache. - Kommentar S. 183 - 187.
- IN: Marktwirtschaft und Innovation /
Peter Oberender ... (Hrsg.). -
Baden-Baden, 1991. - ISBN 3-7890-2254-3.
- S. 163 - 182.

3257   XX 5540 (4)
Meske, Werner:
Industrie-F-E in der DDR : Umfang,
Strukturen, Tendenzen / Werner Meske. -
IN: IGW-Report über Wissenschaft und
Technologie. - 4 (1990),2, S. 19 - 33

3258   A 189148
Meyer-Krahmer, Frieder:
Technologischer Leistungstand der
deutschen Wirtschaft im internationalen
Vergleich / Frieder Meyer-Krahmer. -

Graph. Darst. - IN: Bilanz und
Perspektiven der deutschen Forschungs-
und Technologiepolitik. - Köln, 1991. -
S. 11 - 42. - (BDI-Drucksache ; 246)

3259   YY 3893 (45)
Penzkofer, Horst:
Innovationsaktivitäten in den neuen
Bundesländern / Horst Penzkofer. -
Graph. Darst. - IN: Ifo-Schnelldienst. -
45 (1992),15, S. 3 - 9

3260   B 251831
Rödel, G.:
Die Entwicklung des Wissenschafts- und
Technologietransfers an der
Humboldt-Universität / G. Rödel ; Th.
Wahl. - IN: Management-Know-how-Transfer
/ Bernd Poppenheger ... (Bd.-Hrsg.). -
Köln, 1990. - ISBN 3-88585-909-2. -
S. 136 - 145.

3261   YY 1276 (44)
Schneider, Roland:
Vom Aufbruch zum Abbau von Innova-
tionspotentialen : zur Neuformierung
des Forschungs- und Wissenschaftssystems
der ehemaligen DDR / von Roland
Schneider. - IN: WSI-Mitteilungen. - 44
(1991),11, S. 691 - 702

3262   W 179 (91.26)
Schwarz, Rainer:
Über Innovationspotentiale und
Innovationshemmnisse in der
DDR-Wirtschaft / Rainer Schwarz. -
Berlin, 1991. - 37 S. : graph. Darst. -
(Discussion papers / Wissenschafts-
zentrum Berlin für Sozialforschung,
Research Unit Market Processes and
Corporate Development ; 91,26). -
Zsfassung in engl. Sprache

3263   C 176743
Selbständige wirtschaftsnahe
Forschungseinrichtungen in den neuen
Bundesländern : Stand: 01.01.1992 /
Arbeitsgemeinschaft Industrieller
Forschungsvereinigungen Otto von
Guericke. - Berlin, 1992. - 191 S. :
Ill.

3264   C 176526
Siegmund, Uwe:
Research and development in East Germany
after 1989 / by Uwe Siegmund. - Kiel :
Kiel Inst. of World Economics, 1991. -
24 Bl. - (Kiel advanced studies working
papers ; 223)

3265 A 188982
Steinle, Hermann:
Lizenzverträge im intersystemaren
Technologietransfer nach dem Recht der
DDR / Hermann Steinle. - München : VVF,
1991. - XXXIV, 189 S. - (Rechtswissen-
schaftliche Forschung und Entwicklung ;
305). - Literaturverz. S. XIII - XXXIV.
- Zugl.: München, Univ., Diss., 1990. -
ISBN: 3-88259-841-7

3266 A 184594
Stöbe, Frank:
Günstigeres Klima für
Produktinnovationen durch Übergang zur
ökologisch verpflichteten sozialen
Marktwirtschaft / Frank Stöbe. - IN:
Marktwirtschaft in der DDR / von Peter
Hofmann ... - Berlin, 1990. - ISBN
3-448-02205-5. - S. 77 - 97.

3267 X 19525
Technologie . - IN:
Gewerkschaftsjahrbuch. - Köln.
- // 1991, S. 245 - 279

3268 A 187649
Technologietransfer und Technika in der
DDR / Klaus Däumichen ; Irina Ehrhardt
; Horst Irmer. - Berlin : Weidler, 1990.
- 67 S. : graph. Darst. - (ADT-Focus ;
4). - Enth. 3 Beitr. - ISBN:
3-925191-46-1

3269 C 176944
Die Unternehmen in den Mitglieds-
vereinigungen der AIF : Daten und
Strukturen / Arbeitsgemeinschaft
Industrieller Forschungsvereinigungen
"Otto von Guericke" e. V. (AIF). [Red.:
Robert Huintges ...]. - Köln, [circa
1991]. - 47 S. : graph. Darst. -
(Profile)

Y-3 University, University Graduates,
  University Catalogs - Hochschule,
  Akademiker, Vorlesungsverzeichnisse

3270 C 177653
Adler, Henry:
Erste Prognose der Studienberechtigten
und Studienanfänger aud den neuen
Bundesländern bis 2010 / Henry Adler ;
Irene Lischka. - Berlin, 1991. - 84 S. :
graph. Darst. - (Projektberichte /
Projektgruppe Hochschulforschung,
Berlin-Karlshorst ; 1991,2)

3271 Q 4611
Baubestand der medizinischen Hochschuleinrichtungen in den neuen Bundesländern
 : statistischer Überblick / hrsg. von
der HIS Hochschul-Informations-System-GmbH, Hannover. - Hannover, 1991. -
75 S. : Ill., graph. Darst. - ISBN:
3-922901-69-7

3272 YY 3662 (11)
Bericht "hochschulpolitische
Zielsetzungen" : Unterrichtung durch
die Bundesregierung. - IN: Verhandlungen
des Deutschen Bundestages : Drucksachen.
- Wahlperiode 11 (1990),8506, 37 S.

3273 X 402 (62)
Betriebswirtschaftslehre für die neuen
Bundesländer . - Zsfassung in engl.
Sprache. - IN: Zeitschrift für
Betriebswirtschaft. - 62 (1992),1,
S. 1- 16

3274 B 259792
Bildung und Beruf im Umbruch : zur
Diskussion der Übergänge in die
Hochschule und Beschäftigung im geeinten
Deutschland / Institut für Arbeitsmarkt-
und Berufsforschung der Bundesanstalt
für Arbeit. Manfred Kaiser ... (Hrsg.).
- Nürnberg, 1992. - 304 S. : graph.
Darst. - (Beiträge zur Arbeitsmarkt- und
Berufsforschung ; 153,3). - Enth. 25
Beitr.

3275 Y 1289 (69)
Block, Hans-Jürgen:
Die Empfehlungen des Wissenschaftsrates
zur Neuordnung der "grünen" Fakultäten
an den Hochschulen der neuen Länder und
in Berlin / von Hans-Jürgen Block und
Susanne Reichrath. - Zsfassung in engl.
u. franz. Sprache. - IN: Berichte über
Landwirtschaft. - 69 (1991),4,
S. 595 - 614

3276 XX 2701 (16)
Börner, Dietrich:
Vergangenheit und Zukunft wirtschafts-
wissenschaftlicher Studiengänge an
DDR-Hochschulen : Bestandsaufnahme und
erste Folgerungen / Dietrich Börner. -
IN: List-Forum für Wirtschafts- und
Finanzpolitik. - 16 (1990),4,
S. 303 - 322

3277
Deutscher Hochschulführer . - Stuttgart
 : Raabe. - Früher zeitschriftenartige

Reihe. - ISBN: 3-88649-159-5
- 1. Wissenschaftliche Hochschulen. -
54., neubearb. Aufl. - 1992. - XCVI,
594 S.
SIGNATUR: C 178043
- 2. Kunst- und Musikhochschulen,
Fachhochschulen, Verwaltungsfach-
hochschulen, Hochschulen mit
besonderem Status. - 54., neubearb.
Aufl. - 1992. - XII, 563 S.
SIGNATUR: C 178044

3278   Y 25740
Deutschland <Bundesrepublik> /
Statistisches Bundesamt:
Fachserie / Statistisches Bundesamt.
11, Bildung und Kultur. Reihe 4. 4,
Personal an Hochschulen. - Stuttgart :
Metzler-Poeschel. - Erscheinungsbeginn:
1976 (1977)
- 1990. (1992)

3279   X 17948
Empfehlungen und Stellungnahmen /
Wissenschaftsrat. - Köln. - ISSN:
0340-7527
- 1990. (1991)

3280   C 177477
Fächerspezifische Prognose der Deutschen
Hochschulabsolventen bis 1995 . - Bonn,
1991. - V, 92 S. - (Statistische
Veröffentlichungen der
Kultusministerkonferenz ; 117)

3281   X 20767
Handelshochschule <Leipzig>:
Vorlesungsverzeichnis /
Handelshochschule Leipzig. - Leipzig.
- 1991/92
- 1992/93

3282   X 21000
Hochschule <Bernburg>:
Vorlesungsverzeichnis / Hochschule
"Thomas Müntzer", Bernburg. - Bernburg.
- 1992/93

3283   X 20698
Hochschule für Ökonomie <Berlin>:
Vorlesungsverzeichnis der Hochschule für
Ökonomie Berlin . - Berlin. - Bis
1991,Sommersemester erschienen. -
Erscheinen eingestellt. - 1991,Sommer-
semester u.d.T.: Hochschule für Ökonomie
<Berlin>: Vorlesungsverzeichnis
- 1990/91
- 1991

3284   KatS 1 C 108
Hochschullehrer-Verzeichnis / Hrsg.:
Deutscher Hochschulverband. - Bonn :
Jackwerth & Welker. - Bd. 3 ohne Urh. -
Bd. 1 erscheint als Losebl.-Ausg. mit
zweimonatlichen aktuellen Erg. - ISSN:
0171-2438
- 3. Universitäten und Hochschulen der
DDR. - 1990. - 346 S.

3285   C 173369
Hummel, Thomas R.:
Anerkennungspraxis von Hochschulab-
schlüssen aus der DDR und anderen
sozialistischen Staaten : Ergebnisse
einer Befragung wirtschaftswissen-
schaftlicher Fachbereiche in der
Bundesrepublik Deutschland ;
Forschungsprojekt "Ökonomische Theorie
der Hochschule" / Thomas Hummel. -
Berlin, 1990. - 17 S. -
(Diskussionspapiere / Freie Universität
Berlin, Zentralinstitut für
Sozialwissenschaftliche Forschung,
Forschungsschwerpunkt Ökonomische
Theorie der Hochschule ; 90,19)

3286   B 259792
Kasek, Leonhard:
Arbeitsanforderungen an Akademiker in
der Wirtschaft der DDR / Leonhard
Kasek. - Graph. Darst. - IN: Bildung und
Beruf im Umbruch / Institut für
Arbeitsmarkt- und Berufsforschung der
Bundesanstalt für Arbeit. Manfred Kaiser
... (Hrsg.). - Nürnberg, 1992. - 3
(1992), S. 89 - 99. - (Beiträge zur
Arbeitsmarkt- und Berufsforschung ;
153,3)

3287   X 393 (76)
Läuter, Jürgen:
Statistik an den ostdeutschen
Universitäten : gegenwärtige Probleme /
von Jürgen Läuter. - (Vorträge auf der
... Jahreshauptversammlung der Deutschen
Statistischen Gesellschaft ; 62). -
Zsfassung in engl. Sprache. - IN:
Allgemeines statistisches Archiv. - 76
(1992),1, S. 15 - 19

3288   Q 4480
Leszczensky, Michael:
Hochschulstudium in der DDR :
statistischer Überblick / Michael
Leszczensky ; Bastian Filaretow. -
Hannover : Hochschul-Informa-
tions-System-GmbH, [circa 1990]. - VIII,
126 S. : graph. Darst.

3289 B 259792
Lischka, Irene:
Übergänge von Berufstätigen in das
Hochschulstudium in den fünf neuen
Bundesländern (zweiter Bildungsweg) /
Irene Lischka. - IN: Bildung und Beruf
im Umbruch / Institut für Arbeitsmarkt-
und Berufsforschung der Bundesanstalt
für Arbeit. Manfred Kaiser ... (Hrsg.).
- Nürnberg, 1992. - 3 (1992),
S. 122 - 127. - (Beiträge zur
Arbeitsmarkt- und Berufsforschung ;
153,3)

3290 A 189209
Perspektiven der Studienberatung :
Fachtagung der Hochschulrektorenkonferenz Konstanz, 22. - 24. August
1990 / [Red.: Werner Becker]. - Bonn,
1991. - VI, 238 S. : graph. Darst. -
(Dokumente zur Hochschulreform ; 70)

3291 Q 4502
Rothe, Rudolf:
Baubestand der Hochschulen in der DDR :
statistischer Überblick / Rudolf Rothe ;
Rainer Schmidt. - Hannover :
Hochsch.-Informations-System-GmbH, 1990.
- 106 S. : zahlr. graph. Darst. - Druckschriftennr.: WG: 22. - ISBN:
3-922901-61-1

3292 B 258048
Schmidt, Siegfried H.:
Ausbildung und Arbeitsmarkt für
Hochschulabsolventen : USA und
Deutschland (alte und neue Länder) /
Siegfried H. Schmidt. - München, 1991. -
XXV, 153 S. : graph. Darst. -
(Monographien / Bayerisches
Staatsinstitut für Hochschulforschung
und Hochschulplanung ; N.F.,27). - ISBN:
3-927044-08-3

3293 YY 11465 (1992)
Schnitzer, Klaus:
Die wirtschaftliche Lage der
Studierenden in den neuen Ländern der
Bundesrepublik Deutschland :
vergleichende Betrachtung Oktober 1990 -
März 1991 - Januar 1992 / Klaus
Schnitzer ; Wolfgang Isserstedt ; Jochen
Schreiber. - Graph. Darst. - IN:
HIS-Kurzinformation : A. - 1992,3,
S. 23 - 29

3294 YY 11465 (1991)
Schnitzer, Klaus:
Die wirtschaftliche Lage der
Studierenden in den neuen Ländern der
Bundesrepublik Deutschland im Oktober
1990 : Ergebnisse einer studentischen
Einkommens- und Verbrauchsstichprobe /
Klaus Schnitzer ; Wolfgang Isserstedt ;
Jochen Schreiber. - Graph. Darst. - IN:
HIS-Kurzinformation : A. - 1991,3,
14, 14 S.

3295 B 259792
Starke, Uta:
Der Abwicklungsbeschluß im Urteil der
Studenten / Uta Starke. - Graph. Darst.
- IN: Bildung und Beruf im Umbruch /
Institut für Arbeitsmarkt- und Berufs-
forschung der Bundesanstalt für Arbeit.
Manfred Kaiser ... (Hrsg.). - Nürnberg,
1992. - 3 (1992), S. 200 - 211. -
(Beiträge zur Arbeitsmarkt- und
Berufsforschung ; 153,3)

3296 A 190488
Streitsache: "Abwicklung in
Ostdeutschland" / [Text und Interviews:
Reinhard Myritz]. - Köln : Deutscher
Inst.-Verl., 1991. - 162 S. -
(Streitsache / Institut der Deutschen
Wirtschaft ; 16)

3297 A 192796
Studien- und Forschungsführer
Wirtschaftsinformatik / von Peter
Mertens ... - 4., vollst. überarb. und
erw. Aufl. - Berlin [u.a.] :
Springer-Verl., 1992. - VII, 251 S. :
graph. Darst. - 4. Aufl. hrsg. von Peter
Mertens ... - ISBN: 3-540-55094-1

3298 X 20904
Universität <Berlin,
Humboldt-Universität>:
Vorlesungsverzeichnis /
Humboldt-Universität zu Berlin. - Berlin
: Althammer-Reese. - Ab 1992/93 ohne
Verlagsangabe
- 1991/92
- 1992/93

3299 X 6685
Universität <Greifswald>:
Personal- und Vorlesungsverzeichnis /
Ernst-Moritz-Arndt-Universität,
Greifswald. - Greifswald. - 1991,Sommer
u.d.T.: Universität <Greifswald>:
Vorlesungsverzeichnis
- 1990
- 1991/92
- 1992/93

3300 X 20766
Universität <Leipzig>:
Vorlesungsverzeichnis /
Karl-Marx-Universität, Leipzig. -
Leipzig. - Ab 1992/93 im Univ.-Verl.,
Leipzig, erschienen
- 1991/92
- 1992/93

3301 X 20696
Universität <Rostock>:
Vorlesungsverzeichnis / Universität
Rostock. - Rostock : Rostock. -
1991/92,Sommersemester (1991) im Verl.
Media Consulta Deutschland, Rostock,
erschienen. - 1991/92,Sommersemester
(1991) u.d.T.: Universität <Rostock>:
Vorlesungsverzeichnis der Universität
Rostock. - Früher u.d.T.: Universität
<Rostock>: Verzeichnis der
Lehrveranstaltungen
- 1991/92
- 1992/93

3302 KatS 1 C 56
Vademecum deutscher Lehr- und
Forschungsstätten . - Stuttgart : Raabe.
- Früher zeitschriftenartige Reihe
- Stätten der Forschung
- Erg.-Bd. Neue Bundesländer. - 9. Aufl.
  - 1991. - XXX, 525 S.
  SIGNATUR: KatS 1 C 56

3303 B 259792
Weymann, Ansgar:
Risikopassagen zwischen Hochschule und
Beschäftigung : Lebensverläufe und
biographische Deutungen von
DDR-Hochschulabsolventen ; ein
Projektentwurf / Ansgar Weymann und
Matthias Wingens. - IN: Bildung und
Beruf im Umbruch / Institut für
Arbeitsmarkt- und Berufsforschung der
Bundesanstalt für Arbeit. Manfred Kaiser
... (Hrsg.). - Nürnberg, 1992. - 3
(1992), S. 265 - 269. - (Beiträge zur
Arbeitsmarkt- und Berufsforschung ;
153,3)

3304 X 402 (60)
Wolff, Hans P.:
Die Entwicklung der Betriebswirt-
schaftslehre an der Universität Rostock
/ von Hans Peter Wolff. - Zsfassung in
engl. Sprache. - IN: Zeitschrift für
Betriebswirtschaft. - 60 (1990),12,
S. 1365 - 1374

3305 A 192445
Zukunftsorientierte Ingenieurausbildung
: Erwartungen von Hochschule und
Wirtschaft ; Verwaltungsbericht /
Kuratorium der Deutschen Wirtschaft für
Berufsbildung. - Bonn, 1992. - 48 S. :
graph. Darst. - Enth. 4 Beitr.

Y-4 Education, Culture - Bildung, Kultur

3306 A 191182
Ackermann, Manfred:
Der kulturelle Einigungsprozeß :
Schwerpunkt: Substanzerhaltung / Manfred
Ackermann. - Bonn-Bad Godesberg :
Friedrich-Ebert-Stiftung,
Forschungsinst., 1991. - 71 S. - (Forum
deutsche Einheit : Perspektiven und
Argumente ; 7). - ISBN: 3-926132-99-X

3307 Y 26862
Bildung im Zahlenspiegel /
Statistisches Bundesamt. - Stuttgart :
Metzler-Poeschel.
- 1991. (1992)

3308 X 19525
Bildungspolitik und Bildungsarbeit . -
IN: Gewerkschaftsjahrbuch. - Köln.
- // 1991, S. 533 - 557

3309 A 189903
Bildungssituation und Bildungsaufgaben
in den neuen Bundesländern : Berichte
zur Bildungspolitik 1991/92 des
Instituts der Deutschen Wirtschaft /
hrsg. von Uwe Göbel ... - Köln : Dt.
Inst.-Verl., 1991. - 238 S. - Enth. 7
Beitr. - ISBN: 3-602-14303-1

3310 X 19042
Bund-Länder-Kommission für Bildungsplanung und Forschungsförderung:
Jahresbericht ... / Bund-Länder-Kommission für Bildungsplanung und Forschungsförderung. - Bonn. -
Erscheinungsbeginn: 1986 (1987). -
Früher u.d.T.: Bund-Länder-Kommission
für Bildungsplanung und
Forschungsförderung: BLK-Bericht ...
- 1991. (1992)

3311 Y 26865
Deutschland <Bundesrepublik> /
Statistisches Bundesamt:
Fachserie / Statistisches Bundesamt,
Wiesbaden. 11, Bildung und Kultur. Reihe

1, Allgemeinbildende Schulen ... - Stuttgart [u.a.] : Kohlhammer. - Ab 1987 im Verl. Metzler-Poeschel, Stuttgart, erschienen
- 1990. (1992)

3312 A 192355
Fischer, Andreas:
Das Bildungssystem der DDR : Entwicklung, Umbruch und Neugestaltung seit 1989 / Andreas Fischer. - Darmstadt : Wiss. Buchges., 1992. - XII, 176 S. - ISBN: 3-534-03129-6

3313 Y 370 (57)
Jeschek, Wolfgang:
Bildungswesen in Ostdeutschland im Übergang / [bearb. von Wolfgang Jeschek]. - IN: Wochenbericht / Deutsches Institut für Wirtschaftsforschung. - 57 (1990),45, S. 637 - 642

3314 B 257040
Kulturmanagement : kein Privileg der Musen / Friedrich Loock (Hrsg.). - Wiesbaden : Gabler, 1991. - 405 S. : graph. Darst. - Enth. 47 Beitr. - ISBN: 3-409-13435-2

3315 B 256682
Lammert, Norbert:
Wie im Westen so im Osten : der Beitrag der Bildungspolitik zur Erneuerung der ökonomischen und sozialen Verhältnisse im vereinten Deutschland / von Norbert Lammert. - IN: Der Umbau / Uwe Jens (Hrsg.). Mit Beitr. von Wilhelm Krelle ... - Baden-Baden, 1991. - ISBN 3-7890-2469-4. - S. 171 - 183.

3316 C 177654
Les politiques publiques de la culture dans les nouveaux Bundesländer . - Berlin, 1992. - 80 S. : Ill., graph. Darst. - (Les cahiers de l'Observatoire de Berlin / ROSES-CNRS ; 13)

3317 A 184537
Schaumann, Fritz:
Bildungspolitischer Reformbedarf in der Bundesrepublik und in der DDR / Fritz Schaumann ; Hans-Georg Hofmann. - Köln : Dt. Inst.-Verl., 1990. - 64 S. - (Beiträge zur Gesellschafts- und Bildungspolitik ; 155 = 1990,4). - ISBN: 3-602-24905-0

3318 A 187028
Zukünftige Bildungspolitik - Bildung 2000 : Schlußbericht der Enquête-Kommission des 11. Deutschen Bundestages und parlamentarische Beratung am 26. Oktober 1990. - Bonn : Dt. Bundestag, Referat Öffentlichkeitsarbeit, 1990. - 780 S. - (Zur Sache ; 90,20). - ISBN: 3-924521-63-8

Y-5 Mass Media - Medien

3319 X 17553
Arbeitsgemeinschaft der Öffentlich-Rechtlichen Rundfunkanstalten der Bundesrepublik Deutschland:
ARD-Jahrbuch ... . - Hamburg : Hans-Bredow-Inst. - Erscheinungsbeginn: Jg. 1. 1969. - ISSN: 0066-5746
- 23. 1991

3320 C 175143
AWA '90/'91 - Ost : Code-Buch - Ergebnisse ; Märkte und Medien in den neuen Bundesländern ; November/Dezember 1990 / Institut für Demoskopie Allensbach. - Allensbach, 1990. - 89 S. - AWA = Allensbacher Werbeträger-Analyse

3321 C 172420
Bahrmann, Hannes:
Der ostdeutsche Zeitungsmarkt / [Verf.: Hannes Bahrmann]. - Hamburg, 1991. - 16 Bl. - (DPA-Hintergrund ; 3362)

3322 A 185648
Branchenführer Medien DDR / Hrsg.: Werner Claus. - 1. Ausg. 1990/91. - Berlin : VISTAS, 1989. - 144 S. - (Reihe Ost-West Media ; 1). - ISBN: 3-89158-051-7

3323
Entwicklung des Werbemarktes für Fernsehen und Hörfunk in Deutschland unter alternativen Rahmenbedingungen : Endbericht ; Gemeinschaftsstudie im Auftrag von ARD Werbung, Bayerische Landeszentrale für neue Medien, RTL plus / PROGNOS-AG, Basel, Arbeitsbereich Medien und Kommunikation. - München, 1991. - (BLM-Schriftenreihe ; ...)
- Anlagenbd. - 1991. - 423 S.. - (... ; 17b)
  SIGNATUR: A 192285
- [Hauptbd.]. Endbericht. - 1991. - 180 S.. - (... ; 17a)
  SIGNATUR: A 192284

3324 A 192357
Geppert, Kurt:
Werbemarkt Berlin und Brandenburg : eine Studie im Auftrag der Anstalt für Kabelkommunikation Berlin / von Kurt Geppert ; Wolfgang Seufert ; Axel Zerdick. - Berlin : VISTAS, 1992. - 287 S. : graph. Darst. - Literaturverz. S. 245 - 287. - ISBN: 3-89158-007-X

3325 Y 370 (58)
Geppert, Kurt:
Wirtschaftliche Grundlagen des Rundfunks in Berlin und Brandenburg / [bearb. von Kurt Geppert und Wolfgang Seufert]. - IN: Wochenbericht / Deutsches Institut für Wirtschaftsforschung. - 58 (1991),35, S. 497 - 503

3326 XX 3332 (1991)
Gross, Wolf-Dietrich:
Öffentlichkeitsarbeit in der ehemaligen DDR / von Wolf-Dietrich Gross. - IN: Information der Internationalen Treuhand-AG, Basel, Genf, Zürich. - 1991,März = Nr. 87, S. 49 - 57

3327 XX 5705 (1991)
Heymann, Dominique:
L' édition est-allemande à l'heure de la transition : structure, problèmes et projets / par Dominique Heymann. - IN: Cahiers de l'économie du livre. - 1991,décembre = Nr. 6, S. 119 - 154

3328 A 191941
Schlecht informiert : wie Medien die Wirklichkeit verzerren ; eine Fallsammlung / Institut für Medienentwicklung und Kommunikation GmbH. Gero Kalt (Hg.). - Frankfurt am Main, 1992. - 341 S. - (Medienkritische Reihe ; 3). - ISBN: 3-927282-10-3

3329 Y 370 (57)
Seufert, Wolfgang:
Gesamtdeutscher Wirtschaftsraum verbessert die Wettbewerbschancen privater Fernsehfunkprogramme / [bearb. von Wolfgang Seufert]. - Graph. Darst. - IN: Wochenbericht / Deutsches Institut für Wirtschaftsforschung. - 57 (1990),34, S. 475 - 482

3330 B 261519
Staatsvertrag über den Rundfunk im vereinten Deutschland / [Red.: Montana Heiss]. - Mainz : Zweites Dt. Fernsehen, Information und Presse/Öffentlichkeitsarbeit, 1992. - 69 S. - (ZDF-Schriftenreihe ; 44)

Y-6 Libraries, Information and Documentation Services - Bibliotheken, Information und Dokumentation

3331 B 254380
Beyer, Achim:
Auswirkungen politischer und gesellschaftlicher Veränderungen auf die Informationslandschaft : neue Aspekte in der DDR-Forschung / von Achim Beyer. - IN: Deutscher Dokumentartag 1990 / hrsg. von Wolfram Neubauer ... - Frankfurt am Main, 1991. - ISBN 3-925474-10-2. - S. 231 - 254. - (DGD-Schrift : DOK ; 3 = 91,1 [d. Gesamtwerkes])

3332 B 259933
Beyersdorff, Günter:
Kooperation mit den neuen Bundesländern : Verfahren, Institutionen, Ergebnisse / Günter Beyersdorff. - IN: Wissenschaftliche Bibliotheken im vereinten Deutschland / 81. Deutscher Bibliothekartag in Kassel 1991. Hrsg. von Engelbert Plassmann ... - Frankfurt am Main, 1992. - ISBN 3-465-02533-4. - S. 25 - 33. - (Zeitschrift für Bibliothekswesen und Bibliographie : Sonderheft ; 54)

3333 B 259933
Buck, Herbert:
Zur Äquivalenz der bibliothekarischen und dokumentarischen Berufsabschlüsse in den alten und neuen Bundesländern / Herbert Buck. - IN: Wissenschaftliche Bibliotheken im vereinten Deutschland / 81. Deutscher Bibliothekartag in Kassel 1991. Hrsg. von Engelbert Plassmann ... - Frankfurt am Main, 1992. - ISBN 3-465-02533-4. - S. 293 - 299. - (Zeitschrift für Bibliothekswesen und Bibliographie : Sonderheft ; 54)

3334 B 254380
Deutscher Dokumentartag <1990, Fulda>:
Deutscher Dokumentartag 1990 : 1. Deutsch-Deutscher Dokumentartag ; 25. bis 27. September, Maritim Hotel Fulda. Proceedings / hrsg. von Wolfram Neubauer ... - Frankfurt am Main, 1991. - 608 S. : graph. Darst. - (DGD-Schrift : DOK ; 3

= 91,1 [d. Gesamtwerkes]). - Beitr. teilw. dt., teilw. engl. - Enth. 40 Beitr. - ISBN: 3-925474-10-2

3335   A 190408
EDV-gestützte Bibliotheksdienstleistungen : Empfehlungen der Deutschen Forschungsgemeinschaft ; Empfehlungen der Bund-Länder-Arbeitsgruppe Bibliothekswesen. - Berlin, 1991. - 109 S. - (Dbi-Materialien ; 110). - ISBN: 3-87068-910-2

3336   A 189302
Empfehlungen zur Förderung der Bibliotheken in den neuen Bundesländern / Bund-Länder-Arbeitsgruppe Bibliothekswesen. [Betreuung und Red.: Helmut Rösner]. - Berlin, 1991. - 142 S. - (Dbi-Materialien ; 106). - ISBN: 3-87068-906-4

3337   B 254380
Hartmann, Christian:
Information-Ressource Management : die Realitäten in der DDR / von Christian Hartmann. - IN: Deutscher Dokumentartag 1990 / hrsg. von Wolfram Neubauer ... - Frankfurt am Main, 1991. - ISBN 3-925474-10-2. - S. 91 - 100. - (DGD-Schrift : DOK ; 3 = 91,1 [d. Gesamtwerkes])

3338   C 172451
Krakat, Klaus:
Information als Produktionsfaktor / Klaus Krakat. - Graph. Darst. - IN: Gesamtdeutsche Eröffnungsbilanz. - 2 (1990), S. 33 - 65

3339   B 259933
Lammert, Norbert:
Aktuelle Fragen der Bibliothekspolitik im vereinten Deutschland / Norbert Lammert. - IN: Wissenschaftliche Bibliotheken im vereinten Deutschland / 81. Deutscher Bibliothekartag in Kassel 1991. Hrsg. von Engelbert Plassmann ... - Frankfurt am Main, 1992. - ISBN 3-465-02533-4. - S. 8 - 16. - (Zeitschrift für Bibliothekswesen und Bibliographie : Sonderheft ; 54)

3340   B 254380
Manecke, Hans-Jürgen:
Strukturen im Wandel : Stand und Perspektiven der Industrieinformation in der DDR / von Hans-Jürgen Manecke. - IN: Deutscher Dokumentartag 1990 / hrsg. von Wolfram Neubauer ... - Frankfurt am Main, 1991. - ISBN 3-925474-10-2. - S. 71 - 89. - (DGD-Schrift : DOK ; 3 = 91,1 [d. Gesamtwerkes])

3341   YY 10907 (36)
Marwinski, Konrad:
L' ouverture des frontières : impact sur les bibliothèques de l'Allemagne de l'Est / Konrad Marwinski. - Zsfassung in engl. Sprache. Zsf. u. d. T.: Opening the frontiers. - IN: Bulletin des bibliothèques de France. - 36 (1991),6, S. 556 - 563

3342   B 259933
Mittler, Elmar:
Bibliothekspolitik im zusammenwachsenden Deutschland / Elmar Mittler. - IN: Wissenschaftliche Bibliotheken im vereinten Deutschland / 81. Deutscher Bibliothekartag in Kassel 1991. Hrsg. von Engelbert Plassmann ... - Frankfurt am Main, 1992. - ISBN 3-465-02533-4. - S. 17 - 24. - (Zeitschrift für Bibliothekswesen und Bibliographie : Sonderheft ; 54)

3343   XX 4443 (25)
Schmidmaier, Dieter:
Changes in the German library system between the 9th November 1989 and the 31st December 1991 / by Dieter Schmidmaier. - IN: INSPEL. - 25 (1991),4, S. 253 - 260

3344   B 254380
Schmitz-Esser, Winfried:
Die deutsche Vereinigung und der Europäische Informationsmarkt / von Winfried Schmitz-Esser. - IN: Deutscher Dokumentartag 1990 / hrsg. von Wolfram Neubauer ... - Frankfurt am Main, 1991. - ISBN 3-925474-10-2. - S. 53 - 70. - (DGD-Schrift : DOK ; 3 = 91,1 [d. Gesamtwerkes])

3345   B 259933
Werner, Rosemarie:
Bibliothekarische und dokumentarische Ausbildung in den neuen Bundesländern / Rosemarie Werner. - IN: Wissenschaftliche Bibliotheken im vereinten Deutschland / 81. Deutscher Bibliothekartag in Kassel 1991. Hrsg. von Engelbert Plassmann ... - Frankfurt am Main, 1992. - ISBN 3-465-02533-4. - S. 279 - 292. - (Zeitschrift für

Bibliothekswesen und Bibliographie :
Sonderheft ; 54)

3346   B 259933
Wissenschaftliche Bibliotheken im vereinten Deutschland / 81. Deutscher Bibliothekartag in Kassel 1991. Hrsg. von Engelbert Plassmann ... - Frankfurt am Main : Klostermann, 1992. - X, 408 S. : graph. Darst. - (Zeitschrift für Bibliothekswesen und Bibliographie : Sonderheft ; 54). - Enth. 34 Beitr. - ISBN: 3-465-02533-4

Z Directories, Trade Directories,
    Reference Books - Adreßbücher,
    Firmenverzeichnisse,
    Nachschlagewerke

3347   KatS 1 D 13
ABC der deutschen Wirtschaft : gesamtdeutsche Ausgabe. Info-Band : industrielle Informationen und Referenzen, Adresse und Auskunft. - Darmstadt [u.a.] : ABC-der-Dt.-Wirtschaft-Verl.-GmbH.
- 1991/93. (1991/92),1 - 4

3348   KatS 1 D 13
ABC der deutschen Wirtschaft : Industrie ; gesamtdeutsche Ausgabe. Ortslexikon für Wirtschaft und Verkehr. - Darmstadt [u.a.] : ABC-der-Dt.-Wirtschaft-Verl.-Ges.-mbH.
- 1991/92. (1991)

3349   KatS 1 D 13
ABC der deutschen Wirtschaft : Industrie ; gesamtdeutsche Ausgabe. Quellenwerk für Einkauf-Verkauf. - Darmstadt [u.a.] : ABC-der-Dt.-Wirtschaft-Verl.-GmbH.
- 41. 1990/91 (1990)

3350   KatS 1a D 1
Anschriftenverzeichnis der DDR-Volkswirtschaft : nach Bereichen und Branchen geordnet / hrsg. vom Statistischen Amt der DDR. - Freiburg i. Br. : Haufe.
- 1. Bereiche: Industrie, Bauwirtschaft, Land- und Forstwirtschaft, Verkehr, Post- und Fernmeldewesen, Handel, sonstige Zweige des produzierenden Bereichs. - 1. Aufl., Stand: 31.3.1990. - 1990. - 813 S.

Anschriftenverzeichnis der DDR-Volkswirtschaft
- 2. Bereiche: Wohnungs- und Kommunalwirtschaft, Vermittlungs-, Werbe-, Beratungs- u.a. Büros, Geld- und Kreditwesen, Wissenschaft, Bildung, Kultur, Gesundheits- und Sozialwesen. - 1. Aufl., Stand: 31.3.1990. - 1990. - 314 S.

3351   D 17391
Aufschwung Ost - Unternehmer der ersten Jahre : Sachsen-Anhalt / [Red.: Uta Braeter]. - [Halle] : Mitteldt. Verl., 1991. - 283 S. : Ill. - ISBN: 3-354-00756-7

3352   A 190164
Behördenbuch der DDR : Organe, Organisationen, Institutionen und Einrichtungen / bearb. von Karl Maurer. - Starnberg-Percha : Schulz. - Losebl.-Ausg. - Mit Hauptbd. Erscheinen eingestellt. - ISBN: 3-7962-0409-0
- [Hauptbd.]. - Stand: 15. Mai 1990.

3353   C 170383
Das Buch! : für Handel, Handwerk, Industrie und Gewerbe ; Mecklenburg-Vorpommern. - Hamburg : Birkner.
- 1990/91. (1990)

3354   KatS 1 D 28
Bund transparent : Parlament, Regierung, Bundesbehörden: Organisation, Gremien, Anschriften, Namen. - Bad Honnef : Bock. - Erscheinungsbeginn: Ausg. 1. 1984
- 8. 1992

3355   X 20200
Die Bundesrepublik Deutschland : Staatshandbuch. Landesausgabe Land Berlin. - Köln [u.a.] : Heymann. - ISSN: 0721-9989
- 1991. (1992)

3356   ArbS VII 22
Die Bundesrepublik Deutschland : Staatshandbuch. Teilausgabe Bund. - Köln [u.a.] : Heymann. - ISSN: 0721-9970
- 1991. (1992)

3357   A 190953
Die Bundesrepublik Deutschland : Staatshandbuch. Teilausgabe neue Bundesländer : Land Brandenburg, Land Mecklenburg-Vorpommern, Land Freistaat Sachsen, Land Sachsen-Anhalt, Land

Thüringen. - Köln [u.a.] : Heymann. - Erscheinungsbeginn: 1991
- 1991

3358 KatS 1a D 4
DDR 20000 : Wirtschaftspublikation von 20000 Unternehmen der DDR / [red. Bearb.: Jürgen Schiff ...]. - Frankfurt [u.a.] : Schimmelpfeng [u.a.].
- 1. [A - R. - 1990]. - XIX, 980 S.
- 2. [S - Z. - 1990]. - XI S., S. 981 - 1870

3359 Y 33705
DDR-Firmenhandbuch . - Darmstadt [u.a.] : Hoppenstedt. - Erschienen: Ausg. 1. 1990. - Später u.d.T.: Firmen der neuen Bundesländer. - ISSN: 0938-8044
- 1. 1990

3360 KatS O D 10
Eastern European business directory : a guide to more than 8000 of the largest business, commercial enterprises, and special interest associations ... / Frank X. Didik. - 1. ed. - Detroit [u.a.] : Gale Research Inc., 1992. - LX, 962 S. - ISBN: 0-8103-8401-9

3361 KatS 1 D 52
Firmen der neuen Bundesländer . - Darmstadt [u.a.] : Hoppenstedt. - Text dt., engl. u. franz. - Erscheinungsbeginn: Ausg. 2. 1991. - Früher u.d.T.: DDR-Firmenhandbuch. - ISSN: 0938-8044
- 2. 1991. - 3. Ausg. Nachtragsband zum Handbuch Firmen der neuen Bundesländer. - 1992

3362 A 184542
Flemming, Günther:
Deutsch-deutsches Wirtschaftslexikon Volkswirtschaft / von Günther Flemming und Alfred Keck. - Stuttgart : Dt. Sparkassenverl., 1990. - 132 S. - (Sparkassen, Praxis, Wissen). - ISBN: 3-09-302732-2

3363 A 187506
Göbbel, Beowulf:
Die fünf neuen Bundesländer als Wirtschaftspartner : Bundesrepublik Deutschland / [verantw. bearb.: Beowulf Göbbel ; Hans-Jürgen Moecke ; Dale Rubbra]. - Stand: Januar 1991. - Köln : Bundesstelle für Aussenhandelsinformation, 1991. - 145 S. - Druckschriftennr.: Bestell-Nummer 56.200.91.120

3364 KatS 1a D 3
Handbuch der DDR-Betriebe : Standorte - Produktionen - Betriebsgrößen / Hans-Joachim Beyer (Hrsg.). - Ausg. 1990. - Köln : Dt. Inst.-Verl., 1990. - 400 S. - ISBN: 3-602-14274-4

3365 KatS 1 C 102
Handbuch der Großunternehmen ... . - Darmstadt [u.a.] : Hoppenstedt. - ISSN: 0073-0068
- 39. 1992 (1991)

3366 KatS 1 D 48
Kapitalgesellschaften der neuen Bundesländer : 1991/92 / Daten-Info-Service. [Red.: Thomas Meinhardt]. - 2., komplett überarb. Aufl. - Leipzig, 1991. - 180 S. - Frühere Aufl. u.d.T.: Kapitalgesellschaften Ostdeutschland. - ISBN: 3-928623-56-7

3367 KatS 1a D 6
Kapitalgesellschaften mit Treuhandbeteiligung / Treuhandanstalt. - Stand 30. Juni 1990. - Berlin : Markt und Wirtschaft GmbH i.G., [1990]. - V, 302 S.

3368 C 173917
Kapitalgesellschaften Ostdeutschland : 1990 - 1991 / Daten-Info-Service. - Leipzig, 1991. - 168 S. - 2. Aufl. u.d.T.: Kapitalgesellschaften der neuen Bundesländer

3369 KatS 1 D 35
Kompass . Deutschland. - Freiburg im Breisgau : Kompass Deutschland Verl.- und Vertriebsges. - Erscheinungsbeginn: 18. 1991 (1990). - Forts. von: Der Industrie-Kompass Deutschland. - ISSN: 0935-171X - 0940-3280
- 19. 1991/92,1. Produkte und Dienstleistungen : Hauptgruppen 01 - 35. - 1991
- 19. 1991/92,2. Produkte und Dienstleistungen : Hauptgruppen 36 - 90
- 19. 1991/92,3. Firmeninformationen BB, Brandenburg, BL, Berlin, BR, Bremen, BW, Baden-Württemberg, BY, Bayern, HH, Hamburg, HS, Hessen
- 19. 1991/92,4. Firmeninformationen MV, Mecklenburg-Vorpommern, NS, Niedersachsen, NW, Nordrhein-Westfalen, RH, Rheinland-Pfalz, SA, Sachsen-Anhalt, SH, Schleswig-Holstein, SN, Sachsen, SR, Saarland, TH, Thüringen

3370   KatS 1 C 12
Kürschners deutscher Gelehrten-Kalender : bio-bibliographisches Verzeichnis deutschsprachiger Wissenschaftler der Gegenwart. - Berlin [u.a.] : de Gruyter. - Erscheinungsbeginn: Ausg. 1. 1925. - ISSN: 0341-8049
- 16. 1992

3371   KatS 1 C 7
Liedtke, Rüdiger:
Wem gehört die Republik? : die Konzerne und ihre Verflechtungen ; Namen, Zahlen, Fakten / Rüdiger Liedtke. - Neuausg. - Frankfurt am Main : Eichborn, 1991. - 447 S. : graph. Darst. - Frühere Ausg. u.d.T.: Liedtke, Rüdiger: "Wem gehört unsere Republik?". - ISBN: 3-8218-1340-7

3372
Meet United Germany : a publication of the Frankfurter Allgemeine Zeitung GmbH, Information Services and Atlantic-Brücke e.V. / ed. by Susan Stern. - Frankfurt am Main : Frankfurter Allg. Zeitung GmbH, Informationsdienste. - Früher u.d.T.: Meet Germany. - ISBN: 3-924875-73-1
- Handbook 1991/92 - 1991. - 184 S. : graph. Darst.
  SIGNATUR: A 191542
- Perspectices. - 1991. - 280 S. : graph. Darst.
  SIGNATUR: A 191543

3373   KatS 1 D 38
Mittelständische Unternehmen . - Darmstadt [u.a.] : Hoppenstedt. - Erscheinungsbeginn: Ausg. 1. 1986. - ISSN: 0930-3618
- 6. 1991

3374   ArbS VII 40
Model, Otto:
Staatsbürger-Taschenbuch : alles Wissenswerte über Staat, Verwaltung, Recht und Wirtschaft mit zahlreichen Schaubildern / begr. von Otto Model. Fortgef. von Carl Creifelds ... - 26., neubearb. Aufl. - München : Beck, 1992. - XXXII, 1145 S. - ISBN: 3-406-35736-9

3375   A 192614
Müllers großes deutsches Ortsbuch : Bundesrepublik Deutschland, neue Bundesländer / bearb. von Joachim Müller. - Wuppertal : Post- und Ortsbuchverl., 1992. - 279 S. - ISBN: 3-87643-010-0

3376   KatS 1 D 54
Die neuen Bundesländer - ... made in: Brandenburg, Mecklenburg-Vorpommern, Sachsen, Sachsen-Anhalt, Thüringen, Berlin : Wirtschaftsdokumentation "Fünf Länder mit Zukunft" / Hrsg.: ALLDATA-Wirtschaftsinformationen-Gmbh. - Lüneburg.
- 1991,A - B

3377   A 189124
Rittershofer, Werner:
Das Lexikon Wirtschaft, Arbeit, Umwelt : mit aktuellen Stichworten zu deutsche Einigung und Europa / Werner Rittershofer. - 6., völlig überarb. und erw. Aufl. - Köln : Bund-Verl., 1991. - 542 S. : Ill., graph. Darst. - 5. Aufl. u.d.T.: Rittershofer, Werner: Das Lexikon Wirtschaft, Umwelt, Gewerkschaften. - ISBN: 3-7663-2217-6

3378   X 11613
Taschenbuch des öffentlichen Lebens . - Bonn : Festland-Verl. - Erscheinungsbeginn: Jg. 1. 1950. - ISSN: 0082-1829
- 41. 1991/92 (1991)

3379   X 18554
Taschenbuch Wirtschaftspresse ... / Deutsche BP-Aktiengesellschaft, Presseabteilung. - Garmisch-Partenkirchen [u.a.] : Kroll. - Erscheinungsbeginn: 1990. - Früher u.d.T.: Taschenbuch für die Wirtschaftspresse. - ISSN: 0170-4354
- 1991
- 1992

3380   KatS 1 D 53
Treuhandanstalt <Berlin>:
Offizielles Firmenverzeichnis der Treuhandanstalt . - 1. Ausg. - Darmstadt : Hoppenstedt, 1991. - Getr. Zählung. - ISBN: 3-8203-0233-6

3381   KatS 1 D 58
Unternehmer-Handbuch '92 : Information und Adressen für die Wirtschaft / Hrsg.: Dieter Härthe. - Bonn : Economica-Verl., 1991. - IX, 321 S. - Literaturverz. S. 273 - 321. - ISBN: 3-87081-381-4

3382   KatS 1 D 6
Verbände, Behörden, Organisationen der Wirtschaft . - Darmstadt [u.a.] : Hoppenstedt. - Erscheinungsbeginn: 1964. - ISSN: 0171-4325

Verbände, Behörden, Organisationen der
Wirtschaft
- 41. 1991

3383   A 191037
Weiler, Heinrich:
Wirtschaftspartner Ostdeutschland :
Wirtschaftsaktivitäten mit und in den
neuen Bundesländern / von Heinrich
Weiler. - Bonn : Economica-Verl., 1991.
- XI, 149 S. : graph. Darst. -
(Praxiswissen Wirtschaft). - Frühere
Ausg. u.d.T.: Wirtschaftspartner DDR. -
ISBN: 3-87081-020-3

3384   KatS 1 C 10
Wer ist wer? : Das deutsche Who's who ;
Bundesrepublik Deutschland. - Lübeck :
Schmidt-Römhild. - Erscheinungsbeginn:
Ausg. 11. 1951
- 30. 1991/92 (1991)

3385   A 183924
Wirtschaftspartner DDR :
Wirtschaftsstruktur, Recht,
Fördermaßnahmen, Ansprechpartner / hrsg.
von Heinrich Weiler ... Unter Mitarb.
von Jochen Flasbarth ... - 3., völlig
neubearb. u. erw. Aufl.,
Bearbeitungsstand: Mai 1990. - Bonn :
Economica-Verl., 1990. - XII, 177 S. :
graph. Darst. - 2. Aufl. u.d.T.:
Weiler, Heinrich: Wirtschaftspartner
DDR. - Spätere Ausg. u.d.T.: Weiler,
Heinrich: Wirtschaftspartner
Ostdeutschland. - ISBN: 3-926831-77-4

3386   KatS 1 D 59
Wupper und Partner <Hamburg>:
Wupper-Report . - Hamburg. - Ab 1991
(1992) Nebent.: Wer kauft wen?. - 1989
(1990) mit d. Gesamtt.: Wirtschaftswoche
: Survey. - Erscheinungsbeginn: 1985
(1986)
- 1991. (1992)

3387   KatS 1 D 47
1. Gewerbe- und Industrieverzeichnis
Ostdeutschland, nach Branchen sortiert
: mit Telefon-, Telefax-,
Telex-Anschlüssen. - 1. Aufl. - Leipzig
: Daten-Info-Service, 1990. - 721 S.

MULTI-AUTHOR AND ANONYMOUS WORKS - SACHTITELWERKE

Abbruch und Aufbruch   3210
ABC der deutschen Wirtschaft / Info-Band   3347
ABC der deutschen Wirtschaft / Ortslexikon für Wirtschaft und Verkehr   3348
ABC der deutschen Wirtschaft / Quellenwerk für Einkauf-Verkauf   3349
Abfallrecht   2325
Ableitung energiewirtschaftlicher Kennziffern in den Ländern der ehemaligen DDR und Ermittlung von Energieeinsparungspotentialen für Energieversorgungskonzeptionen   2382
Abwanderung von Arbeitskräften und Einkommenspolitik in Ostdeutschland   1369
Action plan   320
Änderung der Bekanntmachungen für den innerdeutschen Warenverkehr auf Grund des systematischen Güterverzeichnisses für Produktionsstatistiken 1989   569
AfA-Tabelle 1990   1191
Agrarbericht ...   2189
Agrarmärkte in Zahlen / Deutschland   2190
Agrarwirtschaft und Agrarpolitik in der ehemaligen DDR im Umbruch   2191
L' agriculture dans les nouveaux Bundesländer   2192
Aktuelle Probleme der Währungs-, Wirtschafts- und Sozialunion mit der DDR   47
Aktuelle und periodische Berichterstattung zur Entwicklung der mittelständischen Wirtschaft in den neuen Bundesländern   2138
Alltag in den neuen Bundesländern   2978
Alternative Möglichkeiten zur Lösung kommunaler Energie- und Umweltprobleme in Ostdeutschland   2315
An der Schwelle zur sozialen Marktwirtschaft   2044
Analyse der bisherigen Wirtschaftspolitik und des Systems der Planung, Leitung und wirtschaftlichen Rechnungsführung mit Einschätzung der Ursachen, die zur tiefen ökonomischen Krise in der DDR geführt haben   1529
Analyse der gesamtwirtschaftlichen Entwicklung in der DDR seit Herbst 1989   1801
Anbau und Ernte von Feldfrüchten und Gemüse ...   2194
Anforderungen an die kaufmännische Weiterbildung in den neuen Bundesländern infolge der Einführung der Marktwirtschaft   1504
Angestelltenverdienste in Industrie und Handel der neuen Bundesländer   1370
Angewandte interdisziplinäre Orientforschung   3211
Anschriftenverzeichnis der DDR-Volkswirtschaft   3350
Die Anwendung der gemeinschaftlichen Strukturpolitik auf die neuen deutschen Länder   2866
Arbeiterverdienste in der Industrie der neuen Bundesländer   1371
Arbeits- und Sozialordnung   1461
Arbeitsbeschaffungsprogramme für Ostdeutschland   1202
Arbeitslosigkeit und Kurzarbeit in Ostdeutschland   1203
Arbeitsmarkt ...   1204
Arbeitsmarkt DDR   1205
Der Arbeitsmarkt in Deutschland   1206
Arbeitsmarkt in Thüringen   1207
Arbeitsmarkt in Zahlen / Aktuelle Daten für das Beitrittsgebiet   1208
Arbeitsmarkt in Zahlen / Aktuelle Daten für das Bundesgebiet Ost   1209
Arbeitsmarkt in Zahlen / Zugezogene, Übersiedler, Aussiedler   1210
Der Arbeitsmarkt 1991 und 1992 in der Bundesrepublik Deutschland   1211
Arbeitsmarktanalyse Raum Dresden   1212
Arbeitsmarktprobleme und Qualifizierungserfordernisse in den fünf neuen Bundesländern   1213
Arbeitsprogramm Rüstungskonversion   2549
Arbeitsrecht   1462   1472
Das Arbeitsrecht der neuen Bundesländer   1463
Arbeitsrecht in den neuen Bundesländern   1464   1485

MULTI-AUTHOR AND ANONYMOUS WORKS - SACHTITELWERKE

Arbeitswissenschaften nach dem Fall der Mauer 1489
Arbeitswissenschaftliche Einflußnahme auf die Reorganisation und Restrukturierung ostdeutscher Maschinenbaubetriebe 1490
Auf dem Weg zur deutschen Einheit 185
Auf dem Weg zur Einheit 1430
Auf dem Wege zur wirtschaftlichen Einheit Deutschlands 221
Der Aufbau der neuen Bundesländer 2979
Auferstehen aus Ruinen 1431
Aufgaben der Tarifpolitik in den 90er Jahren 1372
Aufgaben und Organisation kommunaler Arbeitsmarktpolitik in den ostdeutschen Bundesländern 1215
Aufgaben und Perspektiven unternehmerischer Aktivitäten in den neuen Bundesländern 1083
Aufgaben, Chancen, Risiken einer Wirtschafts- und Währungsunion DDR BRD 49
Aufschwung Ost - Unternehmer der ersten Jahre 3351
Aus der Arbeit des Steuergesetzgebers im Jahre ... 1695
Aus der Praxis - für die Praxis 2157
Aus- und Weiterbildung 1505
Ausbau in Deutschland und Aufbruch nach Europa 3185
Ausgewählte Probleme der Systemtransformation in der DDR-Wirtschaft 630
Ausgewählte Strukturdaten für die kreisfreien Städte und Landkreise Hessens und Thüringens 2867
Ausgewählte Zahlen für die Bauwirtschaft 2561
Ausgewählte Zahlen zur Energiewirtschaft 2384
Auslandsmessepolitik für das vereinte Deutschland 1103
Außenhandel ... 504
Außenhandel ... nach Ursprungs- und Bestimmungsländern 507
Außenhandel ... nach Waren 508
Der Außenhandel der neuen deutschen Bundesländer mit Mittel- und Osteuropa 505
Außenhandel im ... Vierteljahr ... 506
Außenhandels- und Zahlungsbilanzstatistik 608
Außenwirtschaftliche Sonderregelungen für das Gebiet der ehemaligen DDR 509
Die Auswirkungen der Vereinigung Deutschlands auf die Europäische Gemeinschaft 394
Auswirkungen der Vollendung des EG-Binnenmarktes, der deutschen Vereinigung sowie der Öffnung der osteuropäischen Märkte auf Hamburg 341
Auswirkungen der Wiedervereinigung und des europäischen Integrationsprozesses auf Nordrhein-Westfalen 342
Auswirkungen des EG-Binnenmarktes für Energie auf Verbraucher und Energiewirtschaft in der Bundesrepublik 2385
Auswirkungen des EG-Binnenmarktes, der deutschen Vereinigung sowie der Entwicklungen in Osteuropa auf süddeutsche Mittelzentren 343
Die Auswirkungen des EG-Rechts auf das Arbeits- und Sozialrecht der Bundesrepublik 1465
Auszubildende ... 1506
AWA '90/'91 - Ost 3320
Bank-, Kredit- und Grundstücksrecht in den neuen Bundesländern 1742
Banken im Wettbewerb - in Europa und weltweit 2659
Banken in sich wandelnden Märkten 2660
Banken-Jahrbuch 2661
BAT-O 1373
Baubestand der medizinischen Hochschuleinrichtungen in den neuen Bundesländern 3271
Baugesetzbuch 2567
Bausparгеschäft ... 2662
Behördenbuch der DDR 3352
Beiträge zur Entwicklung der Kapitalverwertung in der Industrie der DDR im Zeitraum 1981 bis 1988 2477

MULTI-AUTHOR AND ANONYMOUS WORKS - SACHTITELWERKE

Beiträge zur Input-Output-Analyse   2060   2071
Bericht des Bundes und der Länder über nachwachsende Rohstoffe   2200
Bericht "hochschulpolitische Zielsetzungen"   3272
Bericht über das ERP-Tourismusprogramm Ost zum 30.06.1991   2696
Bericht über den Zustand des Waldes ...   2201
Berlin: eine Metropole im Wandel   2792
Berlin, Brandenburg   2791
Berlin-Report   2794
Berufliche Bildung   1508
Berufliche Bildung für den Wandel   1509
Berufliche Bildung in Zeiten des Umbruchs   1510
Berufliche Bildung nach der Vereinigung   1511
Berufliche Weiterbildung   1512
Berufsbildungsbericht ...   1513
Berufstätige in Berlin-Ost   1221
Beschäftigungs- und Qualifizierungsgesellschaften in den neuen Bundesländern   1222
Beschäftigungsperspektiven von Treuhandunternehmen   1223   1289
Beschäftigungsperspektiven von Treuhandunternehmen und Ex-Treuhandfirmen   1224
Beschäftigungsplan und Beschäftigungsgesellschaft   1225
Beschäftigungspolitik in einer offenen Gesellschaft   1226
Bestandsaufnahme und Perspektiven der Atom- und Energiewirtschaft der DDR   2387
Betriebliche Altersversorgung in der Diskussion zwischen Praxis und Wissenschaft
   3110
Betriebliche Altersversorgung und Jahresabschluß   1125
Betriebswirtschaftslehre für die neuen Bundesländer   3273
Bevölkerung von Berlin nach Alter und Geschlecht am 3. Oktober 1990   3008
Bevölkerungsentwicklung ...   3009
Bevölkerungsstruktur und Wirtschaftskraft der Bundesländer   2062
Bewertung des Grundvermögens und der Betriebsgrundstücke i. S. des § 99 Abs. 1 Nr. 1
   BewG sowie Festsetzung der Grundsteuermeßbeträge im beigetretenen Teil
   Deutschlands ab 1.1.1991   867
Bewertung von Unternehmen in der DDR   1193
Bezirksdaten DDR   2868
Bibliographie zum wirtschaftlichen Einigungsprozeß Deutschlands   222
Die Bilanz des Zahlungsverkehrs der Bundesrepublik Deutschland mit der Deutschen
   Demokratischen Republik   609
Bildung im Zahlenspiegel   3307
Bildung und Beruf im Umbruch   1514   3274
Bildungspolitik und Bildungsarbeit   3308
Bildungssituation und Bildungsaufgaben in den neuen Bundesländern   3309
Branchenführer Medien DDR   3322
Branchenreport ...   2113
Brandenburg im ersten Jahr der deutschen Einheit   2795
Brandenburg: Streusandbüchse als Wirtschaftsstandort   2796
Bringt das neue Jahr den Aufschwung?   1891
Bruttoanlageinvestitionen ... nach Ländern sowie Wirtschaftsbereichen, -sektoren und
   -zweigen   1956
Bruttoanlageinvestitionen ... nach Wirtschaftsbereichen, -sektoren und -zweigen sowie
   Ländern   1957
Das Buch!   3353
Bund transparent   3354
Die Bundesrepublik Deutschland / Landesausgabe Land Berlin   3355
Die Bundesrepublik Deutschland / Teilausgabe Bund   3356
Die Bundesrepublik Deutschland / Teilausgabe neue Bundesländer   3357
Bundesrepublik Deutschland: Fortschritte bei der Strukturanpassung im Osten -
   Konjunkturabschwächung im Westen   1892

MULTI-AUTHOR AND ANONYMOUS WORKS - SACHTITELWERKE

Bundesrepublik Deutschland: Konjunkturabschwächung im Westen - Produktionsbelebung im Osten   1893
Bundesrepublik Deutschland: Stagnation im Westen - Produktionsanstieg im Osten   1894
Bundesrepublik Deutschland: strukturelle Anpassungskrise im Osten - Hochkonjunktur im Westen   1895
Bundesrepublik Deutschland: Wirtschafts- und Währungsunion mit der DDR stützt Konjunktur   60
Bundesrepublik '92: moderates Wachstum im Westen - Erholung im Osten   1896
Chancen und Probleme für die Forst- und Holzwirtschaft im geeinten Deutschland   2203
Chronik der Ereignisse in der DDR   1
Consequences of German economic unification   369
Darauf kommt es an beim Aufbau des geeinten Deutschland   1530
Daten des Gesundheitswesens   3187
Daten und Fakten der unternehmerischen Wohnungswirtschaft in den neuen Bundesländern   2574
Daten zur Umwelt   2333
Datenreport DDR-Arbeitsmarkt   1243
DDR - Energiepolitik in der Sackgasse   2389
DDR - Forschung und Entwicklung   3245
DDR - Industrie-Standorte   2481
DDR - Städte und Kreise   3010
DDR - Steuer-, Bilanz- und Wirtschaftsgesetze   1743
DDR - Umweltschutz: Ökologie statt Autarkie   2334
DDR - Verkehr am Markt vorbei   2722
DDR - Wirtschaften in der Wirtschafts- und Währungsunion   1744
DDR am Wendepunkt   1809
Die DDR auf dem Weg zur deutschen Einheit   187
DDR neunzehnhundertneunzig   2064
DDR Wirtschafts- und Währungsunion   70
DDR zwanzigtausend   3358
DDR-BRD-Perspektiven   71
DDR-Extra   3111
DDR-Firmenhandbuch   3359
DDR-Landwirtschaft auf dem Weg in die Marktwirtschaft   2205
DDR-Perspektiven   1810
DDR-Steuergesetze   1698   1699   1700
DDR-Wirtschaft   1811
DDR-Wirtschaft   1812
DDR-Wirtschaft neunzig   1813
DDR-Wirtschaftsreform und Währungsunion   647
Demographischer Wandel und Versicherungswirtschaft   2684
Deutsch-deutsche Gemeinschaftsunternehmen   1036
Die deutsch-deutsche Integration   226
Deutsch-deutsche Unternehmen   1037
Deutsch-deutsche Wirtschafts-, Währungs- und Sozialunion im Rahmen der Europäischen Gemeinschaften   403
Die deutsche Einheit   228   1658
Deutsche Einigung - Rechtsentwicklungen   1745
Deutsche Einigung und EG-Integration   404
Deutsche Einigung und Versicherungswirtschaft   2685
Das deutsche Modell   807
Der deutsche Osthandel ...   513
Eine deutsche Revolution   2
Der deutsche Steinkohlenbergbau im Jahre ...   2390
Das deutsche Volk hat in freier Selbstbestimmung die Einheit und Freiheit Deutschlands vollendet   188

MULTI-AUTHOR AND ANONYMOUS WORKS - SACHTITELWERKE

Deutsche Währungsunion   75
Deutsche Währungsunion verbessert Wachstumsaussichten   371
Deutsche Wirtschaft ...   1897
Die deutsche Wirtschaft im Anpassungsschock   2115
Deutsche Wirtschaftseinheit   76
Die Deutschen und die Architektur des europäischen Hauses   468
Deutscher Einigungsprozess   372
Deutscher Hochschulführer   3277
Deutschland   2392   2869
Deutschland auf dem Weg zur Einheit   3   2913
Die deutsch-polnischen Grenzgebiete als regionalpolitisches Problem   2870
Dienstleistungsstandort Berlin   2630
Differenzierte Bewertung der Zusammenarbeit mit der Treuhand durch ostdeutsche Unternehmen   1898
Dimensionen des Umbruchs   1816
Die D-Mark in Ost und West   78
D-Markbilanzgesetz   1135   1136   1137   1184
Die D-Markeröffnungsbilanz als Ausgangspunkt und Maßstab betriebswirtschaftlichen Denkens und Handelns   1138
Die D-Markeröffnungsbilanz 1990   1139
Die DM-Eröffnungsbilanz in der DDR   1140
Dokumentation "Wohnungsbau in der DDR - Zukunft für Menschen und Städte"   2577
Dokumentation zum 3. Oktober 1990   190
Die doppelte Integration   407
Der Dubliner Sondergipfel war ein Erfolg   408
Duitse eenheid   191
Dynamik in der Region   2797
East Germany / Country profile   1817
East Germany in from the cold   1387   1388
East Germany's time of crisis   1818
Eastern European business directory   3360
Economic aspects of German unification   233
Economic developments in the Federal Republic of Germany   1819
Economic implications of German economic and monetary unification (GEMU)   409
EDV-gestützte Bibliotheksdienstleistungen   3335
EG-Binnenmarkt und Veränderungen in Osteuropa als bankwirtschaftliche Herausforderungen   2665
Eheschließungen, Geburten und Sterbefälle ...   3016
Eigentum in den neuen Bundesländern   836   846
Eigentum, neue Verfassung, Finanzverfassung   2981
Ein Jahr deutsche Währungs-, Wirtschafts- und Sozialunion   83
Der Einfluss nationaler und europäischer Institutionen auf den Wettbewerb in den neuen Bundesländern   1607
Einheit in Frieden und Freiheit   192
Einheitsbewertung des Grundbesitzes und Grundsteuerrecht in der ehemaligen DDR   872
Einheitswerte, Vermögensteuer und Grundsteuer ab 1.1.1991 in der bisherigen DDR   873
Einigungsvertrag   26   27
Einigungsvertrag und gesetzliche Krankenversicherung   3113
Einkommen und Verbrauch der privaten Haushalte in den neuen und alten Bundesländern   2001
Einkommen und Verbrauch in den privaten Haushalten der neuen Bundesländer   2002
Einkommensentwicklung der privaten Haushalte in Ostdeutschland   2003
Einstellung auf den EG-Binnenmarkt   410
Einzelhandel   2641   2642
Der Einzelhandel in der Bundesrepublik Deutschland   2643

MULTI-AUTHOR AND ANONYMOUS WORKS - SACHTITELWERKE

Einzelhandelsumsatz   2644
Die Elektrizitätswirtschaft in der Bundesrepublik Deutschland ...   2395
Empfehlung der Bundesregierung zur Anwendung des Investitionsgesetzes   1773
Empfehlungen und Stellungnahmen / Wissenschaftsrat   3279
Empfehlungen zur Förderung der Bibliotheken in den neuen Bundesländern   3336
Empirische Sozialforschung im vereinten Deutschland   3213
Energiedaten   2396
Energiemarkt ...   2397
Energiestrukturveränderungen und ihre Raumwirksamkeit in den beiden deutschen Staaten   2398
Enteignung und offene Vermögensfragen in der ehemaligen DDR   837
Entschliessung zu den Auswirkungen der Vereinigung Deutschlands auf die Europäische Gemeinschaft   411
Entwickeln statt abwickeln   1531
Die Entwicklung der Bundesfinanzen im Haushaltsjahr ...   1633
Entwicklung der industriellen Bruttoproduktion und der Anzahl der Arbeiter und Angestellten nach der Systematik der Volkswirtschaftszweige der DDR   2486
Entwicklung der Staatsverschuldung seit Mitte der achtziger Jahre   1634
Die Entwicklung des Arbeitsrechts im Jahre ...   1470
Entwicklung des Energieverbrauchs und seiner Determinanten in der ehemaligen DDR   2399
Entwicklung des Werbemarktes für Fernsehen und Hörfunk in Deutschland unter alternativen Rahmenbedingungen   3323
Entwicklung des Wohnungsbestandes im Jahr ...   2579
Entwicklung und Perspektiven des Versicherungswesens in der DDR   2686
Entwicklungspotentiale im Osten   1820
Entwurf eines Gesetzes über die Feststellung des Wirtschaftsplans des ERP-Sondervermögens für das Jahr 1991   325
Entwurf eines Gesetzes über die Feststellung eines Dritten Nachtrags zum Bundeshaushaltsplan für das Haushaltsjahr 1990   1635
Entwurf eines Gesetzes über die Feststellung eines Dritten Nachtrags zum Wirtschaftsplan des ERP-Sondervermögens für das Jahr 1990   326
Erdöl- und Erdgasexploration in Deutschland ...   2400
Erfolg im Osten   1532
Ergänzende Herausforderungen an die Arbeitsmarkt- und Berufsforschung im geeinten Deutschland   1249
Ergänzende Stellungnahme "Neue Länder - gemeinschaftliches Förderkonzept für die Gebiete von Ostberlin, Mecklenburg-Vorpommern, Brandenburg, Sachsen-Anhalt, Thüringen und Sachsen (1991 - 1993)"   2873
Ergebnisse der Bankenstatistik   2666
Ergebnisse der Bankenstatistik für Berlin (West)   2667
Ergebnisse der Erfassung der Arbeitsstätten der Betriebe des Wirtschaftsbereiches Industrie   2487
Ergebnisse der wirtschaftlichen und sozialen Entwicklung   2067
Erläuterungen zum Einigungsvertrag   28
Erläuterungen zum Erzeugerpreisindex in den fünf neuen Bundesländern   2101
Die Erwartungen der Industrie für 1991   2488
Die Erwartungen der Industrie für 1992   2489
Erwerbstätigenstruktur und Produktivitätsgefälle im Vergleich zwischen Ost- und Westdeutschland   1250
Europa '92: strategische Herausforderungen an die Energiepolitik und Energieunternehmen   2401
Die Europäische Gemeinschaft in einem neuen Europa   412
Die Europäische Gemeinschaft und die deutsche Vereinigung   413
Europäische Verkehrspolitik - Wege in die Zukunft   2730

MULTI-AUTHOR AND ANONYMOUS WORKS - SACHTITELWERKE

The European monetary system and international financial markets 416
Fächerspezifische Prognose der Deutschen Hochschulabsolventen bis 1995 3280
Fakten & Projekte: Bericht zur wirtschaftlichen Lage des Landes Sachsen-Anhalt 2800 2801
Fakten & Projekte: Bericht zur wirtschaftlichen Lage des Landes Sachsen-Anhalt / Jahresbericht 2801
Fallbeispiele zu Umstrukturierungen von ehemaligen LPGen 2166
FDGB - Wende zum Ende 1437
Die feinkeramische Industrie in Deutschland 2519
Fertilitätsentscheidungen und Bevölkerungsentwicklung 3017
Die Finanzierung der deutschen Einheit 300 302 306
Finanzierung der Infrastruktur in den neuen Bundesländern 2707
Die Finanzierung der ostdeutschen Krankenversicherung 3114
Finanzierung der ostdeutschen Länder 301
Die Finanzierungshilfen des Bundes und der Länder an die gewerbliche Wirtschaft 1636
Die Finanzierungshilfen des Bundes und der Länder an die Landwirtschaft 2227
Die Finanzierungshilfen des Bundes und der Länder für den Wohnungsbau 2580
Finanzierungshilfen für selbständige Existenzen in den neuen Bundesländern 2149
Finanzierungsprobleme des Sozialismus in den Farben der DDR 652
Finanzpolitik 1991 1637
Firmen der neuen Bundesländer 3361
Der Fischer-Weltalmanach Sonderband DDR 4
Flächenbedarf der Industrie in Berlin 2490
Fluktuation auf dem Arbeitsmarkt in Ostdeutschland 1252
Föderalismus in Deutschland 2834
Föderalismus in Deutschland und Europa 2835
Föderalismus und soziale Krankenversicherung 3115
Förderfibel Energie 2403
Förderung der Wirtschaft in den neuen Bundesländern 1533
Die Folgen der Vereinigung Deutschlands für die Wirtschaftszusammenarbeit Polens mit dem Ausland 480
Forschung und Entwicklung in der DDR 3248
Forum deutsche Einheit / Aktuelle Kurzinformationen 193
Fragen des Eigentums beim Übergang zur Marktwirtschaft 839
Fragen zur Reform der DDR-Wirtschaft 655
Die Frau in der Deutschen Demokratischen Republik 3167
Frauen in den neuen Bundesländern 3168
Frauen-Alterssicherung 3169
Freie Berufe in der DDR und in den neuen Bundesländern 2150
Führungsverständnis in Ost und West 1086
Für eine sozial ausgewogene und ökonomisch tragfähige Wohnungsbauförderungs- und Mietenpolitik in Deutschland 2584
Fusion der Wissenschaftssysteme 3207
Geeintes Deutschland - einiges Europa 1087
Gegen den ökonomischen Niedergang - Industriepolitik in Ostdeutschland 1535 1536
Gegen Massenarbeitslosigkeit und Chaos 1537
Geld, Kredit, Finanzen aus neuer Sicht 1589
Gemeindefinanzbericht ... 2948
Die Gemeinschaft und die deutsche Einheit - Vorschläge für Rechtsakte 422
Die Gemeinschaft und die deutsche Einigung 423 424 425
Gemeinschaftliches Förderkonzept 1991 - 1993 für die Gebiete Ost-Berlin, Mecklenburg-Vorpommern, Brandenburg, Sachsen-Anhalt, Thüringen und Sachsen 2875
Gemeinschaftswerk Aufschwung - Ost 1538 1539
Gemeinwohl und Eigennutz 810

MULTI-AUTHOR AND ANONYMOUS WORKS - SACHTITELWERKE

Genossenschaften als Unternehmenstyp zur Förderung der Wirtschaft in den neuen Bundesländern 2155
German unification 194 206 236 264 721 722 723
Germany and Europe in transition 469
Gesamtbilanz Energie 1989 2405
Gesamtbilanz Energie 1990 2406
Gesamtdeutsche Eröffnungsbilanz 237
Gesamtdeutsche Zusammenarbeit im Technologie-Transfer 3249
Gesamtdeutscher Arbeitsmarkt 1258
Gesamtvollstreckungsordnung 1781 1783
Das Gesamtvollstreckungsrecht in den neuen Bundesländern 1782
Gesamtwirtschaftliche und unternehmerische Anpassungsprozesse in Ostdeutschland 2120 2121
Gesellschaftsrecht der DDR 1790
Gesetz über die Eröffnungsbilanz in Deutscher Mark und die Kapitalneufestsetzung 1149 1150 1151
Gesetz zu dem Vertrag vom 31. [einunddreißigsten] August 1990 zwischen der Bundesrepublik Deutschland und der Deutschen Demokratischen Republik über die Herstellung der Einheit Deutschlands - Einigungsvertragsgesetz - und der Vereinbarung vom 18. September 1990 29
Gesetz zu dem Vertrag vom 12. Oktober 1990 zwischen der Bundesrepublik Deutschland und der Union der Sozialistischen Sowjetrepubliken über die Bedingungen des befristeten Aufenthalts und die Modalitäten des planmäßigen Abzugs der sowjetischen Truppen aus dem Gebiet der Bundesrepublik Deutschland 30
Gesetz zu dem Vertrag vom 12. September 1990 über die abschließende Regelung in bezug auf Deutschland 31
Gesetz zur Förderung von Investitionen und Schaffung von Arbeitsplätzen im Beitrittsgebiet sowie zur Änderung steuerrechtlicher und anderer Vorschriften 1961
Gesetze gemäß Anlage II zum Vertrag über die Schaffung einer Währungs-, Wirtschafts- und Sozialunion zwischen der Deutschen Demokratischen Republik und der Bundesrepublik Deutschland vom 18. Mai 1990 32
Gestaltung des Strukturwandels in der DDR 2122
Gesundheitsberichterstattung und Public health in Deutschland 3190
Die Gesundheitspolitik der DDR im Wandel 3191
Das Gesundheitswesen der DDR: Aufbruch oder Einbruch? 3192
Das Gesundheitswesen im vereinten Deutschland 3193 3199
Gevolgen van de Duitse economische eenwording 375
Gewährung von Investitionszulagen nach der Investitionszulagenverordnung und nach dem Investitionszulagengesetz 1991 1962
Gewerbeanmeldungen und -abmeldungen in den neuen Bundesländern 1024
Gewerbeanzeigen und -abmeldungen 1025
Gewerbestandortkatalog für die Ansiedlung von Industrie, gewerblicher Wirtschaft und dem Handwerk 2916
Gewerblicher Rechtsschutz und Urheberrecht im vereinigten Deutschland 1750
Gleichheit, Freiheit, Solidarität 196
GmbH-Gesetz, Aktiengesetz 1791
GmbH-Gesetze BRD-DDR 1792
Das grüne Energiewende-Szenario 2010 2411
Grundeigentumsrecht und Bodennutzungsrecht in der DDR 875
Grundlinien der wirtschaftlichen Entwicklung in Berlin ... 1831
Grundlinien der Wirtschaftsentwicklung ... 1900
Grundlinien künftiger Tarifpolitik in den neuen Bundesländern 1393
Grundsatzfragen zur Anpassung der Landwirtschaft in den neuen Bundesländern 2230
Gutachten zur Rekommunalisierung der Energiewirtschaft in Dresden 2412

MULTI-AUTHOR AND ANONYMOUS WORKS - SACHTITELWERKE

Gutachten zur Währungs-, Wirtschafts- und Sozialunion der DDR mit der BRD 88
Handbuch der DDR-Betriebe 3364
Handbuch der Großunternehmen ... 3365
Handbuch des Wirtschaftsrechts 1991 1751
Handbuch volkswirtschaftlicher Marktdaten 2070
Der Handel 2647
Handel, Gastgewerbe, Reiseverkehr 2648 2649 2699 2700
Handel, Gastgewerbe, Reiseverkehr / Einzelhandel 2649
Handel, Gastgewerbe, Reiseverkehr / Gastgewerbe 2700
Handels- und Wirtschaftsgesetze der DDR 1752
Handelsgesetzbuch 1793 1795
Das Handwerk in der DDR und Ost-Berlin 2619
Handwörterbuch zur deutschen Einheit 197
Hat die Beschäftigungspolitik in der DDR versagt? 1268
Heizkraftwirtschaft - Fernwärme in Deutschland 2414
Herren oder Knechte? 2160
Herstellung kommunalen Eigentums und Vermögens in den neuen Bundesländern 2950
Hochschullehrer-Verzeichnis 3284
Hospodářský partner - sjednocené německo 529
Humanisierung der Arbeit und Arbeitsschutz 1493
Im Blickpunkt: ältere Menschen 3173
Im Brennglas: Arbeitslosigkeit und Tarifpraxis in den neuen Ländern 1401
Im deutsch-deutschen Umbruch 1548
Im Trabi durch die Zeit 2010
Impulse aus deutscher Wiedervereinigung mildern Konjunkturrückgang 378
In der Mitte Europas 354
Indizes der Erzeugerpreise gewerblicher industrieller Produkte 2102
Industrie der DDR 2496
Industrie im Großraum Berlin 2497
Industrielle Produktion ausgewählter Erzeugnisse 2498
Informationen und Perspektiven zum Rentenrecht der DDR 3119
Informationsmappe DDR, neue Bundesländer 1276
Input-Output-Analyse 2073
Institutionelle Ursachen von Wettbewerbsverzerrungen in den neuen Bundesländern 1613
Instrumente des Umweltrechts der früheren DDR 2341
Die Integration der Landwirtschaft der neuen Bundesländer in den europäischen Agrarmarkt 2305
Integration der ostdeutschen Wirtschaft in die Gemeinschaft 432
Integration von DDR-Bürgern und Bürgerinnen in der Bundesrepublik Deutschland 3039
Integrationsprozesse in Deutschland 251
Integrierter Umweltschutz 2342
Integrierter Verkehr 2000 2743
Intelligenz, Wissenschaft und Forschung in der DDR 3209
International monetary arrangements: Eastern Europe 98 99
Investieren in der DDR 590
Investing in Eastern Germany 1969
Investitionen der Industrie in der DDR 2499
Investitionen in den neuen Bundesländern 1970
Investitionen und Unternehmenskauf in den neuen Bundesländern 1016
Der Investitionsbedarf für das Verkehrswesen in den neuen Bundesländern 2744
Investitionsbedingungen und Eigentumsfragen in der ehemaligen DDR nach dem Staatsvertrag 1758
Investitionschancen in den "neuen" deutschen Bundesländern 1971
Investitionsförderung in den neuen Bundesländern 1972

MULTI-AUTHOR AND ANONYMOUS WORKS - SACHTITELWERKE

Investitionshilfen für Ostdeutschland 1973
Investitionszulage für Investitionen im beigetretenen Teil Deutschlands
    (Fördergebiet) 1974
Ist die Geldpolitik zu restriktiv? 1592
Ist eine Erhöhung der Mehrwertsteuer gegenwärtig angebracht? 1720
Jahrbuch ... Bergbau, Öl und Gas, Elektrizität, Chemie 2417
Jahrbuch ... der freie Beruf 2152
Jahrbuch Arbeitskräfte und Löhne 1278
Joint-ventures 591
Kapitalgesellschaften der neuen Bundesländer 3366
Kapitalgesellschaften mit Treuhandbeteiligung 3367
Kapitalgesellschaften Ostdeutschland 3368
Kelet-Európa, a német márka és az Európai Pénzügyi Unió 102
Key industrial trends and infrastructure conditions in three Eastern European
    countries 2500
Kindererziehung und Erwerbsarbeit 1349
Koalitions-, Tarif- und Arbeitskampfrecht 1477
Der Kohlenbergbau in der Energiewirtschaft der Bundesrepublik Deutschland im Jahre
    ... 2423
Kommunale Finanzen und kommunale Wirtschaftsförderung 2957
Die kommunale Sparkasse 2671
Kommunale Wirtschaftsförderung in der DDR 2923
Kommunalkreditprogramm für die neuen Bundesländer und Berlin (Ost) 2958
Kompass / Deutschland 3369
Kompendium der Wohnungswirtschaft 2591
Konjunktur aktuell 1910
Konjunktur von morgen 1911
Konjunkturbericht zur Lage des produzierenden Gewerbes im ... und zu den Aussichten
    der nächsten Monate des Jahres ... im Kammerbezirk 2806
Konjunkturschwäche durch Ölverteuerung? 1912
Konversion im vereinten Deutschland 2556
Konzeptionelle Überlegungen zur räumlichen Entwicklung in Deutschland 2924
Kreditinstitute in der ehemaligen DDR 2672
Krisen, Kader, Kombinate 1053
Kürschners deutscher Gelehrten-Kalender 3370
Kulturmanagement 3314
Der ländliche Raum im geeinten Deutschland 2927
Die Lage der Weltwirtschaft und der deutschen Wirtschaft 1913
Die Lage der Weltwirtschaft und der westdeutschen Wirtschaft 1914
Landesreport Brandenburg 2808
Landesreport Freistaat Sachsen 2809
Landesreport Mecklenburg-Vorpommern 2810
Landesreport Sachsen-Anhalt 2811
Landwirtschaft im Umbruch 2253
Die Landwirtschaft verlangt Reformen 2254
Die landwirtschaftlichen Märkte an der Jahreswende ... 2255
Lebenslagen 2050
Lebenslagen im Wandel 2051
Leichte Belebung für das 2. Halbjahr erwartet 1917
Leitsätze und Empfehlungen zur Familienpolitik im vereinigten Deutschland 3176
Lösungsansätze für die Beschäftigungs-, Struktur- und Umweltprobleme der chemischen
    Industrie im Großraum Halle, Leipzig, Merseburg 2528 2529
Lohn- und Arbeitsmarktprobleme in den neuen Bundesländern 1405
Lohn und soziale Sicherung unter den Bedingungen der sozialen Marktwirtschaft 1406
Lohnpolitik im vereinten Deutschland 1407

MULTI-AUTHOR AND ANONYMOUS WORKS - SACHTITELWERKE

Luftröhrenschnitt Eigentumszuordnung   855
Management buy-out in den neuen Bundesländern als Weg zur Privatisierung   1017
Management-Know-how-Transfer   1028
Mandat für Ost-Manager   1071
Mangelnde Marktorientierung der Textil- und Bekleidungsindustrie in den neuen Bundesländern   2532
Manifest zur deutschen Einheit   207
Marktöffnung und Wettbewerb   1553
Marktorientierte Unternehmensführung in der DDR   1072   1073
Marktwirtschaft in der DDR   816
Die marktwirtschaftliche Integration der DDR   119
Marktwirtschaftliche Möglichkeiten einer erziehungsfreundlichen Erwerbsarbeit in Deutschland   1355
Marktwirtschaftlichen Kurs halten   1554
Der Maschinenbau in den beiden deutschen Staaten   2534
Mecklenburg-Vorpommern, Wege in eine bessere wirtschaftliche Zukunft   2812
Meet United Germany   3372
Mehr Investitionen 1992   1918
Menschen machen Qualität   1074
Methodische Erläuterungen zu den Zeitreihen der Branchenentwicklung der Industrie der DDR   2502
Mitarbeiterbeteiligung im Aufwind   1411
Mittel- und Osteuropa im marktwirtschaftlichen Umbruch   698
Mittelständische Unternehmen   3373
Mittelstand im Jahr 1   2144
Mobilität in Deutschland   2753
Modernisierung der DDR-Wirtschaft   360
Modernisierung der Telekommunikation in den neuen Bundesländern   2786
Modernisierung der Wirtschaft in der DDR am Beispiel des alten Industrieraumes Chemnitz   2813
Monatszahlen der Bundesländer Brandenburg, Mecklenburg-Vorpommern, Sachsen, Sachsen-Anhalt und Thüringen   2077
Monographie de l'entreprise E.: restructuration d'une aciérie dans le Brandebourg   2536
Müllers großes deutsches Ortsbuch   3375
A német egység néhány gazdasági vonatkozása és világgazdasági hatásai   489
Neue alte Sorgen   3201
Neue Aufgaben und Perspektiven der Raumordnung in Deutschland   2930
Neue Bilanzen in der DDR   1165
Neue geldpolitische Maßnahmen   1594
Neue Länder der BRD   2842
Neue Lage - weiter aufwärts   2596
Neue Perspektiven für die Konjunktur durch die Öffnung in Osteuropa?   1920
Neue Produkte beschleunigen die Umstrukturierung   1921
Neue Qualitäten betrieblichen Lernens   1522
Das neue Steuersystem für die DDR   1686
Die neuen Bundesländer - ... made in: Brandenburg, Mecklenburg-Vorpommern, Sachsen, Sachsen-Anhalt, Thüringen, Berlin   3376
Die neuen deutschen Bundesländer   2844
Die neuen Länder, Fördermaßnahmen   1560
Neuorientierung des Außenhandels der CSFR und Entwicklung der deutsch-tschechoslowakischen Außenhandelsbeziehungen   545
Niveau und Struktur der verfügbaren Einkommen und des privaten Verbrauchs in den neuen Bundesländern   2025
Nord-Süd und Ost-West-Transit   2754

MULTI-AUTHOR AND ANONYMOUS WORKS - SACHTITELWERKE

Der Nutzen des Umweltschutzes   2358
Die öffentliche Elektrizitätsversorgung   2439
Öffentliche Unternehmen und soziale Marktwirtschaft   957
Öffentliches Auftragswesen   2993
Der Ökologiemarkt für Kleinunternehmen   2359
Das ökologisch Notwendige, ökonomisch effizient   2318
Ökologische Modernisierung der Energieversorgung der DDR   2319
Ökologische Sanierung in den neuen Bundesländern   2360   2361
Ökonomie contra Ökologie   2362
Ökonomische und soziale Probleme einer Währungsunion und Wirtschaftsgemeinschaft
   zwischen der BRD und DDR   128
Der optimale Standort   2931
Ordnungspolitik beim Übergang der DDR-Wirtschaft zur Marktwirtschaft   707
Die Organisation der wirtschaftlichen Tätigkeit westlicher Unternehmen und die
   Privatisierung von Staatsunternehmen in der ehemaligen DDR   959
Die Organisation des Versicherungswesens in der sowjetischen Besatzungszone
   Deutschlands und in der Deutschen Demokratischen Republik von 1945 bis 1989   2687
Die Organisationsarbeit in den 90er Jahren   1076
Ostdeutsche Firmen auf dem Weg zur Wettbewerbsfähigkeit   1922
Ostdeutsche Wirtschaft im Wandel   2132
Die ostdeutsche Wirtschaft in der Anpassungskrise   1923
Die ostdeutsche Wirtschaft 1990/1991   1924
Ostdeutscher Arbeitsmarkt vor dem Kollaps?   1925
Ostdeutscher Einkommensrückstand schrumpft   2026
Ostdeutschland: Der mühsame Aufstieg   1926
Ostdeutschland 1992 und 1993: zerbrechliche Aufwärtsbewegung   1927
Die Osterweiterung der EG   444
Die Osteuropa-Forschung in der DDR   3229
Ost-West-Kooperation   602
Ost-West-Öffnung   1305
Ost-West-Zusammenarbeit in der Energiewirtschaft   2440
Pendler und Migranten   1307
Personalmanagement   1097   1098
Personalvertretungsrecht   1458
Personalwirtschaftliche Probleme in DDR-Betrieben   1099
Personenverkehr im Großraum Berlin   2755
Perspektiven für den Arbeitsmarkt in den neuen Bundesländern   1308
Perspektiven der deutschen Landwirtschaft   2262
Perspektiven der gesamtdeutschen Landwirtschaft in der Europäischen Gemeinschaft
   2308
Perspektiven der Studienberatung   3290
Perspektiven des Exports in die RGW-Länder   550
Perspektiven für die ostdeutsche Landwirtschaft   2263
Perspektiven und Optionen der deutschen Finanzpolitik 1991 bis 1994   1645
PlanEcon review and outlook   1855
Planen, Bauen und Wohnen im vereinten Deutschland   2934
Planungen der öffentlichen Haushalte ...   1646
Les politiques publiques de la culture dans les nouveaux Bundesländer   3316
Eine politische Heilslehre auf dem Prüfstand   819
Polska a gospodarka zjednoczonych Niemiec   552
Polska, Niemcy, EWG   553
Preisindex für die Lebenshaltung   2105   2106   2107
Preisindizes für ausgewählte Bereiche der Volkswirtschaft der DDR bis 1989   2108
Der private Haushalt als Wirtschaftsfaktor   2027
Der private Verbrauch im ... Quartal ...   2028

MULTI-AUTHOR AND ANONYMOUS WORKS - SACHTITELWERKE

Privatisierte Firmen mit deutlichen Vorteilen   1928
Privatisierte Unternehmen erfolgreicher   1929
Privatisierung der Unternehmen in den neuen Bundesländern   965
Die Privatisierung des volkseigenen Vermögens   966
Privatisierung und Reorganisation   1483
Privatisierung und Schaffung wettbewerblicher Strukturen im ehemaligen DDR-Gebiet   967
Privatizáció Kelet-Európában   968
Privatwirtschaftliche Finanzierung von Verkehrsinfrastrukturprojekten   2756
Probleme der deutschen Vereinigung   209
Probleme der Einheit   269
Probleme der Umstellung der Rechnungslegung in der DDR   1171
Probleme und Perspektiven der Mittelstandsentwicklung in den neuen Bundesländern   2145
Probleme von Raumordnung, Umwelt und Wirtschaftsentwicklung in den neuen Bundesländern   2935
Proces rynkowej reformy gospodarczej w Polsce i we wschodnich krajach Republiki Federalnej Niemiec ze szczególnym uwzględnieniem prywatyzacji   711
Produktion im produzierenden Gewerbe in den neuen Bundesländern   2503
Produktion und Wertschöpfung der Landwirtschaft in der BR Deutschland   2265
Produktionsstandort Brandenburg   2818
Produktionsstandort Mecklenburg-Vorpommern   2819
Produktionsstandort Sachsen   2820
Produktionsstandort Sachsen-Anhalt   2821
Produktionsstandort Thüringen   2822
Das "produktive Dreieck" Paris-Berlin-Wien   1564
Prognose 1992   1856
Prüfung der Möglichkeiten eines Fachkräfteprogramms Vietnam   624
Qualifizierungsoffensive Ost   1523
Qualität des Wirtschaftsstandortes Deutschland und Ansatzpunkte zur Verbesserung   499
Quantitative Aspekte einer Reform von Wirtschaft und Finanzen in der DDR   712
Rahmenplan der Gemeinschaftsaufgabe "Verbesserung der Agrarstruktur und des Küstenschutzes" für den Zeitraum ... bis ...   2266
... Rahmenplan der Gemeinschaftsaufgabe "Verbesserung der regionalen Wirtschaftsstruktur"   2896
Raumordnung in Deutschland   2936   2937
Raumordnungsreport '90   2938
Rechnungslegung   1172
Das Recht der Außenwirtschaft und des innerdeutschen Handels   580
Rechtsgrundlagen freiheitlicher Unternehmenswirtschaft   1763
Recomposition de l'espace et réforme administrative dans le Brandebourg   2845
Reform der öffentlichen Verwaltung   2994
Reform der Unternehmensbesteuerung   1738
Die Reformen in Polen und die revolutionären Erneuerungen in der DDR   713
Regards sur l'économie allemande   1857
Regelung offener Vermögensfragen in den neuen Bundesländern   859
Regelungen des innerdeutschen Waren- und Dienstleistungsverkehrs   581
Regelungen des innerdeutschen Wirtschaftsverkehrs   582
Regierungsentwürfe zur Beseitigung von Hemmnissen bei der Privatisierung in den neuen Bundesländern und zur Spaltung von Treuhandunternehmen   970
Regionale Disparitäten in der Wohnungsversorgung   2599
Regionale Energieversorgung   2443
Regionale Verkehrsentwicklung als Element der Wirtschaftspolitik - am Beispiel Sachsens -   2757

MULTI-AUTHOR AND ANONYMOUS WORKS - SACHTITELWERKE

Regionalergebnisse der monatlichen Bilanzstatistik für Kreditinstitute in Ostdeutschland 2675
Regionalpolitik für ein vereinigtes Deutschland 2897
Regionalpolitische Flankierung des Bonner Raums bei Verlagerung des Parlamentssitzes nach Berlin 2976
Regionalreport DDR neunzehnhundertneunzig 2939
Regionalreport Sachsen-Anhalt 1990 2823
Regionalstatistische Angaben 1989 [neunzehnhundertneunundachtzig] in der Gliederung nach Kreisen in den Grenzen der Länder 2898
Die Regionen der fünf neuen Bundesländer im Vergleich zu den anderen Regionen der Bundesrepublik 2899
Die Reisen der neuen Bundesbürger 2703
Die Rentenbestände in der gesetzlichen Rentenversicherung in der Bundesrepublik Deutschland 3134
Rentenreformgesetz 1992: Renten-Überleitungsgesetz 3135
Rentenüberleitung 3136
Renten-Überleitungsgesetz (RÜG) ab 1.1.1992 3137
Report Handel DDR 1990 2654
Die Reprivatisierung der 72er 971
Resolution on the implications of German unification on the European Community 450
Reunification of Germany 210
Revolution und Reformen in der DDR 10
Risikokapital für mittelständische Unternehmen 1117
Sammlung amtlicher Texte zur Wertermittlung von Grundstücken in den alten und neuen Bundesländern 882
Die Sanierung der Elbe als Aufgabe deutscher und europäischer Umweltpolitik 2366
Sanierung und Konsolidierung der Wirtschaft in der DDR 974
Schlecht informiert 3328
Schlußbilanz - DDR 1566 1567
Ein Schritt vorwärts - zwei Schritte zurück? 1360
Schubkräfte 1861
Schutz der Erde 2322
Selbständige wirtschaftsnahe Forschungseinrichtungen in den neuen Bundesländern 3263
Sozialbericht ... 3095
Soziale Aspekte der Währungs-, Wirtschafts- und Sozialunion 3054
Soziale Lage und Arbeit von Frauen in der DDR 1365
Soziale Lage und Sozialpolitik in den neuen Bundesländern 3096
Soziale Marktwirtschaft in der DDR 823 824 2606
Sozialforschung im vereinten Deutschland und in Europa 3235
Die Sozialgerichtsbarkeit / B 3097
Sozialgeschichte der Wissenschaften 3236
Sozialhilfe in den neuen Bundesländern 1990 3098
Sozial-ökologisches Sofortprogramm: Risiken der deutsch-deutschen Währungsunion auffangen 1572
Ein Sozialpakt für Ostdeutschland? 1423
Sozialpolitik 3099
Sozialpolitik im vereinten Deutschland 3100
Sozialprodukt in Deutschland im Jahr ... 2092
Sozialreport DDR 1990 3055
Sozialreport 1990 3056
Sozialversicherungsabkommen der DDR 3150
Staatsvertrag mit der DDR und gesetzliche Rentenversicherung 3151
Staatsvertrag über den Rundfunk im vereinten Deutschland 3330
Stabilisierung der Volkswirtschaft und nächste Schritte der Wirtschaftsreform 729

MULTI-AUTHOR AND ANONYMOUS WORKS - SACHTITELWERKE

Stand, Entwicklung und Perspektiven des Außenhandels DDR-EG 560
Standort D 502
Standortpolitik des Einzelhandels 2655
Standpunkte zum Steuersystem der DDR, zum Genossenschaftsrecht der DDR und zur Perestrojka in der UdSSR 1690
Die Statistik auf dem Weg zur deutschen Einheit 2079
Statistik des Haushaltsbudgets 2037 2038 2039 2040
Statistik des Haushaltsbudgets / Arbeiter- und Angestelltenhaushalte 2038
Statistik des Haushaltsbudgets / Haushalte von LPG-Mitgliedern 2039
Statistik des Haushaltsbudgets / Rentnerhaushalte, Haushalte ohne Arbeitseinkommen 2040
Statistik im Übergang zur Marktwirtschaft 2080
Statistische Daten 1989 [neunzehnhundertneunundachtzig] über die Länder der DDR sowie über Berlin 2903
Statistischer Wochendienst 2081
Statistisches Jahrbuch der Industrie der Deutschen Demokratischen Republik 2505
Statistisches Jahrbuch des gesellschaftlichen Gesamtprodukts und des Nationaleinkommens 2093
Statistisches Jahrbuch deutscher Gemeinden 2941
Statistisches Jahrbuch über ausgewählte Kennziffern der Investitionen ... 1990
Statistisches Jahrbuch über Ernährung, Landwirtschaft und Forsten der Bundesrepublik Deutschland 2281
Statt Chaos und Krieg: Aufbaupolitik in Ostdeutschland - Frieden und Ausgleich am Golf 1573
Status quo Osteuropa 1864
Stellungnahme zur Mitteilung der Kommission über "Die Gemeinschaft und die deutsche Einigung" (Dok. KOM(90) 400 endg.) 457
Steuer- und Finanzpolitik im geeinten Deutschland und in Europa 1691
Steueränderungsgesetze 1991 1708
Steuerrecht 1709
Steuerrecht Bundesrepublik Deutschland - Deutsche Demokratische Republik im Vergleich 1710
Steuerrecht der neuen Länder 1711
Straßenbaubericht ... 2765
Straßenverkehrsunfälle 1985 - 1990 2766
Streitsache: "Abwicklung in Ostdeutschland" 3296
Struktur and Entwicklungschancen in der Region Westsachsen 2826
Struktur und Funktion industrieller Arbeitsstätten in Thüringen 2506
Struktur- und Funktionswandel der Region Berlin 2827
Strukturwandel in Ostdeutschland noch am Anfang 1934
Strukturwandel und Beschäftigungskrise in den neuen Bundesländern 1575
Studien- und Forschungsführer Wirtschaftsinformatik 3297
Die Stunde der Ökonomen - Prioritäten nach der Wahl in der DDR und die Zukunft der europäischen Wirtschaftsbeziehungen 730
Subventionierung und Privatisierung durch die Treuhandanstalt 992
Symposium '90, Markt und Kultur 284
Systemwandel und Reform in östlichen Wirtschaften 731
Szenario zur Entwicklung der CO_2-Emissionen in den neuen Bundesländern 2370
Die Tätigkeit der Treuhandanstalt 994
Tarifautonomie kontrovers 1425
Taschenbuch des öffentlichen Lebens 3378
Taschenbuch Wirtschaftspresse ... 3379
Technische und organisatorische Aspekte der Währungsunion mit der Deutschen Demokratischen Republik 156
Technologie 3267

MULTI-AUTHOR AND ANONYMOUS WORKS - SACHTITELWERKE

Technologietransfer und Technika in der DDR   3268
Telekom 2000   2787
Telekommunikation in der DDR und der Bundesrepublik   2788
Tendenz: etwas leichter   1935
Tendenzen der volkswirtschaftlichen Kapitalbildung und die Rolle der
    Versicherungswirtschaft   2691
Die Texil- und Bekleidungsindustrie der neuen Bundesländer im Umbruch   2540
Texte zur Deutschlandpolitik   212
Textfassungen der AO (aktuelle Fassung), AO (DDR) vom 22.6.1990, AO (DDR) vom
    18.9.1970 nebst Einführungsgesetzen und Verordnungen   1713
Textil- und Bekleidungsmarkt der ehemaligen DDR   2541
Textiles and clothing in Eastern Europe   2542
Tiefer Produktionseinbruch in der ostdeutschen Industrie   2509
The transformation of socialist economies   734
Transformationsprozesse in sozialistischen Wirtschaftssystemen   735
Die Treibhausproblematik - eine globale Herausforderung   2324
Treuhandanstalt - ist Kritik berechtigt?   997
Treuhandanstalt und Treuhandgesetz   998   1007
Treuhandunternehmen im Umbruch   999
Two views of German unification   286
Der Übergang auf die DM-Bilanzierung   1186
Überlegungen der deutschen Automobilindustrie für ein Gesamtverkehrskonzept   2768
Überprüfung des Geldmengenziels 1991   1602
Übersichten zur Betreuungssituation älterer Bürger in der DDR   3183
Übertragung regionalpolitischer Konzepte auf Ostdeutschland   2905
Der Umbau   736
Umbruch am ostdeutschen Arbeitsmarkt benachteiligt auch die weiterhin erwerbstätigen
    Frauen - dennoch anhaltend hohe Berufsorientierung   1366
Umbruch im Osten   213
Der Umbruch in der DDR   15
Umbruch zur Moderne?   737
Umbrüche im Osten Europas   738
Umsatzsteuer   1723
Umsatzsteuer DDR neunzehnhundertneunzig   1724
Das Umstellungsdilemma   2607
Umstrukturieren, Bewerten, Neu-gestalten von landwirtschaftlichen Unternehmen in den
    neuen Bundesländern   2287
Umweltbericht der DDR   2371
Umweltdiskussion: Ökologische Modernisierung der DDR   2372
Umweltpolitik in der DDR   2373
Umweltschutz, Strukturwandel und Wirtschaftswachstum   2377   2378
The unification of Germany   287
Die Unternehmen in den Mitgliedsvereinigungen der AIF   3269
Unternehmen, Verkehrsleistungen und Einnahmen des öffentlichen
    Straßenpersonenverkehrs ...   2769
Unternehmensbesteuerung in der Zeit des Umbruchs   1741
Unternehmensgründung und Unternehmensbeteiligung in der DDR   1034
Unternehmensgründungen Berlin-Ost   1035
Unternehmensbesteuerung als Standortfaktor   1740
Unternehmer-Handbuch '92   3381
Unternehmerische Finanzierungen   1121
Unternehmertum - wirtschaftlicher Aufschwung und sozialer Fortschritt in einem
    vereinigten Deutschland   1093
Untersuchungen über Struktur und wirtschaftliche Situation der landwirtschaftlichen
    Betriebe in der DDR vor dem Beitritt zur Bundesrepublik Deutschland   2288

MULTI-AUTHOR AND ANONYMOUS WORKS - SACHTITELWERKE

Vademecum deutscher Lehr- und Forschungsstätten   3302
Veränderte Interessen im Außenhandel zwischen UdSSR, DDR und BRD   562
Veränderungen im Osten   16
Veränderungen in Europa, Vereinigung Deutschlands, Perspektiven der 90-er Jahre   475
Verbände, Behörden, Organisationen der Wirtschaft   3382
Vereinbarkeit von Familie und Beruf in ländlichen Gebieten der neuen Bundesländer   1367
Vereinbarung zwischen der Bundesrepublik Deutschland und der Deutschen Demokratischen Republik zur Durchführung und Auslegung des am 31. August 1990 in Berlin unterzeichneten Vertrages zwischen der Bundesrepublik Deutschland und der Deutschen Demokratischen Republik über die Herstellung der Einheit Deutschlands - Einigungsvertrag   40
Das vereinigte Deutschland im europäischen Markt   1187
Die Vereinigung Deutschlands im Jahr 1990   41   214
Das vereinte Deutschland in der Gemeinschaft   2906
Das vereinte Deutschland in der Weltwirtschaft   503
Das vereinte Deutschland in einem freien Europa   461
Vergleichende Städtestatistik der DDR   2942
Verkehr in Mecklenburg-Vorpommern   2771
Verkehrsentwicklung im Freistaat Sachsen   2772
Verkehrskonjunktur: tief gespaltene Entwicklung in West- und Ostdeutschland   2773
Verkehrspolitik für die Zukunft   2774
Verkehrsumfeld und Verkehrsstrukturen in der DDR   2775
Verkehrsuntersuchung Hessen-Thüringen   2776
Die Vermögensbildung und ihre Finanzierung in der Bundesrepublik Deutschland im Jahre ...   2094
Die Vermögenseinkommen der privaten Haushalte in der Bundesrepublik Deutschland ...   2042
Verordnung über die Anmeldung vermögensrechtlicher Ansprüche   861
Das Versicherungs- und Rentenrecht im beigetretenen Teil Deutschlands   3157
Versicherungs-Jahrbuch   2692
Verträge zur deutschen Einheit   42
Die Verträge zur Einheit Deutschlands   43
Vertrag über die abschließende Regelung in bezug auf Deutschland   44   45
Vitalisierung der ostdeutschen Wirtschaft   798
Vitalisierung von Großsiedlungen   2943
Volkswirtschaftliche Gesamtrechnungen / Vorläufig   2095
Vom Grenzland zum Raum der Kooperation   2944
Vom Industriestaat zum Entwicklungsland?   2136
Vom Lohndiktat zur Tarifautonomie   1427
Vom planwirtschaftlichen Betrieb zum marktwirtschaftlichen Unternehmen   1079
Vom Runden Tisch zum Parlament   17
Vom Zentralplan zur sozialen Marktwirtschaft   741
Die von der DDR übernommenen Bundesgesetze mit den Anpassungs- und Übergangsvorschriften   3000
Von der Kaderarbeit zur Personalwirtschaft   1102
Von der Plan- zur Marktwirtschaft   742   1615
Von der Revolution in der DDR zur deutschen Einheit   18
Vor einer weltweiten Rezession?   1936
Vorausschau auf den Rindermarkt   2290
Vorausschau auf den Schweinemarkt   2291
Wachstumsbranchen in den neuen Bundesländern   2137
Die Währungsunion mit der Deutschen Demokratischen Republik   158
Der Wandel in ländlichen Räumen und seine Wirkungen auf die berufliche Qualifikation und die soziale Sicherung   2292

MULTI-AUTHOR AND ANONYMOUS WORKS - SACHTITELWERKE

Was heißt radikale Reform?   743
Was ist zu tun?   2186
Wege aus der Krise in den neuen Bundesländern   1874
Wege zur inneren Einheit - was trennt die Deutschen nach der Überwindung der Mauer?   216
Weiterbildung - Säule der Unternehmensentwicklung   1526
Weitere Zunahme der Bautätigkeit   2608
Welchen Beitrag können Beschäftigungsgesellschaften leisten?   1330
Weltwirtschaft nach der Rezession   1937
Weniger Staat - mehr Markt   1008
Wenn die D-Mark kommt ...   161
Wer ist wer?   3384
Wert und Bewertung von Unternehmen in der ehemaligen DDR   1198
Die westdeutsche Wirtschaft unter dem Einfluß der ökonomischen Vereinigung Deutschlands   363
Wettbewerbspolitisch bedeutsame Prozesse in den neuen Bundesländern   1618
Wichtige Kennziffern des Handwerks ...   2629
Wie geht es weiter mit den Deutschen in Europa?   477
Wie soll die Einheit finanziert werden?   318
Wie sollten die Infrastrukturinvestitionen in Ostdeutschland finanziert werden?   2714
(Wieder-)Vereinigungsprozeß in Deutschland   219
Die Wiedervereinigung   218
Wiedervereinigung - Chancen ohne Ende?   162
Willkommen in der Gemeinschaft   467
Wirtschaft   803   1876   1877
Die Wirtschaft Niedersachsens - Bestandsaufnahme und Entwicklungschancen   364
Wirtschaften heute   2146
Die wirtschaftliche Entwicklung in Deutschland ...   1938
Die wirtschaftliche Entwicklung in Deutschland im ... Quartal ...   1939
Wirtschaftliche Förderung in den neuen Bundesländern   1578
Wirtschaftliche Hilfen für die DDR   339
Die wirtschaftliche Integration in Deutschland   294
Wirtschaftliche und soziale Aspekte der deutschen Vereinigung   295
Wirtschaftliche und soziale Perspektiven der deutschen Einheit   296
Wirtschaftlicher Wandel im neuen Bundesgebiet und Strategien der Qualifizierung   1527
Wirtschaftliche Hilfen für die bisherige DDR   338
Wirtschafts- und Rechtspraxis Neue Bundesländer   1767
Wirtschafts- und Verkehrspolitik in Schleswig-Holstein nach Einführung der Wirtschafts- und Währungsunion mit der DDR und Öffnung der Grenzen nach Osteuropa   365
Eine Wirtschafts- und Währungsunion mit der DDR?   168
Wirtschaftsbereich Industrie   2511
Wirtschaftsdienst DDR   1878
Wirtschaftsentwicklung 1991 im Ostteil und im Umland Berlins   1940
Wirtschaftsförderung   2828
Wirtschaftsförderungsprogramm und -instrumente von EG, Bund, Ländern und Kommunen   1580
Wirtschafts-Kompaß   2829
Die Wirtschaftslage in der Bundesrepublik Deutschland im ...   1941
Die Wirtschaftslage in der Bundesrepublik Deutschland um die Jahreswende ...   1942
Die Wirtschaftslage in Deutschland im ...   1943
Die Wirtschaftslage in Deutschland um die Jahreswende ...   1944
Wirtschaftslage und Erwartungen   1945

MULTI-AUTHOR AND ANONYMOUS WORKS - SACHTITELWERKE

Die Wirtschaftsordnungspolitik vor aktuellen Herausforderungen   804
Wirtschaftspartner DDR   3385
Wirtschaftsperspektiven neunzehnhundertneunzig, einundneunzig   1946
Wirtschaftspolitik für das geeinte Deutschland   1581
Die Wirtschaftspolitik vor neuen Herausforderungen   1582
Wirtschaftspolitische Herausforderung der Bundesrepublik Deutschland im Verhältnis
    zur DDR   340
Wirtschaftspolitische Reformen in der DDR   752
Wirtschaftsprognose 1992   1879
Wirtschaftsraum Mecklenburg-Vorpommern   2830
Wirtschaftsreform der DDR   753
Wirtschaftsreport   1880
Wirtschaftspolitische Konsequenzen der deutschen Vereinigung   297
Wirtschaftspolitische Probleme der Integration der ehemaligen DDR in die
    Bundesrepublik   1583
Wirtschaftsreform und Währungsunion in den neuen Bundesländern   754
Wirtschaftsstandort DDR   1881
Wirtschaftswoche / Ausgabe für die Länder Brandenburg, Mecklenburg-Vorpommern,
    Sachsen-Anhalt, Sachsen, Thüringen   1882
Wirtschaftswoche / Ostausgabe   1883
Wissenschaftliche Bibliotheken im vereinten Deutschland   3346
Wittener Konjunktur-Archiv   1947
Wohnen - Mieten - Bauen   2610
Wohngeld- und Mietenbericht ...   2611
Wohnungsbau und -renovierung   2612
Wohnungsbestand in den Bezirken und Kreisen der DDR   2613
Wohnungsnot - eine unendliche Geschichte?   2614
Wohnungswirtschaft ohne Grenzen   2615
Wybrane problemy związane ze zjednoczeniem Niemiec   493
Zahlen aus der Zementindustrie   2548
Zahlen zur Kohlenwirtschaft   2473
ZE 2020 - Zittauer Energiekonzept für das Territorium der vormaligen DDR bis zum
    Jahre 2020   2474
Zinsentwicklung und Zinsstruktur seit Anfang der achtziger Jahre   1603
Das Zivil- und Wirtschaftsrecht der DDR   1768
Das Zivil- und Wirtschaftsrecht in den neuen Bundesländern ab 3. Oktober 1990   1769
Zukünftige Bildungspolitik - Bildung 2000   3318
Die Zukunft der DDR-Wirtschaft   1887
Zukunftsorientierte Ingenieurausbildung   3305
Zum Außenhandel Ostdeutschlands mit der Europäischen Gemeinschaft, Vergleiche zum
    Außenhandel Westdeutschlands   567
Zum Konzept einer Wirtschaftsreform in der DDR   757
Zur Agrarmarktsituation in den neuen Bundesländern   2296
Zur Anpassung des Bundesbankgesetzes gemäß Einigungsvertrag   1605
Zur Arbeitsmarktentwicklung 1990/1991 im vereinten Deutschland   1335
Zur Arbeitsmarktentwicklung und zum Einsatz arbeitsmarktpolitischer Instrumente in
    den neuen Bundesländern   1334
Zur Entwicklung der Effektivlohnstruktur in den neuen Bundesländern   1429
Zur Entwicklung des Außenhandels der Bundesrepublik Deutschland im ... Quartal ...
    568
Zur Genossenschaftsentwicklung in der ehemaligen DDR   2163
Zur Herausbildung neuer wirtschaftlicher Verflechtungsbeziehungen der Unternehmen im
    Großraum Berlin   2831
Zur Lage der sozialwissenschaftlichen Forschung in der ehemaligen DDR   3238
Zur Messung der Verbraucherpreisentwicklung im vereinigten Deutschland   2110

MULTI-AUTHOR AND ANONYMOUS WORKS - SACHTITELWERKE

Zur Neuordnung der Telekommunikation   2790
Zur Politik der Treuhandanstalt   1012
Zur solidarischen Finanzierung der sozialen Einigung   319
Zur Sozialproduktsberechnung der Deutschen Demokratischen Republik   2096
Zur Transformation von Wirtschaftssystemen   758   759
Zur Unterstützung der Wirtschaftsreform in der DDR   760   761
Zur wirtschaftlichen und sozialen Entwicklung in den ostdeutschen Ländern   1948
Zur wirtschaftlichen und sozialen Lage in den neuen Bundesländern   2083
Zur wirtschaftlichen und sozialen Lage in den ostdeutschen Ländern   1949
Zur Zukunft der Landwirtschaft in Brandenburg   2297
Die Zusatz- und Sonderversorgungssysteme der ehemaligen DDR   3163
Zwei deutsche Landwirtschaften auf dem Weg in den gemeinsamen Binnenmarkt   2314
Zwischen Frust und Hoffnung   2043
Zwischen Wandel und Kontinuität   1452
1. Gewerbe- und Industrieverzeichnis Ostdeutschland, nach Branchen sortiert   3387
1991, Rentenversicherung im Beitrittsgebiet   3164

AUTHORS AND AUTHOR INFORMATION - PERSONEN-REGISTER

Aberle, Gerd 2715
Abromeit, Heidrun 2832
Ackermann, G. 2474
Ackermann, Manfred 3306
Adams, Paul 3063
Adam-Schwaetzer, Irmgard 2560
Adamy, Wilhelm 1199 1200 1201 3064
Adden, Hans 3108
Adler, Frank 3058
Adler, Henry 3270
Adler, Ulrich 2326 2327 2540
Adomeit, Klaus 1472
Aengenheister, Dieter 2188
Aho, C. M. 366
Ahrend, Peter 3110
Ahrends, Klaus 2254
Akerlof, George A. 1387 1388
Albach, Horst 1061 1082
Albeck, Hermann 1268
Albrecht, Wolfgang 2695 2909
Allesch, Jürgen 3249
Alt, Helmut 2383
Altmann, Franz-Lothar 570
Altvater, Elmar 169 170
Altvater, Lothar 3065
Alvensleben, Reimar von 2193
Andres, Carl H. 1758
Andres, Fritz 864
Angell, Linda C. 2716
Angermann, Oswald 2058 2059
Antal, Ariane B. 1336
Anusz, Jan 548
Apáthy, Ervin 968
Apolte, Thomas 629
Appelbaum, Eileen 1357 1358
Arlt, Reiner 2195
Arnold, Markus 2975
Arnold-Rothmaier, Hildegard 2717
Artus, Patrick 48 393
Asche, Klaus 220
Ashauer, Günter 2657 2658
Asmus, Ronald D. 184
Assenmacher, Marianne 269 1214 1337 1413
Aßmann, Georg 1037 1491
Audretsch, David B. 1950
Aulinger, Leonhard 959 1013
Autsch, Bernhard 1507
A'Walelu, Okita 2910
Baader, Dieter 2635
Babing, Alfred 619
Bach, Hans-Uwe 1211 1232 1335
Bach, Heinz W. 1216
Bach, Peter 2686

Bachmayer, Hans 2946
Backhaus, Jürgen G. 731
Backhaus, Rolf 3157
Backhaus-Maul, Holger 269 3066
Bader, Heinrich 2682
Bächle, Hans-Ulrich 1763
Baeck, Ulrich 1466
Bäcker, Gerhard 1242 1948 1949 3067 3068 3109
Bär, Gisela 562
Bärsch, Jürgen 2359
Baetge, Jörg 1123 1124 1171
Baetge, Kai 1124
Bafoil, François 50 1062 1217
Bahrmann, Hannes 831 888 3321
Bahsi, C. G. 1192
Baldeaux, Dieter 2591
Balling, Heinz 1021 1711
Balz, Matthias 2298
Balzer, Detlef 3114
Bamberg, Hans-Dieter 3069
Bank, Hans-Peter 3070
Bannasch, Hans-Gerd 2139
Bansner, Waldemar 1696
Barbier, Hans D. 1425
Bardehle, Doris 3183
Barendregt, Jaap 51
Barfuss, Karl M. 47
Bartak, Richard J. 2260
Bartel, Gerlinde 2328
Bartelheimer, Peter 2203
Barthel, Alexander 1427
Bartholmai, Bernd 2562 2563 2564 2565 2566
Bartling, Hartwig 1583 2196 2197 2198
Bartscher, Bruno 1006
Batzer, Erich 2636 2637 2638 2639
Bauer, Gerhard 3240
Bauer, Hans G. 639
Bauer, Jürgen 1432
Bauer, Thomas 2980
Bauer, Wolfgang 1951
Baumann, Eleonore 4
Baumann, Hans 1888 1889
Baumann, Michael G. 52
Becher, Jürgen 403 510 511 805 865
Bechmann, Arnim 2373
Bechtold, Sabine 2568
Beckenbach, Frank 2512
Becker, Elmar 2386
Becker, Harald 1802
Becker, Tilman 2299 2300 2313

AUTHORS AND AUTHOR INFORMATION - PERSONEN-REGISTER

Becker, Walter 53
Becker, Werner 3290
Becker, Wolf-Dieter 54
Beckmann, Klaus 2401
Beckmann, Martin 900
Bedau, Klaus-Dietrich 1996 2025 2026 2045 2147
Begg, David K. 102
Behring, Karin 2569
Belitz, Heike 2361
Bellmann, Lutz 1374 1375 1376
Belwe, Katharina 1218 1219
Bender, Peter 468
Bereczky, Katalin 1452
Berg, Detlef 321
Berg, Michael von 2329
Bergeijk, Peter A. van 367
Berger, Horst 2046
Berger, Matthias 1584
Berger, Peter U. 2923
Berger, Roland 1045 1083 1861
Bergmann, Helmuth 2935
Bergmann, Theodor 2199
Bernhardt, Vera 2061
Berteit, Herbert 2111
Berthold, Norbert 1220
Bessin, Stefanie 1912 1936 1937
Besters, Hans 798 1740
Betge, Peter 1952 1953 1954
Betz, Karl 55
Beuerlein, Irmtraud 866
Beuthien, Volker 2163
Beyer, Achim 3331
Beyer, Hans-Joachim 3364
Beyer, Heinrich 889
Beyer, Marina 3165
Beyersdorff, Günter 3332
Beyme, Klaus von 1433
Beywl, Wolfgang 2158
Biebler, Edith 631 1997
Biedenkopf, Kurt H. 56 344 395 632 2330
Bielenberg, Walter 2567 2911
Bielenski, Harald 1227 1228 1229 1517
Biener, Herbert 966 1126 1127 1128 1186 1770
Bierich, Marcus 162
Bindemann, Walther 620
Binz, Fritz 1783
Bird, Adam 1014
Birkenfeld, Wolfram 1717 1718
Birnie, Esmond 1094
Birts, Anthony 1065
Bischof, Rose 3191
Bischoff, Günter 1063
Bispinck, Reinhard 1372 1377 1378 1379
Bister, Ottfried 1128
Bitterberg, Ulrich 2777
Bittermann, Uwe 1022 1064
Blank, Michael 2983
Blaschke, Jochen 3033 3034
Blaschke, Karlheinz 2833
Blazejczak, Jürgen 2360
Bleckmann, Albert 890
Bleutge, Peter 832
Block, Hans-Jürgen 3275
Blüher, Jürgen 2163
Blüm, Norbert 1411
Bluhm, Harald 737
Blum, Reinhard 633 733
Blum, Ulrich C. 2718
Blumers, Wolfgang 1728
Bobach, Reinhard 3241
Bobke- von Camen, Manfred H. 71 1467
Bock, Franka 3071
Bode, Eckhardt 2112
Bode, Otto F. 14
Boden, Steffen 1890
Böhme, Hans 2719 2720 2745
Böhme, Jens 2513
Böhringer, Walter 891
Bömelburg, Peter 1167
Bönisch, Alfred 634
Boergen, Rüdiger 1129
Börner, Dietrich 3276
Bös, Dieter 892 893
Bofinger, Peter 57 1585
Boissieu, Christian de 393
Boje, Jürgen 1230 2002 2025
Bollmann, Gerhard 571
Bomsdorf, Eckart 3001
Boneß, Arthur 2478
Bongartz, Helmut 572
Borchert, Manfred 635
Borell, Rolf 322 1675 1676
Borgmann, Olaf 1130
Borner, Joachim 2331
Borodan, Nora 512
Bosch, Gerhard 1225 1231
Boss, Alfred 1620 1621 1622 1623 1624 1892 1893 1894 1895 1912 1920 1936 1937 3072
Braatz, Frank 1131
Braeter, Uta 3351
Brahms, Hero 741
Brainard, Lawrence J. 636
Brand, Horst 2315
Brander, Sylvia 1338 1955 2540

AUTHORS AND AUTHOR INFORMATION - PERSONEN-REGISTER

Brandes, Harald 1507
Brandt, Michael 323 324
Bratzke, Gunthard 2528 2529 2798 2823
Braun, Albert 2810
Breitenacher, Michael 2514 2515 2532 2540
Brenke, Karl 2479
Bress, Ludwig 223
Breuel, Birgit 894 895 997
Breuninger, Gottfried E. 1697
Breuss, Fritz 368
Brezinski, Horst 58 637 896 2202
Brie, Michael 737
Brillet, Jean-Louis 1803
Brinkmann, Christian 1232 1233
Brinkmann, Theodor 2683
Brittan, Leon 1606
Brocke, Rudolf H. 3242
Brockhoff, Klaus K. 1084
Broclawski, Jean-Pierre 59
Brown, Philip 1065
Bruckenberger, Ernst 3186
Brücker, Herbert 775
Brühl, Wolfgang 2063
Brünneck, Alexander von 833
Brüstle, Alena 478
Brunner, Georg 638
Bruno-Latocha, Gesa 109 1842
Bruns, Klaus P. 2292 2314 2944
Bryson, Phillip J. 224 1804
Buchholz, Wolfgang 897
Buchner, Werner 2924
Buck, Hannsjörg F. 639 640 2573
Buck, Herbert 3333
Budäus, Dietrich 1625
Budde, Rüdiger 2378 2899 2905
Budde, Wolfgang D. 1132
Buddenberg, Hellmuth 2743
Budig, Peter-Klaus 3243
Budziński, Andrzej 479
Büchner, Heinz 2480
Bühner, Rolf 898
Büscher, Reinhard 494
Büschgen, Hans E. 1114
Büttner, Thomas 3020 3021 3024 3025
Bullinger, Michael 1133
Bungard, Walter 1074
Bunz, Axel R. 467
Burda, Michael C. 61 62 588 610 1237 1238 1380 1435
Burger, Armin 2653
Burrichter, Clemens 3207 3236 3244
Busch, Axel 2783
Busch, Berthold 296 396
Busch, Klaus 397
Busch, Thomas 2721
Busch, Ulrich 269 641 642 1998
Buttler, Friedrich 1239 1240 1241 1253
Button, Kenneth J. 2730
Cassier, Siegfried C. 1958
Cezanne, Wolfgang 643
Chaberny, Annelore 1301
Chaney, Eric 225
Childs, David 186
Christ, Peter 1805
Christensen, Vagn 1104
Christoffel, Hans G. 868 869 872 1724
Chrupek, Zbigniew 63 398 552 553
Cichy, E. U. 644 645
Claus, Burghard 621
Claus, Werner 3322
Clausen, Ekkehard 2204
Claussen, Carsten P. 1136
Clemens, Reinhard 1935
Cloes, Roger 64 899
Coe, David T. 1381
Coenen, Reinhard 2332
Colchester, Nicholas 65
Collier, Irwin L. 66 67 68
Collignon, Stefan 399 400 708
Commandeur, Gert 1468
Cornelius, Ivar 3166
Cornelsen, Doris 646 900 1242 1305 1806 1807 1808 2826
Corte, Christiane 933
Cotis, Jean-Philippe 370
Coudert, Virginie 69
Cox, Helmut 901 902 903
Cramer, Werner 806
Creifelds, Carl 3374
Crome, Erhard 3212
Cromme, Franz 2388
Cronauge, Ulrich 2947
Cusack, Thomas R. 3002
Czerwenka, G. B. 834 1128 1771
Czysz, Armin 401
Dabbert, Stephan 2301
Däubler, Wolfgang 1436 1469
Däumichen, Klaus 3268
DeGrauwe, Paul 72 73 74
Deininger, Dieter 3073
Delhaes, Karl von 904
Delitz, Peter 88
Delors, Jacques 402
Dennig, Ulrike 2663
Deppe, Hans 1134

AUTHORS AND AUTHOR INFORMATION - PERSONEN-REGISTER

Derix, Hans-Heribert   171   776   2114
Dettke, Dieter   416
Deubner, Christian   412
Deutler, Karl-F.   1789
Dichmann, Werner   648
Dicke, Hugo   495   2218
Dickertmann, Dietrich   1586   1587
Didik, Frank X.   3360
Diederich, Nils   777
Diedrich, Ralf   1194
Diehr, Marion   2027
Diekmann, Achim   2488   2489   2499
Diel, Udo   590
Dienemann, Otto   2914
Dierks, Carsten   1038
Dietrich, Hans   2000
Dietz, Frido   1245
Dietz, Raimund   77   230   1815
Dietze, Klaus   1066
Dinkel, Reiner H.   3013
Dirscherl, Clemens   2164   2165
Dluhosch, Barbara   906
Döhrn, Roland   345   346   406   478   515
Dörner, Wolfgang   1198
Dörr, Gerlinde   1046
Dötsch, Ewald   1729
Dohnanyi, Klaus von   231
Doll, Helmut   2219
Doluschitz, Reiner   2220
Dominiczak, Małgorzata   232
Donelly, Alan   450
Donges, Juergen B.   79   1246   1247   1581   2606   2994
Doorn, Jacques A. van   191
Dorbritz, Jürgen   3014   3035
Dornberger, Gerhard   835   907   1746   1747   1791   1793
Dornberger, Ute   835   907   1746   1747
Dornbusch, Rudiger W.   283
Dostal, Adrian W.   1047
Drechsel, Werner   2697
Drescher, Joachim   2784
Drews, Hans-Peter   1105
Dreyer, Kristine   3056
Dubrowsky, Hans-Joachim   80   81   762   1588
Dürrwächter, Erich   1721
Duggan, Lynn   3015
Dunskus, Petra   1339   1340
Dyba, Karel   516   517
Ebel, Horst   778
Ebenroth, Carsten-Thomas   1748   2335
Eberhardt, M.   2221

Eberwein, Wolf-Dieter   3002
Eckardstein, Dudo von   1099
Eckart, Karl   2222   2398   2534   2798
Eckart, Wolfgang   2578
Eckerle, Konrad   2393
Eckey, Hans-Friedrich   2799   2871   2872
Eckhardt, Carl F.   2874
Edeling, Thomas   1048
Egle, Franz   1248
Ehrenberg, Herbert   3074
Ehrenforth, Werner   870
Ehret, Martin   172
Ehrhardt, Irina   3268
Ehrlicher, Werner   82   649
Eichholz, Rainer   269   1453
Eickelpasch, Alexander   2490
Eickmann, Dieter   871
Eiden, Hanns-Christoph   2302
Einhorn, Hans   2550
Eisenach, Manfred   1772
Eisenkrämer, Kurt   2223   2262
Eitz, August-Wilhelm   2394
Elkart, Wolfgang   1141   1142   1143
Emmerich, Knut   1249   1277
Enderle, Jovita   1228   1229   1516   1517
Enders, Friederike   783
Endres, Alfred   2358
Engelbrech, Gerhard   1341
Engelen-Kefer, Ursula   1202   3075
Engelhard, Hans A.   2982
Engelhardt, Hanns   1730
Engelhardt, Klaus   2551   2552
Engels, Benno   503   518   519
Engels, Wolfram   823
Erdmann, Kurt   652   1138
Erk, Günter   2004
Erkel-Rousse, Hélène   1803
Ermischer, Irina   1315
Ernst, Klaus   1167
Ernst, Ursula   3302
Espenhayn, Rolf   2140
Ettl, Wilfried   650
Ewringmann, Dieter   2972
Fack, Fritz U.   807
Fahning, Ines   1367
Faltlhauser, Kurt   2706
Fangmann, Helmut D.   2983
Fassbender, Hermann J.   2224
Faude, Eugen   521   757
Fege, Berthold   1813   2939
Fehl, Ulrich   2141
Fehling, Hans-Werner   1144
Feist, Ursula   3003

AUTHORS AND AUTHOR INFORMATION - PERSONEN-REGISTER

Felderer, Bernhard 3036
Feldhaus, Hubert 2225 2226
Feldmann, Horst 1389
Fels, Gerhard 84 496 502 651 1251 1821
Fels, Joachim 1920
Fey, Gerd 1145
Fichter, Michael 1438
Fieberg, Gerhard 837 838
Fiebig, Norbert 520
Fiebiger, Hilde 2005
Fiedler, Heinz 3247
Filaretow, Bastian 3288
Filc, Wolfgang 327 373 589 612
Filip-Köhn, Renate 2086
Fischer, Andreas 3312
Fischer, Lorenz 2167
Fischer, Malte 1892 1893 1894 1895 1936 1937
Fischer, Monika 908
Fischer-Nordmann, Lutz 1701
Flasbarth, Jochen 3385
Flassbeck, Heiner 653 992 1390
Flatt, Lorenz 2402
Fleischer, Frank 2520
Fleissner, Peter 631 654
Flemig, Günter 60 1920
Flemming, Günther 3362
Flick, Hans 1678 1740
Fliedner, Ortlieb 2984
Flockermann, Paul G. 1679 1702 1703
Flug, Martin 909
Förschle, Gerhart 1146 1147 1148
Förster, Annette 1214 1342
Förster, Iris 2426 2427
Förster, Matthias 3018 3019
Förster, Wolfgang 3110
Förtsch, E. 3242
Fontana, Philippe 1822 1823
Forster, Karl-Heinz 1132 1172
Frank, ... 2731
Frank, Karl H. 647 754
Franke, Günter 234
Franke, Heinrich 1253
Franke, Horst 2488 2489 2499
Franke, Siegfried F. 1660
Franz, Wolfgang 1254 1255 1256
Franzke, Jochen 3212
Franzmeyer, Fritz W. 417 418
Freier, Udo 808
Frentzel, Gerhard 1749
Frenz, Karl 2296
Frerk, Peter 798 2521
Freudenberg, Thomas 1014
Freund, Werner 910
Frey, Herbert 2581
Freyend, Eckhard. J. von 911
Frick, Joachim 2035 2582 2583 3170
Friedrich, Peter 912
Friedrich, Thomas 2992
Friedrich, Werner 1085 2151
Friedrichs, Jürgen 2116
Fries, Renate 2336
Frisch, Thomas 1039
Frischmuth, Birgit 1674
Fritsch, Michael 2874
Fritsche, Klaus 3037
Fritzsche, Bernd 1638 1645 2006
Fröhlich, Hans-Peter 84
Frohnhöfel, Rudi 2915
Fromm, Günter 2732
Fuchs, Anke 3048
Fuchs, Gerhard 2836
Fuchs, Johann 1257
Fuchs, K. L. 1087
Fürstenberg, Friedrich 284 809 1518
Fuest, Winfried 302 1661 1680
Fuhrmann, Wilfried A. 374
Funk, Joachim 1534 1639
Funk, Walter 2000
Funke, Dietmar 3076
Funke, Michael 1380 1435
Furet, Mathieu 2303
Gabler, Ursula 1067
Gaddum, Johann W. 2668
Gahlen, Bernhard 742
Galler, Heinz P. 3024 3025
Ganske, Joachim 913
Gather, Claudia 3169
Gattermann, Hans H. 1681 1731
Gattinger, Matthias 2316
Gatzmaga, Ditmar 1431
Gaulhofer, Manfred 1044
Gaulke, Klaus-Peter 1959
Gebauer, Wolfgang 419 420
Geberth, Rolf 967
Gebhardt, Christian 914
Gebhardt, Heinz 328 329
Gebhardt, Marion 3214
Gebhardt, Rainer 2802
Gehrig, Gerhard 235
Geiger, Helmut 421 2669
Geisen, Bernd 2336
Geisendörfer, Ulrich 2618
Geißler, Harald 1522
Geißler, Rainer 3059 3171
Genosko, Joachim 1439 1440 3100

AUTHORS AND AUTHOR INFORMATION - PERSONEN-REGISTER

Genser, Bernd 1682 1683
Gensior, Sabine 1343 1344 1365
Geppert, Kurt 2630 3324 3325
Gerhard, Rolf 1519
Gerlach, Stefan 610
Gern, Klaus-Jürgen 1912 1936 1937
Gernhardt, Alfred 2404
Gerstenberger, Wolfgang L. 1824 1960 2117 2118 2119
Gerstung, Fritz 2145
Geske, Otto Erich 303 1662
Gewehr, Michael 1159
Giersch, Herbert 656 915 1825 1963
Gierse, Matthias 347
Giese, Sibylle 1467
Giesecke O'Shea, Linda 1297
Gießmann, Hans-Joachim 2556
Gill, Ulrich 1441
Gillies, Peter 304 1861
Gillwald, Katrin 2047
Gilsdorf, Peter 522
Girndt, Cornelia 1489
Gischer, Horst 85
Gittler, Cornelia 410
Glaab, Hermann 1899 2491
Gladisch, Doris 2002 2007 2025
Glaeßner, Gert-Joachim 2
Glasemann, Hans-Georg 840
Glatter, Joachim 597
Glier, Josef 874
Glöckner, Hans-Heinrich 523
Glombik, Manfred 3116 3117
Glos, Michael 1259
Gluch, Erich 2585
Godau, Armin 2698
Godau, H.-J. 916
Göbbel, Beowulf 3363
Göbel, Michael 2831 2870
Göbel, Uwe 3309
Göllert, Kurt 1152
Görgen, Rainer 2407
Görzig, Bernd 1826 1827 1828
Göschel, Hans 622
Götz, Georg 1391
Götz-Coenenberg, Roland 86
Gogrewe, Martin 1019
Goldberg, Jörg 1829
Gollnick, Heinz 2228
Gornig, Gilbert 33
Gornig, Martin 1345 1392 1827 1830 2492 2631
Gottert, Frank 1260
Gottfried, Peter 1663
Grabas, Margrit 3216

Grabau, Fritz-René 1704
Grabitz, Eberhard 426
Grabley, Hanna 1406
Gräbe, Sylvia 2027
Gräfer, Horst 1153
Graf, Hans-Werner 173 238
Gramer-Muck, Sabine 312
Graßhoff, Jürgen 1138
Grawe, Joachim 2408 2409
Grebing, Helga 811
Grehn, Klaus 1261 1442
Gretz, Wendelin 2888
Gries, Thomas 87
Grinberg, Ruslan S. 481
Grings, Michael 2229
Groeber, Achim 2522
Gröbner, Gerhard 1262
Gröner, Helmut 1583 2410
Grönwald, Bernd 2917
Grözinger, Gerd 1964
Grohmann, Heinz 608
Gros, Daniel 1640
Gross, Gerhard 2949
Groß, Johanna 3077
Groß, Paul J. 917
Gross, Werner 2733 2734
Gross, Wolf-Dietrich 3326
Großer, Heinz 1263
Große-Wilde, Hanns W. 2586
Grosskopf, Werner 2168 2169
Großmann, Gerhard 2735
Grote, Gerhard 524
Grottian, Peter 269 1264
Grünewald, Joachim 1720
Gruhle, G. 623
Gruhler, Wolfram 296 2142
Gruhn, Werner 3208
Grunert, Ruth 2002 2025 3071
Günther, Horst 1202
Günzel, Ralf 2763
Gürtler, Joachim 918 1265 1266 1901 1902 1903 1904 1905 2587 2598
Gussen, Heinz 1102
Guth, Wilfried 286
Gutmann, Gernot 251 652 657 658 659 660 661 779 824 1832
Gyekiczky, Tamás 1049
Haarland, Hans P. 2008
Haase, Dirk 2540
Haase, Herwig E. 780
Haase, Wilfried 2736 2773
Haase, Wolfgang 2493
Habermann, Gerd 781
Haberzettel, Anita 2315

AUTHORS AND AUTHOR INFORMATION - PERSONEN-REGISTER

Habich, Roland   2047   2048   2049
Hackenberg, Gerhard   2737
Haeder, Wolfgang   2087
Häfner, Beata   1267
Haeger, Bernd   1154
Haendcke-Hoppe, Maria   2626   2627
Hänsel, Werner   2553
Härtel, Hans-Hagen   1407   1607   1608
   1609   1610   1611   1612   1613
   1618
Härthe, Dieter   3381
Häußermann, Hartmut   2918
Haferkamp, Dieter   89   1590
Haffner, Friedrich   662   663
Hagedorn, Gunter   1540   1705
Hagedorn, Konrad   2231
Hagelschuer, Paul   2232   2233
Hagemann, Ernst   525
Hagemann, Harald   239
Hagen, Kornelia   1222
Hagenmeyer, Ernst   2413
Hager, Bernhard   2738
Hahn, H.   2736
Hahn, Hartmut   590
Hahn, Oswald   2159
Hahn, Werner   348   2717   2739
Hake, Lothar   2646
Halbach, Günter   1471
Halbritter, Josef   2316
Halstrick-Schwenk, Marianne   2123
   2378
Hamel, Hannelore   664   758   759
Hamer, Eberhard   2143   2802
Hamm, Hartwig   2588
Hamm, Rüdiger   345   349   350   351
   352   353   2876   2973
Hamm, Walter   919   1394
Hammer, Ulrich   2983
Hanau, Klaus   2069
Hanau, Peter   1463   1472   1473
Hanke, Dietmar   1965
Hanke, Horst   2124
Hankel, Wilhelm   90   91   92   93
Hanrieder, Manfred   1106
Hansel, Frank-Christian   920   976
Hansmeyer, Karl-Heinrich   2837
Hantelmann, Klaus-Dietrich   1906
Harasty, Hélène   240   470
Hardes, Heinz-Dieter   1395   1396
Hardt, John P.   479
Harms, Wolfgang   2440
Hartleb, Ruth   2632
Hartmann, Angelika   3211
Hartmann, Axel   42
Hartmann, Christian   3337

Hartmann, Martina   1907
Hartwig, Karl-Hans   241   665   735
Harvey, Campbell R.   1833
Hasenpflug, Henry   2125   2877
Haß, Marion   2791
Hasse, Rolf H.   812
Hatzius, Jan   1397
Hauschild, Bernd   1699
Hauser, Hansheinz   1834
Hauskrecht, Andreas   55
Haussmann, Helmut   526   1966   1973
Haustein, Heinz-Dieter   666   1068
   1835
Hax, Herbert   921
Hebing, Wilhelm   841   922   1758
   1794
Hecht, Werner   198
Hedrich, Carl-Christoph   1115
Hedtkamp, Günter   1732
Heide, Hans-Jürgen von der   2924
Heidenreich, Martin   1050   1053
Heidenreich, Regine   3105
Heier, Dieter   1269
Heilemann, Ullrich   242   243   244
   305   328   350
Heilig, Gerhard K.   3020   3021
Heimpold, Gerhard   923   1540
Hein, Manfred   2660   2665
Hein, Ralf   2088   2089
Heine, Joachim   2304
Heine, Michael   1887   2126   2878
Heinemann, Michael   2234
Heininger, Horst   667   668
Heinrich, Jürgen   2228
Heinrich, Manfred   3229
Heinrich, Reinhard   2337
Heinrichs, Wolfgang   669   813   3078
Heintschel von Heinegg, Wolff   376
Heintzen, Markus   2974
Heinze, Angela   1250   2071
Heinze, Gert W.   2730   2740
Heinzelmann, Regula   2338
Heinzmann, Joachim   2809   2879
Heise, Arne   1541
Heiss, Montana   3330
Held, Stefan   1040
Helfert, Mario   1492
Heller, Ulrich   1063
Hellmer, Jörg   1155
Helmstädter, Ernst   245   1542   2494
Helwig, Gisela   3172
Hemmer, Hans-Otto   196   1430
Hemmerich, Fritz   2412
Hendzlik, Heidemarie   560
Hengsbach, Friedhelm   246

AUTHORS AND AUTHOR INFORMATION - PERSONEN-REGISTER

Henke, Klaus-Dirk 3114 3118 3194
Henkel, Hans-Joachim 3089
Henkel, Heinrich A. 284
Henningsen, Eckart 2161
Henrichsmeyer, Wilhelm 2235 2236 2305
Henschel, Gerda 782 1940 2497 2808
Henselder-Ludwig, Ruth 2325
Hentze, Joachim 1069
Henze, Elke 2170
Herber, Reinold 814
Herberg, Helga 527
Herbrich, Günter 2415
Herder-Dorneich, Philipp 670
Herles, Helmut 17
Hermanns, Manfred 1346
Herr, Hansjörg 247 427
Herrmann, Bernd 323 324
Herrmann, Helga 3038
Herschel, Andreas 2868
Hertle, Hans-Hermann 1443 1543
Herzig, Norbert 1733
Heseler, Heiner 2803
Hespel, E. 379
Hess, Harald 1783
Hess, Peter 842
Hesse, Helmut 94 742
Hesse, Markus 2880 2881
Hesselbach, Jochen 2405
Hessenius, Helga 1388
Heuer, Hans 1959 2919
Heuse, Robert 1474
Heymann, Dominique 3327
Hickel, Rudolf 95 96 268 318 671 672 673 1664 2803
Hieke, Manfred 1753 1795
Hild, Paul 1270
Hildebrand, Manfred 2317
Hilker, Jörg 1041
Hill, Dietrich 2157
Hill, Hermann 1532 2985
Hillebrand, Bernhard 2385
Hillebrandt, Volker 924
Hinds, Manuel 703
Hinrichs, Wilhelm 1271
Hinz, Susanne 2403
Hinz, Ulrike 1398
Hirsch-Kreinsen, Hartmut 2523
Hirt, Hans 582
Hitchens, David M. 1094
Hochbaum, Hans-Ulrich 1752 1796
Höhme, Hans-Joachim 675
Höhn, Charlotte 3022
Höhnen, Wilfried 306

Hölder, Egon 2010 2072
Hoell, Günter 2237
Hölscher, Jens 482
Hoene, Bernd 1272
Hönekopp, Elmar 1273
Hoeppner, Doris 2088 2089
Hörger, Helmut 925
Hörnschemeyer, Franz-Gerd 2416
Hof, Bernd 3023
Hofer, Peter 2393
Hoffmann, Alexander 2844
Hoffmann, Brigitte 1967
Hoffmann, Diether 926
Hoffmann, Hans-Jürgen 3003
Hoffmann, Jutta 946
Hoffmann, Lutz 248 528 653 1544
Hoffmann, Peter 1015
Hofmann, Hans-Georg 3317
Hofmann, Jürgen 3195
Hofmann, Peter 816 843
Hofmann, U. 2741
Hohmeister, Frank U. 927
Holdt, Wolfram 1836
Holeschovsky, Christine 428
Holst, Christian 3217
Holst, Elke 1252 1274 1347 1348 1366 2009
Holzapfel, Jürgen 2303
Holzheu, Franz 249
Homann, Fritz 928 1545
Homann, Jochen 494
Hommelhoff, Peter 998 999
Hoppe, Hans-Hermann 199
Horn, Gustav A. 97 377 1390 1399
Horn, Norbert 929 930 931 1754 1755 1768 1769
Hornemann, Gerda 3196
Hornschild, Kurt 1546 2495
Horstmann, Heinz 2088
Hoß, Peter 1690
Howitz, Claus 2238
Hrbek, Rudolf 429 430
Hromadka, Wolfgang 1098
Huber, Gerhard 483
Huber, Jürgen 2742
Hubrich, Dietmar 235
Hübener, Jochen A. 1968 2589 2590 2608
Hübl, Lothar 676
Hübner, G. 623
Hübner, Kurt 677
Huebner, Michael 1275
Hübner, Werner 2524
Hüchtebrock, Michael 1195
Hücker, Franz-Josef 1520

AUTHORS AND AUTHOR INFORMATION - PERSONEN-REGISTER

Hülsemeyer, Friedrich 2239
Huelshoff, Michael G. 431
Hünnekens, Heinz 1719
Hüther, Michael 307 1547 1641 1642 1684
Hüttche, Tobias 1168
Hüttenmeister, Peter 3155
Hughes Hallett, Andrew J. 250
Huintges, Robert 3269
Hummel, Detlev 932
Hummel, Thomas R. 3285
Hundt, Florenz 1774
Husmann, Jürgen 1400
Huster, Ernst-Ulrich 3079
Huthmacher, Karl-Eugen 2339
Icks, Annette 1088
Illgen, Konrad 2650
Illgen, Roland 2737
Inotai, András 484
Irmer, Horst 3268
Isermeyer, Folkhard 2240 2241 2288
Isserstedt, Wolfgang 3293 3294
Issing, Otmar 1238 1591
Jacobs, Klaus 3120 3197
Jacobs, Rainer 1750
Jacobsen, Anke 482
Jäckel, Peter 1975 1976 1977 1993
Jäger-Roschko, Olaf 2817
Jäkel, Werner 1749
Jänicke, Martin 2431
Jahn, Ralf 2920
Jahn-Thielicke, Bettina 2785
Jaletzke, Matthias 922
Jander, Martin 1454
Janke, Arthur 252
Janke, Günter 1156
Janke, Rudolf 2074
Janson, Carl-Heinz 5
Janßen-Timmen, Ronald 2378
Jarosch, Jürgen 2220
Jasper, Lothar T. 1972
Jaufmann, Dieter 3213 3250
Jeinsen, Ulrich von 2242
Jenkis, Helmut W. 2591
Jens, Uwe 736 1614
Jermakowicz, Władysław 904
Jeschek, Wolfgang 1521 3313
Jess, Heinrich 100
Jochimsen, Reimut 101 1605
Jörg, Harald 1856
John, Antonius 2243
John, Christoph 1682
John, Klaus D. 2343
Johnson-Freese, Joan 3251

Judanov, Jurij I. 253
Jünger, Jürgen 650 678 679
Jürgens, Peter 2171
Jürgensen, Harald 433 1838
Jung, Hans-Ulrich 2811 2823
Jung, Helmut 3223
Jung, Wolfgang 2921
Jungblut, Michael 1839
Junge, Werner 1749
Junghans, Roland 2621
Junk, Herbert 2418
Kädtler, Jürgen 1455
Käppeler, Franz 1026
Kahl, Alice 2116
Kahlert, Joachim 2344
Kaiser, Manfred 1514 3274
Kaligin, Thomas 1978
Kalinowska, Lidia 541 542
Kallfass, Hermann H. 2244
Kalmbach, Peter 1407
Kalok, Gertraud 1494
Kalt, Gero 3328
Kammerath, Jens 2071 2073 2075
Kammerer, Peter 1840
Kamp, Klaus 1107
Kantzenbach, Erhard 254 308 680 1549 1615
Karbstein, Werner 2089
Karg, Erwin 2525
Karl, Hans-Dieter 2419 2420
Karrenberg, Hanns 2951 2952 2953
Karst, Ulrich 2185
Kasek, Leonhard 3286
Kauffmann, Barbara 1920
Kaufmann, Friedrich 910 977
Kaufmann, Manfred 1402
Kaula, Karl 3114
Keber, Beatrix 2308
Keck, Alfred 2011 3362
Keding, Frank 2245
Kehrer, Gerhard 2930
Keilhofer, Franz 2975
Kelleher, Catherine M. 255
Kellner, Marina 2002 2012
Kelm, Gerhard 1797
Kemper, Ria 2421
Kenigswald, Laurent 59 225
Kestens, Paul 379
Ketzel, Eberhart 1812
Keuchel, Astrid 1495
Kielwein, Kurt 1505
Kiesel, Ina 1306 3080
Kieselbach, Thomas 1279
Kigyóssy-Schmidt, Eva 2013
Kill, Heinrich H. 2730 2740

AUTHORS AND AUTHOR INFORMATION - PERSONEN-REGISTER

Kim, Cae-one 380
Kim, Yong-koo 575
Kimminich, Otto 844
Kindler, Rita 2246
Kinkel, Klaus 2986
Kirchhoff, Ulrich 2954 2955
Kirner, Ellen 1280 1350 1351
 1352 3121
Kissel, Otto R. 1475 1476
Kisseler, Wolfgang 2633
Kistler, Ernst 1496
Kitterer, Bernd H.-J. 1979
Kittner, Michael 1461 2987
Klanberg, Frank 1281
Klare, Klaus 2247
Klatt, Hartmut 2844
Klauder, Wolfgang 1282 1283 1284
Kleff, Häns-Gunter 3040
Kleiber, Wolfgang 882
Klein, Dieter 681
Klein, Ingo 682
Klein, Walter 2145
Klein, Werner 660 683 845
Kleinhenz, Gerhard 1444 3100
Kleinmann, Werner 1616
Klemm, Hans 2746
Klemmer, Paul 342 355 1980 2747
 2882 2883
Kliemt, Volker 2776
Klinge, Werner 2922
Klingebiel, Olaf 3081
Klinger, Fred 251 3049 3050 3051
 3052
Klinkmüller, Erich 2127
Kloas, Jutta 2755
Klodt, Henning 331 1285 1286
 1319 1550 1551
Kloepfer, Michael 2341 2345
Klös, Hans-Peter 1251
Klose, Jürgen 434 530 665
Kloß, Gottfried 592
Kloten, Norbert 103 104 718 1605
Klug, Annelies I. 2144
Klumpe, Werner 846
Knerer, Harald 593
Knieper, Onke 2385 2422
Knieps, Franz 3122 3123
Knoche, Peter 2884
Knoerich, Volker 3252
Knoop, Peter 2956
Knop, Hans 332
Knüpfer, Werner 847
Knuth, Matthias 1231 1287
Koch, Anja 3174
Koch, Hans-Dieter 594

Koch, Herbert 1108 1109
Koch, Ute 3233
Kockel, Klaus 2076
Koebnick, Hans-Jürgen 1605
Köhler, Arthur 1790
Köhler, Claus 684
Köhler, Sabine 2884
Köhne, Anne-Lore 2014
Köllhofer, Dietrich 2670
Köllner, Lutz 764 2554 2555
König, Reiner 105
König, Wolfgang 2622
Koerner, Hans 848
Kohl, Helmut 200 201 435
Kohl, Heribert 1456
Kohler, Stephan 2387
Kohler-Koch, Beate 381 444
Koistinen, Pertti 202
Kokalj, Ljuba 933
Koll, Robert 356 357 364
Kolloch, Klaus 80
Koop, Michael J. 980
Koppe, Peter J. 1034
Kopper, Hilmar 78
Kops, Manfred 2837
Kornhardt, Ullrich 2623
Korsch, Ingo 840
Koslowski, Peter 685
Kostrzewa, Wojciech J. 771
Kottwitz, Gisela 1455
Kotyczka, Carola 3253
Kousnetzoff, Nina 531
Kowalke, Hartmut 2125 2877
Kowalski, Jan S. 2758
Kowalski, Reinhold 119 497
Krähmer, Rolf 2959 2960
Krätke, Stefan 2925
Krafft, Alexander 1275
Kraft, Klaus 2748
Krakat, Klaus 1052 1070 2526
 3338
Krakowski, Michael 686 1617 2115
Kramer, Helmut 382
Kramer, Steven P. 441
Krantz, Hubert W. 1089
Kraus, Willy 815
Krause, Günter 3224
Krause, Joachim 1700
Krause, Marion 2346
Krause, Peter 2003 2035 3170
Krause-Brewer, Fides 687
Krause-Junk, Gerold 309 1720
Krauß, Erich 2172
Krauße, Armin 2501
Krautzberger, Michael 2926

AUTHORS AND AUTHOR INFORMATION - PERSONEN-REGISTER

Krebsbach-Gnath, Camilla   1336
Kregel, Jan A.   106   107
Kreienbaum, Christoph   2380
Kreikebaum, Hartmut   2342   2347
Kreikebohm, Ralf   3070
Kreißig, Volkmar   2531
Krelle, Wilhelm   688   736   1841
Kretzschmar, Albrecht   1497   2015
Krickau-Richter, Lieselotte   3254
Kriebel, Hugo-Manfred   1157
Krieger-Boden, Christiane   2112
Krölls, Albert   1478
Kroeschell, Karl   849
Kroker, Rolf   1680
Kroll, Harald   923   934   935
Kroll, Siegmund P.   2749   2922
Kromphardt, Jürgen   108   109   1268   1842
Kropp, Manfred   1147   1148
Kroske, Heinz   3253
Krüger, Hartmut   876
Krüger, Reinald   1607   1608   1609   1612   1613
Krüger, Stephan   2792   2796
Krueger, Thomas   1381
Krupp, Hans-Jürgen   301   358   1665
Kruse, Heinz   2160   2885
Krysmanski, Hans-Jürgen   850
Kubon-Gilke, Gisela   936
Kuczynski, Jürgen   3225   3226   3227
Kübler, Bruno M.   1782   1784
Kübler, Knut   2424
Kück, Marlene   1027
Kühl, Carsten   2348
Kühl, Jürgen   1288   1289   1290   1291
Kühlewind, Gerhard   1282   1283
Külper, Heike   1403
Küting, Karlheinz   1158   1186
Kuhn, Christian   2721
Kuhn, Erwin   2163
Kuhn, Thomas   2961
Kuhrt, Willi   1498
Kulke-Fiedler, Christine   436
Kult, Bélint   2673
Kunth, Bernd   2425
Kupich, Andrzej   532
Kurjo, Andreas   2248   2249   2250
Kusch, Günter   1566
Kusch, Horst   1292
Kuschel, Hans-Dieter   437
Kutter, Eckhard   2750
Laaser, Claus-Friedrich   2751
Laaser, Ulrich   3190
Lachmann, Jens-Peter   937
Lachner, Josef   2637   2638   2639   2651   2652

Läufer, Nikolaus K.   110   111   112
Läuter, Jürgen   3287
Lafontaine, Oskar   1293
Lageman, Bernhard   2251
Lahmann, Herbert   533   534   2582   2583
Laitenberger, Volkhard   783
Lambert, Martin   1292
Lambrecht, Horst   576   577   595   602   2252
Lammers, Konrad   2886   2887
Lammert, Norbert   3315   3339
Lampe, Winfried   1116
Lampert, Heinz   3082   3083   3084   3085   3175
Landua, Detlef   2048   2049
Lanfermann, Josef   1159   1196
Lang, August R.   359
Lang, Franz P.   113   174   765
Lang, Joachim   1735
Lang, Klaus   1404
Lang, Rainhart   1090
Langbehn, Cay   2257
Lange, Dieter   1265   1294   1890   1932   2129
Lange, Elmar   2016
Lange, Hans-Georg   2950
Langer, Hans   2349
Langfeldt, Enno   60   1892   1893   1894   1895   1912   1936   1937
Langguth, Gerd   438
Langhans, Daniel   1874
Langmantel, Erich   2691
Langnickel, Andreas   1263
Lapp, Peter J.   2838   2839   2840
Lappe, Lothar   1295   1353
LaRouche, Lyndon   1552
Laschke, Bärbel   2426   2427
Łaski, Kazimierz   718
Lassig, Rainer   535
Latsch, Wolfram W.   1397
Lau, Dieter   1691
Lau, Karin   3   192
Lauer, Christine E.   1160
Lauer, Reinhold M.   1160
Laule, Gerhard   1161
Laumer, Helmut   1843
Lauterbach, Günter   3255
Lauterbach, Joachim   2888
Leber, Wulf-Dietrich   3124   3125
Lechner, Michael   1296   1297   2153
Leciejewski, Klaus   784
LeDem, Jean   240   470
Lefeldt, Mathias   2428
Legler, Harald   2527

AUTHORS AND AUTHOR INFORMATION - PERSONEN-REGISTER

Lehmbruch, Gerhard   203
Lehment, Harmen   383
Leibfritz, Willi   114   115   256
   1643   1685   1896   1915   1916
   1946
Leibiger, Jürgen   1844
Leinemann, Ralf   877
Leipold, Helmut   664   938   939   3256
Leisner, Walter   851   2988
Leminsky, Gerhard   1457
Lemser, Bernd   2350
Lenk, Reinhard   2962
Lenk, Thomas   1298
Lenske, Werner   1095   1096
Leptin, Gert   485
Leszczensky, Michael   3288
Lichtblau, Karl   1661
Liebs, Rüdiger   940   1775
Liedtke, Rüdiger   3371
Lieser, Joachim   852
Linde, Jürgen   2989
Linke, Hermann   1093
Lipp, Ernst-Moritz   596
Lipps, Wolfgang   941
Lipschitz, Leslie   140   236
Lischka, Irene   3270   3289
Lisiecki, Jerzy   578
Litsch, Martin   3198
Löbbe, Klaus   2123   2377   2378
Loeffelholz, Hans D. von   328   333
   1638
Löhrlein, Klaus   1450
Lörler, Sighard   853
Lösch, Dieter   175   176   689   690
Lösch, Rolf W.   2258
Löser, Heike   2592
Lötsch, Manfred   3060
Löw, Hans-Peter   1479
Lohr, Karin   1445
Lohse, Dieter   1162   1178
Lompe, Klaus   3086
Look, Friedrich   3314
Lorbeer, Renate   2752
Lorentz, Ellen   1504
Lorenz, Detlef   536
Lorenz, Martin   1488
Lornsen-Veit, Birgitt   1981
Loth, Wilfried   204
Lotze, Hans-Joachim   691   766
Lucas, Rainer   2880   2881
Ludewig, Hans-Joachim   2173
Ludewig, Rainer   1163
Ludwig, Natalija   692
Ludwig, Udo   631   654   1816   2086
Lück, Grażyna   1499

Lüdemann, Ernst   498
Lüdigk, Rainer   2351   2352   2530
Lüken-Isberner, Folckert   2708
Lützel, Heinrich   2017   2090
Luft, Christa   116   117   537   693
Luft, Hans   854   942
Lungwitz, Ralph   2531
Lutter, Marcus   943   1763
Luttosch, Gabriele   597   694
Lutz, Stefan   1438   1454
Lutz, Wolfgang   3020
Ma, Yue   250
MacDonald, Donogh C.   140   1845   1982
   1983
Machowski, Heinrich A.   538
MacKibbin, Warwick J.   384
Magvas, Emil   1257
Mahnke, Hans H.   205
Mahnkopf, Birgit   1446
Maibach-Nagel, Egbert   2429
Maier, Friederike   1354   1357   1358
Maier, Gerhart   6
Maier, Harry   118   257   579   944
   945
Maier, Lutz   539   540
Maier, Siegrid   579
Maiwald, Werner   678   679
Maizière, Lothar de   829
Maizière, Thomas de   829
Maksimyčev, Igor' F.   206
Mallmann, Markus   878
Mammey, Ulrich   3022
Mampel, Siegfried   695   713
Manecke, Hans-Jürgen   3340
Manegold, Dirk   2259
Mangoldt, Hans von   219
Mannek, W.   879
Manz, Günter   1846   2018
Manzel, Karl-Heinz   2593
Marczinek, Frank   2557
Marschall, Wolfgang   2130   2533
Marwinski, Konrad   3341
Marz, Lutz   696   1054
Maser, Peter E.   1785
Maskow, Dietrich   598   946   947
Masson, Paul R.   258   385
Masuhr, Klaus P.   2393
Materne, Manfred   1706
Matthäus-Maier, Ingrid   168   1720
Matthes, Heinrich   1555
Matthies, Jörg   2430
Maurer, Karl   3352
Maurer, Rainer   948   2120
Maydell, Bernd von   1465   3087
Mayer, Thomas   248   259   697   1819
   3041

AUTHORS AND AUTHOR INFORMATION - PERSONEN-REGISTER

May-Strobl, Eva   1029   1030   1031
   2138
Mead, Walter R.   386
Meckl, Jürgen   1408   1409
Meer, Horst van der   2136
Meffert, Heribert   1072   1073
Meier, Gert   439
Meier, Klaus   3241
Meier, Michael   3199
Meier, Reinhard   2174
Meier, Uta   3177
Meijer, Gerrit   1674
Meinhardt, Uwe   120
Meinhardt, Volker   3121   3126   3127
Meinl, Erich   3013
Meißner, B.   1188
Meißner, Doris   2160
Meister, Petra I.   1810
Meitzel, Matthias   18
Mélitz, Jacques   440
Melzer, Helmut   2990
Melzer, Manfred   1804   2562   2563
   2564   2565   2566
Menard, Claude   441
Menning, Sonja   3042
Meredith, Guy   258   385
Merkel, Wilma   1847
Merl, Stephan   2191
Mertens, Lothar   1500
Mertens, Peter   3297
Mertin, Dietz   1164
Meschkat, Maro   599
Meske, Werner   3257
Mestmäcker, Ernst-Joachim   817
Meyer, Hansgünter   3209
Meyer, Heinz-Werner   1268   1330
Meyer, Thomas   2701
Meyerhöfer, Walter   2638
Meyerhoff, Jürgen   2363   2364
Meyer-Krahmer, Frieder   3258
Mez, Lutz   2431
Michael, Gerhard   2353
Michaelis de Vasconcellos, Harald   141
Michaelis, Hans   2432   2433
Michaelis, Jochen   1410
Michaelis, Klaus   3128   3129   3130
Michałowski, Stanisław   260
Mickler, Otfried   2535
Miegel, Meinhard A.   261
Miehlke, Günter   3200
Mieth, Wolfram   1919
Miethe, Horst   1299
Milbradt, Georg H.   301   1666   1667
   2964
Miller, Josef   2306

Milton, Antoine-Richard   478
Misala, Józef   480   486   487   488
   541   542
Mittag, Günter   5
Mittler, Elmar   3342
Mochmann, Ekkehard   3228
Model, Otto   3374
Modrow, Hans   949
Möbius, Uta   559
Moecke, Hans-Jürgen   3363
Möckel, Steffen R.   235
Möllemann, Jürgen W.   1423   1556
   2714
Möller, Hans   177
Möller, Klaus   2671
Möller, Liane   2354
Möller, Uwe   310   1848
Möschel, Wernhard   950   951   2594
Molitor, Bernhard   699   1557
Molitor, Bruno   700
Mondelaers, Rudolf   442   701
Montag, Heinrich   1984
Morawetz, Richard   600
Moser, Hubertus   78   2794
Most, Edgar   2674
Moxter, Adolf   1172
Müller, Birgit   1055
Müller, Christa   1300
Müller, Dieter   475
Müller, Georg   1301
Müller, Heinz D.   952
Müller, Herbert   1056   1057
Müller, Joachim   3375
Müller, Johannes N.   2922   2928
Müller, Karl   543   608
Müller, Klaus   763   767   2595   2622
   2623   2624
Müller, Klaus O.   702
Müller, Lothar   121   1605
Müller, Manfred   1759
Müller, Roland   2131   2502
Müller, Welf   1137   1736
Müller, Werner   1447
Müller-Godeffroy, Heinrich   2954   2955
Müller-Graff, Peter-Christian   2889
Müller-Groeling, Hubertus   216   262
   752
Müller-Krumholz, Karin   2091
Müller-Meernach, Eva   2817
Müller-Michaelis, Wolfgang   1558
Müller-Stewens, Günter   1018
Mueller-Stöfen, Wolfgang   1849
Müller-Tamke, Wolfgang   814
Münch, ...   2731
Münch, Rainer   2730

AUTHORS AND AUTHOR INFORMATION - PERSONEN-REGISTER

Münch, Werner 1559
Münnich, Margot 3178
Münstermann, Engelbert 1668 2952 2965 2966
Münzel, Frank 1760
Müschen, Klaus 2929
Müssener, Ingo 1707
Multhaupt, Wulf 2841
Munde, Wolfgang 2488 2489
Murmann, Klaus 208 387 1268 1330 1423
Muschick, Edwin 2434
Mutius, Albert von 2991 2992
Myritz, Reinhard 3004 3296
Naegele, Gerhard 3179
Nägele, Stefan 1480 1481 1482
Naggl, Walter 1593
Nagy, Katalin 1850 2890
Naor, Jacob 2019
Nastold, Ulrich A. 846
Naujoks, Friedhelm 2355
Nauroth, Dieter M. 1032
Necker, Tyll 122 168
Neckermann, Gerhard 2519
Nemitz, Kurt 1605
Nerb, Gernot 341 343 1904 1905 2709
Neu, Axel D. 2120 2435 2436 2437
Neubäumer, Renate 1302
Neubauer, Ralf 1805
Neubauer, Wolfram 3334
Neuber, Ulrich 953
Neugebauer, Lydia 2438
Neumann, Frauke 544 601 1985 1986
Neumann, Helmut 1303
Neumann, Johannes 3088
Neumann, Lothar F. 3089 3201
Neumann, Manfred 263 1255
Neumann, Manfred J. 264 1592
Neumann, Susanne 2655
Neumann-Cosel, Barbara von 2597
Neundörfer, Konrad 2499
Neuthinger, Egon 1644
Newbery, David M. 703
Nick, Dorothea 1356
Nickel, Hildegard-Maria 3180
Nickel, Michael 2317
Nickel, Oliver 2307
Nicolai, Wolfgang 704
Niebuer, Wilhelm 2253
Niebur, Joachim 2537
Niedenhoff, Horst-Udo 1448
Niederleithinger, Ernst 954 1776
Niehus, Rudolf J. 1166

Niemann, Walter 1751
Nierhaus, Wolfgang 123 124 1685 2020 2021 2022 2023 2078 2103 2104
Nies, Volkmar 2175
Niessen, Hans-Joachim 2008
Nissen, Hans-Peter 125
Nissen, Sylke 2356
Nitsche, Joachim 1304 1906 2024 2124 2653
Nitschke, Eckhard 1892 1893 1894 1895 1936 1937
Nitz, Jürgen 76
Noack, Stefan 2814
Nobbe, Klaus 1075
Noé, Claus 265
Nölling, Wilhelm 126 127 162
Nötzold, Günter 546 730
Nolden, Hans-Willi 3005
Novy, Klaus 2597
Nowak, Edward K. 547
Núñez-Müller, Marco 2357
Nunnenkamp, Peter 705 706 727 728
Nutzinger, Hans G. 701 889
Obenaus, Hans 2702
Oberender, Peter 334
Oberhauser, Alois 266 318 955 2710
Obst, Werner 1852
Odewald, Jens 956
Offer, Michael 2892 2893
Ohr, Renate 113 613 765
Oldenburg, Fred 7
Oldersma, Harry 367
Olk, Thomas 3066
Ollig, Gerhard 958 959
Opfermann, Klaus 2176
Opitz, Petra 2558 2559
Ortyński, Kazimierz 3131
Oręziak, Leokadia 443
Ossing, Franz J. 2320
Ostmeier, Hanns 1073
Ostwald, Werner 2932 2938
Ott, Notburga 1349 1355 3024 3025
Otto, Burghardt 2157
Otto, Günther 521
Owen, Robert F. 445
Pac, Roland 541 542 548 549
Paeschke, Helmut 1021
Pagel, Wolfgang 1306
Palinkas, Peter 2368
Panther, Stephan 708
Pape, Manfred 880

AUTHORS AND AUTHOR INFORMATION - PERSONEN-REGISTER

Papier, Hans-Jürgen 856
Paqué, Karl-Heinz 1238
Parakenings, Birgit 2033 2034
Parguez, Alain 446
Paridon, Cornelis W. van 129 1853
Parker, Martin 447
Passet, Olivier 130 1854
Pataki, István 960
Patzig, Wolfgang 172
Paucke, Horst 2362
Paul, Albert 2261
Paulini, Monika 1029 1030 1031
Paus, Bernhard 1687
Pawlowsky, Peter 1449
Peche, Norbert 707 709 710 1881
Peemöller, Volker H. 1167 1168
Peetz, Harry 3132
Peffekoven, Rolf 1669 1670
Penzkofer, Horst 1905 3259
Perczyński, Maciej 490
Peschel, Karin 2815 2816 2817
Peter, Hans 2551
Peterhoff, Reinhard 3090
Peters, Hans-Rudolf 785 2894
Peters, Werner 2655
Peters, Wilhelm 1334
Petersen, Hans-Georg 307
Petrat, Dirk 1016
Petrović, Milenko 1624
Petschow, Ulrich 2363 2364 2512
Petter, Wolfgang 1798
Pfaff, Martin 3114
Pfaffenberger, Wolfgang 2711
Pfau, Wilfried 2933
Pfeiffer, Dietrich 1058
Pfeiffer, Friedhelm 1296 1297 2153
Pfitzer, Norbert 1141 1142 1143 1169
Pflaum, Dieter 1110
Pfotenhauer, Jürgen 1186
Philipp, Wolfgang 2156
Piazolo, Michael 857
Pickel, Andreas 1091
Pieper, Rüdiger 1097
Pieplow, Rolf 2133
Pieroth, Elmar 131
Pietrzynski, Gerd 1071
Pilgrim, Eberhard von 356 357
Pinger, Winfried 818
Pirker, Theo 1437
Pischner, Rainer 2052 2053
Plassmann, Engelbert 3346
Pleister, Christopher 2161
Plötz, Peter 690
Pöhl, Karl O. 132

Pöschk, Jürgen 2431
Pohl, Manfred 388 551
Pohl, Reinhard 133 134 653 768 1595
Pohl, Rüdiger 135 136 137 168 335 1561 1592 1596 1597 1598
Pohmer, Dieter 1647
Polaschewski, Edwin 1170
Pollack, Detlef 8
Pollak, Peter 2264
Polle, Jacqueline 2365
Poppenheger, Bernd 1022 1028 1064
Porstmann, Reiner 267
Porwollik, Sylvia 692
Posch, Martin 1761
Postlep, Rolf-Dieter 1562 1648
Preu, Peter 940 1775
Preuß, Dieter 2772
Preuße, Heinz G. 603
Priesnitz, Walter 1563
Priester, Hans-Joachim 1799
Priewe, Jan 268 961 962 963 964
Priller, Eckhard 1309 2009 2054
Prinz, Aloys 1281
Prinz, Karin 3181
Prokisch, Rainer 1737
Prosi, Gerhard 969
Pues, Clemens 1073
Pullmannová, Emília 529
Puślecki, Zdzisław W. 448
Pusse, Leo 2587 2598
Putzier, Eckart 858
Quarg, Sabine 1466
Rademacher, Annett 1459
Radke, Detlef 625
Radtke, Günter 2688
Radtke, Rudolf 908
Raffelhüschen, Bernd 3043 3044
Ragnitz, Joachim 2895
Rahneberg, Helmut 1932 1987
Ramet, Sabrina P. 3053
Ramke, Ralf 1015
Rammner, Peter 2441 2442
Ramser, Hans J. 742
Randow, Horst 2029
Ranki, Sinimaaria 449
Ratzenberger, Ralf 348 2717 2736
Rau, Günter 1721
Rauer, Helmut 2921
Rauschning, Dietrich 34
Rawert, Peter 1762
Reetz, Dietrich 3230 3231
Reich, Norbert 404

AUTHORS AND AUTHOR INFORMATION - PERSONEN-REGISTER

Reich, Utz-Peter 786
Reichard, Christoph 2995
Reichardt, Horst 78
Reichel, Wolgang 2444
Reichelt, Hans 2267
Reichelt, Herbert 3198
Reichenbach, Harald 838
Reichert, Horst 1599
Reichrath, Susanne 3275
Reim, Uwe 583
Reimann, Axel 3128 3129 3133
Reinert, Sigrid 2345
Reissert, Bernd 1310
Reißig, Rolf 9 3232
Reither, Franco 1592
Renger, Reinhard 2687
Renz, Marianne 1649
Renzsch, Wolfgang 1671
Retzlaff, Karin 401
Reuter, Jochen 361
Reuter, Konrad 2844
Reuter, Ute 2573
Ribhegge, Hermann 1412
Richmann, Alfred 2445
Richter, Heinz 2967
Richter, Klaus-Jürgen 2757
Richter, Roland 2268
Richter, Wolf 933
Riedel, Ingolf 1884
Rielke, Sigurd 2745 2754
Riesner, Wilhelm 2446 2447 2448
Rietdorf, Werner 2943
Ringling, Wilfried 1152
Rittershofer, Werner 3377
Robertz, Margit 2676
Rode, Reinhard 500 554
Rodegra, Jürgen 1019
Rodenbach, Hermann-Josef 2996
Rodi, Michael 1737
Rödel, G. 3260
Röder, Hartmut 2506
Rönnau, Andreas 3203
Rönnebeck, Gerhard 2177 2178
Rösler, Albrecht 881
Roesler, Jörg 1311
Rösner, Helmut 3336
Roggemann, Herwig 604 972
Rohde, Günther 875
Roloff, Juliane 1339 1352 1413 1414 1494 3014 3026
Romann, Hans-Joachim 3089
Rose, Andrew K. 1388
Rosenbladt, Bernhard von 1227 1228 1229 1516
Rosenbohm, Elimar 714
Rosenschon, Astrid 1650 1651 3091
Rostock, Jürgen 2600
Rotfeld, Adam D. 469
Roth, Wolfgang 1973 2714
Rothe, Rudolf 3291
Rothengatter, Werner 2758
Rothschild, Kurt W. 1615
Rottenburg, Richard 1501
Rubbra, Dale 3363
Rudolph, Bernd 1121
Rudolph, Harry 715 787 788
Rudolph, Hedwig 1357 1358
Rudolph, Helmut 1245 1312
Rüden, Bodo von 138
Rühle von Lilienstern, Hans 1042
Rühmann, Peter 973
Rürup, Bert 1858
Rueschemeyer, Dietrich 2601
Ruland, Franz 3138 3139
Runge, Peter 2269
Runkel, Peter 2602
Ruppert, Wolfgang 1266 2587 2598
Rußig, Volker 2603
Rutke, Wolfgang 1742
Rutz, Werner 2846
Sabathil, Maria 323 324 2336
Sachse, Ekkehard 238
Saemann, Peter 1118
Sahner, Heinz 2150 3203 3235
Sailer, Markus 100
Samson, Ivan 531
Sander, Birgit 948 2120
Sargent, Thomas J. 139
Sarrazin, Viktor 1173
Saxonhouse, Gary R. 366
Schade, Elke 1798
Schade, Günther 2232
Schädlich, Michael 2321 2798
Schäfer, Claus 2030
Schäfer, Dorothea 1368
Schäfer, Gabriele 1820
Schaefer, Reinhard 1289 1290 1329
Schäfer, Wolf 451
Schäfers, Bernhard 3061
Schaefers, Thomas 2574
Scharrer, Hans-Eckart 168 452
Scharwächter, Rolf 2538
Schatz, Klaus-Werner 60 716 921 975 1415 1416 1417 1892 1893 1894 1895 2120
Schaumann, Fritz 3317
Scheid, Rudolf 2488
Scheifele, Bernd 1020 1043
Schellenberg, Hansjoachim 2404
Schemmel, Lothar 1675 1676

AUTHORS AND AUTHOR INFORMATION - PERSONEN-REGISTER

Schenk, Jürgen 1107
Schenk, Karl-Ernst 555
Schenk, Sabine 1359
Schenkel, Martin 10
Scheremet, Wolfgang 97 1206 1307 1313 1314 1390
Scherer, Joachim 453
Scherf, Konrad 2847
Scherrer, Gerhard 1174
Scheuer, Markus 1524
Schewe, Gerhard 1081
Schieferdecker, Bernd 2449
Schiff, Jürgen 3358
Schiffer, Hans-Wilhelm 2450 2451
Schildt, Bernd 883
Schilling, Horst 2270 2309
Schimel, Sabine 370
Schinasi, Garry J. 140 2134
Schinke, Eberhard 2271 2310
Schiwy, Peter 1764 2997
Schlabrendorff, Fabian von 141 694
Schlaffke, Winfried 1526 1527
Schlecht, Otto 35 789 790 820 1565
Schlenke, Egon H. 2596
Schlese, Michael 1449
Schlesinger, Helmut 78 142 143 144 1652
Schlienkamp, August 1722
Schlink, Bernhard 2998
Schlüter, Peter 2452
Schmähl, Winfried 3092 3093 3140 3141 3142 3143 3144
Schmalenbach, Ernst 1075
Schmalwasser, Oda 1932
Schmidmaier, Dieter 3343
Schmid-Schönbein, Thomas 976 2504
Schmidt, Axel 910 977
Schmidt, Elvira 3045
Schmidt, Gudrun 454
Schmidt, Hans 642 1988
Schmidt, Hans W. 2422
Schmidt, Harald 2703
Schmidt, Helga 2453
Schmidt, Hilmar 978
Schmidt, Ines 3046
Schmidt, Jochen 1997 2025 2031
Schmidt, Klaus 2205 2311 2312
Schmidt, Klaus-Dieter 948 1415 1416 2120 2634
Schmidt, Kurt 311
Schmidt, M. 2454
Schmidt, Max 471
Schmidt, Michael 3145
Schmidt, Paul-Günther 821
Schmidt, Rainer 3291
Schmidt, Reimer 2689 2690
Schmidt, Reiner 979
Schmidt, Siegfried H. 3292
Schmidt, Stefan 1046
Schmidt-Bleibtreu, Bruno 36
Schmidtke, Dieter 2315
Schmidt-Räntsch, Jürgen 884 1777 1778
Schmieding, Holger 145 178 179 180 561 706 717 727 728 769 770 771 980 981 984
Schmitt, Dieter 2455
Schmitt, Franz J. 2456
Schmitt, Günther H. 2179
Schmitt, Joachim J. 2332
Schmitt, Jochem 1418
Schmitz, Claudia 146
Schmitz, Kurt T. 1450
Schmitz, Peter M. 2272
Schmitz, Stefan 2346
Schmitz-Esser, Winfried 3344
Schmolinsky, K. 560
Schmoll, Fritz 2940
Schmutzer, Ernst 1079
Schmutzler, Olaf 2019
Schnabel, Claus 651 2134
Schneeloch, Dieter 1175 1176
Schneider, Dieter 1989
Schneider, Eberhard 3006
Schneider, Gernot 1859
Schneider, Hans K. 270 271 718 1568
Schneider, Hans-Olaf 2273
Schneider, Heinz 3146 3147 3148
Schneider, Michael 11
Schneider, Roland 3261
Schneider, Rosemarie 237 2759 2760 2900
Schniewind, Friedrich 860
Schnitzer, Klaus 3293 3294
Schober-Brinkmann, Karen 1516 1517
Schöb, Ronnie 1419
Schöberle, Horst 1653 2901
Schönemann, Günter 1011
Schönknecht, Rolf 2761
Schönmeier, Hermann W. 624
Schönrath, Walter 556
Scholz, Helmut 2274
Scholz, Rupert 37 3149
Scholz, Uwe R. 1484
Schommer, Kajo 997 1860
Schoop, Peter 2300 2313
Schopen, Wilhelm 2275
Schrader, Jörg-Volker 2120 2276 2277 2278

AUTHORS AND AUTHOR INFORMATION - PERSONEN-REGISTER

Schräder, Wilhelm F.   3197
Schramm, Lothar   2180   2195
Schreiber, Elfi   557   560   567
Schreiber, Erhard   1315
Schreiber, Jochen   3293   3294
Schreiner, Heinrich   1605
Schrenk, Martin   492
Schrettl, Wolfram   147   272
Schröder, Christoph   2604
Schröder, Gerhard   273
Schroeder, Ronald   472
Schröder, Ulrich   274
Schrumpf, Heinz   2154   2712   2883   2902
Schubert, Hans   2181
Schüler, Klaus W.   1316
Schüller, Alfred   336   758   759   791   792   1569
Schüller, Wolfgang   1177
Schürer, Gerhard   1543
Schui, Herbert   275
Schuldt, Karsten   1317
Schulmeister, Dieter   521   524
Schulte, Bernd   3094
Schultz, Siegfried   626
Schulz, Brigitte H.   627
Schulz, Erika   1280   1350   1352   2565   3027   3028   3047
Schulz, Michael   1688   1689   1698
Schulz, Werner   1531   1605
Schulz, Wilfried   312   793
Schumacher, Dieter   417   418   557   558   559
Schumann, Jochen   276
Schumann, Karl F.   3039
Schumpeter, Joseph A.   702
Schupp, Jürgen   1309   1318   1347   1361   1362   1363   2054   2055   2056   2057   3062
Schuricke, Dietmar   2279
Schwärzel, Renate   12
Schwark, Eberhard   959
Schwartau, Cord   277   719   2539
Schwarting, Gunnar   2968
Schwarz, Astrid   337
Schwarz, Rainer   3262
Schwarz, Wolfgang   471
Schwarze, Johannes   1345   1369   1392   1420   1429   2032   2033   2034   2035
Schwarzmeier, Manfred   473
Schwefel, Erika   3233
Schwegler-Rohmeis, Wolfgang   1310
Schweicke, Otto   2404
Schweitzer, Rosemarie von   2036

Schweizer, Dieter   2280
Schwenker, G.   2382
Schweres, Manfred   1502
Schwerin, Otto von   3254
Schweyer, Eckart   1043   1728
Schwitzer, Klaus-Peter   3182
Seeler, Hans-Joachim   1607   1612   1613
Seidel, Bernhard   2824
Seidel, Hans   1600
Seidel, Martin   455   584
Seideneck, Peter   1451
Seidl, Helmut   1421
Seifert, ...   2731
Seifert, Eberhard K.   786
Seiter, Stephan   239
Selke, Gisbert W.   3198
Semler, Johannes   982
Semrau, Gerhard   2444
Senghaas-Knobloch, Eva   1364
Sesselmeier, Werner   1460
Seufert, Claus   2762
Seufert, Wolfgang   3324   3325   3329
Seuster, Horst   2182
Shannon, Harry A.   605
Sherman, Heidemarie C.   114   278
Siebel, Walter   2918
Siebenhüner, Andreas   13
Siebert, Horst   66   67   148   149   150   151   152   474   501   720   721   722   723   724   725   726   727   728   734   772   773   983   984   1319   1570   1571
Siebke, Jürgen   279
Siegers, Josef   1202
Siegmund, Uwe   3264
Siepmann, Udo   985
Simon, Dagmar   3234
Simons, Onno   401
Singer, Otto   280
Sinn, Gerlinde   281   1422
Sinn, Hans-Werner   281   282   283   986   987   988   1422   1423   2714
Smeets, Heinz-Dieter   774   3256
Smid, Stefan   1781
Smirnova, Svetlana A.   989
Smith, Roy C.   990
Smyser, W. R.   1862
Söffing, Matthias   1739
Söffner, Frank   2605
Söllner, Fritz   794
Sönksen, Hansgeorg   1972
Sommer, Bettina   3029
Sommermeier, Hans-Joachim   2825
Sonnemann, Erik   1162   1178   1951

AUTHORS AND AUTHOR INFORMATION - PERSONEN-REGISTER

Soullié, Janine 1863 1933
Spahn, Heinz-Peter 181
Spahn, Paul B. 153 1672 1673
Spanke, Elisabeth 1708
Sparschuh, Vera 3234
Specht, G. 1529
Speck, Georg 2721
Spehr, Hermann 2763
Speigner, Wulfram 3014 3026 3030
  3031 3035
Spellerberg, Annette 2049
Spence, David 456
Sperling, Ingeborg 1320
Spermann, Alexander 1410
Spethmann, Dieter 2764
Spittmann-Rühle, Ilse 1 187
Spitz, Helmut 2677
Sprenger, Rolf-Ulrich 2326 2375
Stache, Ulrich 39 606 1033 1779
Stadermann, Hans-Joachim 154 1321
Städtler, Arno 1119 2709
Staehle, Wolfgang H. 1044
Stahl, Erwin 2416
Stankovsky, Jan 382
Starck, Christian 3007
Stark, David 991
Starke, Hans-Karl 2547
Starke, Uta 3295
Steding, Rolf 2162 2183 2184
  2282 2283
Steffen, Johannes 3067 3109
Steger, Ulrich 2367
Stehn, Jürgen 561 585 586
Stein, Jürgen 2678
Steinberg, Claus 1059
Steinberg, K.-H. 2323
Steinherr, Franz 1373
Steinhöfel, Michael 173 1345
Steinitz, Klaus 825 1574
Steinke, Alwin 2969
Steinkühler, Franz 1423
Steinle, Claus 227
Steinle, Hermann 3265
Steinmeyer, Heinz-Dietrich 3101
Stent, Angela E. 481
Stephan, Helga 1424
Stephan, Ralf-Peter 3152
Stern, Klaus 211 2981
Stern, Susan 3372
Stern, Volker 322 1991 2457 2609
Stibi, Bernd 1124
Stieler, Brigitte 1503
Stihl, Hans P. 1293
Stille, Frank 313 1012
Stingl, Kurt 1865

Stinglwagner, Wolfgang 1866
Stock, Klaus-Dieter 1197
Stöbe, Frank 1992 3266
Stöckel, Reinhard 885
Stöhr, Andreas 1092
Stötzer, Siegfried 678 679
Stoll, Regina 1263
Stolt, Susanne 2592
Stooß, Friedemann 1301
Storf, Otto 70
Stork, Erich 3102
Strassburg, Wolfgang 2458
Stratemann, Ingrid 1100 1101
Stratmann, Eckhard 2411
Strech, Karl-Heinz 1496
Streibel, Günter 2362 2368
Streit, Manfred E. 795 796
Stremmel, Jörg 2904
Strenger, Hermann J. 2499
Strobel, Wilhelm 1179 1180 1181
  1182 1183
Ströfer, Joachim 1184
Stroetmann, Clemens 2369
Strohbach, Heinz 1765
Strubelt, Wendelin 2937
Strzodka, Klaus 2459
Stützle, Walther 469
Stuhrmann, Gerd 1712
Stumpf, Andrea 752
Sturm, Roland 2507
Suhr, Heinz 314 993
Suntum, Ulrich van 155 1867
Svindland, Eirik 2041
Swidler, Steven M. 389
Syben, Gerd 2592 2607
Sydow, Jörg 1044
Synowiec, Ewa 549
Szabó, Máté 3057
Szenzenstein, Johann 2109
Taake, Hans-Helmut 621
Täger, Uwe C. 1113 2637 2639
  2656
Tammer, Hans 2508 2679
Tangermann, Stefan 2284
Tannert, Karlheinz 1589
Targan, Norbert 1185
Taureg, Ullrich 362
Tegtmeier, Werner 3103
Teichmann, Dieter 313 1654
Teller, Jürgen 2285
Tennenbaum, Jonathan 1552 1564
Tenzer, Gerd 2787
Terboven, Markus 2802
Tessaring, Manfred 1525
Teßmann, Günter 1077

AUTHORS AND AUTHOR INFORMATION - PERSONEN-REGISTER

Tettinger, Peter J. 2999
Teves, Nikolaus 2625
Thalheim, Karl C. 237 285 797 2135 2626 2627
Thanner, Benedikt 115 607 995 996
Thede, Sighelm 512
Thiel, Eberhard 318
Thiel, Jochen 1713
Thiele, Wilhelm 3192
Thieme, H. J. 157
Thieme, Werner 2977
Thiemer, Andreas 136
Thöne, Karin 732
Thomae, Dieter 3114
Thomas, Karl 2789
Thomas, Michael 3210 3237
Thomasberger, Claus 2363 2364
Thon, Manfred 1257 1322
Thoss, Rainer 2615
Thümmler, Werner 80
Thull, Rüdiger 2353
Thum, Marcel 1419
Thumann, Günther 697 1655 1845 1983
Tiemann, Heinrich 1450
Tietmeyer, Hans 182 286 458
Tietz, Bruno 1078 1111 1868 1869
Tietzel, Manfred 14
Timmermann, Heiner 2050
Timmermans, C. W. 459
Tippelskirch, Alexander von 1120
Tismer, Johannes F. 2900
Tittel, Günter 3045
Töpfer, Frank-Rainer 2915
Töpfer, Klaus 2376
Tofaute, Hartmut 315
Tomann, Horst 482 733
Tomuschat, Christian 460
Topp, Hartmut H. 2767
Toujas-Bernate, Joël 1803
Trapp, Peter 60 1892 1893 1894 1895 1912 1920 1936 1937
Trappe, Heike 1323
Trautwein, Hans-Michael 2628
Turner, George 2155 2185
Uecker, Lutz 2562
Uhlenbruck, Wilhelm 1000 1786
Ulbricht, Gottfried 2286
Ulmer, Peter 1001
Ulrich, Günter 1275
Unger, Helfried 739
Urban, Bohumil 740
Vatthauer, Manfred 1870
Vehrkamp, Robert 288

Veil, Mechthild 3153 3154
Velde, François R. 139
Veltrup, Bernard 1533
Verkade, E. M. 1873
Véron, Luc 225
Vesper, Dieter 134 1654 1656 2713 2970
Vieweg, Hans-Günther 2543
Vincentz, Volkhart 1002
Vissol, Thierry 462
Vock, Willi 463
Völkel, Brigitte 1212 1233 1324
Vogel, Heinrich 491
Vogel, Matthias 2461 2462 2463
Vogel, Otto 84
Vogel, Roland R. 886
Vogel-Claussen, Wolfgang 587 1767
Vogler-Ludwig, Kurt 1266 1308 1325 1326 1426
Voigt, Helmut 1071 1188
Voigt, Rainer 78
Voigt, Rüdiger 1714
Voigtländer, Peter 2316
Volz, Karl-Reinhard 2289
Volze, Armin 614
VonFurstenberg, George M. 1551
Vortmann, Heinz 1996 2025 2045 3027 3104 3121 3170
Voss, Gerhard 2777
Wachenhausen, Manfred 1715
Wackerbauer, Johann 2326 2379
Wacker-Theodorakopoulos, Cora 2380
Wähler, Klaus 1766
Wagner, Adolf 159 3017
Wagner, Erich 2702
Wagner, Gert 1296 1309 1318 1327 1420 2044 2055 2056 2057 3062 3158 3159
Wagner, Helmut 1080
Wagner, Helmut H. 19
Wagner, Jürgen 1716
Wagner, Karin 1094 2874
Wagner, Paul-Robert 2693
Wagner, Petra-Juliane 2763
Wagner, Ulrich 1003
Wagner, Wolfgang 476
Wahl, Jürgen 1674
Wahl, Rainer 215
Wahl, Stefanie 1847
Wahl, T. 3260
Wahse, Jürgen 1203 1205 1207 1223 1224 1243 1289 1290 1328 1329
Waigel, Theodor 1657 1658 1659
Walden, Günter 1507

AUTHORS AND AUTHOR INFORMATION - PERSONEN-REGISTER

Waldenfels, Georg von   301
Walker, Bettina   2535
Walker, Wolf-Dietrich   1485
Walter, Dieter   650   2087   2126
Walter, Norbert   160   2730
Walzik, Eva   3199
Wank, Rolf   1486   1487
Wartenberg, Ludolf von   213   2510
Warzecha, Heinz   1004
Wasem, Jürgen   3160
Wasilewski, Mirosław   63
Watrin, Christian   168   183   744   745   746   747   826   997   1330   1576
Weber, Adolf   2187   2293   2294
Weber, Axel   3204
Weber, Dolf   862
Weber, Egon   2909
Weber, Manfred   1652
Weber, Marion   14
Weber, Mathias   799
Wedderkopf, Wolfgang   2904
Wegner, Manfred   748
Wehling, Hans-Georg   219
Wehner, Burkhard   800   1577
Weichenrieder, Alfons   1419
Weichselberger, Annette   1975   1976   1993
Weidenfeld, Werner   197   407   468   2730
Weiler, Heinrich   1725   3383   3385
Weimar, Robert   1005   1006   1007   1800
Weinert, Rainer   1443
Weinhold, Marisa   1607   1613
Weise, Uwe   2321
Weisheimer, Martin   2464   2465   2466   2467   2468
Weiske, Rita   1772
Weiß, Thomas J.   362
Weiter, Matthias   628
Weitzel, Günter   1112   1113
Weizsäcker, Carl C. von   827   828
Weizsäcker, Richard von   217
Welcker, Johannes   2680
Welfens, Paul J.   233   390   391   492
Wellensiek, Jobst   1787
Wellner, Dieter   2778
Welzk, Stefan   1875
Wendt, Hartmut   3022   3032
Wenke, Martin   2123   2378
Wenzel, Heinz-Dieter   290   291   316
Werner, Georg   322   2609
Werner, Heinz   464
Werner, Horst   465
Werner, Klaus   505   563   564   565
Werner, Korinna   2779
Werner, Rosemarie   3345
Wessels, Hans   576
Westerhoff, Horst-Dieter   292   293   317
Westermann, Rolf   1331
Westphal, Andreas   297   427
Wettig, Eberhard   2544
Wettig, Gerhard   209
Wetzke, Wolfgang   1764
Wetzker, Konrad   1880
Wewel, Uwe   615
Wewers, Otger   1692   1693
Weymann, Ansgar   3303
Wicke, Lutz   829   2372
Widmaier, Hans P.   3105
Widmann, Werner   1726
Wieczorek, Norbert   1009
Wieczorek, Susanne   1987
Wiedemann, Eberhard   1424
Wiegand, Stephan   2272
Wiegandt, Claus-Christian   2337
Wiegard, Wolfgang   1663
Wieners, Klaus   392
Wienert, Helmut   352   801   2545   2546   2547   2973
Wiesenthal, Helmut   749
Wiesner, Gerd E.   3205   3206
Wild, Klaus-Peter   1010
Wilde, Gert   750   1071
Wilhelm, Andreas   862
Wilhelm, Manfred   923   934   935
Wilke, Manfred   1448
Wilkens, Herbert   226   655
Willeke, Rainer   2780
Willgerodt, Hans   163   164   165   166   466   751   802
Williamson, John   167
Willich-Michaelis, Klaus   2701   2828
Willms, Manfred   167
Wilmerstadt, Rainer   3161
Wingen, Max   3184
Wingens, Matthias   3303
Winje, Dietmar   2469
Winkel, Rainer   2945
Winkler, Adalbert   566
Winkler, Gunnar   3055   3106   3107
Winkler, Othmar W.   2082
Winter, Horst   1292
Winter, Matthias   1727
Winterhalter, Rolf   1122
Winters, Stephan   1694   3162
Wirth, Volker   2915
Wissing, Franz-Josef   2489

AUTHORS AND AUTHOR INFORMATION - PERSONEN-REGISTER

Wissing, Peter 2228
Witt, Dietmar 2469
Witte, Eberhard 2788
Wittig, Jan 1785
Wittke, Franz 2472
Witzmann, Wolfgang 2704
Wlotzke, Otfried 1488
Wodtke, Karl-Heinz 3247
Wölfling, Manfred 2315
Wölling, Angelika 2681
Wohanka, Stephan 756
Wohlgemuth, Michael 46
Wolberg, Joachim 2407
Wolf, Martin 921 1416
Wolf, Winfried 2781
Wolff, Hans P. 3304
Wolff, Michael 2335
Wolff, Peter 625
Worcester, Maxim 1879
Wünsche, Horst F. 741 1332
Wullkopf, Uwe 2616
Wunsch, Dorothea 1780
Wutzke, Reinhold 1619
Wyplosz, Charles A. 616 617 1238
Wysocki, Klaus von 1139 1140 1165 1189 1190
Yellen, Janet L. 1388
Zänker, Siegfried 2245
Zakrzewska, Maria 493
Zameck-Glyscinski, Walburga von 298 1368
Zanger, Cornelia 1060 1081
Zapf, Wolfgang 3238
Zaumseil, Lutz 2847
Zechlin, Hans-Jürgen 2488 2489 2499
Zedler, Reinhard 1528
Zeitel, Gerhard 299
Zerdick, Axel 3324
Zerres, Michael P. 1884
Zeuchner, Simone 2907
Zeuner, Mark 1788
Ziebarth, Gerhard 1652
Zieger, Klaus 1011
Ziegler, Armin 1885
Ziegler, Astrid 2799 2908
Zierold, York 887
Ziesing, Hans-Joachim 2370 2475
Zimmerer, Carl 1121
Zimmermann, Felix 2476
Zimmermann, Franz 2971
Zimmermann, Henry 1890 1987
Zimmermann, Joachim 2617
Zimmermann, Klaus F. 2381
Zimpelmann, Uwe 2295

Zinn, Karl G. 1994
Zippel, Wulfdiether 403
Zitzmann, Gerhard 1995 2677
Zobel, Adolf 2782
Zöller, Alexander 1604 2920
Zohlnhöfer, Werner 1333 2468
Zon, Hans van 618
Zorn, Anke 1705
Zschocke, Helmut 1886
Zschockelt, Wolfgang 2694
Zundel, Stefan 2512
Zwiener, Rudolf 97 134 377 2713

ORGANISATIONS - KÖRPERSCHAFTEN-REGISTER

Agrarsoziale Gesellschaft   1367   2292   2314
Akademie für Raumforschung und Landesplanung <Hannover>   2924   2935
ALLDATA-Wirtschaftsinformationen-GmbH <Lüneburg>   3376
AOK-Bundesverband   3115   3123
Arbeitsgemeinschaft der Deutschen Hauptfürsorgestellen   3102
Arbeitsgemeinschaft der Öffentlich-Rechtlichen Rundfunkanstalten der Bundesrepublik
  Deutschland   3319
Arbeitsgemeinschaft Deutscher Technologie- und Gründerzentren   3247
Arbeitsgemeinschaft Deutscher Wirtschaftswissenschaftlicher Forschungsinstitute   655
  1913   1914
Arbeitsgemeinschaft Fernwärme   2414
Arbeitsgemeinschaft Industrieller Forschungsvereinigungen Otto von Guericke   3239
  3263   3269
Arbeitsgemeinschaft Ländlicher Raum im Regierungsbezirk Tübingen   2927
Arbeitsgemeinschaft Regionaler Energieversorgungs-Unternehmen   2443
Arbeitsgemeinschaft zur Förderung der Partnerschaft in der Wirtschaft   1411
Arbeitsgruppe Kritischer Ökonomen und Politikwissenschaftler aus BRD und DDR   161
Arbeitsgruppe Ökologische Wirtschaftspolitik   2372
Arbeitslosenverband der DDR   1442
Atlantik-Brücke e.V.   3372
Außenwirtschaftstagung <6, 1990, Berlin>   503
Auswertungs- und Informationsdienst für Ernährung, Landwirtschaft und Forsten <Bonn>
  2264
Bayern / Staatsregierung   16
Bergedorfer Gesprächskreis <90, 1990, Dresden>   477
Bergedorfer Gesprächskreis <94, 1992, Dresden>   216
Berlin   2570   2571   2572   2848   2849   2850   2851
Berlin <Ost> / Registergericht <Berlin-Mitte>   1035
Berlin <West>   2852   2853
Berlin <West> / Senator für Finanzen   2853
Berlin <West> / Senator für Inneres   2852
Berlin <West> / Statistisches Landesamt   3008
Berlin / Senator für Finanzen   2851
Berlin / Senator für Inneres   2848   2850
Berlin / Senator für Justiz   2849
Berlin / Statistisches Landesamt   1221   2570   2571   2572
Berliner Bank   2137   2793
Berliner Industriebank   2696
Bertelsmann-Stiftung   1226   2730
Brandenburg   2854   2855   2856   2857
Brandenburg / Landtag   2856
Brandenburg / Minister des Innern   2854   2855   2857
Büro für Territorialplanung <Halle, Saale>   2823
Büro für Territorialplanung <Magdeburg>   2823
Bund der Steuerzahler   1691
Bundesanstalt für Arbeit <Nürnberg>   1208   1209   1210   1234
Bundesanstalt für Arbeit <Nürnberg> / Landesarbeitsamt Nord   1235
Bundesanstalt für Arbeit <Nürnberg> / Landesarbeitsamt Schleswig-Holstein-Hamburg /
  Referat Statistik   1236
Bundesinstitut für Berufsbildung <Berlin; Bonn>   1507
Bundesstelle für Außenhandelsinformation <Köln>   3363
Bundesstelle für Außenhandelsinformation / Außenstelle <Berlin>   509
Bundesverband der Betriebskrankenkassen   3111
Bundesverband der Deutschen Industrie   461   1432
Bundesverband der Deutschen Industrie / Abteilung <2,1>   2897

ORGANISATIONS - KÖRPERSCHAFTEN-REGISTER

Bundesverband der Deutschen Zementindustrie 2548
Bundesverband der Freien Berufe 2152
Bundesverband Deutscher Banken 2659
Bundesvereinigung der Deutschen Arbeitgeberverbände 1427 1434
Bundesversicherungsanstalt für Angestellte <Berlin, West> 3113 3119 3151
Bundesversicherungsanstalt für Angestellte <Berlin> 3135 3150 3163 3164
Bundeszentrale für Politische Bildung <Bonn> 6
Bund-Länder-Arbeitsgruppe Bibliothekswesen 3336
Bund-Länder-Kommission für Bildungsplanung und Forschungsförderung 3310
Centrale für Gesellschaften mit Beschränkter Haftung Doktor Otto Schmidt <Köln> 1792
Centre d'Information et de Recherche sur l'Allemagne Contemporaine <Paris> 1857
Daimler-Benz-Aktiengesellschaft <Stuttgart> 2538
Daimler-Benz-Aktiengesellschaft <Stuttgart> / Forschungsinstitut 2775 2827
Daten-Info-Service <Leipzig> 3366 3368
Deregulierungskommission 1553
Deutsch-Deutscher Arbeitskreis Innovationszentren 3246
Deutsch-Deutsches Symposium Fabrikplanung <1990, Jena> 1079
Deutsch-Deutsches Wirtschaftswissenschaftliches Kolloquium <1990, Hannover> 227
Deutsche Bank <Frankfurt, Main> / Volkswirtschaftliche Abteilung 70 2731 2843 2868
Deutsche BP-Aktiengesellschaft <Hamburg> 3379
Deutsche Bundesbahn 2723 2732
Deutsche Bundesbank <Frankfurt, Main> 153 611 1586 2664 2675
Deutsche Forschungsgemeinschaft 3335
Deutsche Landwirtschafts-Gesellschaft 2287
Deutsche Lufthansa <Köln> 1038
Deutsche Reichsbahn <Deutschland, Bundesrepublik> 2723 2732
Deutsche Weltwirtschaftliche Gesellschaft 387
Deutscher Bankentag <15, 1990, Bonn> 2659
Deutscher Bibliothekartag <81, 1991, Kassel> 3346
Deutscher Dokumentartag <1990, Fulda> 3334
Deutscher Gewerkschaftsbund <Deutschland, Bundesrepublik> 1448
Deutscher Hochschulverband 3284
Deutscher Industrie- und Handelstag 372 572 1051 1945 2334 2389 2481 2722 3010 3245
Deutscher Quality-Circle-Kongress <9, 1990, Soden, Taunus> 1074
Deutscher Sparkassen- und Giroverband 1812 2132 2671
Deutscher Städtetag 2941
Deutscher Steuerzahlerkongreß <6, 1991, Berlin> 1691
Deutscher Verband für Wohnungswesen, Städtebau und Raumordnung 2560
Deutscher Zollrechtstag <2, 1990, Gelsenkirchen> 580
Deutsches Handelsinstitut <Köln> 2654 2655
Deutsches Institut für Entwicklungspolitik <Berlin, West> 625
Deutsches Institut für Marktforschung <Berlin, Ost> 410
Deutsches Institut für Wirtschaftsforschung <Berlin, West> 2041 2120
Deutsches Institut für Wirtschaftsforschung <Berlin, West> / Arbeitsgruppe DDR 712
Deutsches Institut für Wirtschaftsforschung <Berlin, West> / Arbeitskreis Konjunktur 1900
Deutsches Institut für Wirtschaftsforschung <Berlin> 1913 1914 2001 2121 2399
Deutsches Institut für Wirtschaftsforschung <Berlin> / Projektgruppe Das Sozio-Ökonomische Panel 2051
Deutsches Wissenschaftliches Steuerinstitut der Steuerberater und Steuerbevollmächtigten 1751

ORGANISATIONS - KÖRPERSCHAFTEN-REGISTER

Deutsches Zentrum für Altersfragen <Berlin>   3183
Deutschland <Bundesrepublik>   20   21   22   23   24   26   27   38   43   44   1626
    1627   2065
Deutschland <Bundesrepublik> / Arbeitsgruppe Private Finanzierung Öffentlicher
    Infrastruktur   2705
Deutschland <Bundesrepublik> / Bundesminister der Finanzen   994   1008   1628   1631
    1633   1637   1962
Deutschland <Bundesrepublik> / Bundesminister der Justiz   569   581   582   1778
    2349
Deutschland <Bundesrepublik> / Bundesminister für Arbeit und Sozialordnung   3134
Deutschland <Bundesrepublik> / Bundesminister für Ernährung, Landwirtschaft und
    Forsten   2200   2201   2281
Deutschland <Bundesrepublik> / Bundesminister für Ernährung, Landwirtschaft und
    Forsten / Wissenschaftlicher Beirat   2230
Deutschland <Bundesrepublik> / Bundesminister für Gesundheit   3187
Deutschland <Bundesrepublik> / Bundesminister für Innerdeutsche Beziehungen   189
    212
Deutschland <Bundesrepublik> / Bundesminister für Jugend, Familie, Frauen und
    Gesundheit   3187
Deutschland <Bundesrepublik> / Bundesminister für Raumordnung, Bauwesen und Städtebau
    2912   2943   2944
Deutschland <Bundesrepublik> / Bundesminister für Umwelt, Naturschutz und
    Reaktorsicherheit   2376
Deutschland <Bundesrepublik> / Bundesminister für Wirtschaft   338   339   513   1017
    1578   2395   2396
Deutschland <Bundesrepublik> / Bundesminister für Wirtschaft / Wissenschaftlicher
    Beirat   340   905   1382   1405
Deutschland <Bundesrepublik> / Bundesrechnungshof   1629
Deutschland <Bundesrepublik> / Bundesregierung   200   325   326   405   1513   1538
    1539   1630   1631   1635   1814   2148   2189   2266   2391   2611   2765   2896
    2912   3095   3112   3272
Deutschland <Bundesrepublik> / Bundestag   185
Deutschland <Bundesrepublik> / Bundestag / Fraktion Die Grünen / Arbeitsgruppe
    Energie   2411
Deutschland <Bundesrepublik> / Bundesverfassungsgericht   25
Deutschland <Bundesrepublik> / Enquête-Kommission Vorsorge zum Schutz der
    Erdatmosphäre   2322
Deutschland <Bundesrepublik> / Enquête-Kommission Zukünftige Bildungspolitik -
    Bildung 2000   3318
Deutschland <Bundesrepublik> / Presse- und Informationsamt   41   45   190   214
Deutschland <Bundesrepublik> / Statistisches Bundesamt   514   573   574   1023
    1024   1244   1383   1384   1385   1386   1515   1632   1677   1910   1999   2010
    2062   2064   2065   2079   2080   2081   2083   2084   2085   2096   2097   2098
    2099   2100   2206   2207   2208   2209   2210   2211   2212   2213   2214
    2215   2216   2217   2384   2482   2483   2484   2485   2503   2516   2517   2518
Deutschland <Bundesrepublik> / Statistisches Bundesamt / Zweigstelle
    <Berlin-Alexanderplatz>   2106   2107
Deutschland <Bundesrepublik> / Statistisches Bundesamt / Zweigstelle
    <Berlin-Alexanderplatz> / Fachbereich Preise   2107
Deutschland <Bundesrepublik> / Umweltbundesamt   2333
Deutschland <Bundesrepublik> / Wissenschaftlicher Beirat für Familienfragen   3176
Deutschland <DDR>   20   21   22   23   24   38   44
Deutschland <DDR> / Ministerium der Finanzen   1191   1193   1723
Deutschland <DDR> / Ministerium für Wirtschaft   971
Deutschland <DDR> / Statistisches Amt   1278   1990   2037   2038   2039   2040
    2066   2067   2093   2095   2107   2486   2498   2505   2511   2613   2629   2644
    2903   2942   3167   3350

ORGANISATIONS - KÖRPERSCHAFTEN-REGISTER

Deutschland <DDR> / Volkskammer   729
Deutschland <DDR> / Zentrales Zählbüro   2579
Dresdner Bank <Frankfurt, Main>   1856
Echo Ltd. <Budapest>   2542
Economist Intelligence Unit <London>   1817
Empirica, Wirtschafts- und Sozialwissenschaftliche Forschungs- und
    Beratungsgesellschaft <Bonn>   1864   2541
Energierechts-Gespräch <13, 1990, Berlin, West>   2440
Erlanger Werkstattgespräch <16, 1987>   3207
Erlanger Werkstattgespräch <18, 1989>   3236
Euromonitor Publications <London>   1851
Europäische Exportkonferenz <10, 1990, Köln>   520
Europäische Gemeinschaften / Europäisches Parlament   411   450
Europäische Gemeinschaften / Europäisches Parlament / Generaldirektion Wissenschaft
    394
Europäische Gemeinschaften / Fachgruppe Außenbeziehungen, Außenhandels- und
    Entwicklungspolitik   414
Europäische Gemeinschaften / Generaldirektion Regionalpolitik   2866   2869
Europäische Gemeinschaften / Generaldirektion Wissenschaft, Forschung und Entwicklung
    3254
Europäische Gemeinschaften / Kommission   409   422   423   2875
Europäische Gemeinschaften / Rat   415
Europäische Gemeinschaften / Vertretung in der Bundesrepublik Deutschland   467
Evangelische Kirche in Deutschland   810
Executive-Intelligence-Review-Nachrichtenagentur <Wiesbaden>   1564
Fachinformationszentrum <Karlsruhe>   2403
Fachtagung der Kaufmännischen Ausbildungsleiter <1991, Berlin>   1511
Fachtagung Geld- und Währungsprobleme beim Übergang zur Marktwirtschaft <1990,
    Karl-Marx-Stadt>   763
Forschungsgemeinschaft für Außenwirtschaft, Struktur- und Technologiepolitik   2122
Forschungsinstitut für Gesellschaftspolitik und Beratende Sozialwissenschaft
    <Göttingen>   284
Forschungsinstitut für Wirtschaftspolitik <Mainz>   222
Forschungsstelle für den Handel <Berlin>   2645
Forschungsstelle für Gesamtdeutsche Wirtschaftliche und Soziale Fragen <Berlin>
    2797
Forschungsstelle zum Vergleich Wirtschaftlicher Lenkungssysteme <Marburg, Lahn>
    758   759
Frankfurter Institut für Wirtschaftspolitische Forschung   75   656   755   827   830
    855   863   1401   1425   1428   1530   1738
Freier Deutscher Gewerkschaftsbund   1437   1441   1443
Freiherr-VomStein-Gesellschaft   421
Friedrich-Ebert-Stiftung   193   416   1213   1393   1523   1575   1580   1686   2297
    2319   2366   2614   2786   2812   2813   2957   3191
Friedrich-Ebert-Stiftung / Büro <Leipzig>   2610
Friedrich-Ebert-Stiftung / Forschungsinstitut   1504
Friedrich-Ebert-Stiftung / Gesprächskreis Frauenpolitik   3168
Friedrich-Naumann-Stiftung   752
Gemeinnützige Gesellschaft für Wissenschaftsstatistik <Essen>   3248
Gemeinsames Statistisches Amt <Berlin>   1025   2068   2898
Gemeinsames Statistisches Amt der Länder Brandenburg, Mecklenburg-Vorpommern,
    Sachsen, Sachsen-Anhalt, Thüringen <Berlin>   1025   1956   1957   2487   2648
    2699
Gemeinsames Statistisches Amt der Länder Brandenburg, Mecklenburg-Vorpommern,
    Sachsen, Sachsen-Anhalt, Thüringen <Berlin> / Abteilung Binnenhandel und
    Dienstleistungen   2641

ORGANISATIONS - KÖRPERSCHAFTEN-REGISTER

Gemeinsames Statistisches Amt der Länder Brandenburg, Mecklenburg-Vorpommern, Sachsen, Sachsen-Anhalt, Thüringen <Berlin> / Gruppe Binnenhandel und Dienstleistungen   2648   2649   2699   2700
Gemeinsames Statistisches Amt der Länder Brandenburg, Mecklenburg-Vorpommern, Sachsen, Sachsen-Anhalt, Thüringen <Berlin> / Referat Gesamtstatistik und Informationsdienst   2077
Genossenschaftsverband der LPG und GPG   2186
Gesamtdeutsches Institut <Bonn>   195   639   3215
Gesamthochschule <Kassel> / Fachbereich Landwirtschaft   2253
Gesamtverband der Wohnungswirtschaft   2574
Gesellschaft für Forschung, Planung, Entwicklung <Wiesbaden>   2708
Gesellschaft für Konsum-, Markt- und Absatzforschung   2043
Gesellschaft für Öffentliche Wirtschaft / Wissenschaftlicher Beirat   957   2707
Gesellschaft für Wirtschaftliche Energienutzung <Leipzig> / Projektgruppe Energieeinsparungspotentiale   2382
Gesellschaft zum Studium Strukturpolitischer Fragen   213
GMO-Management Consulting <Düsseldorf>   2744
Great Britain / Treasury and Civil Service Committee   98
Group of Twenty-Four   320   330
Hamburger Arbeitskreis für Sozial- und Gesundheitspolitik   3192
Handelshochschule <Leipzig>   3281
Handelskammer <Hamburg>   220   1016
Handwerkskammer <Berlin, West>   2619   2626
Handwerkskammer <Berlin>   2620
Hans-Böckler-Stiftung   1489
Hermann-Ehlers-Akademie <Kiel>   716
Hochschule <Bernburg>   3282
Hochschule <Bernburg> / Forschungsgruppe Marketing   2004
Hochschule für Ökonomie <Berlin, Ost>   674
Hochschule für Ökonomie <Berlin, Ost> / Bereich Raumordnung und Umweltökonomie   2939
Hochschule für Ökonomie <Berlin>   3283
Hochschule für Verkehrswesen Friedrich List <Dresden>   2772
Hochschul-Informations-System-GmbH <Hannover>   3271   3288   3291
Hochschulrektorenkonferenz   3290
HWWA-Institut für Wirtschaftsforschung <Hamburg>   645   1911   1913   1914   2115
Ifo-Institut für Wirtschaftsforschung <München>   341   356   1913   1914   2020
Ifo-Institut für Wirtschaftsforschung <München> / Konjunkturgruppe   2509
Industrie- und Handelskammer <Berlin>   2804
Industrie- und Handelskammer <Schwerin, Mecklenburg>   2806   2829
Industrie- und Handelskammer Halle-Dessau   2805
Industriegewerkschaft Metall für die Bundesrepublik Deutschland   1489
Industriegewerkschaft Metall für die Bundesrepublik Deutschland / Abteilung Wirtschaft   319
Informationszentrum Sozialwissenschaften <Bonn>   738
Infratest-Sozialforschung-GmbH <München>   1227   1228   1229   1516   1517
Institut der Deutschen Wirtschaft <Köln>   228   296   711   1071   1526   1908   3023   3309
Institut der Deutschen Wirtschaft <Köln> / Hauptabteilung Bildung und Gesellschaftswissenschaften   1527
Institut der Wirtschaftsprüfer in Deutschland   1193   1741   1756   1757
Institut für Agrarpolitik, Marktforschung und Wirtschaftssoziologie <Bonn>   2305
Institut für Angewandte Wirtschaftsforschung   1923   1924   1926   2001   2808   2891   3218
Institut für Angewandte Wirtschaftsforschung <Berlin, Ost>   49   128   1529   1567   1705   1801   1880

ORGANISATIONS - KÖRPERSCHAFTEN-REGISTER

Institut für Angewandte Wirtschaftsforschung <Berlin, Ost> / Abteilung Wirtschaftssystem   839
Institut für Angewandte Wirtschaftsforschung <Berlin, Ost> / Sektor Grundlagen der Marktwirtschaft   822
Institut für Angewandte Wirtschaftsforschung <Berlin, Ost> / Sektor Input-Output-Analyse   2060   2073
Institut für Arbeitsmarkt- und Berufsforschung <Nürnberg>   1212   1249   1276   1277   1514   1516   1517   2044   3274
Institut für Demoskopie <Allensbach>   3320
Institut für Empirische Wirtschaftsforschung <Berlin, West>   137   335   373   589
Institut für Empirische Wirtschaftsforschung <Hagen>   566   612   1597   1598
Institut für Energetik <Leipzig>   2405   2406
Institut für Friedensforschung und Sicherheitspolitik <Hamburg>   2556
Institut für Genossenschaftswesen <Marburg, Lahn>   2145   2163
Institut für Gesellschaft und Wissenschaft <Erlangen>   3207   3236   3242
Institut für Internationale Politik und Wirtschaft der DDR <Berlin, Ost>   76   88   469   1837   2461
Institut für Landwirtschaftliche Marktforschung <Braunschweig>   2255
Institut für Management <Berlin>   1044
Institut für Marktforschung <Leipzig>   1108   2070
Institut für Medienentwicklung und Kommunikation <Frankfurt, Main>   3328
Institut für Mittelstandsforschung <Bonn>   2148
Institut für Ökologische Wirtschaftsforschung <Berlin, West>   2364
Institut für Ökologische Wirtschaftsforschung <Berlin>   2340
Institut für Regionalforschung <Kiel>   2817
Institut für Revisionswesen <Münster, Westfalen>   1171
Institut für Siedlungs- und Wohnungswesen <Münster, Westfalen>   2615
Institut für Städtebau und Architektur <Berlin>   2943
Institut für Strukturpolitik und Wirtschaftsförderung <Halle, Saale>   2823
Institut für Umweltschutz <Berlin, Ost>   2371
Institut für Weltwirtschaft <Kiel>   1912   1913   1914   1920   1936   1937   2120   2121   2276   2435
Institut für Wirtschaft und Gesellschaft <Bonn>   1847
Institut für Wirtschaftsforschung <Halle, Saale>   1909   1927   3219
Institut für Wirtschaftspolitik und Konjunkturforschung <Witten>   1947
Institut für Wirtschaftsstudien / Wissenschaftlicher Beirat   87
Institut für Wirtschaftswissenschaften <Berlin, Ost>   1205   1881
Institut für Wirtschaftswissenschaften <Berlin>   707   1223   1224   1816   2520   2524   2558
Institut za Medunarodnu Politiku i Privredu <Beograd>   475
Instytut Gospodarki Narodowej <Warszawa>   711
Instytut Konjunktur i Cen Handlu Zagranicznego <Warszawa>   480
Interflug <Berlin, Ost>   1038
Interministerielle Arbeitsgruppe CO2-Reduktion / Arbeitskreis Energieversorgung   2318   2324
International Conference the European Monetary System and International Financial Markets <1990, Washington, DC>   416
International Energy Agency   2392
Internationale Gesellschaft für Weltwirtschaft   3220
Internationale Wissenschaftliche Vereinigung Weltwirtschaft und Weltpolitik   3221
Internationale Wissenschaftliche Vereinigung Weltwirtschaft und Weltpolitik / Forschungsinstitut   3222
Internationales Forum Agrarpolitik <11, 1991, Berlin>   2308
J.-P.-Morgan-GmbH <Frankfurt, Main>   1969
Jahrestagung der Kaufmännischen Ausbildungsleiter <1990, Bremen>   1510

ORGANISATIONS - KÖRPERSCHAFTEN-REGISTER

Jakob-Kaiser-Stiftung   660   663
Kieler Konjunkturgespräch <41, 1990>   1920
Kieler Konjunkturgespräch <42, 1990>   1912
Kieler Konjunkturgespräch <43, 1991>   1936
Kieler Konjunkturgespräch <44, 1991>   1937
Kieler Seminar zu Aktuellen Problemen der See- und Küstenschiffahrt <3, 1991>   2745
Kienbaum-Unternehmensberatung-GmbH <Düsseldorf>   341
Kolloquium Grundzüge einer Marktwirtschaftlich Ausgerichteten Strukturpolitik in der DDR und Anforderungen für die Arbeitsteilung im Europäischen Raum <1990, Berlin, Ost>   2128
Kommission zur Verbesserung der Steuerlichen Bedingungen für Investitionen und Arbeitsplätze   1734
Kommunale Gemeinschaftsstelle für Verwaltungsvereinfachung <Köln>   2984
Kommunalpolitisches Forum <1990, Leipzig>   2610
Kongreß Deutsch-Deutscher Marktplatz <1990, Berlin, West>   1051
KPMG Deutsche Treuhand-Gruppe <Düsseldorf>   1125   1135   1970
Kronberger Kreis <Homburg, Höhe>   823   1581   2606   2994
Kuratorium der Deutschen Wirtschaft für Berufsbildung   1509   1510   1511   3305
Landesbank <Berlin>   2807
Landeszentralbank <Berlin, West>   2667
Landeszentralbank <Berlin>   2666
Landeszentralbank in Nordrhein-Westfalen <Düsseldorf>   2795
Landeszentrale für Politische Bildung <Stuttgart>   219
Ludwig-Erhard-Stiftung   804   815
Lüneburger Mittelstandssymposium <2, 1990>   2150
Mecklenburg-Vorpommern   2858   2859   2963
Mecklenburg-Vorpommern / Innenminister   2858   2859
Mecklenburg-Vorpommern / Wirtschaftsminister   2916
Mittelstandsvereinigung der CDU, CSU   2144
Münchner Kreis   2788
Münsteraner Führungsgespräch <19, 1990>   1072
Neues Forum <Deutschland, DDR>   753
Niedersächsisches Institut für Wirtschaftsforschung   2528   2529   2823   2939
Norddeutsche Landesbank <Hannover; Braunschweig> / Abteilung Volks- und Betriebswirtschaft   360
Öko-Institut <Freiburg, Breisgau>   2387   2412
Ostdeutscher Sparkassen- und Giroverband   2671
Ost-West-Workshop über die Umgestaltung der Landwirtschaft in den Mittel- und Osteuropäischen Ländern <1991, Braunschweig>   2260
Partei des Demokratischen Sozialismus   3004
PlanEcon, Inc. <Washington, DC>   1855
Prognos-AG <Basel>   1820   2393
Prognos-AG <Basel> / Arbeitsbereich Medien und Kommunikation   3323
Progress-Institut für Wirtschaftsforschung <Bremen>   2607
Rationalisierungs-Kuratorium der Deutschen Wirtschaft   520   1044
Rheinisch-Westfälisches Institut für Wirtschaftsforschung <Essen>   1913   1914   1930   1931   2976
Sachsen   2860   2861
Sachsen / Staatskanzlei   2860   2861
Sachsen / Staatsministerium für Wirtschaft und Arbeit   2772
Sachsen-Anhalt   2862
Sachsen-Anhalt / Ministerium für Wirtschaft, Technologie und Verkehr   2800   2801
Sachsen-Anhalt / Staatskanzlei   2862
Sachverständigenrat für die Konzertierte Aktion im Gesundheitswesen   3185   3193   3202

ORGANISATIONS - KÖRPERSCHAFTEN-REGISTER

Sachverständigenrat zur Begutachtung der Gesamtwirtschaftlichen Entwicklung 760
  761 1395 1554 1561
Schleswig-Holstein / Denkfabrik 1582 2817
Schleswig-Holstein / Minister für Wirtschaft, Technik und Verkehr 365
SOCIALDATA, Institut für Verkehrs- und Infrastrukturforschung <München> 2753
Sommerakademie für Führungskräfte aus Wirtschaft und Verwaltung <1991, Speyer> 1532
Sozialistische Einheitspartei Deutschlands 1566 1567
Sozialistische Studiengruppen 2792
Staatsbank der Deutschen Demokratischen Republik <Berlin, Ost> 1601
Statistik der Kohlenwirtschaft e.V. 2423 2473
Steuerfachtagung <1990, Neuss> 1741
Stiftung der Private Haushalt 2000
Stockholm International Peace Research Institute 469
Strukturkonferenz <1990, Fürth> 16
Studienkreis für Tourismus 2703
Symposium Kommunale Energiekonzepte <1991, Zittau> 2460
Tagung der Gewerblich-Technischen Ausbildungsleiter <14, 1990, Bonn> 1509
Tagung zum Stand der DDR-Forschung in der Bundesrepublik Deutschland <23, 1990> 187
Technische Universität <Chemnitz> 1490
Telekom <Bonn> 2789
Thüringen 2863 2864 2865
Thüringen / Landtag 2863 2864
Thüringen / Staatskanzlei 2865
Treuhandanstalt <Berlin> 888 889 890 893 894 895 899 903 908 909
  911 912 919 920 921 924 927 928 935 941 942 951 958 960
  961 962 963 964 974 976 978 979 980 983 984 987 990
  992 993 994 997 998 999 1000 1006 1007 1009 1010 1012 1013
  1014
Uhrenwerke <Ruhla> 1065
Unabhängiges Institut für Umweltfragen <Berlin> 2387
Union der Leitenden Angestellten 1087
United States / House / Committee on Small Business 1818
Universität <Berlin, Humboldt-Universität> 3298
Universität <Berlin, Ost> 3260
Universität <Berlin, Ost> / Sektion Wirtschaftswissenschaften 227
Universität <Greifswald> 3299
Universität <Leipzig> 3300
Universität <Leipzig> / Wirtschaftswissenschaftliche Fakultät 1076
Universität <München> / Lehrstuhl für Forstpolitik und Forstliche Wirtschaftslehre
  2203
Universität <Rostock> 3301
Universität <Rostock> / Sektion Wirtschaftswissenschaften 2830
Universität <Rostock> / Wissenschaftsbereich Verkehrswissenschaft und Logistik 2771
Ústřední Ústav Národohospodářského Výzkumu <Praha> 529
Verband der Automobilindustrie 2768
Verband der Bauindustrie für Niedersachsen 2596
Verband der Metallindustrie Baden-Württemberg 289
Verband Deutscher Rentenversicherungsträger 3155 3156
Verband Deutscher Verkehrsunternehmen 2753 2770
Verein für Politische Bildung und Soziale Demokratie 1686 2297 2319 2366
  2786 2812 2813 2957
Vereinigte Wirtschaftsdienste <Eschborn> 1871 1872
Vereinigung Deutscher Elektrizitätswerke 2439
Vereinigung für Ökologische Wirtschaftsforschung 2340
Vereins- und Westbank <Hamburg> 1878

ORGANISATIONS - KÖRPERSCHAFTEN-REGISTER

Verkehrsforum Bahn   2743   2756
Világgazdasági Kutató Intézet <Budapest>   489
VOL-Kongreß <1, 1991, Leipzig>   2993
Volkswagen-Aktiengesellschaft <Wolfsburg>   2521
Westdeutsche Genossenschafts-Zentralbank <Düsseldorf>   344
Wirtschafts- und Sozialwissenschaftliches Institut <Düsseldorf> / Projektgruppe
    Prognose   1938
Wirtschaftsarchiv <Kiel>   647   754
Wirtschaftsprüferkammer   974
Wirtschaftsverband Erdöl- und Erdgasgewinnung   2470
Wissenschaftliche Konferenz zum Zittauer Energiekonzept 2020 <1990, Zittau>   2471
Wissenschaftliches Institut der Ortskrankenkassen <Bonn>   3198
Wissenschaftsrat   3279
Workshop Major Fields of Transition Problems <1990, Budapest>   2080
WSF-Wirtschafts- und Sozialforschung <Kerpen>   1085
Wupper und Partner <Hamburg>   3386
Zentrale Markt- und Preisberichtsstelle <Bonn>   2190
Zentralinstitut für Hochschulbildung <Berlin, Ost> / Abteilung Hoch- und Fachschulbau
    3291
Zentrum für Internationale Wirtschaftsbeziehungen Georg Mayer <Leipzig>   591

SERIES - SCHRIFTENREIHEN

Abhandlungen zum Ostrecht / Hrsg.: Institut für Ostrecht der Universität zu Köln ....
 - Köln
ADT-Focus. - Berlin
Agrarwirtschaft. Sonderheft. - Frankfurt
Aktuelle Materialien zur internationalen Politik / hrsg. von der Stiftung
 Wissenschaft und Politik, Ebenhausen. - Baden-Baden
Analysen und Berichte / Gesamtdeutsches Institut, Bundesanstalt für Gesamtdeutsche
 Aufgaben. - Bonn
Analysen und Berichte aus Gesellschaft und Wissenschaft / Institut für Gesellschaft
 und Wissenschaft, Erlangen. - Erlangen. - ISSN 0344-2918
Analysen, Argumente, Anstöße / Karl-Bräuer-Institut des Bundes der Steuerzahler.
 Sonderinformation. - Wiesbaden
Die andere Arbeitswelt. - Köln
Arbeiten aus dem Osteuropa-Institut München. - München
Arbeitsbericht aus dem Institut für Strukturforschung. - Braunschweig
Arbeitsberichte zum Systemvergleich / Forschungsstelle zum Vergleich Wirtschaftlicher
 Lenkungssysteme, Fachbereich Wirtschaftswissenschaft, Philipps-Universität
 Marburg. - Marburg
Arbeitsberichte zur angewandten Agrarökonomie / Fachbereich Landwirtschaft,
 Gesamthochschule Kassel, Witzenhausen. - Witzenhausen. - ISSN 0931-0517
Arbeitspapier / Sonderforschungsbereich 3, Mikroanalytische Grundlagen der
 Gesellschaftspolitik, J.-W.-Goethe-Universität Frankfurt und Universität Mannheim.
 - Frankfurt
Arbeitspapier ... des Schwerpunktes Finanzwissenschaft, Betriebs wirtschaftliche
 Steuerlehre / Universität Trier, FB IV. - Trier
Arbeitspapiere aus dem Arbeitskreis SAMF. - Paderborn. - ISSN 0176-8263
Arbeitspapiere der Berghof-Stiftung für Konfliktforschung. - Berlin. - ISSN 0936-6857
Arbeitspapiere des Betriebswirtschaftlichen Instituts für Anlagen und System-
 technologien. - Münster
Arbeitspapiere des Fachbereichs Wirtschaftswissenschaften / Universität -
 Gesamthochschule, Paderborn. - Paderborn
Arbeitspapiere des Instituts für Ökologie und Unternehmensführung e. V.. -
 Oestrich-Winkel
Arbeitsbericht / Institut für Unternehmungsführung und Unternehmensforschung,
 Ruhr-Universität Bochum. - Bochum
Arbeitspapiere / Wissenschaftliche Gesellschaft für Marketing und Unternehmensführung
 e. V.. - [Münster]
Aufsätze zur Wirtschaftspolitik / Forschungsinstitut für Wirtschaftspolitik an der
 Universität Mainz. - Mainz. - ISSN 0938-0973
BAWI-Lasbek-Studien und Arbeitsberichte. - Lasbek. - ISSN 0941-6315
Beihefte der Konjunkturpolitik. - Berlin
Beiträge der Fachhochschule für Wirtschaft Pforzheim. - Pforzheim
Beiträge zu den Problemen des ländlichen Raumes / Arbeitsgemeinschaft Ländlicher Raum
 im Regierungsbezirk Tübingen. - Tübingen. - ISSN 0175-3274
Beiträge zu Lehre und Forschung / Führungsakademie der Bundeswehr, Fachgruppe
 Sozialwissenschaften. - Hamburg
Beiträge zum Insolvenzrecht. - Köln
Beiträge zur angewandten Wirtschaftsforschung / Institut für Volkswirtschaftslehre
 und Statistik der Universität Mannheim. - Mannheim
Beiträge zur Arbeitsmarkt- und Berufsforschung / Institut für Arbeitsmarkt- und
 Berufsforschung der Bundesanstalt für Arbeit. - Nürnberg. - ISSN 0173-6574
Beiträge zur Gerontologie und Altenarbeit / Deutsches Zentrum für Altersfragen e. V..
 - Berlin. - ISSN 0175-8365
Beiträge zur Gesellschafts- und Bildungspolitik / Institut der Deutschen Wirtschaft.
 - Köln

SERIES - SCHRIFTENREIHEN

Beiträge zur Sozialpolitik und zum Sozialrecht. - Berlin
Beiträge zur Sozialpolitik-Forschung. - Augsburg
Beiträge zur Strukturforschung / Deutsches Institut für Wirtschaftsforschung. - Berlin
Beiträge zur Unternehmensführung und Organisation / Universität Leipzig, Wirtschaftswissenschaftliche Fakultät. - Leipzig
Beiträge zur Wirtschafts- und Sozialpolitik / Institut der Deutschen Wirtschaft. - Köln
Bericht / Wuppertaler Kreis e. V.. - Köln
Bericht der Enquête-Kommission des 11. Deutschen Bundestages "Vorsorge zum Schutz der Erdatmosphäre". - Bonn
Bericht über die Fachtagung ... des Instituts der Wirtschaftsprüfer in Deutschland e. V.. - Düsseldorf
Berichte / Umweltbundesamt. - Berlin
Berichte des Bundesinstituts für Ostwissenschaftliche und Internationale Studien. - Köln
Berichte und Materialien / Institut für Bank- und Finanzwirtschaft, Fachbereich Wirtschaftswissenschaft, Freie Universität Berlin. - Berlin
Berliner Arbeitshefte und Berichte zur sozialwissenschaftlichen Forschung / Freie Universität Berlin, Zentralinstitut für Sozialwissenschaftliche Forschung. - Berlin
Berliner Beiträge zum Wirtschaftsrecht. - Köln
Berliner Beiträge zur Agrarentwicklung. - Berlin
Berliner Schriften zum Genossenschaftswesen / hrsg. vom Institut für Genossenschaftswesen an der Humboldt-Universität zu Berlin. - Göttingen
Berliner Schriften zur Politik und Gesellschaft im Sozialismus und Kommunismus. - Frankfurt am Main. - ISSN 0933-6516
Betriebliche Bildung. - Frankfurt am Main. - ISSN 0937-4361
Bga-Schriften. - München. - ISSN 0932-2361
Bibliographien / Deutscher Bundestag, Verwaltung, Hauptabteilung Wissenschaftliche Dienste. - Bonn
Biuletyn informacyjny / Instytut Gospodarki Narodowej, Dział Dokumentacji i Wydawnictw. - Warszawa
BMWi-Dokumentation. - Bonn. - ISSN 0342-9288
Brief / Institut "Finanzen und Steuern". - Bonn
Brookings discussion papers in international economics / Brookings Institution. - Washington, DC
Bundesanzeiger. - Köln. - ISSN 0720-6100
Les cahiers de l'Observatoire de Berlin / ROSES-CNRS. - Berlin. - ISSN 1166-2298
CES working paper series. - Munich
CIRET-Studien. - Munich. - ISSN 0170-5679
CMA-Materialien zum EG-Binnenmarkt. - Bonn
Collaborative paper / International Institute for Applied Systems Analysis. - Laxenburg
Daten, Fakten, Trends / Institut für Angewandte Wirtschaftsforschung. - Berlin
Dbi-Materialien. - Berlin
Die DDR: Realitäten - Argumente / hrsg. von der Friedrich-Ebert-Stiftung. - Bonn
DDR-Ratgeber. - Kiel
Deutscher Städtetag. Reihe A, DST-Beiträge zur Kommunalpolitik. - Köln. - ISSN 0344-2446
DGD-Schrift. DOK. - Frankfurt am Main. - ISSN 0721-1058
DIHT. - Bonn
Discussion paper / Centrum voor Economische Studiën, Katholieke Universiteit Leuven, Departement Economie. International economics research paper. - Leuven
Discussion paper series / Centre for Economic Policy Research. - London. - ISSN 0265-8003

SERIES - SCHRIFTENREIHEN

Discussion papers / Foreign Trade Research Institute. - Warsaw
Diskussionsbeiträge / Fachbereich Wirtschaftswissenschaft, Universität Duisburg, Gesamthochschule. - Duisburg
Diskussionsbeiträge aus dem Fachbereich Wirtschaftswissenschaften, Universität - Gesamthochschule - Essen. - Essen
Diskussionsbeiträge aus dem Institut für Finanzwissenschaft der Universität Kiel. - Kiel
Diskussionsbeiträge aus dem Institut für Regionalforschung der Universität Kiel. - Kiel
Diskussionsbeiträge aus dem Institut für Theoretische Volkswirtschaftslehre. - Hamburg
Diskussionsbeiträge der Wirtschaftswissenschaftlichen Fakultät Ingolstadt / Katholische Universität Eichstätt. - Ingolstadt. - ISSN 0938-2712
Diskussionsbeiträge des BKU. - Bonn
Diskussionsbeiträge zur öffentlichen Wirtschaft / hrsg. von der Forschungsgruppe Öffentliche Wirtschaft, Universität Duisburg, Gesamthochschule. - Duisburg
Diskussionsbeiträge zur Wirtschaftspolitik / Institut für Wirtschaftspolitik, Universität der Bundeswehr Hamburg. - Hamburg
Diskussionspapier / Deutsches Institut für Wirtschaftsforschung, Berlin. - Berlin
Diskussionspapier ... des IÖW. - Berlin
Diskussionspapiere / Deutsches Institut für Wirtschaftsforschung, Berlin. - Berlin
Diskussionsbeiträge / Sonderforschungsbereich 178 "Internationalisierung der Wirtschaft", Juristische Fakultät, Fakultät für Wirtschaftswissenschaften und Statistik, Universität Konstanz. Serie 2. - Konstanz
Diskussionsbeiträge aus dem Institut für Finanzwissenschaft und Sozialpolitik der Christian-Albrechts-Universität zu Kiel. - Kiel
Diskussionsbeiträge aus dem Institut für Volkswirtschaftslehre. - Hohenheim. - ISSN 0930-8334
Diskussionsschriften / Universität Heidelberg, Wirtschaftswissenschaftliche Fakultät. - Heidelberg
Diskussionsbeiträge / Institut für Finanzwissenschaft der Albert-Ludwigs-Universität Freiburg im Breisgau. - Freiburg i. Br.
Dokumentationsdienst Asien und Südpazifik / Deutsches Übersee-Institut, Übersee-Dokumentation, Referat Asien und Südpazifik. Reihe B. - Hamburg. - ISSN 0938-2690
Dokumente zur Hochschulreform / Westdeutsche Rektorenkonferenz. - Bonn-Bad Godesberg
DPA-Hintergrund. - Hamburg
Dresdener Kathedralvorträge / [Hrsg.: Aktion Katholischer Christen im Bistum Dresden-Meißen ...]. - Paderborn
Economic and social policy series / Friedrich-Ebert-Foundation, Poland. - Warsaw
EIU special report. - London
Erich-Schneider-Gedächtnisvorlesung / Institut für Theoretische Volkswirtschaftslehre, Christian-Albrechts-Universität zu Kiel. - Kiel
Erlanger Universitätsreden. - Erlangen. - ISSN 0423-345X
Europäische Gespräche / Kommission der Europäischen Gemeinschaften, Vertretung in der Bundesrepublik Deutschland. - Bonn
Europäische Hochschulschriften. Reihe 11, Pädagogik. - Frankfurt am Main. - ISSN 0531-7398
Europe documents / Europe, Agence Internationale d'Information pour la Presse. - Luxembourg
Fachserie / Statistisches Bundesamt. 16, Löhne und Gehälter. Reihe 2. S, Sonderbeiträge. - Stuttgart
FIB papers / Wissenschaftszentrum für Sozialforschung. - Berlin
Finanzwesen der Gemeinden. - Berlin
Finanzwissenschaftliche Arbeitspapiere / Justus-Liebig-Universität Giessen, Fachbereich Wirtschaftswissenschaften. - Giessen. - ISSN 0179-2806

SERIES - SCHRIFTENREIHEN

FIW-Schriftenreihe. - Köln. - ISSN 0429-9485
Forschungsreihe / Institut für Angewandte Wirtschaftsforschung, Berlin. - Berlin
Forschungsberichte / Wiener Institut für Internationale Wirtschaftsvergleiche. - Wien
Forschungsinformation / Hochschule für Ökonomie, Berlin, Sektion Volkswirtschaft. - Berlin. - ISSN 0863-2197
Forschungsreihe / Institut für Angewandte Wirtschaftsforschung, Berlin. - Berlin
Forstliche Forschungsberichte München. - München. - ISSN 0174-1810
Forum deutsche Einheit / hrsg. von der Friedrich-Ebert-Stiftung, Abt. Außenpolitik- und DDR-Forschung im Forschungsinstitut. Perspektiven und Argumente. - Bonn-Bad Godesberg. - ISSN 0938-5797
Forum: Politik. - Saarbrücken-Scheidt. - ISSN 0932-0970
Forum Sozial- und Gesundheitspolitik / hrsg. vom Hamburger Arbeitskreis für Sozial- und Gesundheitspolitik. - Sankt Augustin
Frankfurter volkswirtschaftliche Diskussionsbeiträge / Johann-Wolfgang-Goethe-Universität Frankfurt, Fachbereich Wirtschaftswissenschaften. - Frankfurt
Frankfurter Vorträge zum Versicherungswesen / hrsg. im Auftrag des Förderkreises für die Versicherungslehre an der Johann Wolfgang Goethe-Universität Frankfurt am Main e.V.. - Karlsruhe. - ISSN 0936-2045
FS aktuell. - Berlin
FS-Analysen. - Berlin
GdW-Materialien. - Köln
Geld und Währung working papers / Institut für Geld und Währung, Johann-Wolfgang-Goethe-Universität. - Frankfurt am Main
Gesellschaftspolitische Schriftenreihe des AGV Metall Köln. - Köln
Gespräche der List-Gesellschaft e. V.. - Baden-Baden
Gesundheitsökonomische Beiträge. - Baden-Baden
Gewerkschaften in Deutschland. - Köln
Godesberger Taschenbücher. Schriften zur Staats- und Gesellschaftspolitik. - Bonn
Göttinger handwerkswirtschaftliche Arbeitshefte / Seminar für Handwerkswesen an der Universität Göttingen, Forschungsinstitut im Deutschen Handwerksinstitut e. V.. - Göttingen
Grundlagen und Praxis der Personalwirtschaft. - Berlin
Hamburger Beiträge zur Wirtschafts- und Währungspolitik in Europa. - Hamburg
HBS-Forschung. - Köln
Hefte zur internationalen Besteuerung / Institut für Ausländisches und Internationales Finanz- und Steuerwesen der Universität Hamburg. - Hamburg
Hochschulblätter / Hochschule für Recht und Verwaltung. - Potsdam-Babelsberg
Hochschultagung / Landwirtschaftlicher Fachbereich der Georg-August-Universität, Göttingen ; Landwirtschaftskammer, Hannover. - Göttingen. - ISSN 0721-5002
HSFK-Report. - Frankfurt/Main
HWWA-Report. - Hamburg. - ISSN 0179-2253
IADM-Mitteilungen. - Hannover
IFLM-Arbeitsbericht. - Braunschweig-Völkenrode
IfM-Materialien. - Bonn
Ifo-Studien zu Handels- und Dienstleistungsfragen. - München. - ISSN 0170-5695
Ifo-Studien zur Finanzpolitik. - München. - ISSN 0081-7279
Ifo-Studien zur Industriewirtschaft. - München. - ISSN 0170-5660
Ifo-Studien zur Umweltökonomie. - München. - ISSN 0175-8330
Ifo-Studien zur Arbeitsmarktforschung. - München. - ISSN 0175-2944
Ifo-Studien zur Regional- und Stadtökonomie. - München
IHK-Schriftenreihe / Industrie- und Handelskammer Hannover-Hildesheim. - Hannover
IMF working paper. - [Washington, DC]
Informationsreihe / Institut für Angewandte Wirtschaftsforschung, Berlin. - Berlin
Institut für Finanzwissenschaft und Steuerrecht. - Wien

SERIES - SCHRIFTENREIHEN

Institut für Wirtschaftsstudien. Reihe 2, Empirische Studien. - Göttingen
Jahresgutachten / Sachverständigenrat zur Begutachtung der Gesamtwirtschaftlichen
 Entwicklung. - Stuttgart
Jahrestagung ... / Deutscher Verband für Wohnungswesen, Städtebau und Raumordnung e.
 V.. - Bonn
Juristische Lernbücher. - Frankfurt am Main. - ISSN 0340-5974
Jur-pc Schriftenreihe. - Wiesbaden
Karl-Bräuer-Institut des Bundes der Steuerzahler. - Wiesbaden. - ISSN 0173-3397
KGST-Bericht. - Köln
Kiel advanced studies working papers / Kiel Institute of World Economics. - Kiel
Kieler Arbeitspapiere / Institut für Weltwirtschaft an der Universität Kiel. - Kiel.
 - ISSN 0342-0787
Kieler Diskussionsbeiträge / Institut für Weltwirtschaft Kiel. - Kiel. - ISSN
 0455-0420
Kieler Vorträge / gehalten im Institut für Weltwirtschaft an der Universität Kiel. -
 Kiel. - ISSN 0340-6970
Kihívások / MTA Világgazdasági Kutató Intézet. - Budapest
Kleine Reihe / Walter-Raymond-Stiftung. - Köln
Kölner Schriften zur Sozial- und Wirtschaftspolitik. - Regensburg
Kölner Texte & Thesen / Institut der Deutschen Wirtschaft. - Köln
Kommission der Europäischen Gemeinschaften. - Luxemburg. - ISSN 0254-1467
Konferenzbeiträge / Technische Hochschule Zittau. - Zittau
Konjunkturheft / Institut für Angewandte Wirtschaftsforschung e. V.. - Berlin
Konstanzer Schriften aus Geld- und Außenwirtschaft. - Konstanz. - ISSN 0937-4760
Konstanzer Universitätsreden. - Konstanz. - ISSN 0454-3335
Kurs ... / Deutsche Verkehrswissenschaftliche Gesellschaft e. V.. - Bergisch Gladbach
Leistung und Lohn / Bundesvereinigung der Deutschen Arbeitgeberverbände. Sonderheft
 DDR. - Bergisch Gladbach
Ludwig-Erhard-Stiftung Bonn. - Stuttgart. - ISSN 0177-0659
Manuskripte aus dem Institut für Betriebswirtschaftslehre der Universität Kiel. -
 Kiel
Marburger Beiträge zum Genossenschaftswesen. - Göttingen
Materialien / Deutscher Bundestag, Verwaltung, Hauptabteilung Wissenschaftliche
 Dienste. - Bonn. - ISSN 0344-9130
Materialien aus der Arbeits- und Sozialforschung / Friedrich-Ebert-Stiftung,
 Forschungsinstitut. - Bonn
Materialien und Dokumente zur Friedens- und Konfliktforschung / Berghof-Stiftung für
 Konfliktforschung. - Berlin. - ISSN 0936-8558
Materialien zur Wissenschaftsstatistik / SV-Wissenschaftsstatistik GmbH im
 Stifterverband für die Deutsche Wissenschaft. - Essen. - ISSN 0933-8608
Meddelanden från Svenska Handelshögskolan. - Helsingfors. - ISSN 0357-4598
Medienkritische Reihe / Institut für Medienentwicklung und Kommunikation GmbH. -
 Frankfurt am Main
Meinungen zur Agrar- und Umweltpolitik / Deutsche Gesellschaft für Agrar- und
 Umweltpolitik e. V.. - Bonn
Merkblatt / Deutscher Sparkassen- und Giroverband e. V.. - Stuttgart
Militär, Rüstung, Sicherheit. - Baden-Baden
MIT-Jahrbuch. - Bonn
MIT-Standpunkt. - Bonn
Mitteilungen / Der Übersee-Club e. V.. - Hamburg
Mitteilungen des Deutschen Orient-Instituts. - Hamburg. - ISSN 0177-4158
Monographien / Bayerisches Staatsinstitut für Hochschulforschung und
 Hochschulplanung. - München
Münsteraner Reihe. - Karlsruhe. - ISSN 0937-518X
Münsteraner wohnungswirtschaftliche Gespräche / Institut für Siedlungs- und
 Wohnungswesen der Westfälischen Wilhelms-Universität Münster. - Münster

SERIES - SCHRIFTENREIHEN

Occasional paper / International Monetary Fund. - Washington, DC. - ISSN 0251-6365
Occasional papers / Group of Thirty. - New York
Onderzoeksmemorandum / Centraal Planbureau. - 's-Gravenhage
Osteuropastudien der Hochschulen des Landes Hessen / hrsg. vom Zentrum für
　Kontinentale Agrar- und Wirtschaftsforschung der Justus-Liebig-Universität
　Giessen. Reihe 1, Giessener Abhandlungen zur Agrar- und Wirtschaftsforschung des
　europäischen Ostens. - Berlin. - ISSN 0078-6888
Ost-Kurier / Hrsg.: Studienzentrum für Ost-West-Probleme e. V.. - München
Ost-West-Studienreihe / Empirica. - Bonn
Paderborner Universitätsreden. - Paderborn
Papers / Abteilung Organisation und Technikgenese des Forschungsschwerpunkts Technik,
　Arbeit, Umwelt des Wissenschaftszentrums Berlin für Sozialforschung. - Berlin
PISM occasional papers. - Warsaw
PIW-Studien. - Bremen
PKV-Dokumentation. - Köln. - ISSN 0340-1367
Planungsstudien. - Baden-Baden
Politik im Taschenbuch. - Bonn
Polityka ekonomiczna i społeczna / Fundacja im. Friedricha Eberta w Polsce. -
　Warszawa
PRIF reports. - Frankfurt/Main
Projektberichte / Projektgruppe Hochschulforschung, Berlin-Karlshorst. - Berlin
Protokoll / Bergedorfer Gesprächskreis zu Fragen der Freien Industriellen
　Gesellschaft. - Hamburg. - ISSN 0522-9138
Public management / Seminar für Allgemeine Betriebswirtschaftslehre -
　Verwaltungsbetriebslehre - Universität Hamburg. - Hamburg. - ISSN 0939-3994
Rand. R. - Santa Monica, CA
Rechtswissenschaftliche Forschung und Entwicklung. - München
Regensburger Diskussionsbeiträge zur Wirtschaftswissenschaft / Universität
　Regensburg, Wirtschaftswissenschaftliche Fakultät. - Regensburg
Reihe Dokumentation / Bayerisches Staatsministerium für Wirtschaft und Verkehr. -
　München
Reihe: Frauenpolitik / Forschungsinstitut der Friedrich-Ebert-Stiftung,
　Gesprächskreis Frauenpolitik. - Bonn
Reihe Ost-West Media. - Berlin
Reihe: Politik- und Gesellschaftsgeschichte / Forschungsinstitut der
　Friedrich-Ebert-Stiftung. - Bonn
Reihe "Stiftung Der Private Haushalt". - Frankfurt
Reihe "Wirtschaftspolitische Diskurse" / Forschungsinstitut der
　Friedrich-Ebert-Stiftung, Abteilung Wirtschaftspolitik. - Bonn
Reihe "Wirtschaftswissenschaft". - Frankfurt
Report from the Foreign Affairs Committee. - London
Report from the Treasury and Civil Service Committee. - London
Research and the development of pedagogical materials / INSEAD. - Fontainebleau
Ruhr-Forschungsinstitut für Innovations- und Strukturpolitik e. V.. - Bochum
RWI-Papiere. - Essen
RWS-Dokumentation. - Köln
RWS-Forum. - Köln
RWS-Skript. - Köln
Sammlung Wissenschaft und Dokumentation / Europäisches Parlament, Generaldirektion
　Wissenschaft. Arbeitsdokument. - Luxemburg
Schriften der HEA. - Kiel
Schriften des Deutschen Instituts für Mittelstandsökonomie. - Essen
Schriften des Deutschen Übersee-Instituts Hamburg. - Hamburg
Schriften des Forschungsinstituts Freie Berufe. - Lüneburg. - ISSN 0937-3373
Schriften des Vereins für Socialpolitik, Gesellschaft für Wirtschafts- und
　Sozialwissenschaften. - Berlin. - ISSN 0505-2777

SERIES - SCHRIFTENREIHEN

Schriften zur Mittelstandsforschung / hrsg. vom Institut für Mittelstandsforschung. - Stuttgart
Schriften zur monetären Ökonomie. - Baden-Baden
Schriften zur öffentlichen Verwaltung. - Köln
Schriften zur Wirtschaftsgeographie und Wirtschaftsgeschichte. - Saarbrücken-Scheidt. - ISSN 0934-8638
Schriftenreihe / Schwäbische Gesellschaft. - Stuttgart
Schriftenreihe Ausgewählte Arbeitsunterlagen zur Bundesstatistik / Hrsg.: Statist. Bundesamt Wiesbaden. - Wiesbaden
Schriftenreihe der Gesellschaft für Deutschlandforschung. - Berlin
Schriftenreihe der Gesellschaft für Deutschlandforschung. Jahrbuch. - Berlin
Schriftenreihe der IG Metall. - Frankfurt/Main
Schriftenreihe der Niedersächsischen Landeszentrale für Politische Bildung. Aktuelles zum Nachdenken. - Hannover
Schriftenreihe der Österreichischen Investitionskredit-Aktiengesellschaft. - Wien
Schriftenreihe des Arbeitskreises Europäische Integration e. V.. - Baden-Baden
Schriftenreihe des Ausschusses Volkswirtschaft des Gesamtverbandes der Deutschen Versicherungswirtschaft e. V.. - Köln. - ISSN 0724-0686
Schriftenreihe des Bundesministeriums der Finanzen. - Bonn
Schriftenreihe des Bundesministeriums für Familie und Senioren. - Stuttgart
Schriftenreihe des Bundesministers für Ernährung, Landwirtschaft und Forsten. Reihe A, Angewandte Wissenschaft. - Münster-Hiltrup. - ISSN 0723-7847
Schriftenreihe des DBV. - [Bonn]
Schriftenreihe des Fachbereichs Wirtschaft der Hochschule Bremen. - Bremen
Schriftenreihe des Hauptverbandes der Landwirtschaftlichen Buchstellen und Sachverständigen e. V.. - S[ank]t Augustin
Schriftenreihe des Ifo-Instituts für Wirtschaftsforschung. - Berlin. - ISSN 0445-0736
Schriftenreihe des Instituts für Ökologische Wirtschaftsforschung (IÖW) GmbH. - Berlin
Schriftenreihe des Mittelstandsinstituts Niedersachsen e. V.. - Minden
Schriftenreihe des Norddeutschen Genossenschaftsverbandes Schleswig-Holstein und Hamburg (Raiffeisen-Schultze-Delitzsch) e.V., Kiel. - Kiel. - ISSN 0557-6237
Schriftenreihe des Rheinisch-Westfälischen Instituts für Wirtschaftsforschung Essen. - Berlin. - ISSN 0720-7212
Schriftenreihe des Verbandes der Automobilindustrie e. V.. - Frankfurt am Main. - ISSN 0507-6692
Schriftenreihe des Verbands der Metallindustrie Baden-Württemberg. - Stuttgart
Schriftenreihe des Wirtschaftswissenschaftlichen Seminars Ottobeuren. - Tübingen. - ISSN 0340-7187
Schriftenreihe Forum der Bundesstatistik / hrsg. vom Statistischen Bundesamt. - Stuttgart
Schriftenreihe für ländliche Sozialfragen / hrsg. von der Agrarsozialen Gesellschaft e. V., Göttingen. - Göttingen. - ISSN 0080-7133
Schriftenreihe Hochschule, Wirtschaft / Studienkreis Hochschule-Wirtschaft Nordrhein-Westfalen. - Düsseldorf
Schriftenreihe Recht der internationalen Wirtschaft. - Heidelberg
Schriftenreihe Versicherungsforum. - Karlsruhe. - ISSN 0933-3061
Schriftenreihe Volkswirtschaft / Die PSK. - Wien
Sonderdruck / Wirtschaftswissenschaftliches Zentrum der Universität Basel. - Basel
Sondergutachten der Monopolkommission. - Baden-Baden
Sonderhefte zum Allgemeinen statistischen Archiv. - Göttingen
Sozialanthropologische Arbeitspapiere / FU Berlin, Institut für Ethnologie, Schwerpunkt Sozialanthropologie. - Berlin. - ISSN 0932-5476
Sozialökonomische Praxis. - Berlin
Sozialwissenschaftliche Studien zu internationalen Problemen. - Saarbrücken. - ISSN 0584-603X

SERIES - SCHRIFTENREIHEN

Sozio-ökonomische Daten und Analysen für die Bundesrepublik Deutschland / Hrsg.: Deutsches Institut für Wirtschaftsforschung, Berlin .... - Frankfurt
Sparkassenheft / Hrsg.: Deutscher Sparkassen- und Giroverband e. V.. - Stuttgart
Staatliche Planungen. - Berlin
Statistische Berichte / Hessisches Statistisches Landesamt. Z. 4. - Wiesbaden
Statistische Veröffentlichungen der Kultusministerkonferenz. - [Bonn]. - ISSN 0933-3622
Stellungnahmen / Karl-Bräuer-Institut des Bundes der Steuerzahler. - Wiesbaden
Stellungnahmen und Berichte / Wirtschafts- und Sozialausschuß, Europäische Gemeinschaften. - Luxembourg. - ISSN 0255-0733
Strategien und Optionen für die Zukunft Europas / Bertelsmann-Stiftung. Arbeitspapiere. - Gütersloh
Streitsache / Institut der Deutschen Wirtschaft. - Köln
Streitschrift. - Frankfurt/Main
Studia i materiały / Instytut Koniunktur i Cen Handlu Zagranicznego. - Warszawa
Studien des Forschungsinstituts für Wirtschaftspolitik an der Universität. - München
Studien zum Wirtschaftsraum Mecklenburg-Vorpommern / Universität Rostock, Sektion Wirtschaftswissenschaften, Wissenschaftsbereich Verkehrswissenschaft und Logistik. - Rostock
Studien-Reihe / Der Bundesminister für Wirtschaft. - Bonn. - ISSN 0344-5445
Studies in contemporary economics. - Berlin
Studium niemcoznawcze Instytutu Zachodniego. - Poznań. - ISSN 0239-7846
SWI-Materialien. - Bochum
Symposion der Forschungsstelle / Forschungsstelle für Gesamtdeutsche Wirtschaftliche und Soziale Fragen. - Berlin
Symposium / Institut für Weltwirtschaft an der Universität Kiel. - Tübingen
Taschenbücher für Geld, Bank und Börse. - Frankfurt am Main
Texte / Umweltbundesamt. - Berlin
Texte + Thesen. - Zürich
Thema Wirtschaft / Hrsg.: Bundesarbeitsgemeinschaft Schule-Wirtschaft. - Köln
Transformationsökonomie. - München
Trends & facts special / Institut für Wirtschaftswissenschaften Berlin. - Berlin
Tübinger volkswirtschaftliche Schriften. - Tübingen
ULA-Schriftenreihe. - Essen
Unternehmenspraxis in der EG / Hrsg.: Wirtschaftsförderungs-Gesellschaft Weser-Jade-mbh, Bremen. - Bonn
Unternehmenspraxis Umweltschutz. - Bonn
Untersuchungen des Rheinisch-Westfälischen Instituts für Wirtschaftsforschung Essen. - Essen. - ISSN 0939-7280
Untersuchungen zur Wirtschaftspolitik / Institut für Wirtschaftspolitik an der Universität zu Köln. - Köln. - ISSN 0175-7458
Veröffentlichungen der Hanns-Martin-Schleyer-Stiftung. - Köln
Veröffentlichungen des Instituts für Mittelstandsforschung. - Mannheim
Völkerrecht - Europarecht - Staatsrecht. - Köln
Volkswirtschaftliche Diskussionsreihe / Institut für Volkswirtschaftslehre der Universität Augsburg. - Augsburg
Volkswirtschaftliche Diskussionsbeiträge / Westfälische Wilhelms-Universität Münster. - Münster
Vorträge / Rheinisch-Westfälische Akademie der Wissenschaften. G, Geisteswissenschaften. - Opladen
Vorträge der ... internationalen Arbeitstagung des Energiewirtschaftlichen Instituts an der Universität Köln. - München
Vorträge im Fachbereich Wirtschaftswissenschaften / Universität Hannover. - Hannover
Vorträge und Aufsätze / Walter-Eucken-Institut. - Tübingen. - ISSN 0509-6065
Vorträge, Reden und Berichte aus dem Europa-Institut. - Saarbrücken

SERIES - SCHRIFTENREIHEN

Werkdocument / Centraal Planbureau. - 's-Gravenhage
Werkstattberichte des Instituts für Landschaftsökonomie der Technischen Universität Berlin. - Berlin. - ISSN 0175-8675
Wiener Vorlesungen im Rathaus / hrsg. von der Kulturabteilung der Stadt Wien. - Wien
Wirtschaft und Währung / Hrsg.: Deutscher Sparkassen- und Giroverband e. V., Bonn. - Stuttgart
Wirtschafts- und Sozialpolitik / Friedrich-Ebert-Foundation, Poland. - Warschau
Wirtschafts- und Währungspolitik / Deutscher Sparkassen- und Giroverband. - [Bonn]
Wirtschaftsreport / Institut für Wirtschaftswissenschaft. Special. - Berlin. - ISSN 0939-5229
Wirtschaftsreport / Hrsg.: Institut für Wirtschaftswissenschaften. - Berlin. - ISSN 0939-5237
Wissenschaft für die Praxis / Hrsg.: Gesellschaft zur Förderung der Wissenschaftlichen Forschung über das Spar- und Girowesen e. V., Bonn. Abteilung 3, Analysen. - Stuttgart
Wissenschaftliche Beiträge der Friedrich-Schiller-Universität, Jena. - Jena
Wissenschaftliche Berichte / Technische Hochschule Zittau. - Zittau
Wissenschaftliche Tagungen der Technischen Universität Karl-Marx-Stadt. - Karl-Marx-Stadt
Working paper / International Labour Office, Multinational Enterprises Programme. - Geneva
Working paper series / National Bureau of Economic Research, Inc.. - Cambridge, MA
Working papers / World Economy Research Institute. - Warsaw
Workshop des BHW-Forum. - Hameln
WSI-Studie zur Wirtschafts- und Sozialforschung. - Köln
ZDF-Schriftenreihe. - Münster
Zeitschrift für Bibliothekswesen und Bibliographie. Sonderheft. - Frankfurt am Main
ZERP-DP. - Bremen. - ISSN 0176-4780
ZeS-Arbeitspapier. - Bremen
Zur Sache / Hrsg.: Deutscher Bundestag, Referat Öffentlichkeitsarbeit. - Bonn

INDEXED JOURNALS - AUSGEWERTETE ZEITSCHRIFTEN

Acta demographica. - Heidelberg. - ISSN 0937-907X
Agrarrecht. - Münster-Hiltrup. - ISSN 0340-840X
Agrarrecht / Beilage. - Münster-Hiltrup
Agrarwirtschaft. - Frankfurt am Main. - ISSN 0002-1121
Aktuelle Materialien zur internationalen Politik. - Baden-Baden.
Allgemeines statistisches Archiv. - Göttingen. - ISSN 0002-6018
The American economic review. - Nashville, TN. - ISSN 0002-8282
Amtsblatt der Europäischen Gemeinschaften / C. - Luxemburg. - ISSN 0376-9461
Amtsblatt der Europäischen Gemeinschaften / L. - Luxemburg. - ISSN 0376-9453
Die Angestellten-Versicherung. - Berlin.
Annales de l'économie publique sociale et coopérative. - Bruxelles.
Annales d'économie et de statistique. - Paris. - ISSN 0769-489X
Arbeit und Sozialpolitik. - Baden-Baden. - ISSN 0340-8434
Arbeitsberichte zum Systemvergleich. - Marburg.
Arbeitspapiere aus dem Arbeitskreis SAMF. - Paderborn. - ISSN 0176-8263
Arbeitsbericht / Institut für Unternehmungsführung und Unternehmensforschung, Ruhr-Universität Bochum. - Bochum.
Archiv für das Post- und Fernmeldewesen. - Bonn.
Archiv für Kommunalwissenschaften. - Stuttgart. - ISSN 0003-9209
Argumente zur Wirtschaftspolitik. - Bad Homburg.
Atomwirtschaft, Atomtechnik. - Düsseldorf. - ISSN 0365-8414
Aus Politik und Zeitgeschichte. - Bonn. - ISSN 0479-611X
Aussenpolitik. - Hamburg. - ISSN 0587-3835
Die Bank. - Köln.
Bank-Archiv. - Wien. - ISSN 0029-9839
Bankhistorisches Archiv. Beiheft. - Frankfurt am Main.
BDI-Drucksache. - Köln. - ISSN 0407-8977
Beiträge zur Arbeitsmarkt- und Berufsforschung. - Nürnberg. - ISSN 0173-6574
Beiträge zur genossenschaftlichen Theorie und Praxis. - Darmstadt.
Bericht über die Fachtagung ... des Instituts der Wirtschaftsprüfer in Deutschland e. V.. - Düsseldorf.
Berichte über Landwirtschaft. - Hamburg. - ISSN 0005-9080
Berichte und Studien der Hanns-Seidel-Stiftung e. V.. - München.
Berichte und Studien der Hanns-Seidel-Stiftung e. V.. Reihe Wirtschaftspolitik. - München.
Berichte zur deutschen Landeskunde. - Trier. - ISSN 0005-9099
Der Betrieb. - Düsseldorf. - ISSN 0005-9935
Der Betrieb / Beilage. - Düsseldorf
Der Betrieb / DDR-Report. - Düsseldorf
Betrieb und Wirtschaft. - Berlin. - ISSN 0939-415X
Betriebs-Berater. - Heidelberg. - ISSN 0340-7918
Betriebs-Berater / Beilage. - Heidelberg
Die Betriebswirtschaft. - Stuttgart. - ISSN 0342-7064
Betriebswirtschaftliche Forschung und Praxis. - Herne. - ISSN 0340-5370
BISS public. - Berlin.
Blätter für deutsche und internationale Politik. - Köln. - ISSN 0006-4416
Boletín / Centro de Estudios Monetarios Latinoamericanos. - México, D.F. - ISSN 0186-7229
Brookings papers on economic activity. - Washington, DC. - ISSN 0007-2303
The Brookings review. - Washington, DC. - ISSN 0745-1253
Bulletin / Presse- und Informationsamt der Bundesregierung. - Bonn.
Bulletin der Europäischen Gemeinschaften / Beilage. - Luxemburg
Bulletin des bibliothèques de France. - Paris. - ISSN 0007-4454
Bundesgesetzblatt / 1. - Bonn
Bundesgesetzblatt / 2. - Bonn

INDEXED JOURNALS - AUSGEWERTETE ZEITSCHRIFTEN

Business economics. - Cleveland, Ohio. - ISSN 0007-666X
Butterworths journal of international banking and financial law. - London. - ISSN 0269-2694
Cahiers de l'économie du livre. - Paris. - ISSN 0999-6435
Cahiers de sciences économiques / Sciences éco Grenoble. - Grenoble
Cahiers économiques de Bruxelles. - Bruxelles. - ISSN 0008-0195
Cahiers économiques et monétaires. - Paris. - ISSN 0396-4701
Challenge. - Armonk, NY. - ISSN 0577-5132
Christiana Albertina. - Kiel. - ISSN 0578-0160
Chroniques d'actualité de la SEDEIS. - Paris. - ISSN 0396-437X
Common market law review. - Dordrecht. - ISSN 0165-0750
Current politics and economics of Europe. - New York. - ISSN 1057-2309
De pecunia. - Bruxelles. - ISSN 1015-6283
Deutsch-deutsche Rechts-Zeitschrift. - München.
Deutsche Rentenversicherung. - Frankfurt am Main.
Deutsche Steuer-Zeitung. - Bonn. - ISSN 0724-5637
Deutsche Studien. - Lüneburg. - ISSN 0012-0812
Deutschland-Archiv. - Köln. - ISSN 0012-1428
Developments in agricultural economics. - Amsterdam.
DGD-Schrift. DOK. - Frankfurt am Main. - ISSN 0721-1058
Duisburger volkswirtschaftliche Schriften. - Hamburg. - ISSN 0936-7020
East and West studies series. - Seoul.
East European politics and societies. - Berkeley, CA. - ISSN 0888-3254
Eastern European economics. - Armonk, NY. - ISSN 0012-8775
Economic bulletin for Europe. - Oxford. - ISSN 0041-638X
Economic policy. - London. - ISSN 0266-4658
Economic review / Federal Reserve Bank of San Francisco. - San Francisco, Calif.
Economic studies. - New York. - ISSN 1014-4994
Economic systems. - Heidelberg. - ISSN 0939-3625
Economie & prévision. - Paris. - ISSN 0249-4744
Economie et statistique. - Paris. - ISSN 0336-1454
Economie prospective internationale. - Paris. - ISSN 0242-7818
Economisch statistische berichten. - Rotterdam. - ISSN 0013-0583
The economist. - London.
EG-Nachrichten / Berichte und Informationen / Dokumentation. - Bonn
Elektrizitätswirtschaft. - Frankfurt a. M. - ISSN 0013-5496
Energiewirtschaftliche Tagesfragen. - Gräfelfing. - ISSN 0720-6240
Etudes et dossiers / Association Internationale pour l'Etude de l'Economie de l'Assurance. - Genève.
Europa-Archiv. - Bonn. - ISSN 0014-2476
Europäische Wirtschaft. - Luxemburg. - ISSN 0379-1033
Europäisches Wirtschafts- & Steuerrecht. - München. - ISSN 0938-3050
European economic review. - Amsterdam. - ISSN 0014-2921
European economy. Special edition. - Luxembourg.
European journal of marketing. - Bradford. - ISSN 0309-0566
European taxation. - Amsterdam.
Finanzarchiv. - Tübingen. - ISSN 0015-2218
Finanzwirtschaft. - Berlin. - ISSN 0012-0103
FIW-Schriftenreihe. - Köln. - ISSN 0429-9485
Forschungsreihe / Institut für Angewandte Wirtschaftsforschung, Berlin. - Berlin.
Fragen der Freiheit. - Koblenz. - ISSN 0015-928X
Futures. - Guildford. - ISSN 0016-3287
Gemeinwirtschaft. - Wien.
The Geneva papers on risk and insurance. - Genève. - ISSN 0252-1148
Geographische Rundschau. - Braunschweig. - ISSN 0016-7460

INDEXED JOURNALS - AUSGEWERTETE ZEITSCHRIFTEN

Gesamtdeutsche Eröffnungsbilanz. - Berlin.
Gespräche der List-Gesellschaft e. V.. - Baden-Baden.
Gewerbearchiv. - Alfeld (Leine).
Gewerblicher Rechtsschutz und Urheberrecht. - Weinheim. - ISSN 0016-9420
Gewerkschaftliche Monatshefte. - Köln. - ISSN 0016-9447
Gewerkschaftsjahrbuch. - Köln.
Global economic policy. - Middlebury, Vt.
Global finance journal. - Greenwich, Conn. - ISSN 1044-0283
Glückauf. - Essen. - ISSN 0340-7896
Gospodarka narodowa. - Warszawa. - ISSN 0867-0005
Grundstücksmarkt und Grundstückswert. - Neuwied. - ISSN 0938-0175
Hamburger Jahrbuch für Wirtschafts- und Gesellschaftspolitik. - Tübingen.
Handel zagraniczny. - Warszawa. - ISSN 0017-7245
Hauswirtschaft und Wissenschaft. - München. - ISSN 0017-8454
HIS-Kurzinformationen / A. - Hannover. - ISSN 0721-5606
Ifo-Schnelldienst. - Berlin. - ISSN 0018-974X
Ifo-Studien zur Ostforschung. - München.
Ifo-Studien zur Arbeitsmarktforschung. - München. - ISSN 0175-2944
Ifo-Wirtschaftskonjunktur. - München. - ISSN 0043-6283
IGW-Report über Wissenschaft und Technologie. - Erlangen. - ISSN 0932-2825
IGW-Report über Wissenschaft und Technologie in den neuen Bundesländern sowie mittel- und osteuropäischen Ländern. - Erlangen. - ISSN 0932-2825
Information der Internationalen Treuhand-AG, Basel, Genf, Zürich. - Basel.
Die Information über Steuer und Wirtschaft. - Freiburg/Br. - ISSN 0174-1942
Informationen zur politischen Bildung. - München. - ISSN 0046-9408
Informationen zur Raumentwicklung. - Bonn. - ISSN 0303-2493
Informationsreihe / Institut für Angewandte Wirtschaftsforschung, Berlin. - Berlin.
Informationsschriften des Instituts für Kapitalmarktforschung. - Frankfurt am Main.
Initial. - Berlin. - ISSN 0038-6006
Innovation. - Wien. - ISSN 1012-8050
INSPEL. - Berlin. - ISSN 0019-0217
Institut für Wirtschaftsstudien. Reihe 2, Empirische Studien. - Göttingen.
Integrationsprozesse in Deutschland. - Berlin.
Intereconomics. - Hamburg. - ISSN 0020-5346
International affairs. - Moscow. - ISSN 0130-9641
International economic insights. - Washington, DC. - ISSN 1050-8481
International journal of global energy issues. - Geneva. - ISSN 0954-7118
International journal of information management. - Guildford. - ISSN 0268-4012
International journal of social economics. - Bradford, West Yorkshire. - ISSN 0306-8293
International journal of urban and regional research. - London. - ISSN 0309-1317
International productivity journal. - Washington, DC.
Internationales Gewerbearchiv. - München. - ISSN 0021-3985
Internationales Verkehrswesen. - Darmstadt. - ISSN 0020-9511
Intertax. - Deventer. - ISSN 0165-2826
IPW-Berichte. - Berlin. - ISSN 0046-970X
IPW-Forschungshefte. - Berlin. - ISSN 0323-3901
Issues in contemporary economics. - Basingstoke.
Jahrbuch ... / Der Übersee-Club. - Hamburg.
Jahrbuch für Ostrecht. - Bonn. - ISSN 0075-2746
Jahrbuch für Sozialwissenschaft. - Göttingen. - ISSN 0075-2770
Jahrbücher für Nationalökonomie und Statistik. - Stuttgart. - ISSN 0021-4027
Japanese finance and industry. - Tokyo. - ISSN 0385-2369
Journal für Sozialforschung. - Wien. - ISSN 0253-3995
Journal of comparative economics. - Orlando, Fla. - ISSN 0147-5967

INDEXED JOURNALS - AUSGEWERTETE ZEITSCHRIFTEN

Journal of consumer policy. - Dordrecht. - ISSN 0342-5843
Journal of East Asian affairs. - Seoul, Korea.
Journal of energy & natural resources law. - London. - ISSN 0264-6811
Kieler Arbeitspapiere zur Landeskunde und Raumordnung. - Kiel. - ISSN 0940-0389
Kölner Schriften zur Sozial- und Wirtschaftspolitik. - Regensburg.
Közgazdasági szemle. - Budapest. - ISSN 0023-4346
Beihefte der Konjunkturpolitik. - Berlin.
Konjunkturpolitik. - Berlin. - ISSN 0023-3498
Korea and world affairs. - Seoul, Korea.
Kredit und Kapital. - Berlin.
Külgazdaság. - Budapest. - ISSN 0324-4202
Kurs ... / Deutsche Verkehrswissenschaftliche Gesellschaft e. V.. - Bergisch Gladbach.
Kursbuch. - Berlin. - ISSN 0023-5652
Kyklos. - Basel. - ISSN 0023-5962
Kyŏngje-yŏn'gu. - Seoul, Korea.
Land, Agrarwirtschaft und Gesellschaft. - Friedrichsdorf/Taunus. - ISSN 0176-2389
Landbauforschung Völkenrode. - Braunschweig. - ISSN 0458-6859
Leviathan. - Opladen. - ISSN 0340-0425
Leviathan. Sonderheft. - Opladen.
Liiketaloudellinen aikakauskirja. - Helsinki. - ISSN 0024-3469
List-Forum für Wirtschafts- und Finanzpolitik. - Baden-Baden. - ISSN 0342-2623
M & and A Europe. - Geneva.
Memo-Forum / "Arbeitsgruppe Alternative Wirtschaftspolitik". - Bremen. - ISSN 0176-5833
Mirovaja ėkonomika i meždunarodnye otnošenija. - Moskva. - ISSN 0131-2227
Mitgliederinformation / Wiener Institut für Internationale Wirtschaftsvergleiche. - Wien.
Mitteilungen / Gesellschaft der Freunde der Universität Mannheim e.V.. - Mannheim. - ISSN 0937-3306
Mitteilungen aus der Arbeitsmarkt- und Berufsforschung. - Stuttgart. - ISSN 0340-3254
Mitteilungen und Berichte / Forschungsinstitut für Leasing an der Universität zu Köln. - Köln.
Monatsberichte / Österreichisches Institut für Wirtschaftsforschung. - Wien.
Monatsberichte der Deutschen Bundesbank. - Frankfurt am Main. - ISSN 0012-0006
Natural resources journal. - Albuquerque, NM. - ISSN 0028-0739
Die neue Gesellschaft, Frankfurter Hefte. - Bonn. - ISSN 0177-6738
Neue juristische Wochenschrift. - München. - ISSN 0341-1915
Neue Zeitschrift für Arbeits- und Sozialrecht. - München. - ISSN 0176-3814
NIW-Workshop. - Hannover. - ISSN 0178-5842
Nord-Süd aktuell. - Hamburg. - ISSN 0933-1743
Observations et diagnostics économiques / Revue de l'OFCE. - Paris. - ISSN 0751-6614
Occasional paper / International Monetary Fund. - Washington, DC. - ISSN 0251-6365
Ökologie und Wirtschaftsforschung. - Marburg.
Österreichische Zeitschrift für Politikwissenschaft. - Wien.
Österreichische Zeitschrift für Statistik und Informatik. - Wien.
Optima. - Marshalltown.
Ordo. - Stuttgart. - ISSN 0048-2129
Orientierungen zur Wirtschafts- und Gesellschaftspolitik. - Bonn. - ISSN 0724-5246
Osteuropa: Wirtschaftskommentare. - Berlin.
Der Personalrat. - Köln. - ISSN 0175-9299
Planung und Analyse. - Hamburg.
Política exterior. - Madrid. - ISSN 0213-6856
Politiikka. - Helsinki. - ISSN 0032-3365
Politique industrielle. - Paris. - ISSN 0766-6047

INDEXED JOURNALS - AUSGEWERTETE ZEITSCHRIFTEN

Die politische Meinung. - Osnabrück. - ISSN 0032-3446
Politische Studien. - Percha am Starnberger See. - ISSN 0032-3462
Politische Vierteljahresschrift. - Opladen. - ISSN 0720-7182
Population bulletin. - Washington, DC. - ISSN 0032-468X
Probleme der Einheit. - Marburg.
Proceedings of the ... congress of the International Institute of Public Finance. - Detroit.
Prokla. - Berlin.
Quarterly journal of international agriculture. - Frankfurt(Main).
Quarterly review / Banca Nazionale del Lavoro. - Roma.
Raumforschung und Raumordnung. - Köln. - ISSN 0034-0111
Recht der Arbeit. - München. - ISSN 0342-1945
Recht der internationalen Wirtschaft / Beilage. - Heidelberg
Recht in Ost und West. - Berlin.
Regional development dialogue. - Nagoya, Japan. - ISSN 0250-6505
Reihe "Fachtagungen" / Institut für Logistik der Deutschen Gesellschaft für Logistik e. V.. - Dortmund.
Reihe "Stiftung Der Private Haushalt". - Frankfurt.
Reihe "Wirtschaftswissenschaft". - Frankfurt.
Research bulletin / Tinbergen Institute. - Rotterdam.
Research in social policy. - Greenwich, Conn.
Review / Federal Reserve Bank of St. Louis. - S[ain]t Louis, Mo.
Revista del Instituto de Estudios Económicos. - Madrid. - ISSN 0210-9565
Revue de la banque. - Bruxelles. - ISSN 0772-7801
Revue d'études comparatives est-ouest. - Paris. - ISSN 0338-0599
Revue du Marché Commun et de l'Union Européenne. - Paris. - ISSN 0352-616X
Revue du marché unique européen. - Paris. - ISSN 1155-4274
Revue européenne des migrations internationales. - Poitiers. - ISSN 0765-0752
Revue française des affaires sociales. - Paris. - ISSN 0035-2985
Rissener Jahrbuch. - Hamburg. - ISSN 0722-8767
Ruhr-Forschungsinstitut für Innovations- und Strukturpolitik e. V.. - Bochum.
RWI-Mitteilungen. - Berlin. - ISSN 0933-0089
RWS-Forum. - Köln.
Schnellberichte / Regionen / Statistisches Amt der Europäischen Gemeinschaften. - Luxembourg
Schriften der Gesellschaft für Wirtschafts- und Sozialwissenschaften des Landbaues e. V.. - Münster-Hiltrup.
Schriften des Deutschen Übersee-Instituts Hamburg. - Hamburg.
Schriften des Vereins für Socialpolitik, Gesellschaft für Wirtschafts- und Sozialwissenschaften. - Berlin. - ISSN 0505-2777
Schriften für Sozialökologie der Wohnungswirtschaftlichen Institute an den Universitäten Bochum und Mannheim. - Bochum.
Schriften zu internationalen Wirtschaftsfragen. - Berlin. - ISSN 0720-6984
Schriften zur öffentlichen Verwaltung und öffentlichen Wirtschaft. - Baden-Baden.
Schriftenreihe / Haniel-Stiftung. - Frankfurt.
Schriftenreihe Ausgewählte Arbeitsunterlagen zur Bundesstatistik. - Wiesbaden.
Schriftenreihe der Gesellschaft für Deutschlandforschung. - Berlin.
Schriftenreihe der Gesellschaft für Deutschlandforschung. Jahrbuch. - Berlin.
Schriftenreihe der Gesellschaft für Energiewissenschaft und Energiepolitik e. V.. - Köln.
Schriftenreihe des Arbeitskreises Europäische Integration e. V.. - Baden-Baden.
Schriftenreihe des Österreichischen Forschungsinstitutes für Sparkassenwesen. Sonderband. - Wien.
Schriftenreihe des Wirtschaftswissenschaftlichen Seminars Ottobeuren. - Tübingen. - ISSN 0340-7187

INDEXED JOURNALS - AUSGEWERTETE ZEITSCHRIFTEN

Schriftenreihe Forum der Bundesstatistik. - Stuttgart.
Schwerpunkte des Kartellrechts .... - Köln. - ISSN 0174-0210
Seminarberichte ... / Gesellschaft für Regionalforschung, Deutschsprachige Gruppe der Regional Science Association. - Heidelberg. - ISSN 0174-1128
Small business economics. - Dordrecht. - ISSN 0921-898X
Sonderheft / Deutsches Institut für Wirtschaftsforschung. - Berlin.
Soviet studies. - Harlow, Essex. - ISSN 0038-5859
Soziale Sicherheit. - Köln. - ISSN 0490-1630
Sozialer Fortschritt. - Berlin. - ISSN 0038-609X
Sozialismus. - Hamburg. - ISSN 0721-1171
Sozialökonomische Praxis. - Berlin.
Sozialpolitik im vereinten Deutschland. - Berlin.
Sozio-ökonomische Daten und Analysen für die Bundesrepublik Deutschland. - Frankfurt.
Sparkasse. - Stuttgart. - ISSN 0038-6561
Sprawy międzynarodowe. - Warszawa. - ISSN 0038-853X
Der Staat. - Berlin.
Staat und Recht. - Potsdam. - ISSN 0038-8858
Staatswissenschaften und Staatspraxis. - Baden-Baden. - ISSN 0938-2100
Staatswissenschaften und Staatspraxis. Sonderheft. - Baden-Baden.
Steuer und Wirtschaft. - Köln. - ISSN 0341-2954
Steuerberater-Jahrbuch. - Köln. - ISSN 0081-5519
Strategien und Optionen für die Zukunft Europas. Arbeitspapiere. - Gütersloh.
Studies in contemporary economics. - Berlin.
Südosteuropa aktuell. - München.
Südosteuropa-Mitteilungen. - München. - ISSN 0340-174X
Symposium / Institut für Weltwirtschaft an der Universität Kiel. - Tübingen.
Technological forecasting and social change. - New York, NY. - ISSN 0040-1625
Technology in society. - New York. - ISSN 0160-791X
Thexis. - Uttwill. - ISSN 0254-9697
Tokyo Club papers. - Tōkyō.
Trend. - Bonn.
Trierer Schriften zur Wirtschaftstheorie und Wirtschaftspolitik. - Pfaffenweiler.
Umsatzsteuer-Rundschau. - Köln. - ISSN 0341-2733
Die Unternehmung. - Bern.
VDI-Berichte. - Düsseldorf. - ISSN 0083-5560
Verhandlungen des Deutschen Bundestages / Drucksachen. - Bonn. - ISSN 0722-8333
Veröffentlichungen der Walter-Raymond-Stiftung. - Köln.
Die Verwaltung. - Berlin.
Verwaltungs-Archiv. - Köln. - ISSN 0042-4501
Vierteljahresberichte / Friedrich-Ebert-Stiftung. - Bonn. - ISSN 0936-451X
Vierteljahresschrift für Sozialrecht. - Köln.
Vierteljahrschrift für Sozial- und Wirtschaftsgeschichte. - Stuttgart. - ISSN 0340-8728
Vierteljahrshefte zur Wirtschaftsforschung. - Berlin.
Volkswirtschaftliche Korrespondenz der Adolf-Weber-Stiftung. - München.
Vorgänge. - Opladen. - ISSN 0507-4150
Vorträge im Fachbereich Wirtschaftswissenschaften / Universität Hannover. - Hannover.
Die Weltwirtschaft. - Tübingen. - ISSN 0043-2652
Weltwirtschaftliches Archiv. - Tübingen. - ISSN 0043-2636
Wirtschaft und Statistik. - Stuttgart. - ISSN 0043-6143
Wirtschaft und Wettbewerb. - Düsseldorf. - ISSN 0043-6151
Wirtschafts- und sozialwissenschaftliche Ostmitteleuropa-Studien. - Marburg/Lahn.
Wirtschaftsdienst. - Hamburg. - ISSN 0043-6275
Wirtschaftskonjunktur. - München. - ISSN 0043-6283
Wirtschaftspolitische Blätter. - Wien.

INDEXED JOURNALS - AUSGEWERTETE ZEITSCHRIFTEN

Die Wirtschaftsprüfung. - Düsseldorf. - ISSN 0340-9031
Wirtschaftswissenschaft. - Berlin. - ISSN 0043-633X
Wirtschaftswoche. - Düsseldorf. - ISSN 0042-8582
Wirtschaftswissenschaftliches Studium. - München. - ISSN 0340-1650
Wissenschaftliche Zeitschrift / Hochschule für Ökonomie Bruno Leuschner. - Berlin. - ISSN 0067-5954
Wissenschaftliche Zeitschrift / Handelshochschule, Leipzig. - Leipzig. - ISSN 0323-3545
Wissenschaftliche Zeitschrift / Gesellschaftswissenschaftliche Reihe / Karl-Marx-Universität Leipzig. - Leipzig. - ISSN 0043-6879
Wissenschaftliche Zeitschrift der Humboldt-Universität zu Berlin / Geistes- und Sozialwissenschaften. - Berlin. - ISSN 0863-0623
Wissenschaftliche Zeitschrift der Humboldt-Universität zu Berlin / Reihe Gesellschaftswissenschaft. - Berlin. - ISSN 0863-0623
Wochenbericht / Deutsches Institut für Wirtschaftsforschung. - Berlin.
Wochenbericht / Deutsches Institut für Wirtschaftsforschung. - Berlin.
World policy journal. - New York, NY. - ISSN 0740-2775
WSI-Mitteilungen. - Köln. - ISSN 0342-300X
Zeitschrift für angewandte Umweltforschung. - Lüdenscheid. - ISSN 0933-9027
Zeitschrift für ausländisches öffentliches Recht und Völkerrecht. - Stuttgart. - ISSN 0044-2348
Zeitschrift für Betriebswirtschaft. - Wiesbaden. - ISSN 0044-2372
Zeitschrift für Betriebswirtschaft. Ergänzungsheft. - Wiesbaden.
Zeitschrift für Bevölkerungswissenschaft. - Boppard am Rhein. - ISSN 0340-2398
Zeitschrift für Bibliothekswesen und Bibliographie. Sonderheft. - Frankfurt am Main.
Zeitschrift für das gesamte Genossenschaftswesen. - Göttingen. - ISSN 0044-2429
Zeitschrift für das gesamte Kreditwesen. - Frankfurt am Main. - ISSN 0340-8485
Zeitschrift für die gesamte Versicherungswissenschaft. - Karlsruhe. - ISSN 0044-2585
Zeitschrift für Energiewirtschaft. - Braunschweig. - ISSN 0343-5377
Zeitschrift für Kommunalfinanzen. - Bonn. - ISSN 0174-1136
Zeitschrift für öffentliche und gemeinwirtschaftliche Unternehmen. - Baden-Baden. - ISSN 0344-9777
Zeitschrift für Planung. - Heidelberg. - ISSN 0936-8787
Zeitschrift für Politik. - Köln. - ISSN 0044-3360
Zeitschrift für Rechtspolitik. - München. - ISSN 0514-6496
Zeitschrift für Sozialreform. - Wiesbaden. - ISSN 0514-2776
Zeitschrift für Soziologie. - Stuttgart. - ISSN 0340-1804
Zeitschrift für Umweltpolitik & Umweltrecht. - Frankfurt. - ISSN 0931-0983
Zeitschrift für Unternehmens- und Gesellschaftsrecht. - Berlin. - ISSN 0340-2479
Zeitschrift für Unternehmens- und Gesellschaftsrecht. Sonderheft. - Berlin.
Zeitschrift für Verkehrswissenschaft. - Düsseldorf. - ISSN 0044-3670
Zeitschrift für Wirtschaftsgeographie. - Frankfurt. - ISSN 0044-3751
Zeitschrift für Wirtschaftspolitik. - Köln. - ISSN 0721-3808
Zeitschrift für Wirtschaftsrecht. - Köln. - ISSN 0723-9416
Zeitschrift für Zölle + Verbrauchsteuern. - Bonn. - ISSN 0342-3484
Zeitschrift zur politischen Bildung. - Bonn. - ISSN 0935-1426
Zeitschrift zur politischen Bildung und Information. - Bonn. - ISSN 0935-1426